CHEMISCHES ZENTRALBLATT

VOLLSTÄNDIGES REPERTORIUM
FÜR ALLE ZWEIGE DER REINEN UND ANGEWANDTEN CHEMIE

GEGRÜNDET 1830

Im Auftrage der Deutschen Akademie der Wissenschaften zu Berlin,
der Akademie der Wissenschaften zu Göttingen
und der Gesellschaft Deutscher Chemiker

herausgegeben von

Prof. Dr. Maximilian Pflücke

124. JAHRGANG

1953

SEITE 3989—5444
JULI BIS AUGUST

Chefredakteure Dr. Eugen Klever und Prof. Dr. Maximilian Pflücke

1953

AKADEMIE-VERLAG GMBH · BERLIN
VERLAG CHEMIE, GMBH., WEINHEIM/BERGSTR.

Herausgeber und verantwortlich für den Inhalt: Prof. Dr. Maximilian Pflücke, Berlin W 8, Jägerstraße 22/23, Fernsprecher: 200481, 201464. Redaktion: Chefredakteure Dr. Eugen Klever u. Prof. Dr. Maximilian Pflücke. Verlag: Akademie-Verlag GmbH, Berlin NW 7, Schiffbauerdamm 19 (Fernsprecher 425571, Postscheckkonto Berlin 35021) u. Verlag Chemie, GmbH, Weinheim/Bergstraße (Postscheckkonto Frankfurt/M. 145314 u. Berlin [West] 7430, Fernsprecher: Weinheim 2017).

Bestell- und Verlags-Nr. 1007/124.

Satz u. Druck: VEB Leipziger Druckhaus, Leipzig, III/18/203. III. 53.

Veröffentlicht unter der Lizenznummer 1212 des Amtes für Literatur u. Verlagswesen der Deutschen Demokratischen Republik.

Printed in Germany.

Chemisches Zentralblatt

1953 | Nr. 34 | 26. August

A. Allgemeine und physikalische Chemie.

A_1. Kernphysik und Kernchemie.

M. Schönberg, *Anwendung von Methoden zweiter Quantelung auf die klassische statistische Mechanik.* Bei der Anwendung der Methoden der zweiten Quantelung auf die LIOUVILLEsche Gleichung der klass. statist. Mechanik wird eine Gleichung aufgestellt, die der SCHRÖDINGER-Gleichung eines gequantelten Feldes entspricht. Die Anwendung der FOCKschen Behandlung der zweiten Quantelung führt zur Einführung von Wellenfunktionen im Phasenraum, wobei die Wahrscheinlichkeitsdichte der klass. statist. Mechanik gleich dem Quadrat des absol. Wertes der Wellenfunktion im Phasenraum ist. Die Wahl des Vorzeichens bei den Vertauschungsregeln der Feldoperatoren führt zu symm. oder antisymm. Wellenfunktionen im Phasenraum. Jeder Art von Symmetrie entspricht eine verschied. Statistik, entweder BOSE oder FERMI, wie in der Quantentheorie. Die BOLTZMANN-Statistik entspricht Wellenfunktionen des Phasenraumes ohne Symmetriebedingungen. (Nuovo Cimento [9] **9.** 1139—82. 1/12. 1952. Bruxelles, Univ. Libre, Centre de Phys. Nucl.) GERHARD SCHMIDT. 80

Leopold Infeld, *Über Einsteins neue Theorie.* Vers. einer Erläuterung u. Diskussion der EINSTEINschen Feldtheorie. (Smithsonian Inst. Publ., Rep. **1951.** 189—97. Warschau, Phys. Inst.) GERHARD SCHMIDT. 80

H. C. Corben, *Eine einheitliche Feldtheorie mit veränderlicher Ladung und Ruhmasse.* Ausführliche Darst. des C. **1953.** 4637 referierten Sitzungsberichtes. Ergänzend wird angeführt, daß ohne explizite Einführung von Mesonenpotentialen u. freien Parametern eine kurzreichweitige ($\sim 10^{-13}$ cm) Anziehung zwischen Neutron u. Proton u. eine modifizierte COULOMB-Wechselwirkung zwischen 2 Protonen bestehen. (Nuovo Cimento [9] **9.** 235—52. 1/3. 1952. Pittsburgh, Pa., Carnegie Inst. of Technol.) GERHARD SCHMIDT. 80

Herbert E. Ives, *Ableitung der Masse-Energie-Relation.* Vf. zeigt, daß sich neben dem Massenäquivalent der Strahlung auch die Gleichheit des Massenäquivalents u. des Massenverlustes durch einen strahlenden Körper aus dem POINCARÉschen Strahlungsmoment (1900) u. seinem Relativitätsprinzip (1904) ableiten läßt. (J. opt. Soc. America **42.** 540—43. Aug. 1952. Upper Montclair, N. J.) GERHARD SCHMIDT. 80

F. E. Driggers, *Schauer in Material niedriger Kernladungszahl.* Mit einer großen Ionisationskammer von rechteckigem Querschnitt, GEIGER-Zählern in Koinzidenzschaltung, Verstärkeranordnung u. Synchroskop wurde die Verteilung der durchdringenden Schauer nach Größe u. Häufigkeit bestimmt. Dabei wurde einerseits die Schauerhäufigkeit unter Material niedriger Kernladungszahl von beträchtlicher Dicke u. andererseits die Winkelabhängigkeit u. Absorption in *Pb* der diese Schauer auslösenden Primärteilchen gemessen. Ein Vgl. der über die ganze obere Hemisphäre integrierten Schauerhäufigkeit mit der von Primärteilchen eines kleinen Zenitwinkels hervorgerufenen erlaubte eine Abschätzung des Einfl. der N-Komponente. Die zu erwartende Schauerverteilung wurde auf Grund elektromagnet. Wechselwirkungen (Bremsstrahlung, „knock on" u. direkte Paarerzeugung) der μ-Mesonen vom Spin 0 u. 1/2 berechnet. Etwa $^1/_3$ der unter 400 g/cm² Sand-Kalk-Ziegelmauerwerk u. Beton auf Seehöhe gefundenen Schauer wurde den Wechselwirkungen der N-Komponente zugeordnet. Die restliche Schauerhäufigkeit stimmte mit der für Spin 1/2 berechneten innerhalb der Fehlergrenzen des Vgl. (20%) überein. Die erwartete Abhängigkeit der μ-Mesonenschauer von der Kernladungszahl konnte durch Vgl. mit den von anderen Autoren unter Verwendung von Material höherer Kernladungszahl erhaltenen Ergebnissen angenähert bestätigt werden. (Physic. Rev. [2] **87.** 1080—90. 15/9. 1952. Ann Arbor, Mich., Univ. of Michigan, Randall Labor. of Phys.) CONRAD. 85

F. E. Driggers, *Schauererzeugung durch Höhenstrahlen in Seehöhe in Material niedriger Kernladungszahl.* Sitzungsbericht zur vorst. referierten Arbeit. (Physic. Rev. [2] **88.** 173. 1/10. 1952.) CONRAD. 85

R. Levi Setti und G. Tomasini, *Langsame schwere Mesonen aus Höhenstrahlsternen.* In Kernemulsionen (ILFORD G 5 von 1200 μ u. 600 μ Dicke), die in einer maximalen Höhe von ca. 90000 Fuß exponiert wurden, wurden zwei Sterne beobachtet, bei denen sich die

Aussendung eines langsamen schweren Mesons zeigte, das unter Emission eines geladenen Sekundärteilchens zerfiel. Beide Sterne traten in den schweren Kernen der Emulsion auf. Ein Stern hatte 38 sichtbare Zacken. Das schwere Meson wurde in Rückwärtsrichtung unter einem Winkel von ca. 80° zur Primärrichtung emittiert. Es wurde in der Emulsion nach einem Weg von 5260 μ gebremst u. zerfiel in ein schnelles Sekundärteilchen von 4⁵0 μ Länge. Aus Winkel- u. Koordinatenmessungen ergab sich für das schwere Meson eine M. von 1050 ± 140 m_e. Die M. des Sekundärteilchens wurde zu kleiner als 400 m_e berechnet. Der zweite Stern hatte insgesamt 40 Verzweigungen; die M. des schweren Mesons ergab sich zu 1380 ± 210 m_e, die M. des Sekundärteilchens zu weniger als 300 m_e. Aus den Messungen geht hervor, daß schwere Mesonen direkt in den Sternen erzeugt werden können. Unter der Annahme eines Zerfalls des schweren Mesons in zwei Teilchen scheint das zweite Ereignis anzuzeigen, daß das bei dem Zerfall ausgesandte neutrale Teilchen ein schweres neutrales Meson mit der M. von ca. 800 m_e sein müßte. (Nuovo Cimento [9] **9.** 1244—47. 1/12. 1952. Milano, Univ., Ist. di Sci. Fis., Ist. Naz. di Fis. Nucl.; Genova, Univ., Ist. di Fis.) GERHARD SCHMIDT. 85

M. Abd El-Wahab Khalil, *Anomalien der Absorptionskurve der Höhenstrahlung in Blei.* Unter Verwendung eines Zählerteleskopes von vier Zählrohren wurden bei Wiederholung der Verss. verschied. Autoren über die Anomalien der Absorptionskurve in Alexandria (geomagnet. Breite 28,5° N) neben den Anomalien bei 15 u. 27,5 cm Pb eine dritte bei 37,5 cm Pb gefunden. Das Auflösungsvermögen der ROSSIschen Anordnung der Vierfachkoinzidenzen betrug 10^{-5} Sekunden. Die Verss. bestätigen die Beziehung zwischen den Anomalien der Absorptionskurve u. den in der Übergangskurve gefundenen Maxima. Zur Erklärung der beobachteten Anomalien werden Vorgänge der Schauerbldg. innerhalb des Pb-Absorbers herangezogen. (Nuovo Cimento [9] **9.** 1248—49. 1/12. 1952. Alexandria, Univ., Fac. of Sci., Phys. Dep.) GERHARD SCHMIDT. 85

H. L. Anderson, E. Fermi, E. A. Long, R. Martin und **D. E. Nagle,** *Gesamtwirkungsquerschnitte negativer Pionen in Wasserstoff.* Mit 450 MeV-Cyclotronprotonen wurden in Cu- oder Be-Targets π^--Mesonen ausgelöst, wobei ein scharf begrenztes Mesonenbündel mit ±3% exakt bestimmter Energie erhalten wurde. Der Anteil der μ-Mesonen belief sich auf 5—10%. Die Unterss. wurden für π^--Mesonenenergien zwischen 80 u. 230 MeV mit Kristall- u. Flüssigkeitsscintillationszählern durchgeführt. Zwei Kristallzähler in Koinzidenzschaltung befanden sich vor der Streukammer, ein Paar Flüssigkeitsscintillationszähler registrierte die nicht abgelenkten Teilchen. Durch Vgl. des Verhältnisses der Vierfachkoinzidenzen zu den Zweifachkoinzidenzen mit u. ohne H_2 wurde der Wirkungsquerschnitt (in 10^{-27} cm²) negativer Pionen auf H berechnet. Er betrug bei 89 ± 8 MeV $(21 \pm 8) \cdot 10^{-27}$ cm², bei 112 ± 6 MeV 31 ± 9, bei 135 ± 6 MeV 52 ± 6, bei 176 ± 6 MeV 66 ± 6 u. bei 217 ± 6 MeV $(60 \pm 6) \cdot 10^{-27}$ cm². μ-Mesonen u. Elektronen scheinen nur COULOMB-Streuung zu erleiden u. unterliegen keiner spezif. Kernwechselwirkung. (Physic. Rev. [2] **85.** 934—35. 1/3. 1952. Chicago, Ill., Univ., Inst. for Nucl. Stud.) GERHARD SCHMIDT. 90

E. Fermi, H. L. Anderson, A. Lundby, D. E. Nagle und **G. B. Yodh,** *Gewöhnliche und Austauschstreuung negativer Pionen durch Wasserstoff.* (Vgl. vorst. Ref.) Vff. untersuchen die Streuung von π^--Mesonen an H mit u. ohne Ladungsaustausch in den Rkk. $p + \pi^- \rightarrow p + \pi^-$, $p + \pi^- \rightarrow n + \pi^0 \rightarrow n + 2\gamma$, $p + \pi^- \rightarrow n + \gamma$. Die letzte Rk. ist der umgekehrte Prozeß der Photoerzeugung von π-Mesonen durch die Wrkg. von γ-Strahlen auf Neutronen. Die Geometrie der Meßanordnung gleicht der zur Messung des Gesamtwirkungsquerschnittes verwendeten (l. c.). Zur Erhöhung der Empfindlichkeit der Streudetektoren in bezug auf γ-Strahlen wird ein Pb-Strahler gegenüber dem dritten Zähler angebracht. Die Differenz zwischen den mit u. ohne fl. H_2 erhaltenen Verhältniswerten von Vierfach- zu Zweifachkoinzidenzen rührt von den gestreuten Teilchen her. Ohne Pb-Strahler ist die Differenz $(0,4 + 0,15) \cdot 10^{-4}$, mit Pb-Strahler $(1,02 \pm 0,11) \cdot 10^{-4}$. Ein Vers. der Trennung der Anzahl von Streuereignissen, die von gestreuten π^--Mesonen herrühren, von denen, die von γ-Strahlen stammen, liefert bei 90° für gestreute π^--Mesonen $(0,34 \pm 0,12) \cdot 10^{-4}$, für Photonen $(1,41 \pm 0,32) \cdot 10^{-4}$. Die Wirkungsquerschnitte für die eingangs angeführten beiden ersten Rkk. ergeben sich zu $(10 \pm 4) \cdot 10^{-27}$ cm² bzw. $(20 \pm 5) \cdot 10^{-27}$ cm². Der für den Ladungsaustauschprozeß erhaltene Wirkungsquerschnitt würde $(29 \pm 7) \cdot 10^{-27}$ cm² für eine $\cos^2 \Theta$-Verteilung bzw. $(18 \pm 4) \cdot 10^{-27}$ cm² für eine $\sin^2 \Theta$-Verteilung betragen. (Physic. Rev. [2] **85.** 935—36. 1/3. 1952.) GERHARD SCHMIDT. 90

H. L. Anderson, E. Fermi, E. A. Long und **D. E. Nagle,** *Gesamtwirkungsquerschnitte positiver Pionen in Wasserstoff.* (Vgl. vorst. Reff.) Mit der gleichen Anordnung (l. c.) wurden analoge Verss. mit π^+-Mesonen durchgeführt. Die Intensitäten der π^+-Mesonen waren jedoch viel geringer als die der π^--Mesonen. Dieser Intensitätsunterschied nahm mit höherer Energie zu. Der Gesamtwirkungsquerschnitt (in 10^{-27} cm²) für π^+-Mesonen in H wurde für 56 ± 8 MeV zu (20 ± 10)·10^{-27} cm², für 82 ± 7 MeV zu 50 ± 13, für 118 ± 6 MeV zu 91 ± 6 u. für 136 ± 6 MeV zu (152 ± 14)·10^{-27} cm² bestimmt. Insgesamt wurden drei Prozesse untersucht, u. zwar 1. die π^+-Streuung, 2. die π^--Streuung mit Ladungsaustausch u. 3. die π^--Streuung ohne Ladungsaustausch. Im Bereich von 80 bis 150 MeV war der Wirkungsquerschnitt für den ersten Prozeß am größten u. für den dritten Prozeß am kleinsten. Die Wirkungsquerschnitte nehmen sowohl für positive als auch für negative π-Mesonen schnell mit der Energie zu. Unter der Annahme, daß im fraglichen Energiebereich die für die Streuung verantwortliche Wechselwrkg. über einen oder mehrere Zwischenzustände vom Isotopenspin 3/2 verläuft, sollte das Querschnittsverhältnis für die drei Prozesse 9:2:1 sein. Falls ein Zustand vom Spin 3/2 ist, müßte die Winkelverteilung für die drei Prozesse vom Typ $1 + 3 \cos^3 \Theta$ sein. (Physic. Rev. [2] **85**. 936. 1/3. 1952.) Gerhard Schmidt. 90

H. L. Anderson, E. Fermi, D. E. Nagle und **G. B. Yodh**, *Winkelverteilung von durch Wasserstoff gestreuten Pionen.* (Vgl. vorst. Reff.) Bei den Verss. treffen Synchrocyclotron-π-Mesonen auf eine Kammer mit fl. H_2. Das erste Scintillationspaar definiert das einfallende Bündel. Die gestreuten Teilchen werden mit zwei weiteren Scintillationszählern bei geeignetem Azimutwinkel nachgewiesen. Das Verhältnis von Vierfachkoinzidenzen zu den Zweifachkoinzidenzen der beiden ersten Zähler ergibt den Anteil des gestreuten Bündels. Ladungsaustauschstreuung wird aus der elast. π^--Streuung durch Einschaltung eines Pb-Strahlers vor das zweite Scintillationspaar ausgesondert. Bei 45, 90 u. 135° (Laboratoriumssyst.) werden elast. Streuung von π^+-Mesonen mit 110 MeV u. 135 MeV, elast. Streuung sowie Ladungsaustausch von π^--Mesonen mit 135 MeV gemessen. Die Ergebnisse werden im Schwerpunktssyst. durch die Formel $d\sigma/d\omega = a + b \cdot \cos\theta + c \cos^2\theta$ ausgedrückt. Die Koeffizienten für die differentiellen Wirkungsquerschnitte werden mitgeteilt. Die integrierten Wirkungsquerschnitte $\int (d\sigma/d\omega)\, d\omega$ (in 10^{-27} cm²) sind bei 110 MeV für die Rk. $\pi^+ \rightarrow \pi^+$ 74,5 ± 5,4, bei 135 MeV für $\pi^+ \rightarrow \pi^+$ 121 ± 19, für $\pi^- \rightarrow \pi^-$ 16,2 ± 2,3 u. für $\pi^- \rightarrow \pi^0$ (40,6 ± 2,3)·10^{-27} cm². (Physic. Rev. [2] **86**. 793—94. 1/6. 1952.) Gerhard Schmidt. 90

H. L. Anderson und **E. Fermi**, *Streuung und Einfang von Pionen durch Wasserstoff.* (Vgl. vorst. Reff.) Die Ergebnisse der Streuung von π-Mesonen durch Protonen werden in Ausdrücken der Phasenverschiebung der s- u. p-Wellen angegeben. Bei niedriger Energie sind die p-Phasenverschiebungen, die sich mit der dritten Potenz des Impulses ändern, gegenüber den s-Phasenverschiebungen, die proportional zum Impuls verlaufen, zu vernachlässigen. Die Streulänge a, das Prod. aus s-Phasenverschiebung u. DeBroglie-Wellenlänge wird als konstant angenommen. Sie ergibt sich experimentell zu $a_{3/2} = (3,8 \pm 0,7) \cdot 10^{-14}$ cm für den Isotopenspin 3/2 u. zu $a_{1/2} = (0 \pm 1) \cdot 10^{-14}$ cm für den Isotopenspin 1/2. Die beiden Wirkungsquerschnitte ergeben sich zu $\sigma_- = 4\pi \cdot (a_{3/2} + 2 a_{1/2})^2/9 = 2 \cdot 10^{-27}$ cm² u. $\sigma_0 = 8\pi \cdot (a_{3/2} - a_{1/2})^2\, v_0/9v = 4 \cdot 10^{-27}\, v_0/v$ cm². Aus dem Wert von σ_0 berechnet sich der Radius der meson. Bohr Bahn zu $b = 2,2 \cdot 10^{-11}$ cm, die Emissionsgeschwindigkeit des π^0-Mesons zu $v_0 = 8 \cdot 10^9$ cm/Sekunde. Der Wirkungsquerschnitt für die Erzeugung von Photomesonen ist nahe dem Schwellenwert $\sigma_\gamma = \frac{1}{2} \cdot 4 \cdot 10^{-27}\, \mu_r^2\, v_0\, v/p_\gamma^2$ cm², wobei μ_r die red. M. des π-Mesons u. Protons u. p_γ den Impuls des Photons im Schwerpunktssyst. darstellen. Nahe dem Schwellenwert ergibt sich der Photoquerschnitt zu $\sigma_\gamma = 4,0 \cdot 10^{-28}$ v/c cm². (Physic. Rev. [2] **86**. 794. 1/6. 1952.) Gerhard Schmidt. 90

L. Hulthén und **S. Skavlem**, *Neutron–Proton-Streuung im Bereich von 0—5 MeV.* Der theoret. Querschnitt für die Streuung von Neutronen durch Protonen wird auf der Grundlage seines reinen, zentralen Yukawa-Potentials mit gleicher Reichweite im ^{1}S- u. ^{3}S-Zustand berechnet, entsprechend einer Mesonenmasse von 200 bzw. 300 m_e. Das Ergebnis der Rechnung zeigt, daß die beste Übereinstimmung mit den jüngsten experimentellen Streumessungen mit einer Mesonenmasse von 350 m_e erreicht wird. Bei Berücksichtigung von Deuteronenbindungsenergie u. verschied. Reichweiten im Singulett- bzw. Triplettzustand wird eine „Triplettmasse" von 290 u. eine „Singulettmasse" von ca. 380 m_e gefunden. (Physic. Rev. [2] **87**. 297—303. 15/7. 1952. Stockholm, KTH.) Conrad. 90

H. Sommer, D. N. Craig, J. I. Hoffman und **J. A. Hipple**, *Der Einfluß neuer Massenbestimmungen auf den Wert des Faraday.* (Sitzungsbericht.) Hinweis darauf, daß der früher auf elektrochem. Wege u. mit Hilfe des Omegatrons bestimmte Wert durch neuere Bestimmungen der M. des Protons u. von ^{23}Na einer erheblichen Korrektur bedarf. (Physic. Rev. [2] **85**. 740. 15/2. 1952; Bull. Amer. physic. Soc. **26**. Nr. 7. 6. 30/11. 1951. Washington, D. C., Nat. Bur. of Stand.) Lütte. 90

G. Breit und **R. M. Thaler**, *Relativistische Korrekturen der magnetischen Momente von Kernteilchen.* Die relativist. Korrekturen für die magnet. Momente von Kernteilchen sind von besonderer Bedeutung bei der Best. des ^1D-Zustandes, der im Grundzustand des *Deuterons* enthalten ist, u. für die Additivität der magnet. Momente von Nucleonen. Krit. Bemerkungen zu einer Reihe von hierfür vorliegenden Arbeiten. (Physic. Rev. [2] **88.** 1214—15. 1/12. 1952. New Haven, Conn., Yale Univ.) v. Harlem. 90

Robert Gabillard und **Michel Soutif**, *Verwendung eines Eigenschwingungssystems zur Untersuchung der Kernresonanz.* Theoret. Unters. eines mit 2 Kreisen gekoppelten Oscillators, der sich zum Nachw. der Kernresonanz eignet. Die Ausdrücke für die Frequenzschwankungen u. die Schwingungsamplitude werden als Funktion der Schwankungen der Kernsusceptibilität angegeben. (C. R. hebd. Séances Acad. Sci. **230.** 1754—56. 15/5. 1950.) Gerhard Schmidt. 95

—, *Internationale Atomgewichte 1952.* Vgl. nachst. Referat. (Z. anorg. allg. Chem. **271.** 1. Dez. 1952.) B. Reuter. 100

G. Rienäcker, *Bemerkungen zur Atomgewichtstabelle.* Inhaltlich mit der C. **1953.** 3346 referierten Arbeit von Wichers übereinstimmend. (Z. anorg. allg. Chem. **271.** 2—5. Dez. 1952. Rostock, Univ., Chem. Inst.) B. Reuter. 100

R. T. Sanderson, *Eine Erklärung chemischer Abweichungen innerhalb der Hauptgruppen des Periodischen Systems.* Vf. führt die Unregelmäßigkeiten innerhalb der einzelnen Hauptgruppen auf den allg. Gesichtspunkt der unterschiedlichen Änderungen der Elektronegativität mit wachsender Ordnungszahl zurück u. erläutert dieses an Beispielen. Neue Werte für die Elektronegativitäten als „stability ration" werden mitgeteilt. (J. Amer. chem. Soc. **74.** 4792—94. 5/10. 1952. Iowa City, Io., State Univ., Dep. of Chem. and Chem. Engng.) Moslé. 100

Heinrich A. Medicus und **Harry T. Easterday**, *Massenbezeichnung des 51,5 Minuten-Tc-Isomers.* (Sitzungsbericht.) Durch Protonenbeschuß von *Mo* natürlicher Isotopenzus. wurden fast ein Dutzend Tc-Aktivitäten gefunden, die mit wenigen Ausnahmen spezif. Isotopen zugeordnet werden können. Eine dieser Ausnahmen ist das 51,5 Min.-Isomer mit 34,4 keV Übergangsenergie. Dieses Isomer ist ziemlich schwer nachzuweisen, da es durch den Positronenstrahler ^{94}Tc (52,5 Min.) verdeckt wird. Es konnte aber mit einem Linsenspektrometer durch Vgl. der Intensität der L-Linie dieses Isomers mit charakterist. Konversionslinien der bekannten Isotope nachgewiesen werden, daß das 51,5 Min.-Isomer dem ^{96}Tc zugehört. (Physic. Rev. [2] **85.** 735. 15/2. 1952; Bull. Amer. physic. Soc. **26.** Nr. 6. 39. 24/10. 1951. Univ. of California.) O. Eckert. 100

P. Macklin, L. Lidofsky und **C. S. Wu**, *Die Berechnung des Verhältnisses F_n/F_0 in der Theorie der verbotenen β-Übergänge.* Die vom National Bureau of Standards (NBS) herausgegebenen Tafeln der Fermi-Funktion können zur genauen Berechnung derjenigen Korrekturfaktoren benutzt werden, welche entsprechend den verschied. Matrixelementen beim β-Zerfall das Verhältnis komplexer Γ-Funktionen enthalten. Als typ. für solche Verhältnisse wird das Verhältnis F_n/F_0 angeführt, an dem die Benutzung der Tafeln gezeigt wird. (Physic. Rev. [2] **87.** 391. 15/7. 1952. New York, Columbia Univ.) Conrad. 103

L. M. Langer und **R. J. D. Moffat**, *Das β-Spektrum von Tritium und die Masse des Neutrinos.* Ausführliche Darst. des C. **1953.** 3832 referierten Sitzungsberichtes. (Physic. Rev. [2] **88.** 689—94. 15/11. 1952. Bloomington, Ind., Univ., Dep. of Phys.) Gerhard Schmidt. 103

W. H. Burke und **J. R. Risser**, *Winkelbeziehung zwischen Protonen und γ-Strahlen bei der Reaktion ^6Li (d, pγ) ^7Li.* Zur weiteren Aufklärung über den angeregten Zustand von ^7Li bei 480 keV wurde die Winkelbeziehung zwischen Protonen u. 480 keV-γ-Strahlen der Rk. ^6Li (d,pγ) ^7Li experimentell bestimmt. Die beim Beschuß von $^6Li_2SO_4$ mit 500 keV-Deuteronen auftretenden Protonen u. γ-Strahlen wurden mit Scintillationszählern (Anthracen für Protonen, NaJ für γ-Strahlen) gemessen. Der Protonenzähler war in 90° zum Deuteronenbündel, der γ-Strahlzähler auf einer zum Deuteronenbündel senkrechten Ebene drehbar angebracht. Es wurden Koinzidenzen bei 60, 90, 150 u. 180° zwischen γ-Strahl- u. Protonenzähler gezählt. Es ergab sich isotrope Verteilung der Koinzidenzen über alle Winkelbereiche, was erwartet wird, wenn der angeregte ^7Li-Zustand ein $^2P_{1/2}$-Zustand ist. (Physic. Rev. [2] **87.** 294—96. 15/7. 1952. Houston, Tex., Rice Inst.) Conrad. 103

R. Müller und **P. Stoll**, *Kernphotospaltung am ^{10}B und ^{11}B durch γ-Strahlen bis 31 MeV.* Vff. untersuchen mit Hilfe von Kodak-NT1-Platten mit Boreinlagerungen folgende Rkk.: 1. $^{11}B + h\nu \rightarrow {}^3H + {}^4He + {}^4He$, Q = 11,13 MeV u. 2. $^{10}B + h\nu \rightarrow 2H + {}^4He + {}^4He$, Q = 5,89 MeV. Zur Auslösung der Rkk. wurde das Bremsstrahlungsspektr. eines 31 MeV-Betatrons verwendet. 90% der Spaltungen müssen über einen angeregten Zustand von ^8Be verlaufen: $^{11}B(\gamma, t)^8Be^*$ bzw. $^{10}B(\gamma, d)^8Be^*$. Für die

Trennung der möglichen Rkk. wurde das Impulskriterium verwendet. Für jeden Stern wurde der Fehlervektor bestimmt. Bei der Rk. $^{11}B\,(\gamma, t)\,2\,^4He$ wurde der maximale Wirkungsquerschnitt $\sigma_{max} \approx 2{,}5 \cdot 10^{-28}\,cm^2$ bei $E_\gamma = 23$ MeV erreicht. Auffallend ist der konstante Wirkungsquerschnittsverlauf von $E_\gamma = 16$ MeV bis $E_\gamma = 24$ MeV ($> 2 \cdot 10^{-28}\,cm^2$). Bei der Rk. $^{10}B\,(\gamma, d)\,2\,^4He$ weist der Wirkungsquerschnittsverlauf bei 10,8 MeV ein ausgesprochenes Maximum ($\sigma_{max} = 1{,}5 \cdot 10^{-27}\,cm^2$) auf. Das Absinken des Wirkungsquerschnittes bei $E_\gamma > 13$ MeV kann mit dem Anstieg der Parallel-Rk. $^{10}B\,(\gamma, np)\,2\,^4He$ erklärt werden. Die Verteilung der Anregungszustände von $^8Be^*$ ändert sich mit der Quantenenergie; so werden bei $E_\gamma > 22$ MeV vorwiegend die ^{8}Be-Niveaus von 4,9, 6,8 MeV u. höher angeregt, bei $E_\gamma < 22$ MeV Niveaus von 2,9 u. 3,4 MeV. Einige Grundzustände wurden beobachtet; bei 17,6 MeV beträgt das Verzweigungsverhältnis σ (Grundzustand)/σ (Total) $= 16 \pm 5\%$. Bei größeren Energien ist neben der elektr. Quadrupol- u. magnet. Dipolabsorption der einfallenden γ-Quanten auch die elektr. Dipolabsorption von Bedeutung. (Nuovo Cimento [9] **9.** 1232—36. 1/12. 1952. Zürich, ETH, Physikal. Inst.) GERHARD SCHMIDT. 103

P. M. Endt, J. W. Haffner und D. M. Van Patter, *Magnetische Analyse der Reaktionen* $^{25}Mg\,(d, p)\,^{26}Mg$, $^{26}Mg\,(d, p)\,^{27}Mg$ *und* $^{25}Mg\,(d, \alpha)\,^{23}Na$. Proben von an ^{25}Mg u. ^{26}Mg angereichertem MgO wurden mit 1,8 MeV-Deuteronen beschossen. Ein kleiner Teil der im Winkel von 90° zum einfallenden Bündel ausgesandten geladenen Teilchen wurde in einem bei 180° fokussierenden magnet. Spektrographen getrennt u. in der früher beschriebenen Weise (BUECHNER u. Mitarbeiter, C. **1950.** II. 854, u. STRAIT u. Mitarbeiter, C. **1951.** II. 2694) auf Kernemulsionsplatten aufgefangen. Das beobachtete Spektr. der Protonen u. α-Teilchen zeigte verschied. Gruppen. Elf Protonengruppen wurden der Rk. $^{25}Mg\,(d, p)\,^{26}Mg$, zwei der Rk. $^{26}Mg\,(d, p)\,^{27}Mg$ u. drei α-Teilchengruppen der Rk. $^{25}Mg\,(d, \alpha)\,^{23}Na$ zugeordnet. Die Q-Werte der Grundzustandsübergänge betragen in der Reihenfolge der genannten Rkk. $8{,}880 \pm 0{,}010$, $4{,}207 \pm 0{,}006$ bzw. $7{,}019 \pm 0{,}013$ MeV. Folgende Kernanregungsenergien wurden gemessen: ^{26}Mg 1,825, 2,972, 3,969, 4,353, 4,863, 4,924, 5,270, 5,322, 5,502 u. 6,147 MeV; ^{27}Mg 0,987 MeV u. ^{23}Na 0,43 u. 2,07 MeV. (Physic. Rev. [2] **86.** 518—22. 15/5. 1952. Cambridge, Mass., M. I. T., Phys. Dep. and Labor. for Nucl. Sci. and Engng.) CONRAD. 103

Dean B. Cowie, N. P. Heydenburg und G. C. Phillips, *Unelastische Streuung von Protonen an leichten Kernen.* Vff. bestimmen die unelast. Streuung von homogenen Protonen aus einem 60 in.-Cyclotron in 90° zum einfallenden Bündel an dünnen Targets aus *Be*, ^{12}C, ^{13}C (47% angereichert), CaF_2, *Ni*, *Al* u. *Na* u. an Gastargets von natürlichem BF_3, angereichertem $^{10}BF_3$ (96%), N_2, O_2, CH_4 u. *Ne*. Die gestreuten Teilchen wurden in einem Paar von Proportionalzählern in Koinzidenzschaltung gezählt u. ihre Reichweite aus der Absorption in Al-Folien bestimmt. Folgende Energieniveaus (in MeV) wurden beobachtet: ^{9}Be 2,57; ^{10}B 2,34; ^{11}B 2,06; ^{12}C 4,59; ^{13}C 3,14, 4,03; ^{14}N 2,35, 3,95; ^{16}O keines; ^{19}F 1,53, 3,83; Ne 1,44, 4,36; ^{23}Na 3,67; Al 1,02, 2,30, 2,89, 3,32, 4,48; Ni 1,44. (Physic. Rev. [2] **87.** 304—06. 15/7. 1952. Washington, D. C., Carnegie Inst. of Washington, Dep. of Terrestr. Magnetism.) CONRAD. 103

G. G. Eichholz und L. A. Ficko, *Die Halbwertszeit von* ^{182}Ta. Reines Ta-Metall wurde in kleinen Stücken Meilerneutronen ausgesetzt. Die γ-Strahlung wurde in einer Ar-gefüllten Druckionisationskammer gemessen. Die App. ließ die Werte in 18 Monaten um weniger als ½% streuen. Die Messungen wurden über ein Jahr lang, u. zwar einmal in der Woche vorgenommen. Nach der Meth. der kleinsten Quadrate wurde die Halbwertszeit für ^{182}Ta zu $111{,}2 \pm 0{,}5$ Tagen berechnet. Die Übereinstimmung mit den Werten anderer Autoren ist gut. (Physic. Rev. [2] **86.** 794—95. 1/6. 1952. Ottawa, Dep. of Mines and Techn. Surv., Mines Branch, Radioact. Div.) GERHARD SCHMIDT. 103

L. Lidofsky, P. Macklin und C. S. Wu, *Die Strahlungen von* ^{204}Tl. (Vgl. C. **1953.** 5288.) Das β-Zerfallsspektr. von ^{204}Tl wurde an chem. niedergeschlagenen u. an im Vakuum aufgedampften Strahlquellen mit dem Solenoidspektrometer untersucht. Zur genauen Berechnung des B_{II}-Korrekturfaktors wurden die NBS-Tafeln des FERMI-Faktors benutzt (l. c.). Die unkorr. KURIE-Kurve zeigt die typ. Form des B_{II}-Spektr., während die korr. Kurve linear vom Endpunkt bei 765 keV bis zu ca. 150 keV verläuft. Das Spektr. des chem. niedergeschlagenen ^{204}Tl weicht unterhalb 350 keV etwas von dem des aufgedampften ab. Eine gleichzeitige Unters. der γ-Strahlung mit NaJ(Tl)-Kristallspektrometer, verbunden mit Absorptionsmessungen, zeigte, daß die Strahlung Hg-Röntgenstrahlung ist. Der damit erwiesene K-Einfangprozeß bei ^{204}Tl hat eine Häufigkeit von 2—3% der β-Strahlung. (Physic. Rev. [2] **87.** 391—92. 15/7. 1952. New York, N. Y., Columbia Univ.) CONRAD. 103

Sigvard Eklund, *Der Atomreaktor: Forschungshilfsmittel und Energiequelle.* Zusammenfassende Übersicht über die Grundlagen, den Aufbau u. die Arbeitsweise von Reaktoren. Zusammenstellung der verschied. bereits laufenden u. projektierten Reaktoren mit Angaben über das Füllmaterial, die Kühlung, die Arbeitsleistung u. den Neutronenfluß/cm²·Sekunde. Auf die Verwendung der Atomenergie für industrielle Zwecke (Energieversorgung) wird bes. eingegangen. — Abbildungen. (Kosmos [Stockholm] **30.** 80—129. 1952.) GERHARD SCHMIDT. 105

Rolf Björnerstedt, *Industrielle Anwendung radioaktiver Isotope.* Zusammenfassender Bericht über die neue Meßtechnik u. Anwendungsmöglichkeiten radioakt. Isotope in der Industrie mit Beispielen. — Abbildungen. (Kosmos [Stockholm] **30.** 64—79. 1952.) GERHARD SCHMIDT. 105

D. Walker und **J. H. Fremlin,** *Beschleunigung schwerer Ionen auf hohe Energien.* Übersicht über techn. Daten der Ionenbeschleunigung im Cyclotron, die amerikan. u. engl. Arbeiten (Birmingham) sowie über experimentelle Unterss. mit Bündeln schwerer Ionen. (Nature [London] **171.** 189—91. 31/1. 1953. Birmingham, Univ., Phys. Dep.) GERHARD SCHMIDT. 112

Hugo Atterling, *Das 225 cm-Cyclotron in Stockholm.* Grenzbedingungen, Konstruktion u. Arbeitsweise des 225 cm-Cyclotrons des NOBEL-INSTITUTS FÜR PHYSIK zur Erzeugung von 25 MeV-Deuteronen. Zur Erzeugung der hochbeschleunigten Deuteronen wird eine magnet. Induktion von 11500 Gauß benötigt, die einem Effektivverbrauch von ca. 60 kW entspricht. Die erhaltenen Deuteronenströme liegen bei 200 μA. (Kosmos [Stockholm] **30.** 130—43. 1952.) GERHARD SCHMIDT. 112

Bengt Hedin, *Das Synchrocyclotron in Uppsala.* Theorie, Konstruktion u. Arbeitsweise des im GUSTAF-WERNER-INSTITUT beschriebenen Synchrocyclotrons, mit dem Protonenenergien bis zu ca. 200 MeV erhalten werden können. Die Dimensionen (magnet. Induktion über 21500 Gauß, Gewicht des Magneten ca. 650 t, Poldurchmesser 230 cm) sowie Einzelheiten des Hochfrequenzsyst. werden mitgeteilt. — Abbildungen. (Kosmos [Stockholm] **30.** 144—54. 1952.) GERHARD SCHMIDT. 112

Guy von Dardel, *Kernphysikalische Mehrkanalapparatur.* Vf. weist auf die Bedeutung u. den Vorteil der Verwendung von Mehrkanalanalysatoren u. Diskriminatoren bei kernphysikal. Unterss. hin. Zeitraubende Beobachtungen können hierbei vermieden werden. Prinzip u. Schaltbilder für Zeit- u. Impulsanalysatoren werden angeführt. (Kosmos [Stockholm] **30.** 185—207. 1952.) GERHARD SCHMIDT. 112

J. Sharpe und **F. Wade,** *Eine Ionisationskammer mit Fingerhuteinsatz.* Vff. beschreiben eine Hochdruckionisationskammer mit Fingerhuteinsatz zur Einlagerung von Präparaten. Diese App. liefert eine 4 π-Geometrie, die bzgl. der Lage der Strahlenquelle im Fingerhuteinsatz nahezu unempfindlich ist. Die durch 1 mC *Ra*, 1 mC ^{131}J u. 10 mC ^{32}P in wss. Lsg. hervorgerufenen Ionenströme sind $1{,}9 \cdot 10^{-9}$, $7{,}7 \cdot 10^{-10}$ bzw. $4{,}7 \cdot 10^{-12}$ A, der Untergrundstrom der unabgeschirmten Kammer beläuft sich auf $3 \cdot 10^{-13}$ A. (Atomics **4.** 32—33. 48. Febr. 1953. Harwell, A. E. R. E.) GERHARD SCHMIDT. 112

R. B. Owen, *Eine Übersicht über die Scintillationszählung.* 2. Mitt. *Zähler und Spektrometer.* (1. vgl. C. **1953.** 3032.) Übersicht über die im Gebrauch befindlichen Scintillationszähler, die in Verbindung mit einer Multiplierphotozelle arbeiten, u. Scintillationsspektrometer zur Messung von β- u. γ-Energien. Scintillationsmethoden lassen sich für Strahlenquellen bis herab zu 10^{-9} Curie verwenden. Die Vor- u. Nachteile des Scintillationsverf. gegenüber anderen Methoden (z. B. GEIGER- u. Gasproportionalzähler) werden abgewogen. (Atomics **4.** 34—38. Febr. 1953. Harwell, A. E. R. E.) GERHARD SCHMIDT. 112

William Bernstein und **A. W. Schardt,** *Scintillationszähler als Neutronendetektor.* (Sitzungsbericht.) Mit 0,5% Tl aktivierte LiJ-Einkristalle in einem Scintillationszähler wurden durch Beschuß mit therm. Neutronen aus einem Spektrometer geprüft. Mit unteraktivierten Kristallen wurde eine einfache Linie mit einer vollen Halbwertsbreite von 25% gefunden. Die Impulshöhe entsprach derjenigen von 50—100 keV γ-Strahlen auf NaJ–Tl. (Physic. Rev. [2] **85.** 711—12. 15/2. 1952; Bull. Amer. physic. Soc. **26.** Nr. 6. 15—16. 24/10. 1951. Brookhaven Nat. Labor.) H. HAUSWALD. 112

D. R. Smith, *Herstellung von ^{14}C-Präparaten und Zähltechnik. Feste und flüssige Zählmethoden.* Übersicht über die bei ^{14}C-Messungen angewandten Verff.: Herst. der Zählprobe (fl. oder fest), genaue Zählmeth., Darst. u. Beziehung der Zähldaten. Auf die Selbstabsorptionskorrekturen wird bes. eingegangen, da die Herst. von Proben gleicher Dicke undurchführbar ist. (Atomics **4.** 29—31. 38. Febr. 1953. Oak Ridge, Tenn. Inst. of Nucl. Stud.) GERHARD SCHMIDT. 112

L. Mezzetti und **R. Querzoli,** *Über die statistische Analyse der mit Geiger-Zählern erhaltenen Meßergebnisse.* Aus einer statist. Analyse der mit Gruppen von GEIGER-Zählern durchgeführten Messungen wird eine Formel für die Wahrscheinlichkeit abgeleitet, daß ein Schauer von N Teilchen ν von n Zählern entlädt. (Nuovo Cimento [9] 8. 768—73. 1/10. 1951. Roma, Univ., Ist. di Fis., Centro di stud. per la Fis. Nucl. del C. N. R.; Labor. di Fis. dell'Ist. Sup. di Sanità.) R. K. MÜLLER. 112

Ben R. Gossick, *Auflösung von Energiemessungen an schnellen Neutronen bei Benutzung von Protonenrückstößen aus einem dünnen Strahler.* (Sitzungsbericht.) Es wird eine allg. Gleichung für die Analyse von Zählwerten angegeben, aus der das energet. Auflösungsvermögen des Spektrometers abgeschätzt werden kann. (Physic. Rev. [2] **85.** 711. 15/2. 1952; Bull. Amer. physic. Soc. **26.** Nr. 6. 15. 24/10. 1951. Purdue Univ.) H. HAUSWALD. 112

L. B. Borst und **V. L. Sailor,** *Ein Kristallspektrometer für Neutronen.* (Sitzungsbericht.) Ein Kristallspektrometer nach ZINN (vgl. Physic. Rev. [2] **71.** [1947.] 752) mit einem *Be*-Kristall diente als Neutronenmonochromator mit hohem Auflösungsvermögen. Beispiele für *In, Ir, Rh* u. *Au* werden angegeben. (Physic. Rev. [2] **85.** 711. 15/2. 1952; Bull. Amer. physic. Soc. **26.** Nr. 6. 15. 24/10. 1951. Brookhaven Nat. Labor.) H. HAUSWALD. 112

M. R. Cleland und **H. W. Koch,** *Scintillationsspektrometer zur Messung der Gesamtenergie von Röntgenstrahlphotonen.* (Sitzungsbericht.) Vff. messen an einem großen Flüssigkeitsscintillator-Röntgenspektrometer die Bremsstrahlung eines 50 MeV-Betatrons. Der Scintillatortank ist so konstruiert, daß einzelne hochenerget. Röntgenstrahlphotonen einen größeren Teil ihrer Energie in dem mit Xylol u. 2 g Terphenyl pro Liter gefüllten Tank (48 in. lang, $7^1/_4$ in. Durchmesser) verlieren. Sechzehn Photovervielfacherröhren sind in einer Linie parallel zur Zylinderachse u. an der Oberfläche des Zylinders angebracht. Die mit einem zwischen 25 u. 44 MeV betriebenen Betatron bestimmten Bremsstrahlspektren stimmen mit einer korrigierten theoret. Energieverteilung überein, die durch die erwartete Energieauflösung modifiziert ist. (Physic. Rev. [2] **86.** 588. 15/5.; Bull. Amer. physic. Soc. **27.** Nr. 1. 13. 31/1. 1952. Nat. Bur. of Stand.) GOTTFRIED. 112

Gösta Ekspong, *Die photographische Platte als kernphysikalisches Hilfsmittel.* Zusammenfassender Bericht über den spezif. Energieverlust von ionisierenden Teilchen in Emulsionen, die individuelle Empfindlichkeit von Silberhalogenidkörnern, einige typ. Expositionen sowie über charakterist. Bahnen. Verschied. Entwicklungsmethoden u. Emulsionszuss. werden betrachtet. (Kosmos [Stockholm] **30.** 155—84. 1952.) GERHARD SCHMIDT. 112

A_2. Optisches Verhalten der Materie.

Su-Shu Huang, *Über die in Sternatmosphären gebildeten Absorptionslinien.* Mathemat. Lösung des Problems der Absorptionslinien. (Ann. Astrophysique **15.** 169—83. April/Juni 1952. Berkeley, Calif., Univ. of California, Berkeley Astronom. Dep.) GOTTFRIED. 113

Mao-Lin Tcheng und **Marie Bloch,** *Das Spektrum von AG Pegasi.* Ein Vgl. des Spektr. von AG Pegasi mit früheren Beobachtungen (1946—1948) zeigt eine starke Veränderung in den Emissionslinien. Gegenüber den früheren Spektren sind die Linien von Elementen mit relativ niedrigen Ionisationspotentialen stark abgeschwächt oder ganz verschwunden, die von Elementen mit höheren Ionisationspotentialen sind dagegen sehr viel intensiver geworden. (Ann. Astrophysique **15.** 104—12. April/Juni. 1952. Lyon, Obs.; Haute Provence, Obs.) GOTTFRIED. 113

John G. Phillips, *Eine Untersuchung der Struktur der TiO-Bande bei λ 7054 im Spektrum des Beta Pegasi.* Das Profil der TiO-Bande bei 7054 Å kann berechnet werden, wobei sich ergibt, daß eine gute Übereinstimmung mit der Bandenform besteht, die durch photometr. Auswertung der Spektrogramme des β-Pegasi erhalten wird. Aus Berechnung u. Messung ergeben sich übereinstimmend u. a. die Sterntemp. zu 3000° K u. die DOPPLER-Breite zu 0,1 Å. (Astrophysic. J. **115.** 183—98. März 1952. Univ. of California, Berkeley Astronom. Dep.) D. HAHN. 113

Paul W. Merrill, *Zwei F-Typ Sterne mit sich ausdehnenden Wasserstoffatmosphären.* In den Sternen MWC 490 u. HD 59771 wurde eine helle H-Linie untersucht u. dabei mittels Linienverschiebung entdeckt, daß sich eine H_2-Wolke auf einer F-Typ-Unterlage schnell ausdehnte. (Astrophysic. J. **115.** 154—56. März 1952. Carnegie Inst. of Washington, California Inst. of Technol., Mount Wilson and Palomar Observ.) D. HAHN. 113

Orren C. Mohler, *Einige neue Beobachtungen von Heliumlinien im infraroten Sonnenspektrum.* Die He-Linien erscheinen im Sonnenspektr. meist als Absorptions-, zuweilen auch als Emissionslinien. Vf. berichtet über Linien bei 10830,34, 10830,25 u. 10829,08 Å, die den Übergängen $2\,^3S_1 - 2\,^3P^0_{2,1,0}$ entsprechen. Sie wurden für verschied. Teile der

Sonne vermessen (polar u. äquatorial). (Astrophysic. J. **115**. 323—25. März 1952. Univ. of Michigan, McMath-Hulbert Observ.) D. HAHN. 113

Arthur Abt, *Hyperfeinstruktur im Sonnenspektrum*. Im Sonnenspektr. wird die Hyperfeinstruktur einiger Linien (*Mn I, Co I, Cu I, V I*) beobachtet u. gute Übereinstimmung mit ird. Messungen festgestellt. Bei starker Hyperfeinstrukturaufspaltung zeigen die Sonnenlinien eine Verschiebung von 0,0011 Å gegenüber den im Labor. gemessenen. (Astrophysic. J. **115**. 199—205. März 1952. Carnegie Inst. of Washington, California Inst. of Technol., Mount Wilson and Palomar Observ.) D. HAHN. 113

M. Nicolet, *Einwirkungen der Sonnenstrahlung in der oberen Atmosphäre*. Vf. u. andere Autoren behandeln die Absorption der Strahlung in einer Atmosphäre mit variablem Temperaturgradienten u. verschiedenartigsten Zusammensetzungen. Die Anzahl der verfügbaren Photonen in der obersten Atmosphäre in verschied. Spektralbereichen, die photosphär. u. chromosphär. Emissionen sowie die Emissionen der Corona werden untersucht. Aus der chem. Zus. u. der physikal. Konst. der oberen Atmosphäre kann auf physikal. Prozesse geschlossen werden, die sich unter der Einw. der Strahlung vom UV bis zu den Röntgenstrahlen in den verschied. Elementen vollziehen, wie z. B. die Photodissoziation von O_3 u. O_2 u. die Einw. auf H_2O u. N_2. (Ann. Géophysique **8**. 141—93. April/Juni 1952. Inst. Royal Météorolog. de Belgique, Serv. du Rayonnement.) GOTTFRIED. 113

Alvin H. Nielsen und **Marcel Migeotte**, *Häufigkeit und vertikale Verteilung von tellurischem Methan aus Messungen in 3580 m Höhe*. Aus auf dem Jungfraujoch durchgeführten Beobachtungen der äquivalenten Breiten der Linien 0—1, 5—6 u. 10—11 der Bande 2 ν_3 des Methans, die nahe 1,6 μ liegt, wurde die gesamte Anzahl von CH_4-Moll. über dem obigen Beobachtungspunkt berechnet; sie beträgt in einer vertikalen Säule mit dem Flächeninhalt 1 cm^2 2,09·10^{19} Moleküle. Durch Vgl. mit den Ergebnissen auf den Observatorien des Mount Wilson u. McMath kann geschlossen werden, daß der Geh. an tellur. CH_4 exponentiell mit der Höhe abnimmt u. daß ferner das Gas über die ganze Erdoberfläche verteilt ist. (Ann. Astrophysique **15**. 134—41. April/Juni 1952. Liège, Univ., Inst. d'Astrophys.; Jungfraujoch, Internat. Sci. Stat.) GOTTFRIED. 113

R. Bersohn, *Kernelektrische Quadrupolspektren von festen Körpern*. Experimentalunterss. von verschied. Seiten hatten die Möglichkeit aufgezeigt, kernelektr. Quadrupolwechselwirkungen stark variierender Größenordnungen in festen Körpern zu beobachten. Während man diese Effekte bereits bei Pulvern beobachten kann, erhält man einen vollkommenen Überblick nur aus den ZEEMAN-Effekten eines Einkristalls. Um die Deutung der Experimentalunterss. zu erleichtern, wurden von dem Vf. auf theoret. Wege die Kernspinenergieniveaus für verschied. relative Größen der Quadrupolwechselwrkg. u. des äußeren magnet. Feldes abgeleitet. Außer der Kenntnis des Gradienten des elektr. Feldtensors sollte mittels der Quadrupolspektren auch, wenigstens im Prinzip, niederfrequente Molekularrotation festgestellt werden können. (J. chem. Physics **20**. 1505—09. Okt. 1952. Ithaca, N. Y., Cornell Univ., Dep. of Chem.) GOTTFRIED. 114

R. Herman, **L. Herman** und **G. Hepner**, *Kurzzeitiges Nachleuchten von Stickstoff im photographischen Infrarot*. In erweitertem Umfang wird mit Hilfe von rotierendem Spiegel u. Impulsentladung in einer Mischung von He (5 Torr) u. wenig N_2 das kurze Nachleuchten (10^{-4}—10^{-2} Sek.) der verschied. Bandensysteme des N_2 aufgenommen. Es zeigt sich, daß z. B. das 1. u. 2. positive Bandensyst. des N_2 $B^3\Pi—A^3\Sigma$ bzw. $C^3\Pi—B^3\Pi$ stark während der Entladung u. schwach im Nachleuchten sind. Dagegen zeigen die Emissionen mit höheren Niveaus, wie das MEINEL-Syst. des N_2^+, $A^2\Pi—X^2\Sigma$, u. die N I-, N II- u. O I-Linien einen viel geringeren Unterschied zwischen den Intensitäten während der Entladung u. im Nachleuchten. (Physic. Rev. [2] **86**. 570—71. 15/5. 1952. Meudon, Observ., u. Paris, Sorbonne, Labor. des Rech. Phys.) RUDOLPH. 118

William C. White und **John S. Rinehart**, *Spektren von Substanz, die aus Gips durch den Aufprall äußerst schneller Kügelchen herausgeschlagen wird*. Durch den Aufprall von Kügelchen aus *Mg–Li–Al-Legierung* bzw. aus reinem *Al* auf Gips mit 5,5 bzw. 4,5 km/sec Geschwindigkeit tritt beträchtliche Verdampfung des Gipses ein. Spektrograph. lassen sich neben den Spektren des Kugelmaterials auch Ca-Linien u. CaO-Banden nachweisen. (J. chem. Physics **20**. 1659. Okt. 1952. Inyokern, China Lake, Calif., U. S. Naval Ordn. Test Stat., Michelson Labor.) D. HAHN. 118

Frank Matossi, *Berechnung von Ultrarotintensitäten*. (Sitzungsbericht.) Es wird eine Berechnungsmeth. für die „effektive Ladung" ($d\mu/dr$) (μ = Dipolmoment, r = Kernabstand) gegeben, die auf einem klass. Modell eines mol. Dipols beruht u. den Einfl. induzierter atomarer Dipole berücksichtigt. Die experimentell beobachteten Werte für die effektive Ladung werden qualitativ richtig erhalten, wenn eine Abhängigkeit der in die Rechnung eingehenden Atompolarisierbarkeiten vom Kernabstand angenommen wird. (Physic. Rev. [2] **85.** 708. 15/2. 1952; Bull. Amer. physic. Soc. **26.** Nr. 6. 12. 24/10. 1951. Naval Ordnance Labor.) LÜTTKE. 120

Gilbert N. Plass und **Douglas Warner,** *Ultrarotabsorption durch unsymmetrische Spektrallinien.* (Sitzungsbericht.) Berechnungen der Gestalt einer einzelnen unsymm. Absorptionslinie u. einer aus asymm. u. gleichweit voneinander entfernten Linien bestehenden Absorptionsbande, wie sie durch Druckverbreiterung hervorgerufen werden können. (Physic. Rev. [2] **85.** 708. 15/2. 1952; Bull. Amer. physic. Soc. **26.** Nr. 6. 12. 24/10. 1951. Johns Hopkins Univ.) LÜTTKE. 120

Joseph J. Loferski und **Park Hays Miller jr.,** *Optische Polarisation in Tellureinkristallen.* Das Absorptionsspektr. hängt von der Schwingungsrichtung des elektr. Vektors E ab. Daten für einen 0,034 mm dicken Te-Kristall: für $E \perp c$ Absorptionskante bei 3,7 μ, Durchlässigkeit hinter der Kante 34%; für $E \| c$ dagegen 2,3 μ bzw. 18%. Der Brechungsindex variiert zwischen 4,0 u. 8,0 μ von 5,0—7,0. (Physic. Rev. [2] **86.** 652. 15/5. 1952. Univ. of Pennsylvania.) TELTOW. 122

R. M. Langer, *Die Anwendung des verallgemeinerten Beerschen Gesetzes auf das Herzberg-Kontinuum von gasförmigem Sauerstoff.* (Sitzungsbericht.) Es wird eine auf einer Verallgemeinerung des BEERschen Gesetzes beruhende Formel für die anomale Abhängigkeit des Extinktionskoeff. des gasförmigen O_2 vom Druck für den Bereich von 2000 bis 2400 Å gegeben, die die experimentellen Ergebnisse zwischen Drucken von 0,2 u. 100 at richtig wiedergibt. Das Ergebnis wird auf Raketenbeobachtungen u. die atmosphär. O_3-Theorie angewandt. (Physic. Rev. [2] **85.** 740. 15/2. 1952; Bull. Amer. physic. Soc. **26.** Nr. 7. 6. 30/11. 1951. HICOG, Sci. Res. Div.) LÜTTKE. 122

Samuel N. Karp, *Beugung an endlichen und unendlichen Gittern.* (Sitzungsbericht.) Die Beugung einer schräg einfallenden ebenen Welle an einem Gitter von Zylindern, das nur der Einschränkung unterliegt, daß die Zwischenräume groß gegen Wellenlänge u. Hindernis sind, wird mathemat. untersucht. Die in jedem Zylinder induzierte Stromdichte kann als lineare Kombination der Stromdichten in einem einzelnen Zylinder durch die schräg einfallende Welle u. durch eine sich in Gitterrichtung bewegende Welle dargestellt werden. Die Erregung ein- u. zweiseitig begrenzter Gitter isotroper Streukörper (dünne Drähte) kann auf einfache Weise u. ohne Vernachlässigung von Randeffekten ermittelt werden. (Physic. Rev. [2] **86.** 586. 15/5.; Bull. Amer. physic. Soc. **27.** Nr. 1. 11. 31/1. 1952. New York, N. Y., Univ.) LINDBERG. 122

G. H. Wagner und **D. G. Dobay,** *Kieselsäurephosphore mit Sauerstoffdefizit.* Bei der Hydrolyse von geringe Mengen (optimaler Geh. 1—2%) $SiHCl_3$ enthaltendem $SiCl_4$ werden Kieselsäurehydrate erhalten, bei welchen das Si-O-Netz gelegentlich durch Si–H-Bindungen unterbrochen ist. Durch Erhitzen dieser Hydrolysate auf Tempp. zwischen 500 u. 600° (unterhalb 500° wird in N_2, oberhalb dieser Temp. in 99,99%ig. Ar erhitzt; optimale Erhitzungstemp. 30—40 Min. bei 600°; bei Tempp. unterhalb 400° können keine Phosphore erhalten werden) wird H ausgetrieben, u. es verbleiben schwache Kieselsäurephosphore, die bei Einw. von UV-Licht (2537 u. 3650 Å) luminescieren. Schemat. Reaktionsverlauf: $x\,SiCl_4 + SiHCl_3 + H_2O$ (Überschuß),

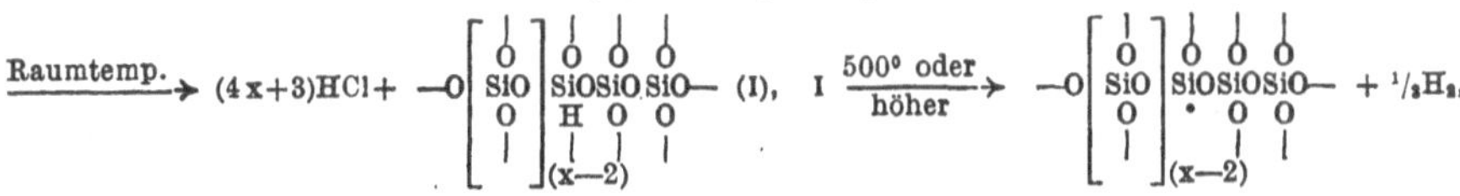

wobei $0,78 < x/(x+1) < 0,997$ die Grenzen sind, innerhalb welcher Luminescenz beobachtet werden konnte. Ferner werden Phosphore aus den Kohydrolysaten von Si_2Cl_6–$SiCl_4$ sowie $C_6H_5SiCl_3$–$SiCl_4$ hergestellt. (J. physic. Chem. **56.** 538—41. April 1952. Tonawanda, N. Y., Linde's Air Products Co., Labor.) GEDSCHOLD. 125

W. Van Sciver und **R. Hofstadter,** *Durch γ- und α-Strahlen erzeugte Scintillationen in Cäsiumfluorid.* Vff. berichten über ihre Messungen von durch γ- u. α-Strahlen in CsF-Kristallen angeregten Scintillationen. Der Kristall leuchtet dabei hauptsächlich im Blau-Ultravioletten Gebiet. Bei Benutzung der γ-Strahlung von ^{137}Cs, ^{60}Co, Th–C″ u. der Po (α)–Be-Rk. ergab sich, daß die Stärke der Scintillation angenähert proportional der Energie ist. Die Zerfallskonstante für die γ-Strahlanregung wurde zu $(5 \pm 1) \cdot 10^{-9}$ sec bestimmt. Vgl. der Scintillationen, die durch die ^{210}Po α-Strahlung (5,3 MeV) u. durch die ^{60}Co γ-Strahlung angeregt wurden, ergab, daß angenähert die gleiche Intensität (10%) erreicht wurde, jedoch betrug die Zerfallskonstante für α-Anregung $2 \cdot 10^{-7}$ sec, woraus auf zwei verschied. Mechanismen bei der Anregung durch γ- bzw. α-Strahlung, zu schließen ist. (Physic. Rev. [2] **87.** 522. 1/8. 1952. Stanford, Calif., Stanford Univ. Dep. of Phys. and Microwave Labor.) v. HARLEM. 125

A_3. Elektrizität. Magnetismus. Elektrochemie.

T. Holstein, *Beweglichkeiten positiver Ionen in ihren Muttergasen.* Ausführlichere Darst. der C. **1952.** 1125 referierten Arbeit. (J. physic. Chem. **56.** 832—36. Okt. 1952. East Pittsburgh, Pa., Westinghouse Res. Labors.) EICHHOFF. 131

J. A. Hornbeck, *Ladungsübertragung und die Beweglichkeit von Edelgasionen.* Bei Zusammenstößen von Ionen u. Atomen des gleichen Edelgases, z. B. Ne^+ u. Ne, spielen quantenmechan. Symmetrieeffekte eine Rolle, die zwar nicht scharf getrennt werden können, jedoch als Resonanzanziehung, Resonanzabstoßung u. Ladungsaustausch angegeben werden. Messungen an *He, Ne* u. *Ar* zeigen, daß diese komplizierten Wechselwirkungen mit guter Annäherung durch das Modell der harten Kugeln der kinet. Gastheorie dargestellt werden können, bei welcher der Wirkungsquerschnitt für die Zusammenstöße mit Ionen, entsprechend dem Wirkungsquerschnitt bei Resonanz-Ladungs-Übertragung, mehrfach größer ist als der Viscositätswirkungsquerschnitt der neutralen Atome. (J. physic. Chem. **56.** 829—31. Okt. 1952. Murray Hills, N. J., Bell Telephone Labors, Inc.) EICHHOFF. 131

Esther Davis Robinson und A. C. Menius jr., *Untersuchung der Gleichladung von Elektreten.* An mehreren Elektreten wurde der Einfl. der Feldstärke auf die Gleichladungen im Elektret untersucht. (Physic. Rev. [2] **87.** 177—78. 1/7. 1952. North Carolina State Coll.) FUCHS. 132

Walter J. Merz, *Elementarbereichseigenschaften von $BaTiO_3$.* Vf. berichtet über seine Unterss. der Anordnung u. der Bewegung der ferroelektr. Elementarbereiche in sehr guten $BaTiO_3$-Kristallen. Benutzt wurden sogenannte a-Platten, wo die polare Achse in der Ebene der Platte liegt, u. c-Platten, wo sie senkrecht zur Oberfläche liegt. Die Wände der Elementarbereiche sind dadurch nachweisbar, daß in ihnen durch Spannung hervorgerufene Doppelbrechung u. eine Änderung des Brechungsindex auftritt. Da die Spannungen um die 90°-Wände größer sind als um die 180°-Wände, treten die ersteren schärfer hervor. Die 180°-Wände können aber auch deutlich sichtbar gemacht werden, indem man ein elektr. Gleichfeld senkrecht zu den antiparallel ausgerichteten Elementarbereichen anlegt. Dieses Feld dreht die polaren Achsen der antiparallelen Bereiche ein wenig in entgegengesetzte Richtungen, wodurch die inneren Spannungen erhöht werden. Als mittlere Breite für die antiparallel ausgerichteten Bereiche ergaben sich Werte zwischen 10^{-5} u. ca. 10^{-3} cm; wie die Breite von der Länge der Bereiche abhängt, konnte noch nicht festgestellt werden. An einem c-Kristall konnte der Zusammenhang zwischen den einzelnen Punkten der Hystereseschleife u. der Änderung der Elementarbereiche bei Anlegung eines elektr. Feldes in der c-Richtung Schritt für Schritt beobachtet werden. Im Gegensatz zu einem Ferromagnetikum scheint es bei einem Ferroelektrikum leichter zu sein, neue Elementarbereiche zu schaffen, als bereits vorhandene, geeignet polarisierte größer zu machen. Es wurde das Auftreten von hunderten von neuen Bereichen, das sehr plötzlich geschieht, beobachtet, wenn das Feld angelegt wurde. Erst wenn mehr als etwa die Hälfte der Elementarbereiche in Richtung des Feldes liegen, bewirkt ein weiteres Anwachsen des Feldes, daß die verbleibenden entgegengesetzt ausgerichteten Bereiche ihre Richtung ändern. Diese Wandverschiebung geht langsamer vor sich u. erfordert höhere Feldstärken. Diese Vorgänge konnten sowohl opt. nachgewiesen werden als auch aus der Feinstruktur der Hystereseschleife abgelesen werden. (Physic. Rev. [2] **88.** 421—23. 15/10. 1952. Murray Hill, N. J., Bell Telephone Labor.) v. HARLEM. 132

W. A. Pressnow, *Über die Feldstärkeabhängigkeit der Polarisation von Dielektrika bei hohen Spannungen.* Vf. mißt die elektr. Leitfähigkeit σ von natürlichen *Steinsalzkristallen* u. *SiO_2 + 15% K_2O* (bzw. *23% Na_2O)-Gläsern* unter Feldstärken von 10 bis 100 kV/cm (NaCl) bzw. 300 kV/cm u. 10^{-3}—10^{-4} sec Dauer. σ_{NaCl} bei 10^{-4} sec (210 bis 255°) gemessen, nimmt mit der Feldstärke ($\gtrsim$ 25—30 kV) langsam zu u. strebt zur Sättigung, während sie bei 10^{-4} sec schneller u. (bis 300 kV/cm) ohne Anzeichen einer Sättigung zunimmt. σ_{Gl} ist der von NaCl analog, die Feldabhängigkeit von σ beginnt hier bei höheren Feldstärken (>160 kV/cm; 135—152°). Aus den σ-Werten berechnet Vf. $P = (I_0 - I)/\sigma_0$. (Журнал Технической Физики [J. techn. Physik] **22.** 955—60. Juni 1952. Tomsk, Univ., Sibir. Physikal.-Technol. Inst.) AMBERGER. 132

B. G. Smirnow und G. N. Schuppe, *Über die Elektronenaustrittsarbeit an einigen Wolframeinkristallflächen.* Vff. bestimmen auf Grund der SOMMERFELD-BETHEschen Formel für die autoelektron. Entladung die Austrittsarbeit φ verschied. Flächen eines W-Einkristalls in Form eines Kügelchens mit einem Durchmesser von einigen μ u. finden für (1 1 0) 5,5 ± 0,2; (1 1 2) 4,9 + 0,2; (1 0 0) 4,6 ± 0,1; (1 1 1) 4,2 ± 0,1 (V). (Журнал Технической Физики [J. techn. Physik] **22.** 973—80. Juni 1952. Physikal.-Techn. Inst. der Akad. der Wiss. der UsbekSSR.) AMBERGER. 135

W. Primak und **L. Fuchs**, *Elektrische Leitfähigkeit natürlicher Graphitkristalle.* An (etwas unvollkommenen) Graphitkristallen aus nordamerikan. Kalkstein wird das Verhältnis der Leitfähigkeit in Richtung der c- u. der a-Achse gemessen. Es beträgt ungefähr 10^{-2} u. ist in keinem Falle kleiner als $1,7 \cdot 10^{-3}$, während die Literaturangaben zwischen 10^{-2} u. 10^{-5} schwanken. (Physic. Rev. [2] **86.** 651. 15/5. 1952. Argonne Nat. Labor.)
TELTOW. 135

D. L. Dexter, *Streuung von Elektronen in Metallen durch Versetzungen.* Vf. untersucht die Änderung der elektr. Leitfähigkeit durch Kaltbearbeitung nach der Meth. von KOEHLER, in der die Streuung der Elektronen durch Paare von parallelen Versetzungen als wesentlichster Effekt vorausgesetzt wird. Der Vgl. der von KOEHLER bei dem Streupotential vorausgesetzten Elektronenabschirmung mit der von LANDAUER bei einer etwas anderen Behandlung vorausgesetzten Abschirmungsgröße zeigt, daß bei langsam variierenden Potentialen beide Methoden gleichwertig sind. Vf. berechnet die Elemente der Streuungsmatrix u. die Widerstandsänderungen mittels der Störungsmeth. von MACKENZIE u. SONDHEIMER. Abschließend wird die Anisotropie des Widerstandes diskutiert u. gezeigt, daß die Gleitrichtung in der Richtung des kleinsten Widerstandes liegt. (Physic. Rev. [2] **86.** 770—74. 1/6. 1952. Urbana, Ill., Univ. of Illinois, Dep. of Phys.)
E. HEINRICH. 136

J. W. Kauffman und **J. S. Koehler**, *Erzeugung von Gitterleerstellen in reinem Gold durch Abschrecken.* 99,990%ig. Au-Drähte wurden von 5 verschied. Tempp. zwischen 920 u. 690° zunächst durch einen Strom von He auf Zimmertemp. abgeschreckt u. hierauf sofort in fl. N_2 getaucht. Die Abschreckung auf Zimmertemp. geschah innerhalb 7 ± 3 msec; nach ca. $^1/_3$ Sek. befand sich der Draht in dem fl. N_2. Nach dem Abschrecken wurde eine Zunahme des elektr. Restwiderstandes bei der Temp. des fl. N_2 festgestellt. Etwa $^1/_3$ der Widerstandszunahme verschwindet bei Anlassen in der Nähe der Zimmertemp., der Rest beim Anlassen bei Tempp. zwischen 100 u. 500°. Messungen des Widerstandes bei der Temp. des fl. N_2 in Abhängigkeit von der Anlaßzeit bei $-21,7$ u. $-2,7°$ ergaben für die Energie, um eine Leerstelle zu bewegen, $0,4 \pm 0,14$ eV. Das Inkrement des Widerstandes, das durch Abschrecken von den obigen Tempp. hervorgerufen wird, variierte von 0,82—0,065%. Diese große Änderung in dem Ausmaß des Widerstandes in Abhängigkeit von der Abschrecktemp. deutet darauf hin, daß von therm. Gradienten herrührende Spannungen nicht die Quelle der Widerstandszunahme sein können. Die Daten können ferner benutzt werden, um die zur Erzeugung einer Leerstelle benötigte Energie zu berechnen. (Physic. Rev. [2] **88.** 149—50. 1/10. 1952. Urbana, Ill., Univ.)
GOTTFRIED. 136

P. W. Anderson, *Der Gedanke der Spin-Gitter-Relaxation in ferromagnetischen Stoffen.* In der Literatur über die Hochfrequenzeigg. von ferromagnet. Stoffen wird oft angenommen, daß der Unterschied zwischen der Spin–Spin- u. Spin–Gitter-Relaxation hier ebenso gültig ist wie bei der paramagnet. Relaxation u. der paramagnet. Resonanz. Es wird sogar oft angenommen, daß diese beiden Arten der Relaxation in genau der gleichen Weise wie im paramagnet. Fall vorliegen u. daß die Bewegungsgleichungen von BLOCH gültig sind. Vf. zeigt, daß dies nicht der Fall sein kann. (Physic. Rev. [2] **88.** 1214. 1/12. 1952. Murray Hill, N. J., Bell Telephone Labor.) V. HARLEM. 137

P. Delahay, M. Pourbaix und **P. van Rysselberghe**, *Potential–p_H-Diagramm von Silber. Elektrochemisches Verhalten und Korrosion von Silber.* Aus den freien Bildungsenergien u. den thermodynam. Gleichgewichtsbedingungen werden Diagramme für das elektrochem. Gleichgewicht des Syst. Ag–H_2O zusammengestellt. Hieraus kann auf das Verh. von Ag in neutraler, saurer u. alkal. Lsg. bei An- u. Abwesenheit von Oxydationsmitteln, auf das anod. Verh. bei verschied. Stromdichten u. auf das Korrosionsverh. geschlossen werden. (Ind. chim. belge **17.** 487—89. 1952. Louisiane, Univ.; Bruxelles, Univ.; Oregon, Univ.) R. LEVI. 140

Junior D. Seader und **Charles W. Tobias**, *Elektrolytische Herstellung von Ozon aus Schwefelsäure.* Es wird eine Zelle von veränderlicher Länge mit von innen gekühlter Pt-Anode u. nichtgekühlter Kathode aus Ag-freiem Pb oder Pt beschrieben, die es ermöglicht, die Elektroden an verschied. Stellen u. ein Diaphragma anzubringen u. die Tempp. an den entscheidenden Stellen zu beobachten. Die vorläufigen Verss. betreffen die Stromleistung, als O_3-Geh. angegeben, in Abhängigkeit von der Stromdichte (über ein Maximum laufend), der Temp. (entscheidend nur die der Anodenoberfläche, am günstigsten bei ca. $-63°$), der H_2SO_4-Konz. (optimale D. 1,20 bei $-63°$) u. dem Diaphragma, das sich als notwendig erweist. (Ind. Engng. Chem. **44.** 2207—11. Sept. 1952. Berkeley, Calif., Univ. of California.) METZENER. 141

R. A. Davies und **A. Hickling**, *Glimmentladungselektrolyse.* 1. Mitt. *Die anodische Bildung von Wasserstoffperoxyd in inerten Elektrolyten.* Vff. untersuchen die Elektrolyse von verd. Lsgg. inerter Elektrolyten (*Na_2HPO_4, $NaOH$, Na_2CO_3, $Na_2B_4O_7$, $NaHCO_3$, K_2SO_4, H_2SO_4*) mit einer von der Lsg. zurückgezogenen Anode, wobei eine elektr. Entladung bei vermindertem Druck zur Oberfläche der Fl. übergeht. Die benutzte elektrolyt. Zelle ist beschrieben u. abgebildet. Das zunächst an der Elektrode gebildete Hauptprod. ist H_2O_2. Seine Menge ist proportional der Elektrizitätsmenge. Sowie sich H_2O_2 in der Lsg. ansammelt, beginnt eine Zersetzungs-Rk. u. schließlich bildet sich eine stationäre H_2O_2-Konz. aus. Die in der Lsg. nach Durchgang einer gegebenen Elektrizitätsmenge gebildete Menge H_2O_2 ist im wesentlichen vom benutzten Strom u. von Faktoren, die auf die Natur der Entladungen einwirken, unabhängig. Sie ist durch die Gleichung $(H_2O_2) = V(1 - e^{-akq/V})/k$ gegeben; q ist die Elektrizitätsmenge in Faraday, V das Vol. der Lsg., k ein Geschwindigkeitskoeff. für die Zersetzungs-Rk. u. a ein Faktor mit dem Wert 1,1—1,9; a drückt die Zahl der Äquivalente H_2O_2 aus, die anfänglich durch jedes Faraday elektr. Stroms gebildet werden. Der Vorgang ist für verschied. Lsgg., deren p_H von 1—9 variiert, der gleiche; jedoch ist die gebildete Menge H_2O_2 am Anfang u. am Ende dieses Bereichs geringer. In stark alkal. Lsgg. war kein H_2O_2 festzustellen, wahrscheinlich weil anod. Zers. durch Entladung des Perhydroxylions eintritt. Prim. werden durch die Einw. des elektr. Stroms Hydroxylradikale in der Lsg. gebildet. Vff. schließen aber die Möglichkeit einer direkten Dissoziation von Wassermoll. nicht aus. Dann erfolgt Dimerisierung der OH-Radikale zu H_2O_2; wenn H_2O_2 in genügender Menge entstanden ist, zers. es sich durch Wechselwrkg. mit OH-Radikalen wieder so schnell, wie es sich bildet. (J. chem. Soc. [London] **1952**. 3595—3602. Sept. Liverpool, Univ., Dep. of Inorgan. and Physic. Chem.) J. MATTNER. 141

R. C. Turner und **C. A. Winkler**, *Tropfende Amalgamelektroden.* Der anod. Grenzstrom u. die Halbstufenpotentiale von tropfenden Zn- u. Cd-Amalgamelektroden werden untersucht. Für Tropfgeschwindigkeiten unterhalb 1,2 mg/Sek. gehorchen die Grenzströme der von STREHLOW u. VON STACKELBERG (C. **1950**. II. 739) gegebenen 2. Näherung der ILKOVIČ-Gleichung. Bei größeren Tropfgeschwindigkeiten besteht für Pb-Amalgam ein linearer Zusammenhang zwischen dem Grenzstrom, dividiert durch die Konz., u. der Tropfgeschwindigkeit. Bei Cd-Amalgam ist ein solcher linearer Zusammenhang nicht erkennbar. Der Grenzstrom hängt hier sowohl von der Tropfengröße als auch von der Tropfgeschwindigkeit ab. Die Halbstufenpotentiale beider Amalgame werden mit wachsender Tropfgeschwindigkeit negativer. Auch bei sehr kleinen Tropfgeschwindigkeiten werden sie negativer. (Canad. J. Chem. **29**. 469—77. Juni 1951. Montreal, McGill Univ., Phys. Chem. Labor.) R. LEVI. 142

I. M. Kolthoff und **Joseph Jordan**, *Sauerstoffinduzierte Elektroreduktion von Wasserstoffperoxyd und Reduktion von Sauerstoff an der rotierenden Golddrahtelektrode.* Vff. untersuchten die elektr. Red. von O_2 voltametr. an der rotierenden Au-Drahtelektrode bei einem p_H von 4—13. In einem Acetatpuffer von p_H 4, einem Phosphatpuffer von p_H 7 u. in einer 0,1 mol. NaOH-Lsg. wurde Proportionalität zwischen Diffusionsstrom u. Konz. gefunden. Die H_2-Überspannung an der rotierenden Au-Elektrode wurde in verschied. Elektrolyten bestimmt. Sie beträgt ca. 0,4 V. Die Überspannung an der rotierenden Pt-Elektrode ist dagegen gering. Au-Drahtelektroden sind für die amperometr. Best. von O_2 besser geeignet als Pt-Elektroden. H_2O_2 vergrößert den Grenzstrom von O_2 an rotierenden Au- u. Pt-Elektroden stark. Die Elektrored. von O_2 induziert die Elektrored. von H_2O_2 bei Potentialen, bei denen H_2O_2 normalerweise nicht mehr red. wird. Die Erhöhung der O_2-Wellen durch H_2O_2 u. die induzierte Elektrored. von H_2O_2 werden auf die Reaktionsfolge $O_2 + e^- = O_2^-$; $O_2^- + H_2O_2 = OH^- + O_2 + OH\cdot$; $OH\cdot + e^- = OH^-$ zurückgeführt. Die Erhöhung der O_2-Wellen durch H_2O_2 macht es möglich, Bestimmungen von O_2 auch dann durchzuführen, wenn die O_2-Konz. sehr gering ist. (J. Amer. chem. Soc. **74**. 4801—05. 5/10. 1952. Minneapolis, Minn., Univ. of Minnesota, School of Chem.) R. MATTNER. 142

Paul Delahay und **Jacob E. Strassner**, *Eine Theorie der irreversiblen polarographischen Stufen.* Vff. entwickeln eine neue Theorie der irreversiblen Stufen unter der Annahme, daß der Strom an jedem Punkt der Stufe durch die Geschwindigkeit des Elektrodenprozesses u. die Diffusionsgeschwindigkeit des an der Elektrode reagierenden Stoffes gegeben ist, ohne daß wie bei früheren Arbeiten eine Beziehung zwischen der Geschwindigkeitskonstante u. dem Potential der tropfenden Hg-Elektrode vorausgesetzt wird. Diese Beziehung wird auf der Basis absol. Geschwindigkeiten interpretiert. Die freie Aktivierungsenergie u. der Übergangskoeff. für eine gegebene Elektroden-Rk. werden aus den entsprechenden Strom—Spannungs-Kurven berechnet. Die Theorie wird an der Red. von Jodation experimentell erprobt. Erwartungsgemäß ergibt sich eine, von den Größen der Hg-Tropfelektrode unabhängige, lineare Beziehung zwischen dem log der Geschwindigkeitskonstanten u. der Überspannung. Die Aktivierungsenergie u.

der Übergangskoeff. sind unabhängig von der Jodatkonzentration. Sie werden jedoch durch Zugabe von *Gelatine* beeinflußt. Dieser Effekt ist bei Gelatinekonzz. unterhalb 0,01% am stärksten u. wird deshalb der Adsorption der Gelatine an der Hg-Oberfläche zugeschrieben. Der Übergangskoeff. wird für Lsgg. mit 0,01% Gelatine zu ca. 0,3 bestimmt. In Abwesenheit von Gelatine ist er größer als 0,45. Die Anzahl der am geschwindigkeitsbestimmenden Schritt der Jodatred. teilnehmenden Elektronen wird zwischen p_H 6 u. p_H 8 zu 1, oberhalb p_H 8, zwischen p_H 6 u. p_H 2 zu 2 u. unterhalb p_H 1 zu 4 ermittelt. Die freie Aktivierungsenergie für den Mechanismus, bei dem 2 Elektronen übergehen, beträgt in bas. Lsg. ca. 32 kcal, in saurer Lsg. ca. 25 kcal. Bei Übergang von einem Elektron liegt sie etwa bei 22 kcal u. in sehr sauren Lsgg. bei Übergang von 4 Elektronen bei 35 kcal. Diese Werte sind für Lsgg. mit einem Gelatinegeh. von 0,01% gegeben. (J. Amer. chem. Soc. **73.** 5219—22. Nov. 1951. Bâton Rouge, La., Louisiana State Univ., Coates Chem. Labor.) R. LEVI. 142

R. Audubert und **M. Bonnemay,** *Überspannung und Adsorption.* Bei Anwendung der Formel von AUDUBERT für die H-Überspannung an platinierten Pt-Elektroden auf die experimentellen Ergebnisse ergeben sich für große Stromdichten für die Koeffizienten der Energieübertragung entgegen den theoret. Voraussagen größere Werte als 1. Außerdem hängen sie von der Platinierung u. der Vergiftung der Elektroden ab. Es wird daher angenommen, daß nur bei niedrigen Stromdichten die Bldg. der H_2-Moll. allein aus adsorbierten H-Atomen erfolgt. Bei höheren Stromdichten, nach Sättigung der Elektrodenoberfläche, tritt daneben eine Bldg. aus atomarem H auf. (J. Chim. physique Physico-Chim. biol. **47.** 204—07. März/April 1950.) R. LEVI. 143

U. R. Evans und **I. D. G. Berwick,** *Passivität von Metallen.* 11. Mitt. *Das anodische Verhalten von Eisenoxydfilmen.* (10. vgl. C. **1950.** II. 1912.) Es wird das anod. Verh. von durch hohe Tempp. angelaufenem Fe untersucht. Die anod. Polarisation erfolgte in 0,1 mol. H_2SO_4 für eine bestimmte Zeit t_c. Wird der polarisierende Strom unterbrochen, so liegt zwischen der Unterbrechung u. der Bewegung des Galvanometerzeigers eine Zeit t_b, die der Zeit des Zusammenbruches der Schicht entspricht (Autored.). Die Zeit des Zusammenbruchs steigt mit zunehmender anod. Behandlungsdauer. Es sind beträchtliche Streuwerte von t_b festzustellen. Die höchsten t_b-Werte verlaufen schließlich asymptotisch. Die t_b-Werte sind weiter sehr temperaturabhängig. Sie sind wesentlich kleiner bei 24° als bei 6°. Von den während der Periode t_c angewendeten Stromdichten sind die t_b-Werte unabhängig. Es wird angenommen, daß die starken Streuungen der t_b-Werte durch Rißbldg. im Film schon während des Stromdurchganges hervorgerufen werden. (J. chem. Soc. [London] **1952.** 3432—37. Sept. Cambridge, Univ., Dep. Metallurg.) J. FISCHER. 143

A_4. Thermodynamik. Thermochemie.

W. M. Jones, *Die Tripelpunkttemperatur von Tritiumoxyd.* Mit Hilfe einer ausführlich beschriebenen App. bestimmte Vf. die Tripelpunkttemp. von T_2O in drei gut übereinstimmenden Meßreihen zu 4,49 $\pm$0,02°. (J. Amer. chem. Soc. **74.** 6065—66. 5/12. 1952. Los Alamos, N. Mex., Univ. of California, Los Alamos Sci. Labor.) E. HEINRICH. 147

Carroll O. Bennett und **Barnett F. Dodge,** *Kompressibilitäten von Gemischen aus Wasserstoff und Stickstoff oberhalb von 1000 Atmosphären.* Vff. untersuchten die Druck–Vol.–Temp.-Beziehungen von H_2–N_2-Gemischen von 1000—3000 at im Temperaturgebiet von 25—125°. Es wurden 3 Mischungen von 25, 50 u. 75% H_2 in N_2 nach der Meth. des konstanten Vol. untersucht, sowie die Kompressibilitätsfaktoren A von AMAGAT zugrunde gelegt. Das Gesetz der additiven Voll. von AMAGAT $A_m = x_N A_N + x_H A_H$ (A_m, A_N, A_H: A des Gemisches bzw. reinen N_2 oder H_2, x_N, x_H: Molenbrüche) konnte innerhalb der Meßgenauigkeit (0,37%) bestätigt werden. (Ind. Engng. Chem. **44.** 180—85. Jan. 1952. New Haven, Conn., Yale Univ., Chem. Engng. Dep.) E. HEINRICH. 148

James A. Beattie, James S. Brierley und **Roland J. Barriault,** *Die Kompressibilität von Krypton.* 1. Mitt. *Eine Zustandsgleichung für Krypton und das Gewicht eines Liters Krypton.* Vff. bestimmten die Kompressibilität von Kr, das 0,90 Mol-% Xe enthielt, zwischen 0 u. 300° u. im Dichteintervall von 1—10 Mol/Liter. Für reines Kr ergaben sich die Konstanten der Gleichung von BEATTIE u. BRIDGEMAN zu $R = 0{,}08206$, $A_0 = 2{,}4230$, $a = 0{,}02865$, $B_0 = 0{,}05261$, $b = 0$, $c = 14{,}89 \cdot 10^4$ (in Einheiten: Standardatmosphäre, Liter/Mol u. °K, wobei $T°K = t°C + 273{,}13$). Die Zustandsgleichung gibt die Meßwerte mit einer mittleren Genauigkeit von 0,16% wieder. Das Gewicht eines Liters Kr bei 1 at u. 0° wurde von Vff. aus dem Mol.-Gew. (83,7) u. den oben angegebenen Konstanten zu 3,745 g/Liter berechnet. (J. chem. Physics **20.** 1613—15. Okt. 1952. Cambridge, Mass., Massachusetts Inst. of Technol., Dep. of Chem.) E. HEINRICH. 148

James A. Beattie, James S. Brierley und **Roland J. Barriault,** *Die Kompressibilität von gasförmigem Krypton. 2. Mitt. Die Virialkoeffizienten und Potentialparameter von Krypton.* (1. vgl. vorst. Ref.) Aus den im Vorst. beschriebenen Kompressibilitätsmessungen berechneten Vff. die 2. u. 3. Virialkoeffizienten des Kr mit 0,90 Mol.-% Xenon. Zum Vgl. wurden die Parameter des Lennard-Jones-Potentials für Kr berechnet. Es ergab sich $\mu = 2{,}044 \cdot 10^{-58}$ erg cm^6, $\lambda = 0{,}438 \cdot 10^{-102}$ erg cm^{12}, $\varepsilon = 238{,}4 \cdot 10^{16}$ erg, $b_0 = 58{,}40$ cm^3/Mol, $\Theta = 172{,}7^0$ K, $\sigma = 3{,}591 \cdot 10^{-8}$ cm. Die Wiedergabe des 2. Virialkoeff. ist zufriedenstellend. Der 3. Virialkoeff. weicht mehr als der des Xe von den theoret. Werten für ein Lennard-Jones (6.12)-Potential ab. (J. chem. Physics **20.** 1615—18. Okt. 1952.) E. Heinrich. 148

R. J. Lunbeck und **A. J. H. Boerboom,** *Über den zweiten Virialkoeffizienten von Gasmischungen.* Vff. berechnen nach verschied. Methoden für eine binäre Gasmischung den 2. Virialkoeff., der aus 3 Summanden besteht, die im wesentlichen die Wrkg. der Moll. 1 u. 2 u. die Wechselwrkg. zwischen 1 u. 2 enthalten. Die erste Meth. beruht auf der Grundlage der klass. statist. Mechanik u. führt zu einer Beziehung zwischen dem 2. Virialkoeff. u. den potentiellen Energien der mol. Wechselwirkung. Die zweite Meth. besteht in der Best. der Volumenänderung bei Mischung zweier Gase. Es ergibt sich, daß die Messung der Volumenänderung zu einer Best. der einzelnen Glieder des 2. Virialkoeff. nicht ausreicht, daß vielmehr mindestens zwei Kompressibilitätsmessungen notwendig sind. Als dritte Meth. untersuchen Vff. den Zusammenhang zwischen dem 2. Virialkoeff. u. dem intermol. Potentialfeld reiner Gase, wobei sie von einem Lennard-Jones-6. 12-Potential ausgehen u. Mischungsregeln anwenden. Die Übereinstimmung der berechneten mit experimentell ermittelten Werten ist relativ gut. (Physica **17.** 76—80. Jan. 1951. Amsterdam, Gemeente Univ., Van der Waals Labor.) E. Heinrich. 149

Worthy T. Boyd und **Robert R. White,** *Konzentrierung von Sauerstoff 18 durch chemischen Austausch.* Beschreibung einer Anlage, in der in einem auf bestimmte Temp. einstellbaren, mit Spiralen aus oxydiertem Al oder rostfreiem Stahl gefüllten Rohr CO_2 im Gegenstrom zu NH_3-haltigem W. gelöst wird, wobei der ungelöste Rest an $^{12}C^{16}O^{18}O$ angereichert ist. Dieser wird mit H_2 katalyt. in CH_4 u. W. verwandelt u. das letzte wiederum dem dem CO_2 entgegenströmenden W. zugeleitet, so daß sich nach einer bestimmten Zeit ein Endzustand mit einer bestimmten Konz. an $H_2{}^{18}O$ einstellt. Die Anreicherung durch die Säule wurde als Isotopenverhältnis im eingeführten u. ungelöst bleibenden CO_2 massenspektrograph. auf $\pm 0{,}2\%$ bestimmt, u. zwar in Abhängigkeit von der NH_3-Konz., Temp. u. Druck. Die erzielten Trennfaktoren, erforderlichen Überführungseinheiten u. diesen entsprechenden Kolonnenhöhen bis zur Erreichung des Gleichgewichts werden mitgeteilt. (Ind. Engng. Chem. **44.** 2202—07. Sept. 1952. Ann. Arbor, Mich., Univ. of Michigan, Dep. Chem. Metallurg. Engng.) Metzener. 149

Morris F. Stubbs, Joseph A. Schufle und **Alvin J. Thompson,** *Thermodynamische Eigenschaften von Indium(III)-oxyd.* Vff. bestimmten die Gleichgewichtsverhältnisse von W.-Dampf zu H_2 bei der Red. von In_2O_3 mit H_2 zwischen 823 u. 1123° K. Aus röntgenograph. Unterss. ergab sich, daß die Red. offenbar direkt zum Metall führt, ohne nennenswerte Bldg. von niederen Oxyden: $In_2O_3 + 3H_2 \rightleftharpoons 2\,In + 3\,H_2O$. Für die Bldg. des In_2O_3 bei 298° K berechneten Vff. aus den Meßwerten eine freie Energie von —196,4 kcal/Mol u. eine Standardenthalpie von —216,8 kcal/Mol. Für die absol. Entropie ergab sich ein Wert von 30,1. (J. Amer. chem. Soc. **74.** 6201—03. 20/12. 1952. Socorro, N. Mex., New Mexico Inst. of Mining and Technol., Dep. of Chem. and Metallurgy.) E. Heinrich. 152

Elmer J. Huber jr. und **Charles E. Holley jr.,** *Die Verbrennungswärme von Neodym.* Zur Messung der Verbrennungswärme des Nd benutzten Vff. ein O_2-Bombencalorimeter bei 25 at Druck, das mit Standard-Benzoesäure geeicht wurde. Röntgenaufnahmen zeigten, daß das Verbrennungsprod. aus hexagonalem Nd_2O_3 bestand. Unter Berücksichtigung der üblichen Korrekturen ergab sich die Verbrennungswärme des Nd zu 6252,6±3,5 absol. Joule/g. Die berechnete Bildungswärme betrug —432,15±0,24 kcal/Mol, sie liegt um 0,7% unterhalb des von Muthmann u. Weiss (1904) angegebenen Wertes. (J. Amer. chem. Soc. **74.** 5530—31. 5/11. 1952. Los Alamos, N. Mex., Univ. of California, Los Alamos Sci. Labor.) E. Heinrich. 155

R. F. Littlejohn und **G. Whittingham,** *Der Zerfall von H_2SO_4 in Stadtgasflammen.* Mit Hilfe von Taupunktmessungen der Verbrennungsprodd. von Stadtgas wurden in einem Bunsenbrenner u. einer Variation ohne Sekundärluft H_2SO_4-Konzz. zwischen 0,006 u. 0,12% im Gaszustand auf ihren Zerfallsmechanismus unter besonderer Berücksichtigung der Rk. zwischen SO_3 u. atomarem H untersucht. Die zwei Apparaturen dienten zur getrennten Unters. der inneren u. äußeren Flammkegel bei der Einspritzung von H_2SO_4 mit der Primärluft. Pt-PtRh-Thermoelemente dienten zur Temp.- u. Oberflächenleitfähigkeitsbestimmung. Bei Bunsenflammen war bei 10% O_2 im Gasgemisch bei 1290°

der Dissoziationsgrad 99,0%. Bei dem anderen Flammentyp waren bei einer geschätzten Temp. von 1470° 80—90% der eingespritzten H_2SO_4 im inneren Kegel zerfallen, in dem ebenfalls ein teilweiser Zerfall von KW-stoff u. H_2 stattfindet, wohingegen der Zerfall in der oberen Flammzone wesentlich geringer war. Berechnungen zeigten, daß der eingespritzte Säurenebel bis zur Erreichung der Flammfront des inneren Kegels vollkommen verdampft war. Bei den gegebenen Tempp. ist der H_2SO_4-Dissoziationsanteil ungewöhnlich konstant, u. es ist unwahrscheinlich, daß undissoziierte Säure die Flamme passierte. Ebenso konstant ist der Betrag des Zerfalls von SO_3. Die Resultate wiesen auf eine Rk. erster Ordnung in bezug auf die H_2SO_4-Konz. hin. Bei Berücksichtigung der verschied. Reaktionspartner ergaben sich folgende Reaktionsmöglichkeiten: $SO_3 + M \rightleftharpoons SO_2 + X$ (M = CO, H_2 oder CH_4); $SO_3 + H \rightleftharpoons OH + SO_2 + 18$ kcal. Unter der Annahme von 1 mm H-Partialdruck im inneren Kegel von Stadtgasflammen zeigten Berechnungen einen 95,0%ig. Zerfall von SO_3 in ca. 10^{-3} Sekunden. Der geringere Dissoziationsgrad von SO_3 im oberen Kegel wird bei getrennten Flammen durch die tiefere Temp. u. eine kleinere Konz. an H-Atomen bedingt. Es konnte nicht angegeben werden, in welchem Maße SO_2 wieder in dieser Flamme zu SO_3 oxydiert wurde. (J. chem. Soc. [London] **1952**. 3304—08. Aug. Leatherhead, Surrey, Brit. Coal Util. Assoc.) CZEKAY. 157

R. H. Busso, *Untersuchung der Photogenese und der metastabilen aktiven Zentren bei der Verbrennung von Graphit.* Vf. untersuchte die UV-Emission zwischen 1900 u. 2800 Å im Verlauf der Oxydation von Graphit bei 1500° u. im Druckintervall von 10^{-2} bis 15 cm Hg mittels einer Kupferjodidphotozelle. Aus der unterschiedlichen Ausstrahlung an verschied. Stellen des Reaktionsraumes bestimmte Vf. die mittlere Lebensdauer der metastabilen Moleküle. Es ergab sich, daß in den Verbrennungsgasen angeregte metastabile CO_2-Moll., deren wahre mittlere Lebensdauer einige hundertstel Sek. im Druckintervall bis zu 5 cm Hg beträgt, u. ebenfalls metastabile angeregte CO-Moll. vorhanden sind, deren mittlere Lebensdauer bis zu einem unteren Druck von 5 cm Hg 1 Sek. erreicht. Die Oxydationsverss. wurden mit Luft u. Gemischen aus 79% Ar + 21% O_2 u. Luft + 2% CCl_4 ausgeführt. (J. Chim. physique Physico-Chim. biol. **50**. 53—59. Jan. 1953. Paris, Sorbonne, Labor. d'Electrochim.) E. HEINRICH. 157

H. S. Strickler, *Wärmeleitfähigkeit von festen Körpern und Flüssigkeiten aus Untersuchungen angehäufter Stoffe.* Die Wärmeleitfähigkeit von Gemischen von Körpern in verschied. Aggregatzuständen sollte aus Strömungsunterss. berechnet werden. Dafür wurden von mehreren Autoren Gleichungen aufgestellt. Es wurden mit einer solchen Gleichung die Wärmeleitfähigkeiten folgender Gemische berechnet: *Blei*–H_2–*Luft*, *Stahl*–H_2–Luft, *SiC*–H_2–CO_2, SiC–H_2–Luft, SiC–Luft–CO_2, *MgO*–Luft (700°), MgO–Luft (0°). Die errechneten Daten stimmten mit den experimentell gewonnenen Werten gut überein. (J. chem. Physics **20**. 1333—34. Aug. 1952. Pittsburgh, Pa., Allegheny Gen. Hosp., Wm. H. Singer Mem. Res. Labor.) MIETHING. 158

A_5. Grenzschichtforschung. Kolloidchemie.

L. D. Woljak, *Oberflächenspannung von Flüssigkeiten als Funktion des reduzierten Volumens.* Für die Abhängigkeit der Oberflächenspannung σ vom red. Vol. φ wird die empir. universelle Gleichung $\sigma = Ae^{-2,1\varphi}$ vorgeschlagen, wo $\varphi = v/v_k$, v u. v_k = spezif. u. krit. spezif. Vol. der Fl., A = Konstante. Nach den durchgeführten Berechnungen für 14 n. (Bzl., Chlorbenzol u. a.) u. assoziierte Fll. (W., A.) gilt diese Formel mit Ausnahme des krit. Gebietes u. des krit. Punktes für ein breites Zustandsgebiet. Für die Grenzbedingungen $\sigma = 0$, $\varphi = 1$ gilt die Formel: $\sigma = A\,e^{-13,1} - A\,e^{-13,1+\varphi}$. Die Korrektur $Ae^{-13,1+\varphi}$ besitzt einen sehr geringen Absolutwert u. ist nur im krit. Punkt oder in dessen Nähe von wesentlicher Bedeutung. (Журнал Физической Химии [J. physik. Chem.] **26**. 321—25. März 1952.) LEBTAG. 166

Mitsuru Nagasawa und **Yonosuke Kobatake**, *Die Theorie des Membranpotentials.* Die Membranpotentiale werden von Vff. auf der Grundlage der EYRINGschen Theorie der Geschwindigkeitsprozesse für drei Spezialfälle, 1. poröse Membranen, z. B. Cellophan, Pergamentpapier, poröses Kollodium usw., 2. permselektive organ. Membranen, z. B. getrocknetes Kollodium, u. 3. die Glaselektrode diskutiert. Dabei wird vorausgesetzt, daß diese Membranen eine starre Mosaikstruktur besitzen u. daß zwei Ionen mit der gleichen Geschwindigkeit die Poren der Membran durchdringen. Die Konz. der Ionen wird mit Hilfe der POISSON-BOLTZMANNschen Gleichung berechnet. Zwischen den experimentellen Daten verschied. Autoren u. der Vff. u. der Theorie wurde eine gute Übereinstimmung festgestellt. Das asymm. Potential der Glaselektrode konnte durch die Annahme erklärt werden, daß im stationären Zustand die Asymmetrie durch Unterschiede der Ionendiffusion auf den beiden Seiten der Membran hervorgerufen wird. (J. physic. Chem. **56**. 1017—24. Nov. 1952. Okayama, Meguro, Tokyo, Tokyo Inst. of Technol.) G. HEINRICH. 167

B. A. Cooke und **H. A. E. Mackenzie**, *Eigenschaften der Borhalogenide. 1. Mitt. Die Viscosität von Bortrifluorid zwischen 20 und 200°.* Vff. beschreiben eine App. zur Viscositätsbest. von BF_3 nach der Transpirationsmeth. (Durchströmungsmeth.). Die Eichung erfolgte mit Luft u. wurde nach der abgeleiteten Gleichung $\eta = k\,p_0\,T_0\,t/V_0\,T + V_1\,T_0$ (wobei η Viscosität, k Apparaturkonstante u. t Zeit bedeuten) berechnet. Die Abhängigkeit der Viscosität von der Temp. wird graph. mitgeteilt. Die SOUTHERLANDsche Gleichung $\eta/\eta_0 = (T_0 + C)\,(T/T_0)^{3/2}/(T + C)$ wird für $C = 194{,}6^0$ K ($293^0\,K \leq T \leq 476^0$ K) u. 156,1 μP ($T_0 = 273{,}1^0$ K) befolgt. (J. South African chem. Inst. [N. S.] **4.** 123—29. Juni 1951. Pietermaritzburg, Univ. of Natal, Dep. of Chem. and Chem. Technol.) MOSLÉ. 172

G. B. Moses und **I. E. Puddington**, *Die rheologischen Eigenschaften einiger Seifen-Öl-Systeme.* Vff. bestimmten die Fließeigg. der Dispersionen von *Na-*, *Li-* u. *Al-Seifen* in KW-stoffölen (solche Systeme werden als Schmierfette benutzt) bei verschied. Tempp., Konzz. u. Schergeschwindigkeiten von 1400—25000 sec^{-1} mit Hilfe eines Ausflußplastometers. Sie stellten fest, daß die Änderung der Restviscosität u. des Thixotropiekoeff. mit der Temp. für alle genannten Systeme ähnlich ist. Für jede Seife gibt es jedoch eine charakterist. Temp., bei der plötzliche Änderungen des Thixotropiekoeff. auftreten. Die Änderungen der Thixotropie stehen in Übereinstimmung mit den theoret. Voraussagen, u. die Achsenverhältnisse von Teilchen der festen Phasen, die aus den Viscositätsdaten berechnet werden können, stimmen mit den beobachteten Werten überein. (Canad. J. Chem. **29.** 996—1009. Nov. 1951. Ottawa, Nat. Res. Labors., Div. of Chem.) G. HEINRICH. 173

I. Adler und **J. Steigman**, *Adsorption von UX_1 und RaE mit Hilfe eines mit Aquadag überzogenen Eintauch-Geiger-Müller-Zählers.* Vff. verwenden einen mit einer oder mehreren Schichten Aquadag (koll. Graphit) überzogenen Eintauch-GEIGER-MÜLLER-Zähler, der gleichzeitig als Sammler u. Detektor fungiert, zur Unters. wss. Lsgg. von UX_1 (^{234}Th). Der Anstieg der Aktivität mit der Zeit wird durch Temperaturänderungen (von 25—33°) sowie durch Veränderung der Dicke des Aquadagüberzuges (2—8 Schichten) nur sehr wenig beeinflußt. Die Verwendung verschied. Zählrohre dürfte, wegen der Unterschiede in den wirksamen Adsorptionsflächen, zu differierenden Resultaten führen. Es findet bei 100 std. Versuchsdauer, außer in den ersten 3—4 Std., linear zunehmende Diffusion statt. Aus der Unters. des Einfl. verschied. Säuren auf die Adsorption des UX_1 geht hervor, daß sich in sauren Lsgg. vermutlich ziemlich schnell ein Gleichgewicht zwischen adsorbierbarem u. nichtadsorbierbarem UX_1 einstellt. Lsgg. von trägerfreiem RaE (^{210}Bi) werden ebenfalls mit dieser Meth. untersucht. Die Bldg. von Komplexionen auf Zusatz von Chloriden sowie die gesteigerte Adsorption in stärkerer saurer Lsg. wird gezeigt. (J. physic. Chem. **56.** 493—98. April 1952. Brooklyn, N. Y., Polytechn. Inst. of Brooklyn, Dep. of Chem.) GEDSCHOLD. 176

William J. Argersinger jr. und **Arthur W. Davidson**, *Experimentelle Zahlenwerte und Aktivitätskoeffizienten bei Ionenaustauschgleichgewichten.* Bei Verss. an ionenaustauschenden Kunstharzen (*Dowex 50*) mit wss. Elektrolytlsgg. zeigte sich, daß der Gesamtvorgang neben einem in äquivalenten Mengen erfolgenden Kationenaustausch sich aus einer Absorption von W. sowie einer Elektrolytadsorption von seiten des festen Austauschers zusammensetzt. Obgleich man die Menge des absorbierten W. u. das Ausmaß der Elektrolytadsorption bestimmen u. entsprechend berücksichtigen kann, liefert doch eine Analyse jeder der Gleichgewichtsphasen in bezug auf diese beiden Bestandteile die besten Werte zur Berechnung der Gleichgewichtskonstanten für den Austausch. Das Gleichgewichtssyst. besteht aus einer nichtidealen fl. Lsg. des Elektrolyten u. einer nichtidealen festen Lsg. des Kunstharzes. Die mittleren Aktivitätskoeffizienten für die Elektrolytgemische lassen sich, soweit zugänglich, mit den Austauschwerten kombinieren, um mit Hilfe der GIBBS-DUHEMschen Gleichung sowohl die Gleichgewichtskonstante für den Austauschvorgang als auch die Aktivitätskoeffizienten des Harzes in Abhängigkeit von der Zus. zu berechnen. Diese Aktivitätskoeffizienten müssen bei konstanter Harzzus. von der Ionenstärke beim Gleichgewicht in der wss. Phase unabhängig sein. Die Konstanz der Aktivitätskoeffizienten im Kunstharz wurde für den Austausch Na—H bei drei verschied. Ionenstärken bestätigt u. dabei der Mittelwert der Gleichgewichtskonstanten zu 1,69 bestimmt. Ähnliche Berechnungen wurden für das Syst. Ag-H bei einer Ionenstärke von 1 mol. durchgeführt; in diesem Fall sind die Aktivitätskoeffizienten >1, u. für die Gleichgewichtskonstante wurde der Wert 13,7 gefunden. (J. physic. Chem. **56.** 92—96. Jan. 1952. Lawrence, Kans., Univ.) HENTSCHEL. 176

Jack J. Grossman und **Arthur W. Adamson**, *Der Diffusionsvorgang an Kunstharzaustauschern.* Es wird gezeigt, daß ein Filmdiffusionsvorgang nach Vff. (C. **1950. II.** 145) zu Recht besteht, u. festgestellt, daß bei den sulfonierten Polystyrolharzen (*Dowex 50*) die Diffusion der einzige geschwindigkeitsbestimmende Vorgang ist. Die Bedingungen, die eine Filmdiffusion begünstigen, sind: 1. geringe Filmpermeabilität D^0/R^0; 2. große Teilchenpermeabilität D/R; 3. geringe Diffusionswrkg. f, wie sie durch verd. Außenlsg., vollständige Dissoziation des Kunstharzes, geringen inneren Leerraum u. große Austauschkapazität gegeben ist. Unter Benutzung der Tracer-Technik mit ^{134}Cs wurde festgestellt, daß die Filmdiffusion für den Austausch *Na*—Cs bei einer mol. Konz. von 0,001 in der Außenlsg. u. darüber merklich zu werden beginnt. Die Dissoziation des sauren Austauscherharzes macht für den Austausch H—Cs bei Konzz. $>8\cdot10^{-4}$ mol. die Teilchendiffusion zum geschwindigkeitsbestimmenden Vorgang, obwohl noch dazwischenliegende Diffusionswerte beobachtet werden können. (J. physic. Chem. **56.** 97—100. Jan. 1952. Los Angeles, Calif., Univ. of Southern California.) HENTSCHEL. 176

M. L. Wolfrom, Alva Thompson, T. T. Galkowski und **E. J. Quinn,** *Einfluß von Feuchtigkeit auf die chromatographischen Eigenschaften eines synthetischen hydratisierten Magnesiumsilicats.* Das Adsorptionsvermögen von Magnesol (synthet. Mg-Silicathydrat) ist abhängig vom Feuchtigkeitsgehalt. Der Geh. an lose gebundenem W. wurde durch Best. des Gewichtsverlustes nach 24std. Erhitzen auf 110° ermittelt. Das Adsorptionsvermögen nimmt mit steigendem Wassergeh. ab. Die Abnahme des Adsorptionsvermögens wurde bestimmt, indem der Abstand der Zonen in Magnesolen verschied. Feuchtigkeitsgeh. gemessen wurde. Der günstigste Feuchtigkeitsgeh. liegt zwischen 10 u. 20%. (Analytic. Chem. **24.** 1670—71. Okt. 1952. Columbus, O., Ohio State Univ., Dep. of Chem.) KAISER. 177

Harold G. Cassidy, *Untersuchung der Papierchromatographie. Strömung der Flüssigkeit im Filterpapier.* Von den 3 Faktoren, die von Einfl. auf die Papierchromatographie sind — Strömung der Fl., Wirkungen auf die R_f-Werte u. die Lage der Zonen —, wird der Einfl. auf die Strömung der Fl. diskutiert. Ein Papier ist charakterisiert durch sein Vol. der festen Substanz, das Vol. der Luft u. der Fl. in einem Streifen. Es wird in seinen Eigg. von verschied. Parametern, wie Porosität, Durchschnittsporengröße u. deren Verteilung, bestimmt. Ferner ist von Bedeutung die Faserrichtung, die mol. Struktur der Faser, die chem. Natur der Cellulose, ihre Wasserlöslichkeit, der Aschegeh. u. das Quellungsvermögen. Bes. ist die Strömung der Fl. durch ihre Geschwindigkeit charakterisiert. Für diese wurden von mehreren Autoren mit Hilfe des POISEUILLEschen Gesetzes Funktionen aufgestellt, die den wirklichen Vorgängen mehr oder weniger nahekommen. Die Fll. äußern ihren Einfl. durch ihre chem. Natur, D., Viscosität u. Oberflächenspannung. Der Sättigung der die Papierstreifen umgebenden Atmosphäre mit dem Dampf der Fl. wird große Bedeutung zuerkannt. Die Temp. äußert sich mittelbar über die Viscosität u. Oberflächenspannung, die mit steigender Temp. abnehmen. Der Temperaturkoeff. der Fließgeschwindigkeit ist verhältnismäßig niedrig. — 92 Literaturangaben. (Analytic. Chem. **24.** 1415—21. Sept. 1952. New Haven, Conn., Yale Univ., Sterling Chem. Labor.) ENDRASS. 177

H. L. Frisch und **F. C. Collins,** *Diffusionsprozesse beim Wachstum von Aerosolteilchen.* Vff. behandeln verschied. theoret. Probleme, die mit dem Wachstum von Aerosolteilchen zusammenhängen. Sie zeigen, daß die FICKsche Differentialgleichung auch dann angenähert gilt, wenn die mittlere freie Weglänge der diffundierenden Moll. groß gegenüber dem Radius des Aerosoltröpfchens ist. Die theoret. Behandlung einer Mehrzahl von konkurrierenden Senken im Diffusionsfeld gelang nach einer Meth., die gegenüber denen von REISS (vgl. C. **1952.** 3449) die Vereinfachung aufweist, daß die Tröpfchen ihren Radius nicht mit der Zeit ändern. Der Beitrag, den eine zeitabhängige Quellfunktion zum Fluß in Richtung auf die Senken liefert, wurde nach einem Verf. berechnet, das es gestattet, die Änderung der Konz. während des Diffusionsprozesses zu berücksichtigen. Eine solche zeitabhängige Quellfunktion, die die Änderung der Zahl der an der Diffusion beteiligten Moll. repräsentiert, tritt beim Problem des Aerosolwachstums wegen der Temperaturänderungen auf. (J. chem. Physics **20.** 1797—1802. Nov. 1952. Brooklyn, N. Y., Polytechn. Inst. of Brooklyn, Dep. of Chem.)
G. HEINRICH. 180

A₆. Strukturforschung.

I. B. Borowski und **P. A. Besirganjan,** *Röntgenstrahlenbeugung an gebogenen Kristallen. Kinematische Theorie. — Fall der Reflexion.* Erweiterung der früher (C. **1953.** 4169) behandelten kinemat. Theorie der Röntgenstrahlenbeugung auf den Fall der Reflexion an gebogenen Kristallen. Das Interferenzmaximum bei der Reflexion entspricht dem bei der Transmission entstehenden Maximum u. unterscheidet sich nur durch die Breite des Winkelgebietes. (Доклады Академии Наук СССР [Ber. Akad. Wiss. UdSSR] [N. S.] **88.** 769—72. 11/2. 1953. Moskau, Lomonossow-Univ., Physikal. Inst.)
KLEVER. 181

F. Regler, *Neue Ergebnisse mit Röntgenrückstrahlverfahren.* 1. Mitt. Nach einem kurzen Hinweis auf die Bedeutung der Rückstrahlverff. werden die erreichbare Meßgenauigkeit, der Einfl. der Brennfleckform u. -größe auf die Aufnahmen, die Streuung der Interferenzpunkte, die Unters. ferromagnet. Körper sowie die Best. des therm. Ausdehnungskoeff. aus Röntgenaufnahmen besprochen. (Radex-Rdsch. **1952.** 166—80. Aug. Wien, TH, Inst. für Experimentalphys.) GOTTFRIED. 181

Andrew D. Booth, *Zylindrische Patterson-Synthesen zur Untersuchung von Kettenrichtungen bei der Röntgenkristallanalyse.* Es wird gezeigt, daß es bei Röntgenanalysen von bestimmten Eiweißkettenmoll. möglich ist, das Vorhandensein einer „Kette" nachzuweisen, wenn ihre ungefähre Lage bekannt ist, indem die ganze, in einem zylindr. Raum enthaltene PATTERSON-Dichte auf die Achse dieses Zylinders projiziert wird, dessen Radius so gewählt wurde, daß der ganze Bereich des PATTERSON-Raums umfaßt wird, der durch die inneren Kettenvektoren der angenommenen Struktur eingenommen wird. Es ist nicht erforderlich, den Fall eines Zylinders mit einer willkürlichen Achsenrichtung in Betracht zu ziehen, da durch eine einfache Koordinatentransformation die Zylinderachse parallel zu einer der Koordinaten gelegt werden kann. Die Berechnungsmethoden werden angegeben. (Trans. Faraday Soc. **48.** 197—200. März 1952. London, Birkbeck Coll. Res. Labor., Electronic Computer Project.) SCHÄFF. 181

P. H. Miller jr. und **B. R. Russell,** *Einfluß von Gitterfehlern auf Röntgenstreuung und Lineardimensionen von Kristallen.* Vff. berechnen, daß für einen kub. Kristall, der durch eine zentrale Leerstelle (oder ein Zwischengitteratom) deformiert wird, die makroskop. Längenänderung um mehr als die Hälfte kleiner ist als die Änderung der röntgenograph. bestimmten Gitterkonstante. Sie übertragen dieses Ergebnis auf Kristalle mit vielen Fehlstellen, speziell auf die Ausdehnungsbeobachtungen von BERRY u. STRELKOW an *AgBr.* (Physic. Rev. [2] **86.** 650—51. 15/5. 1952. Univ. of Pennsylvania.) TELTOW. 181

M. Blackman, *Über die begrenzenden Schwingungsfrequenzen eines Ionengitters.* Es wurden die Schwingungsfrequenzen eines rhomb. Ionengitters vom *TlF*-Typ ausgearbeitet, u. zwar für Wellenlängen, die lang im Vgl. zu den Zelldimensionen, jedoch kurz im Vgl. zu der Kristallgröße sind. Den Berechnungen wurde eine kleinere Elementarzelle zugrunde gelegt, analog der rhomboedr. Zelle in NaCl. Es konnte gezeigt werden, daß diese Frequenzen nicht eindeutig sind, sondern im allg. von der Richtung der Welle im Kristall abhängig sind. Diese Nichteindeutigkeit besagt, daß die Flächen konstanter Frequenz in diesem Gebiet stark gestört sind. Hieraus folgt, daß an Stelle eines zu erwartenden scharfen Maximums im Schwingungsspektr. dieses Maximum stark verbreitert erscheinen wird. — Es wurden weiter kub. Ionengitter vom $CaCl_2$- u. *ZnS*-Typ behandelt; diese haben in der langwelligen Grenze zwei transversale Wellen gleicher Frequenz (ν_t) u. eine longitudinale Welle der Frequenz ν_l wie im NaCl (vgl. LYDDANE u. HERZFELD, Physic. Rev. [2] **54.** [1938.] 846, u. KELLERMANN, Philos. Trans. Roy. Soc. London, Ser. A **238.** [1940.] 513). Kurz berührt werden noch entsprechende Berechnungen an CaF_2 u. *ZnO.* (Proc. physic. Soc., Sect. A **65.** 394—404. 1/6. 1952. London, Imp. Coll., Phys. Dep.) GOTTFRIED. 182

Linus Pauling, *Resonanz im Wasserstoffmolekül.* Vf. weist darauf hin, daß die von MUELLER u. EYRING (J. chem. Physics **19.** [1951.] 1495) als neu mitgeteilte Ein-Elektron-Funktionen zur Beschreibung des H_2-Mol. bereits von WEINBAUM (J. chem. Physics **1.** [1933.] 593) im wesentlichen gegeben worden ist. Vf. lehnt weiterhin die von MUELLER u. EYRING diskutierten Ergebnisse bzgl. des Resonanzzustandes im H_2-Mol. als unzutreffend ab. (J. chem. Physics **20.** 1041. Juni 1952. Pasadena, Calif., Inst. of Technol., Gates and Crellin Labors. of Chem.) ZIMMER. 182

C. K. Stambaugh und **P. M. Harris,** *Ladungsverteilung und Schwingungsamplituden in LiH und LiD.* Aus der Temperaturabhängigkeit der Röntgenstreuung (zwischen 20 u. -253^0) werden die Schwingungsamplituden berechnet, ebenso die charakterist. Tempp. (LiH: 851^0 K, LiD: 638^0 K) u. die Ladungsverteilung in den Ionen. (Physic. Rev. [2] **86.** 651. 15/5. 1952. Ohio State Univ.) TELTOW. 182

Adelheid Kofler, *Über Polymorphie.* Zusammenfassende Übersicht über die Natur der Polymorphie u. ihrer zahlreichen Phasen. (Mikroskopie [Wien] **5.** 153—63. 1950. Innsbruck.) GOTTFRIED. 190

S. Amelinckx, *Wachstumspiralen und ihre Beziehung zum Kristallhabitus, illustriert am Apatit.* Vf. beschreibt Wachstumspiralen auf den Prismenflächen $(1 0 \bar{1} 0)$ von Apatitkristallen aus dem Sulzbachtal. Die Spiralen sind bei nach (0 0 0 1) tafligen Kristallen flachgestreckt, bei nach [0 0 0 1] gestreckten Kristallen ebenfalls in dieser Richtung gestreckt. Es muß daher angenommen werden, daß die Wachstumspiralen den Kristallhabitus beeinflussen. (Nature [London] **170.** 760—61. 1/11. 1952. Gent, Univ., Geol. Inst., Labor. für Kristallkunde.) HILLER. 190

Bernard Vonnegut, *Dünne Filme übersättigter Lösungen zum Nachweis, Zählen und Identifizieren sehr kleiner kristalliner Teilchen.* Vf. stellt dünne Schichten übersätt. Lsgg. her, indem die betreffende Substanz in einem leicht flüchtigen Lösungsm. gelöst u. dann mit einem weniger flüchtigen Lösungsm. so lange versetzt wird, bis ein Tropfen der Lsg. nach Verdunsten des leicht flüchtigen Lösungsm. unter dem Mikroskop milchig wird. Dann wird ein Tropfen des weniger flüchtigen Lösungsm. zugegeben, so daß eine hochgradig übersätt. Lsg. erhalten wird, in der keine oder sehr wenige Kristalle erkennbar sind. Wird in diese übersätt. Lsg. ein Teilchen der Substanz gebracht, so wächst es schnell. *NaCl-* u. *AgJ*-Teilchen von 100 Å Durchmesser konnten so entdeckt werden. Reproduzierbare Ergebnisse können nur bei gleicher Temp. u. Luftfeuchtigkeit erhalten werden. Diese übersätt. Schichten können auch direkt auf einem Aerosol hergestellt werden. Die Partikel diffundieren dann von unten her in die übersätt. Schicht. Ebenfalls können übersätt. Schichten durch Aufsprühen einer Lsg. von Substanz u. den beiden Lösungsmitteln auf eine Fläche erhalten werden. Das leichtflüchtige Lösungsm. verdunstet auf dem Wege durch die Luft. (Science [Washington] **116.** 300—01. 19/9. 1952. Schenectady, N. Y., Gen. Electric Res. Labor.) MOSLÉ. 190

G. J. Dienes, *Mechanismus der Selbstdiffusion in Graphit.* Die theoret. Berechnung der Aktivierungsenergie ergibt für den Leerstellenmechanismus 160 kcal/Mol, die sich aus 90 kcal/Mol für die Bldg. u. 70 kcal/Mol für die Wanderung der Leerstellen zusammensetzen. Demgegenüber ist der Energiebedarf für Diffusion durch direkten Platztausch oder über Zwischengitteratome wesentlich größer. (Physic. Rev. [2] **86.** 651. 15/5. 1952. North Amer. Aviat., Inc.) TELTOW. 190

Edward A. Kmetko, *Struktur von graphitierten Rußen.* Nach einem Abdruckverf. hergestellte Elektronenmikrographien von Thermax-Ruß (Teilchengröße ~3000 Å), der in N_2 auf 3000° erhitzt worden war, zeigen eine polyedr. Form der ursprünglich kugeligen Teilchen, die mit der Symmetrie des aromat. Gitters im Einklang steht. (Physic. Rev. [2] **86.** 651. 15/5. 1952. Buffalo, Univ.) TELTOW. 195

Khi-Ruey Tsai und **P. M. Harris**, *Kristallstruktur von Cäsiummonoxyd.* Einkristallröntgenaufnahmen an Cs_2O bestätigen die früher von HELMS u. KLEMM (Z. anorg. allg. Chem. **242.** [1939.] 33) angegebene Anti-$CdCl_2$-Schichtstruktur: D_{3d}^5, in hexagonaler Indizierung a = 4,256 Å, c = 18,99 Å, u = 0,242, $Cs^+ - O^{2-}$ = 3,01 Å, $Cs^+ - Cs^+$ = 3,77 Å. (Physic. Rev. [2] **86.** 651. 15/5. 1952. Ohio State Univ.) TELTOW. 195

C. E. Olsen und **P. M. Harris**, *Struktur der Ordnungsphase von $Ag_2Hg J_4$.* Pulver- u. WEISSENBERG-Aufnahmen an β-Ag_2HgJ_4 ergeben die Symmetrie D_{2d} ($\bar{4}$ 2 m) u. eine raumzentrierte tetragonale Zelle mit a_0 = 6,32 Å, c_0 = 12,64 Å; dies sind die doppelten Dimensionen der früher von KETELAAR angegebenen Zelle. (Physic. Rev. [2] **86.** 651. 15/5. 1952. Ohio State Univ.) TELTOW. 195

E. C. Ellwood, *Das Gleichgewicht in bestimmten Aluminiumlegierungen beeinflussende Faktoren.* Die Gitterkonstanten u. Dichten der festen Lsgg. von *Cu*, *Mg* u. *Ag* in Al wurden bei 25° gemessen. In der Al–Cu-Lsg. wurde keine Anomalie festgestellt. In der Al–Mg-Lsg. wurde die von AXON u. HUME-ROTHERY ermittelte schwache Krümmung in der Kurve Gitterkonstante–Zus. bestätigt. In dieser festen Lsg. werden Leerstellen gebildet. Eine Gitterausdehnung im Syst. Al–Ag tritt bei 10—14% Ag auf, jedoch wurden hier keine Leerstellen ermittelt. Auf Grund theoret. Erörterungen wird nachgewiesen, daß dort, wo BRILLOUIN-Zonenwirkungen gefunden werden, die festen Lsgg. nicht ideal sind. (J. Inst. Metals **80.** 605—08. Juli 1952. Newcastle-upon-Tyne, Univ. of Durham.) HOCHSTEIN. 197

D. M. Poole und **H. J. Axon**, *Gitterkonstantenbeziehungen in aluminiumreichen festen Lösungen der Systeme Aluminium–Magnesium und Aluminium–Magnesium–Kupfer.* Die Beziehung zwischen Gitterkonstante u. Zus. für die Al-reiche feste Al–Mg-Lsg. wurde untersucht u. hierbei zwei Mg-Proben von verschied. Reinheitsgrad verwendet. Eine Al-reiche feste Al–Mg–Cu-Lsg. wurde unter Verwendung von sehr reinem Mg hergestellt. In dieser festen Lsg. besteht eine schwach negative Abweichung von dem additiven Einfl., der von Cu u. Mg getrennt erwartet werden kann. (J. Inst. Metals **80.** 599—604. Juli 1952. Manchester, Univ.) HOCHSTEIN. 197

H. T. Greenaway, *Das Konstitutionsdiagramm des Systems Chrom–Wolfram.* Röntgenograph. u. durch therm. Analyse wird festgestellt, daß die Liquiduskurve zunächst langsam u. darauf schneller vom E. von Cr zu dem von W ansteigt. Oberhalb von 1500° bestehen die festen Legierungen aus einer kontinuierlichen Reihe von festen Lsgg.; unterhalb von 1500° zerfällt die Einzelphase in zwei begrenzte feste Lsgg., wodurch im Diagramm eine Löslichkeitslücke gebildet wird. (J. Inst. Metals **80.** 589—92. 6 Tafeln. Juli 1952. Melbourne, Aeronautical Res. Labor.) HOCHSTEIN. 197

A. Taylor und **R. W. Floyd**, *Der Aufbau der nickelreichen Legierungen des Systems Nickel–Chrom–Titan.* Die bin. Systeme Ni–Cr u. Ni–Ti wurden röntgenograph. u. mkr. untersucht u. neue Gleichgewichtsdiagramme aufgestellt. Bes. wurden die Ni-reichen Legierungen des Syst. Ni–Cr–Ti untersucht, von denen Teilgleichgewichtsdiagramme entsprechend den Isothermen bei 750, 1000 u. 1150° aufgestellt wurden. Für die Ni-reiche prim. feste Lsg. oder die γ-Phase wurden die Isoparameterlinien eingezeichnet, u. es wird gezeigt, daß die hexagonale Ni_3Ti-Phase epitaxial auf den oktaedr. γ-Flächen infolge der starken Ähnlichkeit in ihren Atomabständen wächst. Die Grenze, die die magnet. von den unmagnet. tern. γ-Phasenlegierungen bei 20° trennt, ist im Ni–Cr–Ti-Gleichgewichtsdiagramm eingezeichnet. (J. Inst. Metals **80.** 577—87. Juli 1952. Birmingham, Mond Nickel Co. Ltd.) HOCHSTEIN. 197

W. Hume-Rothery, J. O. Betterton und **J. Reynolds,** *Die die Bildung von 21/13 Elektronenverbindungen in Legierungen von Kupfer und von Silber beeinflussenden Faktoren.* Untersucht werden die Faktoren, welche die Zus. der Phasengrenzen mit einer γ-Messingstruktur in verschied. Legierungssystemen beeinflussen. Die BRILLOUIN-Zone der Struktur wird beschrieben. Werte für Cu–Al- u. Cu–Ga-Legierungen zeigen, daß dann, wenn die Elektronenkonz. ca. 1,70 erreicht, Atome aus dem Gitter herauszufallen beginnen derart, daß die Elektronenzahl pro Elementarzelle konstant bleibt. Es besteht eine krit. Elektronenkonz., oberhalb der ein n. γ-Gitter mit voller Ausfüllung der Atome nicht bestehen kann. Eine Zunahme in der Größe verlagert die Zuss. der γ-Phasen in Richtung einer geringeren Elektronenkonzentration. Eine Zunahme des elektrochem. Faktors verschiebt die Zuss. der γ-Phasen in Richtung einer höheren Elektronenkonzentration. (J. Inst. Metals **80.** 609—16. Juli 1952. Oxford, Univ.) HOCHSTEIN. 197

E. C. Ellwood und **K. Q. Bagley,** *Gitterkonstanten und Dichten von Gold–Nickel-Legierungen bei 25°.* Es wurden Anomalien der Gitterkonstante u. der D. in einer festen Lsg. von Au u. Ni ermittelt. Auf Grund theoret. Überlegungen wird gefolgert, daß Ni eine Wertigkeit von 3,2 besitzt, wenn es in Au bis zu 60 At.-% gelöst ist. (J. Inst. Metals **80.** 617—19. Juli 1952. Durham, Univ.) HOCHSTEIN. 197

Werner Köster und **Elisabeth Horn,** *Zustandsbild und Gitterkonstanten der Legierungen des Kobalts mit Rhenium, Ruthenium, Osmium, Rhodium und Iridium.* Co bildet mit den hexagonalen Metallen Re, Ru u. Os in seiner ε-Form, mit den kub. flächenzentrierten Metallen Rh u. Ir mit seiner γ-Form lückenlose Reihen von Mischkristallen. Im ersten Fall steigt die Temp. der polymorphen Umwandlung an. Bis zu ca. 1000° verläuft die Umwandlung diffusionslos, darüber hinaus stellt sich ein Gleichgewicht zwischen γ- u. ε-Mischkristallen von verschied. Konz. ein. Das Gleichgewicht endet in einer peritekt. Umsetzung mit der Schmelze. Im zweiten Fall steigt die Temp. der A_c- u. A_r-Umwandlung ebenfalls an. Die Umwandlungshysteresis nimmt aber schließlich so stark zu, daß die Temp. auf Raumtemp. abfällt. (Z. Metallkunde **43.** 444—49. Dez. 1952. Stuttgart, Max-Planck-Inst. für Metallforsch.) HOCHSTEIN. 197

Hans Pfau und **Walter Rix,** *Über den Gitterzustand und die Festigkeit des Wolframcarbidkornes im Hartmetallgefüge.* Röntgenograph. wird nachgewiesen, daß im Hartmetallgefüge das Gitter des Wolframcarbids deformiert ist. Die Gitterverspannung nimmt mit steigender Korngröße zu u. ist temperaturabhängig. Bei ca. 400° ist das Gitter fast spannungsfrei. Herauslösung von Co aus dem Hartmetallgefüge beseitigt die Gitterverspannung, die demnach durch den Unterschied in den Ausdehnungskoeffizienten des Carbides u. des Hilfsmetalls hervorgerufen wird. Festigkeitsunterss. des Wolframcarbidkornes führen zu dem Schluß, daß die Festigkeit mit steigender Gitterverspannung abnimmt. (Z. Metallkunde **43.** 440—43. Dez. 1952. Arnsberg/W.) HOCHSTEIN. 200

Hermann Tertsch, *Beobachtungen über Vickers-Mikrohärte am Kalkspat.* (Vgl. C. **1952.** 975.) Mit Hilfe des von der Firma REICHERT entwickelten Mikrohärteprüfers wurde auf den Flächen $(10\bar{1}1)$, $(10\bar{1}0)$, $(11\bar{2}0)$ u. (0001) von Kalkspat die VICKERS-Härte gemessen. Entsprechend der Symmetrie der Ebene u. der Orientierung der Eindruckpyramide auf der Fläche wurden charakterist. „Störungen" des eigentlich quadrat. Eindrucks beobachtet u. vermessen. Es konnte bes. aus dem Verh. der $(11\bar{2}0)$-Ebene nachgewiesen werden, daß die Art der „Störung" von der Struktur des Kristalls abhängig war u. daß daher eine reale Anisotropie der VICKERS-Härte besteht. Auf Grund theoret. Überlegungen kommt Vf. zu dem Ergebnis, daß die Art der Störung durch die Möglichkeit oder Unmöglichkeit des elast. Zurückfederns in verschied. Richtungen erklärt werden kann. Ganz allg. folgt hieraus, daß es ohne eine genaue Kenntnis des elast. Verh. unmöglich ist, das VICKERS-Härteproblem zu lösen. (Mikroskopie [Wien] **5.** 172—83. 1950. Wien.) GOTTFRIED. 200

S. W. Ssergejew, Physikalisch-chemische Eigenschaften von flüssigen Metallen. Sammlung von Arbeiten. Unter der Redaktion von G. W. Akimowa, Moskau: Oborongis. 1952.) 172 S. Abb.) 8 Rbl. 35 Kop. [russ.].

A_7. Gleichgewichte. Kinetik.

Pascaline Daudel, *Die Anwendung radioaktiver Isotope zur Untersuchung chemischer Reaktionsmechanismen.* Übersicht. Mit Hilfe radioakt. Isotope kann einerseits das Schicksal einzelner Atomarten im Verlauf chem. Umsetzungen verfolgt werden, andererseits können sie zur Lösung analyt. Probleme herangezogen werden. Letzterer Fall wird an Hand der Red. von $Fe^{35}S$ durch H_2 erläutert. Für die Verwendung von Leitisotopen zur Verfolgung einzelner, besonderer Atomarten werden zahlreiche Beispiele gegeben. Diese werden in 3 Klassen unterteilt: 1. die zu verfolgende Atomart befindet sich vor u. nach der Rk. in verschied. Moll., 2. die zu verfolgende Atomart befindet sich vor der Rk. nur in einem Mol., nach der Rk. hingegen in verschied. Moll., u. 3. die zu verfolgende Atomart ist vor u. nach der Rk. in demselben Molekül. — Zahlreiche Literaturangaben. (Bull. Soc. chim. France, Mém. [5] **19.** 23D—27D. März/April 1952. Paris, Inst. du Radium.) GEDSCHOLD. 221

Otto L. Forchheimer und **Henry Taube,** *Nachweis des Austausches von Hydroxylradikal mit Wasser.* 5tägige Austauschverss. zwischen ozonisiertem O_2 n. Isotopenzus. u. mit $HClO_4$ angesäuertem, an ^{18}O angereichertem W. verlaufen negativ. Bei gleichzeitiger Ggw. von H_2O_2 wird nach 3 Tagen geringer O-Austausch (ca. $^1/_{10}$ des im zers. O_3 enthaltenen O) festgestellt. In Übereinstimmung mit früheren Unterss. ergeben diese Resultate keinen Beweis für das Auftreten von HO als Zwischenstufe. Da jedoch zwischen H_2O_2, O_2 u. O_3 einerseits u. W. andererseits kein schneller Austausch stattfindet, bei den Radikalen HO, HO_2 u. HO_3 rascher Austausch nur bei HO möglich erscheint, sprechen die Ergebnisse doch für das Vorhandensein von intermediärem HO. (J. Amer. chem. Soc. **74.** 3705—06. 20/7. 1952. Chicago, Ill., Univ. of Chicago, Jones Herbert Jones Labor.) GEDSCHOLD. 221

J. C. Pariaud und **P. Archinard,** *Über die Löslichkeit der Metalle in Wasser.* Vff. legen polierte u. entfettete Stücke aus *Zn, Pb, Cu, Ag* u. *Hg* in tridest. u. entgastes W. bei 25° u. bestimmen nach 1—24std. Bewegung colorimetr. mit *Dithizon* den Metallgehalt. Nach einigen Std. werden konstante Werte (in μg/Liter) gefunden: Zn 715 ± 50, Pb 310 ± 18, Cu 160 ± 12, Ag 30 ± 7 u. Hg 30 ± 10. Die beobachteten Löslichkeiten sind mit Ausnahme der des Zn erheblich höher als die nach NERNST berechneten. (Bull. Soc. chim. France, Mém. [5] **19.** 454—56. Mai/Juni 1952. Lyon, Fac. catholique des Sci., Labor. de Chim. phys.) WEITBRECHT. 224

Hans Schneider, *Ein Beitrag zur Extraktionsanalyse.* Vf. untersucht unter den Bedingungen der Extraktion nach SOXHLET die Löslichkeit von *Na_2CO_3, $NaHCO_3$, K_2CO_3, Na_2SO_4, K_2SO_4, NaCl, KCl, NH_4Cl, NaBr, KBr, NaJ, KJ, KNO_3, $KClO_3$, $KClO_4$, H_3BO_3, $Na_2B_4O_7$, S, Salicylsäure, Na-Salicylat, Na-Stearat, Na-Oleat, Na-Linolat, Na-Ricinolat, Kernseife, Seifenflocken, Traubenzucker, Fruchtzucker, Rohrzucker* u. *Milchzucker* in *PAe., Bzl., CS_2, Chlf., CCl_4, Ae., Methanol, 95%ig. A., A. (über CaO dest.), Aceton* u. *Essigester,* Die Ergebnisse in g Substanz/Std. werden tabellar. mitgeteilt u. die Fehlerquellen durch Korkstopfen, durch A.-Geh. von Chlf., sowie durch Zers. der Seifen an Luft u. Licht diskutiert. (Z. analyt. Chem. **135.** 191—93. 1952. Leverkusen.) WEITBRECHT. 224

Carl E. Johnson jr. und **S. Winstein,** *Oxydation-Reduktion.* 2. Mitt. *Katalyse der Titan(III)-chlorid-Jod-Reaktion durch Chinone und Phenazine.* (1. vgl. C. **1952.** 1290.) Verschied. Chinone, Phenazine u. Chinoxaline werden hinsichtlich ihrer katalyt. Wrkg. auf die $TiCl_3$–Jod-Rk. untersucht. Die Halbwertszeit der Rk. steigt bei Zusatz von *2-Oxy-3-aminophenazin, Indigocarmin, β-Oxyphenazin, Na-Anthrachinon-1.5-disulfonat, Pyocyanin, Na-Anthrachinon-β-sulfonat* u. *α-Oxyphenazin* von 0,5 Min. (in $2{,}5\cdot10^{-6}$ mol. Lsg.) auf 5,5 Min. (in 1,44 mol. Lsg.). 2.3-Dimethylchinoxalin, 2.3-Diphenylchinoxalin u. p-Toluolsulfonsäure haben keinen wesentlichen Einfluß. *Hydrochinon* zeigt in frischer Lsg. prakt. keine Wrkg., dagegen eine sehr viel größere nach mehrwöchigem Stehen. Auch der Einfl. von *p-Benzochinon* steigt beim Stehen der Lsg., er ist jedoch auch in frischer Lsg. schon bemerkbar u. nimmt mit der Zeit sehr viel schneller zu. Für die Reaktionsgeschwindigkeit ergeben sich 3 verschied. Gesetze: $-d(J_3)/dt = k_c(Ti^{III})$, $-d(J_3^-)/dt = k_b(J_3^-)$ u. $-d(J_3^-)/dt = K_c(Ti^{III})(J_3^-) + k_c(Ti^{III})$. Bei Zusatz von Pyocyanin u. Oxyphenazin gilt das 1. Gesetz, für Indigocarmin das 2. u. bei Zusatz von β-Oxyphenazin, Na-Anthrachinon-1.5-disulfonat u. Na-Anthrachinon-β-sulfonat das 3. Gesetz. (J. Amer. chem. Soc. **74.** 755—58. 5/2. 1952. Los Angeles, Calif., Univ. of California, Chem. Dep.) R. LEVI. 227

Ludwig Frederick Audrieth and **Jacob Kleinberg,** Non-aqueous solvents; applications as media for chemical reactions. New York: Wiley. 1953. (296 S., Bibl. u. Diagr.) $ 6,75.

B. Anorganische Chemie.

E. A. Worthington, R. C. Datin und **D. P. Schutz,** *Physikalische Eigenschaften von Ammoniaklösungen. Ammoniumnitrat–Ammoniak–Wasser und Harnstoff–Ammoniak–Wasser.* Vff. untersuchten die Dampfdrucke, die Dichten u. Löslichkeiten in den tern. Systemen NH_4NO_3–NH_3–H_2O (**A**) u. Harnstoff–NH_3–H_2O (**B**) in den Bereichen 0 bis 75% NH_4NO_3, 0—65% Harnstoff u. 0—65% NH_3; **A** bei Tempp. von —10 bis +60° u. **B** von —15 bis +44,2°. Die Löslichkeiten werden tabellar. u. in Dreieckskoordinaten mitgeteilt. Die Löslichkeitskurve von **B** deutet auf die Bldg. von Harnstoff–NH_3-Anlagerungsprodd. hin. Die Dichten wurden für **A** bei 10, 15, 20, 30 u. 40°, die für **B** bei 15 u. 40° bestimmt. — Die Dampfdrucke für **A** u. **B** wurden bei 10, 20, 30 u. 40° bestimmt u. tabellar. sowie graph. (Dampfdruck gegen Gew.-% NH_3) mitgeteilt. (Ind. Engng. Chem. **44.** 910—13. April 1952. Hopewell, Va., Allied Chemical & Dye Corp., Nitrogen Sect., Solvay Process Div.) MOSLÉ. 243

A. Engelbrecht und **H. Atzwanger,** *Das Fluorid der Perchlorsäure— Perchlorylfluorid.* (Kurze Mitt.) Vff. stellen Perchlorylfluorid, ClO_3F, durch Elektrolyse einer ca. 10%ig. Lsg. von $NaClO_4$ in wasserfreier HF in einer Stahlzelle mit Ni-Anode bei einer Spannung von 4—7 V unter Eiskühlung her. Es entstehen nebenher H_2, O_2 u. F_2O. ClO_3F wurde durch Kondensation in fl. Luft u. wiederholtes Waschen des Gases mit alkal. $Na_2S_2O_3$-Lsg. abgetrennt bzw. gereinigt. Die reine Verb. ist ein farbloses Gas mit charakterist., an F_2O erinnerndem Geruch, welches jedoch die Atemorgane nicht akut reizt. Es ist zu einer Fl. kondensierbar, die bei —152,2° kristallin erstarrt. Der nach der CLAUSIUS-CLAPEYRONschen Gleichung aus der Dampfdruckkurve berechnete Kp. liegt bei —48,1°. Die mol. Verdampfungswärme beträgt 4980 cal, die TROUTONsche Konstante 22,13. Das nach REGNAULT bestimmte Mol.-Gew. stimmt mit dem berechneten überein. Beim Erhitzen des Gases im Bombenrohr auf 270° tritt quantitative Hydrolyse zu NaF u. $NaClO_4$ ein, beim Erhitzen mit W. unter ähnlichen Bedingungen erfolgt nur sehr geringfügige Hydrolyse zu HF, HCl u. wahrscheinlich $HClO_4$. In W. ist ClO_3F etwas löslich. Auf wss., bicarbonathaltige u. saure Lsgg. von KJ wirkt ClO_3F oxydierend nach der Gleichung $ClO_3F + 8\,J^- + 6\,H^+ \rightarrow Cl^- + F^- + 4\,J_2 + 3\,H_2O$. Die Geschwindigkeit der Rk. nimmt mit fallendem p_H-Wert zu u. führt in stark salzsauren Lsgg. innerhalb einiger Std. zur vollständigen Red. des Moleküls. Therm. ist ClO_3F ziemlich stabil. Glas wird erst bei dessen Erweichungstemp. angeätzt. ClO_3F unterstützt die Verbrennung, explodiert aber nicht. Als Struktur nehmen Vff. die eines echten Säurefluorids an. Ein Isomeres dürfte das Chloryloxyfluorid $O_2Cl—O—F$ von BODE u. KLESPER (C. **1952.** 6184) sein. (Mh. Chem. **83.** 1087—89. 15/8.; S.-B. österr. Akad. Wiss., math.-naturwiss. Kl., Abt. IIb **161.** 1087—89. 1952. Innsbuck, Univ., Chem. Inst.) R. MATTNER. 247

Francis Owen Rice und **Calvin Sparrow,** *Purpurfarbener Schwefel, eine neue allotrope Form.* In Übereinstimmung mit Dampfdruckmessungen besteht Schwefeldampf im Druckbereich zwischen 0,1 u. 1,0 mm u. bei Tempp. zwischen 500 u. 700° fast ausschließlich aus S_2-Moll., die Vff. auf einer mit fl. N_2 gekühlten Oberfläche zu einem purpurfarbenen Festkörper ausfrieren. Diese purpurfarbene S-Modifikation ist in Propan, Dimethyläther u. Toluol bei —80°, ferner in Äthylen u. Äthan bei ihren Kpp. unlöslich. In CS_2 ist sie bei —80° schwach lösl., vermutlich auf Grund eines geringen Geh. an S_8. Purpurfarbener S ist ein Nichtleiter der Elektrizität, fluoresciert nicht im UV u. emittiert kein sichtbares Licht bei der Umwandlung in gelben Schwefel. Bei —80° findet diese Umwandlung innerhalb einiger Std. in merklichem Umfang statt, bei Zimmertemp. erfolgt in wenigen Sek. Umwandlung in ein Gemisch aus ca. 40% kristallinem u. 60% amorphem Schwefel, wofür eine Aktivierungsenergie von 3,1 kcal erforderlich ist. (J. Amer. chem. Soc. **75.** 848—50. 20/2. 1953. Washington, D. C., Catholic Univ. of America, Dep. of Chem.) B. REUTER. 253

Herman B. v. d. Heijde und **A. H. W. Aten jr.,** *Traceruntersuchungen über einige Reaktionen von Thiosulfat und Tetrathionat.* Vff. untersuchen mit Hilfe von ^{35}S die Oxydation von Thiosulfat (I) zu Tetrathionat (II) durch J, die Red. von **II** zu **I** durch Sulfid u. die Zers. von **I** u. **II** durch $HgCl_2$ in Ggw. von Bisulfit u. einem Überschuß von HCHO. Zur Trennung der Prodd. der Rkk. mit $HgCl_2$ werden 3 aufeinanderfolgende Fällungen ausgeführt: $HgCl_2 \cdot 2\,HgS$ (von **I** herrührend) u. $HgCl_2 \cdot 2\,HgS + S$ (von **II** stammend) werden durch einen großen Überschuß konz. gepufferter $HgCl_2$-Lsg. u. Zugabe von etwas NH_4OH nach 1 Std. in der Kälte gefällt. Sulfat wird ebenfalls in der Kälte mit CH_3COOH u. $BaCl_2$ gefällt. Schließlich wird das Bisulfit mit KOBr oxydiert u. als Sulfat gefällt. Aus der Verteilung des ^{35}S auf die verschied. Ndd. wird auf die Reaktionsmechanismen der einzelnen Rkk. geschlossen. Die Verss. werden mit am Zentral-S-Atom markierten u. in der Thio-Stellung gek. **I** durchgeführt. (J. Amer. chem. Soc. **74.** 3706. 20/7. 1952. Amsterdam, Inst. voor Kernphysisch Onderzoek.) GEDSCHOLD. 253

R. M. Barrer und **E. A. D. White**, *Die hydrothermale Chemie der Silicate. 2. Mitt. Synthetische kristalline Natriumalumosilicate.* (1. vgl. C. **1952.** 342.) Die hydrothermalen Rkk. von Natriumalumosilicatgelen im Temperaturbereich von 150—450° werden untersucht. Das Kristallwachstum in Ggw. u. bei Abwesenheit zusätzlicher Natriumverbb. (NaCl, Na_2SO_4, Na_2CO_3 u. NaOH) in den Mutterlaugen wird geprüft. Alle dabei entstehenden Verbb. werden opt. u. röntgenograph. untersucht; es ergeben sich dabei in einigen Fällen interessante Unterschiede zwischen den synthet. u. den natürlich vorkommenden Formen der Minerale. Unter den gewählten Bedingungen entstehen ein Feldspat (*Albit*, $Na_2O\cdot Al_2O_3\cdot 6\,SiO_2$; monoklin; $n_\alpha = 1{,}529$, $n_\beta = 1{,}532$, $n_\gamma = 1{,}537$), zwei Zeolithe (*Analcim*, $Na_2O\cdot Al_2O_3\cdot 4\,SiO_2$; kub., a = 13,67 Å; *Mordenit*, $Na_2O\cdot Al_2O_3\cdot 10\,SiO_2\cdot 6{,}7\,H_2O$; monoklin; n = 1,467), ein Glimmer (*Paragonit*, $Na_2O\cdot 3\,Al_2O_3\cdot 6\,SiO_2\cdot 2\,H_2O$; n zwischen 1,579 u. 1,573), 4 Feldspatoide (*Nephelin*, $Na_2O\cdot Al_2O_3\cdot 2\,SiO_2$; hexagonal, a = 4,95 Å, c = 8,37 Å; $n_\varepsilon = 1{,}537$, $n_\omega = 1{,}534$; *Sodalith*, $3(Na_2O\cdot Al_2O_3\cdot 2\,SiO_2)\cdot NaCl$; kub., a = 8,87 Å; n = 1,488; *Nosean*, $3(Na_2O\cdot Al_2O_3\cdot 2\,SiO_2)\cdot Na_2SO_4$; kub., a = 9,10 Å; n = 1,486; *Cancrinit*, $3(Na_2O\cdot Al_2O_3\cdot 2\,SiO_2)\cdot Na_2CO_3$; hexagonal, a = 12,63 Å, c = 5,18 Å; $n_\varepsilon = 1{,}497$, $n_\omega = 1{,}500$), α-Quarz, ferner 2 neue, nur künstlich zu erhaltende Nepheline mit 1 bzw. $^1/_2$ H_2O (Nephelin mit 1 H_2O, $Na_2O\cdot Al_2O_3\cdot 2\,SiO_2\cdot H_2O$; rhomb.; $n_\alpha = 1{,}503$, $n_\beta = 1{,}506$, $n_\gamma = 1{,}508$; Nephelin mit ½ H_2O, $Na_2O\cdot Al_2O_3\cdot 2\,SiO_2\cdot {}^1/_2\,H_2O$; rhomb.; $n_\alpha = 1{,}548$, $n_\beta = 1{,}546$, $n_\gamma = 1{,}534$) sowie eine Reihe von kristallinen Phasen mit Cancrinit-, Nosean- u. Sodalithstruktur, jedoch ohne Na_2CO_3 bzw. Na_2SO_4 bzw. NaCl („bas." Cancrinit; hexagonal, a = 12,47—12,71 Å, c = 5,07 bis 5,20 Å; n ∼ 1,50; „bas." Nosean; kub., a = 9,03—9,10 Å; n = 1,486—1,494; „bas." Sodalith; kub., a = 8,77—8,90 Å; n ∼ 1,495). Außerdem werden bei einigen Verss. ziemlich große blättchenförmige Kristalle einer offensichtlich neuen hydratisierten Silicatspezies ($2\,Na_2O\cdot Al_2O_3\cdot 6\,SiO_2\cdot 2\,H_2O$; monoklin, a = 8,10 Å, b = 6,10 Å, c = 4,88 Å, β = 105° 20'; n = 1,49), große Kristalle von Natriumsilicat sowie zwei neue silicat. Stoffe (Verb. M; rhomb., a = 11,75 Å, b = 5,81 Å, c = 8,52 Å; n ∼ 1,635; Verb. N; vermutlich hexagonal; $n_\varepsilon = 1{,}616$, $n_\omega = 1{,}612$), letztere jedoch nur in geringer Ausbeute, erhalten. Die Zus. der beiden Verbb. M u. N wird nicht angegeben. Mit einzelnen der erhaltenen Verbb. werden Ionenaustauschverss. angestellt. (J. chem. Soc. [London] **1952.** 1561—71. Mai. Aberdeen, Marischal Coll.) GEDSCHOLD. 261

Bertold Reuter und **Alfred Goebel**, *Über die Oxydation des Thallium(I)-sulfids. 5. Mitt. Chemismus und Kinetik der Oxydation bei Zimmertemperatur.* (4. vgl. C. **1953.** 4093.) Vff. untersuchen den Verlauf der Oxydation von fein verteiltem Tl_2S-Pulver durch trockenen O_2 bei Zimmertemp. auf analyt. u. röntgenograph. Wege unter Verwendung des l. c. mitgeteilten Analysenverfahrens. Die Verss. bestätigen die Richtigkeit des früher von REUTER u. KNOLL (C. **1950.** I. 850) angenommenen Oxydationsverlaufs, wonach prim. *$Tl_2S_2O_3$* u. *Tl_2O* nach $2\,Tl_2S + 2\,O_2 = Tl_2S_2O_3 + Tl_2O$ gebildet werden, von denen Tl_2O unter Bldg. von *Tl_2O_3* weiteroxydiert wird. Es kann eindeutig gezeigt werden, daß Tl_2O u. $Tl_2S_2O_3$ bereits im festen Zustand als solche vorliegen u. nicht erst, wie FENTRESS u. SELWOOD (C. **1948.** II. 1270) angenommen haben, sek. durch Hydrolyse eines Thallium(I)-sulfoxylats entstehen. — Der zeitliche Ablauf der Bldg. von $Tl_2S_2O_3$ u. Tl_2O aus Tl_2S gehorcht nach einer offenbar auf ein Keimbildungsphänomen zurückzuführenden Induktionsperiode im wesentlichen dem parabol. Zeitgesetz von TAMMANN, der geschwindigkeitsbestimmende Schritt ist also ebenso wie bei Anlaufprozessen ein Diffusionsvorgang. Abweichungen gegen Ende der Rk. dürften in der Hauptsache dadurch bedingt sein, daß ein erheblicher Teil des durch die Tl_2O- u. $Tl_2S_2O_3$-Schicht zum Tl_2S diffundierenden O_2 durch das Tl_2O abgefangen wird, das sich weiter zum Tl_2O_3 oxydiert. Auch tritt gegen Ende der Rk. bereits eine merkliche Verarmung an Tl_2S ein, so daß das parabol. Zeitgesetz ohnehin nicht mehr gelten kann. Auch bei der Bldg. des Tl_2O_3 tritt eine Induktionsperiode auf, die jedoch möglicherweise nur dadurch vorgetäuscht wird, daß das für die Oxydation zur Verfügung stehende Tl_2O im Laufe der Zeit zunimmt. (Z. anorg. allg. Chem. **271.** 321—37. März 1953. Berlin-Charlottenburg, Techn. Univ., Anorgan.-chem. Inst.) B. REUTER. 297

Ralph C. Young und **Carl H. Brubaker jr.**, *Reaktion von Tantal mit Chlorwasserstoff, Bromwasserstoff und Tantalpentachlorid; Wirkung von Wasserstoff auf Tantalpentachlorid.* HCl-Gas wirkt bei 410° u. höheren Tempp. auf Ta unter Bldg. von $TaCl_5$ ein. Erhöht man die Temp. auf 600—750°, so bildet sich an den Wänden des Reaktionsgefäßes ein dünner Metallfilm, der gelösten H enthält. Offenbar entsteht er durch therm. Zers. oder durch Red. von $TaCl_5$ oder niedrigeren Ta-Chloriden. Nach mehrstd. Reaktionszeit bei 600—750° wurde an der Oberfläche des noch nicht umgesetzten Metalls *$TaCl_2$* beobachtet, welches die Rk. verlangsamt. Wenn $TaCl_2$ mit 1 mol. KOH-Lsg. erwärmt wird, setzt Entw. von H_2 ein, u. es bildet sich ein dunkler, flockiger Nd., vermutlich

$TaO_2 \cdot x\,H_2O$. Leitet man HBr bei 375° über Ta, so entsteht *$TaBr_5$*. Bei Tempp. von 550° u. darüber bildet sich etwas *$TaBr_3$*, welches wahrscheinlich mit noch niedrigeren Ta-Bromiden oder gegebenenfalls Metall verunreinigt ist. Bei noch höheren Tempp. schlägt sich Ta-Metall in der App. nieder. Die Angabe von SCHÄFER, BAYER u. PIETRUCK (C. **1952**. 5863), daß $TaCl_5$ von Ta bei 350—400° im evakuierten Gefäß nicht red. wird, können Vff. bestätigen. Bei 475—500° wird jedoch eine kleine Menge eines grünen Chlorids gebildet, dem möglicherweise die Formel *Ta_3Cl_{10}* zukommen könnte. In Übereinstimmung mit SCHÄFER u. PIETRUCK stellen Vff. keine Einw. von H_2 auf $TaCl_5$ bei Tempp. bis 400° fest, während $NbCl_5$ durch H_2 schnell zu $NbCl_3$ red. wird. Bei 500° tritt jedoch geringe Red. des $TaCl_5$ ein, u. ein Film aus Ta, welches gelösten H enthält, tritt an den Gefäßwänden auf. Auch hierbei konnten aber keine niedrigeren Chloride festgestellt werden. $TaBr_5$ wird dagegen durch H_2 unter Bldg. von $TaBr_3$ reduziert. (J. Amer. chem. Soc. **74**. 4967. 5/10. 1952. Cambridge, Mass., Massachusetts Inst. of Technol., Dep. of Chem.) R. MATTNER. 332

Dallas T. Hurd, H. R. McEntee und **P. H. Brisbin**, *Wolframcarbid aus der thermischen Zersetzung von Wolframhexacarbonyl.* $W(CO)_6$ wurde durch Red. von WCl_6 mit feinverteiltem Al in wasserfreiem Ae. in Ggw. von CO bei 140—210 at u. ~ 100° dargestellt. Reinigung durch Wasserdampfdest. aus 5%ig. NaOH oder Vakuumsublimation bei ~ 60°. In der beschriebenen Versuchsanordnung wurde $W(CO)_6$ verdampft u. mit einem Trägergas in den Reaktionsraum gebracht. In zahlreichen Verss. unter Variation aller Gegebenheiten wurden neben W u. W_2O_5 zwar Wolframcarbide erhalten, aber nicht das gewünschte WC. In einer zweiten Anordnung wurden daher $W(CO)_6$-Kristalle auf eine Aufschüttung kleiner Porzellanscherben im Reaktionsraum fallengelassen. Die erhaltene Partikelgröße des WC war bei 650—700° u. ~ 1000° die gleiche. Nur die eingesetzte Kristallgröße wirkte sich aus. Sublimierte Kristalle von 1 mm ergaben in der Hauptfraktion 6—10 μ große Partikel, die der Wasserdampfdest. 2—4 μ große. Es wurden auch hier zahlreiche Verss. u. Variationen durchgeführt. Die Prodd. der Pyrolyse wurden nachträglich noch bei 1000° unter CO 2—4 Std. erhitzt, um möglichst vollständig WC zu erhalten. Die Reaktionsprodd. wurden röntgenograph. oder im Elektronenmikroskop analysiert. Ein ungelöstes Problem ist die Kontrolle des C-Geh. in den Reaktionsprodukten. Die Gleichgewichtskonstante für die Rk. $W + 2\,CO \rightleftharpoons WC + CO_2$ wurde mit $\ln k = 24557/T - 0{,}9687 \ln T + 0{,}8857 \cdot 10^{-3}\,T - 14{,}444$ geschätzt. Hieraus u. bei Kenntnis der thermodynam. Daten des Syst. wurde angenommen, daß bei 1000° die Rk. $W(CO)_6 \rightarrow WC + CO_2 + 4\,CO$ zur Bldg. des reinen WC führte. (Ind. Engng. Chem. **44**. 2432—35. Okt. 1952. Schenectady, N. Y., General Electric Co., Res. Labor.) CZEKAY. 337

Irving Sheft und **Sherman Fried**, *Neue Neptuniumverbindungen.* Vff. stellen folgende Np-Verbb. neu her u. identifizieren sie auf röntgenograph. Wege: *Neptuniumdicarbid*, NpC_2, wird durch Umsetzung von NpO_2 mit C in einem Graphittiegel in einer H_2-Atmosphäre bei 2660—2800° dargestellt. Das metall. aussehende Prod. ist isomorph mit UC_2. Durch Einw von Li-Dampf auf NpF_3 in einem Graphittiegel bei 1200° entsteht ein Prod, das röntgenograph. als ein Gemisch von *Neptuniumsesquicarbid*, Np_2C_3, u. *Neptuniumcarbid*, NpC, im Verhältnis 5 : 1 identifiziert wird. — *Neptuniumsilicid* wird durch Umsetzung von NpF_3 mit Si bei 1500° in einem BeO-Tiegel nach $4\,NpF_3 + 11\,Si \rightarrow 4\,NpSi_2 + 3\,SiF_4$ dargestellt. Das Prod. ist hart u. von metall. Aussehen. Es ist isomorph mit $ThSi_2$ u. USi_2. Mit W. reagiert $NpSi_2$ anscheinend nicht. Auf Zugabe von konz. HCl tritt jedoch heftige Rk. mit knatternden Geräuschen ein. — *Neptuniumnitrid*, NpN, kann durch Einw. von NH_3 auf NpH_3 bei 750—775° erhalten werden. Es ist isomorph mit UN u. PuN. Es reagiert nicht mit W., auf Zugabe von HCl oder HNO_3 wird Gasentw. beobachtet. Das zur Darst. des NpN erforderliche NpH_3 wird hergestellt, indem NpF_3 zu Np red. u. dieses mit H_2 bei 100—150° umgesetzt wird. Ein Vers., NpN durch Rk. von NH_3 mit $NpCl_4$ zu gewinnen, schlägt fehl u. führt statt dessen bei 350—400° zur Bldg. von grünem $NpCl_3$, vermutlich nach $6\,NpCl_4 + 2\,NH_3 \rightarrow 6\,NpCl_3 + 6\,HCl + N_2$. Das verwendete $NpCl_4$ wird aus NpO_2 u. CCl_4 erhalten. Bei 1000° entsteht aus $NpCl_4$ u. NH_3 ein schwarzes Prod., das röntgenograph. aber ebenfalls als $NpCl_3$ identifiziert wird. — *Neptuniumphosphid*, Np_3P_4, wird durch 16std. Umsetzung von metall. Np mit rotem P in einer abgeschmolzenen Quarzcapillare bei 750° dargestellt. Der überschüssige P wird im Vakuum bei 800° absublimiert. Np_3P_4 ist isomorph mit Th_3P_4. Durch W. wird Np_3P_4 nicht angegriffen; mit 6nHCl tritt lebhafte Rk. unter Gasentw. u. Verfärbung der Lsg. nach dunkelgrün ein, vermutlich nach $Np_3P_4 + 12\,HCl \rightarrow 3\,NpCl_4 + 4\,PH_3$. — Verss., Einlagerungsverbb. von Np mit Se u. Te darzustellen, sowie ein Np-Borid aus NpF_3 u. B zu erhalten, schlugen fehl. (J. Amer. chem. Soc. **75**. 1236—37. 5/3. 1953. Chicago, Ill., Argonne Nat. Labor., Chem. Div.) B. REUTER. 342

C. Mineralogische und geologische Chemie.

Simonne Caillère und **François Kraut,** *Über ein Bruchstück eines versteinerten fossilen Knochens aus den eisenführenden Schichten von Moulaine (Meurthe-et-Moselle).* Vff. berichten über die mineralog. Unters. eines Knochenfragments eines Plesiosaurus aus der obigen Fundstelle. Die mkr. Unters. zeigte, daß die äußere Zone aus einem gelblichen Gewebe schwach doppelbrechender Fasern opt. negativen Charakters zusammengesetzt war, bei denen es sich nach der chem. Analyse, wie vermutet, um *Dahllit,* $2\,Ca_3(PO_4)_2 \cdot CaCO_3$, handelt. Hohlräume im Inneren enthalten ebenfalls Dahllit, doch handelt es sich hierbei um eine opt. positive Varietät. Das äußere phosphatige Gewebe ist mit kleinen Blättchen von *Eisenhydroxyd* u. Tröpfchen von *Chalkopyrit* gespickt. Es umschließt außerdem Inselchen von *Calcit,* in denen sich *Pyrit*-Kügelchen abgesetzt haben. Interessant ist das Auftreten von *Bleiglanz,* der sonst sehr selten in den Erzen von oolith. Eisen ist. (C. R. hebd. Séances Acad. Sci. **232.** 1128—30. 12/3. 1951.) GOTTFRIED. 372

Jan Kutina, *Über Keimbildung, Generation und Wachstum von Gipskristallen aus der Umgebung von Prag-Maleschitz (Tschechoslowakei).* Vf. untersucht am Gipsvork. von Prag-Maleschitz die Entstehung neuer Individuen auf der Oberfläche von alten oder noch wachsenden Kristallen sowie deren gemeinsames weiteres Wachstum. Hierbei werden 4 Hauptmomente unterschieden: Entstehung von einfachen Kristallen oder Zwillingen, Anhäufungen von ungeordneten Kristallen u. Entstehung von Gipsrosetten. Warum bald einfache Kristalle, bald Zwillinge entstehen, konnte nicht geklärt werden. Die Keimentstehung erklärt Vf. damit, daß der Ton, der sich während des Kristallwachstums oder während seiner Unterbrechung auf den Kristallflächen absetzt, durch seine Sorptionsfähigkeit die Konz. der kristallisierenden Substanz erhöht u. damit die Bldg. neuer Individuen verursacht oder daß die während der Gipskristallisation entstandenen Keime durch das fließende W. auf die wachsenden Kristalle gebracht werden, wo sie mit ihnen weiter wachsen. (Записки Всесоюзного Минералогического Общества [Schr. Allunions mineralog. Ges.] [2] **81.** 264—78. 1952. Prag, Karls-Univ., Mineral. Inst.) LEBTAG. 380

G. F. Tscherwjakowski, *Über die kollomorphen Texturen in Erzen einiger Kieslagerstätten des mittleren Urals.* Die Erze enthalten bis zu 15—20% kollomorphe Strukturen, die ungleichmäßig verteilt sind. Im gestreiften *Kupferkies-Erz* ist die Verteilung der kollomorphen Strukturen von der mineralog. Zus. der Erzstreifen abhängig. Sie werden jeweils von krist.-körnigen Aggregaten von *Pyrit* u. *Sphalerit* abgelöst. Ihre Bldg. erfolgte entweder gleichzeitig, oder die kollomorphen Strukturen entstanden vor bzw. nach den krist.-körnigen Sulfidaggregaten, bedingt durch den veränderten physikal.-chem. Zustand der erzablagernden Substanz. (Записки Всесоюзного Минералогического Общества [Schr. Allunions mineralog. Ges.] [2] **81.** 257—63. 1952.) LEBTAG. 384

F. A. Paneth, *Die chemische Erforschung der Stratosphäre.* Angaben unter Beschreibung der Untersuchungsmethoden über die Zus. der Luft in verschied. Höhen. Bis zu einer Höhe von 57 km ändert sich die chem. Zus. der Atmosphäre nicht. Über 59 km ändert sich das Verhältnis von He, Ne u. Ar zu N_2. Der Grund ist die verschied. Schwere der Gase. — 38 Literaturangaben. (J. chem. Soc. [London] **1952.** 3651—62. Sept.) R. MATTNER. 396

Erik Eriksson, *Zusammensetzung des atmosphärischen Niederschlages.* 1. Mitt. *Stickstoffverbindungen.* Vf. berichtet zunächst über seine Bearbeitung des in zahlreichen europäischen u. nichteuropäischen Stationen über nahezu 100 Jahre gesammelten Materials über die N-Verbb. im Regenwasser. Trägt man die gesamte Menge N(NH_3-N + NO_3-N) pro Jahr gegen die Regenmenge graph. auf, so erhält man ein ausgesprochenes Minimum von 1,9 kg·N/ha u. Jahr, während die maximale Menge etwas über 20 kg liegt. Außerdem ist ein deutlicher Unterschied zwischen europäischen u. außereuropäischen Messungen zu beobachten. Dieser Unterschied tritt bei dem NO_3-N nicht auf; ebenso ist kein deutliches Minimum feststellbar. Graph. sind noch die mittleren jährlichen Mengen von Gesamt-N, NH_3-N u. NO_3-N, in Abhängigkeit von der geograph. Breite angegeben. Die Werte von albuminoidem N im Regen zeigen eine große Streuung, sie können jedoch an einigen Plätzen erhebliche Mengen erreichen. Über NO_2-N liegen nur wenige Beobachtungen bzw. Messungen vor. In bezug auf den Ursprung des NH_3-N im Regen kommt Vf. auf Grund der Literaturdaten zu dem Ergebnis, daß die Theorie von SCHLÖSING, wonach das Meer die Hauptquelle dafür ist, nicht den Tatsachen entspricht. Es werden noch kurz der Ursprung von NO_3-N u. NO_2-N, die Geochemie des N sowie die biolog. Wichtigkeit des in Luft u. den Ndd. gebundenen N besprochen. (Tellus [Stockholm] **4.** 215—32. Aug. 1952. Uppsala, Royal Agricult. Coll., Inst. of Pedol., u. Inst. of Gen. and Inorg. Chem.) GOTTFRIED. 396

S. Ogiwara und **T. Ōkita,** *Elektronenmikroskopische Untersuchung von Wolken- und Nebelkernen.* Vff. untersuchten elektronenmkr. Tropfen von Wolken vom Mt. Zaō (1400 m) sowie von Nebel aus der Stadt Sendai. Die Versuchstechnik wird ausführlich beschrieben. Aus den Beobachtungen konnte geschlossen werden, daß der größere Teil der Wolken- u. Nebelkerne aus hygroskop. u. nichthygroskop. Substanzen zusammengesetzt ist, die von Verbrennungsprozessen herrühren, u. daß Zerstäubung von Seewasser keine wesentliche Rolle bei der Bldg. der Kondensationskerne spielt. Weiter konnte festgestellt werden, daß die in den Kernen enthaltenen hygroskop. Substanzen keine H_2SO_4 enthalten. (Tellus **4.** 233—40. Aug. 1952. Sendai, Tōhoku Univ.) GOTTFRIED. 396

D. Organische Chemie.

D_1. Allgemeine und theoretische organische Chemie.

Hisao Hirayama und **Tanekazu Kubota,** *Spektrochemische Untersuchungen organischer Substanzen. 2. Mitt. Lösungsmitteleffekte von Substanzen des Antipyrintyps.* Die Absorptionsspektren von *Antipyrin* u. anderen Substanzen des gleichen Typs wurden in nicht polaren Lösungsmitteln u. in wss. HCl untersucht. Das Absorptionsmaximum liegt in nichtpolaren Lösungsmitteln bei 282 mμ (log ε = 4,0) u. wird durch polare Lösungsm. stark hypsochrom verschoben. Diese Tatsache wird durch einen Übergang von Grundformel I in unpolaren Lösungsmitteln zu Formel II in polaren Lösungsmitteln u. Formel III in wss. HCl erklärt. (Annu. Rep. Shionogi Res. Lab. [Osaka] **1951.** 16. [Orig.: japan., Auszug: engl.]) D. BRÜCK. D 118

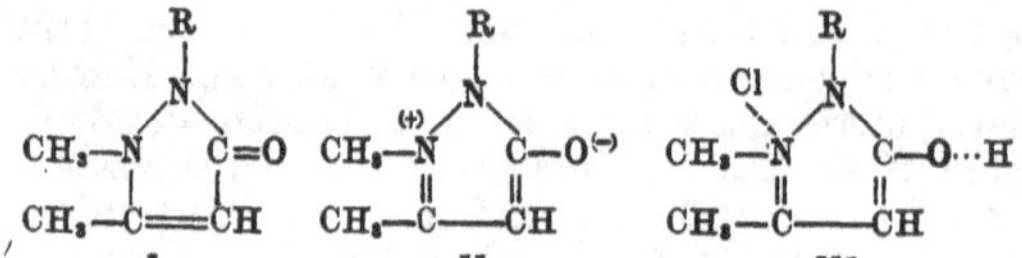

I II III

H. P. Stephenson, *Die Absorptionsspektren im nahen Ultraviolett von 2- und 3-Fluorpyridin im Dampfzustand.* (Sitzungsbericht.) Die Absorptionsspektren im nahen UV von 2- u. 3-Fluorpyridin (vgl. C. **1953.** **4993**) im Gebiet zwischen 2200 Å u. 3000 Å wurden aufgenommen. Bei *2-Fluorpyridin* (I) wurde in diesem Gebiet nur ein Elektronenübergang, dagegen bei 3-Fluorpyridin (II) 2 Elektronenübergänge gefunden. Der Übergang des I erscheint mit der 0,0-Bande bei 2628,35 Å (38,035,4 cm^{-1}) u. ist einem π-π^*-Singulett-Singulett-Übergang zuzuschreiben. Einer der 2 Übergänge von II ist ein starkes System von sehr diffusen Banden im selben Bereich wie bei I. Er ist einem π-π^*-Übergang mit der 0,0-Bande bei 2676,9 Å (37 346 cm^{-1}) zuzuschreiben. Das zweite System mit 0,0-Bande bei 2851,82 Å (35 055,1 cm^{-1}) ist schwächer u. besteht aus scharfen, linienähnlichen Banden. (Physic. Rev. [2] **87.** 213. 1/7. 1952. Duke Univ.) D. HAHN. D 118

Robert D. Walker jr. und **J. Erskine Hawkins,** *Die Ultraviolettabsorptionsspektren einiger Terpenkohlenwasserstoffe.* Die UV-Absorptionsspektren von *Myrcen* (I), *Ocimen* (II), *monomerem* (III) u. *dimerem* (IV) *Alloöcimen* wurden gemessen. Die für die Absorptionsmaxima gefundenen Werte λ_{max} wurden mit Werten, die nach der WOODWARD-Meth. (J. Amer. Chem. Soc. **64.** [1942.] 72) berechnet wurden, verglichen u. gute Übereinstimmung festgestellt. — I, durch Zers. von β-Pinen bei 465°; n_D = 1,4683; λ_{max} = 224,5 mμ; ε_{max} 15350. II, durch therm. Isomerisation von α-Pinen (V) in der Dampfphase; n_D = 1,4831; λ_{max} 237 mμ; ε_{max} 16400; III, durch therm. Isomerisation von V in fl. Phase, n_D = 1,5418; λ_{max} 268 mμ, 277 mμ, 288 mμ; ε_{max} 41900; daneben IV, n_D = 1,5180; λ_{max} 240 mμ. (J. Amer. chem. Soc. **74.** 4209. 20/8. 1952. Gainesville, Fla., Univ., Dep. of Chem.) D. BRÜCK. D 118

L. I. Widro und **M. W. Wolkenstein,** *Über die Schwingungsspektren linearer Polymerer.* In Weiterentwicklung der Unters. von WIDRO u. STEPANOW (vgl. C. **1952.** 5688) wird auf Grund des WOLKENSTEIN-Schemas zur Berechnung von Polarisation u. Intensität der Schwingungsspektren das Modell eines linearen Polymeren betrachtet, das eine Kette von —C—C-Bindungen mit trans-Konfiguration vom Typ des Polyäthylens darstellt. Aus den Gleichungen für die Ketten mit gerader u. ungerader Zahl von Bindungen geht hervor, daß prakt. nur die an den Rändern des Spektr. liegenden Linien sehr großer oder sehr kleiner Frequenz auftreten. Die experimentellen Werte von BASHULIN u. Mitarbeitern (vgl. C. **1951.** II. 28) für die Intensitäten der Valenzfrequenzen von C—C in den RAMAN-Spektren von n-C_5H_{12}, n-C_6H_{14}, n-C_7H_{16}, n-C_8H_{18} u. n-C_9H_{20} zeigen grobe Übereinstimmung mit den berechneten Werten. Im mittleren Frequenzbereich der C—C-Schwingungen wird tatsächlich geringe Linienintensität beobachtet. Die Berechnungen für das Schwingungsspektr. eines Modells aus 3 gleichen, in einer Ebene gelegenen Ketten, die unter einem Winkel von 120° von einem Punkt ausgehen, zeigen, daß die Verzweigung im Vgl. zu den isolierten Ketten zu keinem Auftreten neuer intensiver

Spektrallinien führt. Vff. sind der Ansicht, daß die Schwingungsspektren für die Ermittlung von in sehr geringer Zahl auftretenden Verzweigungen ungeeignet sind. (Доклады Академии Наук СССР [Ber. Akad. Wiss. UdSSR] [N. S.] **85.** 1243—46. 21/8. 1952. Leningrad, Shdanow-Univ.) LEBTAG. D 120

H. W. Thompson und **R. L. Williams,** *Das Ultrarotspektrum von Methylcyanid und Methylisocyanid.* Das Schwingungsspektr. des *Methylcyanids* (**I**) u. des *Methylisocyanids* (**II**) wird im Bereich von 3—40 μ mit Prismen- u. Gitterspektrographen aufgenommen u. eine Zuordnung der Normalschwingungen gegeben. Die Rotationsstruktur zahlreicher Banden wird aufgelöst, hieraus die Daten der Molekülstruktur u. die CORIOLIS-Kopplungs-Koeffizienten berechnet. In vielen Fällen werden Banden beobachtet, die von höheren Schwingungszuständen ausgehen. Die der C—N-Valenzschwingung zuzuordnenden Banden zeigen bei **II** eine sehr geringe u. bei **I** eine hohe Intensität; dies wird durch Unterschiede in der Polarität der C—N-Bindungen in den beiden Fällen erklärt. (Trans. Faraday Soc. **48.** 502—13. Juni 1952. Oxford, Phys.-chem. Labor.) LÜTTKE. D 120

Ulrich Schiedt und **Helmut Reinwein,** *Zur Infrarotspektroskopie von Aminosäuren. 1. Mitt. Eine neue Präparationstechnik zur Infrarot-Spektroskopie von Aminosäuren und anderen polaren Verbindungen.* Substanzen, die in den bei der Ultrarotspektroskopie üblichen unpolaren Lösungsmitteln (z. B. CCl_4, CS_2) unlösl. sind, ließen sich bisher nur schwierig nach dieser Meth. untersuchen, etwa durch Einbettung in Paraffinöl. Vff. überwinden diese Schwierigkeiten dadurch, daß sie die Proben mit dem (für Ultrarotstrahlung durchlässigen) KBr in Pulverform vermischen und diese Mischung zu einer Scheibe pressen, wobei das KBr durch den Druck (5250 kg/cm²) plast. wird. Um eine Trübung der Scheiben durch Lufteinschlüsse u. hierdurch verursachtes Streulicht zu vermeiden, wird das (im Original abgebildete) Preßwerkzeug während des Pressens auf 0,1 mm Hg evakuiert. Bei möglichst feiner Vermischung der zu untersuchenden Substanz mit dem KBr (am besten durch gemeinsames Lösen u. wieder Trocknen) werden auf diesem Wege vorzüglich scharfe Spektren erhalten. Verwendung von NaCl, KCl u. KJ an Stelle von KBr führte zu wesentlich ungünstigeren Ergebnissen. Die geschilderte Meth. erlaubt ohne weiteres auch quantitative Bestimmungen, wobei als Gesamteinwaage nur Mengen von $0{,}5 \cdot 10^{-5}$ Mol Aminosäuren u. weniger benötigt werden. Die zur Unters. von Aminosäuren anzuwendende Präparationstechnik wird kurz beschrieben. (Z. Naturforsch. **7b.** 270—77. Mai 1952. Tübingen, Max-Planck-Inst. f. Biochemie.) LÜTTKE. D 120

Robert Livingston und **Sanford Weil,** *Aktivierung der Fluorescenz von Chlorophyll-lösungen.* (Vorl. Mitt.) Durch Messung des Absorptionskoeff. u. der Fluorescenzintensität von *Mg-, Zn-* u. *Ca-Mesoporphyrindimethylester-Komplexen, Tetraphenylchlorin-Mg-Komplex* u. *Zn-* oder *Ca-* substituiertem *Chlorophyll* sowie deren metallfreien Formen kommen Vff. zu Ergebnissen, die die Hypothese von EVSTIGNEEV, GAVRIOLA u. KRASNOVSKII (Доклады Академии Наук СССР [Ber. Akad. Wiss. UdSSR] **70.** [1950.] 261) bestärken, daß die Aktivierung durch eine Bindung der als Aktivator wirkenden Alkohole u. organ. Basen an das Metallion erfolgt u. nicht durch Errichtung einer H-Brücke zwischen Aktivator u. Keto-O des Ringes V des Chlorophylls. Von allen untersuchten Pigmenten zeigte nur das Mg-Chlorophyll eine merkliche Änderung der Fluorescenz (mindestens 25 fach), die Lsg. des entsprechenden Zn-Komplexes zeigte eine 20%ige Fluorescenzerhöhung. In trockenem Bzl. zeigt die SORET-Bande des Mesoporphyrin eine Aufspaltung in zwei Maxima bei 4060 u. 4160 Å. (Nature [London] **170.** 750—51. 1/11. 1952. Minneapolis, Minn., Univ., Div. of Phys. Chem.) I. WEINMANN. D 125

Ernst Fischer, *Elektrische Momente und zwischenmolekulare Wasserstoffbrücken von cyclischen Amiden und Oxazolidonen.* Bei Säureamiden ist der Beitrag bipolarer Mesomerer zur Struktur aus dielektr. Messungen nur schwer abzuleiten, weil die Nichtplanarität der N-Valenzen u. die Rotation um die C—N-Bindung theoret. Errechnung des Momentes nur mit nicht hinreichend geprüften Annahmen gestatten (vgl. BATES u. HOBBS, C. **1952.** 3464). Bei cyclischen Amiden fallen diese Schwierigkeiten weitgehend weg. Hier läßt sich aus dem Vgl. theoret. u. experimenteller Momente der Grad der Bipolarität feststellen. Messungen an Oxazolidonen zeigen jedoch, daß hier Assoziation die experimentelle Auswertung erschwert. Es geht offenbar die Tendenz zur Bldg. zwischenmol. Wasserstoffbrücken parallel mit dem Anteil bipolarer Mesomerer. Der Gang der DK. mit der Konz. in Bzl. bei 30° wurde gemessen bei *3-Methyloxazolidon-(2)* ($C_4H_7O_2N$, $Kp._3$ 86—88°, aus 2-Oxyäthylmethylamin, n_D^{25} 1,454, $D.^{25}_4$ 1,170, μ 5,04 D.), *Oxazolidon* (F. 89—90°) u. *6-Aminohexansäurelactam* (F. 65—66°). (J. chem. Soc. [London] **1952.** 4525—27. Nov. Rehovoth, Israel, Weizmann-Inst.) K. L. WOLF. D 132

Luigi Sacconi und **Renato Cini,** *Das magnetische Moment der Picolinate einiger Übergangselemente.* Vff. bestimmen bei 23° das magnet. Moment ($\mu_{eff.}$) folgender Picolinate („Pic" = $C_6H_4O_2N$): *CuPic*$_2$ 1,84; *NiPic*$_2$·*4 H*$_2$*O* 3,04; *CrPic*$_3$·*H*$_2$*O* 3,77; *FePic*$_2$·*4 H*$_2$*O*

5,16; *FePic$_3$·H$_2$O* 6,16; *MnPic$_2$·2 H$_2$O* 6,1; *CoPic$_3$·H$_2$O* 0 (diamagnet.). Neu dargestellt sind: FePic$_2$·4 H_2O aus MOHRschem Salz u. *Picolinsäurehydrochlorid* (I) in wss. Lsg.: nach Neutralisation mit Na_2CO_3 gegen Kongorot orangegelber Nd. von prismat. Kristallen; FePic$_3$·H_2O analog aus Fe-Alaun: grüngelbe prismat. Nadeln; MnPic$_2$·2 H_2O analog aus $MnSO_4$·5 H_2O: strohgelbe quadrat. Täfelchen. — Die gefundenen Werte werden zu Schlußfolgerungen über die Bindungsverhältnisse in den untersuchten Verbb. ausgewertet. (Ann. Chimica **42**. 723—26. Nov./Dez. 1952. Firenze, Univ., Ist. di Chim. fis.) R. K. MÜLLER. D 132

Giacomo Costa, *Bemerkungen zum polarographischen Verhalten einiger Organometallverbindungen vom Typ R_{n-1} Me^n-X.* (Vgl. C. **1952**. 3628.) In den früheren Unterss. über Organometallverbb. mit Hg, Sn, Pb u. Tl wurden Analogien im polarograph. Verh. gefunden. Man kann bei den Verbb. R_{n-1} Me^n-X (X = Halogen) eine teilweise Dissoziation in Ionen annehmen u. ihr elektrochem. Verh. damit erklären. Alle Alkylradikale R der Pseudoionen $(R_{n-1}\,Me^n)^+$ bewirken eine Verschiebung des ersten Halbwellenpotentials nach der elektronegativen Seite im Vgl. mit Me^+; diese Wrkg. ist um so geringer, je mehr C-Atome R enthält. Die stabilisierende Wrkg. der R nimmt mit ihrer an verschied. Metalle gebundenen Zahl, also vom Pb zum Tl zum Hg, ab. Die Änderung der Stabilisierungsenergie beim Übergang von höheren zu niedrigeren R nimmt ab in der Reihenfolge Hg → Tl → Pb. Vf. vermutet Überlagerung zweier Erscheinungen: Einfl. der Einführung von R auf das Metallion (Haupteffekt), bis zu einem gewissen Grade unabhängig von der Größe von R, andererseits Einfl. von R als Funktion seiner Atomzahl u. Verzweigung (sek. Effekt); beide Effekte wirken in entgegengesetztem Sinne. (Ann. Chimica **41**. 207. 20. März 1951. Triest, Univ., Ist. di Chim.-fis.) R. K. MÜLLER. D 142

Ju. N. Scheinker und **Je. M. Peressleni,** *Phasengleichgewichte Flüssigkeit–Dampf in einigen binären Systemen bei erniedrigtem Druck.* Die Trennung azetroper Gemische wird unter Umständen dadurch möglich, daß der azeotrope Punkt sich bei Änderung des Druckes verschiebt. Vf. untersucht die Verschiebung des azeotropen Punktes von *Ameisensäure* u. W. zwischen 50 u. 200 mm Hg u. von *Butylalkohol-Butylacetat* zwischen 50 u. 760 mm Hg. Bei Ameisensäure u. W. wandert der azeotrope Punkt von 66 Gew.-% Ameisensäure bei 50 mm Hg bis 72 Gew.-% bei 200 mm Hg. Bei Butylalkohol-Butylacetat wandert der Punkt von 37 Mol-% Butylalkohol bei 50 mm Hg bis 79 Mol-% bei 760 mm Hg. Der Dampfdruck des Butylacetates steigt von 50 mm Hg bei 52,6° auf 760 mm Hg bei 126,1°. Es ergibt sich, daß die reinen Komponenten im Syst. Butylalkohol-Butylacetat bei 165 mm Hg den gleichen Kp. haben (80°) u. daß die Gleichgewichtskurve 2 symm. Zweige aufweist. (Журнал Физической Химии [J. physik. Chem.] **26**. 1103—09. Aug. 1952. Moskau, Chem.-Pharmazeut. Ordshonikidse-Inst.) ADOLPHI. D 150

W. G. Schlinger und **B. H. Sage,** *Die Wärmekapazität bei konstantem Druck am Siedepunkt. cis-2-Butylen, Isopropylbenzol und n-Decan.* Die spezif. Wärmen der Fll. wurden bei folgenden Siedetempp. gemessen: *cis-2-Butylen* von —220 bis +200° F, *Isopropylbenzol* u. *n-Decan* von 80° bis 200° F. Ein Überblick über die Meßbereiche anderer Autoren wird gegeben. (Ind. Engng. Chem. **44**. 2454—2456. Okt. 1952. Pasadena, Calif., Calif. Inst. of Techn.) CRAMER. D 151

M. Vanpee und **G. Fally,** *Die Entzündungszone des Methans bei niedrigen Drucken.* Die Entzündungstempp. von CH_4–O_2-Gemischen wurden bei Drucken von 1—300 mm Hg bestimmt. Hierbei wurden für jede Temp. drei Mindestdrucke erhalten, bei denen eine Explosion stattfand, CH_4 verhält sich also wie andere brennbare Gase. Diese Mindestdruckwerte variierten mit der Oberflächenbehandlung der Rk.-Gefäße, während Zusatz von N_2 nur einen schwachen Einfl. hatte. Bei einem O_2-Geh. unter 63% zeigte die Druck–Temp.-Abhängigkeit einen stetigen Verlauf. Aus Gasproben, die kurz vor u. kurz nach der Explosion entnommen wurden, ging hervor, daß schon vor der Explosion ein großer Teil des CH_4 durch langsame Verbrennung zu CO, H_2 u. H_2O verbraucht worden war, woraus Vff. schlossen, daß die Entzündungszone bei niedrigen Drucken, durch die der stetige Verlauf der Druck-Temp.-Kurve unterbrochen wurde, auf die vollständige Verbrennung von CO u. H_2 zurückzuführen ist. CH_4-Reste wirken auf die CO-Verbrennung verzögernd. Eine Berechnung des Grenzdruckes, der die anomale Entzündungszone des CH_4 abschließt, wurde an Hand der Rk.-Gleichungen durchgeführt, wobei eine gute Übereinstimmung mit den experimentellen Werten erzielt wurde. (Bull. Soc. chim. belges **61**. 64—98. Jan./Febr. 1952. Paturages. Inst. Nat. de Mines.) KLAFFKE. D 157

Artturi I. Virtanen und **Nils Ellfolk,** *Hemmung der oxydativen Stickstoffbindung im Ultraschallfeld durch flüchtige Substanzen.* In Fortführung der C. **1950**. II. 2395 beschriebenen Verss. bestimmten Vff. den Einfl. verschied. Verbb. auf die *Nitrit*-Bldg. beim Durchgang von *Luft* durch die beschallten wss. Lsgg. dieser Verbb. der Konz. c = 0,05 bis 2%. In allen Fällen tritt eine Hemmung der Nitritbldg. auf; als Maß für die Hemmung H gilt der relative Unterschied der Nitritbldg. bei An- u. Abwesenheit dieser Verbb., so daß H = 100 völlige Hemmung bedeutet. H steigt mit wachsendem c an. u. erreicht bereits bei kleinen c-Werten den Endwert 100. In den homologen Reihen steigt H in folgender Reihenfolge: *Essig-*, *Propion-*, *Butter-*, *Isovalerian-* u. *Capronsäure*; *Methyl-*, *Äthyl-*, *Propyl-*, *n-Butyl-* u. *Isoamylalkohol*; *Form-* v. *Acetaldehyd*; *Anilin* u. *Methylanilin*. Der p_H-Wert der Lsgg. betrug 6,5, bei den Säuren 3—6. Wird die Propionsäure länger als 5 Min. beschallt, so nimmt die Nitritkonz. wieder ab, gleichzeitig bildet sich H_2O_2. Innerhalb der homologen Reihen steigt zwar auch die Wasserdampfflüchtigkeit der Verbb. in der gleichen Folge an, doch kann die Hemmwrkg. nicht hierauf zurückgeführt werden. Vielmehr nehmen Vff. als Ursache den Einfl. der Verbb. auf die Oberflächenspannung u. die damit verbundene verschied. leichte Hohlraumbldg. in der Fl. bei der Schalleinw. an. Na-Isovalerianat wirkt wesentlich weniger hemmend als die freie Säure. Auch *Bzl.*, *Toluol* u. *Xylol* hemmen sehr stark, vermutlich dadurch, daß diese Verbb. leichter oxydiert werden als N_2. (Acta chem. scand. **6.** 660—66. 1952. Helsinki, Labor. of the Foundation for Chem. Res., Biochem. Inst.) FUCHS. D 159

H. B. Klevens, *Löslichmachung in Alkohol-Seifen-Micellen.* 2. Mitt. *Elektrolyte als Zusatzstoffe.* (1. vgl. C. **1951.** I. 2707.) Ein Elektrolytzusatz zu dem Syst. Seife-Alkohol (geprüft am Beispiel *K-Tetradecanat-n-Octylalkohol*) führt zuerst zu einer deutlichen Zunahme der „Löslichkeit" von KW-stoffen(n-Heptan), worauf bei weiterer Erhöhung der Elektrolytkonz. eine deutliche Abnahme folgt. Die Reihenfolge in der Wirksamkeit der Elektrolyte $KCl > K_2SO_4 > K_4Fe(CN)_6 \cdot 3\,H_2O$ gilt für die Systeme, in denen die Konz. an Seife u. Alkohol niedrig ist, während bei höheren Konzz. an Seife oder Alkohol oder beiden Stoffen gemeinsam die Unterschiede in den Kurven fast verschwinden. Die scheinbaren Maxima in der Löslichmachung von KW-stoffen sind wahrscheinlich auf das Vorhandensein von Micellen mit nichtregelmäßiger Anordnung u. einem Maximum an löslichmachender Wrkg. zurückzuführen. Das bei einem bestimmten Verhältnis von Seife-Salz-Alkohol beobachtete Maximum ist durch eine konkurrierende Wrkg. des Elektrolyten (Verringerung der Energie der Abstoßung ohne gleichzeitige Änderung der Anziehung) u. des polaren Stoffes (keine Änderung der abstoßenden u. deutliche Zunahme der anziehenden Kräfte) begrenzt. (J. Amer. chem. Soc. **74.** 4624—26. 20/9. 1952. Paris, Inst. Pasteur.) HENTSCHEL. D 166

Vernon H. Dibeler, Robert M. Reese und **Fred L. Mohler**, *Dissoziationsenergien von C—C- und C—F-Bindungen in mehreren Fluorkohlenstoffen durch Elektronenstoß.* (Sitzungsbericht.) Mit einem Massenspektrometer werden die Bildungspotentiale von CF_3^+-Ionen in CH_3CF_3 (14,0 eV), C_2F_6 (14,3 eV), C_3F_8 (14,4 eV), n-C_4F_{10} (13,5 eV) u. n-C_6F_{14} (14,4 eV) gemessen. Die Ionisationswirkungskurven der Fluorkohlenstoff-Ionen u. des Eichgases Ar werden auf halblogarithm. Papier aufgetragen u. aus dem gemessenen Intervall zwischen den Kurven u. dem spektroskop. Wert für Ar die Bildungspotentiale berechnet. Das Bildungspotential des CH_3^+-Ions wurde gleichfalls gemessen. Aus den Meßwerten u. dem bekannten Ionisationspotential des CH_3^+- u. CF_3^+-Ions werden Schlüsse auf die C—C- u. C—F-Bindungsenergie gezogen. (Physic. Rev. [2] **87.** 213. 1/7. 1952. Nat. Bureau of Standards.) D. HAHN. D 182

Hans Siebert, *Die Kraftkonstanten der Tetramethylverbindungen.* Für die Verbb. $X(CH_3)_4$ mit X = C, Si, Ge, Sn, Pb werden unter Verwendung eines Valenzkraftsyst. mit Wechselwirkungskonstanten als Potentialfunktion Schwingungsgleichungen abgeleitet. Die berechneten Schwingungen können den experimentell gefundenen RAMAN-Spektren (C. **1951.** I 837 u. YOUNG, KOEHLER u. MCKINNEY, C. **1948.** II. 33) einigermaßen befriedigend zugeordnet werden. Die Kraftkonstanten der verschied. Tetramethyle werden berechnet; die aus diesen Werten sich theoret. ergebenden Frequenzen zeigen im allg. befriedigende Übereinstimmung mit den beobachteten. Anschließend werden verschied. Näherungsverff. diskutiert. Die Abspaltung der CH-Valenzschwingungen, indem die betreffenden Bindungen als starr bzgl. der Dehnung angesehen werden, führt zu ausgezeichneten Näherungswerten, die von den exakt berechneten um weniger als ½% in ν abweichen u. mit nicht einmal dem halben Rechenaufwand zu erhalten sind. Wenn man auch noch die CH_3-Schwingungen mit Ausnahme der „rocking" abspaltet u. eine scheinbare CH_3-Masse einführt, so erhält man in vielen Fällen auch noch brauchbare Werte für die Kraftkonstanten, die um mehrere Prozente von den exakten abweichen. Die Abspaltung aller CH_3-Frequenzen, die in der Literatur bis in die neueste Zeit allg. üblich war, ergibt unbrauchbare Werte. Bei der Betrachtung der Ergebnisse fällt auf, daß die Valenzkraft f_{CC} im $C(CH_3)_4$ ca. 6% kleiner ist als im C_2H_6, was vielleicht auf verminderte Hyperkonjugation zurückzuführen ist. Der Gang der Konstanten d_{HCX} u. f_{CX} ist innerhalb der verschied. Tetramethyle parallel. Daraus wird geschlossen, daß die

„rocking"-Frequenz nicht mehr zu den inneren Schwingungen der CH_3-Gruppe gehört. Die Regeln von BADGER (vgl. J. chem. Physics, **2.** [1934.] 128 u. **3.** [1934.] 710) u. GORDY (vgl. C. **1948.** I. 967), die es ermöglichen sollen, die Kraftkonstanten aus anderen Moleküldaten zu berechnen, scheinen gar nicht, bzw. nur in Ausnahmefällen, brauchbar zu sein. (Z. anorg. allg. Chem. **268.** 177—90. Mai 1952. Berichtigung **271.** 75. Dez. 1952. Clausthal-Zellerfeld, Bergakad., Chem. Inst.) H. W. LEVI. D 182

Denise Billet, *Über die Stereochemie der β-Phenylserine.* Es wird gezeigt, daß die Konfiguration der *β-Phenylserine* in direkter Beziehung zu der des *Chloromycetins* (I) steht, deren Strukturanaloge sie darstellen. Unter den im Verlauf der chem. I-Synth. dargestellten Verbb. hatten nur diejenigen mit threo-Konfiguration bakteriostat. Wirkung. Das *β-Phenylserin* von ERLENMEYER entspricht strukturell dem *D-Serin* u. dem I. p-Nitrophenylserin ist bisher nur in einer biol. inakt. Form bekannt, der daher die erythro-Struktur zugeschrieben wird. (Bull. Soc. chim. France, Mém. [5] **19.** D 33—38. Mai/Juni 1952. Paris, Fac. de Pharm., Labor. d'Hyg.) K. F. MÜLLER. D 184

G. W. Gray und **Brynmor Jones,** *Mesomorphie einiger Alkoxynaphthoesäuren.* Es wurde beobachtet, daß *4-n-Alkoxy-1-naphthoesäuren* (R = CH_3 bis $C_{10}H_{21}$, $C_{12}H_{25}$, $C_{16}H_{33}$ u. $C_{18}H_{37}$) keine Mesomorphie aufweisen. Es wird angenommen, daß die Lage des Naphthalinkernes eine Orientierung im erforderlichen Sinn hindert. Dagegen konnten bei *6-n-Alkoxy-2-naphthoesäuren* (R = CH_3, C_2H_5, C_4H_9 bis $C_{10}H_{21}$, $C_{12}H_{25}$, $C_{16}H_{33}$ u. $C_{18}H_{37}$). Mesophasen beobachtet werden. Es handelt sich bei diesen Verbb. um langgestreckte Moll., die zur Orientierung befähigt sind. (Nature [London] **167.** 83—84. 13/1. 1951. Hull, Univ. Coll.) HORST BAGANZ. D 186

A. McL. Mathieson, *Die Kristallstrukturen der dimorphen Formen von dl-Methionin. dl-Methionin* krist. durch langsame Verdunstung einer wss.-alkoh. Lsg. in zwei verschied. monoklinen Formen. Die in der Raumgruppe P $2_1/a$ kristallisierende Form wird als α-Form bezeichnet, die in der Raumgruppe J $2/a$ als β-Form. Die Dimensionen der α-Form sind a = 9,76 Å; b = 4,70 Å; c = 16,70 Å; β = 102°; Z = 4; die der β-Form a = 9,94 Å; b = 4,70 Å; c = 33,40 Å; β = 106,6°; Z = 8. PATTERSON-HARKER-Projektionen u. FOURIER-Analysen führten zu den folgenden Parametern: S (x =) 0,328; (y =) —0,056; (z =) 0,128; O_1 0,007; —0,094; 0,378; O_2 0,174; —0,342; 0,435; N 0,364; 0,053; 0,406; C_1 0,125; —0,144; 0,392; C_2 0,218; 0,028; 0,353; C_3 0,225; —0,096; 0,268; C_4 0,311; 0,093; 0,224; C_5 0,164; 0,047; 0,068. — Für die β-Form wurden auf dem gleichen Weg die folgenden Parameter festgelegt: S (x =) 0,017; (y =) 0,172; (z =) 0,059; O_1 —0,270; 0,192; 0,187; O_2 —0,091; —0,078; 0,216; C_1 —0,142; 0,122; 0,194; C_2 —0,049; 0,306; 0,175; C_3 —0,051; 0,169; 0,131; C_4 0,038; 0,336; 0,109; C_5 0,151; 0,350; 0,043. An den Zellen sind die intramol. Abstände (tabellar. angegeben) u. die Längen der H-Bindungen sehr ähnlich. In beiden Strukturen traten Doppelschichten entlang der C-Achse auf, wobei die einzelne Doppelschicht in sich durch H-Bindungen fest zusammengehalten wird. Benachbarte Schichten werden durch VAN DER WAALSsche Kräfte gebunden, die zwischen den End-CH_3-S-Gruppen wirksam sind. Die Konfiguration der $CH \cdot NH_3^+COO^-$-Gruppe ist ähnlich wie in anderen α-Aminosäuren. In beiden Formen liegt das N-Atom 0,70 Å außerhalb der Ebene, die durch $C_1C_2O_1O_2$ geht. Ebenso bilden in beiden Formen die Atome C_1, C_2, C_3, C_4 u. S eine beinahe planare Zick-Zack-Kette. In der α-Form liegt C_5 infolge freier Rotation der Bindung C_5—S außerhalb dieser Ebene, in der β-Form dagegen in dieser Ebene. (Acta crystallogr. [Copenhagen] **5.** 332—41. Mai 1952. Melbourne, Commonwealth Sci. and Ind. Res. Organization, Div. of Ind. Chem., Chem. Phys. Sect.) GOTTFRIED. D 195

J. Zussman, *Die Struktur von Oxyprolin.* In Erweiterung seiner vorläufigen Mitt. (vgl. C. **1951.** II. 2301) werden die genauen Parameterwerte, die intramol. Abstände, die Valenzwinkel u. die intermol. Abstände angegeben. Die Parameterwerte sind: C_1 (x =) 0,128; (y =) 0,228; (z =) 0,207; C_2 0,119; 0,102; 0,129; C_3 0,179; 0,181; 0,036; C_4 0,317; 0,340; 0,064; C_6 0,301; 0,190; 0,292; N_5 0,227; 0,382; 0,161; O_3 0,902; 0,221; 0,004; O_7 0,486; 0,273; 0,308; O_8 0,218; 0,064; 0,337. Die verschied. Abstände u. Winkelwerte sind tabellar. zusammengestellt. Die früher angedeutete Möglichkeit einer H-Bindung zwischen dem N-Atom u. dem O-Atom der Hydroxylgruppe findet nach Verfeinerung des Abstandes N—O eine Bestätigung. (Acta crystallogr. [London] **4.** 493—95. Nov. 1951. Cambridge, Cavendish Labor., Crystallogr. Labor.) GOTTFRIED. D 195

A. A. Sprysskow und **Ju. L. Kusmina,** *Untersuchung der Sulfurierungsreaktion.* 18. Mitt. *Gleichgewicht von 1.4-Dichlorbenzolsulfonsäure-(2) mit ihrem Chlorid.* (17. vgl. C. **1952.** 5714.) Es wird das Gleichgewicht zwischen *1.4-Dichlorbenzolsulfonsäure-(2)* (I) u. ihrem *Chlorid* (II) in einem aus wechselnden Mengen Chlorsulfonsäure u. H_2SO_4 bestehenden Gemisch bei 0 u. 80° untersucht. Bei großem Chlorsulfonsäureüberschuß stellt sich das Gleichgewicht bei 0° nach ca. 20 Std., bei H_2SO_4-Überschuß nach 150 Std.

ein. Bei 80° genügt 1 Std. zur Gleichgewichtseinstellung. Die Gleichgewichtskonstante K wurde für 0° zu 0,63, für 80° zu 0,67 bestimmt. Der geringe Unterschied in den K-Werten für 0 u. 80° zeigt, daß die Umwandlungswärme II → I = 0 oder sehr gering ist. I (aus Ae., F. 37,5—38°) wurde durch Sulfurierung von p-Dichlorbenzol mit Chlorsulfonsäure erhalten. (Журнал Общей Химии [J. allg. Chem.] **21**. (**83**.) 1887—91. Okt. 1951. Iwanowo, Chem.-Technol. u. Med. Inst.) G. FROELICH. D 221

G. A. Rasuwajew und **T. G. Brilkina**, *Reaktionen freier Radikale bei Me[B(C₆H₅)₄]*. Bei den Verbb. vom Typ $Li[B(C_6H_5)_4]$ (I) ist ein Zersetzungsmechanismus unter Auftreten freier Radikale möglich. Als Fixator für gegebenenfalls auftretendes Phenylradikal diente Hg. In einem polaren Lösungsm. wie W. bildet sich aus I u. Hg kein Phenylderiv. des Hg. Dagegen entsteht in Chlf. aus I oder $K[B(C_6H_5)_4]$ bzw. $NH_4[B(C_6H_5)_4]$ in Ggw. von feinverteiltem Hg bei Zimmertemp. oder —10 bis —15° *$(C_6H_5)_2Hg$*. An der Bldg. von $(C_6H_5)_2Hg$ nimmt aber nur eine der 4 C_6H_5-Gruppen teil; das verbleibende $(C_6H_5)_3B$ oxydiert sich mit Luft-O_2 zu $(C_6H_5)_2B(OC_6H_5)$, das bei der Aufarbeitung der Reaktionsmasse mit wss. A. *Phenol* u. *$(C_6H_5)_2BOH$* bildet. Vff. nehmen an, daß die Rk. nach $K^+[B(C_6H_5)_4]^- \rightarrow C_6H_5\cdot + K^+[(C_6H_5)_3B\cdot]^-$ unter Bldg. eines freien Phenylradikals u. eines 2. komplizierten Radikals mit einem einsamen Elektron am B-Atom verläuft. Radikale der letzteren Art sind bekannt; sie sind aber farbig. Da bei der Rk. keine Färbung auftrat, ist anzunehmen, daß die Rk. unter Beteiligung des Lösungsm. sofort weiter geht, wobei die festgestellten Reaktionsprodd. *KCl* u. *$(C_6H_5)_3B$* entstehen. Bei der NH_4-Verb. treten als Reaktionsprodd. neben *$(C_6H_5)_2Hg$*, *NH_4Cl* u. *$(C_6H_5)_3B$* auch *Bzl.* u. *$NH_3\cdot B(C_6H_5)_3$* auf, die 2 letzteren infolge einer Nebenreaktion. Beim Erhitzen der NH_4-Verb. ohne Lösungsm. auf 110—120° tritt nämlich innerhalb 5—7 Std. quantitativer Zerfall nach $NH_4[B(C_6H_5)_4] \rightarrow C_6H_6 + NH_3\cdot B(C_6H_5)_3$ ein, eine Rk., die auch langsam bei Zimmertemp. erfolgt. (Beim Behandeln von $NH_3\cdot B(C_6H_5)_3$ mit Hg wird keine Bldg. von $(C_6H_5)_2Hg$ beobachtet.) Folglich laufen bei der NH_4-Verb. der intramol. Zerfall des Komplexes u. die Zers. in freie Radikale nebeneinander ab, wobei die 2. Rk. vorherrscht (60%). (Доклады Академии Наук СССР [Ber. Akad. Wiss. UdSSR.] [N. S.] **85**. 815—18. 1/8. 1952. Gorki, Univ.) R. K. MÜLLER. D 223

R. A. Robinson, *Das System Wasser–Dioxan–Chlorwasserstoff*. Vf. untersucht das Phasendiagramm W.–Dioxan–Chlorwasserstoff bei 10 u. bei 25°. Bei dioxanreicheren Mischungen tritt Entmischung ein. (J. Amer. chem. Soc. **74**. 6125. 5/12. 1952. Singapore, Univ. of Malaya.) v. SCHIESZL. D 224

C. O. Badgett, Abner Eisner und **Henry A. Walens**, *Verteilung von Pyridinalkaloiden im System Puffer–tert.-Amylalkohol*. Der beobachtete Verteilungskoeff. k' von Basen u. Säuren ist abhängig vom p_H, von der Ionisationskonstante K u. dem echten Verteilungskoeff. k (GOLUMBIC u. ORCHIN, C. **1951**. II. 1714). Für schwache Basen wird diese Beziehung unter geeigneten Bedingungen durch eine Gerade darstellbar, so daß aus der Messung von k' bei verschied. p_H k u. K_1 bzw. K_2 berechenbar werden. Um Grundlagen für die Auftrennung von Verwandten der Tabakalkaloide zu erhalten, wurden folgende Verbb. im Syst. tert.-Amylalkohol/0,5 mol. Citrat- bzw. -Phosphatpuffer bei 24° im 8-Röhren-Gegenstromverteilungsapp. untersucht: *N-Methylmyosmin* (I); *4-Methylamino-1-[pyridyl-(3)]-butanol-(1)*; *Nornicotin*; *Anabasin*; *Metanicotin*; *Nicotindioxyd* (k = 0,04); *Nicotinoxyd* (k = 0,12; $K_1 = 9{,}4\cdot10^{-10}$); *Nicotin* (6,59; $2{,}2\cdot10^{-7}$); *Dihydronicotyrin* (6,35; $1{,}1\cdot10^{-7}$); *Myosmin* (5,52; $1{,}7\cdot10^{-9}$); *2-Methyl-6-[pyridyl-(3)]-tetrahydro-1.2-oxazin* (6,30; $1{,}5\cdot10^{-10}$); *Nicotyrin* (13,5; $5{,}4\cdot10^{-10}$); *Nornicotyrin* (14,3; $2{,}1\cdot10^{-10}$); *Pyridin* (4,06; $1{,}3\cdot10^{-9}$). — Aus p_H-abhängigen Abweichungen von der Theorie der bei I gefundenen Verteilungskurven wird auf Polymerisations-Rkk. geschlossen. (J. Amer. chem. Soc. **74**. 4096—98. 20/8. 1952. Philadelphia, Pa., Eastern Reg. Res. Labor.) GIBIAN. D 224

L. J. Oosterhoff, *Einleitende Betrachtungen über Bildung und Beständigkeit von Carboniumionen*. Die Hauptstützen für die Hypothese der Existenz von Carboniumionen als intermediäre Stufen in chem. Rkk. werden an Hand des Schrifttums aufgeführt. (Chem. Weekbl. **48**. 849—57. 15/11. 1952. Amsterdam, Koninklijke Shell, Labor.) WESLY. D 225

G. W. A. Rijnders, *Carboniumionenreaktionen von Kohlenwasserstoffen*. Die Annahme der Existenz von Carboniumionen hat sich als nützlich für die Deutung einer Anzahl katalyt. KW-stoff-Rkk., wie Isomerisation, Alkylierung, Polymerisation u. Crackung erwiesen. (Chem. Weekbl. **48**. 893—99. 15/11. 1952. Amsterdam, Koninklijke Shell, Labor.) WESLY. D 225

J. de Jonge, *Carboniumionenreaktionen von Diazonium- und Diazoverbindungen*. Übersicht über Rkk. von Diazonium- u. Diazoverbb., bei denen intermediär Carboniumionen auftreten. Verbb. mit Diazoniumstruktur RN_2^+ ohne Resonanzstabilisierung verlieren N leichter als solche, bei denen die Möglichkeit mesomerer Struktur besteht. (Chem. Weekbl. **48.** 883—92. 15/11. 1952. Eindhoven, N. V. Philips' Gloeilampenfabrieken, Natuurkundig Labor.) Wesly. D 225

E.-D. Hughes, *Reaktionsmechanismus und Waldensche Umkehrung.* Nach einer Übersicht über den allg. Mechanismus von Substitutions-Rkk. bespricht Vff. zusammenfassend den ster. Verlauf von S_N 1- u. S_N 2-Rkk. u. die Bedingungen für den Eintritt von Waldenscher Umkehrung (W.U.). Da Ag^+-Ionen die Entfernung eines Halogens aus einer C—Hal-Bindung erleichtern, wenn diese durch Adsorption an die polare Oberfläche eines unlösl. Ag-Salzes geschwächt ist, erscheint die Rk. von organ. Haliden mit Ag^+ im wesentlichen als Ionisierung u. unimolekular. Hierbei fand in Verbb. des Typs $RCH(CH_3)Hal$ bei der Alkoholyse neben der W.U. Racemisierung statt, wenn R: C_6H_{13}-, C_6H_5⁻, ⁻COOAlkyl bedeutet. Ist R jedoch eine Carboxylgruppe, wurde nur Racemisierung u. Beibehaltung der ursprünglichen Konfiguration beobachtet. Bei Rk. nach S_N 2 trat in allen Fällen allein W.U. ein, bei reiner S_N 1-Rk. u. R = C_6H_{13} u. C_6H_5 Racemisierung + W.U., bei R = COO^- allein Beibehaltung der Konfiguration ein. Die bei dem Reaktionstyp S_N 1 beobachtete Racemisierung (wenn nur neutrale Gruppen am asymm. C hängen) wird als teilweise W.U. gedeutet, bei der der abgespaltene Rest das Kation vor dem Angriff der Solvatationshülle oder des anion. Reagens abschirmt. Die kinet. Betrachtungen wurden auch auf Rkk. mit Phosphorhaliden, $SOCl_2$, Halogenwasserstoffen sowie auf Ersatz von Halogen durch NH_2, Ersatz von NH_2 durch Oxalkyl, auf die Rk. von RHal mit Aziden u. a. ausgedehnt. U. a. wurde bestätigt, daß (—)-Milchsäure, (+)-Glycerinaldehyd u. (—)-Alanin einander entsprechende Konfiguration besitzen. (Bull. Soc. chim. France, Mém. [5] **18.** C 17—21. März/April 1951. Intern. Colloquium von Montpellier.) du Mont. D 225

S. Winstein, *Nachbargruppen bei Substitutionen und Umlagerungen.* Ausgehend von der Vorstellung, daß bei nucleophilen Substitutionen u. Umlagerungen, die über Carboniumionen verlaufen, als Übergangszustände Ringe wie **A** oder Analoga auftreten, bespricht Vf. Stereochemie u. Einfl. der Konst. auf die Reaktionsfähigkeit bei solchen Umsetzungen. Waldensche Umkehrung wie Erhaltung der Konfiguration bei Substitutionen, cis–trans-Umlagerungen bei Rkk. 1.2-disubstituierter Cyclohexane, Isosteroidumlagerung sowie relative Wanderungsgeschwindigkeiten bei Wagner-Meerwein-Umlagerungen werden bei Annahme dieses Reaktionsmechanismus verständlich. Unveröffentlichte Einzelergebnisse: Erhaltung der Konfiguration tritt auf bei Rk. von *2-Jod-3-oxypropan* mit HBr u. HCl, von *2-Acetoxy-3-tosyloxybutan* u. *trans-1-Acetoxy-2-tosyloxycyclohexan* mit Essigsäure u. K-Acetat (Lucas u. Garner) sowie von *2.3-Dibrombutan, trans-1.2-Dibromcyclohexan* u. *1.2-Dibromcyclopentan* mit Ag-Acetat (Roberts u. Corse); Umlagerung unter intermediärer Dreiringbldg. erfolgt bei Rk. von *3-Methyl-3-methoxy-2-brombutan* mit wss. $AgNO_3$ zu *3-Methoxy-2-methylbutanol-(2)* (Ingraham). Relative Geschwindigkeiten bei der Acetolyse der Arylsulfonate von: *3-Phenyl-3-methylbutyl-(2)*-: 75; *3.3-Diphenylpropyl-(2)*-: 2; *3-Phenylbutyl-(2)*-: 3/2; *3.3-Dimethylbutyl-(2)*-: 4; *3-Methylbutyl-(2)*-: 6; *Butyl-(2)*-: 2 u. *Isopropylalkohol*: 1 (Corse u. Mitarbeiter). (Bull. Soc. chim. France, Mém. [5] **18.** C 55—61. März/April, u. Colloques int. Centre nat. Rech. sci. **XXX.** 63—69. 1951.) Kresze. D 225

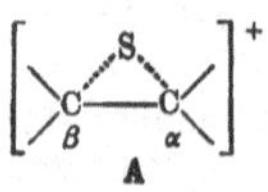

A

P. J. C. Fierens und M. Matzner, *Die 1.2-Umlagerungen.* 1. Mitt. Vff. geben eine Zusammenstellung von 1.2-Umlagerungen des Typs $A—C_1—C_2—B \rightarrow B—C_1—C_2—A$ oder $X + A—C_1—C_2—B \rightarrow X—C_1—C_2—A + B$, wie sie sich an manche Substitutions- oder Eliminations-Rkk. anschließen. Es werden angeführt (zu jedem Beispiel werden mehrere spezielle Rkk. genannt): Pinakolin-, Semipinakolin-, Wagner-Meerwein-Umlagerung, Isomerisierung von KW-stoffen. Demjanoff-Umlagerung (bei der Desaminierung einiger prim. Amine durch Diazotierung). Hoffmann-, Lossen-, Curtius-Abbau, Wolff- (Arndt-Eistert-) Umlagerung (von Diazoketonen in Ketene mit bas. Reagentien), Benzilsäure-, Beckmann-, Daniloff-Umlagerung (sek. oder tert. Aldehyde in Ketone mit sauren Reagentien). Favorsky- (bei α-Oxyaldehyden u. α-Oxyketonen), Mossettig-Burger- ($RCOR' + CH_2N_2 \rightarrow RCH_2COR'$ oder $RCOCH_2R'$ u. R(R')C—CH_2 mit O-Brücke), Stieglitz-, Cyansäure- u. Isocyansäure-, Busch-Umlagerung (bei aromat. α-Semicarbaziden u. α-Thiosemicarbaziden). Umlagerung von Pyrrolderivv. (N-substituierte in α-substituierte Verbb.), von Chinolin, von Azoverbb. [$(CH_3CO)_3C—N{=}N—C_6H_5 \rightarrow (CH_3CO)_2C{=}N(COCH_3)NC_6H_5$], von Thiodiazolen u. Peroxyden. (Ind. chim. belge **17.** 747—54. 1952. Bruxelles, Univ. Libre, Serv. de Chim. Organ.) Manthey. D 225

Gábor Fodor und **J. Kiss**, *Konfiguration diastereoisomerer 2-Aminocyclohexanole und ein Vorschlag für den Mechanismus der Acylwanderung N → O.* Beim Behandeln von *cis-2-Benzamidocyclohexanol* (I, F. 189°) mit alkoh. HCl bei Zimmertemp. entsteht *dl-cis-O-Benzoyl-2-aminocyclohexanolhydrochlorid* (F. 228°) in einer Ausbeute von 9% (Mol-Verhältnis **I** : HCl 1 : 2), die Ausbeute steigt bei Verwendung von 10 bzw. 35 Mol HCl/Mol **I** auf 32 bzw. 50%. Bei der *trans-Verb.* (**II**) erfolgte die N → O-Wanderung des Benzoylrestes in weit geringerem Maße. Bei 100° im Einschlußrohr ergaben **I** wie **II** 48—50% der O-Acylverbindung. Vff. nehmen prim. Bldg. eines N-Acylamidohydrochlorids an, welches sich in unpolarem Lösungsm. leicht bildet, sich aber in polaren Lsgg. in die Ausgangsverbb. zers. oder umlagert. Die Geschwindigkeit der Umlagerung N → O hängt von der Entfernung N—O ab, das beobachtete Ausmaß der Rk. bei niederer Temp. macht die getroffene Konfigurationszuordnung wahrscheinlich. Bei 100° sind die Unterschiede infolge der Flexibilität des Cyclohexanringes verwischt.

V e r s u c h e : *2-Acetylaminocyclohexanol*, F. 142—144° (Aceton), durch Hydrierung von *o-Acetylaminophenol* in A. bei Ggw. von RANEY-Ni bei 70—80 at u. 180°; daraus **I**. — **II**, durch Ammonolyse von 2-Chlorcyclohexanol u. Benzoylierung. — *dl-trans-O-Benzoyl-2-aminocyclohexanol, Hydrochlorid*, F. 274°. (Acta chim. Acad. Sci. hung. **1**. 130—36. 1951. Szeged, Univ., Org. Chem. Labor.) KLEINWÄCHTER. D 225

Zoltán Csürös, Konstantin Zech, Gyula Dely und **Etel Zalay**, geb. **Somody**, *Acylderivate des Cyclohexanonoxims mit besonderer Rücksicht auf die Beckmannsche Umlagerung.* Vff. untersuchen die Acylderivv. des *Cyclohexanonoxims* (**I**) u. deren BECKMANNsche Umlagerung. Bei **I** selbst wird in schwefelsaurer Lsg. die günstigste Ausbeute an *ε-Aminocaprolactam* (**VIII**) bei einem Verhältnis **I** : H_2SO_4 wie 1 : 0,86 Mol erzielt, geringste, zur Umlagerung genügende H_2SO_4-Konz. ist 63,36%. H_3PO_4 bewirkt die Umlagerung glatt u. in guter Ausbeute. Mit HCl, Benzolsulfonsäure, p-Toluolsulfonsäure u. deren Chlorid sowie β-Naphthalinsulfonsäure erfolgt keine Umlagerung, bei Thionylchlorid ist es vom Lösungsm. abhängig, ob Umlagerung erfolgt. Mit S_2Cl_2, Eisessig, SO_2Cl_2, Chlorsulfonsäure u. Acetylchlorid tritt ebenfalls keine Rk. ein, bei höheren Tempp. erfolgt Verharzung. Als mögliche Zwischenprodd. wurden bisher unbekannte Ester von **I** dargestellt, ihre Darst. erfolgte zumeist über das Na-Salz von **I**, die direkte Acylierung versagte. Bei diesen Estern wurde untersucht, welche Veränderungen sie bei saurer u. alkal. Hydrolyse erleiden. Die Ester lassen sich danach in folgende Gruppen einteilen: a) Die Hydrolyse ergibt Oxim u. Säure zurück. b) Die (saure) Hydrolyse ergibt Persäuren oder H_2O_2 nach $C_6H_{10}{=}N{-}OOCR \rightarrow C_6H_{10}O + RCOONH_2 \rightarrow RCOO{-}OH + NH_4Cl$. c) Bei Erwärmen oder Hydrolyse tritt BECKMANNsche Umlagerung ein. Umlagerung erfolgt bei dem Ester der *Benzol* (**II**)-, *o* (**III**)- u. *p-Toluol-* (**IV**) u. *Naphthalinsulfonsäure* (**V**). **II** lagert schneller um als **III**, **IV** u. **V**. Die Umlagerung erfolgt nicht nur in OH-haltigen Lösungsmitteln, sondern auch in Bzl., (wahrscheinlich infolge von Wasserspuren) allerdings mit verschied. Geschwindigkeit. In polaren Lösungsmitteln entsteht als nicht isolierbares Zwischenprod. ε-Aminocaprolactambenzolsulfonat, in Bzl. ergibt die Umlagerung **VIII**, *Lactamharz*, Hexylensäurenitril u. Picolin. Das Pikrinsäurederiv. von **I** lagert sich in der Schmelze bei 104° um, bei Hydrolyse u. bei Zimmertemp. in Lsg. erfolgt keine Umlagerung, dagegen gelingt sie durch 5 std. Kochen in Äthylendichlorid.

V e r s u c h e [In ( ) die Gruppe, zu der der Ester seinem Verh. bei der Hydrolyse nach gehört]: *Cyclohexanonoximacetat*, $C_8H_{13}O_2N$, Kp.$_{20}$ 130°, aus **I** u. Acetylchlorid in Chlf. mit Pyridin; 90% (A.). — *Na-Cyclohexanonoxim* (**VI**), aus **I** u. Natriumamid in Bzl.; 100%. — *Cyclohexanonoximisovalerianat*, $C_{11}N_{19}O_2N$, aus **VI** u. Isovalerylchlorid (a). — *Cyclohexanonoximoxalat*, $C_{14}H_{20}O_4N_2$, Zers. ~100° im Vakuum, aus **VI** in Oxalylchlorid (a). — *Cyclohexanonoximsulfat*, $C_{12}H_{20}O_4N_2S$, F. 68° (Bzl.), aus **VI** u. Sulfurylchlorid (a). — *Cyclohexanonoximsulfit*, $C_{12}H_{20}O_3N_2S$, F. 71° (Aceton), aus **VI** u. Thionylchlorid (a). — *Cyclohexanonoximdisulfid*, $C_{12}H_{20}O_2N_2S_2$, F. 62° (Aceton), aus **VI** u. S_2Cl_2 (Hydrolyse ergibt Cyclohexanon u. Oxim in gleichem Verhältnis). — *Cyclohexanonoximbenzoat*, $C_{13}H_{15}O_2N$, F. 58° (wss. A.), aus **I** u. Benzoylchlorid (b). — *Cyclohexanonoximkohlensäureäthylester*, $C_9H_{15}O_3N$, aus **VI** u. Chlorkohlensäureäthylester (b). — *Cyclohexanonoximbenzolsulfonat* (**II**), $C_{12}H_{15}O_3NS$, F. 16° (Bzl.), aus **VI** u. Benzolsulfochlorid (c). — *Cyclohexanonoxim-β-naphthalinsulfonat* (**V**), $C_{16}H_{17}O_3NS$, F. 51° (Bzl.), aus **VI** u. β-Naphthalinsulfochlorid (c). — *Cyclohexanonoxim-p-toluolsulfonat* (**IV**), $C_{13}H_{17}O_3NS$, F. 66° (Bzl. + Ligroin), aus **VI** u. p-Toluolsulfochlorid (c). — *Cyclohexanonoxim-o-toluolsulfonat* (**III**), $C_{13}H_{17}O_3NS$, aus **VI** u. o-Toluolsulfochlorid (c). — *Cyclohexanonoximpikrinsäureester* (**VII**), $C_{12}H_{12}O_7N_4$, F. 83° (Aceton), aus **VI** u. Pikrylchlorid. — *N-Pikryl-ε-aminocapronsäurelactam*, $C_{12}H_{12}O_7N_4$, F. 175° (Chlf., A.) durch 5 std. Erhitzen von **VII** in Äthylendichlorid. (Acta chim. Acad. Sci. hung. **1**. 66—82. 1951. Budapest, TH, Techn. Inst.) KLEINWÄCHTER. D 225

B. B. Lamper und **F. G. Bordwell**, *Die Beckmann-Umlagerung bei O-Pikrylbenzophenonoxim.* o-Pikrylbenzophenonoxim (I) gab beim Erhitzen in wss. Aceton neben *N-Pikrylbenzanilid* (II) *Benzanilid* (III) bzw. III allein. Da II bei 2 std. Kochen in wss. Aceton nicht hydrolysiert, kann die Rk. I → III nicht über II gehen. Vielmehr muß eine Solvolyse von I oder Angriff von W. an das Carbonyl-C-Atom von I angenommen werden. — Die Verss. wurden unternommen, um zu entscheiden, ob das aus O-Benzolsulfonylbenzophenonoxim beim Stehen oder Schmelzen erhaltene Prod. als $C_6H_5C(OSO_2C_6H_5){=}NC_6H_5$ (IV) oder als N-Benzolsulfonylbenzanilid (V) anzusehen ist. Da IV leicht hydrolysierbar ist, ist die angenommene Struktur wahrscheinlicher als die II analoge Struktur V. (J. Amer. chem. Soc. **73.** 2369—70. Mai 1951. Evanston, Ill., Northwestern Univ., Chem. Labor.)
DU MONT. D 225

F. Wm. Cagle jr. und **Henry Eyring**, *Anwendung der Theorie der absoluten Reaktionsgeschwindigkeit auf die Racemisierung von gewissen sterisch gehinderten Verbindungen.* Vff. berechneten aus experimentellen Daten anderer Autoren die Aktivierungsenthalpie $\Delta H^{\ddagger}$ u. Aktivierungsentropie $\Delta S^{\ddagger}$ der Racemisierung folgender Verbb.: *4.6.4'-Trinitro-2.2'-diphensäure,* ($\Delta H^{\ddagger}$) 21200 cal/Mol, ($\Delta S^{\ddagger}$) —18,5 (cal/Mol · Grad) (2nNaOH); *6.4'-Dinitro-2.2'-diphensäure,* 25700, —4,2 (2nNaOH); *2.2'-Diamino-6.6'-dimethyldiphenyl* (I), 45600, —11,48 (Dampfphase); 44100, —11,54 (Ae.). *2-Nitro-6-carboxy-6'-methoxydiphenyl,* 19300, —9,19 (absol. A.); *2-Nitro-6-carboxy-6'-äthoxydiphenyl,* 20100, —9,38 (absol. A.); *2-Nitro-6-carboxy-6'-propoxydiphenyl,* 20000, —10,5 (absol. A.); *5.5'-Oktamethylendioxy-2.2'-diphensäure,* 22100, —9,24 (Dioxan); *5.5'-Dekamethylendioxy-2.2'-diphensäure,* 22800, —6,27 (Dioxan); *N-Acetyl-N-methyl-p-toluidin-3-sulfonsäure,* Na-Salz, 22800, —1,60 (W.) u. *N-Succinyl-1-methylamino-2.4-dimethyl-6-chlorbenzol,* 19300, —26,9 (n-Butanol u. Methylacetat). Hinter den Verbb. stehen die Lösungsmittel, in denen die Racemisierung durchgeführt wurde. An diesen Werten wird der Einfl. der Konst. auf die Fähigkeit zur Racemisierung diskutiert. Die $\Delta H^{\ddagger}$-Werte zeigen allg. wenig Veränderung, mit Ausnahme von I, bei dem alle o- u. o'-Stellungen substituiert sind. Dagegen sind die $\Delta S^{\ddagger}$ stark von der Konst. abhängig: $\Delta S^{\ddagger}$ wird stärker negativ mit wachsender Kettenlänge der o-Substituenten (6'-Alkoxyverbb.). Bei der Dekamethylenverb. zeigt sich die freiere Beweglichkeit der zehngliedrigen Kette in einer Verringerung von $-\Delta S$ gegenüber dem Oktamethylenderivat. Lösungsmittel haben einen relativ geringen Einfl. auf die Racemisierungsgeschwindigkeit. — Aus den Werten läßt sich die Zusatzresonanzenergie (durch Möglichkeit zur π-Bindung zwischen den beiden Kernen) zu 5000 cal/Mol abschätzen. (J. Amer. chem. Soc. **73.** 5628—30. Dez. 1951. Salt Lake City, Utah, Univ., Dep. of Chem.) KLEINWÄCHTER. D 225

E. J. Y. Scott und **E. W. R. Steacie**, *Die durch Quecksilberlicht sensibilisierten Reaktionen von Benzol bei hohen Temperaturen.* Die Zers. von *Bzl.* durch Hg-Licht (2537 Å), bei ca. 400° wird untersucht. Während bei Raumtemp. keine Rk. eintritt, werden 299 Mikromol Bzl. bei einer Belichtungszeit von 4 Std., einer Reaktionstemp. von 400° u. einem Druck von $\sim 2 \cdot 10^{-3}$ mm Hg zu folgenden Prodd. zersetzt (Zahlen in Mikromol): H_2 7,7; CH_4 17,1; C_2-*KW-stoffe* 17,4 (50% C_2H_6, 30% C_2H_4 u. 20% C_2H_2); C_3-*KW-stoffe* 7,1 (85% C_3H_8 u. 15% C_3H_6); C_4-*KW-stoffe* 4,0; $C_{12}H_{10}$ (Diphenyl) (I) 51,2; $C_{12}H_{12}$ (?) 5,0; CO_2 vom Rückstand 224. Vff. nehmen an, daß die Prodd. mit Ausnahme von I durch Sekundär-Rkk., bedingt durch die hohe Temp., gebildet werden. Die Druckabhängigkeit der Zers. wird untersucht u. steht in Übereinstimmung mit dem diskutierten Reaktionsmechanismus. Mit steigendem Benzoldruck, im Bereich von 2—25 mm, nimmt der Geh. an gebildeten Zersetzungsprodd. ab. Offenbar verläuft die Rk. zunächst über ein aktiviertes Mol.: $Hg(^3P_1) + C_6H_6 = Hg(^1S_0) + C_6H_6^*$, welches bei höheren Drucken gemäß $C_6H_6^* + M = C_6H_6 + M$ desaktiviert wird. I wird wahrscheinlich durch Bruch einer C—H-Bindung zu Beginn der Rk. u. anschließender Vereinigung der Phenylradikale gebildet: $C_6H_6^* \rightarrow C_6H_5^{\cdot} + H$, $2\,C_6H_5^* \rightarrow$ I. Das Fehlen von Zersetzungsprodd. bei Zimmertemp. begründen Vff. durch eine Rückbldg. zu Bzl. gemäß $H + C_6H_6 = C_6H_7$; $C_6H_7 + C_6H_5^{\cdot} = 2\,C_6H_6$. Für die Bldg. von I aus Bzl. wird die Aktivierungsenergie zu 13 kcal/Mol gefunden. (Canad. J. Chem. **29.** 233—42. März 1951. Ottawa, Ontario, Can., Nat. Res. Counc., Div. of Chem.) SPARMANN. D 226

Giulio Milazzo und **Harold A. Frediani**, *Über das bestrahlte 3.4-Benzpyren.* 2. Mitt. (1. vgl. C. **1946.** I. 1545.) Die schon nach 1 Jahr Bestrahlung mit $RaCl_2$ bei 3.4-Benzpyren beobachteten Veränderungen im Spektr. sind nach 7 Jahren Bestrahlung noch verstärkt, dazu tritt eine neue Bande auf bei 393,0 mμ ($\varepsilon = 10^4$), ein neues schwaches Maximum bei 437,0 mμ u. ein erheblich intensiverer kontinuierlicher Fluorescenzgrund. Dazu kommen andere Veränderungen: wachsartiges Aussehen des Verdampfungsrückstands der Hexanlsg. mit orange bis dunkelbrauner Farbe u. Ausscheidung einer flockigen, gelatinösen, orangefarbenen M. bei Abkühlung der Lsg. auf —78°, schwach positive Rk. mit alkoh. KOH, rotbraune Streifen mit H_2SO_4–HNO_3-Gemisch; C 90,45% (rein:

95,23), H 6,46% (4,77), N 0,0%. Die Befunde werden dahin gedeutet, daß ein Stoffgemisch vorliegt, wobei fast sicher eines der Umwandlungsprodd. ein oxydiertes Prod., vielleicht ein Chinon ist. (Gazz. chim. ital. **82.** 609—17. Okt. 1952. Roma, Ist. sup. di Sanità, Labor. di Chim.) R. K. Müller. D 226

J. Varga, Gy. Rabó und **P. Steingaszner,** *Vergleichende Untersuchung der Kontaktoberfläche und der Aktivität dreier Dehydrierungskatalysatoren.* Um vergleichbare Werte zu erhalten, stellten Vff. drei verschied. Katalysatorenarten her, die aus γ-Al_2O_3 bestanden, auf welches wechselnde Mengen der Oxyde des Cr, Mo oder W aufgebracht waren. Durch die unter gleichen Bedingungen durchgeführte Aromatisierung an Rohölen stellten Vf. für jede der drei Katalysatorarten die optimale Konz. auf dem Al_2O_3-Träger fest, über die hinaus eine weitere Konzentrationssteigerung keine Zunahme der Aktivität, ausgedrückt in Menge erzeugten *Toluols,* brachte. Als optimale Konzz. ergaben sich bei MoO_3 1,18 Millimol/g Al_2O_3, bei Cr_2O_3 bzw. WO_3 je 0,76 Millimol/g Al_2O_3. Für die optimale Konz. errechnete sich als Belegung der Trägeroberfläche mit Katalysatormoll. nur 40 bis 50% der Gesamtfläche. Da die Mol.-Größe der drei Metalloxyde gleich ist, ergibt sich, daß MoO_3 u. WO_3 die Trägerfläche gleichmäßiger bedecken als Cr_2O_3. Als Reihenfolge in der Aktivität fanden Vff. $MoO_3 > Cr_2O_3 > WO_3$, wenn die Wirkungen bei optimaler Konz. miteinander verglichen wurden (die Aktivitäten verhielten sich wie 1,00 : 0,74 : 0,68); wurden die Aktivitäten auf die akt. Oberflächen bezogen, so ergaben sich bei gleicher Reihenfolge die Werte 1,00 : 0,935 : 0,75. Die Verss. wurden bei 95—115° u. Atmosphärendruck durchgeführt. Auffällig war es, daß die freie Trägeroberfläche zu Beginn der Belegung mit den Oxyden schneller abnimmt als später bei weiterer Konzentrationssteigerung. Da diese Erscheinung vor allem am Cr_2O_3 beobachtet wird, ist anzunehmen, daß es sich an einigen Stellen der Trägeroberfläche in „Klumpen" ansammelt. (Acta chim. Acad. Sci. hung. **1.** 94—102. 1951. Budapest, Univ. of Techn. Sci., Inst. of Chem. Techn.) Roeder. D 227

Robert N. R. Mulford und **W. Walker Russell,** *Katalytische Hydrierung der Kohlenoxyde zu höheren Kohlenwasserstoffen.* Allg. besteht die Ansicht, daß höhere KW-stoffe aus den Kohlenoxyden (**I**) durch deren Red. u. anschließender Polymerisation entstehen. Vollständige Red. von **I** führt zu CH_4, wenn eine Polymerisation unterbleibt. Vff. untersuchten die Fälle, bei denen die Red. kurz vor der Bldg. von CH_4 u. in Ggw. polymerisierbarer Zwischenverbb. unterbrochen wurde. Die Kontrolle über den Reduktions- u. Polymerisationsprozeß kann, wie Vff. bereits ausführten (C. **1951.** I. 1962), durch selektive Aktivierung u./oder Vergiftung von Co-Katalysatoren aufrecht erhalten werden. Vff. untersuchten jetzt die Wrkg. einiger S- u. Cl-haltiger Zusätze zum Katalysator. An allen verwendeten Co-Katalysatoren wurde Öl erhalten, falls die CO_2–H_2-Mischung prim. über 1% Ce enthaltenden Fe-Katalysator auf Kieselgur zur Bldg. von Wassergas geleitet wurde. Die Arbeitstemp. dabei betrug 450°, C-Ablagerung auf den Katalysatoren änderte die Aktivität kaum, Zusätze von Carbonat (z. B. K_2CO_3) erhöhten bei 450° die Ausbeute an CO u. unterdrückten die CH_4-Bldg., so daß 70% Ausbeute an Öl erhalten wurde. Wrkg. der Zusätze beim Co-Katalysator: KCl wirkte unter 230° als Katalysatorengift, bei 240° dagegen war die Ausbeute größer als bei einem KCl-freien Katalysator bei 200°. Ein K_2SO_4-haltiger Katalysator lieferte bei 180° eine 64% höhere Ölausbeute als ein K_2SO_4-freier Katalysator. Bei Katalysatoren mit Geh. an $K_2S_2O_3$ lag die optimale Temp. bei 235°, bei Ggw. von Na_2S bei 220°, die Ausbeuten waren 13 bzw. 31% größer als die an den reinen Katalysatoren. Die Wrkg. der einzelnen Katalysatoren wurde bei verschied. Tempp. untersucht. Allg. veränderten die Zusätze die Verteilung zwischen gasförmigen u. fl. Syntheseprodd., vergrößerten die Ölausbeute u. beeinflußten die Temp., bei der Maximalausbeuten erzielt werden können. Diese Effekte werden selektiver Aktivierung u./oder (günstiger) Vergiftung der Co-Katalysatoren zugeschrieben. Ohne vorherige Umwandlung in Wassergas entstand aus CO_2–H_2-Mischungen nur an K_2CO_3- oder K_2SO_4-haltigen Co-Katalysatoren Öl. (J. Amer. chem. Soc. **74.** 1969—74. 20/4. 1952. Providence, R. I., Brown Univ., Metcalf Res. Labor.) Roeder. D 227

D_2. Präparative organische Chemie. Naturstoffe.

Alexander Schönberg und **Ahmed Mustafa,** *Dehydrierungsreaktionen durch die Einwirkung freier Radikale.* Langlebige Radikale dehydrieren bei erhöhter Temp. Benzylalkohol (**I**) zu *Benzaldehyd* (**II**) u. werden dabei selbst red., die Ausbeuten an **II** betragen bis zu 70%. Es werden folgende Radikalbildner angewandt: 2.2'-Diketo-3.3'-diphenyl-3.3'-dicumaranyl (**III**) während 2 Std. bei 110°, 2.2'-Diphenylthioindigoweiß 2 Std. bei 130°, Tetraphenylsuccindinitril 2 Std. bei 140°, Tetraphenylhydrazin (**IV**) 1 Std. bei 110° u. Diphenyldisulfid (**V**) 5 Std. bei 100°. Dabei geht **III** in *o-Oxydiphenylessigsäurelacton* über, **IV** in *Diphenylamin* u. **V** in *Thiophenol.* Auch $C_6H_5JCl_2$ dehydriert **I** zu **II** durch 20 Min. Erhitzen auf 110° u. Xanthydrol zu Xanthon, wobei ebenfalls ein Radikalmechanismus über Cl˙ angenommen wird. (J. Amer. chem. Soc. **73.** 2401. Mai 1951. Abassia-Cairo, Fouad I Univ., Fac. of Sci., Dep. of Chem.) MACHOLDT. 450

A. I. Titow und **A. N. Baryschnikowa,** *Eine neue Methode der Einführung von Fluor in den aromatischen Kern.* Bei der Einw. von HF auf Phenylhydroxylamin entsteht p-Fluoranilin. Der Reaktionsmechanismus wird diskutiert.

Versuche: *p-Fluoranilin,* $Kp._{20}$ 86°. 8 g Phenylhydroxylamin werden in kleinen Anteilen bei 0° in 35 ml wasserfreie HF eingetragen; man läßt 2 Tage bei 10° einwirken, gießt in K_2CO_3-Lsg. u. dest. mit Wasserdampf; $D.^{20}$ 1,156; 3,8 g (Ausbeute). *p-Fluoracetanilid,* F. 150,5°. (Журнал Общей Химии [J. allg. Chem.] **23.** (**85.**) 346—47. Febr. 1953.) H. FRÖHLICH. 450

M. Ss. Malinowski und **W. M. Wwedenski,** *Glycerinalkyläther.* Bei der Einw. von Alkoholen auf Glycid (I) entstehen *Glycerin-α-monoäther,* wobei prim. Alkohole mit n. Kette die besten (60—80%), tert. Alkohole die schlechtesten Ausbeuten (3—4%) liefern. Benzylalkohol reagiert mit **I** schwerer als die sek. Alkohole u. liefert den Äther in 16—19%ig. Ausbeute. Die Konst. der erhaltenen Verbb. ergibt sich durch Vgl. mit den aus Glycerin-α-chlorhydrin u. Alkoholaten mit schlechter Ausbeute erhaltenen Äthern.

Versuche: *Glycerin-α-methyläther,* $Kp._{731-736}$ 198—200°; aus 7,5 g **I,** 16 g CH_3OH u. konz. H_2SO_4 (1% des Gemischs) durch Zufügen der Säure zu CH_3OH u. Zugabe von **I,** Neutralisieren mit $BaCO_3$ u. Vakuumdest.; $D.^{20}$ 1,183; 7,9 g (Ausbeute). — Die Darst. nachst. Glycerin-α-alkyläther, $CH_2OHCHOHCH_2OR$, erfolgte meistens ohne zu erhitzen, in einigen Fällen unter 2std., bei tert.-Butylalkohol 20std. Erhitzen auf dem Wasserbad aus 0,1 g-Mol **I,** 0,5 g-Mol des Alkohols u. H_2SO_4 (2% des Gemischs). Im Folgenden die Siedepunktsangabe stets bei 731—736 mm. R = *Äthyl,* Kp. 219—222°; $D.^{20}$ 1,0947. R = *Propyl,* Kp. 221—224°; $D.^{20}$ 1,0826. R = *Isopropyl,* Kp. 187—190°; $D.^{20}$ 1,0063. R = *Butyl,* Kp. 226—227°; $D.^{20}$ 1,0585. R = *Isobutyl,* Kp. 216—218°; $D.^{20}$ 1,0656. R = *tert.-Butyl,* Kp. 209—211°; $D.^{20}$ 1,0764. R = *Amyl,* Kp. 257—260°; $D.^{20}$ 1,0663. R = *Isoamyl,* Kp. 248—250°; $D.^{20}$ 1,0047. R = *Allyl,* Kp. 209—210°; $D.^{20}$ 1,0869. R = *Benzyl,* Kp. 274—276°; $D.^{20}$ 1,0263.) (Журнал Общей Химии [J. allg. Chem.] **23.** (**85.**) 219—20. Febr. 1953. Lwow, Forsttechn. Inst., Lehrstuhl für Chemie.) H. FRÖHLICH. 580

L'nnart Schotte, *Mercaptoaceton und verwandte Verbindungen. Untersuchung über einige Diskrepanzen in der Literatur.* Sowohl das von GROTH (Dissertation Uppsala [1926]) aus Monochloraceton u. Dithiocarboxyglykolsäure über die Thiocarbacetonylmercaptoglykolsäure dargestellte *Mercaptoaceton* (**Ia**; F. 80—82°) als auch das von HROMATKA u. ENGEL (Mh. Chem. **78.** [1948.] 29) aus Monochloraceton u. NaHS dargestellte *Mercaptoaceton* (**Ib**; F. 109—111°) sind nach kryoskop. Messungen dimer. Offensichtlich hat die Diskrepanz der FF. ster. oder polymorphe Gründe. Das Röntgenpulverdiagramm beider Verbb. ist identisch. **Ib** geht durch Wasserdampfdest. im Vakuum in **Ia** über, während **Ia** sich durch Impfen einer Lsg. von **Ib** nicht erhalten ließ. Hingegen geht **Ia** durch feinstes Pulverisieren in eine andere Form über, deren F. bei 93—95°, höchstens 97°, liegt. Die Möglichkeit einer cis–trans-Isomerie von **Ia** u. **Ib** u. eines Gleichgewichts dieser beiden Formen mit der monomeren Form in Lsg. ist nicht ausgeschlossen. Doch läßt der Pulverisierungseffekt verschied. Kristallformen für wahrscheinlicher erscheinen. **Ia** u. **Ib** geben ein ident. *p-Nitrobenzoylmercaptoaceton,* das nach ebullioskop. Best. monomer ist, u. mit Hydroxylamin im Gegensatz zu HROMATKA (l. c.) nicht *Mercaptoacetoxim,* sondern *Diacetonyldisulfiddioxim* (*Monohydrat,* F. 71°, wasserfrei F. 92 bis 94°) gibt. **Ia** u. **Ib** liefern mit Bromessigsäure ident. *Acetonylmercaptoessigsäure* u. durch Entzug von 1 Mol H_2O ein Prod. (F. 7—8°), dem nach Prüfung seiner Eigg. die Formel des *2.5-Dimethyl-2.5-endoxy-1.4-dithians* (**II**) zugeschrieben wird. **II** geht durch Oxydation mit $KMnO_4$ in das entsprechende *Mono-* (F. 104—105°) bzw. *Disulfon* über.

Versuche: *Acetonylmercaptoessigsäure,* $C_5H_8O_3S$, $Kp._{11}$ 183—185°, F. 43—45°, aus mol. Mengen von Bromessigsäure u. KOH in W. durch Zutropfen von Mercaptoaceton in W. unter Rühren u. Kühlen; 75% (Ausbeute), oder aus 0,2 Mol Thioglykolsäure in 25 cm^3 W. u. 0,4 Mol KOH in 30 cm^3 W. durch Zutropfen von 0,2 Mol Chloraceton in 20 cm^3 verd. A. (1:1) unter Rühren u. Kühlen; 80%. (Ark. Kemi **3.** 397 bis 404. 1952. Uppsala, Univ., Chem. Inst.) L. FISCHER. 740

J. D. von Mikusch, *Die Natur von Smit's Linolsäureisomerem. 8-trans-10-trans-Octadecadiensäure.* Es wird gezeigt, daß das von SMIT u. BÖSEKEN (Recueil Trav. chim. Pays-Bas **49.** [1930.] 539, 686) beschriebene *Linolsäureisomere* von F. 56° (I) weder, wie von SMIT angenommen, eine Octadecadien-(9.11)-, noch, wie von SCHMID u. LEHMANN (C. **1951.** II. 1871) vermutet, eine Octadecadien-(10.12)-säure ist, sondern die *Octadecadien-(8[trans].10[trans])-säure.* Lage u. Konfiguration der Doppelbindungen ergeben sich aus der $KMnO_4$-Oxydation zu *Korksäure* (F. 142—143°), dem jodometr. Verh., den Dieneigg. (*Maleinsäureanhydridaddukt,* F 110°) u. der Tatsache, daß Dienzahl u. Pandienzahl (vgl. C. **1951.** II. 3669) annähernd übereinstimmen. Bei der Bromierung von **I** im Dunkeln entsteht wieder die *Tetrabromstearinsäure* vom F. 124° (**II**), aus dem **I** erhalten worden war, im Licht dagegen ein *Tetrabromid* vom F. 160—161°. — Aus einem mit $NaHSO_4$ dehydratisierten Ricinusöl wurde kein **II** erhalten; **I** scheint daher ein spezif. Prod. der Dehydration der Ricinolsäure durch Dest. zu sein. (J. Amer. Oil Chemists' Soc. **29.** 114—15. März 1952. Hamburg-Harburg.) TÄUFEL. 810

M. Ss. Malinowski und **N. M. Medjanzewa,** *Untersuchung der Olefinoxyde. Kondensation von Olefinoxyden mit Phosgen.* Bei der Einw. von Phosgen (**I**) auf Olefinoxyde reagiert nur ein Cl-Atom, u. es entstehen *Chlorkohlensäure-β-chloralkylester.* Kohlensäuredichlordialkylester werden nicht gebildet.

Versuche: Das Olefinoxyd wird langsam zu etwas mehr als der berechneten Menge **I** in Äthylbromid unter Kühlung mit Eiswasser zugefügt, man läßt über Nacht bei 0° einwirken, dampft das Lösungsm. ab, wäscht mit Eiswasser, trocknet u. destilliert. *Chlorkohlensäureester,* $ClCO_2R$. *R* = *β-Chloräthyl,* $C_3H_4O_2Cl_2$, Kp. 153°; aus **I** u. Äthylenoxyd; $D._4^{18}$ 1,3760; 50% (Ausbeute). *R* = *β-Chlorisopropyl,* $C_4H_6O_2Cl_2$, $Kp._{70}$ 68—70°; aus **I** u. Propylenoxyd; $D._4^{18}$ 1,1010; n_D^{18} 1,4462; 55%. Hydrolyse mit K_2CO_3-Lsg. liefert *Propylenchlorhydrin.* *R* = *o-Chlorcyclohexyl,* $C_7H_{10}O_2Cl_2$, $Kp._{13}$ 108—110°; aus **I** u. Cyclohexenoxyd; $D.^{18}$ 1,2158; 75—80%. Hydrolyse liefert *Cyclohexenchlorhydrin.* *R* = *β.β'-Dichlorisopropyl,* $C_4H_5O_2Cl_3$, $Kp._{20}$ 78—80°, aus **I** u. Epichlorhydrin; $D.^{20}$ 1,3736; n_D^{20} 1,4804; 80%. (Журнал Общей Химии [J. allg. Chem.] **23.** (**85.**) 221—23. Febr. 1953. Lwow, Franko-Univ., Lehrstuhl für organ. Chemie.) H. FRÖHLICH. 880

F. W. Schueler und **Calvin Hanna,** *Ein curarimimetisches Analoges des Dekamethylen-bis-[trimethylammoniums]* („C_{10}"). In Fortsetzung früherer Verss. (vgl. Arch. int. Pharmacodyn. Thérap. **88.** [1951.] 351 u. J. Amer. chem. Soc. **73.** [1951.] 4996) synthetisieren Vff. *Dekamethylen-bis-[dimethylhydrazonium]-dibromid,* $Br^-[H_2N—N^+(CH_3)_2—(CH_2)_{10}—N^+(CH_3)_2—NH_2]Br^-$, welches sich als curarimimet. Analoges des *Dekamethylen-bis-[trimethylammoniumbromids]* („C_{10}") erweist, dessen pharmakol. Eigg. in der gleichen Größenordnung liegen.

Versuche (FF. korr.): *Dekamethylenglykol,* F. 71,5°, durch Einw. von $LiAlH_4$ auf eine Lsg. von Sebacinsäurediäthylester in Tetrahydrofuran, Zugabe von Essigester u. Zers. mit verd. HCl; 80% (Ausbeute). — *Dekamethylen-bis-[dimethylhydrazonium]-dibromid,* $C_{14}H_{36}N_4Br_2$, F. 114—115,5°, durch 1wöchige Einw. von asymm. Dimethylhydrazin (l. c.) auf Dekamethylendibromid (aus vorst. Verb. nach MCEVEN, vgl. Org. Syntheses **20.** [1940.] 24) in Ae.; 98%; auf Grund seines Verh. gegen Alkali wird angenommen, daß es sich bei dem erhaltenen Prod. um ein Hydrazoniumbromid u. nicht um ein Aminhydrobromid handelt. (J. Amer. chem. Soc. **74.** 2112—13. 20/4. 1952. Iowa City, Iowa, State Univ., Coll. of Med., Dep. of Pharmakol.) W. HOFFMANN. 910

W. M. Rodionow und **N. G. Jarzewa,** *Untersuchungen auf dem Gebiet der β-Aminosäuren. Synthese und Reaktionen von β-Aminobuttersäure.* Während *β-Aminobuttersäure* (**I**) nach der früher ausgearbeiteten Meth. aus Acetaldehyd, Malonsäure u. NH_3 in alkoh. Lsg. nur mit 23%ig. Ausbeute zu gewinnen ist, läßt sich diese bei Anwendung von Aldehydammoniak u. Dimethylphenylammoniumhydroxyd als Katalysator auf 36% erhöhen. Hierbei wurde **I** als N-Benzoylderiv. (**II**) isoliert. Nebenprod. war wenig *Crotonsäure* (**III**). Die günstigen Eigg. des Katalysators bestätigten sich bei der entsprechenden Rk. mit Furfurol, die zu reineren Prodd. in höherer Ausbeute führte. Die Benzoylgruppe ließ sich weder mit sd. 20%ig. HCl, noch mit 10%ig. KOH u. HCl-haltigem Eisessig abspalten. Sowohl **II** als auch *β*-Carbäthoxyaminobuttersäure gaben mit $SOCl_2$ u. NH_3 mit 80—83%ig. Ausbeute die entsprechenden *Säureamide.* Neben dem Amid von **II** wurde *4-Methyl-6-oxo-2-phenyltetrahydropyrimidin* (**IV**) gebildet, dessen Ausbeute von der Menge des $SOCl_2$ u. der Temp. abhängig war. Bei 5 Mol $SOCl_2$ u. 80—82° erreichte die Ausbeute 70,6%. **II** reagierte hier zum Teil in der tautomeren Form $C_6H_5C(OH)=NCH(CH_3)CH_2CO_2H$ unter Zwischenbldg. von $C_6H_5CCl=NCH(CH_3)CH_2COCl$. Bei der alkal. Hydrolyse des *β*-Carbäthoxyaminobuttersäureamids wurde nicht *β*-Ureidobuttersäure (vgl. C. **1949.** E. 395), sondern *Methyldihydrouracil* (*2.6-Dioxo-4-methylhexahydropyrimidin*) erhalten. Bei Einw. von Hypobromit auf **II** wurde ein Gemisch von *4-Methyltetrahydroimidazolon-(2)* (*Methylglyoxalidon,* **V**) u. seines *N^3-Benzoylderiv.* gebildet. Bei der Rk. wurde **V** teilweise zu *1.2-Diaminopropan* hydrolysiert, das mit Chlorkohlensäureester das entsprechende *Diurethan* gab.

Versuche: *β-Aminobuttersäure* (**I**), F. 186—187° (im geschlossenen Röhrchen); aus 0,1 Mol CH_3CHO, 0,1 Mol $CH_2(CO_2H)_2$ u. 0,11 Mol NH_3 in 98%ig. A. beim Erhitzen auf 50—120°; Reaktionsdauer 6 Std.; Isolierung über das Pb-Salz. Aus W. Kristalle; ca. 23% (Ausbeute). — *β-Benzoylaminobuttersäure* (**II**), $C_{11}H_{13}O_3N$, F. 153—154°; aus 10,4 g $CH_2(CO_2H)_2$, 6,1 g Aldehydammoniak in Ggw. von $(CH_3)_2C_6H_5NH(OH)$ in 60 cm^3

98%ig. A., anfangs unter Kühlung mit Eis + NaCl, dann unter allmählicher Temperatursteigerung auf 120—130°. Von III wird durch Ansäuern mit verd. HCl u. Extraktion mit Ae. getrennt, die wss. Lsg. mit KOH alkal. gemacht u. mit C_6H_5COCl behandelt. Aus W. Kristalle; 7—8 g. *Amid*, $C_{11}H_{14}O_2N_2$, F. 199—200°; aus 10 g II u. $SOCl_2$ (1:2 Mol) bei 40—45° u. Behandeln des Reaktionsprod. mit NH_3-Gas in Ae.; aus W. Kristalle; 8,2—8,3 g neben 20% IV. — *4-Methyl-6-oxo-2-phenyltetrahydropyrimidin* (IV), $C_{11}H_{12}ON_2$, F. 119—120°; aus Bzl. hellgelbe Kristalle. — *β-Carbäthoxyaminobutyramid*, F. 138 bis 140°; aus dem N-Carbäthoxyderiv. von I beim Behandeln mit $SOCl_2$ u. NH_3; aus Bzl. Kristalle. — *2.6-Dioxo-4-methylhexahydropyrimidin*, F. 216—218°; aus vorst. Amid bei ½std. Kochen mit KOH; aus A. Kristalle. — *4-Methyltetrahydroimidazolon-(2)* (V), $C_4H_8ON_2$, F. 93—95°. Man trägt in eine KOBr-Lsg. (11,2 g KOH; 8 g Br_2; 11,5 cm^3 W.) bei 0—2° 5,15 g II ein u. erwärmt auf 40—60°. Die angesäuerte Lsg. wird nach Entfernung von $C_6H_5CO_2H$ im Vakuum zur Trockne verdampft u. der Rückstand mit Chlf., dann A. extrahiert. Der Chloroformauszug enthält V u. sein *N^3-Benzoylderiv.*, der A.-Auszug *1.2-Diaminopropan*. Das Gemisch der erstgenannten Verbb. gibt mit 20%ig. KOH auf dem Wasserbad reines V. — *1.2-Bis-[carbäthoxyamino]-propan*, $C_9H_{18}O_4N_2$, F. 69—71°; aus Ae. + PAe. Kristalle; 1,39 g aus 5,15 g II. — *β-Benzoylamino-β-[furyl-(2)]-propionsäure*, F. 179—180°; aus Furfurol–NH_3 u. $CH_2(CO_2H)_2$ in Ggw. von $(CH_3)_2C_6H_5NHOH$ in A. bei 65—100° u. anschließendem Benzoylieren nach SCHOTTEN-BAUMANN; aus W. Kristalle; 13% (maximal) neben 42% (maximal) *β-[Furyl-(2)]-acrylsäure*. (Известия Академии Наук СССР, Отделение Химических Наук [Nachr. Akad. Wiss. UdSSR, Abt. chem. Wiss.] **1952**. 103—12. Jan./Febr. Chem. Technolog. Mendelejew-Inst.) TROFIMOW. 950

J. M. Swan, *Anhydride der N-Acylasparaginsäuren und N-Acylglutaminsäuren*. Es wird gezeigt, daß *Acetylasparaginsäureanhydrid* (I) die Struktur eines echten Anhydrids u. nicht die eines Oxazolons besitzt. I reagiert mit Anilin unter Bldg. zweier isomerer Anilide (F. 202 bzw. 178°). Das Anilid vom F. 202° ist das *α-Anilid*; es bleibt beim Erhitzen mit Acetanhydrid u. NH_4SCN unverändert. Das andere Isomere gibt hierbei *α-[1-Acetyl-2-thiohydantoyl-(5)-acetanilid*. Behandlung von I mit fl. NH_3 u. anschließendes Erhitzen mit Acetanhydrid u. NH_4SCN gibt *α-[1-Acetyl-2-thiohydantoyl-(5)]-acetamid*, das mit dem direkt aus Asparagin erhaltenen Prod. ident. ist. Weiter wird bewiesen, daß die von BAKER u. JONES (C. **1952**. 1499) dargestellte *Dehydro-N-phenylacetyl-L-glutaminsäure* (II) u. das von KING u. SPENSLEY (C. **1951**. II. 959) dargestellte rac. *p-Nitrobenzoyl-L-glutaminsäureanhydrid* (III), denen Oxazolonstrukturen zugeschrieben wurden, echte Anhydride darstellen. II gibt mit Anilin 2 *Anilide* (F. 159 bzw. 145°), von denen nur das erste, die *γ-Verb.*, in ein *Thiohydantoin* übergeführt werden kann. Die Rk. des „*Phenylacetyl-DL-glutaminsäure-α-amids*" (IV; F. 144—146°) von BAKER u. JONES (l. c.) mit Acetanhydrid u. NH_4SCN gibt *β-[1-Phenylacetyl-2-thiohydantoyl-(5)]-propionamid*, wodurch bewiesen ist, daß IV in Wirklichkeit ein *γ-Amid* ist. Das echte *α-Amid* vom F. 133—134° wurde dargestellt. Die Nacharbeitung der Darst. des „Phenylacetyl-DL-glutaminsäure-α-hydrazids" (F. 181°, Zers.) von BAKER u. JONES ergab 2 Isomere, F. 183—184° (ohne Zers.) u. F. 147°. Das höherschm. Isomere ist das *α-Hydrazid*, das auch aus dem α-Anilid dargestellt werden kann. III gibt 2 *Anilide*, FF. 245 u. 199—200°, von denen nur das letztere in das entsprechende *β-[1-p-Nitrobenzoyl-2-thiohydantoyl-(5)]-propionanilid* übergeführt werden kann. Mit fl. NH_3 bildet III 2 isomere *Amide*, FF. 195 bis 196 u. 188—190°. Das erste, aus dem sich das entsprechende Thiohydantoin darstellen läßt, entspricht dem *p-Nitrobenzoyl-DL-glutamin* von KING u. SPENSBERG (l. c.). Das 2. Isomere reagiert bei der Thiohydantoin-Rk. nicht. Obgleich III mit kalter 2n $NaHCO_3$-Lsg. eine intensive purpurne Farbe gibt, löst es sich, wie die Acetyl- u. Phenylacetylanalogen, nur sehr langsam. Dies spricht gegen die Oxazolonstruktur. Das Vorhandensein oder die Abwesenheit der opt. Aktivität der aus N-Acyl-L-glutaminsäuren sich ableitenden Anhydride kann nicht zum Strukturbeweis für diese Prodd. verwendet werden. (Nature [London] **169**. 826—28. 17/5. 1952. Melbourne, Commonwealth Sci. and Ind. Res. Organizat., Wool Textile Res. Labor., Biochem. Unit.) K. F. MÜLLER. 950

W. Ss. Abramow, R. W. Dmitrijewa und **A. Ss. Kapusstina**, *Reaktion von dialkylphosphorigen Säuren mit Aldehyden und Ketonen*. 4. Mitt. *Butyl- und Allylester von α-Oxyalkylphosphonsäuren*. (3. vgl. C. **1953**. 678.) Durch Umsetzung von dibutylphosphoriger (I) oder diallylphosphoriger Säure (II) mit Aldehyden u. Ketonen in Ggw. von $NaOCH_3$ entstehen die *Dibutyl-* u. *Diallylester* von *α-Oxyalkylphosphonsäuren*. Die exotherme Rk. verläuft zwar schnell, aber die Isolierung der gebildeten Ester gelingt nicht immer, da sich einige bei der Dest. zersetzen. Hierzu gehören die aus I u. Methylpropylketon, Diäthylketon u. Dibenzylketon u. die aus II u. Methyläthylketon, Isovaleraldehyd, Benzaldehyd u. Acetophenon erhaltenen Verbindungen, während sich der aus I u. Isovaleraldehyd erhaltene Ester durch Dest. zwar noch gewinnen ließ, aber durch Zersetzungsprodd. stark verunreinigt war. Während die Rk. von I mit Cyclopentanon oder Cyclohexanon unter Bldg. von *1-Oxycyclopentyl-(1)-* bzw. *1-Oxycyclohexyl-(1)-phosphonsäuredibutylester* verläuft, reagiert 2-Ketocyclopentancarbonsäure-(1)-äthylester nicht.

Versuche: Äquimol. Mengen der Reaktionspartner werden mit einigen Tropfen $NaOCH_3$-Lsg. versetzt; nach einigem Stehen (in einigen Fällen unter Erwärmen) wurde das Reaktionsprod. destilliert. α-Oxyalkylphosphonsäuredibutylester, $(C_4H_9O)_2P(:O)R$. *R = α-Oxyäthyl*, $Kp._9$ 162–163°; $D.^{20}_4$ 1,024; n_D^{20} 1,4384; Mol.-Refr. ($[MR]_D$) 61,08; 56,7% (Ausbeute). *R = α-Oxybutyl*, $Kp._6$ 168–170°; $D.^{20}_4$ 1,000; n_D^{20} 1,4400; $[MR]_D$ 70,06; 49,0%. *R = α-Oxyisoamyl*, $Kp._{11}$ 180–182°; $D.^{20}_4$ 0,998; n_D^{20} 1,4360; $[MR]_D$ 73,42. *R = α-Oxybenzyl*, $Kp._5$ 168–170°; $D.^{20}_4$ 1,026, n_D^{20} 1,4680; $[MR]_D$ 81,28. *R = α-Oxyisopropyl*, $Kp._7$ 154–155°; $D.^{20}_4$ 1,018; n_D^{20} 1,4366; $[MR]_D$ 64,81; 59,2%. *R = α-Oxy-sek.-butyl*, $Kp._8$ 156–157°; $D.^{20}_4$ 1,015; n_D^{20} 1,4403; $[MR]_D$ 69,16; 57,7%. *R = α-Oxy-α-phenyläthyl*, $Kp._9$ 179–180°; $D.^{20}_4$ 1,025; n_D^{20} 1,4670, $[MR]_D$ 84,99; 30%. *R = α-Oxydiphenylmethyl*, $Kp._7$ 207–209°; $D.^{20}_4$ 1,030; n_D^{20} 1,4760; $[MR]_D$ 102,93. *R = 1-Oxycyclopentyl-(1)*, $Kp._9$ 179–180°; $D.^{20}_4$ 1,049; n_D^{20} 1,4549, $[MR]_D$ 71,87; 40,4%. *R = 1-Oxycyclohexyl-(1)*, $Kp._7$ 178–180°; $D.^{20}_4$ 1,039; n_D^{20} 1,4570; $[MR]_D$ 76,53; 48,7%. α-Oxyalkylphosphonsäurediallylester, $(C_3H_5O)_2P(:O)R$. *R = α-Oxyäthyl*, $Kp._{10}$ 151°; $D.^{20}_4$ 1,1187; n_D^{20} 1,4565; $[MR]_D$ 50,09; 65,3%. *R = α-Oxybutyl*, $Kp._{10}$ 163–164°; $D.^{20}_4$ 1,0769; n_D^{20} 1,4552; $[MR]_D$ 58,98; 31,6%. *R = α-Oxyisopropyl*, $Kp._{12}$ 132°; $D.^{20}_4$ 1,0907; n_D^{20} 1,4500; $[MR]_D$ 50,24; 38,8%. *R = 1-Oxycyclopentyl-(1)*, $Kp._7$ 165–167°; $D.^{20}_4$ 1,1253; n_D^{20} 1,4740; $[MR]_D$ 61,47; 45,7%. *R = 1-Oxycyclohexyl-(1)*, F. 56,5–57°; 67,7%. (Журнал Общей Химии [J. allg. Chem.] **23**. (**85**.) 257–62. Febr. 1953. Kasan, Chem.-Technolog. Kirow-Inst.) H. FRÖHLICH. 980

G. Carrière, *Lithium.* Übersicht über Geschichte u. Darst. von Li u. einige Rkk. organ. Li-Verbindungen. (Chem. pharmac. Techniek **8**. 121–23. 15/1. 1953.) WESLY. 980

Lamar Field, *Grignard-Reagentien von Sulfonen.* 1. Mitt. *Darstellung und Reaktionen von β-Phenyl-β-oxyäthylphenylsulfon.* Phenylsulfonylmethyl-MgBr reagiert mit Benzaldehyd zu *β-Phenyl-β-oxyäthylphenylsulfon* (**I**). **I** wird durch KOH in Methylphenylsulfon u. Benzaldehyd gespalten. Durch CrO_3 wird **I** zu *ω-Phenylsulfonylacetophenon* (**II**) oxydiert, das sich katalyt. wieder zu **I** red. läßt. **I** läßt sich durch Phosphorsäure zu *Styrylphenylsulfon* (**III**) dehydratisieren. Durch Red. von **III** zu *Phenyl-β-phenyläthylsulfon* (**IV**) wird gezeigt, daß bei der Dehydratation keine Umlagerung eintritt. Aus **I** läßt sich mittels Thionylchlorids *β-Phenyl-β-chloräthylphenylsulfon* (**V**) gewinnen. Durch katalyt. Red. läßt sich **V** in **IV** u. durch HCl-Abspaltung mittels Kollidins in **III** überführen.

Versuche (FF. korr.): *β-Phenyl-β-oxyäthylphenylsulfon* (**I**), $C_{14}H_{14}O_3S$, F. 93 bis 94° (Bzl.–PAe.). Methylphenylsulfon in Bzl. wurde durch Zugeben zu einer äther. Lsg. von Äthyl-MgBr in Phenylsulfonylmethyl-MgBr übergeführt, nach kurzem Aufkochen u. schnellem Abkühlen wurde Benzaldehyd in Bzl. zugegeben u. 1 Std. bei 20–35° gerührt, danach wurde mit HCl–Eis zers., die organ. Schicht eingeengt u. **I** mit PAe. gefällt; 73% (Ausbeute). **I** wird durch sd. W. nicht angegriffen, durch Kochen mit 3 n wss. KOH läßt es sich zu *Benzaldehyd* (*Phenylhydrazon*, F. 153,5–156,6°) u. *Methylphenylsulfon*, F. 87–88°, spalten. — *ω-Phenylsulfonylacetophenon* (**II**), F. 93–94° (A.), durch Oxydation von **I** mit CrO_3 in Eisessig bei 55°; anschließend wurde mit W. gefällt, in wss. NaOH gelöst, mit Ae. durchgeschüttelt u. mit HCl gefällt; 78%. *Phenylhydrazon*, F. 165,5–167,5°. **I** konnte aus **II** durch Red. mittels Pd in Dioxan gewonnen werden; 87%. — *Styrylphenylsulfon* (**III**), $C_{14}H_{12}O_2S$, F. 74–75° (Cyclohexan–Bzl.). **I** wurde mit 85%ig. H_3PO_4 unter starkem Rühren 1 Std. — längeres Erhitzen vermindert die Ausbeute — am Rückfluß (168°) erhitzt, danach wurde Eis zugegeben, mit Bzl. extrahiert u. eingeengt; 100%; eine 2%ig. wss. $KMnO_4$-Lsg. wird von **III** in Aceton schnell entfärbt. — *Phenyl-β-phenyläthylsulfon* (**IV**), F. 57,5–58,5° (wss. A.), aus **III** durch Red.; 85%. — *β-Phenyl-β-chloräthylphenylsulfon* (**V**), $C_{14}H_{13}O_2ClS$, F. 88–89° (Bzl.–PAe.), **I** wurde in wenig Bzl. in Ggw. einiger Tropfen Pyridin suspendiert u. bei 5° mit $SOCl_2$ 1½ Std. stehengelassen, danach wurde eingeengt, der Nd. in CCl_4 aufgenommen u. wieder eingeengt; 71%. **IV** wurde durch Red. aus **V** erhalten; 98%. **III** ließ sich aus **V** durch 19std. Stehen in Kollidin u. anschließendem 1½std. Kochen gewinnen; 100%. — *β-Phenyl-β-oxyäthylphenylsulfonbenzoat* (**VI**), $C_{21}H_{18}O_4S$, F. 144,5–145° (Methanol), durch Benzoylierung von **I** in Pyridin, nach je 24std. Stehen bei 5° u. bei Zimmertemp. u. 2½std. Kochen Zers. mit Eis, Extrahieren mit Chlf. u. Einengen; 94%. **VI** läßt sich durch 6std. Erhitzen mit Dimethylanilin in **III** überführen; 46%. (J. Amer. chem. Soc. **74**. 3919–21. 5/8. 1952. Nashville, Tenn., Vanderbilt Univ., Dep. of Chem.) ZIMMER. 1090

R. Pallaud, *Verschiedene Monoxime.* Kurzer Überblick über die Eigg. einiger Monoxime (*Form-* u. *Acetaldoxim, Acetoxim, Amino-* u. *Diaminoacetoxim, Acetondicarbonsäureoxim, Benz-* u. *Isobutyraldoxim, Cinnamaldoxim, Phenylglyoxylsäureoxim, Piperonaloxim, Cinnamylidenanisylidenacetonoxim, Dianisylidenacetonoxim, β-Furfuraldoxim, Benzamidoxim, p-Toluamidoxim*), bes. in Hinblick auf ihre Neigung, mit Metallen Farb-Rkk. oder Ndd. zu bilden. (Chim. analytique [4] **34.** 39—43. Febr. 1952.)
K. F. MÜLLER. 1160

Helmut Gies und Emanuel Pfeil, *Über die Nebenreaktionen bei der Phenolspaltung der Diazoniumsalze.* 1. Mitt. Bei der Diazotierung von aromat. Aminen entstehen keine reinen Diazoniumsalze, vielmehr erhält man diese nur durch Auflösen der nach HANTZSCH u. JOCHEM [1901] dargestellten festen Diazoniumbisulfate. Verkocht man diese Lsgg., so entstehen nicht die üblichen harzigen Nebenprodd., sondern quantitativ die phenol. Verbindungen. Bei Verwendung reiner konz. Diazoniumsalzlsgg. sind die Ausbeuten an phenol. Prodd. geringer, als Nebenprodd. entstehen aus Benzol-, o- u. p-Toluol- u. Mesitylendiazoniumbisulfat (I)-Lsgg. Derivv. von Diphenyläthern, p-Oxydiphenyl, Oxyazokörpern u. Diarylsulfaten. Der bei den Rkk. auftretende braunrote Farbstoff läßt sich wegen zu geringer Menge nicht identifizieren, die bei Erwärmung von **I** auftretende gelbe bis braune Färbung wird durch eine Additionsverb. von Mesitol an das Diazoniumsalz hervorgerufen. — Bei Verkochen der reinen Diazoniumbisulfatlsgg. von Anilin, m- u. p-Toluidin, 1.3.2- u. 1.4.5-Xylidin sowie Aminomesitylen entstehen, vor allem, wenn die Rk. in gesätt. $(NH_4)_2SO_4$-Lsg. durchgeführt wird, neutrale Schwefelsäureester, von denen das Di-p-kresyl- u. Dimesitylsulfat krist. erhalten werden können. — Im Gegensatz zu der Annahme von MERZ u. WATERS (C. **1950.** II. 1920) stellen Vff. fest, daß beim Verkochen von Diazoniumsalzlsgg. nur dann benzol. Nebenprodd. auftreten, wenn von konz. Lsgg. ausgegangen wird. — Beim Verkochen einer unreinen Benzoldiazoniumlsg. (wie sie durch Diazotierung von Anilin entsteht), finden Vff. neben Phenol, das durch Wasserdampfdest. abgetrennt wird, im Rückstand *p-Nitrosophenol* (**II**). Dieses wird nicht gebildet, wenn die Diazotierung sorgfältig unter $+3^0$ durchgeführt wird. **II** bildet das bei der Phenolspaltung als Nebenprod. auftretende „Diazoharz", das also in Wirklichkeit aus Phenol u. HNO_2 entsteht. Im Harz liegen die Phenolgruppen zum Teil frei vor, 70% der O-Atome sind direkt benzolysierbar, ein kleinerer Teil wird erst nach Red. erfaßt, darüber hinaus scheint auch O an N gebunden zu sein. $KMnO_4$-Oxydation des Harzes liefert Oxalsäure, CO_2, NH_3 u. N_2, $PbO_2(H_2SO_4)$-Oxydation Chinon, Zn-Staubdest. Anilin, Phenol, p-Aminophenol, Carbazol u. Phenazin. Als Nebenprod. findet sich im Harz etwas Triphendioxazin. Analoge Harze entstehen aus diazotiertem Toluidin u. dem *1.3-Xylol-2-diazoniumsalz* (**IV**), hier tritt als violettroter Farbstoff *Tetramethylindophenol* (**III**) auf (liegt im Harz zum Teil als Leukoverb. vor.), daneben ein gelber Farbstoff, aus **I III**, p-Oxydimethylbenzaldehyd (F. 111°, KOFLER-Block), eine Verb. vom F. 137° u. ebenfalls der gelbe Farbstoff. — Aus den vorst. Rkk. folgt als Reaktionsmechanismus, z. B. bei **IV**: Prim. Bldg. von 4-Nitroso-2.6-dimethylphenol (**V**), das mit 2.6-Dimethylphenol zu Bis-[3.5-dimethyl-4-oxyphenyl]-hydroxylamin, einem starken Reduktionsmittel, reagiert. Mit weiterem **V** geht dieses in die Leukoverb. von **III** u. *p-Aminophenol* über. Die Harzbldg. bei **I** erfolgt in gleicher Weise, wobei die p-ständige CH_3-Gruppe zunächst in eine Oxymethylengruppe verwandelt zu werden scheint u. bei der Nitrosierung als Formaldehyd abgespalten wird. Analog verläuft die Rk. bei unsubstituiertem **II**, jedoch treten hier Komplikationen auf, da zur Verknüpfung der Moll. mehrere Stellen in Frage kommen. Im Endzustand des Harzes liegen nur sehr wenig Indophenolbrücken, sondern abwechselnd Benzol- u. Pyrazinringe vor, alle Benzolringe tragen OH- bzw. Chinongruppen. — Vff. empfehlen zur Vermeidung der Harzbldg. die Verhinderung der Nitrosophenolbldg. durch sorgfältige Diazotierung u. Zerstören der überschüssigen HNO_2 durch Rk. der Reaktionslsg. mit $KMnO_4$ in der Kälte, sowie Arbeiten in verd. Lsgg. u. Abziehen des Phenols fortlaufend mit Wasserdampf, wobei man eine etwas erhöhte Schwefelsäureesterbldg. in Kauf nehmen kann.

Versuche: Verkochen von *Benzoldiazoniumbisulfat*: Verd. Lsg. (3 g in 500 cm^3 H_2O): nur *Phenol.* Konz. Lsg. (3 g in 15 cm^3 H_2O): *p-Oxydiphenyl,* F. 160°, Blättchen aus Methanol; 45 mg (Rohausbeute). Aus der sauren Lsg. durch Wasserdampfdest. *Diphenyläther* (**VI**), F. 27,5°; 30 mg (roh). Aus dem Destillationsrückstand *p-Oxyazobenzol,* gelbes Pulver (4 mg) u. *Diphenylsulfat*; 140 mg. — Verkochen von *p-Toluoldiazoniumbisulfat*: Verd. Lsg.: nur *p-Kresol.* Konz. Lsg. (3 g): 0,05 g **VI**, 0,12 g *Di-p-tolylsulfat.* — Verkochen von *o-Toluoldiazoniumsulfat*: nur *o-Kresol.* — *Mesitylendiazoniumbisulfat* (**I**), Zers. bei 74°, Nadeln; bildet bei Stehen an der Luft *Mesitol*; spaltet in wss. Lsg. bei 40° N_2 ab. — *Diphenylsulfat,* $Kp._{14}$ 144°, aus 1 Mol Anilin durch Diazotierung in H_2SO_4-Lsg., Austitrieren der Reaktionslsg. mit $KMnO_4$, Sättigen mit $(NH_4)_2SO_4$, Verkochen u. Ausäthern; 1,4 g aus 17 g Rohprod. neben 11,4 g höher- u. niedrigersd. Fraktionen. —

Di-p-tolylsulfat, Kp.$_{14}$ 176—200°, F. 62°, aus 1 Mol Toluidin wie vorst., aus A. Blättchen. — *Di-m-tolylsulfat*, analog vorst. Verb.; nicht krist.; 8,2%. — *Di-p-xylylsulfat*, analog vorst. Verb.; nicht kristallin. — *Bis-[1.2-dimethylphenyl-(3)]-sulfat*, aus 1.2-Dimethyl-3-aminobenzol; 14%. — *Dimesitylsulfat*, $C_{18}H_{22}O_4S$, F. 92,5°, analog vorst. Verb., rechteckige Blättchen aus A.; 0,18 g aus 3 g. — *Triphendioxazin*, aus dem Nitrosoharz von 300 g Phenol durch Lösen in Lauge, Ausäthern, Aufnehmen des Ätherrückstandes in Bzl., Ausziehen mit Lauge; aus der benzol. Schicht durch Abdampfen u. Sublimation im Vakuum; rotes Pulver; 7 mg; gibt in konz. H_2SO_4 Blaufärbung. (Liebigs Ann. Chem. **578.** 11—24. 1952. Marburg, Univ., Chem. Inst.) LEHWALD. 1310

T. W. Talalajewa und **K. A. Kotscheschkow**, *Kristallisierte lithiumorganische Verbindungen. Verbindungen der aromatischen Reihe.* (Vgl. C. **1952.** 1637.) *Aromat. Li-organ. Verbb.* wurden aus Triarylantimon (oder -wismut) u. C_2H_5Li (I) in Bzl. gemäß $Ar_3Sb + 3C_2H_5Li = 3ArLi + (C_2H_5)_3Sb$ erhalten. Die Li-Verb. scheidet sich krist. aus der Lsg. aus. Die Rk. verläuft langsam mit charakterist., manchmal langer Induktionsperiode. Die Austausch-Rk. $ArX + C_2H_5Li = ArLi + C_2H_5X$ (X = Br, J) verläuft schneller (je nach dem Radikal in Sek. oder Std.) bei gewöhnlicher Temp. u. ohne Induktionsperiode. Die nach dieser Meth. gewonnenen Li-Verbb. enthielten immer Li-Halogenid, bes. beim Erwärmen oder zu langer Reaktionsdauer. Die Li-Verbb. sind unschmelzbar, lösl. in Ae., unlösl. in Bzl. u. Petroläther. *o-Tolyl-Li* u. *p-Bromphenyl-Li* entflammen an der Luft; *Phenyl-Li* glimmt u. verkohlt. Alle reagieren mit W. unter Aufflammen u. Verkohlen. — Vff. bemängeln bei den Arbeiten von MICHAILOW u. TSCHERNOWA (vgl. C. **1951.** II. 812, 2036; **1952.** 7313) vor allem die Analysenmethode. Bei den aus ArX hergestellten Verbb. wurde der Geh. an Li-Halogenid übersehen, so daß z. B. die von ihnen angegebenen Formeln $C_6H_5Li \cdot (C_2H_5)_2O$ oder $C_6H_5Li \cdot 2(C_2H_5)_2O$ fehlerhaft sind, da Li-Halogenid als 3. Komponente in den Komplex eingeht.

Versuche: Die Rkk. wurden unter N_2 durchgeführt. *p-Tolyl-Li*, C_7H_7Li, a) aus 3,9 g $(p\text{-}CH_3C_6H_4)_3Sb$ u. 1,61 g I in Bzl., 6 Std. bei 18—20°, dann 54 Std. bei 30—35°; man filtriert die Kristalle unter N_2 ab, wäscht mit Pentan u. trocknet im N_2-Strom bei 35—40°; 72—82% (Ausbeute, auf die angewendete Sb-Verb. berechnet); b) aus $(p\text{-}CH_3C_6H_4)_3Bi$ u. I in Bzl., 1 Monat bei Zimmertemp.; 66%; c) aus äquimol. Mengen p-Bromtoluol u. I in Bzl., 24 Std. bei Zimmertemp.; 66%. — *o-Tolyl-Li*, C_7H_7Li, aus $(o\text{-}CH_3C_6H_4)_3$ Sb oder $o\text{-}CH_3C_6H_4J$ u. I, 2 Wochen bzw. ½ Std. bei Zimmertemp.; 62 bzw. 53%. — *m-Tolyl-Li*, C_7H_7Li, aus $(m\text{-}CH_3C_6H_4)_3Sb$ oder $m\text{-}CH_3C_6H_4J$ u. I, 2 Wochen bzw. 48 Std. bei Zimmertemp.; 48 bzw. 30%. — *Phenyl-Li*, C_6H_5Li; aus $(C_6H_5)_3Sb$ u. I in Bzl. bei 5std. Kochen; 50%; aus C_6H_5J oder C_6H_5Br u. I bei kurzer bzw. 48std. Einw. bei Zimmertemp.; 52 bzw. 78%. Liefert mit $SnBr_4$ in Ae. + Bzl. bei 2std. Kochen $(C_6H_5)_4Sn$, F. 224—225°; 79%; u. $(C_6H_5)_3SnSn(C_6H_5)_3$, bei der Rk. mit Benzophenon in Ae. bei Zimmertemp. $(C_6H_5)_3COH$, F. 162°; 70%. — *p-Bromphenyl-Li*, C_6H_4BrLi; aus $(p\text{-}BrC_6H_4)_3Sb$ oder $p\text{-}C_6H_4Br_2$ u. I, 12 bzw. 6 Std. bei Zimmertemp.; quantitativ bzw. 76%. — *p-Chlorphenyl-Li*, C_6H_4ClLi; aus $(p\text{-}ClC_6H_4)_3Sb$ oder $p\text{-}C_6H_4ClBr$ u. I, 72 bzw. 24 Std. bei Zimmertemp.; 46 bzw. 89%. — *α-Naphthyl-Li*, $C_{10}H_7Li$; aus $(\alpha\text{-}C_{10}H_7)_3Sb$ u. I, 6 Std. bei 70—75°, dann 10 Tage bei Zimmertemp.; 56%. — *p-Diphenylyl-Li*, $C_{12}H_9Li$; aus p-Bromdiphenyl u. I, 48 Std. bei Zimmertemp.; 44%. (Известия Академии Наук СССР, Отделение Химических Наук [Nachr. Akad. Wiss. UdSSR, Abt. chem. Wiss.] **1953.** 126—34. Jan./Febr. Physikal.-Chem. Karpow-Inst.) R. KNOBLOCH. 1380

L. E. Craig und **Clifford E. Larrabee**, *Achtgliedrige Carbocyclen. Identifizierung der $C_{10}H_{10}$-Fraktion aus den Darstellungen von Cyclooctatetraen.* Vff. untersuchen das von REPPE u. Mitarbeitern (C. **1950.** II. 1942) bei der Darst. von Cyclooctatetraen aus Acetylen erhaltene KW-stoffgemisch $C_{10}H_{10}$. Aus dem Infrarotspektr. geht hervor, daß ein substituierter Benzolring u. nichtbenzoide konjugierte Doppelbindungen vorliegen müssen, es sich also um ein Gemisch eines substituierten Bzl. u. eines cycl. Polyolefins handeln muß. Die katalyt. Hydrierung mit ADAMS-Katalysator bei n. Temp. u. nur wenig erhöhtem Druck liefert Verbb. $C_{10}H_{14}$ (I), $C_{10}H_{18}$ (II) u. $C_{10}H_{20}$ (III). I wurde als *n-Butylbenzol* identifiziert, II enthält nach dem Infrarotspektr. 1 Doppelbindung u. kann zu III weiterhydriert werden, das sich als *Äthylcyclooctan* erwies, welches auf unabhängigem Wege aus Cyclooctanon durch Umsatz mit C_2H_5MgJ, Dehydratation u. anschließende Hydrierung dargestellt wurde. Dabei wurde festgestellt, daß *1-Äthylcycloocten* mit II ident. ist. Wird das $C_{10}H_{10}$-Gemisch mit wss. $AgNO_3$-Lsg. geschüttelt, so wird die wss. Lsg. orangegelb u. es bleibt ein farbloses Öl; Ausschütteln mit PAe. liefert eine farblose $C_{10}H_{10}$-Verb., u. eine orangefarbene wird durch Zusatz von NaCl u. Dampfdest. erhalten. Diese nimmt bei der katalyt. Hydrierung 5 H_2 auf u. wird *Vinylcyclooctatetraen* (IV) sein, was im Einklang steht mit dem UV- u. Infrarotspektrum. Die farblose Verb. $C_{10}H_{10}$ nimmt 2 H_2 auf unter Bldg. von I u. ist *cis-1-Phenylbutadien-(1.3)* (V), was ebenfalls im

Einklang steht mit dem Infrarotspektr. u. bewiesen wurde durch die Darst. zweier bekannter Bromadditionsverbb.; es gibt keine Dien-Rk. mit Maleinsäureanhydrid. Im UV-Licht wird es zu der trans-Verb. umgelagert.

Versuche: Nach REPPE u. Mitarbeitern (l. c.) wurde Acetylen polymerisiert; 968 g der von 60⁰/40 mm bis 120⁰/1 mm sd. Fraktion wurden erneut fraktioniert, wobei 211 g *Cyclooctatetraen* ($Kp._{29}$ 52—54⁰; n_D^{25} 1,5341—1,5351), 283 g einer orangefarbenen Fl. ($C_{10}H_{10}$, $Kp._{10}$ 70—75⁰; n_D^{25} 1,574—1,577) u. 97 g einer grünlichen Fl. ($Kp._2$ 55—85⁰) erhalten wurden; letztere enthält mindestens 25 g Naphthalin. Nach Hydrierung von 240 g $C_{10}H_{10}$-Gemisch in CH_3OH bei n. Temp. u. 50 lbs./sq. in. Anfangsdruck in Ggw. von ADAMS-Katalysator, Eingießen des Filtrats in W., Ausziehen mit PAe. u. Kolonnendest. wurden erhalten: *n-Butylbenzol* (I), $C_{10}H_{14}$, Kp. 182,4⁰ (korr.); n_D^{25} 1,4870; $D.^{25}_4$ 0,8569; 76 g (Ausbeute); *1-Äthylcycloocten* (II), $C_{10}H_{18}$, Kp. 186,9⁰ (korr.); n_D^{25} 1720; $D.^{25}_4$ 0,8511; 58 g; *1-Äthylcyclooctan* (III), $C_{10}H_{20}$, Kp. 191,3⁰ (korr.); n_D^{25} 1,4593; $D.^{25}_4$ 0,8348; 90 g. — *2.4-Diacetylamino-1-butylbenzol*, F. 216—218⁰, aus I. — II, $C_{10}H_{18}$, Kp. 186—187⁰, aus Cyclooctanon in Ae. durch 2std. Rk. mit äther. C_2H_5MgJ, Gießen in NH_4Cl + Eis, Dest. des entstandenen *1-Äthylcyclooctanols* (17,5 g) u. Aufnehmen des Destillats in PAe.; 57%. — III, $C_{10}H_{20}$, Kp. 191,4⁰ (korr.), aus vorst. Verb. in Eisessig durch Hydrierung in Ggw. von ADAMS-Katalysator, Eingießen des Filtrats in W. u. Ausziehen mit PAe.; 99%. — 145 g der $C_{10}H_{10}$-Fraktion wurden in PAe. mit 30%ig. $AgNO_3$-Lsg. ausgezogen; nach Zugabe von NaCl zur wss. Lsg., Dampfdest. u. Ausziehen des Destillats mit PAe. wurden 67 g *Vinylcyclooctatetraen* (IV), $C_{10}H_{10}$, $Kp._{20}$ 83,3⁰ (korr.) erhalten; n_D^{25} 1,5682; $D.^{25}_4$ 0,9315. Die ursprüngliche Petrolätherlsg. lieferte 50,3 g *cis-1-Phenylbutadien-(1.3)* (V), $C_{10}H_{10}$, $Kp._{20}$ 87,7⁰ (korr.); n_D^{25} 1,5808. — IV liefert bei Hydrierung in Essigsäure mit ADAMS-Katalysator III, Kp. 188,5—189⁰; 86%. — V gibt ebenso in CH_3OH I, Kp. 181—182⁰; 100%. — *1-Phenyl-1.2.3.4-tetrabrombutan*, $C_{10}H_{10}Br_4$, F. 141—142⁰, aus V u. Br_2 in CS_2; aus CH_3OH Nadeln; 93%. — *1-Phenyl-1.2-dibrombutan*, $C_{10}H_{12}Br_2$, F. 68,5—69,5⁰ (PAe.), aus V in CH_3OH durch Hydrierung mit 0,5%ig. Pd-Kohle bis zur Aufnahme von 1 H_2, Eindampfen des Filtrats u. Bromieren in CS_2. — *trans-1-Phenylbutadien-(1.3)*, $Kp._{2,0-2,5}$ 58—60⁰, aus Cinnamalmalonsäure; n_D^{25} 1,6065. (J. Amer. chem. Soc. **73**. 1191—95. März 1951. Easton, Pa., General Aniline & Film Corp., Central Res. Labors.) NITZSCHKE. 1810

Arthur C. Cope und **Stuart W. Fenton**, *Cyclische Polyolefine*. 12. Mitt. *Isolierung von Vinylcyclooctatetraen und cis-1-Phenylbutadien-(1.3) aus Acetylenpolymeren* (11. vgl. C. **1953**. 1640) (Vgl. vorst. Ref.) Mit wss. $AgNO_3$-Lsg. läßt sich die bei der Polymerisation von Acetylen zu Cyclooctatetraen (II) anfallende höhersd. Fraktion in die beiden hauptsächlich vorliegenden Verbb. auftrennen: NH_4OH liefert mit der wss. Schicht einen orangefarbenen KW-stoff $C_{10}H_{10}$, der unter N_2 in Ggw. von etwas Hydrochinon stabil ist, an der Luft jedoch polymerisiert; mit ADAMS-Katalysator entsteht unter Aufnahme von 5 H_2 *Äthylcyclooctan* (I); dafür, daß der orangefarbene KW-stoff $C_{10}H_{10}$ *Vinylcyclooctatetraen* ist, sprechen außer der Hydrierung auch das UV- u. Infrarotspektr., außerdem wurde I auf unabhängigem Wege synthet. gewonnen; der zweite, farblose KW-stoff $C_{10}H_{10}$ aus der organ. Schicht nimmt ebenfalls 5 H_2 auf bei der Hydrierung mit ADAMS-Katalysator, wobei nach Aufnahme von 2 H_2 die Geschwindigkeit der Rk. deutlich abnimmt; mit Pd-Kohle werden nur 2 H_2 absorbiert unter Bldg. von *n-Butylbenzol*; bei diesem KW-stoff $C_{10}H_{10}$ handelt es sich um *cis-1-Phenylbutadien-(1.3)*, was auch durch Ozonisierung u. anschließende Oxydation zu *Benzoesäure* bewiesen wird.

Versuche (FF. korr.): Bei fraktionierter Kolonnendest. von 124 g hochsd. Rückstand aus der Darst. von II wurden folgende Fraktionen erhalten: 1. II, $Kp._{28}$ 48—50⁰; n_D^{25} 1,5346; 32,5 g (Ausbeute); 2. $Kp._{28}$ 88—90⁰; n_D^{25} 1,5690; 4,52 g; 3. $Kp._{28}$ 90—92⁰; n_D^{25} 1,5780; 8,25 g; 4. $Kp._{28}$ 92—95⁰; n_D^{25} 1,5808; 6,2 g; 5. $Kp._{28}$ 95—105⁰; n_D^{25} 1,5785; 2,45 g; 6. $Kp._{0,3}$ 70—80⁰; n_D^{25} 1,5809; 2,31 g; 7. $Kp._{0,3}$ 80—90⁰; 0,95 g; blaue feste M.; 8. viscoser gelber Rückstand; 58,2 g. — 2 g der 2. Fraktion wurden in PAe. mit 20%ig. $AgNO_3$-Lsg. geschüttelt; nach Zugabe von NH_4OH zur wss. Phase u. Ausziehen mit PAe. wurde *Vinylcyclooctatetraen*, $C_{10}H_{10}$, erhalten; $Kp._{30}$ 92—92,5⁰; n_D^{25} 1,5664; $D.^{25}_4$ 0,9321; 0,94 g; die Verb. ist auch in den obengenannten Fraktionen 3—5 erhalten. — *Äthylcyclooctan* (I), $Kp._{30}$ 91—92⁰, aus 1,14 g vorst. Verb. in Eisessig durch Hydrierung mit ADAMS-Katalysator bei n. Temp., Alkalisieren des Filtrats u. Ausäthern; n_D^{25} 1,4567; 0,79 g. — *1-Äthylcycloocten*, $C_{10}H_{18}$, $Kp._{30}$ 84—85⁰, wurde synthet. erhalten aus Cyclooctanon u. C_2H_5MgJ in Ae. durch 2½ std. Kochen, Versetzen mit gesätt. NH_4Cl-Lsg., Erhitzen des aus der äther. Lsg. erhaltenen Rohprod. auf 70⁰/30 mm in Ggw. von etwas J_2, Lösen in A., Behandeln in Eisessig mit GIRARD-Reagens, Gießen in Eiswasser, Neutralisieren u. Ausäthern; 46%. Hydrierung mit ADAMS-Katalysator in A. liefert I, $C_{10}H_{20}$; 60%. — *cis-1-Phenylbutadien-(1.3)*, $Kp._{30}$ 84—85⁰, aus der Petrolätherlsg. der 2. Fraktion nach der Behandlung mit $AgNO_3$-Lsg.; n_D^{25} 1,5820; 0,28 g. Ozonisation in

Essigester u. Zers. des Ozonids mit H_2O_2 gibt *Benzoesäure*. Hydrierung von 1 g mit Pd-Kohle in A. führt zu *n-Butylbenzol*, Kp.$_{30}$ 84—85°; n_D^{25} 1,4881; 0,78 g. — *1-n-Butyl-2.4-diacetamidobenzol*, F. 215—216,3° (A.), aus 0,3 g vorst. Verb.; 0,36 g. — Aus den Fraktionen 6 u. 7 wurden *Naphthalin*, F. 79—80°, u. wenig *Azulen*, F. 99,4—100°, gewonnen. (J. Amer. chem Soc. **73**. 1195—98. März 1951. Cambridge, Mass., Massachusetts Inst. of Technol., Dep. of Chem.) NITZSCHKE. 1810

Arthur C. Cope, Leland L. Estes jr., John R. Emery und Alfred C. Haven jr., *Cyclische Polyolefine*. 13. Mitt. *Allylumlagerung bei den Reaktionen von cis- und trans-3.5-Dibromcyclopenten mit Dimethylamin.* (12. vgl. vorst. Ref.) Die Bromierung von Cyclopenten mit N-Bromsuccinimid liefert ein durch fraktionierte Dest. u. Kristallisation teilweise trennbares Gemisch von *cis-* (**I**) u. *trans-3.5-Dibromcyclopenten* (**II**), die beide leicht mit Dimethylamin (**III**) reagieren. Dabei entsteht aus beiden Verbb. unter Allylumlagerung *trans-1.2-Bis-[dimethylamino]-cyclopenten-(3)* (**V**), das bei Pd-Hydrierung *trans-1.2-Bis-[dimethylamino]-cyclopentan* (**IV**) liefert, wobei nebenher teilweise Spaltung eintritt unter Bldg. von **III**. **IV** wurde zum Vgl. auf unabhängigem Wege synthetisiert. Die Identität der jeweils aus **I** bzw. **II** erhaltenen Verbb. **V** u. **IV** wird durch die Darst. verschied. Derivv. sowie durch die Aufnahme der Infrarotspektren bewiesen; ebenso werden die Röntgenbeugungsdiagramme des aus **I**, aus **II** u. des synthet. dargestellten **IV**-Dipikrates verglichen. Die Bldg. von **IV** aus **I** bzw. **II** mit **III** wird über das nebenst. Äthylenimmoniumzwischenprod. verlaufen.

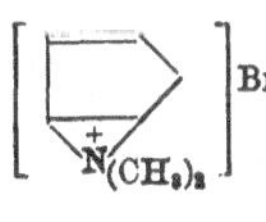

Versuche (FF. korr.): 4std. Kochen von Cyclopenten, CCl_4, N-Bromsuccinimid u. etwas Benzoylperoxyd, Einengen des Filtrats u. Kolonnendest. bei 3 mm gibt das Gemisch von *cis-* (**I**) u. *trans-3.5-Dibromcyclopenten* (**II**), $C_5H_6Br_2$, Kp.$_3$ 52—73°; n_D^{25} 1,5690—1,5889; 63% (Ausbeute); die letzten Fraktionen kristallisieren u. bestehen aus **II**, F. 43,4—44,2° (PAe.); die ersten bestehen hauptsächlich aus **I**. Die für die folgenden Umsetzungen benötigten reinen Verbb. **I** u. **II** wurden aus Cyclopentadien u. Br_2 in Chlf. bzw. PAe. gewonnen (vgl. BLOMQUIST u. MAYES, C. **1946**. I. 323). — *trans-1.2-Bis-[dimethylamino]-cyclopenten-(3)* (**V**), $C_9H_{18}N_2$, a) aus **I** (n_D^{25} 1,5751) u. **III** in Bzl. durch mehrstd. Rk. bei n. Temp., Ausziehen mit 15%ig. HCl, Alkalisieren der sauren Lsg., Ausäthern, Einengen, Lösen in 2nHCl, kurzes Erhitzen auf 55—65°, Ausäthern, Alkalisieren u. erneutes Ausäthern; Kp.$_9$ 71—72°; n_D^{25} 1,4682; D.$^{25}_4$ 0,8876; 67,6%; b) aus **II** in Bzl. durch 7tägige Rk. mit **III** bei n. Temp. u. Aufarbeitung wie vorst.; Kp.$_9$ 69 bis 70°; n_D^{25} 1,4674; D.$^{25}_4$ 0,8870; 65%. *Dipikrat*, $C_{21}H_{24}O_{14}N_8$, F. 182,6—183,5° (A. + W.) (aus **I**) bzw. 184,5—185,7° (aus **II**); es fällt auch als dimorphe Form vom F. 221,4—222,2° (Zers.) an. *Dipikrylsulfonat*, $C_{21}H_{24}O_{18}N_8S_2$, F. 215,5—216° unter Zers. (A. + W.). *Dimethojodid*, $C_{11}H_{24}N_2J_2$, F. 197,8—198,4° unter Zers. (absol. A.) (aus **I**), F. 200,6—201° unter Zers. (aus **II**); 94,5 bzw. 95%. — *trans-1.2-Bis-[dimethylamino]-cyclopentan* (**IV**), $C_9H_{20}N_2$, Kp.$_{1,5}$ 43—44,5°, aus 5,61 g **V** in absol. A. durch Hydrierung bei Zimmertemp. mit 10%ig. Pd-Kohle, wobei mehr als 100% der theoret. Menge H_2 aufgenommen werden, u. Abdest. des A. aus dem Filtrat, wobei **III** im Destillat nachgewiesen werden kann (*1.1-Dimethyl-3-phenylthioharnstoff*, F. 132—133°); n_D^{25} 1,4567; D.$^{25}_4$ 0,8661; 3,6 g. *Dipikrat*, $C_{21}H_{26}O_{14}N_8$, F. 222,5—224,5° unter Zers. (A. + W.). *Dipikrylsulfonat*, $C_{21}H_{26}O_{18}N_8S_2$, F. 207,6—208,2° unter Zers. (A. + W.). — *Bis-[dimethylamino]-cyclopenten-dimethobromid*, $C_{11}H_{24}N_2Br_2$, Zers. zwischen 200 u. 250°, aus **II** u. $(CH_3)_3N$ durch 5tägige Rk. in Methanol, Einengen im Vakuum u. Kristallisation aus absol. A.; 58,5%. — Nach Zugabe von α-Carbäthoxycyclopentanon (Kp.$_{12}$ 102—104°) zu wss. NaOH, dann von wss. $NaNO_2$-Lsg., 44std. Schütteln unter N_2, Behandeln mit 6nH_2SO_4 bei 0°, 5½std. Ätherextraktion, Einengen unter N_2, fraktionierte Kristallisation aus Ae.-PAe., wobei zunächst wenig *Adipinsäure*, F. 151,5—152,5°, als die am wenigsten lösl. Komponente erhalten wird, u. Verdünnen mit PAe. krist. 2 mechan. trennbare *Cyclopentandion-(1.2)-monoxime*, von denen das eine in langen Nadeln krist., die an der Luft ein feines gelbes Pulver bilden, nach mehrfacher Kristallisation zunächst zwischen 63 u. 80° schm. u. aus W. als $C_5H_7O_2N \cdot H_2O$ krist.; F. 65,5—67°; die andere Form krist. aus W. oder Ae. u. PAe., aus letzteren in Rhomboiden der Zus. $C_5H_7O_2N \cdot \frac{1}{2} H_2O$, F. 78,5—81°. Beide Monoxime geben *Cyclopentandion-(1.2)-dioxim*, $C_5H_8O_2N_2$, in 75 bzw. 87%ig. Ausbeute, Zers. zwischen 210 u. 225°, das auch aus dem rohen Gemisch der Monoxime erhalten wird; 66%. — *trans-1.2-Diaminocyclopentan*, Kp.$_{13,5}$ 65°, aus vorst. Dioxim durch Red. mit Na u. A., Dampfdest., Alkalisieren des Destillats u. Ausziehen mit Trichloräthylen; n_D^{25} 1,4850—1,4858; 29%. *Dihydrochlorid*, $C_5H_{14}N_2Cl_2$, aus dem Dampfdestillat mit HCl; Zers. bei 287—290° (absol. A. + Ae.); 77%. *Dipikrat*, $C_{17}H_{18}O_{14}N_8$, F. 233 bis 233,5° unter Zers. (A. + W.). *Diacetylderiv.*, $C_9H_{16}O_2N_2$, F. 226,5—227,5° (absol. A. durch Zusatz von Ae.). — **IV**, auch aus vorst. Dihydrochlorid, 87%ig. HCOOH, $NaHCO_3$ u. Formalin durch 45std. Kochen, Zugabe von verd. HCl, Eindampfen im Vakuum, Lösen in W., Auswaschen mit Ae., Alkalisieren der wss. Lsg. u. Ausäthern; Kp.$_6$ 45—46°. (J. Amer. chem. Soc. **73**. 1199—1204. 15/3. 1951. Cambridge, Mass., Massachusetts Inst. of Technol., Dep. of Chem.) NITZSCHKE. 2110

M. P. Balfe, J. Kenyon und **E. M. Thain**, *Dismutationsreaktionen von Di-[p-methoxyphenyl]-methanol.* (Vgl. J. chem. Soc. [London] **1951**. 386.) Es wurde die Umlagerung von *Di-[p-methoxyphenyl]-methanol* (**I**) bei Einw. von CH_3COOH, HCOOH u. Trichloressigsäure (**XIII**) verschied. Konz. untersucht. **I** bildet mit überschüssiger Essigsäure bei n. Temp. oder 100° das *Acetat* (**III**), mit der halbmol. Menge CH_3COOH oder HCOOH *Bis-[di-(p-methoxyphenyl)-methyl]-äther* (**II**). Die mit HCOOH zunächst auftretende tiefrote Färbung muß auf die Bldg. eines Carboniumions zurückgeführt werden, denn aus der roten Lsg. entsteht mit Harnstoff der disubstituierte Harnstoff (**IV**) u. mit toluol-p-sulfinsaurem Na (**V**) *[Di-(p-methoxyphenyl)-methyl]-[p-tolyl]-sulfon* (**VI**). In Essigsäure werden diese Derivv. erst bei Zugabe von etwas H_2SO_4 gebildet; im Gegensatz dazu reagiert *Xanthydrol* (**VIII**) in demselben Sinne bereits in CH_3COOH allein, wofür eine Erklärung gebracht wird. Beide Tolylsulfone geben Rkk. unter Spaltung der C—S-Bindung: Mit alkoh. KOH entstehen Äthyläther. — Geringe Mengen **XIII** liefern mit **I** den Bisäther **II**, größere Mengen jedoch *Di-[p-methoxyphenyl]-keton* (*p.p'-Dimethoxybenzophenon*, **XII**) u. *Di-[p-methoxyphenyl]-methan* (**IX**). Ebenso, wie *Di-[p-methoxyphenyl]-methylchlorid* (**VII**) mit A. **IX** u. *CH_3CHO* liefert (in Ggw. von Pyridin wird *Di-[p-methoxyphenyl]-methyläthyläther* [**XIV**] gebildet), entstehen dieselben Verbb. aus **II** u. **XIV** durch Behandlung mit alkoh. HCl; in Propanol–HCl wurden aus **XIV IX** u. *Propionaldehyd* gebildet. Als Zwischenstufe dieser Rk. wird die konjugierte Säure angenommen, die mit bas. Lösungsmitteln den Äther bildet, andernfalls Dismutation erleidet:

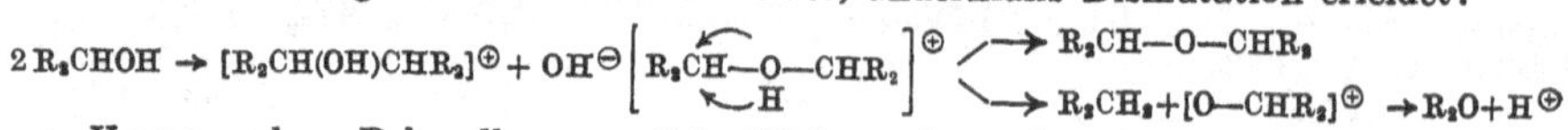

V e r s u c h e: Behandlung von 0,5 g Di-[p-methoxyphenyl]-methanol (**I**) mit einem Überschuß von CH_3COOH (12 Std. bei Raumtemp. oder 2 Std. bei 100°) liefert *Essigsäure-[di-(p-methoxyphenyl)-methyl]-ester* (**III**), F. 78—80°; aus Ae.-PAe. Nadeln; 0,5 g (Ausbeute); mit einer geringeren Säurekonz. entsteht *Bis-[di-(p-methoxyphenyl)-methyl]-äther* (**II**), $C_{30}H_{30}O_5$, Nadeln aus A., F. 81—82°; 0,25 g. — Aus 0,52 g Essigsäureanhydrid u. 1 g Xanthydrol (**VIII**) in Pyridin wurde statt Essigsäurexanthhydrylester *Dixanthhydryläther* (**XI**), F. 212—214°, isoliert; 1 g. — Einw. von 99%ig. HCOOH im Überschuß auf 0,5 g **I** liefert nach 4 Tagen ein hellgelbes Pulver, das bei 60—80° sintert; 0,35 g; Mol.-Gew. nach Rast 900; eine geringere HCOOH-Konz. führt zu **II**, F. 76—78°; 60%. — *Bis-[di-(p-methoxyphenyl)-methyl]-harnstoff* (**IV**), $C_{31}H_{32}O_5N_2$, F. 258—259°, feine Nadeln aus A. oder Aceton, aus 0,2 g **I** u. Harnstoff in HCOOH; 0,2 g; in CH_3COOH bildete sich nur **III** neben Spuren von **IV** u. in Ggw. von H_2SO_4 **IV** in größeren Ausbeuten. — *[Di-(p-methoxyphenyl)-methyl]-[p-tolyl]-sulfon* (**VI**), F. 105—106° (Ae.-Leichtbenzin): a) **I** u. konz. HCl liefern *Di-[p-methoxyphenyl]-methylchlorid* (**VII**), von dem 1 g mit p-toluolsulfinsaurem Na (**V**) in wss. Aceton umgesetzt wurde; 0,9 g; b) **I** wurde in CH_3COOH, die einen Tropfen H_2SO_4 enthielt, mit **V** umgesetzt. **VI** wird durch 3std. Erhitzen auf 100° in Eisessig oder konz. HCl–Dioxan (1 : 1) nicht angegriffen. — *Di-[p-methoxyphenyl]-methyläthyläther* (**XIV**), $C_{17}H_{20}O_3$, Kp.$_{0,5}$ 153°, Kp.$_{14}$ 217—220°, a) aus **VII** u. Pyridin durch nachheriges 4½ std. Kochen des festen Prod. mit A.; n_D^{19} 1,5594; 85%. b) **VI** wurde 10 Std. mit alkoh. KOH erhitzt. — *p-Tolylxanthhydrylsulfon* (**X**), $C_{20}H_{16}O_3S$, F. 215 bis 216°, aus 2 g **VIII** u. **V** in warmem Eisessig; Nadeln aus A.; 2,4 g; unverändert nach 3 Std. Erhitzen auf 100° mit CH_3COOH oder HCOOH. — 1 g **I** läßt sich mit 6 n HCl in Aceton in *Di-[p-methoxyphenyl]-keton* (**XII**), F. 142—143° (Ae.-Leichtbenzin); 0,3 g, u. *Di-[p-methoxyphenyl]-methan* (**IX**); 0,1 g, überführen. 3std. Erhitzen von 1 g **I** mit 0,5 g $KHSO_4$ liefert 0,5 g **XII** u. 0,2 g **IX**. — **VII** reagiert mit A. (6std. Kochen) unter Bldg. von 75% *CH_3CHO* (*2.4-Dinitrophenylhydrazon*, F. 165—167° (A.); 75%) u. **IX**, F. 49—51° (Leichtbenzin); 80%. — *Äthylxanthhydryläther*, $C_{15}H_{14}O_2$, F. 53—54°, aus **X** durch Erhitzen mit alkoh. KOH; Prismen nach Hochvakuumsublimation; 74%; daneben **XI** u. **VIII**. — **I** lieferte durch 2std. Erhitzen auf 40° mit Trichloressigsäure (**XIII**) unter N_2 in Bzl. 80% **II**, in Dioxan 40% **II** u. 50% unverändertes **I**, mit der 5fachen Menge **XIII** in Bzl. 25% **II**, 10% **XII** u. 5% **IX**, in Dioxan 84% **II** u. ohne Lösungsm. 43% **XII** u. 32% **IX**. **II**, 6 Std. analog behandelt, in Bzl. 14% **XII**, 3% **IX** u. 35% unveränderten **II**, in Dioxan wurden 84% **II** zurückgewonnen. — Wurde 1 g **XIV** mit 0,35 g **XIII** in Bzl. gekocht, bildete sich hauptsächlich Teer neben 0,11 g **XII** u. 0,15 g **IX**, Kp.$_{0,3}$ 148°; mit HCl in A. entstand aus 0,02 g **XIV** nach 8std. Kochen neben **IX** (67%) u. **XII** (0,02 g) auch *CH_3CHO*; 60%; bei Ausführung der Rk. in n-Propanol (9std. Kochen) wurde *Propionaldehyd* (*2.4-Dinitrophenylhydrazon*, F. 154—155° [A.]; 35%) neben **IX** (88%) erhalten. — **II**, in A. mit HCl analog behandelt, lieferte auch *CH_3CHO*

(57%) neben 83% **IX** u. wenig **XII**. — Durch therm. Zers. von **XIV** wurden CH_3CHO (10%), **XII** (56%) u. **IX** (25%) gebildet. — 1 g **VIII** bildete mit **XIII** in Bzl. unter N_2 (2 Std. bei 40°) *Xanthon* (**XV**), F. 168—170°; 0,3 g, u. *Xanthen* (**XVI**), F. 95—97°; 0,39 g; analog verlief die Rk. in Dioxan u. auch bei einer geringeren Säurekonzentration. Bei Verwendung von peroxydfreiem Dioxan wurden unverändertes **VIII** u. *Dixanthyläther* (**XI**), F. 250—210°, gewonnen. — 2 g p-Methoxydiphenylmethanol lieferten bei 5 std. Kochen in HCl enthaltendem Aceton *Di-[p-methoxydiphenylmethyl]-äther* (**XVII**), F. 120—121°; 1,5 g, *p-Methoxydiphenylmethan* (**XVIII**), $Kp._{0,4}$ 125—130°; 0,15 g, u. *p-Methoxybenzophenon*, $Kp._{0,4}$ 140—160°; 0,1 g (*2.4-Dinitrophenylhydrazon*, F. 205°); in Bzl. entstanden aus 1 g Alkohol mit Toluol-p-sulfonsäure 0,5 g **XVII**, 0,1 g **XVIII** u. 0,12 g *p-Methoxybenzophenon*, F. 59—61°. **XVIII** wurde demethyliert u. anschließend zum *p-Benzylphenylbenzoat*, F. 86—87°, benzoyliert. — Einw. von **XIII** auf 1 g Di-[p-dimethylaminophenyl]-methanol (MICHLERS Hydrol) in Aceton bei 40° lieferte 0,3 g *Diäther*, F. 195—197°, 0,33 g *Michlers Keton* u. teerige Prodd., HCl in A. aus 2,7 g Alkohol 0,73 g *Michlers Keton* u. 0,35 g *Diäther*. — *p.p'-Di-[tert.-butyl]-benzophenon*, $C_{21}H_{26}O$, F. 134—135°, aus tert.-Butylbenzol u. $COCl_2$; 64%. — *Di-[p-tert.-butylphenyl]-methanol*, $C_{21}H_{28}O$, F. 103—104° (Ae.-Leichtbenzin), feine, seidige Nadeln, durch Red. von 10 g des vorst. Keton mit Zn-Staub u. KOH in A.; 9,7 g. — *Bis-[di-(p-tert.-butylphenyl)-methyl]-äther*, $C_{42}H_{54}O$, F. 218—219°, feine Nadeln aus A.-Aceton: Vorst. Verb. wurde mit **XIII** auf 100° erhitzt oder 8 Std. in Aceton mit HCl zum Sieden erhitzt. (J. chem. Soc. [London] **1952**. 790—96. März. London, Battersea Polytechn.) FAASS. 2270

A. Carlsson, *Benzophenon*. Die Darstellungsmethoden u. Eigg. von Benzophenon werden beschrieben. — Literaturangaben. (Äther. Öle, Riechstoffe, Parfümerien, Essenzen Aromen **1**. 2—3. Febr./März 1951.) MACHOLDT. 2360

G. V. Jadhav und **V. G. Kulkarni**, *Borax als neues Kondensationsmittel bei der Darstellung von Chalkonen*. Es wurde gefunden, daß die gewöhnlich mit HCl, Alkali oder $POCl_3$ durchgeführte Chalkonsynth. aus aromat. Ketonen u. Aldehyden durch Kochen mit oder ohne Lösungsm. (A. oder Aceton) in Ggw. von wss. Boraxlsg. durchgeführt werden kann. Aus 5 cm³ Acetophenon (**II**), 4 cm³ Benzaldehyd (**I**) u. 5 g Borax in 25—30 cm³ W. wurde nach 3—4 std. Kochen 1 g *Chalkon* erhalten; aus Resacetophenon u. **I** entstand *7-Oxyflavanon*. Weitere Chalkone wurden dargestellt aus **II** bzw. m-Nitroacetophenon mit **I**, Salicylaldehyd u. m-Nitrobenzaldehyd; aus **II** mit m-Methoxybenzaldehyd u. Piperonal; aus 2.4-Dimethoxyacetophenon mit **I** u. o-Methoxybenzaldehyd. Keine nähere Angaben. (Current Sci. **20**. 42—43. Febr. 1951. Bombay, Inst. of Sci., Organ. Chem. Dep., u. Dharwar, Karnatak Coll.) GOEBEL. 2360

G. Baddeley, G. Holt und **S. M. Makar**, *Darstellung und Isomerisation von β-Aroylacrylsäuren*. Vff. berichten über die Darst von β-Aroylacrylsäuren aus Maleinsäureanhydrid u. aromat. KW-stoffen in Ggw. von $AlCl_3$ u. ihre Umlagerung zu 3-Ketoindancarbonsäuren-(1), wobei der Ringschluß in manchen Fällen unter intramol. Wanderung einer 2-Alkylgruppe erfolgt. Decarboxylierung liefert in guter Ausbeute Indanon-(1)-derivate.

V e r s u c h e: *β-Aroylacrylsäuren*. Maleinsäureanhydrid wird zu $AlCl_3$ in Methylen- oder Äthylenchlorid gegeben, die Lsg. von ungelöstem $AlCl_3$ dekantiert u. mit dem KW-stoff versetzt, aufgearbeitet u. aus Bzl.-PAe. oder wss. Essigsäure umkrist.: *β-Benzoylacrylsäure*, F. 96—97°; 85% (Ausbeute); *β-[p-Methylbenzoyl]-*, F. 137—138°; 70%; *β-[2.5-Dimethylbenzoyl]-* (**I**), F. 89—90°; 89%; *β-[2.4-Dimethylbenzoyl]-* (**II**), F. 117 bis 118°; 91%; *β-[3.4-Dimethylbenzoyl]-* (**III**), $C_{12}H_{12}O_3$, F. 122—123°; 76%; *β-[2.4.6-Trimethylbenzoyl]-* (**IV**), F. 140—141°; 83%; *β-[2.4.5-Trimethylbenzoyl]-* (**V**), F. 148—149°; 80%; *β-[2.3.5.6-Tetramethylbenzoyl]-* (**VI**), $C_{14}H_{16}O_3$, F. 182—183°; 83%; *β-[2.3.4.5-Tetramethylbenzoyl]-* (**VII**), F. 122—123°; 76%. — Umlagerung zu Ketoindancarbonsäuren durch Erhitzen der Acrylsäuren in einer Schmelze aus 10 g $AlCl_3$ u. 1,5 g NaCl (pro g organ. Säure): *3-Keto-4.7-dimethylindancarbonsäure-(1)*, $C_{12}H_{12}O_3$, F. 160—161°, aus 10 g **I** bei 135° nach 1 Std.; 8,7 g, gibt ein *2.4-Dinitrophenylhydrazon*, entfärbt nicht kaltes Permanganat oder Br_2 in CCl_4, wird durch HNO_3 bei 180° zu *Benzoltetracarbonsäure-(1.2.3.4)*, F. 244—246° (Zers.), *Tetramethylester*, F. 130—131°, oxydiert, Isomerisation auch durch 3 Mol $AlCl_3$; 75%ig. H_2SO_4 bei 100° bewirkt teilweise Zersetzung. — *3-Keto-4.6-dimethylindancarbonsäure-(1)* (**VIII**), F. 157—158°, in geringer Ausbeute aus **II** mit 85%ig. H_2SO_4; HNO_3 oxydiert zu *Benzoltetracarbonsäure-(1.2.3.5)*, F. 250—252°, *Tetramethylester*, F. 107—109°; Behandlung von 5 g **II** mit $AlCl_3$ bei 135° 1 Std. ergibt Gemisch von 3,3 g **VIII** u. 0,2 g *3-Keto-5.6-dimethylindancarbonsäure-(1)* (**IX**), F. 172—174°; **IX** auch aus **III** mit 85%ig. H_2SO_4 oder $AlCl_3$ bei 100° oder in 15%ig. Ausbeute durch Einw. von H_2SO_4, P_2O_5 in sd. Toluol oder von $AlCl_3$-NaCl auf *3.4-Dimethylphenylbernsteinsäure*

($C_{12}H_{14}O_4$, F. 198—199°, Nadeln, dargestellt aus 3.4-Dimethylbenzaldehyd über *α-Cyan-β-[3.4-dimethylphenyl]-acrylsäure*, $C_{12}H_{11}O_2N$, F. 205—206°, blaßgelbe Platten aus A.); HNO_3 oxydiert **IX** zu *Benzoltetracarbonsäure-(1.2.4.5)*, F. 284—287°, *Tetramethylester* F. 140—142°; **IX** entsteht nicht beim Erhitzen von **VIII** mit $AlCl_3$. — *3-Keto-4.6.7-trimethylindancarbonsäure-(1)* (**X**), $C_{13}H_{14}O_3$, F. 189—190°, aus 4,7 g **IV** nach 3 Std. bei 135° oder 1 Std. bei 150°; 3,9 g; gibt ein *2.4-Dinitrophenylhydrazon*; HNO_3 oxydiert bei 220° zu *Benzolpentacarbonsäure*, F. 225—230° (Zers.), *Pentamethylester*, F. 145—147°; **X** auch aus **V** mit 85%ig. H_2SO_4 oder $AlCl_3$ bei 100° oder mit $AlCl_3$–NaCl bei 100 oder 150° in 1 Stunde. — *3-Keto-4.5.6.7-tetramethylindancarbonsäure-(1)*, $C_{14}H_{16}O_3$, F. 216—217° (W.), aus 5 g **VI** bei 105° in 1 Std.; 4,5 g; u. aus **VII** bei 110° in 1 Std.; HNO_3 oxydiert zu *Mellitsäure*, F. 286—288°, *Hexamethylester*, F. 187—188°. — *β-Benzoylacrylsäure* zers. sich teilweise beim Versuch der Isomerisation bei 105 oder 145°. — *β-p-Toluylacrylsäure* gibt nach 2 Std. bei 120° 5% einer gesätt. Säure, $C_{11}H_{10}O_3$, F. 146—147°, vermutlich *3-Keto-6-methylindancarbonsäure-(1)*. — Decarboxylierung der 3-Ketoindancarbonsäuren-(1) mit Cu-Chromit in Chinolin unter N_2 in 3—4 Std. bei 180—190°; nach Aufarbeitung wird das mit Wasserdampf dest. *Indanon-(1)* aus Essigsäure umkrist.; *4.7-Dimethyl-*, F. 78—79°, Nadeln; 64%; *Phenylhydrazon*, F. 131—132°, aus A. Nadeln. *5.7-Dimethyl-*, F. 75—76°, $C_{11}H_{12}O$, Prismen; 65%. *5.6-Dimethyl-*, F. 83—84°, Platten; 43%. *4.5.7-Trimethyl-*, F. 110—111°, blaßgelbe Nadeln; 68%; *Oxim*, F. 227—228°, Platten (A.). *4.5.6.7-Tetramethyl-*, F. 152—153°, gelbe Platten; 71%. *Oxim*, F. 214—215°, Platten (A.). (J. chem. Soc. [London] **1952**. 3289—92. Aug. Manchester, Univ., Fac. of Technol.)

FROHLOFF. 2650

G. L. Buchanan, *Dibenztropon und ein hydroxyliertes Derivat.* Die Eigg. von *symm.-Dibenztropon* mit u. ohne *OH-* u. *C_6H_5-Gruppe* im Siebenring werden besprochen u. eine Veröffentlichung angekündigt. — 7 Literaturhinweise. (Chem. and Ind. **1952**. 855. 30/8. Glasgow, Univ.) LEHMSTEDT. 2950

Otto Kruber, Rudolf Oberkobusch und Ludwig Rappen, *Über das 10.11- und 11.12-Benzofluoranthen im Steinkohlenteerpech.* Der im Siedebereich um 470° des Steinkohlenteerpechs aufgefundene KW-stoff $C_{20}H_{12}$ (vgl. Chem. Ber. **85**. [1952.] 433) wird als *11.12-Benzofluoranthen* (I) idendifiziert. Im gleichen Siedebereich wurde *10.11-Benzofluoranthen* (**II**) vorgefunden.

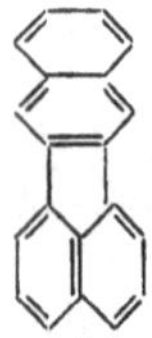

I

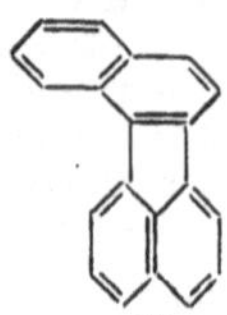

II

Versuche: *11.12-Benzofluoranthen* (**I**), Kp.$_{760}$ 480°, F. 216°. *Pikrat*, F. 170—171° (in l. c. versehentlich als F. 155—156° angegeben). *Trinitrobenzolat*, goldgelbe Nadeln, F. 182°. Durch Oxydation von **I** entsteht ein *Chinon* $C_{20}H_{10}O_2$, lange dunkelrote Nadeln, F. 226°. — *10.11-Benzofluoranthen* (**II**), $C_{20}H_{12}$, F. 164—165°, aus 1 kg Pechfraktion der Siedegrenze 470—480° durch 5std. Verschmelzen mit KOH bei 230°, Aufnehmen des nicht reagierenden Anteils (600 g) in Xylol, Abtrennen von **I** (50 g), Einengen, Vakuumdest. (480 g Destillat), Lösen in Toluol, stufenweise Kristallisation, wobei die ersten Kristallisate aus einem Gemisch von **I** u. 3.4-Benzofluoranthen bestehen, mehrfache Umkristallisation aus Bzl. + A. u. chromatograph. Reinigung über Al_2O_3; gelbe Blättchen; 3 g. *Pikrat*, $C_{20}H_{12} \cdot C_6H_3O_7N_3$, F. 194 bis 195°. *Trinitrobenzolat*, F. 220—220,5°. (Chem. Ber. **86**. 534—36. 1953. Duisburg-Meiderich, Ges. für Teerverwertung m. b. H., Wiss. Labor.) NITZSCHKE. 2950

Ju. K. Jurjew, Ss. W. Djatlowitzkaja und **I. Ss. Lewi,** *Isomerisation von α-Methyltrimethylensulfid zu Tetramethylensulfid und andere Eigenschaften von viergliedrigen gesättigten Sulfiden.* α-Methyltrimethylensulfid (I) isomerisiert sich beim Überleiten über Al_2O_3 bei 350° zu *Tetramethylensulfid* (*Thiophan*; **II**). Die Rk. ist typ. katalyt., denn bei der gleichen Behandlung von **I** in Abwesenheit von Al_2O_3 entsteht **II** nicht. Auf andere Weise konnte die Isomerisation nicht erzielt werden; z. B. gab **I** bei der Einw. von $AlCl_3$ oder $SnCl_4$ ein kautschukartiges Produkt. Auch Trimethylensulfid (**III**) wurde untersucht. Erhitzen von **III** mit W. auf 120—125° oder sehr verd. H_2SO_4 auf 105—110° führte zu dem gleichen polymeren Prod. $[C_3H_6S]_x$, F. 83°, das bei der Synth. von **III** aus Trimethylendibromid u. Na_2S in wss. A. als Nebenprod. erhalten wird. Aus **III** entsteht beim Einleiten von HCl oder mit heißer konz. HCl ein krist. *Polykondensationsprod.* (F. 45°; Mol.-Gew. ca. 890), aus offenbar zunächst gebildetem γ-Chlorpropylmercaptan. Die Aufspaltung des Ringes erfolgt auch bei der Rk. von **III** mit Acetylchlorid + $SnCl_4$, wobei *Thioessigsäure-S-γ-chlorpropylester* resultiert. **I** liefert hierbei die den 2 Spaltungsmöglichkeiten entsprechenden Verbb., *Thioessigsäure-S-γ-chlorbutyl* (**IV**)- u. *-S-4-chlorbutyl-(2)-ester* (**V**). **IV** u. **V** sind durch ihr Verh. gegen NaJ in Aceton gek.: **IV** reagiert nicht bei ½std. Einw., während **V** als prim. Chlorid nach 4—5 Min. NaCl abscheidet. Amine (Diäthyl- oder Dibutylamin) oder KSH wirken auf **III** nicht oder nur unter teilweiser Verharzung ein.

Versuche: *Tetramethylensulfid* (II), C_4H_8S, Kp. 115—120°. 15 g I werden dampfförmig im schwachen H_2S- oder N_2-Strom bei 350° über Al_2O_3 (Schichtlänge 40 cm) mit der Geschwindigkeit von 10 g/Std. geleitet; $D.^{20}_4$ 0,9993; n_D^{20} 1,5057; 16% (Ausbeute). *$HgCl_2$-Verb.*, F. 124,5—125°. — *Thioessigsäure-S-γ-chlorpropylester*, C_5H_9OClS, $Kp._{16}$ 92 bis 93°. 5,1 g III in 25 cm³ Bzl. werden unter Kühlen zu 6 g CH_3COCl + 10 g $SnCl_4$ hinzugefügt; man läßt 3 Std. bei Zimmertemp. unter Rühren einwirken, gießt in Eiswasser u. nimmt mit Ae. auf; $D.^{20}_4$ 1,1574; n_D^{20} 1,4959. — *γ-Chlorpropylmercaptan*, C_3H_7ClS, $Kp._{75}$ 71—71,5°; durch Hydrolyse vorst. Esters mit HCl-haltigem wss. CH_3OH; $D.^{20}_4$ 1,1360; n_D^{20} 1,4940. — *Thioessigsäure-S-γ-chlorbutylester* (IV), $C_6H_{11}OClS$, $Kp._5$ 79—80°; aus I analog Vorvorst.; $D.^{20}_4$ 1,1059; n_D^{20} 1,4850; 6,8 g aus 11,2 g I, neben nicht rein erhaltenem V (in der Fraktion $Kp._5$ 80—95,5°). — *γ-Chlorbutylmercaptan*, C_4H_9ClS, $Kp._{42}$ 69 bis 69,5°; durch 8std. Erhitzen von 4 g IV mit 0,7 cm³ konz. HCl in 5,2 cm³ CH_3OH auf dem Wasserbad; $D.^{20}_4$ 1,0759; n_D^{20} 1,4826; 2,1 g. (Вестник Московского Университета, Серия Физико-Математических и Естественных Наук [Nachr. Moskauer Univ., physik.-mathemat. u. naturwiss. Ser.] **7.** Nr. 12. 55—62. Dez. 1952. Zelinsky-Labor. für organ. Chem.) R. KNOBLOCH. 3071

Nils Löfgren und **Claës Tegner**, *Untersuchungen an Analgetica.* 1. Mitt. *Synthese von Äthyl-4-morpholino-2.2-dithienyl-(2)-butyrat und seine pharmakologischen Eigenschaften.* Bei der Rk. von 2-[Chlormethyl]-thiophen (IV) mit Thienyl-(2)-Li (II) erhalten Vff. *Dithienyl-(2)-methan* (I), aus dem nach BROWN u. Mitarbeitern (J. chem. Soc. [London] **1940.** Suppl. **1.** 113) *Äthyl-4-morpholino-2.2-dithienyl-(2)-butyrat* (III) entsteht, u. zwar aus dem K-Salz von I durch Carbäthoxylierung mit Diäthylcarbonat u. Kondensation mit N-[2-Chloräthyl]-morpholin in Ggw. von $NaNH_2$. Verss., I durch Rk. von II mit CO_2 u. Red. darzustellen, scheiterten an der Polymerisation des gebildeten *Thienons*. In seiner analget. Wrkg. ist III etwas schwächer als Pethidin. Die Toxizität ist viel geringer. Ein Testvers. an der Cornea von Kaninchen zeigt geringere Wirksamkeit von III als Xylocain.

Versuche (FF. korr.): *Thienon* [*Dithienyl-(2)-keton*], F. 90—90,5° (Isopropyläther), durch Zufügen von Butyl-Li zu Thiophen in A. unter N_2, dann 10std. Einleiten von CO_2 u. Zers. mit W., grünliche Nadeln; 67% (Ausbeute); Reduktionsverss. mit Na + A. oder nach WOLFF-KISHNER scheiterten. — *α-[Chlormethyl]-thiophen* (IV), nach der Meth. von BLICKE u. BURKHALTER (J. Amer. chem. Soc. **64.** [1942.] 477), jedoch nicht vom $Kp._{18}$ 81—82°, sondern vom $Kp._{18}$ 72,5—73,5°; n_D^{20} 1,5638; als Nebenprod. entsteht hierbei nicht I, sondern eine Verb. vom F. 35—35,5°, die nach Stehen dunkelblau wird u. bei Kochen in Methanol HCl abspaltet. — *Dithienyl-(2)-methan* (I), F. 44—45°, $Kp._{11}$ 128—130°, aus Thiophen, IV u. Butyl-Li in Ae. wie oben; Nadeln aus PAe.; 66%. — *Äthyldithienyl-(2)-acetat*, $C_{12}H_{12}O_2S_2$, F. ca. 7°, $Kp._{0,6}$ 124—125°, durch Zutropfen vorst. Verb. in Ae. zu KNH_2 in fl. NH_3, nach Abdampfen des NH_3 Zufügen von Diäthylcarbonat bei Raumtemp., 12std. Kochen u. Zers. mit 5%ig. Essigsäure; aus der äther. Lsg. durch Rektifikation; n_D^{20} 1,5728; 28%. — *Äthyl-4-morpholino-2.2-dithienyl-(2)-butyrat* (III), $C_{18}H_{23}O_3NS_2$, $Kp._{0,01}$ 164°, aus einer Mischung vorst. Verb. u. N-[2-Chloräthyl]-morpholin durch Zufügen von $NaNH_2$ in Toluol, 2std. Erwärmen bei 120—130°, Ausziehen mit 2nHCl u. Alkalisieren des Extraktes mit NH_3; n_D^{20} 1,5676; 57%. *Nitrat*, $C_{18}H_{24}O_6N_2S_2$, F. 145—146°, rhomb. Stäbchen aus Propanol. (Acta chem. scand. **6.** 1020—23. 1952. Stockholm, Univ., Inst. für organ. Chem. u. Biochem.) LEHWALD. 3071

H. M. Kissman, D. W. Farnsworth und **B. Witkop**, *Fischersche Indolsynthese mit Polyphosphorsäure.* Vff. beschreiben die Darst. einiger in 2-Stellung substituierter *Indole* u. eines *Indoleninderiv.* mit Hilfe von *Polyphosphorsäure* (I). Die Umsetzungen können mit Phenylhydrazonen oder direkt mit Phenylhydrazin (II) u. den entsprechenden Ketonen erfolgen; auch N-substituierte Indole sind mit Hilfe von I zugänglich. Aus II u. Desoxybenzoin, Dibenzylketon, Phenylacetaldehyd oder Butyraldehyd wurden in Ggw. von I keine definierbaren Prodd. erhalten, auch nicht, wenn zuvor die Phenylhydrazone isoliert wurden.

Versuche (FF. korr.; KOFLER-Block): *1-Methyl-2-phenylindol*, F. 100—101° (Cyclohexan), durch Erwärmen von Acetophenon, α-Methyl-α-phenylhydrazin u. I, starkes Kühlen nach Eintritt der exothermen Rk. (100° maximale Reaktionstemp.), Zugabe von W., Ausäthern u. Sublimation im Vakuum; 73% (Ausbeute). — Ebenso *2-Phenylindol*, F. 187—188°, aus $C_6H_5COCH_3$ u. II bei maximal 180°; 76%. — *2.4'-Diphenylindol*, F. 293—295° (Essigester), bei mkr. Best. im verschlossenen Röhrchen F. 322—326°, aus p-Phenylacetophenon u. II bei 185°; 63%. — *3-Methyl-2-phenylindol*, F. 90—92°, aus Propiophenon u. II bei 170°; 58%. — *2-Methylindol*, F. 56—59°, aus Aceton u. II bei 203°; 60%. — *2.3-Dimethylindol*, F. 100—102° (Cyclohexan), aus Methyläthylketon u. II bei 230°; 68%. — *3.3-Dimethyl-2-phenylindolenin*, $Kp._{1,5}$ 141 bis 145°, durch Erhitzen von I, II u. Isobutyrophenon auf 155°, Zugabe von Eiswasser u.

Sodalsg. u. Ausäthern; hellgelbes Öl; 45%. *Pikrat*, F. 153—155° (A.). *Perchlorat*, $C_{16}H_{16}\cdot O_4NCl$, F. 194—195° (A.). (J. Amer. chem. Soc. **74**. 3948—49. 5/8. 1952. Bethesda, Md., Nat. Inst. of Health, Nat. Heart Inst.) W. HOFFMANN. 3081

Heinrich Leditschke, *Über eine vereinfachte Täubersche Carbazolsynthese.* Die Synth. des *Carbazols* u. seiner Derivv. aus 2.2′-Diaminodiphenyl u. dessen Substitutionsprodd. nach TÄUBER [1891] (15std. Erhitzen mit verd. HCl oder H_2SO_4 im Rohr auf 200°) läßt sich auch ohne Druck u. in kürzerer Zeit (5 Std.) ausführen, wenn man mit konz. H_3PO_4 arbeitet; bei 4.4′- u. 4.5′-Dinitro-2.2′-diaminodiphenyl darf nur kurz erhitzt werden, weil sich die Dinitrocarbazole bei längerer Einw. von konz. H_3PO_4 zersetzen.

Versuche: *Carbazol*, F. 238°, durch 5std. Erhitzen von 2.2′-Diaminodiphenyl mit H_3PO_4 (D. 1,85) unter Rühren auf 200—210° u. Absaugen; 100% (Ausbeute). — *2.7-Dichlorcarbazol*, $C_{12}H_7NCl_2$, F. 204° (Xylol), wie vorst. aus 75 g 4.4′-Dichlor-2.2′-diaminodiphenyl (I); 67 g. — *2.3.6.7-Tetrachlorcarbazol*, F. 263°, aus 3.3′.4.4′-Tetrachlor-6.6′-diaminodiphenyl; 96%. — *2.7-Dinitrocarbazol*, $C_{12}H_7O_4N_3$, F. 342° (Zers.), durch Erhitzen von 4.4′-Dinitro-2.2′-diaminodiphenyl mit H_3PO_4 (D. 1,85) auf 200° bis zur Abscheidung eines dicken Kristallbreies; aus Aceton lange gelbe Nadeln; 86,5% (bezogen auf umgesetztes Ausgangsmaterial). — *2.6-Dinitrocarbazol*, $C_{12}H_7O_4N_3$, F. 329—330° (Zers.), durch Erhitzen von 3 g 4.5′-Dinitro-2.2′-diaminodiphenyl mit 62%ig. H_3PO_4 während 5 Min. auf 200°; aus wss. Aceton gelbe Nädelchen; 0,3 g, daneben 2,5 g Ausgangsmaterial zurück. — *4.4′-Dichlor-5.5′-dinitro-2.2′-diaminodiphenyl*, $C_{12}H_8O_4N_4Cl_2$, F. 330°, durch Acetylierung von **I**, Nitrierung mit HNO_3 (D. 1,52) u. Hydrolyse; aus Nitrobenzol gelbe, würfelförmige Kristalle. — *2.7-Dichlor-3.6-dinitrocarbazol*, $C_{12}H_5O_4\cdot N_3Cl_2$, F. 384° (Zers.; Nitrobenzol), durch langsames Erhitzen von 3,5 g vorst. Verb. mit H_3PO_4 (D. 1,84) auf 190° u. Absaugen des Kristallbreies; 1,2 g. (Chem. Ber. **86**. 522—24. 1953. Farbwerke Hoechst, Zentrallabor.) SPAETH. 3081

J. Kovács, V. Bruckner und I. Kandel, *Über die Anlagerung von Maleinsäureanhydrid an Benzalazin.* Die Struktur des bei der Diensynth. aus Maleinsäureanhydrid (**III**) u. Benzalazin (**IV**) entstehenden Prod. wird untersucht (vgl. WAGNER-JAUREGG, Ber. dtsch. chem. Ges. **63**. [1930.] 3219 u. VAN ALPHEN, Recueil Trav. chim. Pays-Bas **61**. [1942.] 892). Die besten Ausbeuten (30%) werden bei 100° im Schmelzfluß erhalten. Durch fraktionierte Kristallisation aus Acetanhydrid bzw. Aceton kann das Prod. in 2 Verbb. mit F. 284° (**I**) u. (in geringerer Menge) F. 233° (**II**) zerlegt werden. **I** ist thermolabil u. zerfällt beim Erhitzen in die Komponenten, in mäßig erwärmten Lsgg. besteht ein Dissoziationsgleichgewicht. Verseifung zu einer Tetracarbonsäure u. deren oxydativer Abbau mit $KMnO_4$ in alkal. Lsg. zu *3-Phenylpyrazol* ($C_9H_8N_2$, F. 78°, *Hydrochlorid*, F. 140—144°) sichert für **I** die früher angenommene Struktur eines *4.8-Diphenyl-1.5-diazabicyclo-[3.3.0]-octan-2.3.6.7-tetracarbonsäurebisanhydrids.* — **II** verhält sich analog, ist jedoch thermostabil; beim oxydativen Abbau entsteht hier eine Säure ($C_{10}H_{10}O_2N_2$, Kp.$_1$ 240° [Bad], F. 270° [Methanol]), 3-Phenyl-Δ^2-pyrazolin-4-carbonsäure? Da ferner die Absorptionsspektren der Methylester der aus **I** u. **II** entstehenden Tetracarbonsäuren sich nur in der Höhe ihrer Maxima unterscheiden, halten Vff. **II** für ein Stereoisomeres von **I**.

Versuche: *4.8-Diphenyl-1.5-diazabicyclo-[3.3.0]-octan-2.3.6.7-tetracarbonsäurebisanhydrid*, $C_{22}H_{16}O_6N_2$, Mischung von **I** u. **II**, F. 245° aus **III** u. **IV**, 10—12 Min. auf sd. Wasserbad (30%). *Benzalmaleinhydrazid*, $C_{11}H_{10}O_3N_2$, F. 183—184°, aus **III** u. **IV** in Essigester. *4.8-Diphenyl-1.5-diazabicyclo-[3.3.0]-octan-2.3.6.7-tetracarbonsäure* (**V**), F. 223° (W.), aus **I** u. wss. KOH unter Eiskühlung; *Hydrochlorid*, F. 221°; *schwefelsaures Salz*, F. 260° (Zers.); *Tetramethylester*, F. 220—221° (Methanol). In heißem Acetanhydrid geht **V** wieder in **I** über; bei Kochen von **V** in konz. HCl entsteht aus **V** eine *isomere Säure* (**VI**), F. 204°, *Tetramethylester*, F. 240° (Essigester), **VI** liefert mit Acetanhydrid ebenfalls **I**. — *stereoisomere 4.8-Diphenyl-1.5-diazabicyclo-[3.3.0]-octan-2.3.6.7-tetracarbonsäure* (**VII**), F. 205°, aus **II** mit wss. KOH; *Hydrochlorid*, F. 221°; *schwefelsaures Salz*, F. 237° (Zers.); *Tetramethylester*, F. 220—221° (A.). — **VII** gibt mit Acetanhydrid **II**. (Acta chim. Acad. Sci. hung. **1**. 230—44. 1951. Budapest, Univ., org. chem. Labor.) KLEINWÄCHTER. 3122

Richard Kuhn, Günter Quadbeck und Erich Röhm, *2-Acetonylthiazolin.* Bei der Umsetzung von N-Acetylcysteamin (**VI**) mit Keten zu *N.S-Diacetylcysteamin* (**III**) (vgl. C. **1952**. 2542) enthält dieses eine sehr geringe Menge *2-Acetonylthiazolin* (**I**) (liegt in der Enolform vor), die sich durch fraktionierte Dest. abtrennen läßt. **I** entsteht in guter Ausbeute bei der Einw. von Keten auf 2-Methylthiazolin (**II**). Bei der CrO_3-Oxydation liefert **I** 1 Mol CH_3COOH, mit CH_3MgJ 1 Mol CH_4 u. beim Erhitzen mit Bromwasser in salzsaurer Lsg. 1 Mol *Taurin*. **I** gibt ein komplexes *Cu(II)-Salz*, das aus den Komponenten in methanol. Lsg. momentan entsteht u. bei der Zerlegung mit H_2S in Chlf. **I** zurückliefert. Bei der Rk. von **II** mit Keten entsteht zunächst ein Prod. **V**, das noch keinen

Cu(II)-Komplex bildet, wahrscheinlich ein Anlagerungsprod. von Keten an die Gruppierung $H_2C{=}C(NH-)(S-)$ der Methylenbase von **II**; dieses Prod. geht beim Erhitzen oder bei der Behandlung mit NaOH in **I** über. — Die blutdrucksenkende Wrkg. von reinstem **III** ist geringer, als l. c. angegeben, dagegen hat **I** eine sehr viel stärkere blutdrucksenkende Wrkg. (2 mg I/je kg Ratte bewirken bei intraperitonealer Injektion eine Senkung des n. Blutdrucks um 30—40%). — Bei längerer Einw. oder bei einem großen Überschuß an Keten entsteht aus **II** neben **I** eine *Verb.* C_8H_9ONS, F. 104—105°, für die Formel **IV** diskutiert wird. — Bei der therm. Zers. von **V** entsteht neben **I** noch eine stickstofffreie Verb., vermutlich *S.S'-Diacetyldithioglykol*, $H_3CCO \cdot S \cdot CH_2CH_2 \cdot S \cdot COCH_3$. — Der F. des reinen *N.N.S-Triacetylcysteamins* (vgl. l. c.) wurde zu 41—42° bestimmt. Die Acetylderivv. des Cysteamins liefern bei der „erschöpfenden Ketenisierung" ebenso wie **I** u. **II** sowie Harnstoff, Thioharnstoff, 4-Methylthiouracil u. Anilin *Diacetamid.*

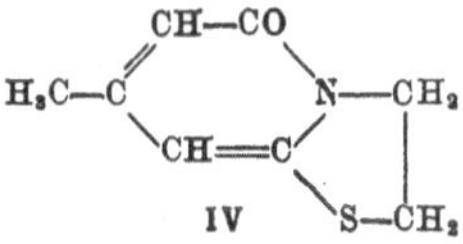

IV

Versuche: *N-Acetylcysteamin* (**VI**), Kp.$_{14}$ 156°, durch Eintropfen von N-Acetyläthylenimin in CH_3OH in eine Füllkörpersäule, in die von unten her H_2S eingeleitet wird, u. Fraktionierung; 81% (Ausbeute). Aus dem Destillationsrückstand *N.N'-Diacetyllanthiamin* (*β.β'-Diacetamidodiäthylsulfid*), $C_8H_{16}O_2N_2S$, F. 101—102° (A.). — *2-Methylthiazolin* (**II**), Kp.$_{756}$ 144°, durch Dest. von **VI** über eine Kieselgelsäule bei 14 Torr; 70%. — *2-Acetonylthiazolin* (**I**), C_6H_9ONS, F. 101°, durch Einleiten von Keten in **II** während 4 Std., Versetzen mit 8%ig. NaOH u. kontinuierliche Ae.-Extraktion; aus Aceton Nadeln; 63,5%; UV-Spektr. vgl. Original. *Pikrat*, $C_6H_9ONS \cdot C_6H_3O_7N_3$, F. 133°. *Cu(II)-Salz*, $C_{12}H_{16}O_2N_2S_2Cu$, F. 185°, olivgrün. — *Verb.* **IV** (?), C_8H_9ONS, F. 104—105° (Aceton), aus dem Rückstand der Ae.-Extraktion von **I**. — Bei der Isolierung von **I** durch Dest., bei der nur 20% **I** erhalten wurden, entsteht außerdem *S.S'-Diacetyldithioglykol* (?), $C_6H_{10}O_2S_2$, F. 67—68°. — *Taurin*, $C_2H_7O_3NS$, durch Oxydation von **I** in 2nHCl mit Bromwasser unter Erwärmung. — *Verb.* C_6H_8ONBrS, F. 128° (Zers.; A.), durch Umsetzung von **I** mit Bromwasser in der Kälte. (Chem. Ber. **86**. 468—72. 1953. Heidelberg, MPI für Med. Forsch., Inst. für Chem.) SPAETH. 3142

Yvonne Garreau, *Untersuchung der Bromeinwirkung auf drei neue Methylderivate des 2-Aminothiazols. 2-Dimethylamino-3.4-dimethylthiazoliumbromid*, aus Trimethylthioharnstoff (**IV**) u. Monochloraceton über das *Chlorid* dargestellt, liefert mit Br_2 in HBr ein *Bromadditionsprod.* $C_7H_{12}N_2Br_2S \cdot Br_2$ des *2-Dimethylamino-3.4-dimethyl-5-bromthiazoliumbromids* (**I**), aus dem **I** ($C_7H_{12}N_2Br_2S$, F. 95°) durch Lösen in CH_3OH u. Behandlung mit Amylen erhältlich ist. Das Br-Atom in **I** ist inert, beim Erwärmen in wss. Lsg. wird es nicht abgespalten. — In *2-Methylimino-3.4.5-trimethyl-5-bromthiazoliniumbromid* (**II**; $C_7H_{12}N_2Br_2S$), das analog **I** aus symm.-Dimethylthioharnstoff u. Methyl-α-bromäthylketon (**V**) über *2-Methylimino-3.4.5-trimethylthiazoliniumbromid* ($C_7H_{13}N_2 \cdot BrS$, F. 103°) u. die *Additionsverb.* von Br_2 an **II** ($C_7H_{12}N_2Br_2S \cdot Br_2$) erhältlich ist, ist das Br-Atom wie in der an der Iminogruppe nicht methylierten Verb. (vgl. C. **1952**. 5889) negativ, doch ist seine Beweglichkeit herabgesetzt. — Das aus **IV** u. **V** dargestellte *2-Dimethylamino-3.4.5-trimethylthiazoliumbromid* (**III**; $C_8H_{15}N_2BrS$, sehr hygroskop.) schließlich gibt kein Bromsubstitutionsprod., sondern nur eine *Anlagerungsverb.* $C_8H_{15} \cdot N_2BrS \cdot Br_2$, die sich durch Lösen in Amylen oder Aceton in der Kälte wieder in **III** zurückverwandeln läßt. **I, II** u. **III** verhalten sich in Übereinstimmung mit der ihnen zuerteilten Struktur wie Salze starker Basen. (C. R. hebd. Séances Acad. Sci. **236**. 1575—77. 20/4. 1953.) SPAETH. 3142

J. Stanton Pierce und **Henry A. Rutter jr.**, *2-Methyl-2-[monoalkylamino]-propylester von Carbonsäuren aromatischer Heterocyclen.* Vff. beschreiben die Darst. einiger *2-Methyl-2-[monoalkylamino]-propylesterhydrochloride* der *Brenzschleimsäure* u. der *Thiophen-2-carbonsäure* sowie von *Nicotinsäure-[2-methyl-2-(n-amylamino)-propyl]-esterdisulfat*; diese Verbb. sollen auf lokalanästhet. Wrkg. untersucht werden.

Versuche: *Thiophen-2-carbonsäure-[2-methyl-2-(n-butylamino)-propyl]-esterhydrochlorid*, $C_{13}H_{22}O_2NClS$, F. 175—176° (A. u. Isopropyläther), durch Erhitzen von 2-Methyl-2-[n-butylamino]-propanol-(1)-hydrochlorid u. Thiophen-2-[carboxylchlorid, Aufnehmen in A., Behandeln mit n-NaOH u. Sättigen der *Base* mit HCl-Gas; 24% (Ausbeute). — Analog wurden dargestellt: *Thiophen-2-carbonsäure-[2-methyl-2-(n-propylamino)-propyl]-esterhydrochlorid*, $C_{12}H_{20}O_2NClS$, F. 165—166°. — *Thiophen-2-carbonsäure-[2-methyl-2-(n-amylamino)-propyl]-esterhydrochlorid*, $C_{14}H_{24}O_2NClS$, F. 130—131°. — *Brenzschleimsäure-[2-methyl-2-(n-propylamino)-propyl]-esterhydrochlorid*, $C_{12}H_{20}O_3NCl$, F. 184—185°. — *Brenzschleimsäure-[2-methyl-2-(n-butylamino)-propyl]-esterhydrochlorid*, $C_{13}H_{22}O_3NCl$, F. 146—147°; 23%. — *Brenzschleimsäure-[2-methyl-2-(n-amylamino)-propyl]-esterhydrochlorid*, $C_{14}H_{24}O_3NCl$, F. 144—145°. — *Nicotinsäure-[2-methyl-2-(n-amyl-*

amino)-propyl]-esterdisulfat, $C_{15}H_{24}O_2N_2 \cdot 2\,H_2SO_4$, F. 153—153,5° (absol. A.–Ae.), durch Kochen von 2-Methyl-2-[n-amylamino]-propanol-(1)-hydrochlorid u. Nicotinylchlorid in Chlf., Behandeln mit heißem W. u. NaOH, Zugeben von wenig konz. H_2SO_4 zur *Base* in Isopropyläther u. Behandeln mit Ae. u. wasserfreiem Aceton; 78%. (J. Amer. chem. Soc. **74.** 3954—55. 5/8. 1952. Richmond, Va., Univ., Dep. of Chem.) W. HOFFMANN. 3231

Alfred Dornow und **Alfred Hargesheimer,** *Zur Strukturspezifität des Vitamins* B_1. 8. Mitt. (7. vgl. C. **1949.** E. 66.) Vff. stellen ein Vitamin-B_1 (I)-Analoges her, das statt des Pyrimidinringes den Pyridinring enthält: Aus 2-Amino-6-methylnicotinsäureäthylester (vgl. C. **1940.** II. 51) wird durch $LiAlH_4$-Red. *2-Amino-6-methyl-3-oxymethylpyridin* erhalten, das mit $SOCl_2$ zu der entsprechenden *Chlormethylverb.* (**VII**) führt. Mit 4-Methyl-5-[β-oxyäthyl]-thiazol (**V**) entsteht daraus *4-Methyl-5-[β-oxyäthyl]-N-[2-amino-6-methylpyridyl-(3)-methyl]-thiazoliumchloridhydrochlorid* (**II**). Diese Verb. hat gegenüber Lcb. fermenti eine 5000 mal schwächere Wrkg. als Aneurin (**I**). — Ein weiteres Analoges von **I**, das *4-Methyl-5-[β-oxyäthyl]-N-[2-amino-6-phenylpyridyl-(3)-methyl]-thiazoliumchloridhydrochlorid* (**III**), das eine 16000 mal schwächere Wrkg. als **I** besitzt, wird ebenso wie **II** aus Benzoylacetaldehyd über den 2-Amino-6-phenylnicotinsäureäthylester gewonnen. — Ein **I**-Analoges mit 2 CH_3-Gruppen im Pyridinkern, *4-Methyl-5-[β-oxyäthyl]-N-[2-amino-4.6-dimethylpyridyl-(3)-methyl]-thiazoliumchloridhydrochlorid* (**IV**), das $^1/_{47000}$ der Wrkg. von **I** hat, wird ebenso gewonnen. Der Pyrimidinkern des **I** ist also durch den Pyridinkern zu ersetzen, ohne daß grundsätzlich die **I**-Wrkg. verloren geht. — Wird in **I** die Thiazolkomponente durch eine entsprechende Pyridinkomponente ersetzt, entsteht das Antivitamin B_1 = Neopyrithiamin = Heterovitamin B_1 (vgl. 7. Mitt., l. c.). Ebenso wurde in **II**, **III** u. **IV** der substituierte Thiazolring durch den entsprechend substituierten Pyridinring ersetzt: *2-Methyl-3-[β-oxyäthyl]-N-[2-amino-6-methylpyridyl-(3)-methyl]-pyridiniumchloridhydrochlorid* hat eine 300 mal, *2-Methyl-3-[β-oxyäthyl]-N-[2-amino-4.6-dimethylpyridyl-(3)-methyl]-pyridiniumchloridhydrochlorid* eine 370 mal schwächere Wrkg. als das Antivitamin B_1.

V e r s u c h e: *2-Amino-6-methylnicotinsäureäthylester* (vgl. l. c.), in reiner Form durch Extrahieren des Reaktionsgemisches mit PAe.; F. 88°; 32% (Ausbeute). — *2-Amino-6-methyl-3-oxymethylpyridin*, $C_7H_{10}ON_2$, F. 98° (Bzl.), aus vorst. Verb. durch $LiAlH_4$-Red. in Ae., Zers. mit W. u. Extraktion mit Chlf. im SOXHLET-App.; 85%. *Hydrochlorid*, F. 170,5° (absol. A.). — *2-Amino-6-methyl-3-chlormethylpyridinhydrochlorid* (**VII**), $C_7H_9N_2Cl \cdot HCl$, F. 162° (A. u. Ae.), aus vorst. Verb. durch 6 std. Kochen mit $SOCl_2$; 64%; lösl. in A., Aceton u. CH_3NO_2. — *4-Methyl-5-[β-oxyäthyl]-N-[2-amino-6-methylpyridyl-(3)-methyl]-thiazoliumchloridhydrochlorid* (**II**), $C_{13}H_{18}ON_3ClS \cdot HCl$, F. 225° (A. + Ae.), aus vorst. Verb. u. 4-Methyl-5-[β-oxyäthyl]-thiazol (**V**) durch 12 std. Rk. in CH_3NO_2 bei 40°; 74%; leicht lösl. in W., CH_3OH u. A., schwer in Ae. u. CH_3NO_2. — *2-Amino-6-phenylnicotinsäureäthylester*, F. 108°, aus Malonsäureäthylesteriminoäther (**VI**) u. Benzoylacetaldehyd in Ae. durch 7 std. Erhitzen auf dem Wasserbad; 31%. — *2-Amino-3-oxymethyl-6-phenylpyridin*, $C_{12}H_{12}ON_2$, F. 76° (Bzl.), aus vorst. Verb. durch $LiAlH_4$-Red.; 91%. *Hydrochlorid*, F. 300° unter Zers. (A.). — *2-Amino-3-chlormethyl-6-phenylpyridinhydrochlorid* (**IX**), $C_{12}H_{11}N_2Cl \cdot HCl$, F. 284° unter Zers. (A.); aus vorst. Verb. durch 2 std. Erhitzen mit $SOCl_2$; 69%. — *4-Methyl-5-[β-oxyäthyl]-N-[2-amino-6-phenylpyridyl-(3)-methyl]-thiazoliumchloridhydrochlorid* (**III**), $C_{18}H_{20}ON_3ClS \cdot HCl$, F. 213° (aus A. durch Zusatz von Isopropanol oder Ae.), aus vorst. Hydrochlorid u. **V** in Isopropanol durch kurzes Erwärmen auf 50—60°; 87%. — *2-Amino-4.6-dimethylnicotinsäureäthylester*, F. 113° (A.), aus **VI** u. Acetylaceton durch 15 std. Erwärmen auf dem Wasserbad; 69%. — *2-Amino-4.6-dimethyl-3-oxymethylpyridin*, $C_8H_{12}ON_2$, F. 120° (Bzl.), aus vorst. Verb. durch $LiAlH_4$-Red. u. Extraktion mit Bzl.; 90%. *Pikrat*, F. 175° (A.). *Hydrochlorid* $C_8H_{12}ON_2 \cdot HCl$, F. 188° unter Zers. (absol. A.). *Hydrobromid*, $C_8H_{12}ON_2 \cdot HBr$, F. 222° (A.). — *2-Amino-4.6-dimethyl-3-chlormethylpyridinhydrochlorid* (**X**), $C_8H_{11}N_2Cl \cdot HCl$, F. 196° (absol. A.), aus vorst. Alkohol u. $SOCl_2$ in Chlf. durch 2 std. Erhitzen; 88%. — *4-Methyl-5-[β-oxyäthyl]-N-[2-amino-4.6-dimethylpyridyl-(3)-methyl]-thiazoliumchloridhydrochlorid* (**IV**), $C_{14}H_{20}ON_3ClS \cdot HCl$, F. 214°, aus vorst. Verb. in CH_3NO_2 u. **V** durch 17 std. Stehen; 63%. — *2-Methyl-3-[β-oxyäthyl]-N-[2-amino-6-methylpyridyl-(3)-methyl]-pyridiniumchloridhydrochlorid*, $C_{15}H_{20}ON_3Cl \cdot HCl$, F. 196°, aus **VII** in Nitromethan u. 2-Methyl-3-[β-oxyäthyl]-pyridin (**VIII**) durch 12 std. Erhitzen auf 50°, Lösen in A. u. Fällen mit Ae.; 24%. — *2-Methyl-3-[β-oxyäthyl]-N-[2-amino-6-phenylpyridyl-(3)-methyl]-pyridiniumchlorid*, $C_{20}H_{22}ON_3Cl$, F. 262° (Zers.), aus **VIII** u. **IX** in Nitromethan durch 3 std. Erwärmen; 43%. — *2-Methyl-3-[β-oxyäthyl]-N-[2-amino-4.6-dimethylpyridyl-(3)-methyl]-pyridiniumchloridhydrochlorid*, $C_{16}H_{22}ON_3Cl \cdot HCl$, F. 202° (A.), aus **VIII** u. **X** durch 12 std. Rk. bei 50°; 42%. (Chem. Ber. **86.** 461—65. 1953. Hannover, TH, Inst. für Organ. Chem.) NITZSCHKE. 3231

Gerald R. Lappin, Quentin R. Petersen und **Carlton E. Wheeler,** *Cyclisierung von 2-Aminopyridinderivaten.* 2. Mitt. *Die Reaktion substituierter 2-Aminopyridine mit Äthylmalonat.* (1. vgl. J. Amer. chem. Soc. **70.** [1948.] 3348.) Im Gegensatz zu KUTSCHEROWA u. Mitarbeitern (C. **1946.** I. 606), die bei der Kondensation von 5-Halo-2-aminopyridinen mit Äthylmalonat nur die entsprechend substituierten *Mono* (**I**)- u. *Bis-pyridyl-(2)-amide* (**II**) der *Malonsäure* erhielten, gelingt es Vff. neben **I** u. **II** als cycl. Verbb. substituierte *2.4-Dioxynaphthyridine-(1.8)* (**III**) u. *2' H-Pyrido-[1'.2':a]-pyrimidindione-(2.4)(3 H)* (**IV**) zu gewinnen. Ausschlaggebend für den Verlauf der Synth. nach **III** oder **IV** ist die Stellung u. Art des Substituenten am Pyridinring. So bewirken stark aktivierende Substituenten in 6-Stellung Ringschluß zu **III**. Die Unterscheidung u. Trennung von **III** u. **IV** kann durch Hydrolyse erfolgen, der gegenüber **III** beständig sind.

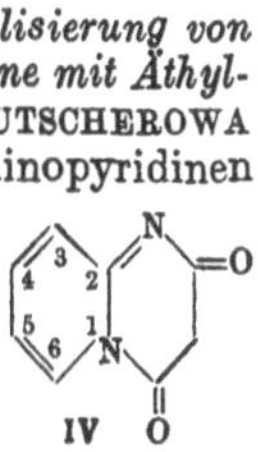

IV

Versuche: Cyclisierungsmethoden: Meth. **A**: Durch Erhitzen des substituierten 2-Aminopyridins u. Äthylmalonats auf 150°, Anlegen eines Vakuums von 20 mm, Erhitzen bis auf 210—220° unter Abdest. des gebildeten H_2O, Abtrennen der nichtcycl. Prodd. durch Extraktion mit sd. Ae. u. Trennen von **III** u. **IV** durch fraktionierte Kristallisation aus Ae. + Heptan. — Meth. **B**: Wie vorst. unter Verwendung von Diphenyläther als Lösungsm., ½ std. Sieden u. Verdünnen mit Heptan (nichtcycl. Prodd. im Filtrat). — Meth. **C**: Durch Sublimation der entsprechend substituierten Verbb. **I** oder **II** auf dem FISCHER-JONES-Block bei 250—260°. — *Malonsäure-[pyridyl-(2)]-amidäthylester* (**I**): *5-Methyl-*, F. 69—70°. *6-Methyl-*, F. 72—73°. — *Malonsäure-bis-[pyridyl-(2)]-amid*, F. 235° (Zers.). *Derivv.*: *4-Methyl-*, F. 167—168°. *5-Methyl-*, F. 200° (Zers.). *6-Methyl-*, F. 145—146°. *5-Jod-*, F. 230° (Zers.). *6-Acetamido-*, F. 145—146°. — In 7-Stellung (im Original irrtümlich als 6-Stellung bezeichnet) substituierte *2.4-Dioxynaphthyridine-(1.8)* (**III**): *7-Methyl-*, Zers. bei 300°; nach Meth. **B**, **A** oder **C**; 5% Ausbeute). *7-Amino-*, Zers. bei 325°; **B**; 100%. *7-Acetamido-*, Zers. bei 325°; **B**; 85%. *7-Äthoxy-*, Zers. bei 325°; **B**; 92%. — *2'-H-Pyrido-[1'.2':a]-pyrimidindione-(2.4)(3 H)* (**IV**): *4'-Methyl-*, Zers. bei 270°; nach **A** 73%, nach **B** 50%. *5'-Methyl-*, Zers. bei 300°; **A**; 78%. *5'-Chlor-*, Zers. bei 310°; **C**; 91%. *5'-Brom-*, Zers. bei 310°; **C**; 82%. (J. org. Chemistry **15.** 377—80. März 1950. Yellow-Springs, O., Antioch. Coll., Chem. Labor., u. Tuscon, Ariz., Univ., Chem. Labor.) LEHWALD. 3231

William E. McEwen, Robert H. Terss und **I. Wesley Elliott,** *Bildung von Aldehyden aus teilweise hydrierten N-Acylpyridin-, -chinolin- und -isochinolinderivaten.* (Vgl. C. **1952.** 4137.) Zwei Dihydro-REISSERT-Verbb., nämlich *1-Benzoyl-1.2.3.4-tetrahydrochinaldonitril* (**I**) u. die entsprechende *6-Methoxyverb.* (**II**), werden durch katalyt. Hydrierung von 1-Benzoyl-1.2-dihydrochinaldonitril (**III**) bzw. dessen 6-Methoxyderiv. (**IV**) dargestellt. 2-Benzoyl-1.2-dihydroisochinaldonitril ließ sich dagegen nicht zur Tetrahydroverb. reduzieren. Bei der Einw. von konz. HCl auf **I**—**IV** entsteht *Benzaldehyd* (**V**), u. zwar aus **III** u. **IV** in etwa doppelt so großer Ausbeute als aus **I** u. **II**; dies wird dem größeren Gewinn an Resonanzenergie im ersteren Falle zugeschrieben. Die prim. gebildeten Chinaldonitrile bzw. 3.4-Dihydrochinaldonitrile konnten nicht isoliert werden. Aus **I** wurde *Chinaldinsäure* erhalten. Die Kondensation von C_6H_5COCl, $C_6H_5N(CH_3)_2$ u. Chinolin ergibt *1-Benzoyl-2-[p-dimethylaminophenyl]-1.2-dihydrochinolin* (**VI**), aus dem sich kein **V** gewinnen ließ; mit 18 n H_2SO_4 entstand C_6H_5COOH. Die Kondensation von C_6H_5COCl, $C_6H_5N(CH_3)_2$ u. Pyridin führt dagegen sofort zu **V** u. *4-[p-Dimethylaminophenyl]-pyridin*; das dem **VI** entsprechende *1-Benzoyl-4-[p-dimethylaminophenyl]-1.4-dihydropyridin* konnte nicht isoliert werden. Die Konst. von **VI** wird bewiesen durch alkal. Hydrolyse zu dem anderweitig synthetisierten (s. Verss.) *2-[p-Dimethylaminophenyl]-chinolin* (**VII**) u. dessen katalyt. Hydrierung zur *1.2.3.4-Tetrahydroverb.*, welche auch aus **VI** über *1-Benzoyl-2-[p-dimethylaminophenyl]-1.2.3.4-tetrahydrochinolin* zugänglich ist. Dieser Beweis schließt nicht die Möglichkeit aus, daß **VI** eine 1.4-Dihydroverb. sein könnte. Die UV-Absorptionsspektren von **I** u. **III** zwischen 2000 u. 3500 Å in A. werden ermittelt.

Versuche (FF. korr.): *1-Benzoyl-1.2.3.4-tetrahydrochinaldonitril* (**I**), $C_{17}H_{14}ON_2$, F. 134—135° (A.), durch Hydrierung von **III** in A. in Ggw. von PtO_2 bei Raumtemp. u. 1 at; 69% (Ausbeute). — *1-Benzoyl-6-methoxy-1.2.3.4-tetrahydrochinaldonitril* (**II**), $C_{18}H_{16}O_2N_2$, F. 141—142°, analog **I** aus **IV**; 62%. — *Benzaldehyd-2.4-dinitrophenylhydrazon* (**VIII**), F. 237—239°, durch ½ std. Erhitzen von **I**, **II**, **III** oder **IV** mit 2.4-Dinitrophenylhydrazin (**IX**) in konz. HCl auf dem Dampfbad u. Zugabe von W. nach 48 Std.; aus **I** 40%; aus **II** 38%; aus **III** 87%; aus **IV** 98%. — *Chinaldinsäure*, F. 155—156° (Zers.; A.), aus der Mutterlauge bei der Darst. von vorst. Verb. (aus 5 g **I**) nach Versetzen mit $CuSO_4$ in schwachsaurem Medium, Zers. mit H_2S u. Eindampfen des Filtrats; 0,8 g. — *4-[p-Dimethylaminophenyl]-pyridinhydrochlorid*, F. 219—220,5°, durch 7 wöchige Rk. von C_6H_5COCl, $C_6H_5N(CH_3)_2$ u. Pyridin in einem verschlossenen Gefäß bei Raum-

temp.; nach Waschen mit Ae. aus A. orangefarbene Blättchen; 19,4%; nach Eindampfen der äther. Mutterlauge u. Dampfdest. die *Base*, F. 235,4—236,4°, aus A.-Chlf. Blättchen; 2,8%; bei 6tägigem Erhitzen der Ausgangsprodd. auf dem Dampfbad 27,4% (Base + Salz); daneben ein Öl, aus dem mit **IX** 0,4 g **VIII** (aus 0,2 Mol C_6H_5COCl) gewonnen werden. — *1-Benzoyl-2-[p-dimethylaminophenyl]-1.2-dihydrochinolin* (**VI**), $C_{24}H_{22}ON_2$, F. 183,4—184,4°, durch 3tägige Rk. zwischen C_6H_5COCl, $C_6H_5N(CH_3)_2$ u. Chinolin im verschlossenen Gefäß, Behandeln mit 50%ig. A., Zugabe von Sodalsg., Dampfdest. u. Kristallisation des Rückstands aus wss. Pyridin; aus absol. A. Nadeln; 40,5%. — *2-[p-Dimethylaminophenyl]-chinolin-4-carbonsäure*, $C_{18}H_{16}O_2N_2$, F. 222,4—223° (Zers.; absol. A.), durch 1std. Kochen von p-Dimethylaminobenzaldehyd u. Anilin in absol. A. in Ggw. von etwas konz. H_2SO_4, langsame Zugabe einer Lsg. von Brenztraubensäure in absol. A. u. 20std. weiteres Kochen; orangefarben; 30,4%. — *2-[p-Dimethylaminophenyl]-chinolin* (**VII**), $C_{17}H_{16}N_2$, F. 175,8—177,0°, a) durch ½std. Erhitzen von vorst. Verb. auf 225° (Badtemp.) in Chinolin unter N_2 u. weitere 15 Min. in Ggw. von Cu-Bronzepulver, Dampfdest. u. Umkristallisation des Rückstandes aus absol. A. u. Bzl.-Ligroin; 57%; b) durch 2std. Kochen von **VI** u. NaOH in 70%ig. A., Zugabe von W., Abdampfen des A., Aufnehmen in Bzl., 1std. Erhitzen auf dem Dampfbad in Ggw. von $C_6H_5NO_2$ Extrahieren mit 10%ig. HCl, Alkalisieren u. Aufnehmen in Bzl.; 47%; c) aus **VI** u. NaOH wie vorst., aber nach Abdampfen des A. Aufnehmen in Ae. u. Eindampfen; aus A. gelbe Nadeln; 17%; dazu 31% als *Pikrat* aus der alkoh. Lsg., F. 219—220° (A.); beim Ansäuern der alkal. Mutterlauge *Benzoesäure*; 78%; entsteht auch neben einem undefinierbaren Prod. bei der Dampfdest., von **VI** in 18n H_2SO_4; 93%; wird auch bei der alkal. Hydrolyse von nachst. Verb. gebildet; 92%. **VII** wurde nicht durch Rk. von 2-Chlorchinolin u. $C_6H_5N(CH_3)_2$ in Ggw. von C_6H_5COCl bei Raumtemp. oder 100° erhalten. — *1-Benzoyl-2-[p-dimethylaminophenyl]-1.2.3.4-tetrahydrochinolin*, $C_{24}H_{24}ON_2$, F. 168—169°, durch Hydrierung von **VI** in Ggw. von PtO_2 in absol. A. bei 1 at; aus absol. A. hellgelbe Nadeln; 84%. — *2-[p-Dimethylaminophenyl]-1.2.3.4-tetrahydrochinolin*, $C_{17}H_{20}N_2$, F. 107—108,5° (absol. A.), a) durch 15std. Kochen von vorst. Verb. u. NaOH in 70%ig. A. u. Aufnehmen in Ae.; 76%; b) durch Hydrieren von **VII** in Ggw. von PtO_2 u. etwas Eisessig in absol. A., Alkalisieren, Eindampfen u. Aufnehmen in Ae.; 53%. (J. Amer. chem. Soc. **74**. 3605—09. 20/7. 1952. Lawrence, Kans., Univ., Chem. Dep.)
W. HOFFMANN. 3231

Nelson J. Leonard und **Robert L. Foster**, *Reaktionen von Chinoliniumverbindungen mit Malonnitril und Cyanessigsäureäthylester.* Ebenso wie mit dem bei früheren Verss. (vgl. C. **1953**. 3564) benutzten Nitromethan reagieren 1-Methylchinoliniumjodid (**I**) u. 1.2-Dimethylchinoliniumjodid (**II**) auch mit Malonsäuredinitril (**III**) oder Cyanessigsäureäthylester (**IV**) in Ggw. von C_2H_5ONa unter Bldg. der entsprechenden *4-Methylen-1-methyl-1.4-dihydrochinoline*, während die Umsetzung von **I** mit Malonsäurediäthylester, Acetessigsäureäthylester, Phenylessigsäureäthylester oder Acetonitril unter denselben Bedingungen zu keinen isolierbaren Prodd. führt. Die Konst. des aus **I** u. **III** erhaltenen *1-Methyl-4-[α.α-dicyanmethylen]-1.4-dihydrochinolins* (**V**) wird durch Synth. aus *1-Methyl-4-chlorchinoliniumjodid* bewiesen. Die Infrarotspektren von **V** u. der homologen *1.2-Dimethylverb.* werden ebenfalls zum Strukturbeweis herangezogen.

Versuche (FF. korr.): *1-Methyl-4-chlorchinoliniumjodid*, F. 204—206°, durch Kochen von 4-Chlorchinolin mit überschüssiger CH_3J; aus A. gelbe Nadeln. — *1-Methyl-4-[α.α-dicyanmethylen]-1.4-dihydrochinolin* (**V**), $C_{13}H_9N_3$, F. 291,5—292,5°, a) durch 8std. Einw. von C_2H_5ONa auf eine Lsg. von vorst. Verb. u. **III** in absol. A. bei 0°; 100% (Ausbeute); b) durch 3std. Einw. von C_2H_5ONa auf eine Lsg. von **I** (F. 146°) u. **III** in absol. A. bei 0°; nach mehrstd. Stehen aus absol. A. gelbe fadenförmige Kristalle; 10%. — *1.2-Dimethyl-4-[α.α-dicyanmethylen]-1.4-dihydrochinolin*, $C_{14}H_{11}N_3$, F. 267,5—268°, analog **V** (Meth. b; 4 Std.) aus **II** (F. 195—196°) u. **III**; aus absol. A. gelbe Nadeln; 34%. — *1-Methyl-4-[α-carbäthoxy-α-cyanmethylen]-1.4-dihydrochinolin*, $C_{15}H_{14}O_2N_2$, F. 181,5 bis 182,5°, analog **V** aus **I** u. **IV**; aus A. gelbe Nadeln; 23%. — *1.2-Dimethyl-4-[α-carbäthoxy-α-cyanmethylen]-1.4-dihydrochinolin*, $C_{16}H_{16}O_2N_2$, F. 172,5—173,5°, analog **V** aus **II** u. **IV**; aus Aceton gelbe Nadeln. (J. Amer. chem. Soc. **74**. 2110—11. 20/4. 1952. Urbana, Ill., Univ. of Illinois, Noyes Chem. Labor.) W. HOFFMANN. 3231

A. De Cat und **A. Van Dormael**, *Heterocyclische Derivate der Klasse der Pyrimidobenzimidazole.* 2. Mitt. (1. vgl. Bull. Soc. chim. belges **59**. [1950]. 573.) Durch Kondensation von 3-Amino-1.2.4-triazol (**I**), 2-Aminobenzimidazol (**II**), 2-Amino-5(6)-chlorbenzimidazol (**III**) oder 2-Amino-4.5-diphenylimidazol (**IV**) mit Äthoxymethylenmalonsäurediäthylester (**V**), Äthoxymethylenmalonsäuredinitril (**VI**), Äthoxymethylenacetessigsäureäthylester (**VII**) oder Äthoxymethylencyanessigsäureäthylester (**VIII**) mit oder ohne Ggw. eines Lösungsm. werden einige *Pyrimidobenzimidazole* u. *Di-* oder *Tri-*

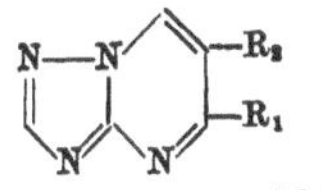

IXa $R_1 = OH$; $R_2 = COOC_2H_5$
XIII $R_1 = OH$; $R_2 = COCH_3$
XV $R_1 = OH$; $R_2 = CN$

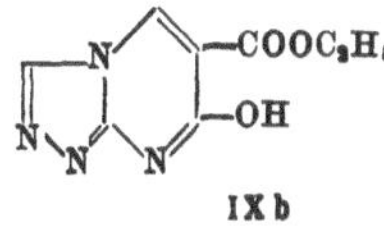

IXb

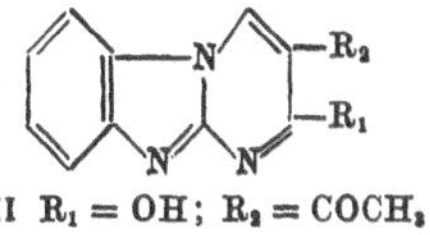

XII $R_1 = OH$; $R_2 = COCH_3$
XIV $R_1 = OH$; $R_2 = CN$

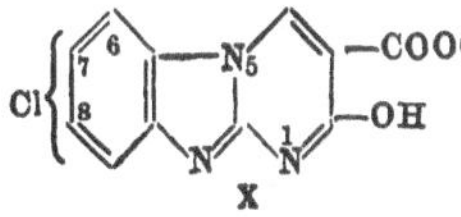

X

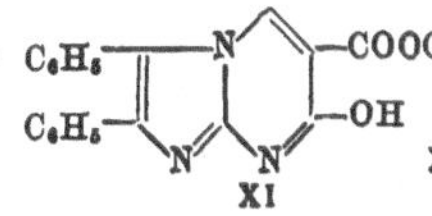

XI

azaindolizinderivv. dargestellt, die als Stabilisatoren für photograph. Emulsionen interessieren. Bei den Kondensationen mit **I**, welches in 2 tautomeren Formen reagiert, sind 2 verschied. Prodd. zu erwarten, z. B. *6-Carbäthoxy-5-oxy-1.3.4-triazaindolizin* (**IXa**) u. das Isomere **IXb**; Vff. berücksichtigen in diesem Falle ebenso wie bei den Analogen zur Vereinfachung nur die erstere Form. Wegen der Tautomerie von **III** läßt sich auch die Stellung des Cl-Atoms im daraus synthetisierten *7(8)-Chlor-2-oxy-3-carbäthoxypyrimido-[1.2:a]-benzimidazol* (**X**) nicht genau festlegen. Bei den Rkk. mit **VII u. VIII** sind je zwei grundsätzlich verschied Kondensationsgruppen denkbar, zwischen denen durch die Analysenergebnisse entschieden wird (s. Versuche.).

Versuche: *6-Carbäthoxy-5-oxy-1.3.4-triazaindolizin* (**IXa**), $C_8H_8O_3N_4$, F. 210—212° (Cyclohexanon), aus I u. **V** in Essigsäure; graues Pulver; 90% (Ausbeute). — *2-Oxy-3-carbäthoxypyrimido-[1.2:a]-benzimidazol*, $C_{13}H_{11}O_3N_3$, F. 270—271° (Essigsäure), aus **II** u. **V** in Essigsäure; 60%. — *2.3-Diphenyl-6-carbäthoxy-7-oxyimidazo-[1.2:a]-pyrimidin* (**XI**), $C_{21}H_{17}O_3N_3$, F. 304—305°, aus **IV** u. **V** in Xylol; aus Xylol-Butanol kleine Nadeln; 43,5%. — *2-Methyl-3-carbäthoxypyrimido-[1.2:a]-benzimidazol*, $C_{14}H_{13}O_2N_3$, F. 210—212°, aus **II** u. **VII** in A., kleine graue Nadeln; 62%: **XII** ($C_{12}H_9O_2N_3$) wurde nicht gefunden. — *6-Carbäthoxy-5-methyl-1.3.4-triazaindolizin*, $C_9H_{10}O_2N_4$, F. 103—104°, aus I u. **VII** in A.; aus A. rosafarbenes Pulver; 20%; **XIII** ($C_7H_6O_2N_4$) wurde nicht gefunden. — *7(8)-Chlor-2-oxy-3-carbäthoxypyrimido-[1.2:a]-benzimidazol* (**X**), $C_{13}H_{10}O_3N_3Cl$, F. > 350°, aus **III** u. **V**; aus HCOOH kleine graue Kristalle; 80%. — *2-Amino-3-cyanpyrimido-[1.2:a]-benzimidazol*, $C_{11}H_7N_5$, F. > 350°, aus **II** u. **VI**, aus Cyclohexanon gelbliches Pulver; 95%. — *2-Amino-3-carbäthoxypyrimido-[1.2:a]-benzimidazol*, $C_{13}H_{12}O_2N_4$, F. 248—250°, aus **II** u. **VIII**; aus 70%ig. Essigsäure kleine graue Kristalle; 30%; **XIV** ($C_{11}H_6ON_4$) wurde nicht gefunden. — *6-Carbäthoxy-5-amino-1.3.4-triazaindolizin*; $C_8H_9O_2N_5$, F. 198—200°, aus I u. **VIII**; aus 70%ig. Essigsäure mikrokristallin. Pulver; 62%; **XV** ($C_6H_3ON_5$) wurde nicht gefunden. (Bull. Soc. chim. belges **60**. 69—75. Jan./März 1951. Antwerpen, N. V. Photo-Prod. Gevaert Mortsel, Diensten voor Scheikundig Onderzoek.) W. HOFFMANN. 3272

Charles Dufraisse, André Étienne und **Edmond Toromanoff,** *Untersuchungen über die Phenazhydrine. Beobachtungen über die Zusammensetzung des Chlororaphins.* Aus äquimol. Mengen *Phenazin-α-carbonamid* (**I**) u. *9.10-Dihydrophenazin-α-carbonamid* (**II**) wird ein grünes *dimol. Phenazhydrin* (**III**) (F. 242—243°; aus A. oder Bzl. Nadeln) erhalten; mit einem 5fachen Überschuß von **I** entsteht dagegen in gesätt. alkoh. Lsg. bei 20° ein ebenfalls grünes *tetramol. Phenazhydrin* (**IV**) (F. 230—231°; aus A. oder Bzl. Nadeln) der Zus. 3 **I** + 1 **II**. **III** u. **IV** entsprechen den aus den unsubstituierten Phenazinen gebildeten Molekülverbb. (vgl. C. R. hebd. Séances Acad. Sci. **232**. [1951.] 2379) u. zeigen ähnliches Verhalten. In Lsg. ist **III** stabil, während **IV** allmählich dissoziiert u. **III** bildet. **II** (F. 204—205°; aus A. goldgelbe Blättchen) entsteht durch Red. von **I** mit RANEY-Ni in A. u. oxydiert sich sehr leicht an der Luft. Aus dem F. (228—229°) u. dem Geh. an akt. H (3 H pro 2 Mol) des natürlichen *Chlororaphins* schließen Vff., daß diesem die Zus. **IV** eher zukommt als die bisher vermutete Zus. **III**. Aus den **I** u. **II** entsprechenden β-Carbonamiden werden ein dunkelgrünes *dimol. Phenazhydrin*, F. ca. 270°, u. eine graugrüne *tetramol. Verb.* F. 322—323°, erhalten; ihre Zus. ist analog der von **III** u. **IV**, ihre Darst. u. Isolierung aber komplizierter, u. die Ausbeuten sind schlecht (FF. auf dem MAQUENNE-Block). (C. R. hebd. Séances Acad. Sci. **235**. 920—23. 27/10. 1952.) W. HOFFMANN. 3272

Henry A. Rutter jr., *Derivate der Trögerschen Base.* Mit den entsprechenden Halogenverbb. wurden in Methanol nachst. quaternäre Salze **I** der TRÖGERschen Base dargestellt: **I**, R = $C_6H_5C_6H_4$·$COCH_2$—, X = Br, F. 249,5—250° (A.–Ae.). — **I**, R = *Cyclohexyl-*, X = Cl, F. 240° (Zers.; A.–Ae.). Beide Salze waren inakt. gegen Mäusesarkom 180. (J. Amer. chem. Soc. **74**. 3454. 5/7. 1952. Washington, D. C., Georgetown Univ., Dep. of Chem.)

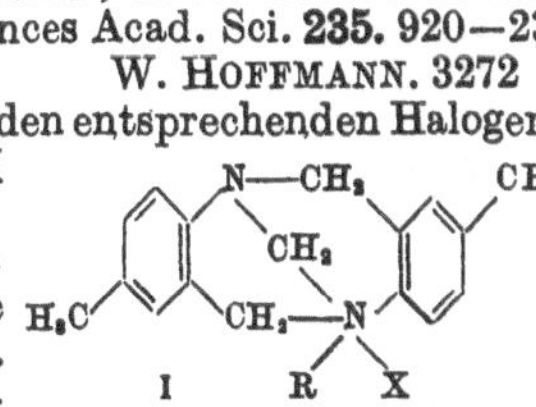

I

LIPPOLD. 3272

Germaine Cauquil und **André Casadevall**, *Neue Synthese von 10-Acylphenothiazinen. Reaktion mit N-Methylformanilid in Gegenwart von Phosphoroxychlorid.* Das aus Phenothiazin (I) mit Alkylmagnesiumhalogeniden erhältliche *Phenothiazyl-(10)-Mg-Halogenid* reagiert mit Säurechloriden in fast quantitativer Ausbeute zu den entsprechenden *10-Acylphenothiazinen*, die keine Ketonderivv. bilden. Mit N-Methylformanilid + $POCl_3$ wird I zu *10-Formylphenothiazin* (II) formyliert; die 10-Acylphenothiazine erleiden hierbei Austausch der 10-Acyl- gegen die Formylgruppe, u. zwar nimmt die Austauschfähigkeit (u. damit die Ausbeute an II) in der Reihe Chloracetyl-, Acetyl-, Butyryl- u. Propionyl- zu; 10-Benzoylphenothiazin wird bei dieser Behandlung unverändert zurückgewonnen.

Versuche: *10-Acetylphenothiazin*, $C_{14}H_{11}ONS$, F. 198°, durch Eintragen von gepulvertem I in eine äther. Alkyl-Mg-Halogenidlsg. bei 0°, Zugabe von Acetylchlorid u. übliche Aufarbeitung; aus A. Prismen. — *10-Chloracetylphenothiazin*, $C_{14}H_{10}ONClS$, F. 112°, aus A. u. A.–Bzl. rechteckige Platten. — *10-Propionylphenothiazin*, $C_{15}H_{13}ONS$, F. 89°, aus PAe.–Bzl. u. A. kleine Körner. — *10-Butyrylphenothiazin*, $C_{16}H_{15}ONS$, F. 94°, aus PAe.–Bzl. u. A. kleine Tafeln. — *10-Benzoylphenothiazin*, $C_{19}H_{13}ONS$, F. 174°, aus A. Nadeln. — *10-Formylphenothiazin* (II), F. 145°, durch Erwärmen von I mit N-Methylformanilid u. $POCl_3$ (1 : 1,1 : 1,1) in o-Dichlorbenzol, Zugabe von Eis u. kalter Na-Acetatlsg., Extraktion mit Ae.–Bzl. u. Dest.; aus A. seidige Nadeln; 65% Ausbeute. Bei der Darst. von II aus den 10-Acylphenothiazinen ist es stets durch etwas I (F. 181°) verunreinigt. (C. R. hebd. Séances Acad. Sci. **236.** 1569—71. 20/4. 1953.) SPAETH. 3292

Venancio Deulofeu und **Jorge O. Deferrari**, *Die Reaktion von Ammoniak mit einigen acetylierten und benzoylierten Monosacchariden.* 1. Mitt. *D-Glucosederivate und eine Erklärung des Reaktionsmechanismus.* Durch Einw. von methanol. NH_3 auf α- oder β-Pentabenzoyl-D-glucose wird in etwa gleicher Ausbeute *D-Glucosedibenzamid* (I), $CH_2OH\cdot(CHOH)_4CH(NHCOC_6H_5)_2$, erhalten. Die räumliche Verschiedenheit der beiden $C_{(1)}$-Atome hat für den Verlauf der Rk. keine Bedeutung. Ebenso wird die Rk. von der Anwesenheit von Acetamid nicht beeinflußt. — Hexaacetyl-D-gluco-D-ido-heptonitril wird ebenso wie das epimere Hexaacetyl-D-gluco-D-gulo-heptonitril (vgl. An. Assoc. quím. argent. **38.** [1950.] 241) u. in ähnlicher Ausbeute in *N-Acetyl-D-glucofuranosylamin* umgewandelt. *Oktaacetyldi-D-glucosylamin* entsteht aus Pentaacetyl-β-D-glucose mit methanol. NH_3 u. sofortiger Acetylierung des Rohproduktes. — Der Mechanismus vorst. Rkk. wird unter Anlehnung an die Theorie von ISBELL u. FRUSH (J. Amer. chem. Soc. **71.** [1949.] 1579) diskutiert. Danach sind die erhaltenen Prodd. das Ergebnis von verschied. miteinander konkurrierenden Rkk., in denen die Fähigkeit, eine freie Aldehydgruppe zu bilden, u. die Geschwindigkeit der Ammonolyse der verschied. Acylgruppen eine Rolle spielt.

Versuche: *D-Glucosedibenzamid* (I), $C_{20}H_{24}O_7N_2$, F. 201—202° (A.), aus Pentabenzoyl-α-D-glucose durch Suspendieren in methanol. NH_3 (16%ig) u. Schütteln bis zur Lsg., nach 18 Std. bei Raumtemp. eindampfen; $[\alpha]_D^{25}$ +1,30° (Pyridin); 21,2% (Ausbeute). Wird bei Ggw. von Acetamid (4,1 g/5 g Ausgangsprod.) gearbeitet u. der Rückstand nach dem Eindampfen mit Äthylacetat extrahiert, so bleiben 400 mg *D-Glucosediacetamid*, F. 191°, zurück, im Äthylacetat I; 19,4%. — *Pentaacetyl-D-glucosedibenzamid*, $C_{30}H_{34}O_{12}N_2$, F. 196° (A.), aus 730 mg I durch Acetylieren mit Essigsäureanhydrid u. Pyridin (1 : 1); $[\alpha]_D^{25}$ —39,7° (c = 1,006 in Chlf.); 950 mg. Behandlung mit methanol. NH_3 ergibt I. — I aus Pentabenzoyl-β-D-glucose, durch Behandlung mit methanol. NH_3 wie vorst.; 18,5%. — *D-Gluco-D-ido-heptolacton*, F. 151—152°, aus den Rückständen von der Herst. von D-Gluco-D-gulo-heptolacton (l. c.) über das Brucinsalz, die letzten Ba-Spuren (auch der Zers. des Salzes) verschwinden durch Reinigen der wss. Lsg. über Zeokarb-H-Harz; $[\alpha]_D^{25}$ —67,9°. — *Hexaacetyl-D-gluco-D-ido-heptonamid*, $C_{19}H_{27}O_{13}N$, F. 120—122° (A.), aus vorst. Verb. über das nach HUDSON u. KOMATSU [1919] gewonnene Amid, das mit Essigsäureanhydrid u. Pyridin acetyliert wird; $[\alpha]_D^{14}$ +47,2° (c = 1,72 in Chlf.); 62%. — *Hexaacetyl-D-gluco-D-ido-heptonitril*, $C_{19}H_{25}O_{12}N$, F. 105—108° (Prismen aus A.), aus vorst. Verb. durch 30 Min. Erhitzen mit $POCl_3$ auf 80°; $[\alpha]_D^{22}$ +0,68° (c = 4,42 in Chlf.), $[\alpha]_D^{22}$ +2,16° (c = 3,47 in Essigsäure); 60%. — *N-Acetyl-D-glucofuranosylamin*, F. u. Misch-F. 201—202° (80%ig. A.), aus vorst. Verb. mit methanol. NH_3, nach 24 Std. bei Raumtemp. eindampfen, trocknen, mit Äthylacetal extrahieren u. in wenig absol. A. aufnehmen; $[\alpha]_D^{20}$ +86,2° (W.); 34,9%. — *Oktaacetyldi-D-glucosylamin*, F. 213—214° (A.), aus Pentaacetyl-β-D-glucose (5 g) mit methanol. NH_3 bei Raumtemp., eindampfen, mit Äthylacetat extrahieren u. acetylieren; $[\alpha]_D^{25}$ +86° (A.); 560 mg. (J. org. Chemistry **17.** 1087—92. Aug. 1952. Buenos Aires, Fac. de Ciencias Exactes, Fís. y Natur., Labor. de Quím., u. Fac. de Ciencias Méd., Labor. de Quím. Biol.) ROSSOW. 3400

Jorge O. Defarrari und **Venancio Deulofeu**, *Die Reaktion von Ammoniak mit einigen acetylierten und benzoylierten Monosacchariden. 2. Mitt. Derivate der* D*-Mannose.* (1. vgl. vorst. Ref.) Bei der Rk. der D-Mannosederivv. mit methanol. NH_3 ergeben sich im einzelnen Unterschiede gegenüber den Glucosederivv. (l. c.), doch wird auch hier die Theorie von ISBELL u. FRUSH (vgl. l. c.) zur Erklärung verwendet. Aus Pentaacetyl-β-D-mannose (I) wird mit methanol. NH_3 *D-Mannosediacetamid* gewonnen. — Aus Pentabenzoyl-α- (α-II) oder -β-D-mannose (β-II) entsteht mit methanol. NH_3 *D-Mannose dibenzamid* (III) in 20%ig. Ausbeute, daneben als Primärprod., nicht durch Abbau von III, in 6—8%ig. Ausbeute *D-Mannosemonobenzamid* (IV), 30% des Ausgangsprod. werden als Mannose wiedergewonnen. Während III ebenso wie das Diacetamid eine offene Struktur besitzt (Bldg. von *Pentabenzoyl-D-mannosedibenzamid*), hat IV Ringstruktur (Bldg. von *Tetraacetyl-D-mannosemonobenzamid*), die aber noch nicht im einzelnen geklärt ist.

Versuche: *D-Mannosediacetamid*, F. 218—219° (Nadeln aus 80%ig. A.), aus I mit methanol. NH_3 (16%ig); $[\alpha]_D^{20}$ —13,8° (c = 0,619 in W.); 35% (Ausbeute). — *D-Mannosedibenzamid* (III), $C_{20}H_{24}O_7N_2$, F. 225—226° (Nadeln aus A.), aus α-II oder β-II mit methanol. NH_3; $[\alpha]_D^{25}$ +2,8° (Pyridin); 20,8%. — *Pentabenzoyl-D-mannosedibenzamid*, $C_{55}H_{44}O_{12}N_2$, F. 140—142° (Prismen aus A.), aus III in Pyridin durch 10 Min. Erwärmen mit Benzoylchlorid auf 60° u. Stehen über Nacht bei 20°; $[\alpha]_D^{20}$ +25,3° (c = 0,632 in Chlf.); gibt durch Ammonolyse III; 97%. — *D-Mannosemonobenzamid* (IV), $C_{13}H_{17}O_6N$, F. 253—254° (Nadeln aus 70%ig. A.), aus den Mutterlaugen von III durch längeres Stehen; $[\alpha]_D^{25}$ +6,4° (c = 0,235 in Pyridin); 6—8%. — *Tetraacetyl-D-mannosemonobenzamid*, $C_{21}H_{25}O_{10}N$, F. 135—136° (Prismen aus A.), aus IV durch Acetylieren mit Pyridin u. Essigsäureanhydrid bei 20°; $[\alpha]_D^{20}$ —28,8° (c = 1,267 in Chlf.). — *D-Mannosephenylhydrazon*, F. 189—190°, aus den Mutterlaugen von IV, nach dem Eindampfen u. Extrahieren mit Äthylacetat Rückstand in W. aufnehmen u. mit Phenylhydrazin behandeln; 30,4%. (J. org. Chemistry 17. 1093—96. Aug. 1952.) ROSSOW. 3400

Jorge O. Deferrari und **Venancio Deulofeu**, *Die Reaktion von Ammoniak mit einigen acetylierten und benzoylierten Monosacchariden. 3. Mitt. Derivate der* D*-Galaktose.* (2. vgl. vorst. Ref.) 5 isomere D-Galaktosepentaacetate ergaben bei der Behandlung mit methanol. NH_3 *D-Galaktosediacetamid* (V) in unterschiedlicher Ausbeute: 24—26% die anomeren Pentaacetyl-D-galaktopyranosen (α-I, β-I), 42—44% die anomeren Pentaacetyl-D-galaktofuranosen (α-II, β-II); Pentaacetyl-aldehydo-D-galaktose (III) ergab wegen der von vornherein vorhandenen freien Aldehydgruppe die höchste Ausbeute (49%). Die geringere Ausbeute bei den Pyranosen dürfte auf die größere Stabilität des Pyranringes gegenüber dem Furanring beruhen. — V entsteht auch aus Hexaacetyl-D-gala-L-mannoheptonitril (IV) (34%). Pentabenzoyl-α-D-galaktopyranose (VI) liefert *D-Galaktosedibenzamid*, so daß im Gegensatz zu den Glucose- u. Mannosederivv. die Galaktosederivv. unabhängig von der Art der Acylgruppe mit methanol. NH_3 immer Diamide liefern.

Versuche: *Pentaacetyl-α-D-galaktopyranose* (α-I), F. 95—96°, aus β-I nach HUDSON u. PARKER [1915]; $[\alpha]_D^{20}$ +105,5° (Chlf.). *Pentaacetyl-α-D-galaktofuranose* (α-II), F. 87°, aus β-II durch Isomerisierung nach HUDSON u. JOHNSON [1916]; $[\alpha]_D^{26}$ +61,0° (Chlf.). — *D-Galaktosediacetamid* (V), $C_{10}H_{20}O_7N_2$, F. 195—197°, aus β-I durch 24std. Stehen mit methanol. NH_3 bei Raumtemp., eindampfen u. extrahieren mit Äthylacetat (Rückstand schwer kristallisierbar, Reinigung über das Pentaacetat) $[\alpha]_D^{25}$ +7,1° (c = 1,4 in W.); 24,4% (Ausbeute). — *Pentaacetyl-D-galaktosediacetamid*, $C_{20}H_{30}O_{12}N_2$, F. 200° (Nadeln aus A.), durch Acetylieren von V; $[\alpha]_D^{20}$ —38,3° (c = 0,848 in Chlf.). — V, aus α-I wie vorst.; 26,5%. V ebenso aus β-II; 41,9%. V aus α-II; 44,5%. V aus III; 49%. — *Hexaacetyl-D-gala-L-manno-heptonamid*, F. 187—188° (Plättchen aus A.), aus D-Gala-L-manno-heptonamid mit Pyridin u. Essigsäureanhydrid; $[\alpha]_D^{25}$ + 3,2; 16,4 g aus 10 g. — *Hexaacetyl-D-gala-L-manno-heptonitril* (IV), F. 190—191,5° (Plättchen aus A.), aus vorst. Verb. durch Erhitzen mit $POCl_3$; $[\alpha]_D^{20}$ +31,4° (Chlf.); 53,4%. — V aus IV; 34,6%. — *Pentabenzoyl-α-D-galaktose* (VI), F. 158—159°, durch Zugabe von α-D-Galaktose zu einer Mischung von Pyridin, Benzoylchlorid u. Chlf. bei 35°, Abkühlen auf 20° u. nach 1 Std. auf 5°, nach 20 Std. aufarbeiten; $[\alpha]_D^{20}$ +187,1° (Chlf.); 89%. (Der Unterschied zu dem von WOLFROM u. CHRISTMAN [J. Amer. chem. Soc. 58. [1936.] 39] angegebenen F. 128—129° beruht wahrscheinlich auf Dimorphismus.) — *D-Galaktosedibenzamid*, $C_{20}H_{23}O_7N_2$, F. 207° (Nadeln aus A.). aus vorst. Verb. mit methanol. NH_3; $[\alpha]_D^{25}$ —6,2° (c = 1,348 in Pyridin); 35%. (J. org. Chemistry 17. 1097—1101. Aug. 1952.) ROSSOW. 3400

Theodore D. Perrine und **Lyndon F. Small**, *Umsetzung von Dihydrocodeinon mit Hydrazin und mit Äthylmercaptan.* Dihydrocodeinon (I) liefert mit Hydrazinhydrat u. KOH in Diäthylenglykol bei 120—130° als Hauptprod. *Dihydrodesoxycodein-C*

(F. 115—116°, $[\alpha]_D^{20}$ +5,2° [c = 1,2 in A.]), identifiziert durch Hydrierung mit PtO_2 in CH_3OH zu *Tetrahydrodesoxycodein* ($C_{18}H_{25}O_2N$, F. 124,6—125,4° oder 158—158,5°, $[\alpha]_D^{20}$ —72,3° [c = 1,8 in Bzl.]), sowie durch Abbau seines *Jodmethylats* (F. 241—243°, $[\alpha]_D^{20}$ +15,3° [c = 1,3 in W.]) mit TlOH zu *Des-N-methyldihydrodesoxycodeinon-C* (F. 178—179°, $[\alpha]_D^{20}$ —11° [c = 0,5 in $CHCl_3$]). Durch 1 std. Einw. von C_2H_5SH + konz. HCl wird **I** in *Dihydrothebainon* (**III**; F. 139—146°, $[\alpha]_D^{20}$ —70,7° [A.]; *Hydrochlorid*, $C_{18}H_{23}O_3N \cdot HCl$, F. 215—300°, $[\alpha]_D^{20}$ —52,2° [c = 1,0 in W.]; *Perchlorat*, $C_{18}H_{23}O_3N \cdot HClO_4$, F. 238,5—239,5°, $[\alpha]_D^{20}$ —45,5° [c = 1,0 in W.]) übergeführt, während bei einer

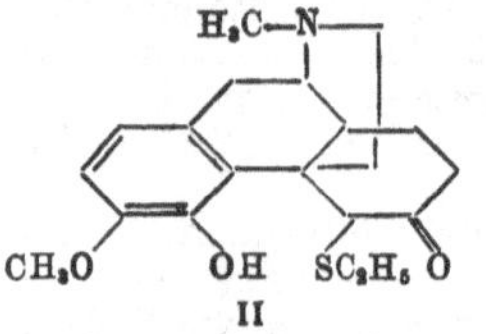

II

Reaktionsdauer von nur 2 Min. *5(?)-Äthylmercaptodihydrothebainon* (**II**; $C_{20}H_{27}O_3NS$, F. 170,5—171,5°, $[\alpha]_D^{20}$ +3,7° [c = 1,0 in absol. A.], lösl. in verd. NaOH; *Oxim*, $C_{20}H_{28}O_3N_2S$, F. 253—254°, $[\alpha]_D^{20}$ +2,8° [c = 0,5 in 10%ig. Essigsäure]; *Hydrochlorid*, $C_{20}H_{28}O_3N_2 \cdot HCl$, F. 215—217°, $[\alpha]_D^{20}$ +5,2° [c = 1,0 in W.]) entsteht, das bei weiterer Behandlung mit C_2H_5SH + HCl oder auch durch Erhitzen mit RANEY-Ni in **III** übergeht. $LiAlH_4$ in Ae. red. **II** zu dem entsprechenden Alkohol, *5(?)-Äthylmercaptodihydrothebainol* ($C_{20}H_{29}O_3NS$, F. 180—182°, $[\alpha]_D^{20}$ —68° [c = 1,0 in 95%ig. A.]; *Perchlorat*, $C_{20}H_{29}O_3NS \cdot HClO_4$, Zers. 165°, $[\alpha]_D^{20}$ —41,9° [c = 1,3 in A.]). — (Nachtrag.) *Dihydrodesoxycodein-D* (*Perchlorat*, F. 127—130°; *Hydrogentartratmonohydrat*, F. 130—150°) wird mit befriedigender Ausbeute durch Detosylierung von Dihydrocodein-6-tosylester erhalten. (J. org. Chemistry **17**. 1540—44. Nov. 1952. Bethesda, Md., Nat. Inst. of Health, Nat. Inst. of Arthritis and Metabolic Diseases.) BOIT. 3500

R. Goutarel, M.-M. Janot, R. Mirza und **V. Prelog**, *Über das reine Corynanthein.* Corynanthein (**I**) u. Dihydrocorynanthein lassen sich entsprechend ihrer unterschiedlichen Basizität (pK_A 6,65 bzw. 7,17 in 80%ig. Methylcellosolve) durch Verteilung nach CRAIG zwischen einer Citratpufferlsg. (p_H 4,1) u. Ae. präparativ voneinander trennen. Das so gewonnene reine **I** ($C_{22}H_{26}O_3N_2$, F. 165—166° [korr.], $[\alpha]_D^{18}$ —28,5° [c = 1,0 in CH_3OH], Doppelbindungszahl 1,00) stimmt in seinen Eigg. mit den früher verwendeten, hochprozentigen **I**-Präpp. weitgehend überein, so daß die mit diesen erzielten Ergebnisse voll gültig bleiben (vgl. KARRER u. Mitarbeiter, C. **1952**. 6060). (Helv. chim. Acta **36**. 337—40. 1953. Paris, Fac. de Pharm., Labor. de Pharm. galén., u. Zürich, ETH, Organ.-chem. Labor.) BOIT. 3500

P. Karrer und **St. Mainoni**, *Ein weiterer Beitrag zur Konstitutionsaufklärung des Corynantheins.* Die beim Abbau des Tetrahydrodesmethoxycorynantheinalkohols neben 3.4-Diäthylpyridin erhaltene Base (vgl. C. **1952**. 6060) erweist sich als ident. mit *3-Äthyl-4-isopropylpyridin*, welches aus β-Kollidin durch Kondensation mit HCHO, Umsetzung des gebildeten *3-Äthyl-4-[β.β'-dioxyisopropyl]-pyridins* mit p-Toluolsulfonsäurechlorid in Pyridin u. Red. des erhaltenen *Bis-p-toluolsulfonats* ($C_{24}H_{27}O_6NS_2$, F. 107—108°) mit $LiAlH_4$ in Tetrahydrofuran synthetisiert wird (*Pikrat*, $C_{16}H_{18}O_7N_4$, F. 134—134,5°). Damit sind die Haftstellen der beiden Seitenketten im Corynanthein eindeutig festgelegt. (Helv. chim. Acta **36**. 127—30. 1953. Zürich, Univ., Chem. Inst.) BOIT. 3500

J. Kebrle, H. Schmid, P. Waser und **P. Karrer**, *Über Curarealkaloide aus Calebassen.* 8. Mitt. (7. vgl. C. **1953**. 3246.) Die bisher bekannten Calebassenalkaloide lassen sich auf Grund ihrer Farb-Rkk., spezif. Drehungen u. Absorptionsspektren in folgende Gruppen einteilen: C u r a r i n g r u p p e: *C-Curarin* ($C_{20}H_{21}N_2^{\oplus}$; Wirkungsdosis des Chlorids im Head-drop-Test [HD] 30 γ, Dosis minima letalis [DL] 50 γ/kg Maus intravenös), *C-Alkaloid G* (*Chlorid*, $C_{20}H_{23}ON_2Cl + H_2O$, HD 0,6—5,0, DL 0,7—12,0; *Jodid*, $C_{20}H_{23} \cdot ON_2J$ + 1,5 H_2O; *Pikrat*, $C_{20}H_{23}ON_2 \cdot C_6H_2O_7N_3$, F. 285—286° [Zers.]) u. *C-Alkaloid E* (*Chlorid*, $C_{19-20}H_{23}ON_2Cl$ + 2 H_2O, HD 0,3—4,0, DL 0,95—8,0; *Jodid*, $C_{19-20}H_{23}ON_2J$ + 2 H_2O; *Pikrat*, $C_{19-20}H_{23}ON_2 \cdot C_6H_2O_7N_3$, F. 272°). Diese Alkaloide zeichnen sich durch violette Halochromie mit HCl aus, geben grüne HNO_3-, blaue $Ce(SO_4)_2$- u. blaue Zimtaldehyd-HCl-Rk. u. enthalten nach Ausweis des Spektr. einen 2.3.3-trisubstituierten Indoleninkern. — T o x i f e r i n g r u p p e: *C-Toxiferin I* ($C_{20}H_{23}ON_2^{\oplus}$; *Chlorid*, HD 9, DL 23), *C-Alkaloid K* = *C-Dihydrotoxiferin I* (*Chlorid*, $C_{20}H_{23}N_2Cl$ + 0,75 H_2O, HD 30, DL 60), *C-Isodihydrotoxiferin* ($C_{20}H_{23}N_2^{\oplus}$), *C-Alkaloid H* (*Chlorid*, HD 16, DL 24; *Pikrat*, F. 189—192°, rot) u. *C-Alkaloid 2* (vgl. WIELAND u. MERZ, C. **1953**. 1969). Diese Alkaloide besitzen eine spezif. Drehung von ca. —600° u. geben auf Papier mit HCl-Gas orangefarbene, mit HNO_3 schwach braunrote, mit $FeCl_3$ + H_2SO_4 blaue, mit Zimtaldehyd + HCl blaugrüne bis blauviolette, mit $Ce(SO_4)_2$ blauviolette Farb-Rk.; ihr UV-Spektr. ist dem des N-Methyl-3.3-dimethyl-2-methylenindolins ähnlich. — C a l e b a s s i n g r u p p e: *C-Calebassin* = *C-Toxiferin II* ($C_{20}H_{25}ON_2^{\oplus}$; Chlorid, HD 240, DL 320), *C-Alkaloid A* (*Chlorid*, $C_{20}H_{23}O_2N_2Cl$ + 1 oder 1,5 H_2O, HD 70, DL 150; *Pikrat*, $C_{20}H_{23}O_2N_2 \cdot C_6H_2O_7N_3$ + H_2O, F. 228—229° [Zers.], orangerot, wasserfrei gelb),

C-Alkaloid F (Chlorid, HD 75, DL 120; *Pikrat*, $C_{20}H_{25}O_2N_2 \cdot C_6H_2O_7N_3$, F. 209—210° [Zers.], orangerot), *C-Alkaloid I* (Chlorid, HD 174, DL 195; *Pikrat*, $C_{19}H_{23}N_2 \cdot C_6H_2O_7N_3$ oder $C_{20}H_{25}N_2 \cdot C_6H_2O_7N_3$, F. 194°), *C-Curarin II* ($C_{20}H_{25}ON_2{\oplus}$) u. *C-Alkaloid X*. Die Alkaloide dieser Gruppe zeigen eine spezif. Drehung von ca. +70°, geben karminrote HNO_3-Rk. (daher die Bezeichnung „Rotstoffe"), rotviolette Zimtaldehyd- u. blauviolette $Ce(SO_4)_2$-Rk.; ihre Spektren stimmen mit denen des Strychninsäure-N-oxyds u. des Strychnidins überein u. weisen auf das Vorliegen eines Dihydroindolkerns hin. — Gruppe der C-Alkaloide B, C, D: *C-Alkaloid B* (*Chlorid*, $C_{20}H_{23}ON_2Cl$ + 3 H_2O, HD 280, DL 350; *Jodid*, $C_{20}H_{23}ON_2J$ + 1,25 H_2O; *Pikrat*, $C_{20}H_{23}ON_2 \cdot C_6H_2O_7N_3$, Zers. ab 270°, gelb), *C-Alkaloid C* (Chlorid, HD 240, DL 380; *Pikrat*, Zers. ab 270°) u. *C-Alkaloid D* (*Chlorid*, $C_{20}H_{21}ON_2Cl$ + 4 oder 2,5 H_2O, HD 1100, DL 2000; *Pikrat*, $C_{20}H_{21}ON_2 \cdot C_6H_2O_7N_3$, Zers. ab 260°, OCH_3-frei). Diese Alkaloide geben schwach rotbraune HNO_3- u. rotviolette $Ce(SO_4)_2$-Rk.; ihre Spektren ähneln denen der Alkaloide der Calebassingruppe, des Desoxotetrahydrogelsemins u. des Desacetylaspidospermins. — C-Fluorocuringruppe: *C-Fluorocurin* ($C_{20}H_{23}O_2N_2{\oplus}$; Chlorid, HD 4400, DL 8000) u. *C-Fluorocurinin* (Chlorid, HD 2750, DL 3250; *Pikrat*, $C_{21}H_{29}O_2N_2 \cdot C_6H_2O_7N_3$, F. 213°). Diese gelben Alkaloide zeigen im UV intensiv grüngelbe Fluorescenz u. enthalten möglicherweise einen 2.2-disubstituierten N-Alkylindoxylkern. — C-Calebassiningruppe: *C-Calebassinin* ($C_{19}H_{23}O_2N_2{\oplus}$; Chlorid, HD 22000, DL 44000) u. *C-Alkaloid UB* ($C_{19}H_{23}O_3N_2^+$). Diese Alkaloide geben karminrote Farb-Rk. mit $Ce(SO_4)_2$ in konz. H_2SO_4 u. besitzen wahrscheinlich einen 3.3-disubstituierten N-Alkylindoxylkern. — *C-Alkaloid J* (Chlorid, HD 290, DL 560; *Pikrat*, $C_{19}H_{21}N_2 \cdot C_6H_2O_7N_3$, Verfärbung ab 240°), *C-Mavacurin* (WIELAND u. MÄRZ, l. c.) u. *Melinonin B* (SCHLITTLER u. HOHL, C. **1952**. 4457), wahrscheinlich auch *C-Alkaloid L* (Chlorid, HD 1900, DL 2400; *Pikrat*, F. 171°), *Toxiferin III* (KING, C. **1950**. II. 653) u. *C-Alkaloid 1* (WIELAND u. MERZ, l. c.) sind nach den Spektren 2.3-disubstituierte Indole. — *C-Fluorocurarin* = *C-Curarin III* (WIELAND, PISTOR u. BÄHR, C. **1941**. II. 1964; *Chlorid*, $C_{20}H_{23}ON_2Cl$ + 0,5 H_2O, hellgelb, HD 1800, DL 4000) zeigt in verd. Lsg. blaue UV-Fluorescenz u. besitzt ein charakterist. Spektr., das durch Alkalizusatz nach Rot verschoben wird. — Die biol. Wirksamkeit der Alkaloide ist um so größer, je langsamer sie im Papierchromatogramm wandern. Bei den Alkaloiden E, G u. Toxiferin I, den wirksamsten aller bekannten Alkaloide, setzt die Lähmung sehr langsam ein u. dauert ungewöhnlich lange; Calebassinin lähmt nur für kurze Zeit. Die fluorescierenden Alkaloide rufen Erregung u. Krämpfe hervor, bevor vollständige Lähmung eintritt. Die HD- u. DL-Werte des C-Alkaloids F decken sich etwa mit denen des d-Tubocurarinchlorids. (Helv. chim. Acta **36**. 102—21. 1953. Zürich, Univ., Chem. Inst.) BOIT. 3500

J. Kebrle, H. Schmid, P. Waser und **P. Karrer**, *Über die Herkunft der Calebassen-Curare-Alkaloide. Untersuchung verschiedener Calebassen*. 9. Mitt. *über Calebassenalkaloide*. (8. vgl. vorst. Ref.) In der Rinde von Strychnos Mitscherlichii werden papierchromatograph. u. durch Farb-Rkk. *C-Curarin* (Hauptalkaloid), *C-Calebassin* (Hauptalkaloid), *C-Fluorocurinin*, *C-Fluorocurarin* (wenig), *C-Alkaloid I* (wenig) u. *Alkaloide der B-, C-, D-Gruppe* nachgewiesen, die sich hier ungefähr im gleichen Mengenverhältnis wie in vielen Calebassen finden. Damit steht es fest, daß die Eingeborenen des Rio Negro-Gebietes bei der Bereitung des Calebassencurare von der genannten Pflanze Gebrauch machen. Das Holz ist alkaloidfrei. — Tabellar. Zusammenstellung der Zus. einer Reihe von Calebassencuraremustern. (Helv. chim. Acta **36**. 345—49. 16/3. 1953.) BOIT. 3500

Rudolf Tschesche, Friedhelm Korte und **Rudolf Petersen**, *Über Pteridine*. 3. Mitt. *Zur Synthese der Pteroylglutaminsäure*. (2. vgl. C. **1952**. 5099.) *Pteroylglutaminsäure* (**I**) wurde durch Umsetzung von *6-Oxy-2-aminopteridyl-(8)-bromessigsäure* (**II**) mit *p-Aminobenzoylglutaminsäurediäthylester* (**III**) in Glykol in Ggw. von Na-Acetat als HBr-abspaltendem Mittel mit reproduzierbaren, verhältnismäßig guten Ausbeuten (35—45% Rohprod.) dargestellt. Die Reindarst. von **I** erfolgt nach Verseifung mit $Ca(OH)_2$ über das Ag-Salz. Im UV-Spektr., im chem. Verh. u. in der bakteriolog. Wrkg. gegenüber *S. faecalis R* u. *L. casei* zeigt das synthet. Prod. keine Abweichung gegenüber authent. **I**. Versuche: *6-Oxy-2-aminopteridyl-(8)-bromessigsäure* (**II**), $C_8H_6O_3N_5Br$, aus 6-Oxy-2-aminopteridyl-(8)-essigsäure (**IV**) in konz. H_2SO_4, Eisessig u. Br u. Eingießen nach 2 Std. in Ae.; 70% Ausbeute. *Pteroylglutaminsäure* (**I**), $C_{18}H_{19}O_6N_7$, 4,1 g **III** u. Na-Acetat in wasserfreiem Glykol werden mit **II** bei Raumtemp. geschüttelt u. nach 12 Std. in heißes W. gegossen; brauner Nd. von 2,9 g eines 35—45% **I**-*Äthylester* enthaltenden Produkts. 1 g Rohprod. wird mit Kalkwasser 1 Std. bei 60° verseift, die filtrierte Lsg. an Kieselgur chromatographiert u. die beim Nachwaschen mit Kalkwasser sich bildende gelbe Zone aufgefangen u. angesäuert. 450 mg des 65%ig. Prod. ergaben über das Ag-Salz gereinigt 260 mg **I** von 90—100%ig. Reinheit. (Chem. Ber. **84**. 579—82. 1951. Hamburg, Univ., Biochem. Abt. des Chem. Staatsinst.) K. F. MÜLLER. 3550

Rudolf Tschesche und Friedhelm Korte, *Über Pteridine.* 4. Mitt. *Zur Konstitution des Chrysopterins und Mesopterins.* (3. vgl. vorst. Ref.) Aus den Flügeln von *Gonepteryx rhamni* ♀ wurde *9-Methylxanthopterin* (I) isoliert, das sich mit SeO_2 zu *6.8-Dioxy-2-aminopteridinaldehyd-*(*9*) oxydieren ließ. Durch papierchromatograph. Vgl. wurde wahrscheinlich gemacht, daß das *Chrysopterin* (II), das SCHÖPF u. BECKER aus den Flügeln von Gonepteryx rhamni isolierten, mit I ident. ist. Die Ähnlichkeit der UV-Spektren von I, II u. *Xanthopterin* (III) deutet auf die Verwandtschaft der 3 Verbb. hin. Vff. schlagen vor, für das von ihnen isolierte neue Pteridin die Bezeichnung „Chrysopterin" beizubehalten. Es scheint zusammen mit III für die Pterorhodinbldg. verantwortlich zu sein. — Auf Grund des R_F-Wertes u. der Analyse wird vermutet, daß das von SCHÖPF, BECKER u. BUMM (Liebigs Ann. Chem. **507.** [1933.] 283) aus *G. rhamni* ♀ u. *Vespa germanica* isolierte *Mesopterin* mit *Isoxanthopterin* ident. ist. Die Aufarbeitung der Flügel von 4400 Faltern auf ihre Pigmentbestandteile ist beschrieben. (Chem. Ber. **84.** 641—48. 1951.) K. F. MÜLLER. 3550

Rudolf Tschesche und Friedhelm Korte, *Über Pteridine.* 5. Mitt. *Die Konstitution des Ichthyopterins.* (4. vgl. vorst. Ref.) Das von HÜTTEL u. SPRENGLING (C. **1943.** II. 623) beschriebene *Ichthyopterin* aus den Cypriniden des Bodensees ist, wie papierchromatograph. erkannt wurde, nicht völlig einheitlich; nach dem Entwickeln mit 3%ig. wss. NH_4Cl-Lsg. tritt neben dem Hauptfleck (R_F 0,64) noch ein schwacher, blau fluorescierender Fleck mit R_F 0,07 auf. Zunächst wurde gezeigt, daß das UV-Spektr. u. das Löslichkeitsverh. der Hauptkomponente nicht mit dem von *2.6.9-Trioxy-8-methylpteridin* (I; durch Kondensation von *2.6-Dioxy-4.5-diaminopyrimidin* u. Oxalessigester u. Decarboxylierung der *2.6.9-Trioxypteridylessigsäure* erhalten) u. dem eines durch Methylierung von *2.6.9-Trioxypteridin* (II) erhaltenen Prod., vermutlich der Konst. **III**

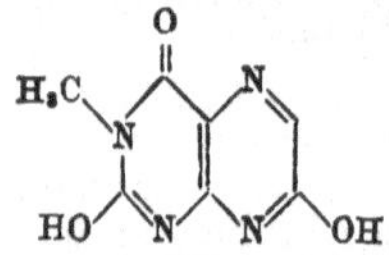

III

übereinstimmen. Von den 3 synthetisierten Verbb., *6.9-Dioxy-2-aminopteridyl-*(*8*)*-essig* (**IV**)- u. *-propionsäure* (**V**) u. *Methyl-*[*6.9-dioxy-2-aminopteridyl-*(*8*)]*-essigsäure* (**VI**) zeigte **IV** denselben R_F-Wert (0,64), etwa das gleiche UV-Spektr. u. die gleiche p_H-Abhängigkeit der Fluorescenz wie das Naturprod.; das natürliche Ichthyopterin u. **IV** hemmen auch in einer Dosis von 30 γ/cm³ schwach das Wachstum von *S. faecalis R* im Folsäuretest. Die Verbb. **IV—VI** wurden durch Kondensation von Oxalessigester, Oxalpropionsäureester bzw. Oxalbernsteinsäureester mit *6-Oxy-2.4.5-triaminopyrimidin* (**VII**) (**VI** nach CO_2-Abspaltung aus der prim. entstandenen Dicarbonsäure) dargestellt.

Versuche: *2.6.9-Trioxypteridyl-*(*8*)*-essigsäure*, $C_8H_6O_5N_4$, durch 1 std. Erhitzen (Wasserbad) von Oxalessigester u. 2.6-Dioxy-4.5-diaminopyrimidin in Eisessig Kristalle aus W.; 40—50% (Ausbeute); R_F 0,66 (in 3n wss. NH_3 auf SCHLEICHER- u. SCHÜLL-Papier 2043a). *2.6.9-Trioxy-8-methylpteridin* (I), $C_7H_6O_3N_4$, aus voriger Verb. durch Erhitzen auf 280° im N_2-Strom, Prismen aus W., 50%; oder durch Desaminierung von 6.9-Dioxy-2-amino-8-methylpteridin durch HNO_2; 30%; R_F 0,39. — *2.6.9-Trioxypteridincarbonsäure-*(*8*), $C_7H_4O_5N_4$, durch 1 std. Kochen von 4,8 g 2.6-Dioxy-4.5-diaminopyrimidinsulfat u. 3,2 g Di-Na-Mesoxalat in W., Abkühlen u. Auskochen des gelben Nd. mit 2 n NaOH, wobei das gelbe Isomere in Lsg. geht; durch Eintropfen von sd. 2 n HCl in die Lsg. in 0,1 n NaOH 2,9 g farbloses Prod.; R_F 0,44. — *2.6.8-Trioxypteridincarbonsäure-*(*9*), $C_7H_4O_5N_4$, durch Ansäuern obiger Lsg.; gelb; R_F 0,39. — *2.6.9-Trioxypteridin* (II), $C_6H_4O_3N_4$, durch Erhitzen des 8-Isomeren auf 260—280° im N_2-Strom, Kristalle aus W.; 60%; R_F 0,40. — *Verb.* **III**, $C_7H_6O_3N_4$, durch Methylierung von **II** in NaOH mit $(CH_3)_2SO_4$ bei 35° u. p_H 8—8,5, aus W., farblos; 60%. — *Methyl-*[*6.9-dioxy-2-aminopteridyl-*(*8*)]*-essigsäure* (**VI**), $C_9H_9O_4N_5$, durch 1 std. Erhitzen von **VII**-Sulfat, Na-Acetat u. Oxalpropionsäureester in Eisessig auf dem Wasserbad, Verdünnen mit gleichem Vol. W. u. 30 Min. langes Erhitzen; verliert leicht CO_2; 60%; R_F 0,36 u. 0,67. — *6.9-Dioxy-2-aminopteridyl-*(*8*)*-propionsäure* (**V**), $C_9H_9O_4N_5$, analog **VI** mit Oxalbernsteinsäure u. CO_2-Abspaltung durch Eintropfen der Lsg. in heiße n-HCl, Kristalle; 30—40%; R_F 0,77. Zers. bei Erhitzen auf 280°. — *2.6.9-Trioxy-9-acetonylpteridin*, $C_9H_8O_4N_4$, aus 2.6-Dioxy-4.5-diaminopyrimidinsulfat in W. u. Acetonoxalester in CH_3OH (30 Min. Kochen) oder aus 6.8-Dioxy-2-amino-9-acetonylpteridin + HNO_2; gelb, teilweise krist.; 50% (1. Verf.). (Chem. Ber. **84.** 801—09. 1951.) K. F. MÜLLER. 3550

Rudolf Tschesche und Friedhelm Korte, *Über Pteridine.* 6. Mitt. *Zur Kenntnis der Pterorhodinbildung.* (5. vgl. vorst. Ref.) Es wird gezeigt, daß sich *Pterorhodin* (I) auch durch Luftoxydation aus *Erythropterin* (II) + *Xanthopterin* (**III**) (in n/4 HCl bei 90°) bildet. Als Kondensationspartner des **III** kann auch *6.8-Dioxy-2-amino-9-*[*α-oxyacetonyl*]*-pteridin* (**IV**) verwendet werden. Reines **III** gibt unter den obigen Bedingungen der I-Bldg. keinen violetten Farbstoff; zers. man jedoch das Ba-Salz des **III** mit 50%ig. H_2SO_4 so, daß sich die Lsg. mit dem $BaSO_4$ erwärmt, so bildet sich **I.** Die Darst. von **I**

aus III erfolgt durch Erhitzen von III in konz. H_2SO_4 auf 120° u. Luftdurchleiten durch die mit W. verd., auf 90° erhitzte Lösung. Bei der Papierchromatographie des III wurden je nach der Art des Auftragens auf das Papier verschied. R_F-Werte beobachtet. In 2nHCl gelöstes III, das mit 3%ig. wss. NH_4Cl entwickelt wird, gibt den R_F-Wert 0,42; III in 2nNaOH gelöst, zeigt einen einigen Fleck mit dem R_F-Wert 0,38. Löst man III in 3nNH_3, so entstehen 2 Flecke mit den R_F-Werten 0,39 u. 0,68. Das „saure Xanthopterin" von SCHÖPF u. BAKER (Liebigs Ann. Chem. **524.** [1936.] 49) zeigt papierchromatograph. u. UV-spektroskop. gegenüber III keine Abweichungen.

V e r s u c h e: Kondensation von Erythropterin mit Xanthopterin: 365 mg II-Sulfat u. 287 mg III werden in 300 cm^3 n/4 HCl unter Durchleiten von Luft auf 90° erhitzt; aus der roten Lsg. fallen nach 30 Min. 100 mg einer rotvioletten Substanz, *Pterorhodin* (I), aus. Analoge Kondensation von IV mit III gibt ebenfalls I. *Pterorhodin* aus III: 1 g synthet. III werden in 50 cm^3 konz. H_2SO_4 auf 120° erhitzt; nach Verdünnung mit W. (auf 1 Liter) erhitzt man 3 Std. auf 90° unter Luftdurchleiten; 40 mg I. Oxydation von I in konz. H_2SO_4 mit H_2O_2 gibt *Xanthopterincarbonsäure* u. *Leukopterin.* (Chem. Ber. **85.** 139—44. 1952.) K. F. MÜLLER. 3550

Rudolf Tschesche, Zygmunt Zakrzewski und Friedhelm Korte, *Über Pteridine.* 7. Mitt. *Die Synthese der 9-Oxy-6-aminopteroylglutaminsäure.* (6. vgl. vorst. Ref.) Zur Unters. der biol. Eigg. wird *9-Oxy-6-aminopteroylglutaminsäure* (*9-Oxyaminopterin*) (I) synthetisiert. — 2.4.5.6-Tetraaminopyrimidin wurde in Eisessig mit Oxalessigester zu *9-Oxy-2.6-diaminopteridinessigsäure-(8)* (III) kondensiert. Daß die 9-Oxyverb. gewonnen war u. nicht die 8-Oxyverb., wurde durch Decarboxylierung zu *9-Oxy-2.6-diamino-8-methylpteridin* (II) sichergestellt, dessen UV-Spektr. fast ident. ist mit dem des 8-Methylisoxanthopterins, welches auch aus II durch Hydrolyse gewonnen werden konnte u. papierchromatograph. identifiziert wurde. — Die rohe III wurde bromiert u. das erhaltene Rohprod. mit p-Aminobenzoylglutaminsäure bei n. Temp. kondensiert; in sd. W. tritt Decarboxylierung ein zu I, die als ca. 60%ig. Prod. anfiel u. als Na-Salz durch Chromatographie gereinigt wurde. Ihr UV-Spektr. wird angegeben. — I, II u. III wurden auf die wachstumshemmende Wrkg. gegenüber *Strept. faecalis R* geprüft; I wirkt stärker als II, dieses stärker als II; I wirkt nur wenig schwächer als 6-Aminopteroylglutaminsäure. I wurde auch in ihrer Wrkg. gegenüber dem Mäuse-Ascites-Tumor untersucht. Mit den biol. Befunden werden die Vorstellungen von BROQUIST u. Mitarbeitern (C. **1952.** 4479) über die Wirkungsweise des Aminopterins (6-Aminopteroylglutaminsäure) u. die von TSCHESCHE u. Mitarbeitern (Z. Naturforsch. **6b.** [1951.] 304), daß der Hauptweg der Biosynth. der Folsäure in Bakterien über die 9-Oxyverb. verläuft, unterstützt.

V e r s u c h e: *9-Oxy-2.6-diaminopteridinessigsäure-(8)* (III), $C_8H_8O_3N_6$, aus 2.4.5.6-Tetraaminopyrimidinsulfat, CH_3COOK u. Oxalessigsäureäthylester in Eisessig durch 1std. Erhitzen im sd. Wasserbad, Zugabe von W. u. ½std. Erwärmen; 80% roh (Ausbeute). — *9-Oxy-2.6-diamino-8-methylpteridin* (II), $C_7H_8ON_6$, durch Erhitzen von III auf 220° bis zur Gewichtskonstanz, Lösen des Prod. in n-KOH, Entfärben, Eintropfen des Filtrats in sd. n-HCl, Lösen in verd. Alkali u. Chromatographie an Cellulosepulver. — *8-Methylisoxanthopterin,* aus 500 mg roher III durch 6std. Kochen in n-NaOH u. Eintropfen des Filtrats in sd. n-HCl; 90 mg. Aus der Mutterlauge durch Neutralisieren (p_H 7) II; 320 mg. — *9-Oxy-2.6-diaminopteridinbromessigsäure,* $C_8H_7O_3N_6Br$, aus 7 g III in konz. H_2SO_4 durch Zusatz von Eisessig, Eintropfen von Br_2 u. Eingießen von Ae. nach 2—3 Std.; 7,3 g. — *9-Oxy-6-aminopteroylglutaminsäure* (I), $C_{19}H_{20}O_6N_8$, aus 4 g p-Aminobenzoylglutaminsäure u. 5,3 g wasserfreiem CH_3COONa in wasserfreiem Glykol durch Zusatz von 3,2 g vorst. Verb., 2std. Schütteln, 17std. Stehen, Eintragen in sd. W., ¼std. Erhitzen u. Abschleudern in der Kälte; 2—2,5 g an ca. 60%ig. I; Reinigung durch Lösen in verd. NaOH, Chromatographie an Cellulosepulver, Entwickeln mit W. dann mit 3%ig. NH_4Cl-Lsg. u. Umkristallisation der daraus erhaltenen I aus H_2O. (Chem. Ber. **86.** 450—53. 1953.) NITZSCHKE. 3550

Rudolf Tschesche und Frédéric Vester, *Über Pteridine.* 8. Mitt. *Erythropterin aus Mycobacterium lacticola.* (7. vgl. vorst. Ref.) Vff. haben aus *Mycobacterium lacticola* (180 g Trockensubstanz) in sehr geringen Mengen (1,8 mg) *Erythropterin* (I) gewonnen, welches wahrscheinlich an Glucose gebunden vorkommt, die nach Hydrolyse papierchromatograph. nachgewiesen wurde. I wurde identifiziert durch das UV-Spektr., den R_F-Wert (0,085 in Butanol-W.), den Verteilungskoeff. (in 0,1nHCl-n-Butanol = 2,3) u. durch die Pterorhodinbldg. mit Xanthopterin (R_F 0,25). Außer I wurden weitere 5 Stoffe mit verschied. R_F-Werten gefunden, die vielleicht auch Pteridine sind, deren Identifizierung wegen der geringen Mengen jedoch nicht gelang. (Chem. Ber. **86.** 454—59. 1953.) NITZSCHKE. 3550

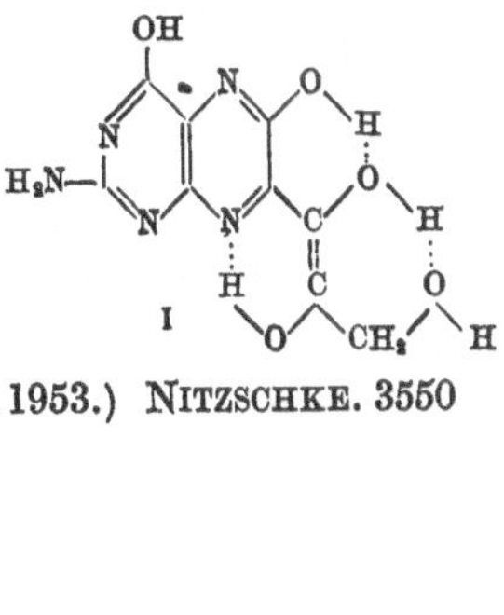

I

H. Schaltegger und **F. X. Müllner**, *Über die epimeren 7-Bromcholesterylester und die Konfiguration der $C_{(7)}$-Substituenten in der Cholesterinreihe.* Bei der direkten Photobromierung von Cholesterylbenzoat (I) in CS_2 entsteht als prim. Prod. *7α-Bromcholesterylbenzoat* (II), das sich auch isolieren läßt, wenn man polare Lösungsmittel vermeidet; schon in Chlf. ist die Epimerisierungsgeschwindigkeit von **II** zu *7β-Bromcholesterylbenzoat* (**III**) so groß, daß sich keine konstanten Anfangswerte der opt. Drehung messen lassen. Aus Cholesterylacetat u. Cholesterylchlorid lassen sich bei der Bromierung überhaupt nur Gemische der 7α- u. 7β-Bromverbb. erhalten. Das durch Photobromierung von I erhaltene **II** ist das reinste darstellbare Prod. mit der höchsten positiven Drehung, aus I u. Bromsuccinimid sowie aus 7α- (**IV**) u. 7β-Oxycholesterylbenzoat (**V**) entsteht mit PBr_3 in CCl_4 nur **II** mit einem Geh. von 10—25% **III**. Die Verfolgung der Epimerisierung von **II** zu **III** bei 40° in Chlf. mit Hilfe der opt. Drehung zeigt, daß diese Epimerisierung eine Rk. 1. Ordnung mit einer Geschwindigkeitskonstanten von k∼0,15 [Min^{-1}] ist; die Umlagerungsgeschwindigkeit ist ziemlich stark temperaturabhängig u. hängt außerdem vom Lösungsm. ab. Aus der Drehung des „Gleichgewichtsbromids" u. der Anfangsdrehung von **II** u. **III** berechnet sich für das Gleichgewichtsgemisch in Chlf. die Zus. **III**: **II** ∼ 7:3, die Gleichgewichtskonstante zu K = 2,33 u. die Rk.-Arbeit für die Epimerisierung zu ∼ —0,5 kcal/Mol. Die Einstellung des Gleichgewichts läßt sich durch Komplexbldg. beschleunigen. Auch bei der Hydrolyse von **II** u. **III** mit AgOH in Ae. stellt sich dieses Gleichgewicht ein, denn es wurden jeweils Gemische von **IV** u. **V** erhalten, daneben eine weitere Verb., über die später berichtet werden soll u. die genet. zu **V** gehören dürfte. **II** u. **III** geben bei der HBr-Abspaltung gleiche Ausbeuten an *7-Dehydrocholesterylbenzoat,* was auch zu erwarten ist, denn in Ggw. des zur HBr-Abspaltung dienenden Dimethylanilins findet Einstellung des Gleichgewichts zwischen **II** u. **III** statt. — Die Tatsache, daß **II** das prim. Prod. der Bromierung von I u. auch von **IV** u. **V** ist, steht in Übereinstimmung mit den Ausführungen von FIESER (Experientia [Basel] **6.** [1950]. 312), wonach bei „interradialer" Hinderung vorzugsweise die Rückseite des Sterinkerns angegriffen wird, so daß der eintretende Substituent immer in α-Stellung zu stehen kommt. Auch der Vgl. der opt. Drehungen nach der Meth. der mol. Rotationsdifferenzen ergibt eine gute Übereinstimmung mit anderen in Allylstellung ($3-\Delta^4$, $12-\Delta^{9,11}$ u. $7-\Delta^5$) substituierten Steroidalkoholen u. deren Estern (Tabelle). Demnach ist für die Cholesterinreihe die alte WINDAUSsche Indicierung für die Substituenten an $C_{(7)}$ beizubehalten.

Versuche: *7α-Bromcholesterylbenzoat* (**II**), $C_{34}H_{49}O_2Br$, F. 114—115° (Gasblasen), durch Bromierung von I in CS_2 unter Bestrahlung mit 4·200 W-Lampen während 20 Min., wobei das Vol. der Lsg. durch Abdest. von CS_2 unter leichtem Unterdruck konstant gehalten wurde; nach Eindampfen im Vakuum wurde der Rückstand mit Bzn. versetzt u. bei —16° auskristallisieren gelassen; $[\alpha]_D^{20}$ —18° (c = 2,15 in Bzn.). Bei der Umsetzung von **IV** in CCl_4 mit PBr_3 während 1 Std. bei Raumtemp. wurde ein Gemisch von 85% **II** mit 15% **III** [F. 113—115°, $[\alpha]_D^{20}$ —18° (c = 2,15 in Bzn.)] erhalten, aus **V** ebenso ein Gemisch aus 90% **II** u. 10% **III** [F. 113—115°, $[\alpha]_D^{20}$ —3° (c = 2,15 in Bzn.)]. — *7β-Bromcholesterylbenzoat* (**III**), F. 143—144°, aus **II** durch 12 std. Stehen in Chlf. + Aceton bei —12°; $[\alpha]_D^{20}$ —184° (Chlf.), —156° (c = 2,15 in Bzn.). — *7α-Oxycholesterylbenzoat* (**IV**), F. 189—190°, u. *7β-Oxycholesterylbenzoat* (**V**), $C_{34}H_{50}O_3$, F. 165—167°, durch 16 std. Schütteln von **II** in Ae. mit AgOH, Chromatographie des Ae.-Rückstands aus PAe.-Bzl. (1:1) an Al_2O_3 u. Elution mit Bzl. [**IV**; aus Aceton Nadeln, $[\alpha]_D^{20}$ + 12° (c = 1 in Chlf.) 30% (Ausbeute)] u. dann mit Bzl./Ae. (4:1) [**V**; aus Aceton Prismen, $[\alpha]_D^{20}$ —50° (c = 1 in Chlf.); 51%]. **IV** (36%) u. **V** (50%) wurden ebenso aus **III** erhalten. — *7β-Benzoxycholesterylbenzoat,* $C_{41}H_{54}O_4$, F. 152,5—153°, aus Ae./CH_3OH Nadeln, $[\alpha]_D^{21}$ —115° (c = 1 in Chlf.). — *7α-Benzoxycholesterylbenzoat,* F. 172—173°, aus Ae./CH_3·OH Nadeln, $[\alpha]_D^{21}$ + 93° (c = 1 in Chlf.). — *7-Dehydrocholesterylbenzoat,* F. 139 bis 140° (klar bei 183°; Ae.), durch Eintragen von **II** in sd. Dimethylanilin u. übliche Aufarbeitung; $[\alpha]_D^{20}$ —53° (c = 1 in Chlf.). — *7-Dehydrocholesterin,* F. 142—143°, $[\alpha]_D^{20}$ —113° (c = 1 in Chlf.). — Gemisch von *7α- u. 7β-Bromcholesterylacetat,* durch Bromierung von Cholesterylacetat in CS_2 unter Belichtung, Eindampfen u. Kristallisation aus PAe. bei —16°; F. 77—82°, $[\alpha]_D^{20}$ —140° → —187° (nach 20 Min.), nach einiger Zeit verminderte sich die Drehung wieder, u. es konnte HBr nachgewiesen werden. (Helv. chim. Acta **34.** 1069—1110. 15/6. 1951. Bern, Dr. A. Wander Akt.-Ges., Wiss. Abt.) SPAETH. 3700

J. Schmutz, H. Schaltegger und **M. Sanz**, *$\Delta^{2.4.6}$-Cholestatrien. Beitrag zum Mechanismus der HBr-Abspaltung aus 7-Bromcholesterylbenzoat.* Bei der HBr-Abspaltung aus *7β-Bromcholesterylbenzoat* (I) mit $Ca(OH)_2$ in sd. Xylol u. anschließenden Verseifung wurden durch chromatograph. Trennung isoliert: *$\Delta^{2.4.6}$-Cholestatrien* (**II**), *7-Dehydrocholesterin* (**IV**), *7β-Oxycholesterin* [in dessen Mutterlaugen wegen der leichten Epimerisierbarkeit von I (vgl. vorst. Ref.) möglicherweise auch das 7α-Isomere] u. in geringer

Menge eine noch nicht identifizierte Verb. vom F. 195°, vielleicht ein 7-Oxy-$\Delta^{2.5}$-cholestadien, dagegen wurde kein *$\Delta^{4.6}$-Cholestadien-3 β-ylbenzoat* (**III**) gefunden. Bei der HBr-Abspaltung aus **I** mit Dimethylanilin wird bei 100° kein **II** gebildet, wohl aber bei 195°. Beim Erhitzen von **I** mit symm. Kollidin oder Diäthylanilin in Xylol entsteht zunächst ebenfalls kein **II** (spektrometr. Unters. des Rohprod.), **II** wurde aber nach chromatograph. Trennung erhalten, muß sich also auf der Al_2O_3-Säule gebildet haben, wahrscheinlich aus **III** durch Benzoesäureabspaltung. — Zur Darst. von **III** wurde $\Delta^{4.6}$-Cholestadien-3-on mit $LiAlH_4$ red., wobei fast ausschließlich *$\Delta^{4.6}$-Cholestadien-3 β-ol* entsteht. Die Einw. von Dimethylanilin auf **III** ergab während 5 Std. bei 100° 0% **II**, während 1 bzw. 2 Min. bei 195° 8 bzw. 16% **II**, mit Pyridin während 6 Std. bei 135° wurden 58%, mit Essigsäureanhydrid während 2 Std. bei 140° 56% u. mit $Ca(OH)_2$ in Xylol während 2 Std. bei 145° 4% **II** erhalten. Die geringe Ausbeute an **II** bei dem letzten Vers. gegenüber der Einw. von $Ca(OH)_2$ auf **I** wird damit erklärt, daß bei der Rk. mit **I** immer etwas freie HBr zugegen ist. Aus **IV**-*Benzoat* (**VI**) entsteht kein **II**. Die Konst. von **II** ergibt sich aus dem UV-Spektr., der Aufnahme von 3 H_2 bei der Mikrohydrierung u. der Bldg. eines *Maleinsäureanhydridadduktes*, das in Form des *Dimethylesters* **V** krist. isoliert wurde. Ein Strukturbeweis für **II** durch oxydativen Abbau ließ sich nicht erbringen, da nur Gemische entstanden, deren einzelne Fraktionen nicht krist. erhalten werden konnten. — Bei längerem Kochen von *7 β-Benzoxycholesterylbenzoat* (**VII**) mit Dimethylanilin entsteht neben wenig **VI** ebenfalls ein *Trien*, das höchstwahrscheinlich mit **II** ident. ist. **VI** muß sich aus **VII** unter vorhergehender Epimerisierung zu *7 α-Benzoxycholesterylbenzoat* gebildet haben, ebenso ist die Bldg. von **VI** (als **IV** isoliert) aus **I** durch vorhergehende Epimerisierung zu *7α-Bromcholesterylbenzoat*, die sehr leicht vor sich geht (vgl. vorst. Ref.), zu erklären, während **I** selbst Allylumlagerung zu *3 β-Benzoxy-5-brom-Δ^6-cholesten* erleidet, aus dem dann über **III II** entsteht. **II** ist wahrscheinlich ident. mit dem Trien von ECKHARDT (Ber. dtsch. chem. Ges. **71.** [1938.] 461) sowie mit dem Trien von MÜLLER, LANGERBECK u. NEUHOFF (C. **1945.** II. 1339), nicht aber mit dem $\Delta^{3.5.7}$-Cholestatrien von GOULD u. Mitarbeitern. (J. Amer. chem. Soc. **73.** [1951.] 1263.)

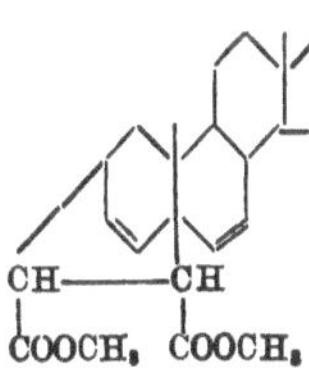

V

Versuche (FF. korr.): 2std. Kochen von 10 g **I** in absol. Xylol mit $Ca(OH)_2$ unter N_2, Filtration, Eindampfen u. Aufnehmen in Bzl. ergab eine Lsg., von der ein Teil eingedampft u. in Cyclohexan aufgenommen wurde; die spektrometr. Best. zeigte die Bldg. von 32,8% **II** u. 35,5% **VI** an. Die restliche Bzl.-Lsg. wurde 25 Min. mit 4%ig. methanol. KOH unter N_2 gekocht, eingeengt u. nach Aufnehmen in Ae. u. Eindampfen aus Bzl. an Al_2O_3 chromatographiert; Nachwaschen mit Bzl., Bzl.-Ae., Ae.-Chlf. u. Chlf. (Tabelle) lieferte 1400 mg *7-Dehydrocholesterin* [**IV**; F. 140—142° (Aceton), $[\alpha]_D^{23}$ — 116,3° (c = 1,451 in Chlf.)], 33 mg Nadeln vom F. 195—196° u. $[\alpha]_D^{22}$ — 96,7° (c = 1,138 in Chlf.), 1,7 g *7 β-Oxycholesterin* [F. 183—185°, aus CH_3OH Nadeln, $[\alpha]_D^{28}$ — 79,8° (c = 1,548 in Chlf.); *Dibenzoat* (**VII**), F. 154—155°, aus Aceton-CH_3OH Nadeln] u. 2,31 g *$\Delta^{2.4.6}$-Cholestatrien* [**II**; $C_{27}H_{42}$, F. 71—72°, Kp.$_{10}$→ 100—108° (Bad), $[\alpha]_D^{20}$ — 13,8° (c = 2,230 in Chlf.), λ_{max} 307 mμ (ε = 15200), λ_{min} 250 mμ (ε = 4000 in Ae.), λ_{max} 307 mμ, λ_{min} 250 mμ (in A.)]. — **V**, $C_{33}H_{50}O_4$, F. 164—166°, durch 8std. Erwärmen von **II** u. Maleinsäureanhydrid in Xylol in einer Ampulle auf 135°, Eindampfen im Vakuum, 15 Min. Schütteln mit CH_3OH + n-KOH (2:8), Ausäthern der neutralen Bestandteile, Ansäuern der alkal. Lsg. mit konz. HCl u. Verestern der sauren Bestandteile (89%) in Ae. mit CH_2N_2; aus Ae.-CH_3OH Nadeln, $[\alpha]_D^{20}$ + 135,6° (c = 2,412 in Chlf.). Bei 80° fand die Kondensation nur zu ~ 23% statt. — Bei der HBr-Abspaltung aus **I** mit symm.-Kollidin in sd. Xylol während 15 Min. unter N_2 ließen sich nur 28,3% **VI** spektrometr. nachweisen, ebenso bei der HBr-Abspaltung aus 4 g **I** mit Diäthylanilin 21,1% **VI**; nach Chromatographie aus PAe. an Al_2O_3 u. Nachwaschen mit PAe., PAe.-Bzl., Bzl., Bzl.-Ae., Ae. u. Ae. + 1% CH_3OH (Tabelle) ließen sich dagegen 265 mg **II**, 760 mg **VI** u. 610 mg *7 α-Oxycholesterylbenzoat* [F. u. Misch-F. 190—192° (Ae.-PAe.), $[\alpha]_D^{20}$ + 12,5° (c = 1,636 in Chlf.)] isolieren. — 8std. Erhitzen von **VII** mit Dimethylanilin in einer Ampulle auf 195—200° ergab 54% unreines **II** u. 17% **VI**. — *$\Delta^{4.6}$-Cholestadien-3 β-ol*, F. 112—114°, durch Red. von $\Delta^{4.6}$-Cholestadien-3-on (F. 79—81°) in Ae. mit $LiAlH_4$ während 2 Std. bei 20°, Zers. mit SEIGNETTE-Salzlsg., Ausfällung aus der nach Eindampfen der Ae.-Schicht hergestellten alkohol. Lsg. als *Digitonid* (93%), Aufnehmen in Pyridin in der Wärme, Ausfällung mit Ae. u. Eindampfen der Ae.-Lsg.; $[\alpha]_D^{20}$ — 31,8° (c = 1,302 in Chlf.). *Acetat*, F. 74—75°, aus Aceton Nadeln, $[\alpha]_D^{20}$ — 63,6° (c = 1,481 in Chlf.), λ_{max} 239 u. 233 mμ (ε = 28156 u. 21970 in Ae.). *Benzoat* (**III**), F. 127—129°. (Helv. chim. Acta **34.** 1111—22. 15/6. 1951. Bern, Dr. A. Wander Akt.-Ges., Wiss. Abt.) SPAETH. 3700

Rose Antonucci, Seymour Bernstein, Dominic Giancola und **Karl J. Sax,** *$\Delta^{5.7}$-Steroide.* 7. Mitt. *Die Umwandlung von $\Delta^{5.7}$- in $\Delta^{5.7.9}$-Steroidhormone.* (6. vgl. C. **1953.** 3249.) Nach der Meth. von WINDAUS u. LINSERT (Liebigs Ann. Chem. **465.** [1928.] 148) wurden einige $\Delta^{5.7}$-Steroide mit Hg (II)-Acetat zu den entsprechenden $\Delta^{5.7.9}$-Steroiden dehydriert.

Versuche [Spektren in absol. A.; Drehungen in Chlf. (c in 2 ml); Rkk. u. Destt. unter N_2): *Dehydroergosterylacetat* (*$\Delta^{5.7.9.22}$-Ergostatetraen-3β-olacetat*), F. 147,5 bis 149,5° (Aceton–CH_3OH), durch 1 std. Kochen von Ergosterylacetat in CCl_4 u. A. mit einer Lsg. von Hg (II)-Acetat in A. u. Eisessig, 0,75 std. Stehen, Filtration, Versetzen mit W. u. Eindampfen der organ. Schicht; λ_{max} 311, 325 u. 340—341 mμ (ε = 10500, 12100 u. 7500); 54% (Ausbeute). — *$\Delta^{5.7.9}$-Cholestatrien-3β-ol,* $C_{27}H_{42}O$, F. 119—121° (Aceton–CH_3·OH), analog vorst. Verb. aus 25 g 7-Dehydrocholesterin; λ_{max} 312, 325 u. 339 mμ (ε = 10100, 12800 u. 7950), $[\alpha]_D^{30}$ + 168°, $[\alpha]_{Hg}^{30}$ + 306° (31,6 mg); 3,2 g. *Acetat,* F. 88,5—90,5° (verd. Methanol), λ_{max} 311, 324—325 u. 340 mμ (ε = 10300, 11900 u. 7450), $[\alpha]_D^{28}$ + 226°, $[\alpha]^{28}_{Hg}$ 281° (16,1 mg). *Benzoat,* $C_{34}H_{46}O_2$, F. 140—141,5° u. 145,5°, λ_{max} 311—312, 325 u. 341 mμ (ε = 11500, 13500 u. 8000, 1% Chlf. in absol. A.), $[\alpha]^{25}_D$ + 242° (30,2 mg). — *$\Delta^{5.7.9}$-Androstatrien-3β-ol-17-onacetat,* $C_{21}H_{28}O_3$, F. 162—164° (CH_3OH), aus $\Delta^{5.7}$-Androstadien-3β-ol-17-onacetat; λ_{max} 311—311,5, 323 u. 338—339 mμ (ε = 9900, 11100 u. 6900), $[\alpha]_D^{30}$ + 388°, $[\alpha]_{Hg}^{30}$ + 491° (16,0 mg); 33%. — *$\Delta^{5.7.9}$-Androstatrien-3β-ol-17-on,* $C_{19}H_{24}O_2$, F. 169—171,5° (Aceton–PAe.), λ_{max} 310—311, 322 u. 338—339 mμ (ε = 9650, 10800 u. 6800), $[\alpha]_D^{30}$ + 346°, $[\alpha]_{Hg}^{30}$ + 438° (14,9 mg). *Benzoat,* $C_{26}H_{28}O_3$, F. 243—245,5° (Zers.; Aceton), λ_{max} 227, 311, 323 u. 335—336 mμ (ε = 17350, 11600, 12850 u. 8100), $[\alpha]_D^{29}$ + 337°, $[\alpha]_{Hg}^{29}$ + 425° (10,55 mg). — *$\Delta^{5.7.9}$-Androstatrien-3β·17β-diol,* $C_{19}H_{26}O_2$, F. 189—191° (Aceton), durch Dehydrierung von $\Delta^{5.7}$-Androstadien-3β·17β-dioldiacetat wie oben u. Verseifen des rohen *Diacetats,* das nicht krist. erhalten werden konnte, mit 5%ig. methanol. K_2CO_3 oder mit wss. Sodalsg.; λ_{max} 312, 324 u. 339 mμ (ε = 11230, 12680, 7950), $[\alpha]_D^{28}$ + 246°, $[\alpha]^{28}_{Hg}$ + 307° (25,1 mg in absol. A.). *Diacetat,* λ_{max} 312, 324 u. 339 mμ (ε = 9900, 10300, 6400). *Dibenzoat,* $C_{33}H_{34}O_4$, F. 202—205° (Zers.; CH_3OH), λ_{max} 228—229, 324 u. 340 mμ (ε = 30250, 11300, 12700, 8100), $[\alpha]_D^{29}$ + 180°, $[\alpha]_{Hg}^{29}$ + 235° (15,9 mg). — *$\Delta^{5.7.9}$-Pregnatrien-3β-ol-20-onacetat,* $C_{23}H_{30}O_3$, F. 145,5—147,5 (CH_3OH), aus $\Delta^{5.7}$-Pregnadien-3β-ol-20-onacetat; λ_{max} 312, 324 u. 339 mμ (ε = 11500, 12800, 7700), $[\alpha]_D^{29}$ + 317°, $[\alpha]_{Hg}^{29}$ + 400° (12,0 mg); 38%. — *$\Delta^{5.7.9}$-Pregnatrien-3β-ol-20-on,* $C_{21}H_{28}O_2$, F. 221—225° (Bzl.-CH_3OH u. Chlf.-PAe.), λ_{max} 311—312, 323 u. 337—339 mμ (ε = 10200, 11550, 7400 in 1% Chlf. in A.), $[\alpha]_D^{30}$ + 304°, $[\alpha]_{Hg}^{30}$ + 378° (24,3 mg in Pyridin). *Benzoat,* $C_{28}H_{32}O_3$, F. 196,5—199° (verd. CH_3OH u. verd. Aceton), λ_{max} 227,5—228, 312, 324 u. 338—339 mμ (ε = 16900, 11450, 12900, 8000), $[\alpha]_D^{29}$ + 290°, $[\alpha]_{Hg}^{29}$ + 368° (17,5 mg). — *$\Delta^{5.7.9}$-Pregnatrien-3β.21-diol-20-ondiacetat,* $C_{25}H_{32}O_5$, F. 144—146° (CH_3OH), aus $\Delta^{5.7}$-Pregnadien-3β.21-diol-20-ondiacetat; λ_{max} 311—312, 325 u. 337—340 mμ (ε = 10500, 11900, 7400), $[\alpha]_D^{29}$ + 295° (10,1 mg); 24%. — *$\Delta^{5.7.9}$-Pregnatrien-3β.21-diol-20-on,* F. 187—189,5° (Aceton–PAe.), λ_{max} 310—311, 324 u. 338—339 mμ (ε = 9300, 10700, 6660), $[\alpha]_D^{28}$ + 224°, $[\alpha]_{Hg}^{28}$ + 279° (3,3 mg); Ausbeute sehr gering. (J. org. Chemistry **16.** 1159—64. Juli 1951. Pearl River, N. Y., Amer. Cyanamid Co., Lederle Labors.) MENZEL. 3750

Rose Antonucci, Seymour Bernstein, Dominic Giancola und **Karl J. Sax,** *$\Delta^{5.7}$-Steroide.* 8. Mitt. *Die Maleinsäureanhydridadditionsprodukte von $\Delta^{5.7}$-Androstadien-3β-ol-17-onacetat und $\Delta^{5.7}$-Pregnadien-3β-ol-20-onacetat.* (7. vgl. vorst. Ref.) Es werden die

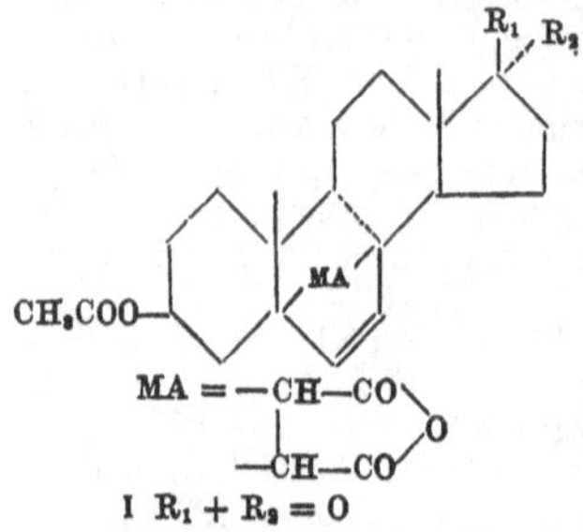

I $R_1 + R_2 = O$

II $R_1 = COCH_3$, $R_2 = H$

Maleinsäureanhydridaddukte (**I** u. **II**) von *$\Delta^{5.7}$-Androstadien-3β-ol-17-onacetat* (**III**) u. *$\Delta^{5.7}$-Pregnadien-3β-ol-20-onacetat* (**IV**) dargestellt. Von diesen erwies sich **II** u. nicht **I** als ident. mit dem von BERGMANN u. STEVENS (C. **1949.** II. 77) erhaltenen Ozonolyseprod. des Enolacetats des $\Delta^{5.7}$-Bis-nor-choladien-3β-ol-22-alacetatmaleinsäureanhydridaddukts, so daß letzteres eine 20.22- u. nicht eine 17.20-Doppelbindung haben muß. Pyrolyse von **II** lieferte **IV** zurück.

Versuche [Drehungen in Chlf. (c in 2 ml)]: *Maleinsäureanhydridaddukt* (I) von *$\Delta^{5.7}$-Androstadien-3β-ol-17-onacetat* (**III**), $C_{25}H_{30}O_6$, F. 259—261° (verd. CH_3COOH), durch 18 std. Kochen von 1 g **III** mit 0,4 g Maleinsäureanhydrid in Xylol, Eindampfen im Vakuum, Aufnehmen in Ae., Ausfällen mit PAe. u. Aufarbeitung in Bzl.; $[\alpha]_D^{29}$ + 28,1°, $[\alpha]_{Hg}^{29}$ + 38,1° (11,4 mg); 80 mg (Ausbeute). — *Maleinsäureanhydridaddukt* (**II**) von *$\Delta^{5.7}$-Pregnadien-3β-ol-20-onacetat* (**IV**), $C_{27}H_{34}O_6$, F. 291—293° (Zers. oberhalb des F.), wie vorst. aus 1 g **IV**; aus Eisessig 0,12 g; $[\alpha]_D^{29}$ + 19,4°, $[\alpha]_{Hg}^{29}$ + 28,6° (21,7 mg).

Pyrolyse von **II** durch allmähliches Erwärmen auf 298°/1,6 mm ergab **IV** [F. 167—169° (CH_3OH), λ_{max} 271—271,5, 282 u. 293—294 mμ (ε = 11300, 12000 u. 6900 in A.), $[\alpha]_D^{29}$ —24,5°, $[\alpha]_{Hg}^{29}$ —33,1° (27,8 mg)], das durch Hydrolyse zum freien *$\Delta^{5.7}$-Pregnadien-3β-ol-20-on* [F. 230—233° (Aceton–PAe.), λ_{max} 271,5, 282 u. 293,5—294 mμ (ε = 10900, 11600, 6800 in A.), $[\alpha]_D^{29}$ —69,3°, $[\alpha]_{Hg}^{29}$ —92,7° (23,95 mg)] u. Reacetylierung gereinigt wurde. — Infrarotspektren von I, II u. IV vgl. Original. (J. org. Chemistry **16.** 1356—61. Sept. 1951.) MENZEL. 3750

Rose Antonucci, Seymour Bernstein, Dominic Giancola und **Karl J. Sax,** *$\Delta^{5.7}$-Steroide.* 9. Mitt. *Die Darstellung von $\Delta^{4.7}$- und $\Delta^{4.7.9}$-3-Ketosteroidhormonen.* (8. vgl. vorst. Ref.) Durch OPPENAUER-Oxydation von $\Delta^{5.7}$- u. $\Delta^{5.7.9}$-3-Oxysteroiden stellen Vff. die zugehörigen $\Delta^{4.7}$- bzw. *$\Delta^{4.7.9}$-3-Ketosteroide* dar, deren Struktur durch das UV-Spektr. bestätigt wurde.

V e r s u c h e [Spektren in absol. A.; Drehungen in Chlf. (c in 2 ml); alle Rkk. u. Destillationen unter N_2]: *$\Delta^{4.7}$-Androstadien-3.17-dion,* $C_{19}H_{24}O_2$, F. 140—142° (Aceton–PAe.). In die sd. Lsg. von 1,74 g $\Delta^{5.7}$-Androstadien-3β-ol-17-on in Toluol u. Cyclohexanon wurde Al-Isopropylat in Toluol zugetropft, 1¼ Std. gekocht, mit verd. H_2SO_4 zers. u. in Toluol u. dann in Bzl.–Ae. aufgearbeitet; λ_{max} 237 mμ (ε = 14800), $[\alpha]_D^{29}$ +94,0°, $[\alpha]_{Hg}^{29}$ +126° (10 mg); 0,13 g (Ausbeute). — *Dehydrocholestenon* (*$\Delta^{4.7}$-Cholestadien-3-on*), F. 89—89,5° (verd. Aceton), wie vorst. aus 25 g 7-Dehydrocholesterin; λ_{max} 238 mμ (ε = 15500); 8,9 g. — *Ergosteron* (*$\Delta^{4.7.22}$-Ergostatrien-3-on*), F. 133,5—135° (Aceton), aus 90 g Ergosterin; λ_{max} 239 mμ (ε = 15100); 62,4 g. — *Isoergosteron* (*$\Delta^{4.6.22}$-Ergostatrien-3-on*), F. 109—112° (CH_3OH), durch ¾std. Kochen vorst. Verb. in 10%ig. konz. HCl–Essigsäure; λ_{max} 284 mμ (ε = 26400). — *$\Delta^{4.7.9}$-Androstatrien-3.17-dion,* $C_{19}H_{22}O_2$, F. 192,5—194,5° (Zers.), aus 1 g $\Delta^{5.7.9}$-Androstatrien-3β-ol-17-on; λ_{max} 235,5—236, 242 u. 248,5—249 mμ (ε = 24700, 27200 u. 22400), $[\alpha]_D^{28}$ +468°, $[\alpha]_{Hg}^{28}$ +590° (31,7 mg); 0,18 g. — *$\Delta^{4.7}$-Pregnadien-3.20-dion,* $C_{21}H_{28}O_2$, F. 120—122° (Aceton–PAe. u. verd. Aceton), aus 2 g $\Delta^{5.7}$-Pregnadien-3β-ol-20-on; λ_{max} 237,5—238,5mμ (ε = 14100), $[\alpha]_D^{29}$ +96,9°, $[\alpha]_{Hg}^{29}$ +120° (16,1 mg); 0,5 g. — *$\Delta^{4.7.9}$-Pregnatrien-3.20-dion,* $C_{21}H_{26}O_2$, F. 159,5—161° (CH_3OH), aus 1 g $\Delta^{5.7.9}$-Pregnatrien-3β-ol-20-on; λ_{max} 242,5 mμ (ε = 27200), $[\alpha]_D^{26}$ +344°, $[\alpha]_{Hg}^{26}$ +427° (17,0 mg); 0,21 g. — *$\Delta^{5.7}$-Pregnadien-3β.21-diol-20-on-21-acetat,* $C_{23}H_{32}O_4$, F. 209,5—211°, durch selektive Acetylierung von $\Delta^{5.7}$-Pregnadien-3β.21-diol-20-on; λ_{max} 272, 282 u. 294 mμ (ε = 12030, 12800, 7650), $[\alpha]_D^{32}$ —37,6°, $[\alpha]_{Hg}^{32}$ —49,7° (14,9 mg). — *$\Delta^{4.7}$Pregnadien-21-ol-3.20-dionacetat,* $C_{23}H_{30}O_4$, F. 148,5—149,5° (Aceton–CH_3OH, CH_3OH, verd. CH_3OH, verd. Aceton), aus 350 mg vorst. Verb.; λ_{max} 237 mμ (ε = 13600), $[\alpha]_D^{30}$ +98,9°, $[\alpha]_{Hg}^{30}$ +125° (18,2 mg); 0,1 g (roh). (J. org. Chemistry **16.** 1453—57. Sept. 1951.) MENZEL. 3750

Joh. Rzymkowski und **Jos. Reitstötter,** nach Verss. von **Rosemarie Kalusa,** *Zur Frage des Oxydationspotentials von Eisen- und Kupferascorbinat im Vergleich zur Ascorbinsäure.* Durch Behandeln von 1,76 g *Ascorbinsäure* (**I**) mit 0,56 g Fe reductum in luftfreiem W. unter Toluol wurde *Fe-Ascorbinat* (**II**)-Lsg. hergestellt. Entsprechende Behandlung von 0,176 g **I** mit 0,99 g Cu_2Cl_2 führte zu *Cu-Ascorbinat* (**III**). Die Potentialkurven von **I, II** u. **III** bei der Oxydation durch Luft-O_2 oder p-Benzochinon werden ermittelt. Die Charakteristik des Syst. **II**–O_2 läßt auf Bldg. u. Zerfall einer nicht isolierten Intermediärverb. schließen. Bei Titration von **II** mit Chinon resultiert für Redoxsysteme typ. S-Form. In Ggw. von Puffern erscheint die Kurve der reinen **I**, da Puffersubstanzen wahrscheinlich Fe binden. (Biochem. Z. **322.** 9—15. 1951. Berlin-Dahlem, Inst. für Ernähr. u. Verpfleg.-Wissensch.) LOCH. 3800

Alexander Robertson, W. R. Whalley und **J. Yates,** *Die Chemie der Pilze.* 15. Mitt. *Der Abbau von Methyl-O-dimethylcitromycetin.* (14. vgl. J. chem. Soc. [London] **1950.** 3380.) *Methyl-O-dimethylcitromycetin* (**I**), dessen bas. Eigg. sich aus der Bldg. eines Pikrates, Hexachloroplatinates usw. ergeben, wird durch Pb-Tetraacetat zu *Methyl-O-dimethylcitromycetinol* (**II**), durch CrO_3 zu *Methyl-O-dimethylcitromycetinon* (**III**) oxydiert. Mit Ozon können diese Oxydationsprodd. nicht erhalten werden. **I** bildet mit Piperonal (**V**) eine *Piperonylidenverb.,* die bei Oxydation in die Piperonylidenderivv. von **II** bzw. **III** übergeht. Bei Hydrolyse mit warmem Alkali liefert **II** neben HCOOH *2-[6-Carboxy-2-oxy-4.5-dimethoxyphenyl]-6-methylpyron-(4).* Hydrolyse von **III** mit HCl führt unter Öffnung des γ-Pyronringes zu *3-Acetoacetyl-4-oxy-6.7-dimethoxycumarincarbonsäure-(5)-methylester,* der mit H_2SO_4 in **III** zurückverwandelt werden kann, wobei spurenweise *3-Acetyl-4-oxy-6.7-dimethoxycumarincarbonsäure-(5)* (**VI**) entsteht. Bei alkal. Hydrolyse von **III** bilden sich neben Aceton u. CH_3COOH **VI**, *6.7-Dimethoxy-2-methylchromoncarbonsäure-(5)* (**VIII**) u. eine als *4-Oxy-6.7-dimethoxycumarincarbonsäure-(5)* (**IX**)

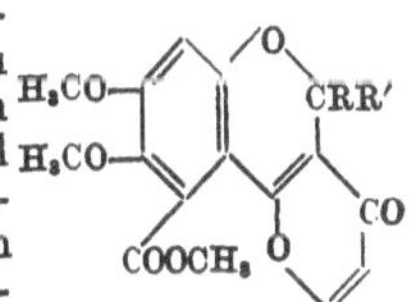

I R = R' = H
II R = OH, R' = H
III R + R' = O

angesprochene Substanz. Die Struktur von **VIII** wurde durch alkal. Abbau zu *5-Oxy-2.3-dimethoxybenzoesäure* (**IV**) bewiesen. Verss. zur Synth. von **VI**, **VIII** u. **IX** waren erfolglos.

Versuche: *Methyl-O-dimethylcitromycetin* (**I**)-*Derivv.*: *Piperonylidenderiv.*, $C_{25}H_{20}O_9$, F. 220°, durch Erhitzen von **I**, Piperonal (**V**) u. C_2H_5OK in A. (30 Min.) u. anschließendes 7tägiges Stehenlassen bei 20°, gelbe Nadeln aus Methanol. **I**-*Pikrat*, $C_{17}H_{16}O_7 \cdot C_6H_3O_7N_3$, F. 164°, gelbe Nadeln aus Bzl. oder Methanol. **I**-*Chloroplatinat*, $(C_{17}H_{16}O_7)_2 \cdot H_2PtCl_6$, F. 191° (Zers.), aus **I** u. $PtCl_4$ in HCl-gesätt. Eisessig, gelbe Nadeln. **I**-*Perchlorat*, $C_{17}H_{16}O_7 \cdot HClO_4$, F. 226° (Zers.), Kristalle. **I**-*Chloroferrat*, $(C_{17}H_{16}O_7)_3 \cdot 2\,HFeCl_4$ (annähernde Zus.), F. 161—162° (Zers.), orangegelbe Nadeln. — *Methyl-O-dimethylcitromycetinol* (**II**), $C_{17}H_{16}O_8$, F. 234° (Zers.), durch Stehenlassen einer Mischung von gepulvertem **I** u. Pb-Tetraacetat bei 16—18° (26 Tage), Nadeln aus Methanol. Den Mutterlaugen wird mit Chlf. eine bei 304—306° (Zers.) schm. Verb. entzogen, die beim Erwärmen mit konz. HCl auf 50° **II** liefert. *Chlorid*, $C_{17}H_{15}O_7Cl$, F. 242—243° (Zers.), durch 12 std. Stehenlassen von **II** in wenig konz. HCl, orangegelbe Prismen. **II**-*Piperonylidenderiv.*, $C_{25}H_{20}O_{10}$, F. 196—198°, aus dem Piperonylidenderiv. von **I** mit Pb-Tetraacetat in Eisessig bei 20° (28 Tage), gelbe Nadeln aus verd. Essigsäure. — *Methyl-O-dimethylcitromycetinon* (**III**), $C_{14}H_5O_5(OCH_3)_3$, F. 240° (Zers.), aus **I** oder **II** mit CrO_3 in Eisessig bei 70—75° (24 Std.), Prismen aus Methanol. *Dioxim*, $C_{17}H_{16}O_8N_2$, F. 210°, Nadeln aus Methanol; gibt eine rote $FeCl_3$-Rk. u. ist unverändert in wss. NaOH löslich. *Anilid*, $C_{23}H_{21}O_8N$, F. 226°, durch Erhitzen von **III** mit Anilin + CH_3COOH (5 Min.), gelbe Nadeln aus Methanol. *Chloroferrat*, $C_{17}H_{14}O_8 \cdot HFeCl_4$, F. 152—153° (Zers.), orange Prismen aus Essigsäure. *Chloroplatinat*, $(C_{17}H_{14}O_8)_2 \cdot H_2PtCl_6$, F. 203—204° (Zers., ab 190° Dunkelfärbung). *Piperonylidenderiv.*, $C_{22}H_9O_7(OCH_3)_3$, F. 170—172°, aus **I**- oder **II**-Piperonylidenderiv. mit CrO_3 in Essigsäure bei 75—80°, gelbe Nadeln aus Methanol u. dann aus verd. Eisessig. Beim Erhitzen mit RANEY-Ni in verd. Methanol (2 Std.) entsteht eine *Verb.* vom F. 166° (Nadeln aus Methanol), die beim Behandeln mit konz. H_2SO_4 (2 Std., 20°) **III** zurückbildet u. beim Erhitzen mit Anilin **III**-Anilid liefert. — Beim Abbau von **II** mit Alkali (mit **G. W. K. Cavill**) durch Erhitzen mit 2 n NaOH unter N_2 (1,5 Std.) bildet sich nach Ansäuern mit 2 n H_2SO_4 ein flockiger Nd. (**VII**), der nach Auskochen mit Methanol *2-[6-Carboxy-2-oxy-4.5-dimethoxyphenyl]-6-methylpyron-(4)*, $C_{15}H_{14}O_7$, F. 225—228° (Zers.), Prismen aus Dioxan, liefert. Aus den methanol. Extrakt wird **VIII** (s. unten) erhalten. In den sauren Filtraten von **VII** werden *Aceton* (als 2.4-Dinitrophenylhydrazon) u. *HCOOH* (als Benzimidazol, $C_7H_6N_2$, F. 168 bis 170°, Pikrat, F. 223—225° [Zers.]) nachgewiesen. *Hydrolyse von* **III**: a) mit konz. HCl durch 1½ std. Erhitzen auf 100°, Neutralisieren mit 2 n NaOH u. Ae.-Extraktion entsteht *3-Acetoacetyl-4-oxy-6.7-dimethoxycumarincarbonsäure-(5)-methylester* ($C_{17}H_{16}O_9$, F. 165,5° [Zers.], Nadeln aus Äthylacetat + PAe.), der durch Behandeln mit konz. H_2SO_4 (24 Std., 20°) **III** zurückbildet; b) mit 2 n NaOH auf dem sd. Wasserbad (10 Min.), Ansäuern mit 2 n H_2SO_4 u. Extraktion des Nd. mit Methanol werden aus dem eingedampften Extrakt *6.7-Dimethoxy-2-methylchromoncarbonsäure-(5)* [**VIII**, $C_{11}H_6O_4(OCH_3)_2$, F. 156°, hellgelbe Nadeln aus Methanol], aus dem ungelösten Anteil *3-Acetyl-4-oxy-6.7-dimethoxycumarincarbonsäure-(5)* (**VI**), $C_{12}H_6O_6(OCH_3)_2$, F. 314° (Zers.), Nadeln aus Methanol [*Methylester*, $C_{12}H_5O_5(OCH_3)_3$, F. 229° (Zers.), mit CH_2N_2 oder $CH_3J + K_2CO_3$, Prismen aus Methanol] u. aus den sauren Filtraten des Nd. Aceton u. CH_3COOH (als 2-Methylbenzimidazol) erhalten. Bei 1,5 std. Kochen mit 2 n NaOH werden neben Aceton u. CH_3COOH **VIII** u. eine als *4-Oxy-6.7-dimethoxycumarincarbonsäure-(5)* (**IX**, F. 255°, Prismen aus Methanol) angesprochene Verb. isoliert. — **VIII**-*p-Nitrobenzylester*, $C_{20}H_{17}O_8N$, F. 168°, aus dem Na-Salz von **VIII** mit p-Nitrobenzylchlorid in 50%ig. Methanol, aus A. Nadeln. — **VIII**-*Piperonylidenderiv.*, $C_{21}H_{16}O_8$, F. 225,5°, mit **V** in Ggw. von $NaOCH_3$, aus Bzl. hellgelbe Nadeln. — *Abbau von* **VI** durch Kochen mit 10%ig. wss. NaOH unter N_2 (1,5 Std.) führt zu Aceton, CH_3COOH, **VIII** u. **IX**. — *Abbau von* **VIII** durch Erhitzen mit 50%ig. KOH auf 120—130° (30 Min.) u. dann auf 310—320° (30 Min.) unter N_2 führt zu CH_3COOH u. **IV** (s. unten). — *3-Nitro-5-methoxybenzotrifluorid*, $C_8H_6O_3NF_3$, F. 37,5°, aus 3.5-Dinitrobenzotrifluorid u. $NaOCH_3$ durch Erhitzen in Methanol (1 Std.), aus PAe. Prismen. — *3-Amino-5-methoxybenzotrifluorid*, $C_8H_8ONF_3$, F. 151°, aus vorst. Verb. mit Pd-Kohle/H_2 in Methanol, aus PAe. seidige Nadeln. *Acetylderiv.*, $C_{10}H_{10}O_2NF_3$, F. 120°, aus Bzl. lange Nadeln. — *3-Oxy-5-methoxybenzotrifluorid*, $C_8H_7O_2F_3$, F. 75°, aus vorst. Verb. durch Diazotieren u. Verkochen mit halbkonz. H_2SO_4 bei 95°, nach Sublimieren bei 100°/14 mm aus PAe. Prismen. *p-Nitrobenzoat*, $C_{15}H_{10}O_5NF_3$, F. 115°, hellgelbe Nadelbüschel. — *2.5-Dioxy-3-methoxybenzotrifluorid*, $C_8H_7O_3F_3$, F. 131°, aus vorst. Verb. mit K-Persulfat in 10%ig. wss. NaOH durch Verrühren bei 18° (3—4 Std.) u. anschließendes 20 std. Stehenlassen, aus Bzl. Prismen nach Sublimieren bei 140°/0,2 mm. *Bis-p-nitrobenzoat*, $C_{22}H_{13}O_9N_2F_3$, F. 194°, Prismen aus verd. Methanol. — *2.5-Dioxy-3-methoxybenzoesäure*, $C_8H_8O_5$,

F. 221°, aus vorst. Verb. mit 2nNaOH in 24 Std. bei 20°, Nadeln aus PAe. nach Sublimieren bei 210°/0,2 mm. *Methylester*, $C_7H_4O_3(OCH_3)_2$, F. 163,5°, mit CH_2N_2, aus Bzl. + PAe. Prismen; *Bis-p-nitrobenzoat*, $C_{23}H_{16}O_{11}N_2$, F. 209°, Prismen aus Methanol. — *5-Benzyloxy-2-oxy-3-methoxybenzoesäuremethylester*, $C_{16}H_{16}O_5$, F. 102°, aus vorst. Methylester mit Benzylbromid + K_2CO_3 in sd. Aceton in 5 Std., Nadeln aus PAe. nach chromatograph. Adsorption aus Ae. an Al_2O_3 u. Dest. bei 180—182°/0,1 mm. *p-Nitrobenzoat*, $C_{23}H_{19}O_8N$, F. 182°, aus Bzl. + PAe. Platten. — *5-Benzyloxy-2.3-dimethoxybenzoesäuremethylester*, $C_{14}H_9O_2(OCH_3)_3$, Kp.$_{0,3}$ 195—196°, aus vorst. Verb. mit CH_3J + K_2CO_3 in sd. Aceton in 20 Std., hellgelbes Öl. — *5-Oxy-2.3-dimethoxybenzoesäuremethylester*, $C_{10}H_{12}O_5$, Kp.$_{0,4}$ 145°, durch Entbenzylieren von vorst. Verb. mit Pd-Kohle in Eisessig (2 Std.), hellgelbes Öl. *p-Nitrobenzoat*, $C_{17}H_{15}O_8N$, F. 126°, aus Bzl. + PAe. Prismen. — *5-Oxy-2.3-dimethoxybenzoesäure* (IV), $C_9H_{10}O_5$, F. 178°, aus vorvorst. Verb. mit der halben Menge Pd-Kohle in 7 Std., hellgelbe Prismen. (J. chem. Soc. [London] **1951**. 2013—18. Aug. Liverpool, Univ.) K. FABER. 3900

R. M. Gascoigne, J. S. E. Holker, B. J. Ralph und **Alexander Robertson**, *Die Chemie der Pilze*. 16. Mitt. *Eburicosäure*. (15. vgl. vorst. Ref.) Aus den Mycelien der auf künstlichem Nährboden gezüchteten Pilze *Polyporus anthracophilus* COOKE, *P. eucalyptorum* FR., *P. sulfureus* (BULL.) FR., *Fomes officinalis* FR. u. *Lentinus dactyloides* CLEL. konnte die Triterpensäure *Eburicosäure* (I) isoliert werden. In den beiden letztgenannten Pilzen ist I von einer ähnlich gebauten Verb. mit einem Syst. konjugierter Doppelbindungen begleitet. Aus den Mycelien von P. anthracophilus, das auf Eucalyptus regnans gewachsen war, wurde das I-Acetylderiv. erhalten. I ist eine Oxysäure mit einer tert. Carboxylgruppe u. 2 Doppelbindungen, von denen eine in einer Methylengruppe vorliegt. Oxydation von I gibt ein *Diol*, das in H_2CO u. ein *Keton* gespalten werden kann. I kann über verschied. Zwischenstufen in den KW-stoff *Eburicen* übergeführt werden. Aus weiteren Verss. folgt, daß I wahrscheinlich ein tetracycl. Triterpen darstellt, dessen OH-Gruppe an einem Endring in α-Stellung zu dem die geminale Dimethylgruppe tragenden C-Atom sitzt.

V e r s u c h e: *O-Acetyleburicosäure*, $C_{32}H_{50}O_4$, F. 256—257°, aus dem zerkleinerten, pilzbefallenen Holz von Eucalyptus regnans durch Extraktion mit A., lange seidige Nadeln; $[\alpha]_D^{25}$ +33,4° (c = 3,1 in Pyridin). Gibt bei Entacetylierung mit sd. 10%ig. alkoh. KOH I. *Methylester*, $C_{32}H_{49}O_3(OCH_3)$, F. 154—155°, mit äther. CH_2N_2, seidige Nadeln aus Methanol; bei Hydrolyse mit sd. 10%ig. methanol. KOH (1 Std.) entsteht I-*Methylester* (s. unten); verbraucht bei Titration mit Perbenzoesäure in Chlf. bei 0° in 1 Tag 1,97, in 2 Tagen 2,18 Äquivalente. — *Eburicosäure* (I), $C_{30}H_{48}O_3$, F. 292°, durch Extraktion der auf modifiziertem WILLIAMS-SAUNDER-Nährboden (Biochem. J. **28**. [1934.] 1887) mit „Marmite“ (0,1 g/Liter), Glucose an Stelle von Rohrzucker (100 g/Liter) u. Glykokoll (2 g/Liter) gezüchteten, getrockneten u. gepulverten Mycelien der nachst. genannten Pilze mit PAe. (zur Entfernung von Fett) u. dann mit Äther. Untersucht wurden *Polyporus anthracophilus* (die erhaltene I war mit einer schwer abtrennbaren, nicht sauren Substanz verunreinigt; zur Reinigung wurde das I-*Na-Salz*, $C_{30}H_{47}O_3Na$, Nadeln aus wss. A., mit sd. Bzl. extrahiert), *P. eucalyptorum*, *P. sulfureus*, *Fomes officinalis* u. *Lentinus dactyloides*. *Methylester*, $C_{31}H_{50}O_3$, F. 140—141°, mit äther. CH_2N_2, Nadeln aus Methanol, $[\alpha]_D^{22}$ +33,1° (c = 3,4 in Pyridin), $[\alpha]_D^{17}$ +42,4° (c = 2,7 in Chlf.). *p-Nitrobenzylester*, $C_{37}H_{53}O_5N$, F. 150—150,5°, aus dem Na-Salz mit p-Nitrobenzylchlorid, lange Nadeln aus Äthanol. I gibt beim Erhitzen mit Acetanhydrid + Pyridin das I-Acetylderiv. (s. oben). Äquivalentgewicht von I, bestimmt nach RUZICKA u. FURTER (Helv. chim. Acta **15**. [1932.] 472), beträgt 459—465. — *Dihydroeburicosäure* (II), $C_{30}H_{50}O_3$, F. 295—297°, aus I mit Pd-Kohle/H_2 in A. in 1 Std., Nadeln aus A.; *Acetat*, $C_{32}H_{52}O_4$, F. 272—274°, seidige Nadeln aus verd. A.; *Methylester*, $C_{31}H_{52}O_3$, F. 132°, Prismen aus Methanol; *Methylesteracetat*, $C_{33}H_{54}O_4$, F. 157—159°, Prismen. Ein Tetrahydroderiv. von I konnte auch mit Pt-Kontakten bei 150°/100 at nicht erhalten werden. — Bei Ozonolyse von I-Acetylderiv. in Chlf. bei 0° (4 Std.) entsteht H_2CO (isoliert als Dimedonderiv., F. 189°, u. 2.4-Dinitrophenylhydrazon, F. 162°), während II-Acetylderiv. mit O_3 nur Spuren von H_2CO liefert. — *Diol* $C_{33}H_{54}O_6$, F. 195 bis 196,5°, aus dem Methylesteracetat von I mit OsO_4 in Ae. in 24 Std.; nach Erhitzen des gebildeten Os-Esters mit Na_2SO_3-Lsg. (1 Std.) werden durch Extraktion des Reaktionsprod. mit Methanol Prismen erhalten. — *Keton* $C_{32}H_{50}O_5$, F. 177—178°, aus vorst. Diol mit Pb-Tetraacetat in verd. Eisessig in 24 Std., Nadeln aus Methanol; λ_{max} 280 mμ (log ε = 1,84). *Oxim*, $C_{32}H_{51}O_5N$, F. 171—172°, Prismen aus Methanol. *Semicarbazon*, $C_{33}H_{53}O_5N_3$, F. 218—219° (Zers.), Prismen; λ_{max} 225 mμ (log ε = 4,18). In den Mutterlaugen des Ketons wird H_2CO als Dimedonderiv. nachgewiesen. — *Eburicodienonsäure* (III), $C_{30}H_{46}O_3$, F. 226—227°, aus I durch Erhitzen mit Cyclohexanon u. Al-tert.-Butylat in Dioxan (6 Std.), Nadeln aus A.; $[\alpha]_D^{20}$ +50,9° (c = 4,4 in Pyridin), λ_{max} 282 mμ (log ε = 1,54). *Semicarbazon*, $C_{31}H_{49}O_3N_3$, F. 313° (Zers.), Blättchen aus A.; λ_{max} 225 mμ (log ε = 4,17). *Oxim*, $C_{30}H_{47}O_3N$, F. 243° (Zers.), Nadeln. — *Eburicenonsäure*, $C_{30}H_{46}O_3$, F. 238—240°, ebenso aus **II**, Nadelrosetten. *Semicarbazon*, $C_{31}H_{51}O_3N_3$, F. 308—309° (Zers.). — *Eburicodiensäure*, $C_{30}H_{48}O_2$, F. 252—253°, aus **III** durch Erhitzen mit Hydrazinhydrat in Äthylenglykol in Ggw. von KOH (1½ Std.), Abdest. des überschüssigen Hydrazins u. anschließendes Erhitzen auf 195° (4 Std.), Nadeln aus A.; $[\alpha]_D^{16}$ +40,5° (c = 3,0 in Pyridin). *Methylester*, $C_{31}H_{50}O_2$, F. 98—99°, mit CH_2N_2, Nadeln aus Chlf. + Methanol. Bei Hydrieren mit RANEY-Ni/H_2 entsteht daraus *Eburicensäuremethylester* (**IV**), $C_{31}H_{52}O_2$, F. 118—119,5°, Platten aus Chlf. + Methanol. — *Eburicenol* (**V**), $C_{30}H_{52}O$, F. 100—102°, aus **IV** mit $LiAlH_4$ in Ae. durch 3std. Erhitzen, Nadelrosetten aus Methanol, $[\alpha]_D^{18}$ +54,5° (c = 3,0 in Pyridin). *Acetat*, $C_{32}H_{54}O_2$, F. 77—78°, aus wss. A. Nadeln. *p-Nitrobenzoat*, $C_{37}H_{55}O_4N$, F. 112—114°, Nadeln aus Methanol. — *Eburicenal* (**VI**), $C_{30}H_{50}O$, F. 157—158°, aus **V** durch Erhitzen mit p-Chinon u. Al-tert.-Butylat in Bzl. (14 Std.), Platten aus A. + Bzl., $[\alpha]_D^{23}$ +53,1° (c = 3,0 in Pyridin). *Semicarbazon*, $C_{31}H_{53}ON_3$, F. 257—258° (Zers.). — *Eburicen, niedrigschm. Isomeres* (**VII**), $C_{30}H_{52}$, F. 122—123°, aus **VI**-*Semicarbazon* durch Erhitzen mit $NaOC_2H_5$ in A. auf 190—200° (12 Std.); nach chromatograph. Adsorption an Al_2O_3 aus PAe. Platten (aus A. + Bzl.); $[\alpha]_D^{19}$ +55,0° (c = 2,0 in Chlf.). *Hochschm. Isomeres*, $C_{30}H_{52}$, F. 274—275°, aus **VI** durch Erhitzen mit KOH, 90%ig. Hydrazinhydrat u. Äthylenglykol (1½ Std.), Abdest. von überschüssigem Hydrazin u. Erhitzen des Rückstandes auf 195° (4 Std.); nach chromatograph. Adsorption an Al_2O_3, wobei nebenher entstandenes **VII** abgetrennt wird, Nadeln (aus A. + Bzl.); $[\alpha]_D^{20}$ +51,3° (c = 0,8 in Chlf.). — *Eburicotriensäuremethylester*, $C_{31}H_{48}O_2$, F. 115—116°, aus **I**-Methylester durch Verrühren mit PCl_5 in PAe. (45 Min.) u. 24std. Stehenlassen, Nadeln aus Methanol, die sich in Prismen umwandeln. — Ebenso läßt sich **II**-Methylester in einen *isomeren Eburicodiensäuremethylester* ($C_{31}H_{50}O_2$, F. 137 bis 138°, Platten aus Methanol) umwandeln. Daraus mit OsO_4 in Ae. durch 24std. Stehenlassen *Diol* $C_{31}H_{52}O_4$ (**VIII**) (F. 158—159°, Nadeln aus Methanol). — Oxydation von **VIII** mit Pb-Tetraacetat in Eisessig gibt einen Gummi eines Ketons, das ein krist. *Semicarbazon* ($C_{29}H_{47}O_3N_3$, F. 250°, Nadeln aus Methanol, λ_{max} 223 mμ [log ε = 4,25]) u. ein *2.4-Dinitrophenylhydrazon* ($C_{34}H_{48}O_6N_4$, F. 225° [Zers.], orange Nadeln aus Methanol) liefert. Aus den Mutterlaugen des Ketons wird *Aceton* als 2.4-Dinitrophenylhydrazon (F. 125—126°) isoliert. (J. chem. Soc. [London] **1951**. 2346—52. Sept.) K. FABER. 3900

D_3. Makromolekulare Chemie.

Hans Kuhn und **Werner Kuhn**, *Einfluß der behinderten Durchspülung mit Lösungsmittel auf die translatorische und rotatorische Bewegung von statistisch geknäuelten langkettigen Molekülen in Lösung*. 2. Mitt. *Rotationsbewegung, Viscosität und Strömungsdoppelbrechung*. (1. vgl. C. **1952**. 2009.) In Fortführung der l. c. angestellten Berechnungen wird der Reibungswiderstand R berechnet, der bei der Rotation eines statist. geknäuelten Fadenmol. relativ zum umgebenden Lösungsm. auftritt. Der für R maßgebende Widerstandsparameter λ wird wie l. c. für die Translation experimentell an Hand von Modellverss. mit makroskop. Mol.-Modellen (statist. gebogener Draht verschied. Abmessungen, Best. von R des Modells bei Rotation in konz. Zuckerlsg.) unter Verwendung des hydrodynam. Ähnlichkeitsprinzips bestimmt (Abhängigkeit von λ von der Zahl der statist. Kettenelemente im Makromol., von dessen Länge u. Dicke). Die Berechnung des Einfl. von R auf die Viscositätszahl [η], die Strömungsdoppelbrechungszahl [n] u. die Orientierungszahl [ω] (ω = Abweichung des Orientierungswinkels von der 45°-Richtung) ergibt die Beziehungen: $[\eta] = a_\eta Z/(1 + b_{rot}\sqrt{Z})$; $[n] = a_n Z/(1 + b_{rot}\sqrt{Z})$; $[\omega] = a_\omega Z^2/(1 + b_{rot}\sqrt{Z})$ für große innere Viscosität des Mol.-Fadens (d. h. der Mol.-Faden setzt einer raschen Änderung seiner Gestalt einen großen Widerstand entgegen) bzw. $a_\omega Z^2/3\cdot(1 + b_{rot}\sqrt{Z})$ für kleine innere Viscosität des Mol.-Fadens (alle Größen bezogen auf unendlich kleine Konz. u. verschwindendes Geschwindigkeitsgefälle, Z = Polymerisationsgrad). a_η, a_n, a_ω u. b_{rot} bedeuten Konstanten innerhalb einer polymerhomologen Reihe, die von der Länge A_m des statist. Vorzugselementes u. der hydrodynam. Dicke d_h der Fadenkette abhängen; a_n hängt außerdem von der Anisotropie der Polarisierbarkeit des statist. Fadenelementes ab. Anwendung der Gleichung für [η] auf Viscositätsmessungen an *Celluloseacetat* (**I**) in Aceton bzw. *Nitrocellulose* (**II**) in Aceton (Literaturdaten) ergeben für A_m u. d_h die Werte 92 u. 8 Å (**I**) bzw. 156 u. 10 Å (**II**). (J. Polymer Sci. **9**. 1—33. Juli 1952. Basel, Univ., Inst. of Phys. Chem.) FUCHS. 4000

M. St. C. Flett und **P. H. Plesch**, *Polymerisation von Isobutylen bei niederen Temperaturen*. 3. Mitt. *Das Endgruppenproblem*. (2. vgl. C. **1950**. II. 1959.) Unters. der Infrarotspektren verschied. *Polyisobutylene*, welche mit $TiCl_4$ als Katalysator u. verschied.

Cokatalysatoren nach der adiabat. Meth. (vgl. l. c.) bei Tempp. von −50 bis −20° (Polymere mit Mol.-Gew. 2—3·10⁹) oder isotherm bei 0° (Mol.-Gew. 500—10000) hergestellt wurden. — Als Cokatalysatoren wurden vor allem *Trichloressigsäure* (I), *W.* oder H_2SO_4 benutzt. — Die Absorption der Polymeren zeigt in allen Fällen Vorliegen von RR'C=CH_2-Gruppierungen, also von Methylenendgruppen an. Daneben wurden bei Verwendung von I bei der Polymerisation Trichloracetatgruppen im Polymeren nachgewiesen, was durch Vgl. mit dem Infrarotspektr. einfacher Ester der I (*Methyl-, Äthyl-* u. *tert.-Butyltrichloracetat*) erhärtet wurde. Außerdem traten Carbonylbanden auf. Chlor wurde in allen Polymeren mit Mol.-Gew. 500—10000 mikroanalyt. u. spektroskop. festgestellt. Vff. vermuten eine Rk. von $TiCl_4$ oder HCl mit den endständigen Doppelbindungen. — Die hauptsächlich auftretende CH_2=C<-Endgruppe wird bei der — dem Carboniumionmechanismus folgenden — Polymerisation durch Protonabspaltung vom C-Atom 1 des Isobutylens gebildet, wie Vff. annehmen, die Esterendgruppe durch Umlagerung des Ionenpaares am wachsenden Ende der Polymerkette. (J. chem. Soc. [London] **1952.** 3355—58. Sept. Manchester, I. C. S. Ltd., Res. Labors., u. Kelle, N. Staffs., Univ. Coll.) QUAST. 4010

R. J. Orr und **H. Leverne Williams,** *Die heterogene Zusammensetzung von bei —18° hergestellten Butadien–Styrol-Emulsionsmischpolymerisaten.* Vff. untersuchten *Butadien* (I)–*Styrol* (II)-Mischpolymerisate, die durch Emulsionspolymerisation bei −18° nach folgender Rezeptur: 100 (Teile) Monomere, 5,1 fettsaures K (S.F. Seifenflocken) pro 100 Monomeres, 0,1 Daxad, 46 CH_3OH, 157 W., MTM (tert. Mercaptangemisch), 0,20 $FeSO_4 \cdot 7H_2O$, 0,034 As_2O_3, 0,12 Sequestrene AA (ein Gemisch tert. Mercaptane aus 60% C_{12}-, 20% C_{14}- u. 20% C_{16}-Alkylresten), 0,056 $K_4P_2O_7$, 0,15 Diisopropylphenylmonohydroperoxyd, 0,2 Di-tert.-butylhydrochinon, hergestellt wurden. Die relativen Reaktionsgeschwindigkeitskonstanten r_1 u. r_2 wurden zu 1,37 u. 0,38, die Q- u. e-Werte des **I** zu 1,38 u. 0,008 (für **II**: 1 u. −0,8) ermittelt. Aus der ins Polymere eingebauten **II**-Menge wurde auf einen bemerkenswert homogenen Aufbau bei niedrigen Umsätzen geschlossen. Mittels tert. Mercaptangemische wurde die Kettenübertragungs-Rk. untersucht. Die Reglerwrkg. nimmt mit der Polymerisationstemp. ab. Zahlenmittel- u. viscosimetr. Mol.-Geww. wurden aus der Mercaptanabnahme u. den Viscositätszahlen errechnet. Die mol. Uneinheitlichkeit nimmt mit steigendem Umsatz u. der Anfangskonz. an Mercaptan zu. Die Befunde über die r_1- u. r_2-Werte u. über die Mol.-Gew.-Verteilung werden erörtert. (Canad. J. Chem. **29.** 270—83. März 1951. Sarnia, Ontario, Polymer Corp. Ltd., Res. and Developm. Div.) SCHÄFF. 4010

W. H. Embree, J. M. Mitchell und **H. Leverne Williams,** *Die heterogene Zusammensetzung von bei 5° hergestellten Butadien–Acrylonitril-Emulsionsmischpolymerisaten.* Unterss. am *Butadien* (I)–*Acrylonitril* (II)-Syst. ergaben, daß diese Mischpolymerisation sehr stark der von I-Styrol gleicht. Die Polymerisationsgeschwindigkeiten sind beim Monomerenverhältnis von ca. 1 am größten. Mercaptanregler verschwinden sehr viel langsamer als beim I-Styrol-System. Die aus der Mercaptanabnahme berechneten Zahlenmittel-Mol.-Geww. zeigen bis zu relativ hohen Umsätzen einheitliche Mol.-Geww. der Polymerisate an; sie nehmen bei noch höheren Umsätzen ab. Bei Viscositätsmessungen wurde gefunden, daß die Viscosität mit steigendem Umsatz zunimmt (dieser Effekt wird bei starkem **II**-Anteil infolge Verminderung der Verzweigungen unterdrückt), daß Mercaptan bei hohem Umsatz schneller abnimmt u. verd. Lsgg. von Polymerisaten mit mehr als 50% **II** sehr niedrige Viscositäten aufweisen. Viscosimetr. Mol.-Geww. wurden berechnet u. Mol.-Gew.-Verteilungen geschätzt. Diese Verteilungskurven scheinen sehr schmal zu sein; die übliche Verbreiterung bei hohen Umsätzen wird durch verstärkten Mercaptanverbrauch u. größeren Vinylgeh. der mit 50 Teilen **II** hergestellten Mischpolymerisate verhindert. Bei verschied. Umsätzen wurde das im Polymerisat eingebaute **II** bestimmt u. daraus folgende Reaktionsgeschwindigkeitsverhältnisse ermittelt: bei der Emulsion ist $r_1 = 0{,}28$, $r_2 = 0{,}02$; damit ergibt sich für **II** ein e-Wert von 1,47 bzw. ein Q-Wert von 0,74. (Canad. J. Chem. **29.** 253—69. März 1951. Sarnia, Ontario, Polymer Corp. Ltd., Res. and Developm. Div.) SCHÄFF. 4010

I. M. Kolthoff und **A. I. Medalia,** *Redoxvorschriften.* 2. Mitt. *Redoxvorschriften für alkalisches Medium, eingeleitet durch das System Cumylhydroperoxyd–Eisen–Zucker bei 30°.* (1. vgl. J. Polymer Sci. **4.** [1949.] 183.) Vff. untersuchten die Emulsionmischpolymerisation von *Butadien* (I)-*Styrol* (II) bei 30°. Die Polymerisationsansätze hatten folgende Zus. (in Gewichtsteilen): 75 **I**, 25 **II**, 180 W., 5 Kaliummyristat (**III**), 0,35 Sulfole B-8 (**IV**; tert.-Dodecylmercaptan), 1,0 $Na_4P_2O_7 \cdot 10H_2O$ (**V**); ferner 56,5%ig. Cumylhydroperoxyd (**VI**), $FeSO_4 \cdot 7H_2O$ (**VII**), $Fe(NO_3)_3 \cdot 9H_2O$ (**VIII**), Glucose (**IX**) u. Fructose (**X**) (die Konzz. von **VI**—**X** wurden variiert). Zur Best. des Umsatzes U nach einer gewissen Zeit wurde die Rk. durch Zusatz von Hydrochinon gestoppt. Von den zahlreichen Einzelergebnissen seien genannt: U geht in Abhängigkeit von **VIII** (0,005 bis 0,5 Teile) durch ein Maximum, das um so höher liegt, je niedriger die Menge an **VI** (0,02—0,1). Auch U in Abhängigkeit von **V** (0,3—3) geht durch ein Maximum, dessen Lage u. Höhe durch die **VIII**-Menge stark beeinflußt wird. Werden **I** + **II** mit nur 0,0048 **VI** polymerisiert, so nähert sich U mit steigender Polymerisationszeit einem Grenzwert u. beträgt auch nach t = 8 Std. nur 20%; die gleiche Erscheinung liegt auch bei höherem **VI**-Geh. auf, doch verschiebt sich der Grenzwert von U nach höheren Werten u. erst für 0,048 **VI** ist U = 95% nach t = 8. Wird jedoch U für t = 1,5 zugrunde gelegt, so steigt U mit zunehmendem **VI** zunächst steil an u. fällt dann wieder ab. Die Erscheinungen werden auf einen Verbrauch an **VI** während der Rk. zurückgeführt. Die Verbrauchsgeschwindigkeit an **VI** ist proportional $c^2/_3$, wo c = Menge an **IX** bzw. **X**; der Proportionalitätsfaktor ist für **X** 6mal größer als für **IX**. Der Einfl. der Seifenmenge auf die Polymerisationsgeschwindigkeit v wurde mit K-Laurat (**XI**, 0,5—5 Teile) untersucht. Ist so wenig **XI** vorhanden, daß keine Micellbldg. stattfindet, so ist v fast gleich 0; mit wachsender **XI**-Menge steigt v ab einer Konz. $c_{krit.}$ stark an ($c_{krit.}$ = 0,57 für **XI**, 3,4 für K-Caprinat u. 0,44 für **III**). Oberhalb $c_{krit.}$ ist v proportional der Quadratwurzel aus der Verbrauchsgeschwindigkeit von **VI** (gilt nicht unterhalb $c_{krit.}$). Bei Verwendung von **VII** ist v etwas größer als bei Verwendung von **VIII**; **VII** reagiert sehr schnell mit **VI** im Mol.-Verhältnis ca. 1:1. Vff. nehmen an, daß die Rk. zwischen **VI** u. Fe^{++} freie Radikale erzeugt u. in der wss. Phase stattfindet; ist zu wenig **XI** vorhanden, so reagieren die Radikale im wesentlichen in der wss. Phase miteinander, wodurch v gering ist; erst bei Ggw. von mehr **XI** erfolgt ein Übertritt der Radikale in die organ. Phase u. somit eine stärkere Polymerisation. Ohne **IX** bzw. **X** verläuft die Polymerisation mit **VI** u. **VIII** langsamer als in Ggw. der Zucker. Die Verwendung von K-Oxalat, K-Tartrat, K-Citrat oder KF an Stelle von **V** hat keinen wesentlichen Einfl. auf v. Durch KOH wird v erhöht, bei weiterer Steigerung von KOH wird die Rk. nach einem ca. 50%ig. Umsatz gestoppt. KCl, K_2SO_4 u. K_2CO_3 an Stelle von **V** erniedrigen den Umsatz auf ca. $^2/_3$ des mit **V** erhaltenen Wertes; das gleiche Resultat wurde bei völligem Fehlen eines K-Salzes erhalten. Uniperox 90 (ein Gemisch von Hydroperoxyden, deren Struktur ähnlich der von **VI** ist) an Stelle von **VI** erniedrigt v wenig, tert.-Butylhydroperoxyd aber stark. *Na-Di-sek.-butylnaphthalinsulfonat* (*SA-178*), *Na-Dioctylsulfosuccinat* (*Aerosol T*) u. *Na-Diamylsulfosuccinat* (*Aerosol AY*) an Stelle von **III** geben nur geringen Umsatz, dehydrierte Kolophoniumseife einen um 50% u. Handels-Na-Seifenflocken einen um 25% geringeren Umsatz als **III**. Durch $(NH_4)_2SO_4$ wird v bei Abwesenheit von **IV** stark erniedrigt, weniger bei Ggw. von **IV** u. noch weniger bei Ggw. von n-Dodecylmercaptan; beide Mercaptane werden während der Rk. verbraucht. (J. Polymer Sci. **5**. 391—427. Aug. 1950. Minneapolis, Minn., Univ., School of Chem.) FUCHS. 4010

I. M. Kolthoff, A. I. Medalia und **Madolyn Youse**, *Redoxvorschriften*. 3. Mitt. *Verwendung verschiedener Zucker bei 0 und bei 30° in einer Cumylhydroperoxyd–Eisen–Zucker-Vorschrift.* (2. vgl. vorst. Ref.). Der Ansatz für die Emulsionsmischpolymerisation von *Butadien* (**I**) u. *Styrol* (**II**) war im Prinzip der gleiche wie vorher. Als Emulgator diente durchweg K-Myristat u. als Regler Sulfole B-8 (**III**, vgl. l. c.). An Stelle von $Na_4P_2O_7 \cdot 10\,H_2O$ (**IV**) wurde auch $K_4P_2O_7$ (**V**) verwendet. Ferner wurden folgende Peroxyde bzw. reduzierende Substanzen untersucht: Cumylhydroperoxyd 56,5%ig. (**VI**), Uniperox 90 (**VII**, vgl. l. c.), tert.-Butylhydroperoxyd (**VIII**) bzw. Glucose (**IX**), Fructose (**X**), Dioxyaceton (**XI**), Redukton (**XII**), Ascorbinsäure (**XIII**), Benzoin (**XIV**), Acetol (**XV**), Galakturonsäure (**XVI**), Glyoxal (**XVII**), Kojisäure (**XVIII**), Oxalessigsäure (**XIX**), Glycerinaldehyd (**XX**) u. Glucosan (**XXI**) (zu den Ansätzen mit **XIII**, **XVI**, **XVIII** u. **XIX** wurden 90% der äquivalenten NaOH-Menge gegeben). Fe wurde in Form von $Fe(NO_3)_3 \cdot 9\,H_2O$ (**XXII**) verwendet. Die Verss. wurden bei 0° ausgeführt. Gemessen wurde der zeitliche Verlauf der entstandenen Menge Polymerisat (Umsatz U in % der insgesamt eingesetzten Menge an **I** u. **II**). — Ergebnisse: Die (U, t)-Kurven (t = Reaktionszeit bis zu 50 Std.) bei Verwendung verschied. Mengen an **X** fallen bei niedrigem U zusammen, bei höherem U treten Unterschiede auf (Abnahme von dU/dt bei kleinen Mengen). dU/dt ändert sich wenig mit der **II**-Konzentration. Die Induktionsperiode ist bei Verwendung von Fe^{++}-Ionen geringer als bei Verwendung von **XXII**, anschließend ist dU/dt in beiden Fällen etwa gleich groß. dU/dt steigt mit der Emulgatorkonzentration. Die Wirksamkeit der Peroxyde fällt in der Reihenfolge **VI**, **VII**, **VIII**. Ersatz von **IV** durch K-Citrat oder KF erniedrigt dU/dt. U ist proportional der eingesetzten **VI**-Menge (bis U = 80%). Weitere Verss. wurden mit Zuckerlsgg., die kurze Zeit (1 bis 10 Min.) zum Sieden erhitzt worden waren (2 g **IX** bzw. **X**, 1 g **IV**, 9 g W.), ausgeführt. Die Unters. der erhitzten Lsgg. ergab, daß der Aldohexosegeh. 70% betrug für **IX**, 40% für **X** u. 60% für ein Gemisch aus 70% **IX** u. 30% **X**. Bei Verwendung von nichterhitztem **X** oder von erhitztem **IX**, **X** oder **IX** + **X** ist dU/dt etwa gleich groß, aber doppelt so groß wie für nichterhitztes **IX**; eine nichterhitzte Mischung aus **IX** + **X** nimmt eine Mittelstellung ein (Verss. bei 0 u. 30°). Daraus folgt, daß die Wrkg. des erhitzten **IX** nicht allein auf eine **X**-Bldg. zurückzuführen ist, sondern daß durch das Erhitzen noch andere, bes. akt. Verbb. entstehen. Vff. untersuchten daher die Wrkg. weiterer Zuckerarten. Mit **XII** erfolgte fast keine Polymerisation; mit **XIII** kommt die Polymerisation nach einem gewissen Umsatz zum Stillstand; **XV** u. **XVII** verhalten sich ähnlich wie **X**, mit **XVI** ist U etwas u. mit **XVIII** u. **XIX** wesentlich geringer als mit **X**; 0,1 Teile **XI** oder **XX** sind ebenso wirksam wie 3 Teile **X**; 0,14 **XXI** ist gleichwertig mit 3 **IX** (Verss. bei 30°). Bei 0° fällt die Wirksamkeit in der Reihenfolge **XI**, **XII**, **XV**, **XXI**, **X**, **XIII**, **XVII** (z. B. ist U mit **XI** ca. doppelt so groß wie mit **X**). Es wird daher angenommen, daß beim Erhitzen der **IX**-Lsg. zum Teil **XI** entsteht (vgl. hierzu auch nachst. Ref.). (J. Polymer Sci. 6. 93—109. Jan. 1951.) FUCHS. 4010

I. M. Kolthoff und **A. I. Medalia**, *Redoxvorschriften*. 4. Mitt. *Dioxyacetonvorschriften bei 0°.* (3. vgl. vorst. Ref.) Die Emulsionsmischpolymerisation von *Butadien* (I) u. *Styrol* (II) wurde für zahlreiche Ansätze verschied. Zus. bei 0° untersucht. Bes. wurden die Konzz. folgender Verbb. variiert: Cumylhydroperoxyd (III), Dioxyaceton (IV), $FeSO_4$, K-Myristat (V) u. Sulfole B-8 (VI, vgl. l. c.). Am günstigsten erwies sich folgendes Gemisch (in Gewichtsteilen): 75 **I**, 25 **II**, 180 W., 5,0 **V**, 0,20 **VI**, 1,0 $K_4P_2O_7$, 0,05 **III**, 0,005 Fe^{3+}, 0,07 **IV**; in 12 Std. wurde so ein Umsatz von 60% erzielt. Weiter wurde gefunden, daß die Polymerisationsgeschwindigkeit v mit der Geschwindigkeit des Verschwindens von **IV** zunimmt. Zusatz von CH_3OH zu obigem Gemisch verzögert die Polymerisation stark. Die Viscosität η der 0,15%ig. Lsgg. des Polymerisates in Bzl. geht bei steigendem Umsatz U durch ein bei ca. 40% liegendes Maximum; bei Erhöhung der **VI**-Menge wird η erniedrigt. Die bei Verwendung von **VI** bzw. von tert.-Octylmercaptan (**VII**) erhaltenen (η, U)-Kurven schneiden sich bei ca. U = 50%; unterhalb dieses U-Wertes ist η für ein mit **VI** erhaltenes Prod. größer als für ein mit **VII** hergestelltes. Ferner nimmt η zu, wenn das Reaktionsgefäß stärker geschüttelt wird. Methyloleathydroperoxyd polymerisiert etwas rascher als **III**. Zusatz von KOH, K_2CO_3 oder Na_3PO_4 zum obigen optimalen Gemisch erniedrigt U. Alle Verss. wurden unter Verwendung von reinem **IV** durchgeführt; da dieses für die techn. Anwendung zu teuer ist, wurde die Darst. von rohen Prodd. untersucht. So war eine durch Oxydation von wss. *Glycerin* (**VIII**) mit Br_2 erhaltene Lsg. fast ebenso wirksam wie reines **IV**. Ein durch Oxydation von **VIII** mit H_2O_2 in Ggw. von $FeSO_4$ erhaltenes Rohprod. ist **IV** sogar gleichwertig. Zur Darst. dieses Prod. wird folgende Vorschrift angegeben: Zu 10 g **VIII**, 65 cm³ W. u. 1 g $FeSO_4 \cdot 7H_2O$ werden bei 40° 5,4 cm³ 30%ig. H_2O_2 im Laufe von 2 Std. unter starkem Rühren gegeben, Neutralisieren mit $CaCO_3$ bei 20° u. Filtrieren. Bzgl. des H_2O_2-Geh. verschied. so hergestellter Lsgg. u. bzgl. der Änderung des p_H-Wertes während der Oxydation von **VIII** vgl. das Original. Auch bei der FENTON-Oxydation von Glucose, Fructose, Saccharose oder Weinsäure werden Rohprodd. erhalten, die **IV** gleichwertig, zum Teil auch überlegen sind; die Ausführung dieser Oxydationen erfolgt nach der oben für **VIII** angegebenen Vorschrift. (Über den Mechanismus der FENTON-Rk. vgl. MEDALIA u. KOLTHOFF, J. Polymer Sci. **4.** [1949.] 377.) (J. Polymer Sci. **6.** 189—207. Febr. 1951.) FUCHS. 4010

I. M. Kolthoff und **A. I. Medalia**, *Redoxvorschriften*. 5. Mitt. *Das Redoxsystem Ferrosulfid–Cumylhydroperoxyd.* (4. vgl. vorst. Ref.) Die Unters. der Emulsionsmischpolymerisation von *Butadien* (I) u. *Styrol* (II) mit FeS bei 30° für verschied. Zuss. des Polymerisationsansatzes ergab folgende günstigste Vorschrift (in Gewichtsteilen): 75 **I**, 25 **II**, 180 W., 5,0 Na-Kolophoniumseife 731 (**III**), 0,17 Cumylhydroperoxyd 56,5%ig. (**IV**), 0,35 Sulfolemercaptan (**V**, vgl. l. c.), 0,060 $Na_2S \cdot 9H_2O$ (**VI**), 0,075 $FeSO_4 \cdot 7H_2O$ (**VII**) u. 1,0 $Na_4P_2O_7 \cdot 10H_2O$ (**VIII**). Die Substanzen wurden in folgender Reihenfolge gemischt: wss. Lsg. von **VI** + wss. Lsg. von **VIII** + wss. Lsg. von **VII** + wss. Lsg. von **III** + frisch bereitetem Gemisch aus **II**, **IV** u. **V**, schließlich Zusatz von **I**. Auf diese Weise wurde bei 30° eine ca. 80%ig. Umsetzung in 6 Std. erhalten. Im einzelnen wurden noch folgende Ergebnisse erhalten: Der Umsatz U von **I** + **II** hört unter den genannten Bedingungen bei U = 80% auf. Da **IV** während der Rk. red. wird, muß ein geringer Überschuß von **IV** gegenüber von **VI** u. **VII**, die in äquivalenten Mengen vorliegen, vorhanden sein; ein Unterschuß an **IV** führt zu einem Aufhören der Rk. bei geringem U. Die Viscosität des Polymerisates steigt während der Polymerisation an. Bei Abwesenheit von **VII** beträgt U nur 2% in 9 Stunden. Der Ersatz von **VIII** durch Na_2SO_4 erhöht die Induktionsperiode, doch bleibt dU/dt nach Anspringen der Polymerisation fast unverändert. Auch der Ersatz von **V** durch n-Dodecylmercaptan hat wenig Einfluß. Die Wirksamkeit verschied. Peroxyde steigt in der Reihenfolge: tert.-Butylhydroperoxyd, Benzoylperoxyd, Uniperox (Gemisch aus Aralkylhydroperoxyden), **IV**. Glucose ohne FeS gibt viel geringere U-Werte als FeS ohne Glucose, während Fructose dem FeS etwa gleichwertig ist. Mit Fructose + FeS kommt die Rk. nach U = 50% wegen zu starken Verbrauches von **IV** zum Stillstand. Für die Polymerisation bei 0° erwies sich folgender Ansatz als am günstigsten: 75 **I**, 25 **II**, 180 W., 5,0 K-Myristat (**IX**), 0,085 **IV**, 0,20 **V**, 0,068 **VI**, 0,079 **VII**, 1,0 $K_4P_2O_7$ (letzteres kann auch durch 0,36 K_2SO_4 ersetzt werden). Hiermit beträgt U = 60% nach 17 Stunden. Die Polymerisation kann auch mit FeS (statt mit **VI** + **VII**) ausgeführt werden, doch muß dann das Verhältnis FeS zu **IV** richtig dosiert werden (0,025 FeS zu 0,085—0,17 **IV** für 100 **I** + **II**). Über die zweckmäßige Darst. von FeS werden nähere Angaben gemacht. dU/dt ist bei 0° für FeS + Fructose kleiner als für FeS allein u. noch kleiner für FeS + Dioxyaceton; nach U = 60% nimmt dU/dt aber für die zuckerhaltigen Gemische zu, so daß nach 28 Std. sogar ein höherer U-Wert für FeS + Zucker erreicht wird als für FeS allein. Ähnlich wirken 4 Teile Glycerin im obigen Ansatz (wohl infolge der Fenton-Oxydation des Glycerins, vgl. l. c.). Werden aber 60 Teile W. mit 40 Teilen Glycerin versetzt, so steigt dU/dt beträchtlich an. CH_3OH wirkt verzögernd u. Na-Alkyltoluolsulfonat stark beschleunigend auf die Polymerisation. Wird im Ansatz bei 0° **IX** durch **III** ersetzt, so sinkt U. Mit $K_2S_2O_7$ an Stelle von **IV** beträgt U in 24 Std. nur 2% (alle letztgenannten Verss. beziehen sich nur auf 0°). Aus der Diskussion der Ergebnisse folgt, daß die Polymerisation durch die Red. von FeS bzw. der Zucker durch die Peroxyde eingeleitet wird. (J. Polymer Sci. **6**. 209—23. Febr. 1951.) Fuchs. 4010

H. Batzer und **F. Wiloth**, *Über substituierte Polyester*. 4. Mitt. *über Polyester*. 358. Mitt. *über makromolekulare Verbindungen*. (3. vgl. C. **1953**. 3251.) An substituierten Polyestern aus α.α'-Dibutyl- bzw. β.β'-Dibutylsebacinsäure u. Hexandiol wurde die Beziehung zwischen Viscositätszahl u. Mol.-Gew. auf Grund der Endgruppen-, osmot.-, Fällungstitrations- u. Streulicht-Mol.-Gew.-Bestimmungen nachgeprüft. Dabei konnte die früher (Batzer, C. **1951**. I. 1009) für nichtsubstituierte Polyester gezogene Folgerung auf einen gleichartigen u. vor allem unverzweigten Aufbau auch auf substituierte Polyester ausgedehnt werden. Aus der Größe des Exponenten der Viscositätszahl–Mol.-Gew.-Beziehung wird auf einen gestreckteren Aufbau der substituierten Polyester im Vgl. zu dem im Polymerisationsgrad entsprechenden, nichtsubstituierten Polyester geschlossen. (Makromolekulare Chem. **8**. 41—71. April 1952. Freiburg/Br., Staatl. Forschungsinst. für makromol. Chem.) Schäff. 4010

W. Philippoff, *Untersuchungen an Kunststoffen in einem breiten mechanischen Frequenzbereich*. (Sitzungsbericht.) An einigen Kunststoffen (u. a. Polyisobutylen) wurden Schubspannungsunterss. bei mechan. Frequenzen von $2 \cdot 10^{-5}$ Hz bis 10 Hz durchgeführt. Verss. an einer Kautschuk–Ruß-Mischung zeigten, daß im untersuchten Frequenzbereich die „box distribution“-Gleichung gültig ist, die zu weiteren Rückschlüssen auf das mechan. Verh. des Kautschuks führt. (Physic. Rev. [2] **86**. 644. 15/5. 1952. Franklin Inst. Labors.) Schäff. 4030

R. D. Andrews, *Beziehung zwischen dynamischen und statischen Messungen an kautschukelastischen Produkten*. (Vgl. vorst. Ref.) Dynam. u. stat. Messungen an kautschukelast. Prodd. lassen sich über ein verallgemeinertes Maxwell-Modell miteinander in Beziehung bringen, wenn vorausgesetzt wird, daß dieses Modell das mechan. Verh. des Syst. wiedergibt u. daß dieses durch die Art der Relaxationszeitenverteilung charakterisiert wird. Eigg., wie dynam. Modul, dynam. Viscosität u. stat. Modul, können durch Integralgleichungen, die die Verteilung der Relaxationszeiten enthalten, wiedergegeben werden. Daher kann diese mathemat. aus den experimentellen Daten berechnet werden. Hierfür werden Näherungsmethoden angegeben. (Ind. Engng. Chem. **44**. 707—15. April 1952. Midland, Mich., Dow Chem. Co.) Schäff. 4030

Rolando Rigamonti und **Virginio Riccio**, *Ionentauschende Eigenschaften der Celluloseester zweibasischer Säuren*. (Vgl. C. **1952**. 7115.) Vff. veresterten hydrophile Cellulose mit *Phthalsäure* (**I**), *Maleinsäure* (**II**), *Bernsteinsäure* (**III**) u. *Adipinsäure* (**IV**). Die wegen der Unlöslichkeit, des sauren Charakters u. der Hydrophilie dieser Verbb. zu erwartende Fähigkeit, als Ionenaustauscher zu dienen, wird bestätigt u. quantitativ verfolgt. Darst. der Ester a) durch Umsetzung von Cellulose mit den Anhydriden in sd. Bzl. (**I** u. **II**) bzw. Pyridin (**III**) mit H_2SO_4 als Katalysator sowie b) durch Rk. der Cellulose mit den geschmolzenen Anhydriden ohne Katalysator (**I**—**IV**) bei erhöhter Temp., gegebenenfalls im Vakuum (**IV**) u. unter Zugabe von Paraffin als Verdünnungsmittel (**IV**). Das Austauschvermögen der nach a) erhaltenen Prodd. ist größer, die Ausbeute kleiner als bei b). Struktur im allg. pulverig, bei Prodd. mit geringem Austauschvermögen noch etwas faserig. Veresterung noch freier Hydroxylgruppen mit Acetanhydrid zur Gewinnung lösl. Prodd. gelang nicht; die Reaktionsprodd. haben schlechteres Ionenaustauschvermögen. Auch partielle Acetylierung u. anschließende Umsetzung mit der Dicarbonsäure führte nicht zum Ziel. Das größte Austauschvermögen zeigte das Prod. aus Cellulose u. **III** (1:5). (Ann. Chimica **42**. 580—85. Okt. 1952. Turin, Politecnico, Ist. di Chim.) Häussler. 4050

R. Hosemann, *Die parakristalline Feinstruktur natürlicher und synthetischer Eiweiße. Visuelles Näherungsverfahren zur Bestimmung der Schwankungstensoren von Gitterzellen.* Unter einem „idealen Parakristall" wird in der vorliegenden Arbeit eine Deformation der idealen, d. h. der period. Kristallstruktur verstanden, welche man durch Ersatz der konstanten Zellkanten a durch statist. bestimmte Vektoren erhält, die in ihren Längen u. Richtungen variieren. Die einzelnen Zellen werden hierdurch deformiert u. damit der Zellinhalt. Die mittleren Größen der Kantenvektoren der Gitterzellen u. ihre mittleren statist. Schwankungen wurden durch visuelle Auswertung nicht zu reflexarmen Röntgendiagrammen mit Hilfe der Theorie des idealen Parakristalls erhalten. Ausgewertet wurden nach diesem Näherungsverf. die Kleinwinkelröntgendiagramme von α- u. *β-Keratin, Kollagen* u. *Polyurethan,* wobei charakterist. Unterschiede für die einzelnen Schwankungen erhalten wurden. Die Makrozellenkanten der untersuchten Substanzen in der Faserrichtung schwanken dem Betrag nach fast gar nicht, jedoch bedeutend in der Richtung. Die Schwankungen quer zur Faserrichtung wird nur bei β-Keratin gering, beim α-Keratin in Faserrichtung jedoch so groß, daß man von einer nemat. Nahordnung der Makrozellen sprechen kann. Beim Kollagen schwankt diese Querkante dem Betrag u. der Richtung nach um ca. 1,5 Å u. weist damit auf den gelartigen Charakter der Substanz hin. Beim Polyurethan schwanken alle Makrozellenkanten so stark, daß man von einer Art Flüssigkeitsstruktur mit cylotakt. Nahordnungseffekten sprechen kann. (Acta crystallogr. London] **4.** 520—30. Nov. 1951. Berlin.) GOTTFRIED. 4070

G. D. Wowtschenko, *Sulfhydrylgruppen im Eiweißmolekül.* Übersicht über den heutigen Stand der Kenntnis der Rkk. der Sulfhydrylgruppe u. ihre Bedeutung für Fermentreaktionen. (Вестник Московского Университета Серия Физико-Математических и Естественных Наук [Nachr. Moskauer Univ., physik.-mathemat. u. naturwiss. Ser.] **7.** Nr. 10. 75—83. Okt. 1952. Lehrstuhl für allg. Chemie.) v. SCHRÖDER. 4070

I. Ja. Schaferstein und **A. P. Sinowa** (unter Mitarbeit von **W. I. Bekilowa**), *Analyse der Verbindung von Serumalbumin mit Sulfosalicylation.* Aus Pferdeserum gewonnenes Albumin (I) wurde nach dem Verf. der Vff. (Украинскии Химический Журнал [Ukrain. chem. J.] **17.** [1951.] 786) mit Sulfosalicylsäure (II) versetzt u. der Nd. nach wiederholter Behandlung mit Trichloressigsäure zur Entfernung des Eiweißes bromometr. bestimmt. Es wurde gezeigt, daß bei der Rk. zwischen **I** u. **II** letztere als zweibas. Säure auftritt. Nach dem aufgestellten Reaktionsschema beträgt das Verhältnis **II**-Molzahl/**I**-Molzahl die Hälfte der Kationengruppen im Eiweißmolekül. (Биохимия [Biochemie] **17.** 7—12. Jan./Febr. 1952. Charkow, Univ., Chem. Inst.) v. WILPERT. 4070

E. Biologische Chemie. Physiologie. Medizin.

E_1. Allgemeine Biologie und Biochemie.

H. Symanski, *Fluor als Problem allgemeinhygienischer und gewerbemedizinischer Bedeutung.* Übersicht über die biol. Bedeutung des F, F-Vergiftungen bei Menschen, Tieren u. Pflanzen u. durch F hervorgerufene Berufserkrankungen. (Arhiv Higijenu Rada **4.** 49—60. 1953. Saarbrücken, Univ., Arbeitsmedizin. Inst.) BECKMANN. 4100

Frank P. Hungate und **Thomas J. Mannell** *Schwefel 35 als ein mutagenes Agens in Neurospora.* ^{35}S erweist sich auf Grund von Verss. an *Neurospora crassa* als ein sehr wirkungsvolles Mutationen erzeugendes Agens, bes. für Mikroorganismen. Die Durchführung der Verss. erfolgte so, daß die bei der Umwandlung von ^{35}S in ^{35}Cl erzeugte Wrkg. quantitativ von dem Strahlungseffekt der ausgesandten β-Teilchen unterschieden werden konnte. Von den 6—15% gefundenen biochem. Mutanten des *Mikrokonidialstammes* von *Neurospora* entstanden ca. 5—10% durch die Strahlenwirkung. Eine Berechnung zeigt, daß die Zahl der Gene, die ein wesentliches S-Atom enthalten u. damit Anlaß zu den durch Umwandlung bedingten Mutationen geben, sehr klein ist. Neben den bei Strahlungsverss. üblichen Mutationstypen wurden einige Aminosäuren verlangende Typen gefunden. (Genetics **37.** 709—19. Nov. 1952. Portland, Ore., Reed Coll., Biol. Dep.) NIESWANDT. 4130

Quentin Van Winkle, Mary W. Renoll, Justine S. Garvey und **Albert F. Prebus,** *Elektronenmikroskopie isolierter Chromosomen.* Chromosomen aus den Erythrocyten von Truthahn u. Küken sowie aus Kalbsthymus wurden nach der leicht modifizierten Meth. von MIRSKY u. RIS (J. gen. Physiol. **31.** [1947.] 1 u. **34.** [1951.] 475) isoliert. Das Anfärben erfolgte nach verschied. Methoden (Aceto-, Orcein-, Phosphorwolfram-, Molybdän- u. Osmiumsäure, Schattieren mit Cr). Ferner wurde die Ag-Färbemeth. von BRETSCHNEIDER (Proc., Kon. nederl. Akad. Wetensch. **52.** [1949.] 301) benutzt (2 elektronenmkr. Aufnahmen). Die Chromosomen (Dimensionen 0,06—0,5 × 3—8 μ) zeigten zylindr.

(„Tubulus") Gestalt u. keine Anzeichen von Faserstruktur oder Chromomeren. Kontrollverss. mit Schaferythrocyten führten zu demselben Resultat. Die durch Entfernung der äußeren Nucleohistonschicht mit 1 mol. NaCl-Lsg. aus den Chromosomen von Geflügelerythrocyten erhaltenen „Restchromosomen" haben einen red. Durchmesser (im Mittel 0,05 μ), zeigen aber ebenfalls keine Anzeichen einer Assoziation. Die Unters. der einzelnen Stufen der Färbung nach BRETSCHNEIDER (l. c.) an ganzen Chromosomen ergab, daß erst die Entfernung des größeren Teils der *Desoxyribonucleinsäure* u. eines Teiles des *Histons* der äußeren Schicht bei der Einw. von Pepsin zu der beträchtlichen Red. des Durchmessers führt. Die vollkommene Abwesenheit von *Ribonucleinsäure* in den Zylindern wurde durch chem. Analyse bewiesen. (Science [Washington] **115.** 711 bis 712. 27/6. 1952. Columbus, O., Ohio State Univ., Dep. of Chem., u. Dep. of Phys.) WÖRFFEL. 4150

Roberto Forlani, *Weizenhybriden nach Colchicinbehandlung. Colchicin*-Behandlung führte bei den verschied. Hybriden meistens zu sterilen Ähren, wenn die Behandlung an den Caryopsen vorgenommen wurde. Behandlung von jungen Pflänzchen führte zu Vollreife. (Ann. Sperimentaz. agrar. [N. S.] **5.** 1079—94. 1951.) GRIMME. 4150

Mario Umberto Dianzani, *Die chromatographische Analyse von Aminosäuren, Purin- und Pyrimidinbasen in Fraktionen von Leber- und Nierenzellen der normalen und Tumor-Ratte.* Vf. vergleicht papierchromatograph. (2-dimensional) die Gehh. an Aminosäuren, Purin- u. Pyrimidinbasen in verschied. Fraktionen von Hydrolysaten aus Zellengeweben der Leber u. Niere n. u. Benzpyren-Sarkom-implantierter Ratten. Er konnte keine Differenzen finden. Die Änderungen der enzymat. Aktivität in den Organen der Tumortiere scheint nicht auszureichen, um Veränderungen in der Zus. von Proteinen zu bewirken. Die Zus. der Aminosäuren der Mitochondrien u. der Kerne wurde der der ganzen Organe gleich gefunden. Die Mikrosomenfraktion zeigte die gleiche Zus., mit Ausnahme von Tyrosin, das nicht aufgefunden werden konnte. In der Cytoplasmafraktion wurden nur die Konstituenten der Ribonucleinsäure (Adenin, Guanin, Cytosin u. Uracil) gefunden, während die gereinigte Kernfraktion noch 5-Methyluracil, einen Bestandteil der Desoxyribonucleinsäure, aufwies. (Ark. Kemi **4.** Nr. 1. 1—6. 1952. Stockholm, Univ., Vitamin-Inst.) ENDRASS. 4160

W. Lührs und **H. Willig,** *Über den Einfluß von Hyaluronidase und 2.4.6-Triäthylenimino-1.3.5-triazin (TEM) auf das Wachstum des Jensen-Sarkoms der Ratte.* Auf das Wachstum des JENSEN-Sarkoms der Ratte hatte lokale Vor-, gleichzeitige oder Nachbehandlung mit *Hyaluronidase* (I) keinerlei Einfluß. Auch die starke Hemmwrkg. von *2.4.6-Triäthylenimino-1.3.5-triazin* (intraperitoneal nach der Beimpfung) wurde durch I nicht beeinflußt. (Dtsch. Gesundheitswes. **7.** 1537—41. 4/12. 1952. Berlin, Dtsch. Akad. der Wiss., Inst. für Med. u. Biologie, u. Geschwulstklinik.) GIBIAN. 4160

Aage H. I. Jakobsen, *Beidseitiger Brustkrebs beim Mann nach Stilböstrol-Therapie.* Ein Patient mit Prostatakrebs wurde in 18 Monaten mit insgesamt 8 g *Diäthylstilböstrol* behandelt. Bei der Sektion wird beidseitig Krebs der Mammae gefunden. Die histolog. Unters. erlaubte jedoch keine Entscheidung darüber, ob es sich um prim. Brustkrebs oder um Metastasen des Prostatakrebs handelte. (Acta pathol. microbiol. scand. **31.** 61. 1952. Bergen, Norwegen, Gade Inst., Dep. of Pathol.) DRUCKREY. 4160

R. Klima und **R. Hornischer,** *Zur Lostbehandlung proliferativer Blutkrankheiten. Methodik, Erfahrungen sowie Anwendungsmöglichkeiten bei der Carcinomtherapie.* Die Behandlung von 128 Fällen von chron. proliferativen Blutkrankheiten mit mindestens täglich 0,6 mg (Gesamtdosis 30—40 mg) *N-Lost* (I; mit 6%ig. Glucoselsg. verd., Zusatz von Vitamin C oder Pyridoxin) ergab in 43 Fällen eine sehr gute, in 49 partielle, in 10 unsichere u. in 23 keine Wirkung. Bes. günstig sprachen Kranke im Frühstadium an, bei denen Temperaturrückgang u. Gewichtszunahme verzeichnet wurden. Unter bestimmten Umständen kann die tägliche Dosis auf 1,5—2,0 mg gesteigert werden. Eine kombinierte I-Strahlentherapie wirkte noch günstiger als I allein. In über 100 Fällen von inoperablen Carcinomen wurde I ebenfalls zum Teil mit sehr gutem, zum Teil ohne jeden Erfolg verabreicht. Vff. empfehlen deshalb, in jedem auch aussichtlos scheinenden Fall einen Vers. mit I durchzuführen. — 23 Literaturangaben. (Wiener med. Wschr. **103.** 11—14. 3/1. 1953. Wien, Kaiserin-Elisabeth-Spital.) KRUSEN. 4160

Willy Herbrand und Karl-Heinz Jaeger, Das Adenylsäuresystem. Aulendorf i. Württ.: Editio Cantor. 1952. (136 S.) 8° = Arzneimittel-Forschung. Beih. 2. DM 15,—.

E₂. Enzymologie. Gärung.

N. Ellfolk, *Über die Technik der Enzymreinigung.* Übersicht über die chem. u. physikal. Reinigungsmethoden für Enzyme. (Suomen Kemistilehti **25.** A 165—75. 1952.) BECKMANN. 4210

B. C. Saunders und **G. H. R. Watson,** *Untersuchungen über die Peroxydasewirkung. 4. Mitt. Die Oxydation von 4-Methoxy-2.6-dimethylanilin. Vorschläge für einen Mechanismus.* (3. vgl. CHAPMAN u. SAUNDERS, C. **1942.** I. 3215.) In essigsaurer Lsg. bei p_H 4 wird 4-Methoxy-2.6-dimethylanilin (I) durch Peroxydase (II) u. H_2O_2 zu einer krist. purpurgefärbten Verb., *2.6-Dimethylbenzochinon-4-[4'-methoxy-2'.6'-dimethyl]-anil* (III), oxydiert. Bei der Rk. werden NH_3 u. CH_3OH frei. Durch Hydrolyse in 10%ig. H_2SO_4 wird III zu I u. *2.6-Dimethyl-p-benzochinon* (IV) gespalten. Bzgl. des Mechanismus der Rk. wird angenommen, daß sich durch Wrkg. des II-Syst. aus I über ein unbeständiges Zwischenprod. [1-Amino-1.4-dioxy-4-methoxy-2.6-dimethylcyclohexadien-(2.5)] unter Abspaltung von NH_3 u. CH_3OH IV bildet, das dann mit I zu III reagiert. Das hypothet. Zwischenprod. IV gibt beim Zusammenschmelzen mit I nicht III, sondern eine dunkler als III gefärbte Additionsverb., vermutlich vom Chinhydrontyp. Bei längerem Stehen von IV in essigsaurer Lsg. mit I entsteht dagegen eine Mol.-Verb. aus III u. IV, die sich durch Chromatographie in die Komponenten zerlegen läßt. Im Gegensatz zu I wird *4-Amino-3.5-dimethylbenzoesäuremethylester* von II u. H_2O_2 nicht oxydiert. Es scheint, daß Amine mit elektronenanziehenden Substituenten gegenüber dem II-Syst. resistent sind.

V e r s u c h e : *4-Oxy-2.6-dimethylazobenzol*, $C_{14}H_{14}ON_2$, F. 100—101°, durch Kuppeln von 10 g 3.5-Dimethylphenol (V) mit 7,8 g diazotiertem Anilin, Abfiltrieren des Nd., Digerieren mit Eisessig + CH_3OH u. Eingießen in W.; aus Bzn. 12 g tiefrote Nadeln. — *4-Methoxy-2.6-dimethylazobenzol*, $C_{15}H_{16}ON_2$, F. 53°, aus 6,4 g vorst. Verb. mit Dimethylsulfat in 10%ig. NaOH; aus wss. A. 5,5 g tiefrote Platten. — *4-Methoxy-2.6-dimethylanilin* (I), $C_9H_{13}ON$, F. 41°, durch 1 std. Hydrierung vorst. Verb. in A. bei 100—110 at in Ggw. von RANEY-Ni; aus PAe. Platten. — *2.6-Dimethylbenzochinon-4-[4'-methoxy-2'.6'-dimethyl]-anil* (III), $C_{17}H_{19}O_2N$, F. 87—88° (wss. A.). a) 0,41 g I wurden in 20 cm^3 W. u. 0,5 cm^3 Eisessig gelöst u. mit 0,5 cm^3 einer II-Lsg. mit der Aktivität von 100 Purpurogallineinheiten (purpurogallin number = PN; PN ist definiert als die Anzahl mg Purpurogallin, die durch 1 mg II-Präp. aus 5 g Pyrogallol in 2 Liter W. innerhalb 5 Min. bei 20° u. Ggw. von 10 cm^3 0,5%ig. H_2O_2 gebildet werden) versetzt. Dann wurden alle 20 Min. 0,2 cm^3 20%ig. H_2O_2-Lsg. sowie alle 30 Min. 0,1 cm^3 II-Lsg. zugegeben, bis insgesamt 3 cm^3 H_2O_2 verbraucht waren. Nach 18 Std. wurden 0,255 g III abfiltriert. b) IV in A. wurde zu I in verd. CH_3COOH zugetropft; nach 48 std. Stehen unter Kühlung wurde die violette *Mol.-Verb* aus III u. IV [$C_{17}H_{19}O_2N \cdot C_8H_8O_2$, F. 78,5° (wss. A.)] abfiltriert u. aus Bzn. an Al_2O_3 chromatographiert; Elution mit A. lieferte III. — Hydrolyse von III mit H_2SO_4 gab IV (F. 70,5°) u. I ($Kp._{12}$ 134°). — *4'-Acetoxy-4-methoxy-2.6.3'.5'-tetramethyldiphenylamin*, $C_{19}H_{23}O_3N$, F. 127,5°, durch ½ std. Kochen von III mit Acetanhydrid, Pyridin, CH_3COOH u. Zn-Pulver, Filtration u. Gießen in Eiswasser; aus wss. CH_3OH Nadeln. — *Additionsverb.* aus I u. IV, $C_9H_{13}ON \cdot C_8H_8O$, F. 36°, durch Zusammenschmelzen der Komponenten; aus wss. A. dunkelrote Platten. — V ließ sich nicht mit p-Nitrosodimethylanilin kondensieren. — Im Filtrat von III nach a) wurden NH_3 als *3.5-Dinitrobenzamid* (F. 184°) u. CH_3OH als *Methyl-3.5-dinitrobenzoat*) (F. 103°) nachgewiesen. — *4-Nitro-3.5-dimethylbenzoesäure*, $C_9H_9O_4N$, F. 215°, durch Oxydation von 10 g Nitromesitylen in Eisessig mit CrO_3 auf dem sd. Wasserbad, Gießen in Eiswasser, Alkalisieren mit NaOH, Wasserdampfdest. u. Ansäuern des Rückstandes; aus wss. A. 1,6 g Prismen. — *4-Amino-3.5-dimethylbenzoesäuremethylester*, $C_{10}H_{13}O_2N$, F. 104—106° (wss. CH_3OH), durch 1 std. Hydrierung von 1,6 g vorst. Verb. in A. in Ggw. von PbO_2 bei 100°/75 at zur *freien Säure* [F. 248° (Zers.), aus A. lange Nadeln] u. Veresterung mit methanol. HCl; 3,2 g. (Biochem. J. **46.** 629—33. Mai 1950. Cambridge, Univ., Chem. Labor.) V. PECHMANN. 4210

F. T. Naylor und **B. C. Saunders,** *Untersuchungen über die Peroxydasewirkung. 5. Mitt. Die Oxydation von Dimethylanilin.* (4. vgl. vorst. Ref.) Bei Einw. von Peroxydaselsg. [PN (vgl. vorst. Ref.) ca. 100] auf Dimethylanilin bei p_H 4,0—4,7 bei Ggw. von H_2O_2 entsteht als Hauptprod. *N.N.N'.N'-Tetramethylbenzidin,* daneben je ein Farbstoff vom Triphenylmethan- u. Phenazintyp. Der mögliche Mechanismus der Rk. wird im Zusammenhang mit den beobachteten Farbänderungen erörtert.

V e r s u c h e : Dimethylanilin wird mit Essigsäure auf p_H 4,5 eingestellt u. ergibt nach Zufügen von H_2O_2 u. Peroxydaselsg. nach 4 std. Rk. über eine gelbe → grüne → blaue eine purpurfarbene Lsg. u. einen Nd., aus dem durch Extraktion im SOXLETH mit PAe. u. Chromatographie an Al_2O_3 *N.N.N'.N'-Tetramethylbenzidin* (Kristalle, F. u. Misch-F. 194°) isoliert wurde. Daneben durch Extraktion mit CH_3OH u. Chromatographie ein braunes Pulver, dem N.N.N.N'.N''-Pentamethylpararosanilin ähnlich, u. ein braunviolettes Phenazin. Aus der Mutterlauge bei der PAe.-Extraktion nach Abblasen unveränderten Ausgangsmaterials mit Pikrinsäure ein *Pikrat*, F. 140—141°, aus Chlf. gelbe Blättchen. (J. chem. Soc. [London] **1950.** 3519—23. Dez.) LEHWALD. 4210

D. G. H. Daniels und **B. C. Saunders,** *Untersuchungen über die Peroxydasewirkung.* 6. Mitt. a) *Die Oxydation von p-Anisidin, ein weiteres Beispiel für spontane Entmethylierung.* b) *Einige theoretische Betrachtungen.* (5. vgl. vorst. Ref.) Bei der Oxydation von p-Anisidin (III) mit H_2O_2 in Ggw. von Peroxydase (IV) wurden als Reaktionsprodd. *4.4'-Dimethoxyazobenzol, 2-Amino-5-[p-anisidino]-benzochinon-bis-[p-methoxyphenylimin]* (I) u. *2.5-Bis-[p-anisidino]-benzochinon-bis-[p-methoxyphenylimin]* (II) erhalten. An Hand einer Zusammenstellung der bisher beschriebenen Oxydationen durch das Syst. IV–H_2O_2 werden Reaktionsmechanismen diskutiert, die im wesentlichen aus 5 Stufen bestehen: 1. Bldg. eines sek. Komplexes Per·OOH aus IV u. H_2O_2, 2. dessen Rk. mit einem Aminmol. unter gleichzeitiger Dehydrierung u. Addition eines OH-Radikals, 3. anionoider Ersatz von OH^- durch unverändertes Amin, 4. Umlagerung des Komplexes zu einem N-Arylchinondiimin entweder direkt oder über ein Aminodiphenylamin, 5. Aminaddition an das Chinondiimin, wenn dieses nicht ster. gehindert ist, sonst Hydrolyse der Iminogruppe.

V e r s u c h e: Durch Dest. u. Kristallisation gereinigtes III wird in Eisessig gelöst u. mit W. verdünnt. Bei p_H ca. 4,5 werden in diese Lsg. 30%ig. H_2O_2 u. eine Peroxydaselsg. abwechselnd eingetropft, bis 70% des eingesetzten III in unlösl. Prodd. umgewandelt sind. Das abfiltrierte Reaktionsprod. wird nacheinander mit PAe., Ae., A. u. Aceton extrahiert. Aus dem in Bzl. gelösten Ae.-Extrakt werden durch Chromatographie an Al_2O_3 u. Extraktion des zerlegten Chromatogrammes *4.4'-Dimethoxyazobenzol* (F. 145 bis 160°), I u. II erhalten. Im Filtrat des unlösl. Reaktionsprod. wird CH_3OH durch Oxydation zu H_2CO u. als *3.5-Dinitrobenzoat* (F. 109°) u. *p-Nitrobenzoat* (F. 96°) nachgewiesen. — *2-Amino-5-[p-anisidino]-p-benzochinon-bis-[p-methoxyphenylimin]* (I), $C_{27}H_{26}O_3N_4$, F. 164°, rote Blättchen aus A., gibt beim Erwärmen mit konz. H_2SO_4, HCl oder HNO_3 eine intensive violette, blau werdende Färbung. *Acetylderiv.*, $C_{29}H_{28}O_4N_4$, F. 213°, dunkelrote Nadeln aus Aceton. *Benzoylderiv.*, $C_{34}H_{30}O_4N_4$, F. 203—204°, aus Bzl. rotbraune Nadeln. — *2.5-Bis-[p-anisidino]-p-benzochinon-bis-[p-methoxyphenylimin]* (II; *Tetra-p-methoxyazophenin*), $C_{34}H_{32}O_4N_4$, F. 235—236°, rote Nadeln aus Toluol. Dieselbe Verb. wird aus 4.4'-Dimethoxydiazoaminobenzol u. III durch Erhitzen mit HCl (9½ Std., 100°), aus N-Nitrosodiphenylamin durch Umlagern zu p-Nitrosodiphenylamin u. Erhitzen dieser Verb. mit III (8 Std., 100°) oder durch Erhitzen von II mit III in Ggw. von HCl (8 Std., 100°) erhalten. (J. chem. Soc. [London] **1951.** 2112—18. Aug. Cambridge, Univ., Chem. Labor.) K. FABER. 4210

D. G. H. Daniels, F. T. Naylor und **B. C. Saunders,** *Untersuchungen über die Peroxydasewirkung.* 7. Mitt. *Die Oxydation von p-Toluidin durch Wasserstoffperoxyd in Gegenwart von Ferrosulfat.* (6. vgl. vorst. Ref.) Bei der Oxydation von p-Toluidin (IV) mit H_2O_2 in Ggw. von $FeSO_4$ entstehen neben größeren Mengen amorphen Materials *2.7-Dimethyl-3-[p-toluidino]-phenazin* (I), *4.4'-Dimethylazobenzol, Bis-p-tolylamin, 4-[p-Toluidino]-toluchinon-(2.5)-bis-p-tolylimin* (II) u. *4-[p-Toluidino]-toluchinon-(2.5)-p-tolylimin-(2)* (III). Der Oxydationsablauf in Ggw. von $FeSO_4$ unterscheidet sich also von dem in Ggw. von Peroxydase (vgl. SAUNDERS u. MANN, J. chem. Soc. [London] **1940.** 769).

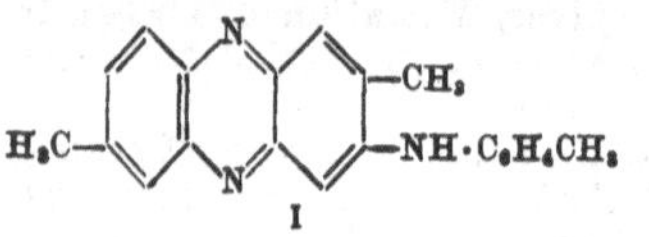

I

V e r s u c h e: Die Lsg. von IV in Eisessig wird mit W. verd. u. innerhalb von 50 Std. abwechselnd mit 20%ig. H_2O_2 u. 5%ig. $FeSO_4$-Lsg. versetzt. Das abfiltrierte u. getrocknete Reaktionsprod. wird mit Cyclohexan extrahiert u. der eingedampfte Extrakt nach Lösen in Chlf. an Al_2O_3 chromatographiert. Aus den verschied. Zonen werden durch Eluieren *4.4'-Dimethylazobenzol* (F. 143—144°, gelbe Kristalle), II, *Di-p-tolylamin* (F. 78 bis 79°, Nadeln), I u. III erhalten. — *4-[p-Toluidino]-toluchinon-(2.5)-bis-p-tolylimin* (II), F. 178—179°, aus Bzl. rote Nadeln. — *2.7-Dimethyl-3-[p-toluidino]-phenazin* (I), $C_{21}H_{19}N_3$, F. 206°, orangefarbene Prismen aus Bzl. oder rote Nadeln aus wss. A.; *Chloroplatinat*, $(C_{21}H_{19}N_3)_2 \cdot H_2PtCl_6 \cdot 2\,CH_3OH$, violette Nadeln aus Methanol; *Pikrat*, $C_{21}H_{19}N_3 \cdot C_6H_3O_7N_3$, Zers. gegen 225°, aus A. rotviolette Nadeln; *Pikrolonat*, $C_{21}H_{19}N_3 \cdot C_{10}H_8O_5N_4$, Zers. gegen 215°, aus A. rotviolette Blättchen. — *4-[p-Toluidino]-toluchinon-(2.5)-p-tolylimin-(2)* (III), F. 177°, aus Ae. braunrote Kristalle. — Bei der Oxydation von 2.5-Di-[p-toluidino]-p-toluidin (F. 164°) mit PbO_2 durch Erhitzen auf 240° im Hochvakuum wird ein Sublimat erhalten, aus dem *4-Aminotoluchinon-(2.5)-bis-p-tolylimin* u. I neben einer nicht näher untersuchten Verb. durch Chromatographieren aus PAe. an Al_2O_3 erhalten werden. — *2-Amino-4.5'-dimethyl-2'.4'-dinitrodiphenylamin* (VII), $C_{14}H_{14}O_4N_4$, F. 190 bis 192° (Zers.), durch Erhitzen von 3.4-Diaminotoluol mit 5-Brom-2.4-dinitrotoluol (VI) in A. in Ggw. von Na-Acetat (1½ Std.), aus A. orangefarbene Nadeln. *Acetylderiv.*, F. 250 bis 253°, gelbe Nadeln, ist ident. mit V. — *2-Acetamido-5.5'-dimethyl-2'.4'-dinitrophenylamin*, $C_{16}H_{16}O_5N_4$, F. 259—265° (Zers.), aus 4-Acetamido-m-toluidin u. VI wie vorst.;

aus A. gelbe Nadeln. — *2-Acetamido-4.5'-dimethyl-2'.4'-dinitrodiphenylamin* (V), $C_{16}H_{16}O_5N_4$, F. 253—256° (Zers.), ebenso aus VI u. 3-Acetamido-p-toluidin; gelbe Nadeln. — *3-Amino-2.7-dimethylphenazin*, F. 248—249° (Zers.), durch Red. von VII mit $SnCl_2$ + HCl bei 120° (5 Std.), orangefarbene Nadeln aus Bzl. + PAe.; *Acetylderiv.*, $C_{16}H_{15}ON_3$, F. 258—260°, gelbe Nadeln aus CH_3OH. Beim Erhitzen mit IV u. IV·HCl entsteht I. (J. chem. Soc. [London] **1951.** 3433—35. Dez.) K. FABER. 4210

Eino Kulonen, *Über die Wirkung der Hyaluronidase und ihres Inhibitors.* In Bestätigung der Befunde von ALBURN u. WHITLEY (C. **1952.** 4312) gaben sehr geringe *Hyaluronidase* (I)-Quantitäten mit Hyaluronsäure zunächst eine Turbiditätsvermehrung, während eine Viscositätssteigerung fehlt oder nur sehr geringfügig ist. Toluidinblau wirkt in niedriger Konz. der I-Hemmung durch den unspezif. *Seruminhibitor* (II) entgegen, was eine Beziehung des II zu Heparin andeutet. I u. II reagieren zusammen zu einem Gleichgewicht, aus dem I mittels koll. $Fe(OH)_3$ reversibel adsorbiert werden kann. (Ann. Med. exp. Biol. fenn. **30.** 267—73. 1952. Helsinki, Univ., Dep. of Med. Chem.) GIBIAN. 4210

L. Hahn, *Hyaluronidaseinhibitoren.* Vorl. Mitt. über die in vitro u. in vivo festgestellte Inhibitorwrkg. von gewissen relativ wenig tox. *polykondensierten* phenol- u. carboxylgruppenhaltigen *Di-* u. *Triphenylmethanen* gegen *Hyaluronidase* (I). Die Substanzen sind von Interesse für die eventuelle klin. Behandlung patholog. Veränderungen des Mesenchyms, z. B. auch im Gefolge von Infektionen mit I-bildenden Bakterien. Bes. wirksam sind: *Polymethylendigentisinsäure*, viscosimetr. Aktivität (im Vgl. zu Resorcin = 1) 2000, akute orale DL_{50} 1000 mg-%; *Polytrimethylendi-γ-resorcylsäure* 1850, 460. — *Polyhexaoxytricarboxytriphenylmethan* („*Trigentisinsäure*") 2485, 1500. — *Polyheptaoxytricarboxytriphenylmethan* („*Di-β-resorcylgallussäure*") 1300, 540. — *Polyheptaoxytricarboxytriphenylmethan* („*Digentisingallussäure*") 2275, 1250. — Zum Vgl. Salicylsäure 0,2, 100; Gentisinsäure 0,8, 300. (Nature [London] **170.** 282—83. 18/8. 1952. Malmö, Schweden, Ferrosan Ltd., Res. Labor.) GIBIAN. 4210

Leonida Santamaria, Amleto Castellani und **Franco A. Levi,** *Hyaluronidaseinaktivierung durch Ultraschall und ihr Mechanismus.* (Vgl. auch Boll. Soc. ital. Biol. sperim. **26.** [1950.] 924.) Die viscosimetr. gemessene Aktivität von *Hyaluronidase* wird je nach Konz. durch Ultraschall geeigneter Intensität u. Zeitdauer mehr oder minder zerstört. Zusatz reduzierender Substanzen (z. B. Cystein) oder Arbeiten unter N_2 oder H_2 mindert bzw. beseitigt den sonst irreversiblen Effekt. Es handelt sich also offenbar um einen oxydativen Vorgang im Zusammenhang mit der Cavitation. (Enzymologia [Den Haag] **15.** 285—95. 1/9. 1952. Perugia, Univ., Inst. für allg. Pathol. u. Physikal. Inst.) GIBIAN. 4210

P. Gonnard, *Die Wirkung cyclischer und acyclischer Amine auf die Dopadecarboxylierung.* Es wurde die hemmende Wrkg. einiger cycl. u. aliphat. Amine auf die *Dopadecarboxylase* (Extrakt von Meerschweinchennieren) bestimmt. Die prozentuale Hemmung (Werte in Klammern) betrug bei *Anilin* (0), *o-Toluidin* (0), *p-Toluidin* (47), *β-Phenyläthylamin* (75), *2-Oxyphenyläthylamin* (61), *3-Oxyphenyläthylamin* (61), *3-Oxyphenyläthylamin* (60), *4-Oxyphenyläthylamin* (61), *3,4-Dioxyphenyläthylamin* (35), *2-Methoxyphenyläthylamin* (71), *2.3-Dimethoxyphenyläthylamin* (79), *3.4-Dimethoxyphenyläthylamin* (90), *2.5-Dimethoxyphenyläthylamin* (100), *Phenyläthyldimethylamin* (85), *2-Methoxyphenyläthyldimethylamin* (83), *3-Methoxyphenyläthyldimethylamin* (88), *4-Methoxyphenyläthyldimethylamin* (85), *3.4.5-Trimethoxyphenyläthylamin* = *Mezcalin* (34), *Benzedrin* (64), *Ephedrin* (41), *Sympatol* (64), *Arterenol* (65), *Hordenin* (67), *Isopropylphenyläthylamin* (77), *3.3.5-Trimethylcyclohexyläthylamin* (83), *Tryptamin* (72), *Bornylamin* (61). Folgende aliphat. Amine wurden untersucht: *Methylamin* (21), *Äthylamin* (15), *Allylamin* (43), *Isoamylamin* (18), *Dodecylamin* (76), *Octadecylamin* (75), *Colamin* (10), *Glucosamin* (15), *Taurin* (2), *Diäthylamin* (12) u. *Diisoamylamin* (29). Diamine: *Histamin* (28), *Äthylendiamin* (42), *Putrescin* (14), *Cadaverin* (13), *Tetradecylendiamin* (76), *Octadecylendiamin* (23) u. *Agmatin* (13). Quartäre Amine: *Cholin* (4) u. *Neurin* (5). Aminosäuren: *Phenylalanin* (0), *Tyrosin* (5), *Histidin* (0), *Leucin* (5), *Arginin* (15) u. *Lysin* (18). Daraus ist zu ersehen, daß die Stellung der Ringsubstituenten ohne Einfl. auf die Aktivität der cycl. Amine ist. Bei den Aliphaten macht sich der Einfl. von Kettenlänge, Doppelbindungen sowie der Charakter (prim., sek. oder quartär) bemerkbar. Ggw. anderer funktioneller Gruppen schwächt den Effekt, manchmal bis zur völligen Auslöschung (Agmatin). Ganz allg. wird Dopadecarboxylase nur von solchen Verbb. gehemmt, die als Substrat für Aminooxydase dienen können. (Bull. Soc. Chim. biol. **32.** 535—40. 1950. Paris, Fac. de Méd.) LOCH. 4210

Russell J. Barrnett, *Die Verteilung der esterolytischen Aktivität in den Geweben der Albinoratte, nachgewiesen mit Indoxylacetat. Esterase*-Aktivität wurde in allen Epithelien, Muskelfasern, Neuronen u. in einigen Bindegeweben der Ratte nachgewiesen. In den Epithelien von Leber, Pankreas, Duodenum, Lunge u. Nierenrinde war sie stark, in denjenigen von Testes, Nierenmedulla, Adenohypophyse, Thymus, Prostata u. Uterus nur schwach. — 14 Abb., 34 Literaturangaben. (Anatom. Rec. **114**. 577—99. Dez. 1952. Boston, Mass., Harvard Med. School, Dep. of Anatomy.) KRUSEN. 4230

R. J. Garner, *Alkalische Phosphatase im Blutserum von gesunden und kranken Kühen.* Im Blutserum von 294 gesunden Zebukühen wird die *alkal. Phosphatase* bestimmt u. werden Werte zwischen 5,8 u. 24,2 KING-ARMSTRONG-Einheiten gefunden. Das ergibt einen Mittelwert von 11,8 Einheiten. Die Best. des Fermentes bei Tieren mit schweren Leberschäden zeigt eine geringe Zunahme der Phosphatase, jedoch liegt diese innerhalb der Fehlergrenzen der Bestimmung. Man kann also durch den Phosphatasegehalt des Blutes keine Leberschäden diagnostizieren. (J. comparat. Pathol. Therapeut. **62**. 287 bis 291. Okt. 1952. Liverpool, Univ., Dep. of Biochem., u. Vom, N. Nigeria, Veterinary Res. Labor.) BAUMANN. 4230

John F. Thomson, Wallace W. Tourtellotte und **Magdalene S. Carttar,** *Einige Beobachtungen zur Wirkung von γ-Bestrahlungen auf die Biochemie der Thymusdrüsen von Ratten.* Vff. haben untersucht, ob der Fermentgeh. der Thymusdrüse (T) von Ratten durch vorherige γ-Bestrahlung verringert wird. Die Tiere erhielten 800 r an Gesamtstrahlungsintensität von einer ^{60}Co-Strahlenquelle. Die T von je 3 Tieren wurde extrahiert u. deren Geh. an folgenden Enzymen in Zeitabständen bis zu 96 Std. nach der Bestrahlung bestimmt: *Bernsteinsäuredehydrogenase, Äpfelsäuredehydrogenase, Cytochromoxydase, Adenosintriphosphatase.* Eine nennenswerte Abnahme des Geh. an diesen Enzymen wurde nicht festgestellt. Durch intraperitoneale Injektion von 100 μg/kg ^{32}P konnte gleichzeitig die Konz. an Nucleinsäuren in der T geprüft werden. Es wurde festgestellt, daß drei Std. nach der Bestrahlung beginnend die Konz. an Desoxyribonucleinsäure u. — in geringerem Maße — an Ribonucleinsäure zurückging. Auch der Einbau der ^{32}P-Atome in diese Aminosäuren nahm ab. Die Fähigkeit der Thymussubstanz zur Veresterung anorgan. Phosphate verringert sich ebenfalls. Vff. schließen aus ihren Befunden, daß die verringerte Respiration der T nach Bestrahlung ein sek. Effekt ist, da keine vergleichbare Minderung der Aktivität der respirator. Enzyme parallel geht. (Proc. Soc. exp. Biol. Med. **80**. 268—72. Juni 1952. USAF Radiat. Labor., u. Univ. of Chicago, Dep. of Pharmacol.) REUSSE. 4230

W. R. Fearon und **W. A. Boggust,** *Isolierung einer Carbamidosäure aus autolysierter Hefe.* Aus 6 lbs. Bäckerhefeautolysat wurden durch Verdrängungschromatographie des Filtrats an „Zeo-Karb 215", Überführung in den Cu-Komplex, Entfernung des Cu u. Umkristallisation aus W. 200 mg eines *Carbamidoderiv.* der Bruttoformel $C_7H_{14}O_4N_2$, F. 238—239°, in Form eines mkr. krist. Pulvers gewonnen. Die Formoltitration ergibt 1 NH_2-Gruppe pro 7 C-Atome. Rk. mit Diacetyl: tief rot; Rk. mit p-Dimethylaminobenzaldehyd in nH_2SO_4: gelb; Rk. mit Ninhydrin in heißer gesätt. Borsäurelsg.: langsam grauviolett; Rk. auf prim. u. sek. OH-Gruppen: langsam. (Nature [London] **170**. 372—73. 30/8. 1952. Dublin, Trinity Coll., Dep. of Biochem.) K. F. MÜLLER. 4270

E. C. Barton-Wright, *Einige Ansichten über den Stickstoff-Stoffwechsel von Hefe.* Es wird der Nährwert verschied. N-Quellen für Bierhefe untersucht. Obwohl Hefe schon seit mehreren hundert Jahren kultiviert wird, ist sie in der Lage, sich den für Aufbausubstanzen u. Stoffwechselprodd. benötigten N allein aus Ammoniak zu beschaffen, was einen besonderen Mechanismus voraussetzt. Der Nährwert von Ammoniumphosphat ist für Hefe höher als der der meisten Aminosäuren. Nährwertbestimmungen können so vorgenommen werden, daß Wachstum in einfach zusammengesetzten Nährböden bestimmt wird. So konnte festgestellt werden, daß neben Ammoniumphosphat von allen Aminosäuren Asparagin, Asparaginsäure u. Glutaminsäure den höchsten Nährwert haben. Bin. Gemische haben bessere Wrkg. als jede einzelne Komponente. Tern. u. multiple Aminosäuregemische sind noch günstiger, wodurch optimal ca. 50% Aufbesserung gegenüber einzelnen Aminosäuren erzielt werden kann. Des weiteren wurde die Verwertung einzelner N-Fraktionen (Gesamt-, NH_3-, Amid-, Amino-, Glutamin-, Asparagin- u. Rest-N) sowie einzelne Aminosäuren (die wichtigsten 16) aus Bierwürze, dem besten Hefenährboden, im Verlauf der Gärung bestimmt. Von vielen, tabellar. erfaßten Einzelergebnissen sei herausgegriffen, daß Prolin, mengenmäßig in Würze am höchsten vertreten, nur zu 20% ausgenützt wird, obwohl es, wenn es als einzige N-Quelle dient, gutes Wachstum gewährleistet. Lysin wird rasch assimiliert, obwohl es allein kaum einen Nährstoff für Hefe darstellt. Methionin wird während der ganzen Gärperiode von obergäriger Hefe verwertet, während untergärige u. wilde Hefen es nur mäßig assimilieren. Weitere Verss. machen es wahrscheinlich, daß 50% als intakte Aminosäuren assimiliert werden, der Rest nach Desaminierung u. Decarboxylierung. Optimales Wachstum in Nährböden mit Aminosäuregemischen wird nur bei Ggw. gewisser Mengen von Polypeptiden, die auch in Würze enthalten sind, erreicht. (J. Inst. Brewing **57**. ([N. S.] 48.) 415—26. Nov./Dez. 1951. London, Whitbread & Co. Ltd.) LOCH. 4270

Arturo Bonsignore e C. Vergnano, Proprieta, significato biolgoico e metabolismo dei coenzimi piridinici Roma: Ed. „Il pensiero scientifico". 1952. (94 S.) 8°. L. 1200,—.

E_3. Mikrobiologie. Bakteriologie. Immunologie.

George H. Warren und **Jane G. Durso**, *Das Vorkommen von Hyaluronidasesubstratfaktoren in mikrobiologischen Kulturmedien.* An Hand der stimulierenden Wrkg. auf die *Hyaluronidase* (I)-Produktion von Streptokokken erschien das Vork. von *Hyaluronsäure* (II) in verschied. techn. Trockennährböden als wahrscheinlich. II wurde daraus angereichert u. durch Abbau mittels Testes- u. Streptokokken-I identifiziert. Ausbeute 0,2—1% rohe II. (Science [Washington] **113.** 359. 30/3. 1951. Philadelphia, Pa., Wyeth Inst. of Biochem.) GIBIAN. 4310

G. Halliwell, *Chromatographischer Nachweis von Säuren in Kulturen von Aspergillus niger auf verschiedenen Substraten.* Aus Unterss. des Geh. an organ. Säuren in den verschied. Entwicklungsstadien von Aspergillus niger-Kulturen mit Na-Acetat als Substrat bei unterschiedlichen p_H-Werten schließt Vf., daß die Oxydation dieses Substrats mit einer Bldg. von Oxalsäure beginnt, begleitet von einer C_2–C_2-Kondensation zu Bernsteinsäure, welche über Fumar- u. Äpfelsäure verläuft. Bei Ggw. von Glucose u. Acetat kann der Organismus seinen Stoffwechsel schneller u. vollständiger durchführen, wobei die C_4-Prodd. in Citronensäure übergehen, so daß wenig Acetat für die Oxalsäurebldg. zur Verfügung steht. (Nature [London] **169.** 1063—64. 21/6. 1952. London, Courtauld Inst., Middlesex Hosp.) KAISER. 4320

Joseph D. Aronson, Sybil L. Ehrlich und **Walter Flagg**, *Wirkungen von Isonicotinsäurederivaten auf Tuberkelbacillen.* Der O_2-Verbrauch u. die Katalaseaktivität von virulenten u. geschwächten Tuberkelbacillusstämmen werden durch *Isonicotinsäurehydrazid* (I) herabgesetzt, während die Succinodehydrogenaseaktivität durch I nicht beeinflußt wird. — *1-Isonicotinyl-2-isopropylhydrazin* (II) hemmt den O_2-Verbrauch der virulenten u. geschwächten Stämme etwas, vermindert jedoch nicht deren Succinodehydrogenaseaktivität. Die Katalasewirksamkeit des geschwächten BCG-Stammes wird durch II stark red., während die Katalasewirksamkeit der virulenten Stämme durch II nicht verändert wird. (Proc. Soc. exp. Biol. Med. **80.** 259—62. Juni 1952. Philadelphia, Pa., Univ., Henry Philipps Inst.) K. F. MÜLLER. 4330

Noel L. Allport, *Cetrimide und Benzalkoniumchlorid. Betrachtungen über die relative baktericide Fähigkeit.* Verd. Lsgg. von *Cetrimide* (I; Hexadecyltrimethylammoniumbromid mit geringen Mengen von analogen Alkyltrimethylammoniumbromiden, anorgan. Salzen u. W.) u. von *Benzalkoniumchlorid* (II; Gemisch von Alkyldimethylbenzylammoniumchloriden; Alkyl C_8H_{17} bis $C_{18}H_{37}$) in dest. W. wurden untersucht gegenüber Staphylococcus (pyogenes) aureus, Streptococcus haemolyticus, Bacterium coli Escherichia (III), Proteus mirabilis (IV) u. Pseudomonas pyocyaneus. Die Meth. für Vgll. der Aktivitäten in Ggw. von Serum u. der Einfl. von Seife auf die baktericide Kraft von I u. II werden dargelegt (Tabellen u. Kurven). Aus den Verss. wird geschlossen, daß II 1,5 mal stärker letal gegenüber den grampositiven u. -negativen Organismen ist als I. In Ggw. von Serum wird die germicide Kraft von I u. II stark vermindert. Jedoch war die herabsetzende Wrkg. von II auf III u. IV weniger stark als unter gleichen Bedingungen die von I. Obwohl die baktericide Wrkg. von I u. II in Ggw. von Seife stark beeinträchtigt wird, wird II weniger beeinflußt als I. (Pharmac. J. **169.** ([4] **115.**) 435—37. 20/12. 1952.) BOYE. 4330

Gordon Stiven, *Produktion antibiotischer Substanzen durch die Wurzeln eines Grases (Trachypogon plumosus [H. B. K.] Nees) und die Wurzeln von Pentanisia variabilis (E. Mey.) Harv. (Rubiaceae).* Durch Best. von Nitrat- u. Ammoniak-N in Perfusaten von Bodenproben u. ausgestochener Grasnarbe (oberird. Pflanzenteile entfernt) wurde gefunden, daß bei *Trachypogon plumosus* Nitrat nur in Spuren gebildet wurde u. die Regeneration prakt. gleich Null war. Die Vermutung, daß die Wurzeln der Pflanzen gegen Nitratbildner antibiot. wirksame Substanzen ausscheiden, wurde bestätigt durch Verss. mit wss. Extrakten der gewaschenen Wurzeln; im Cylindertest auf Agarplatten wurden ausgedehnte Hemmzonen an Kulturen von *Escherichia coli, Bacillus subtilis, Staphylococcus aureus* (Oxfordstamm) u. *Streptococcus haemolyticus* (Richardstamm) festgestellt. — Von 3 in gleicher Weise untersuchten Nichtgraspflanzen zeigten 2 geringe Wirksamkeit gegen E. coli u. B. subtilis, während Extrakte von *Pentanisia variabilis* gegen diese beiden Organismen sehr ausgeprägte u. gegen die beiden anderen vorgenannten mäßige antibiot. Wirksamkeit aufwiesen. (Nature [London] **170.** 712—13. 25/10. 1952. Johannesburg, Univ. of the Witwatersrand, Dep. of Bot.) SCHLOTTMANN. 4340

Lucia Bergamini, *Mucolytische Wirksamkeit einiger Mikroorganismen.* Als Substrat der Unterss. wurde eine Mucinlsg. aus dem Unterkiefer des Hundes extrahiert u. diese mit verschied. Bakterienstämmen in vitro u. mit Nährkulturen kombiniert. Mucolyt. Fähigkeiten besaßen einige Stämme von Staphylococcus aureus, ein Stamm von Enterococcus liquefaciens, nahezu alle Stämme von Bact. proteus vulg., Bact. pyocyaneum, teilweise auch Bact. prodigiosum. Nicht mucolyt. wirkten Brucellastämme, Bact. typhi, paratyphi A. u. B., Bact. coli, Haemophil. pertussis, Shigella u. Coryn. diphteriae. (Boll. Ist. sieroterap. milanese **31.** 448—52. Sept./Okt. 1952. Bologna, Univ., Ist. di Patol. Gen.) P. G. SCHEURLEN. 4350

Walter Brenner, *Zur Epidemiologie, Differentialdiagnose und Therapie der Poliomyelitis acuta.* Vf. stellt fest, daß die Epidemiologie der Poliomyelitis (P.) der anderer Zivilisationskrankheiten ähnelt. Durch den Verkehr werden die verschied. P.-Virusarten u. -typen verschleppt, u. auf Grund des Fortschritts der Hygiene steigt das Infektionsalter. Der Darm ist Virusreservoir. Für den gebietsmäßigen Ablauf einer Epidemie ist eine kurfristige Prognose möglich. Für die Differentialdiagnose im meningit. P.-Frühstadium sind Adynamie u. Hirnhautreizsymptome wichtig. Die Entw. eines spezif. Komplementbindungstestes durch CASALS könnte zu einer serolog. P.-Diagnose führen. Bzgl. der Therapie weist Vf. bes. auf die Beeinflussung des autonomen Nervensyst. neben der physikal. Behandlung u. die Verwendung von Frischhormonsalbe für Restzustände hin. (Med. Mschr. **7.** 1—7. Jan. 1953. Bonn.) SCHÖNBERG. 4374

Hendrik Zech, *Untersuchungen über den Infektionsvorgang und die Wanderung des Tabakmosaikvirus im Pflanzenkörper.* Der Infektionsvorgang ließ sich in seinem prim. Geschehen nicht mkr. verfolgen. Bei der Wanderung des Tabakmosaikvirus wurde neben der langsamen Ausbreitung ein stoßweiser Ferntransport zuerst vorzugsweise in Richtung der Wurzel festgestellt u. sek. ein Steuerung des Transportes durch Wurzel u. Vegetationspunkt. In deutlich erkrankten noch nicht oder schwach infektiösen Blättern der sek. infizierten Sproßspitze zeigten sich im Glutinosatest bisher nicht beobachtete kleine γ-Läsionen ohne dunklen Rand. Es wird vermutet, daß es sich um die Transportform des Virus oder eine bereits höhermol. Form desselben handelt. (Planta **40.** 461—514. 1952. Bonn, Botan. Inst. der Univ.) SCHÖNBERG. 4374

Frederick R. Evans und **Robert C. Pendleton**, *Eine Untersuchung der Aufnahmen von Radiophosphat bei Paramaecium multimicronucleatum.* Auf Hefe gezüchtete Kulturen von *Paramaecium multimicronucleatum* (Pm.) wurden mit ^{32}P in der Nährsubstanz markiert. Dies wurde durch Hinzufügung schwach saurer Lsgg. von $NaHPO_4$ mit 0,1 . . . 10,0 μC ^{32}P/ml erreicht. Die Pm. wurden später zentrifugiert u. ihre Aktivität durch GEIGER-Zähler bestimmt. Die biol. Entw. der Organismen blieb unbeeinflußt von der Anwesenheit des ^{32}P. Wurden die Pm. ohne Nährboden gehalten, dann erfolgte keine ^{32}P-Aufnahme aus der Lösung. Gemeinsam mit der Nährsubstanz assimilierter ^{32}P wurde in organ. Bindung bald wieder ausgeschieden. Bei Anwesenheit von *Chlorella* steigt die Aktivität, d. h. die ^{32}P-Aufnahme, die im übrigen mit der Konz. der anwesenden Lsg. ansteigt. (Biol. Bull. **103.** 190—94. Okt. 1952. Salt Lake City, Ut., Univ. of Utah, Dep. of Invertebrate Zool. and Entomol.) REUSSE. 4380

G. E. Fogg, *Die Erzeugung extracellulärer stickstoffhaltiger Substanzen durch eine Blaualge.* Filtrate von Nährlsgg. junger Kulturen von *Anabaena cylindrica* LEMM, einer N-bindenden Blaualge, enthalten den höchsten Gesamtbetrag des in gebundener Form an das Medium abgegebenen N. Die Abgabe N-haltiger Substanzen wird durch Fe- u. K-Mangel in der Lsg. stark gefördert, durch Mo-Mangel schwach vermindert. Dagegen spielen hierbei weder das Vol. des Kulturmediums, die Zugabe von gebundenem N u. Glucose zur Lsg., noch die Veränderung der Lichtintensität mit damit verbundener deutlich erhöhter Wachstumsrate eine Rolle. Die organ. N-haltigen Substanzen bestehen hauptsächlich aus *Polypeptiden.* Eine vorläufige Trennung durch Papierchromatographie ergab vor der Hydrolyse Spuren freier Aminosäuren (wohl *Glutaminsäure* u. *Alanin*), nach der Hydrolyse Erhöhung der Gesamtaminosäuren, wobei der *Serin-* u. *Threonin*-Anteil am größten war. Dazu kamen in geringen Mengen *Glycin, Tyrosin* u. Glutaminsäure. Verschieden alte Kulturen zeigten hinsichtlich der Polypeptidzus. Unterschiede. (Proc. Roy. Soc. [London], Ser. B. **139.** 372—97. 24/4. 1952. London, Univ., Coll. Dep. of Bot.) ITZEROTT. 4380

E₄. Pflanzenchemie. Pflanzenphysiologie. Pflanzenpathologie.

A. C. Hulme und **W. Arthington**, *Neue Aminosäuren in jungen Äpfelfrüchten.* (Vgl. C. **1952.** 3027.) In jungen 15 g schweren Worchester Pearmain-Äpfeln konnten papierchromatograph. 2 neue Substanzen (I u. II) nachgewiesen werden. I gibt mit Ninhydrin (III) eine gelbe, mit 0,1% Isatin (IV) in A.–Butanol (1 : 1) nach 1—2 Min. Erhitzen bei 110° eine blaue Färbung. Es handelt sich wahrscheinlich um eine dem Prolin nahestehende Verbindung. II erwies sich als ident. mit *Piperidin-2-carbonsäure* u. wird durch III rosa, durch IV grünblau gefärbt. (Nature [London] **170.** 659—60. 18/10. 1952. East Malling, Kent, Ditton Labor.) DRESSLER. 4420

F. A. Rodrigo, *Experimentelle Untersuchungen über den Zustand des Chlorophylls in der Pflanze.* (Vorl. Mitt.) Absorptionsmaxima, Fluorescenz u. photochem. Aktivität des *Chlorophylls* (I) differieren in vivo u. in vitro. Verss. zur Aufklärung dieser Erscheinungen ergaben: 1. Keine Fluorescenz monomol. I-Schicht (auf W.); die Fluorescenz grüner Zellen hat also andere Ursachen. 2. Vgl. der Absorptionsspektren von I in Alkoholen, anderen organ. Lösungsmitteln u. W. zeigt, daß die Lage der roten Absorptionsbande nicht einem hohen Brechungsindex eines Chloroplastenbestandteils zuzuschreiben ist. Bei bestimmtem Mischungsverhältnis zweier dieser 3 Solventgruppen erscheint ein neues Absorptionsmaximum. Konzentrierte I-Lsgg. in Aceton zeigen Assoziation (wahrscheinlich trimol.), doch werden hierdurch die Absorptionsmaxima nicht beeinflußt. 3. Ein präparativ hergestellter I-Komplex mit Proteinen der weißen Blätter des Pelargonium zonale-Hybriden „Madame Salaray" zeigte Übereinstimmung mit einer Chloroplastensuspension bzgl. Fluorescenz, Lage der roten Absorptionsbande bei 6800 Å u. photochem. Aktivität, ident. mit der HILL-Rk. (Chinon als Reagens). — Es wird geschlossen, daß die Lage der roten Bande von I-Komplexen von der Natur des Adsorbens abhängt; in vivo dürfte I in trimol. Assoziationszustand adsorbiert sein. (Biochim. biophysica Acta [Amsterdam] **10.** 342. Febr. 1953. Utrecht-Delft, Biophys. Res. Group.) SCHLOTTMANN. 4420

M. O. Farooq, M. Kiamuddin und **S. M. Osman,** *Chemische Untersuchung des Samenöls von „Karaffs"- (der Sellerie, Apium graveolens L., gleichwertig).* Das Öl des *Karaffs,* einer der Sellerie gleichwertigen Umbellifere, wurde analysiert u. die Zus. der Fettsäuren nach der Estermeth. bestimmt. Ihr Hauptbestandteil ist *Petrosellinsäure* (*$\Delta^{6,7}$-Octadecensäure*), die in Form farbloser Kristalle, F. 29—30°, isoliert wurde. Die Gesamtsäuren enthalten neben 7% Harzsäuren 11,7% Palmitin-, 41,1% Petrosellin-, 30,5% Öl- u. 9,7% Linolsäure. (Recueil Trav. chim. Pays-Bas **72.** 135—38. Febr. 1953. Aligarh, Indien, Moslem-Univ.) STEINER. 4420

D. M. Michlin und **K. W. Pschenowa,** *Polyphenolverbindungen des Kok-Saghyz.* Nach Extraktion getrockneter (bei 60—65°) Wurzeln des Kok-Saghyz mit Chlf. u. Bzl. wurden vorliegende Polyphenolverbb. durch Äthylacetat (40 Std.) extrahiert. Nach Abtreiben des Lösungsm. hinterblieben 1,46—1,85% vom Trockengewicht der Wurzeln als Rückstand. Dieser ließ sich durch eine chromatograph. Silicagelsäule nach Lsg. in Ae. in 4 Fraktionen unterteilen, die sich in Löslichkeit, Oxydierbarkeit in Ggw. von Polyphenoloxydasen u. verschied. Reaktionsfähigkeit mit Gelatine, Pb-Acetat u. Br unterscheiden. Es liegen hier Tannine vom Catechintyp u. Flavonverbb. vor. In den Trockenblättern des Kok-Saghyz fanden sich mindestens 10,5% von diesen Stoffen. Im Latex fanden Vff. ca. 1% (oder 2%, berechnet auf Trockengewicht) an Polyphenolverbb., die sich durch leichte spontane Oxydierbarkeit u. Kondensation auszeichnen. (Биохимия [Biochemie] **18.** 24—28. Jan./Febr. 1953. Moskau, Bach-Inst. für Biochem. der Akad. der Wiss. der UdSSR.) ULMANN. 4420

T. W. Goodwin, *Die Carotinoide der Beeren von Lonicera japonica.* Es wurden identifiziert: *Kryptoxanthin* (65,2% der Gesamtpigmente), *β-Carotin* (8,95%), *Auroxanthin* (5,0%), *Zeaxanthin* (3,5%), *Lycopin* (2,5%), sowie *γ-Carotin, ζ-Carotin, Phytofluen* (I). Ferner wurden aufgefunden: 1. eine I-ähnliche Substanz (Absorptionsmaxima 348 u. 367 mμ; PAe.), im UV-Licht blaugrün fluorescierend; 2. ein citronengelbes Pigment (399 u. 425 mμ; PAe.), im UV-Licht leicht blaufluorescierend, für das der Name *η-Carotin* vorgeschlagen wird; 3. zwei unidentifizierte Pigmente von Carotincharakter, deren eines (450 u. 476 mμ; PAe.) ident. zu sein scheint mit dem *Menschenmilchpigment* (vgl. KON u. MAWSON, Med. Res. Council, spec. Rep. Ser. **1950.** Nr. 269) u. 2,9% der Gesamtpigmente ausmachte; das zweite (499 mμ; PAe.) ist dem β-Carotin ähnlich; 4. zwei unidentifizierte Pigmente der Xanthophyllgruppe, eins mit den Maxima 438 u. 463 mμ (Bzl.), die aber möglicherweise Sekundärprodd. sind. (Biochem. J. **51.** 458—63. Juli 1952. Liverpool, Univ., Dep. of Biochem.) SCHLOTTMANN. 4425

A. Hérisset, *Die Photosynthese in vitro in Gegenwart von Phäophytin.* Ein Gemisch von *Phäophytinen* u. *Carotinoiden* (I) (aus Brennessel) ist im Gegensatz zu *Chlorophyll* (II) + I nicht imstande, in vitro photosynthet. Rkk. ablaufen zu lassen. Somit dürfte dem Mg des II eine Hauptrolle bei der Photosynth. zukommen. (Bull. Soc. Chim. biol. **34.** 867—69. 1952.) SCHLOTTMANN. 4460

Alexis Moyse, *Photosynthese und Metabolismus der organischen Säuren bei Bryophyllum Daigremontianum Berger.* 1. Mitt. *Veränderungen des Gasstoffwechsels bei der Photosynthese unter dem Einfluß gestaffelter Sauerstofftension.* Die den Crassulaceen eigene CO_2-Fixierung im Dunkeln, die zu einer Säureanreicherung, vermutlich durch Carboxylierung, in der Zell-Fl. führt, wurde an morgens geernteten Blättern der genannten Pflanze untersucht. Es wurde der Ablauf der Photosynth. a) in CO_2-freier Atmosphäre: N_2, $N_2 + O_2$ (0—50%) u. O_2, b) in N_2 + 5,7% CO_2 + 0—94,3% O_2 unter 9std. Belichtung mit 2000 Lux bei 19° studiert (Analyse des Gasgemisches bei Versuchsende). Es ergab sich für a), daß die O_2-Abgabe von einer mit dem O_2-Geh. des Milieus steigenden CO_2-Emission verbunden ist, die den Säureabfall in der Zell-Fl. bei Tage begleitet. Bei b) ist die Photosynth. am intensivsten bei O_2-Gehh. bis zu 20%; die bei höheren O_2-Konzz. auftretende Bremsung drückt sich bzgl. der O_2-Abgabe stärker aus als in bezug auf die CO_2-Absorption, d. h. die Photosynth. wird stärker gehemmt als die Carboxylierungsvorgänge. Es ergeben sich also rein gasanalyt. nur bei niedrigen O_2-Tensionen für O_2/CO_2 Werte, die dem wahren photosynthet. Quotienten 1 annähernd entsprechen. (C. R. hebd. Séances Acad. Sci. **236**. 111—13. 5/1. 1953.) SCHLOTTMANN. 4460

Friedrich Kiermeier, *Die Beeinflussung derSauerstoffaufnahme pflanzlicher Gewebe durch Erhitzung.* Kartoffelscheiben nehmen nach Erhitzen in W. um so weniger O_2 auf (WARBURG-Meth.), je länger die Erhitzungszeit ist. Der gefundene Wiederanstieg der O_2-Aufnahme nach längerer Erhitzung ist zweifelhaft. Die *Peroxydase*-Aktivität nimmt hyperbelmäßig ab. Nach Erhitzen in W. getrocknete Kartoffelscheiben nehmen um so weniger O_2 auf, je höher die Trocknungstemp. ist. Gleiche Verss. im techn. Rahmen ergaben keine Gesetzmäßigkeit. Die Reaktionsgeschwindigkeit der Oxydation von *Ascorbinsäure* (I), der Tomatenbrei zugesetzt war, der unter Luftdurchleiten erhitzt wurde, nimmt mit der Erhitzungstemp. zu. Aus Tomatenbrei, der 1 Std. gestanden hatte, wurden chromatograph. die *Lycopin-*, *Carotinoxyd* (II)- u. *Neolycopinfraktion* abgetrennt. Von diesen wurde das I-Oxydationsvermögen bestimmt, das bei II am höchsten war. (Biochem. Z. **322**. 16—26. 1951. München, Inst. für Lebensmitteltechnol.) LOCH. 4462

G. Alexander und **R. H. Watson,** *Bestimmung der östrogenen Aktivität von Trifolium subterraneum L. durch Gewichtszunahme des Uterus kastrierter Meerschweinchen.* 1. Mitt. *Charakteristik der Beziehung Dosis–Wirkung.* An ca. 600 Tieren wurde eine statist. Auswertungsmeth. für die östrogene Wrkg. von *Trifolium subterraneum L.* verschied. Standorte erarbeitet. Verwertet wird das Uterusgewicht 50—52 Std. nach Beginn der Fütterung bestimmter, freiwillig aufgenommener Dosen (u. a. auch tablettierten Trockenklees) über je 8 Std. an 2 aufeinanderfolgenden Tagen. Der Wert für log dg Uterusgewicht liegt unter diesen Bedingungen stets über 0,75. Die Relation log g Dosis/log dg Uterusgewicht gestattet vergleichende Messung der östrogenen Aktivität, wie Fütterung mit Hexöstrol bestätigte. Testosteron u. Progesteron in Dosen von 20 mg peroral bewirkten keinen Anstieg des Uterusgewichtes. (Austral. J. agric. Res. **2**. 457—79. Okt. 1951. Parkville, Victoria, C. S. I. R. O., Animal Health Res. Labor.) SCHLOTTMANN. 4485

G. Alexander und **R. H. Watson,** *Bestimmung der östrogenen Aktivität von Trifolium subterraneum L. durch Gewichtszunahme des Uterus kastrierter Meerschweinchen.* 2. Mitt. *Bestimmungen.* (1. vgl. vorst. Ref.) Mittels der angegebenen Meth. wird festgestellt, daß die östrogene Aktivität ganzen Klees in den Mittwintermonaten ein Maximum erreicht. Sie ist fast vollständig in den Blättern lokalisiert. Trocknen setzt sie herab, längere Lagerung getrockneten Materials bewirkt kaum weiteren Aktivitätsverlust. Ertrag von beweideten oder gemähten Flächen zeigte höhere Aktivität als der ruhender Parzellen. — Vergleichende Verfütterung von *Trifolium repens, T. fragiferum, T. pratense, Romulea rosea, Paspalum distichum* u. *P. dilatatum* bewirkte keinen Anstieg des Uterusgewichtes. (Austral. J. agric. Res. **2**. 480—93. Okt. 1951.) SCHLOTTMANN. 4485

F. Fromm und **M. Lawrence O'Donnell,** *Einfluß von p-Aminobenzoesäure auf das Wachstum der Wasserlinse. p-Aminobenzoesäure* wirkt auf *Lemna minor* wachstumstimulierend in mol. Konzz. von 10^{-4} bis 10^{-5}, hemmend bei 10^{-3} u. letal bei 10^{-2}. (Proc. Pennsylvania Acad. Sci. **26**. 50—53. 1952. Sept. Pittsburgh, Pa., Mount Mercy Coll.) SCHLOTTMANN. 4486

E₅. Tierchemie. Tierphysiologie. Tierpathologie.

Peter J. Talso, Norma Spafford und **Michael Blaw,** *Die Veränderung von Wasser und Elektrolyten bei Herzfehlern durch arterielle Blutüberfüllung.* 1. Mitt. *Der Elektrolyt- und Wassergehalt im normalen menschlichen Skelettmuskel.* Beschreibung der Verteilung von W. u. Elektrolyten bei 16 Kontrollpersonen. (J. Lab. clin. Med. **41**. 281—86. Febr. 1953. Chicago, Ill., Univ., Dep. of Med.) BRATFISCH. 4510

E. J. Eadie und **G. Leaf,** *Zusammensetzung der Aminosäuren der basischen Kernproteine.* Die Ergebnisse der Unters. von „Histone"-Präpp. aus isolierter Rattenleber u. Kalbsthymus auf ihre Zus. an Aminosäuren nach der chromatograph. Meth. sind zusammengefaßt. Beide Präpp. enthalten *Phenylalanin* u. *Tyrosin*, viel bas. *Arginin* u. *Lysin. Cystin* u. *Methionin* sind nur in Spuren vorhanden. Es wird die Ansicht vertreten, daß Histonpräpp. Gemische von Proteinen mit ähnlichen Eigg. darstellen. Die Vermutung, daß Histone aus einem einzigen homogenen Protein bestehen, sollte nachgeprüft werden. (Biochem. J. **50**. XXXIV. März 1952. Glasgow, Univ., Biochem. Dep.) NIESWANDT. 4520

J. A. Carr, *Die Pathologie von Harnsteinen: radiale Streifung.* Bei 42% von 500 mit Röntgen-Beugungsmethoden untersuchten Harnsteinen wurde radiale Streifung festgestellt. Die Bedeutung dieser Erscheinung hinsichtlich der Entw. von Harnsteinen wird besprochen. (Brit. J. Urol. **25.** 26—32. März 1953. London, Univ., Inst. of Urol.) KRUSEN. 4552

I. Hedenberg, B. Engfeldt und **A. Engström,** *Röntgenstrahlenabsorption und Beugungsuntersuchungen an experimentellen Harnsteinen.* (Vgl. auch vorst. Ref.) Die bei 10% von Ratten, die eine *Vitamin-A*-Mangelkost erhielten, auftretenden Harnsteine zeigten mikroradiograph. gewisse Ähnlichkeiten mit spontan auftretenden menschlichen Harnsteinen. Beugungsunterss. ergaben bei geschichteten Rattensteinen die Ggw. von *Hydroxylapatit*; daneben wurden in den menschlichen Steinen auch Beugungsdiagramme erhalten, die auf *Ca-Oxalat* schließen ließen. (Brit. J. Urol. **25.** 33—37. März 1953. Stockholm, Karolinska Inst., Dep. f. Phys. Cell Res.; Karolinska Sjukhuset.) KRUSEN. 4552

H. P. Winsbury-White, *Kalkablagerungen in den Nieren.* Als Ursache für die Kalkablagerung weist Vf. zunächst auf verschied. ätiolog. Faktoren, wie falsche Diät, Anomalie des Urogenitalapp., klimat. Einflüsse, Medikamente u. a. m. hin. Dann bespricht Vf. Pathologie, Symptomatologie der Erscheinungen u. Therapie. (Practitioner **170.** 250—57. März 1953. London, St. Peters Hosp.) REICHLE. 4552

W. K. Gaulhofer, *Die Bestimmung der Speichelsekretion in der Klinik.* Beschreibung einer Meth. zur quantitativen Best. der Speichelsekretion. Bei einer Patientin konnte während der Behandlung mit *Cortison* eine starke, vorübergehende Steigerung festgestellt werden. (Nederl. Tijdschr. Geneeskunde **96.** 1595—1600. 28/6. 1952. Amsterdam, Onze Lieve Vriuwe Gasthuis, Innere Abt.) PATZSCH. 4555

Eberhard Koch und **Ottmar Mechow,** *Das Verhalten der leukocytären Abbauzellen und der Serumperoxydase nach Hormongabe.* Bei 80 (teils n., teils kranken) Versuchspersonen, die *Thiouracil, Thyroxin, Desoxycorticosteronacetat, ACTH, thyreotropes Hypophysenvorderlappenhormon* oder Röntgenbestrahlung erhielten, traten im Blutausstrich (Ohrläppchen) leukocytäre Abbauzellen u. im Blutserum Peroxydase auf. Nach Vff. dürfte das Erscheinen der Abbauzellen auf eine gesteigerte, anscheinend durch Hormone beeinflußbare Leukocytenzerstörung hinweisen. (Aerztl. Wschr. **6.** 1135—37. 30/11. 1951. Gießen, Med. Akad., Med. Klin.) VINCKE. 4558

J. M. Robson und **A. A. Sharaf,** *Wirkungen einiger wasserlöslicher Steroide auf den Uterus.* In Fortsetzung früherer Unterss. der Vff. (J. Endocrinology **7.** [1951.] 221) wurde mit derselben Methodik die Wrkg. des *Natriumsalzes des Östronsulfats* (I) mit derjenigen des *Natriumsalzes des Östradioldisulfats* (II), des *Testosteronsulfats* u. des *Strophanthins* (III) auf den Uterus verschied. Tierarten u. auf Streifen des menschlichen Uterusmuskels in vitro geprüft. Als Versuchstiere wurden Mäuse, Ratten u. Kaninchen in verschied. Cyclusphasen, während der Trächtigkeit, nach dem Werfen u. nach Kastration verwendet. Die Ergebnisse waren den früher mit I beobachteten ähnlich. II rief jedoch am Uterus der kastrierten u. 6 Tage lang mit 1 γ *Östradiol*/Tag vorbehandelten Maus eine mehrfach stärkere Tonussteigerung hervor als I. Dagegen erwies sich am Uterus eines trächtigen Kaninchens umgekehrt I als bedeutend wirksamer gegenüber II. Bei der Prüfung dieses Befundes zeigte sich, daß *Östron* das Uteruswachstum beim Kaninchen stärker beschleunigt als *Östradiol.* — Bemerkenswerterweise rief III bereits in Verdünnungen von 1 : 25000 bis 1 : 50000 an Uteruspräpp. jeglicher Herkunft eine Tonussteigerung hervor. (J. Endocrinology **8.** 133—37. April 1952. London, Guy's Hosp., Med. School, Dep. of Pharmacol.) VINCKE. 4559

J. M. Robson, *Das Scheitern der Aufrechterhaltung der Lutealfunktion durch lokale Implantation von Gonadotropin in das Corpus luteum.* Bei pseudoträchtigen Kaninchen wurde durch intravenöse Injektion von *Choriongonadotropin* (I) Ovulation erzeugt; sie wurde einige Tage später durch Laparotomie bestätigt. Dann wurden in das Corpus luteum 0,5 mg schwere Implantate von I (440 I.E./mg) eingebracht, die durch Mischen von I mit Magnesiummonostearat im Verhältnis 1 : 1 oder 1 : 3 nach DIDCOCK, ROBSON & SHARAF (Brit. J. Pharmacol. **6.** [1951.] 445) hergestellt waren. Am folgenden Tage wurden die Tiere hypophysektomiert. Bei der nach einigen Tagen erfolgten Tötung der Tiere zeigte sich, daß in keinem Falle das Corpus luteum bestehen geblieben war. (J. Endocrinology **8.** IX—X. April 1952. London, Guy's Hosp., Med. School, Dep. of Pharmacol.) VINCKE. 4559

A. Obal, *Gelbkörperhormon, Auge und Nervensystem.* (Vgl. auch C. **1953.** 4554.) Wiedergabe des ersten Vortrages. Physiologie, Chemie u. Wirkungsmechanismus des *Progesterons* (I) werden besprochen; danach wird über günstige Ergebnisse der I-Behandlung bei Glaukom berichtet. Schilderung der Technik der *Progesteron* (I)-Applikation als

Depot. Eingehende Besprechung der I-Therapie bei zahlreichen Augenerkrankungen. (Dtsch. Gesundheitswes. **6.** 1127—31. 4/10. 1157—60. 11/10. 1951. Berlin-Wilmersdorf, Städt. Krankenhaus.) VINCKE. 4559

D. F. Cole, *Die Wirkungen von Östradiol auf den Skelettmuskel und die Leber der Ratte.* Geschlechtsreife ♀ Ratten wurden kastriert; 3 Wochen später injizierte man den Tieren 1 γ Östradiol (I) subcutan. Tötung der Tiere 8, 18, 24, 36, 54 u. 72 Std. nach der Injektion. — Der Gesamtwassergeh. des Skelettmuskels nahm während der ersten 36 Std. zu; die Vermehrung ist hauptsächlich einer Veränderung des Geh. an extracellulärem W. zuzuschreiben. Während dieser Zeit nahm auch der Geh. an „*säurelösl.*" *P* (II) zu. In der Leber war 18—24 Std. nach der I-Injektion der Gesamtwassergeh. unwesentlich erhöht; damit einher gingen Zunahme von II u. Zellelektrolyten. Der Geh. der Organe an Kreatin, Kreatinin u. Nucleinsäure wurde nicht wesentlich verändert. (J. Endocrinology **8.** 179—86. April 1952. Birmingham, Univ., Dep. of Anat.) VINCKE. 4559

L. Herold und **G. Lösche,** *Androgene Therapie des Fluor vaginalis.* In 114 Fällen von nicht organ. bedingtem Fluor vaginalis konnten Vff. durch Behandlung mit *Vagramin* (Methyltestosteron, H_3BO_3, Milchsäure, Kohlenhydrate u. Acetarsol; SIEGFRIED GmbH., Säckingen/Hochrhein) bei geschlechtsreifen Frauen in 90%, bei klimakter. u. senilen Frauen in allen Fällen Heilung erzielen. (Die Medizinische **1953.** 152—54. 31/1. Düsseldorf-Benrath, Städt. Krankenhaus.) KRUSEN. 4559

J. D. Biggers, *Die Berechnung der Dosis-Wirkungskurve bei quantitativen Auswertungsversuchen mit besonderer Berücksichtigung der Östrogenauswertungen nach der Allen-Doisy-Technik.* Vgl. von 4 verschied. Transformationen bei der Berechnung der Dosis-Wrkg.-Kurve nach der Meth. der größten Wahrscheinlichkeit. Die Durchrechnung erfolgte an Hand von 17 verschied. Auswertungsreihen von lokal applizierten *Östrogenen* am Vaginalepithel der Maus (BIGGERS, C. **1952.** 706). Die Übereinstimmung zwischen den mit verschied. Transformationen erhaltenen Resultaten war sehr gut. — Ausführliche Diskussion der verschied. Verff. u. der Anwendung von Dosis-Wrkg.-Kurven bei der Auswertung von *Arzneimitteln* u. *Giften.* (J. Endocrinology **8.** 169—78. April 1952. Sydney, Univ., Dep. of Veter. Physiol.) VINCKE. 4559

Emil L. Smith, Douglas M. Brown, B. N. Ghosh und **George Sayers,** *Physikalische Untersuchungen über das adrenocorticotrope Hormon der Schweineadenohypophyse. Adrenocorticotropin* (I) wurde aus Schweinehypophysenvorderlappentrockenpulver nach dem Verf. von SAYERS u. Mitarbeitern (C. **1944.** I. 866) dargestellt; es wurden 4 verschied. Präpp. von prakt. gleicher biol. Wirksamkeit untersucht. Die elektrophoret. Messungen im TISELIUS-App. bei verschied. p_H-Werten u. in mehreren Pufferlsgg. ergaben, daß I auf der alkal. Seite des bei p_H ca. 4,6 liegenden isoelektr. Punktes relativ homogen ist: bei p_H 8,5 (Veronalpuffer) enthielt I 6—10% einer zweiten Komponente. Bei p_H ca. 4 (Acetatpuffer) fanden sich dagegen mehrere Komponenten. Vff. vermuten, daß dies einer spezif. Rk. zwischen I u. Acetationen zuzuschreiben ist, wobei es zu einer reversiblen Aggregation der Primärteilchen kommt. Dafür spricht auch, daß die I-Löslichkeit in Acetat- (oder Propionat-) Puffern bei gleichem p_H-Wert u. gleicher Ionenstärke viel größer ist als in Citrat- oder Phthalatpuffer. In sauren Lsgg. (p_H ca. 2,8) zerfällt I langsam, bei p_H 0,1—0,2 geht die Aufspaltung schnell ohne Verlust der biol. Wirksamkeit vonstatten. — Bei Messungen in der Ultrazentrifuge wurde als Durchschnittswert bei verschied. p_H-Werten, bei denen keine Spaltung der I-Moll. stattfand, für die Sedimentationskonstante $2,16 \cdot 10^{-13}$ gefunden; die Diffusionskonstante wurde zu $10,8 \cdot 10^{-7}$ cm^2/Sek. gemessen. Daraus berechnet sich für I ein Mol.-Gew. von 19400. — Vff. weisen darauf hin, daß z. Zt. kein unzweideutiger Beweis dagegen vorliegt, daß I im Hypophysenvorderlappen als Protein vom Mol.-Gew. 20000 vorhanden ist. Zu den Berichten von verschied. Seiten über hochakt. I-Präpp. mit niedrigeren Mol.-Geww. betonen Vff., daß diese Präpp. durch Einw. von Pepsin oder von Säure bei niedrigem p_H erhalten wurden. (J. biol. Chemistry **187.** 631—42. Dez. 1950. Salt Lake City, Utah, Univ. of Utah, Coll. of Med., Labor. for Study of Hered. and Metabol. Disorders, Dep. of Biol. Chem., u. Dep. of Med. and Pharmacol.) VINCKE. 4560

G. Geyer und **M. Hein-Sekula,** *Über den Einfluß des adrenocorticotropen Hypophysenvorderlappenhormones (ACTH) auf den Purinstoffwechsel des Menschen.* Klin. Unters. nach einmaliger *Adrenocorticotropin* (I)-Injektion. Aus der Best. des *Harnsäure* (II)-Geh. des Blutes u. der II-Clearance schließen Vff. in Übereinstimmung mit Literaturangaben, daß für die vermehrte Ausscheidung der Urate unter I-Wrkg. einerseits eine Senkung der Nierenschwelle verantwortlich ist u. andererseits ein vermehrter Abbau der Nucleoproteide der Gewebe. (Klin. Med. [Wien] **6.** 497—508. 1/11. 1951. Wien, Univ., I. Med. Klinik.) VINCKE. 4560

B. A. Cross und **G. W. Harris**, *Die Rolle der Neurohypophyse beim Milchausscheidungsreflex.* (Vgl. auch C. **1951.** II. 1911.) In Unterss. an lactierenden Kaninchen zeigte sich, daß die intravenöse Injektion von *Hypophysenhinterlappenextrakten* (I) in Narkose zu einer Ausscheidung („Einschießen") von Milch aus einem Brustdrüsengang, in den eine Glaskanüle eingebracht war, führte. Der Schwellenwert für I betrug ca. 0,005 E.; maximale Wrkg. wurde durch ca. 0,2 E. erhalten. Gesamtextrakte erwiesen sich als wirksamer als die *Oxytocin*-Fraktion, u. diese war wiederum wirksamer als die *Vasopressin*-Komponente. — Reizte man den Tractus supraopticus-hypophyseus (T. s.-h.) bei narkotisierten Kaninchen elektr., so kam es zu einer Milchsekretion von ähnlichem Ausmaß wie nach Applikation von geeigneten I-Dosen. Nach Läsionen im T. s.-h. sank die Milchausbeute ab, verbunden mit ungenügender Entleerung der Brustdrüsen. Intravenöse Injektion von 0,03—0,2 E. I beim Muttertier unmittelbar vor dem Säugen bewirkte erhebliche Steigerung der Milchmenge u. vollständige Entleerung der Brustdrüsen. Elektr. Reizung der T. s.-h.-Gegend war bei solchen Tieren wirkungslos. Setzte man Läsionen des Hypothalamus, die den T. s.-h. nicht in Mitleidenschaft zogen, so zeigten diese Tiere beim Säugen durch die Jungen ein ganz n. Verh. in bezug auf Milchsekretion u. sprachen auch auf elektr. Reizung des T. s.-h. an. (J. Endocrinology **8.** 148—61. April 1952. Cambridge, Univ., Physiol. Labor.) VINCKE. 4560

Priscilla Rasquin, *Wirkungen von Karpfenhypophyse und Säugetier-ACTH auf das endokrine und das lymphatische System des Teleostiers Astyanax mexicanus.* Verss. an jungen u. ausgewachsenen Exemplaren von *Astyanax mexicanus*, in denen diese Fische Implantate von frischer *Karpfenhypophyse* (I), Injektionen von Suspensionen dieses Organs bzw. von *ACTH* (II)-Lsgg. erhielten oder einer Schockbehandlung durch Abkühlung unterworfen wurden. Ausführliche Beschreibung der histolog. Organbefunde. I bewirkte starke Hypertrophie der Schilddrüse u. des interrenalen Gewebes sowie Ovarreifung beim jungen Fisch. II-Applikation führte zu Hypertrophie der interrenalen Zellen. Die Schockbehandlung schließlich erzeugte bei diesen Zellen Schrumpfung u. außerdem Verlust des Cytoplasmas. Die STANNIUSschen Körperchen (St. K.) blieben bei den verschied. Prozeduren unbeeinflußt. Vf. schließt, daß das interrenale Gewebe beim genannten Fisch der Nebennierenrinde des Säugetiers homolog ist, u. daß die St.K. nicht mit irgendeinem durch II stimulierten Teil der Nebennierenrinde verwandt sind. (J. exp. Zoology **117.** 317—48. Juli 1951. New York, N. Y., Amer. Mus. of Natur. History.) VINCKE. 4560

Charles A. Winter und **Lars Flataker**, *Die Wirkung von Cortison, Desoxycorticosteron und adrenocorticotropem Hormon auf die Reaktionen von Tieren gegen Analgetica.* In Verss. an Mäusen u. Ratten zeigte sich, daß *Cortison* (I) antagonist. zu folgenden Eigg. von *Morphin* (II) u. *Methadon* (III) wirkte: analget. Effekt, nach der Technik von D'AMOUR u. SMITH (J. Pharmacol. exp. Therapeut. **72.** [1941.] 74) gemessen, Toxizität von III u. Hyperaktivitäts- bzw. hypnot. Wrkg. bei Mäusen bzw. Ratten. *Desoxycorticosteron* (IV) wirkte entgegengesetzt, *Adrenocorticotropin* (V) ähnlich wie I. I hatte eine synergist. Wrkg. in bezug auf den Morphinantagonisten *N-Allylnormorphin* u. verstärkte weiter die erregende II-Wrkg. bei Katzen. I u. V verringerten bei decapitierten Ratten die II-Wrkg. auf den Spinalreflex, während IV sie verstärkte. (J. Pharmacol. exp. Therapeut. **103.** 93—105. Sept. 1951. Rahway, N. J., Merck Inst. for Therap. Res.) VINCKE. 4561

F. Coste, **S. Bonfils**, **F. Delbarre** und **J. Civatte**, *Untersuchung und Versuch der Interpretation gewisser Störungen des Kohlenhydratstoffwechsels, die im Verlauf der Behandlung mit Cortison beobachtet wurden.* In 2 Versuchsreihen mit je 13 Patienten mit chron. Rheumatismus wurden die Glucosetoleranzkurven aufgenommen u. gleichzeitig der *Brenztraubensäure* (I)-Geh. des Blutes bestimmt. Bei den mit *Cortison* (II) behandelten Patienten der 2. Reihe zeigte sich bei II-Gesamtdosen von 1 g ab eine Erhöhung des I-Gehaltes. Bei 6 weiteren Kranken, denen neben II gleichzeitig große Dosen *Cocarboxylase* intramuskulär appliziert wurden, wurde der I-Anstieg im Blut für kurze Zeit verhindert. — Es wird geschlossen, daß eine der wichtigsten II-Wirkungen in der Hemmung des I-Abbaues in manchen Geweben besteht. (Presse méd. **59.** 1565—67. 24/11. 1951. Paris, Fac. de Méd., Clin. rhumatol.) VINCKE. 4561

I. E. Bush, **Constance de Courcy** und **C. H. Gray**, *Nebennierenrindensteroide im Urin.* Der Urin wurde durch Ansäuern auf p_H 1 gebracht u. sofort mit Chlf. extrahiert. Der Extrakt wurde mit 0,1 n. Sodalsg. gewaschen. Zur weiteren Reinigung wurde nach PINCUS u. ROMANOFF (Fed. Proc. **9.** [1950.] 101) aus einer Benzollsg. an Silicagel chromatographiert. Unters. der Eluate auf Nebennierensteroide durch Papierchromatographie unter Verwendung eines Syst. aus Toluol-wss. Methanol bei erhöhter Temp. (BUSH, Biochem. J. **50.** [1952.] 370). In den ersten Fraktionen konnten keine *Desoxy-*

corticosteron-artigen Steroide nachgewiesen werden. Dagegen wurden aus n. ♂, n. ♀ u. Schwangerenurin die *Verbb. E* u. *F* erhalten. Außerdem waren 2 Steroide vorhanden, die 2 ähnlichen Stoffen in der amorphen Fraktion von Nebennierenrindenextrakten entsprachen. Sie waren in viel größeren Mengen in Schwangerenurin als in Urin von n. Männern u. Frauen enthalten. (J. Endocrinology **8.** XII. April 1952. London, Mill Hill, Nat. Inst. for Med. Res., u. King's Coll. Hosp., Dep. of Chem. Pathol.) VINCKE. 4561

M. Grivaux, *Die Verbindung F im Urin der Steroiddiabetiker.* Betrachtungen über den von SPRAGUE, HAYLES, POWER, MASON u. BENNETT (C. **1951.** I. 3517) geschilderten Fall. (Semaine Hôpitaux Paris **26.** 2350—51. 30/6. 1950.) VINCKE. 4561

R. Rivoire und **Paszkowski,** *Die Bestimmung der Nebennierenrindensteroide des Urins.* Im Gegensatz zu bisherigen Methoden geschieht die Hydrolyse der Urinproben (50 cm³) durch 30 Min. langes Erwärmen auf dem kochenden Wasserbade in Ggw. von HCl (7,5 cm³). Dadurch wird nach Vff. eine weitgehende Zerstörung der *Nebennierenrindensteroide* (I), wie sie durch Kochen mit HCl am Rückfluß eintritt, vermieden. Die Best. von I geschieht nach dem Verf. von CORCORAN u. PAGE (J. Lab. clin. Med. **33.** [1948.] 1326). Genaue Arbeitsvorschrift im Original. Wiedergabe einiger Befunde bei Fettleibigkeit, CUSHINGscher Krankheit, Hyperthyreoidismus, Hypertonie sowie nach *Cortison*- u. *ACTH*-Applikation. (Presse méd. **60.** 214—16. 16/2. 1952. Nice, Inst. Méditer. de Méd. expér.) VINCKE. 4561

R. I. Ssalganik, *Der Einfluß des Schilddrüsenhormons auf die Ausnutzung der in den Organismus gelangenden Proteine.* In Verss. an Ratten (Best. des Leber-N) wird festgestellt, daß bei ausreichendem Protein (I)-Geh. der Nahrung zusätzliche Gaben von *Thyreoidin* (II) die I-Synth. im Organismus herabsetzen (gesteigerte Spaltung). Bei I-Mangel führt II zu einer gesteigerten Bldg. von I. Blockiert man die sekretor. Funktion der Schilddrüse mit Methylthiouracil, so nehmen die synthet. Prozesse ab, ein Zeichen dafür, daß bei n. I-Mengen u. n. Sekretion von II dieses die Aufbauprozesse im Organismus stimuliert. Verss. mit Methionin u. Cystein sprechen für eine Zunahme der Sulfhydrilgruppen in den Gewebs-I mit Erhöhung der Aktivität der Thiolfermente unter dem Einfl. von II. (Биохимия [Biochemie] **17.** 649—54. Nov./Dez. 1952. Wiss. Forschungsinst. für Ernährung des Gesundheitsminist. der UdSSR, Biochem. Labor.) RENTZ. 4562

R. Brimblecombe, C. P. Haigh, I. D. K. Halkerston, M. Reiss und **J. Warledge,** *Untersuchungen über die biologische Auswertung von thyreotropem Hormon.* Nach einem krit. Überblick über die bisher bekannten biol. Auswertungsmethoden für *Thyreotropin* (I), die alle mit einer sehr hohen Fehlerbreite behaftet sind, werden die Unterss. der Vff. mit ^{32}P u. ^{131}J geschildert. Es wurden schließlich nur hypophysektomierte Ratten verwendet, da diese am einheitlichsten gegen I reagieren. Bei einem Vgl. dieser Tiere mit n. Ratten zeigte sich, daß die n. Aufnahme von ^{131}J durch die Schilddrüse nach der Hypophysektomie stark verringert ist. Durch kleine I-Dosen wird dieser Wert um mehrere hundert % gesteigert. Bei Verwendung von ^{32}P läßt sich ebenfalls eine Dosis-Wirkungs-Kurve aufstellen; sie verläuft jedoch nicht so steil wie mit ^{131}J. — Die Beeinflussung der ^{131}J-Aufnahme wird zur Auswertung von I empfohlen. (J. Endocrinology **8.** V—VIII. April 1952. Bristol, Metal Hospitals.) VINCKE. 4562

J. C. de Oya, C. Jiménez Diaz und **F. Grande,** *Blutzuckerkurven bei verschiedenen Typen des experimentellen Diabetes.* Normale u. nephrektomierte Tiere, denen 1 g/kg Zucker intravenös injiziert wurde, verhielten sich beim Rückgang zur Normalität gleich, die Erholung pankreopriver Tiere erfolgte dagegen langsamer. Bei Alloxantieren blieb die Hyperglykämie längere Zeit bestehen. Entfernt man pankreopriven Tieren auch die Niere, so ist der Verlauf ähnlich wie nach Behandlung mit *Alloxan.* Die neuere Auffassung über die Rolle der Niere beim Kohlenhydratstoffwechsel u. die der Nierenläsion in der Genese des Alloxandiabetes wird hierdurch bestärkt. (Rev. clín. españ. **44.** 14—18. 15/1. 1952. Madrid, Univ., Inst. Invest. Méd.) KRAFT. 4564

G. Gambassi und **I. Giorgio,** *Untersuchungen über die insulinhemmende Fähigkeit des menschlichen Blutes.* 1. Mitt. *Bei Normalen und Diabetikern.* Unterss. an 20 n. u. 22 diabeteskranken Personen. Erythrocyten gesunder Versuchspersonen vermögen in einer Menge zwischen 1,1—0,9 cm³ die Wrkg. von 3 E. Insulin zu hemmen. Die entsprechenden Mengen betragen beim Diabetiker 0,3—0,7 cm³. (Arch. Patol. Clin. med. **30.** 257—67. 1952. Bari, Univ., Ist. di Patologia Med. e Metodologia Clin.) P. G. SCHEURLEN. 4564

G. Gambassi und **I. Giorgio,** *Untersuchungen über die insulinhemmende Fähigkeit menschlichen Blutes.* 2. Mitt. *Bei Leberkranken.* (1. vgl. vorst. Ref.) Es wurden 20 an Lebererkrankungen leidende Patienten hinsichtlich der insulinhemmenden Wrkg. ihrer Erythrocyten untersucht. Bei 18 Fällen wurde, oft entsprechend der Schwere des klin. Zustandsbildes, eine mehr oder weniger deutliche Erniedrigung der enzymat. wirkenden

Insulin-Hemmung der Erythrocyten beobachtet. Eine eindeutige Analogie zwischen der Art der Lebererkrankung u. dem Verh. der Insulinhemmung konnte nicht festgestellt werden. (Arch. Patol. Clin. med. **30.** 269—73. 1952.) P. G. SCHEURLEN. 4564

I. S. Collins und **D. G. Ferriman,** *Hämophilieähnliches Syndrom auf Grund der Einwirkung von Antikoagulantien auf die Thromboplastinbildung.* Vf. berichtet über einen 73jährigen Patienten mit starken subcutanen u. intramuskulären Hämorrhagien, die jeder Therapie trotzten u. schließlich zum Tode des Patienten führten. In diesem Zusammenhang geht Vf. auf ähnliche Fälle ein, bei denen sich in der Prothrombinzeit, dem Thrombin- oder Fibrinogengeh., dem Serumcalcium keinerlei Besonderheiten auffinden ließen. Es wird allg. angenommen, daß die Antikoagulantien entweder die Wrkg. von Thromboplastin oder seine Bldg. stören. (Lancet **263.** 712—14. 11/10. 1952. London, Middlesex Hosp.) REICHLE. 4574

H. Verhagen und **M. U. Wiersema,** *Hautblutung und -nekrose bei Thrombosepatienten, die mit Dicumol oder Dicumacyl behandelt wurden.* Große Hautblutungen am Gesäß u. an den Oberschenkeln traten bei 8 Patienten mit Thrombophlebitis am 5. bis 7. Tage nach Beginn der *Dicumol*- bzw. *Dicumacyl*-Behandlung auf. Ein großer Teil der Haut u. des darunterliegenden Gewebes wurde nekrot. u. später abgestoßen. Diese bisher in der Literatur noch nicht beschriebene Komplikation der Dicumoltherapie wird besprochen. (Nederl. Tijdschr. Geneeskunde **96.** 1578—85. 28/6. 1952. Bussum.) PATZSCH. 4574

Mario Bocchia und **Giovanni Giaconi,** *Beitrag zur Kenntnis der akuten Dicumarolvergiftung.* Zur Vermeidung von Hämorrhagien durch *Dicumarol* sollte möglichst dauernd die Prothrombinzeit (QUICK) u. die Nierenfunktion geprüft werden. Vff. sind der Ansicht, daß die tägliche Dosis von 0,15 g *Dicumarol* nicht länger als 4—6 Tage gegeben werden soll. (Athena [Rass. mens. Biol., Clin. Terap.] **18.** 222—24. Mai 1952. Portoferraio, Civico Ospedale.) H. SCHEURLEN. 4574

John B. Field, George D. Ramsay, Albert M. Attyah und **Paul Starr,** *Die Wirkung eines neuen Heparinoids Treburon beim Menschen. Heparin* (**I**) u. *Treburon* (**II**; Na-Salz eines sulfurierten Polygalakturonsäuremethylesters-Methylglykosids) wurde an 200 Patienten verabreicht. **II** hatte ca. die halbe Wirksamkeit auf die Verlängerung der Koagulationszeit wie **I** bei intravenöser Gabe. Bei intramuskulärer Verabreichung dagegen war **II** während 24 Std. wirksamer als **I.** Inhalation von **II** war unwirksam. Bei **II** wurden im Vgl. zu **I** keine Hämatome beobachtet. (J. Lab. clin. Med. **41.** 208—14. Febr. 1953. Los Angeles, Calif., Univ. of Southern California, Dep. of Med., School of Med., County Gen. Hosp.) BRATFISCH. 4574

Karlo Weber und **Jelena Frketić,** *Die Inhibitorwirkung des Harns auf die Chemiluminescenz des Luminols.* Die Chemiluminescenz des *Luminols* (*3-Aminophthalsäurehydrazid*) in alkal. Lsg. in Ggw. von H_2O_2 u. Hämin wird schon durch 0,2 Vol.-% menschlichen oder tier. Harns merklich gehemmt. Bei einer Konz. von 1—2% Harn beträgt die Auslöschung 96%. Das Löschungsvermögen des Harns von Personen verschied. Gesundheitszustandes zeigt nur unwesentliche Unterschiede. Das Trocknen u. Wiederauflösen des Harns ist ohne Einfl. auf seine luminescenzhemmende Wirkung. Von Verbb., die im Harn vorkommen, erwiesen sich Harnstoff, Glucose, Aceton, Milchsäure, H_3PO_4, Oxalsäure, Ameisensäure, Citronensäure, Pepsin u. Xanthopterin in entsprechenden Konzz. als unwirksam. Harnsäure hat zwar eine stark hemmende Wrkg., die jedoch schwächer ist als die des Harns. In hohen Konzz. sind auch Phenol u. Ascorbinsäure wirksam. Die luminescenzlöschende Wrkg. des Harns muß demnach auf andere Faktoren zurückzuführen sein. — Das beschriebene Phänomen dürfte sich für die Best. von Harn in der forens. Analyse verwerten lassen. (Arhiv Higijenu Rada **4.** 1—13. 1953. Zagreb, Inst. für Gerichtsmedizin, u. Inst. für Arbeitshygiene.) BECKMANN. 4577

Louis L. Johnson, Carleton W. Shaw, William P. Galen und **Howard L. Holley,** *Natriumwerte der Rückenmarksflüssigkeit bei wesentlich erhöhtem Blutdruck.* Vff. finden bei erhöhtem Blutdruck höhere Na-Werte im Vgl. zu 100 Normalpatienten. (J. Lab. clin. Med. **41.** 287—89. Febr. 1953. Birmingham, Ala., Med. Coll., Dep. of Med., Dep. of Biochem.) BRATFISCH. 4578

Ralph E. Peterson und **Joseph D. Mann,** *Der Transport von radioaktivem Fe in der Lymphe.* Von oral zugeführtem radioakt. Fe findet sich in der Lymphe weniger als 0,1%, 2,5—5% werden vom Gastrointestinaltrakt resorbiert. In der Leber finden sich ca. 50% des zugeführten Fe. Bei parenteraler Zufuhr beträgt die Fe-Menge in der Lymphe 0,5% u. 60—70% in der Leber, wobei sich die Prozentzahlen jeweils auf die Gesamtmenge des zugeführten Fe beziehen. (Amer. J. Physiol. **169.** 763—66. 1/6. 1952. Washington, D. C., Army Med. School, Dep. of Biochem.) REICHLE. 4578

E. Günther, *Die Bedeutung der Vitamine für Mensch und Tier.* Allg. Ausführungen. (Dtsch. Landwirtsch. **3.** 474—80. Sept. 1952. Halle, Univ., Inst. für Acker- u. Pflanzenbau.) WINIKER. 4587

Philip Evans, *Vitamine und Kinderkrankheiten.* Die auf Mangel an den *Vitaminen A, C, D, B_1, B_2, K, Nicotin-* u. *Folsäure* beruhenden Kinderkrankheiten u. deren Behandlung werden zusammenfassend beschrieben. (Guy's Hospital Gaz. **67.** 62—71. 21/2. 1953. London, Guy's Hosp. Med. School.) KRUSEN. 4587

Walter Hohlweg, *Die Testierung von Vitamin-A-Präparaten mit Hilfe der Antiöstrusreaktion.* Bei kastrierten weiblichen Ratten u. Mäusen wurde durch subcutane Applikation von täglich 1 γ *Östradiolbenzoat* konstante Keratinisierung des Vaginalepithels (Schollenstadium) hervorgerufen. Durch einmalige perorale u. in geringerem Ausmaß durch subcutane Verabreichung von *Vitamin A* (I) kann das Schollenstadium nach 24—72 Std. aufgehoben werden. Da nach peroraler Zufuhr bei Ratten nach 30000 I.E. I u. bei Mäusen nach 4000 I.E. I bei der Hälfte der Tiere der Antiöstruseffekt eintritt (Schwellwert), kann dieses Verf. zur Testung von I-Präpp. mit größerem Vorteil als der Wachstumstest angewendet werden. *Carotin* zeigt keine I-Wirkung. (Pharmazie **7.** 280—84. Mai 1952. Berlin, Charité, Inst. für exp. Endokrinologie.) KRUSEN. 4587

Elisabeth Kaiser und **B. M. Kagan,** *Eine Methode zur Bestimmung von Vitamin A in Stuhl.* Der Stuhl wird mit einer entsprechenden Menge 6%ig. alkoh. KOH ($^1/_3$—$^1/_1$ des Stuhlgewichts) magnet. gerührt, bis eine einheitliche Suspension entsteht. 2—3 g der Suspension werden mit 6%ig. alkoh. KOH zu ca. 5 ml ergänzt u. 6—8 Std. auf 70° erwärmt. Man filtriert u. wäscht mit 6%ig. alkoh. KOH nach, bis das Gesamtvol. 10 ml beträgt. 2 ml des Filtrats werden mit 2 ml eines Xylol–Kerosin-Gemisches (1:1) 10 Min. gerührt. Man entnimmt 2 mal je 0,08 ml des Extraktes u. bestimmt die Extinktion bei 328 mμ vor u. nach einer UV-Bestrahlung nach BESSEY u. Mitarbeiter (C. **1946.** I. 1733). Die prozentuale Abweichung zweier Bestimmungen des *Vitamin-A*-Geh. des gleichen Stuhls beträgt 5,2%; der Standardfehler einer Einzelbest. beträgt 7,5%. (Proc. Soc. exp. Biol. Med. **80.** 300—02. Juni 1952 Chicago, Ill., Michael Reese Hosp., Med. Res. Inst., Kunstadter Labors. for Pediatric Res.) K. F. MÜLLER. 4587

H. H. Bagnall und **F. G. Stock,** *Die Reproduzierbarkeit geometrischer Korrektionsverfahren bei der spektrophotometrischen Bestimmung von Vitamin A.* Diskussion der Reproduzierbarkeit der Meßergebnisse aus 2 Laborr. bei der *Vitamin-A*-Best. nach der Anwendung der geometr. Korrektur der internationalen Standardmeth. u. der Meth. von CAMA, COLLIN u. MORTON (Biochem. J. **50.** [1951.] 48). (Analyst **77.** 356—63. Juli 1952. Birmingham, City Analyst's Labor.) H.-J. KOCH. 4587

James A. Brown und **Max M. Marsh,** *Papierchromatographische Trennung und Bestimmung einiger wasserlöslicher Vitamine.* Die 4 synthet. Vitamine des B-Komplexes — *Thiaminsalze, Riboflavin, Nicotinsäureamid* u. *Pyridoxinhydrochlorid* — können auf WHATMAN-Papier in aufsteigender Technik getrennt werden. Als Lösungsm. wurde die obere Phase eines Gemisches von 40 Voll. n-Butanol, 5 Voll. Eisessig u. 55 Voll. W. verwendet. Die Vitaminpräpp. wurden in Essigsäure gelöst. Die Auswertung der Chromatogramme erfolgt mit einem Spektrophotometer durch Absorption im UV-Bereich. Eine quantitative Best. wurde durch Vgl. der Absorptionszonen mit denen reiner Standardlsgg. möglich. (Analytic. Chem. **24.** 1952—56. Dez. 1952. Indianapolis, Ind., Eli Lilly and Co.) KAISER. 4587

P. B. Pearson, Lee Struglia und **Ivan L. Lindahl,** *Die fäkale und urinale Exkretion einzelner B-Vitamine von mit Heu und halbsynthetischem Futter ernährten Schafen.* Entsprechend der höheren Zufuhr liegt bei Heufütterung die Exkretion an *Riboflavin, Niacin* (I) u. *Pantothensäure* (II) höher als bei halbsynthet. Futter. Bei diesem wird die urinale Exkretion, bes. von I u. II, bei proteinarmem Futter gegenüber n. u. proteinreichem auf $^1/_2$—$^1/_3$ gesenkt. Während die gesamte *Vitamin-B_{12}* (III)-Exkretion bei halbsynthet. Kost 120—210 mal höher als die Zufuhr ist, erreicht sie bei Heufütterung noch 3—4 mal höhere Werte. 99% des ausgeschiedenen III finden sich in den Faeces. (J. Animal Sci. **12.** 213—18. Febr. 1953. U. S. Dep. of Agric.) KRUSEN. 4587

A. E. Teeri, D. Josselyn, N. F. Colovos und **H. A. Keener,** *Wirkung von Schwefeldioxydsilage auf die Vitaminexkretion von Wiederkäuern.* Die SO_2-Konservierung von siliertem Grünfutter bewirkt eine bessere Erhaltung von *Nicotinsäure* (I) u. *Riboflavin* (II), während bei *Thiamin* (III) gewisse Verluste eintreten. Die an der Exkretion dieser Vitamine gemessene intestinale Synth. wird durch SO_2 bei I u. II nicht beeinflußt, bei III jedoch deutlich begünstigt. Zufütterung von $CaCO_3$ hebt diese Begünstigung wieder auf. (J. Animal Sci. **12.** 15—18. Febr. 1953. New Hampshire Agric. Exp. Stat.) KRUSEN. 4587

Gerrit Toennis, Henry G. Frank und **Dorothy L. Gallant,** *Zur Folsäureaktivität des menschlichen Blutes.* Dialysate, die bei niedriger Temp. von menschlichen Bluthämolysaten hergestellt wurden, zeigten eine 20—100mal höhere *Folsäure* (**I**)-Aktivität gegenüber *Lactobacillus casei* (*L. c.*), als sie in früheren Berichten angegeben worden war. Die Faktoren mit **I**-ähnlicher Wrkg. gegenüber *L. c.*, die nicht mit einem der bekannten **I**-Faktoren ident. sind, zeigen bei Aufbewahrung der Dialysate bei 2° zuerst eine Zunahme, dann aber Abnahme der Aktivität. Diese wird geringer mit steigender Konz. der Dialysate u. abnehmender Konz. der Puffersalzlsg. u. erreicht ein Minimum bei p_H 7—7,5. Die Aktivität des Faktors gegenüber *Streptococcus lactis* ist gering, die gegenüber Leuconostoc citrovorum ohne Bedeutung. (J. biol. Chemistry **200.** 23—30. Jan. 1953. Philadelphia, Pa., Inst. for Cancer Res., u. Lakenau Hosp., Res. Inst.)
SPITALER. 4587

Calixto A. Romero, Raul Vizcarrondo und **R. Rodriguez-Molina,** *Behandlung von Sprue mit Folinsäure. Bericht über 9 Fälle.* Während 12tägige Behandlung mit intramuskulär täglich 100—400 E. *Folinsäure* (**I**) bei 3 Fällen von Sprue nur unzulängliche Besserung der hämatolog. u. klin. Symptome bewirkte, konnte bei weiteren 6 Fällen durch täglich 1000 E. eine schnelle u. wirksame Besserung der klin. Symptome bei allen u. der hämatolog. Erscheinungen bei 5 erreicht werden. Es wurden keine Unverträglichkeitserscheinungen beobachtet. **I** ist bei gleicher qualitativer Wrkg. wie *Folsäure* 10- bis 15mal wirksamer als diese. (Amer. J. med. Sci. **224.** 9—22. Juli 1952. San Juan, Puerto Rico, Veterans Adm. Center; San Juan City Hosp.) KRUSEN. 4587

Sam C. Smith und **C. A. Elvehjem,** *Eine Wechselwirkung von Pteroylglutaminsäure, Vitamin B_{12} und dem Affen-Antianämiefaktor.* Da nach früheren Unterss. bei Mangel an gewissen bekannten Vitaminen noch Symptome des Mangels eines weiteren Faktors beobachtet wurden, führten Vff. bei Rhesusaffen Verss. über die Wrkg. von *Pteroylglutaminsäure* (**I**), *Vitamin B_{12}* (**II**) u. dem *68%ig. Methanolextrakt aus Leber* (**III**) bei **I**-Mangel durch. Der prim. Mangelzustand war von charakterist. Zeichen des Mangels an einem Affen-Antianämiefaktor begleitet. Besserung des letzteren wurde durch Zufuhr der 10fachen Menge des Mindestbedarfs an **I** erzielt. Zeitlich begrenzte Besserung wurde auch mit **III**-Zulagen erreicht, die je nur 4 μg **I** u. **II** je Tag enthielten. Bei **III**-Zulagen war der Bedarf an **I** für n. Wachstum u. Blutbild wesentlich geringer. Eine Wrkg. von **II** trat nur bei Tieren mit schwächerem Mangelzustand ein, wahrscheinlich beruhend auf einer Anregung der **I**-Bldg. zusammen mit Vitamin C. Es scheint demnach eine Beziehung zwischen diesen 4 Faktoren zu bestehen, obwohl **II** u. **III** gewöhnlich in der Nahrung n. Affen nicht benötigt werden u. bei hohen **I**-Gaben **II** u. **III** entbehrlich sind. (J. Nutrit. **45.** 47—59. 10/9. 1951. Madison, Wis., Univ., Coll. of Agric., Dep. of Biochem.)
SCHWAIBOLD. 4587

A. L. Bacharach, *Die biochemische Rolle des Vitamins C.* Vf. erhebt Einspruch gegen die zu allg. Behauptung von KALNENAS (C. **1953.** 4234), daß *Vitamin C* einen unentbehrlichen Wasserstoffüberträger im tier. Stoffwechsel darstellt. (Nature [London] **169.** 1107—08. 28/6. 1952. Greenford, Glaxo Labors. Ltd.) K. F. MÜLLER. 4587

W. A. Leonow, *Funktioneller Zustand der Leber bei Lupuskranken zur Zeit der Behandlung mit Vitamin D_2.* Bei 64,3% der Lupuskranken war die antitox. Leberfunktion vor der Behandlung mit *Vitamin D_2* (**I**) gestört. Die Patienten bekamen täglich 100000 bis 150000 E. **I** intravenös, wonach sich in vielen Fällen die Störungen der antitox. Leberfunktion verstärkten. Nach einer intravenösen Glucoseeinführung mit Ascorbinsäure verschwanden die Störungen der Leber, u. **I** wurde besser vertragen. Auf den gestörten Kohlenhydratumsatz wirkt **I** nicht. Da nur bei leichten antitox. Leberfunktionsstörungen nach einer Behandlung mit **I** eine Besserung, bei schweren Fällen eine Verschlechterung eintrat, ist gegenüber einer **I**-Therapie bei Lupuskranken höchste Vorsicht geboten. (Вестник Венерологии и Дерматологии [Nachr. Venerol. Dermatol.] **1952.** Nr. 4. 22—24. Juli/Aug. Kursk, Med. Inst., Lehrstuhl für Haut- u. Geschlechtskrankh.)
BURGHARDT. 4587

Hans Vogel, *Über das sogenannte Vitamin F.* Referierende Arbeit über die essentiellen Fettsäuren: *Linolsäure, Linolensäure* u. *Arachidonsäure.* Der für sie gebrauchte Name *Vitamin F* wird abgelehnt. (Oesterr. Apotheker-Ztg. **4.** 604—08. 11/11. 1950.)
LOCH. 4587

H. Scheunemann, *Die Anwendung der Vitamin-F-Präparate in der Veterinärmedizin.* Vf. konnte durch *Vitamin-F*-Präpp. (*F 99*; *Linacidin*) in der Behandlung des Pruritus cutaneus u. von Dermatosen bei Hunden gute Erfolge erzielen. (Mh. Veterinärmed. **7.** 449—50. 15/11. 1952. Berlin-Friedenau.) KRUSEN. 4587

Alfredo Rehbein, Alfred Jaretzki III und **David V. Habif,** *Die Reaktion einer durch Dicumarol hervorgerufenen Hypoprothrombinämie auf Vitamin K.* 62 Patienten erhielten nach Senkung der Prothrombinzeit durch *Dicumarol* oder *Compound 63* 75—500 mg bzw. 50 mg *Vitamin K* (Emulsion von 50 mg/1 cm^3 zum intravenösen Gebrauch; Merck & Co., Rahway, N. J.). 50 mg waren zur Normalisierung des Prothrombinspiegels ausreichend. Ging eine bes. intensive Therapie mit Antikoagulantien voraus, mußte diese Dosis in 6—12stündlichem Abstand wiederholt werden. (Ann. Surgery **135.** 454—69. April 1952. New York, N. Y., Columbia Univ., Coll. of Phys. and Surg., u. Presbyterian Hosp.) Brosemann. 4587

R. W. Swick und **C. A. Baumann,** *Chemische Bestimmung von Tocopherol in tierischem Material.* Die Best. von *Tocopherol* (I) in tier. Geweben (Leber, Eingeweide, Lunge, Herz usw.) umfaßt: Homogenisierung (10 g mit 40—50 ml A. im „Waving Blendor"), 18std. Extraktion mit 100 ml A. im Soxhlet-App., 30 Min. Verseifung des Extraktes mit 10 ml 2%ig. alkoh. KOH in Ggw. von 0,5% p-Acetylaminophenol als Antioxydans, Extraktion der eingeengten, mit W. versetzten u. mit Na_2SO_4 gesätt. Lsg. mit PAe., Chromatographie des eingedampften Petrolätherextraktes (mit 20—1000 γ I) in benzol. Lsg. (2 ml) an einer Floridin XXS-Säule, die mit $SnCl_2$ behandelt ist, unter Verwendung von Bzl. als Entwickler-Fl., u. colorimetr. Best. des I in einem aliquoten Teil des Eluats mit dem Emmerie-Engel-Reagens nach Quaife u. Harris (Ind. Engng. Chem., analyt. Edit. **18.** [1946.] 707). (Analytic. Chem. **24.** 758—60. April 1952. Madison, Wis., Univ., Coll. of Agric.) K. F. Müller. 4587

J. Partanen, *Über die Ergebnisse der Anwendung von APF-Präparaten und Vitamin B_{12} in der Schweinezuchtversuchsstation.* Es wurden Fütterungsverss. an 4 Gruppen von Ferkeln angestellt, deren Eiweißbedarf auf verschied. Weise, aber in gleicher Höhe, gedeckt wurde. Gruppe 1 erhielt Magermilch, Gruppe 2 pflanzliches Eiweiß in Form von Sojaschrot u. Erdnußölkuchen, Gruppe 3 u. 4 dasselbe pflanzliche Eiweiß mit Zusätzen von 4 g APF-Präp./nord. Futtereinheit bzw. 14—16 γ Vitamin B_{12}. Wachstum u. relativer Futterverbrauch waren bei den Gruppen mit pflanzlichem Eiweiß wesentlich ungünstiger als bei der Magermilchgruppe. Die Zusätze von APF u. Vitamin B_{12} waren prakt. ohne Einfluß. (Karjatalous **28.** 558—59. 21/11. 1952.) Beckmann. 4587

Harold E. Schendel und **B. Connor Johnson,** *Ferkelaufzucht mit Trockenmagermilch: Wirkung der Zugabe von Aureomycin und Schmalz.* Bei Zugabe von 2000 I.E. *Vitamin A*, 200 I.E. *Vitamin D*, 4 γ *α-Tocopherolacetat*, 1 mg *2-Methyl-1.4-naphthachinon* zu je 1 Liter aus Trockenmagermilch hergestellter Milch mit 20% Trockensubstanz u. täglicher Zulage von 25 mg $FeCl_3$, 2,5 mg $MnSO_4$ u. 2,5 mg $CuSO_4$ können Ferkel mit dieser Milch n. aufgezogen werden. Die Zulage von 30% Schmalz oder bzw. u. 50 mg/kg Trockensubstanz *Aureomycin* hat keine besonderen Einflüsse auf Entw. u. Mortalität. (J. Animal Sci. **12.** 84—87. Febr. 1953. Univ. of Illinois.) Krusen. 4587

Harold E. Schendel und **B. Connor Johnson,** *Vergleich von gegen Bakterien und gegen Hefe und Pilze wirkenden Antibioticis in Gegenwart verschiedener B-Vitaminmengen bei Ferkeln.* Mit einer synthet. Milch ernährte Ferkel zeigten bei Zulage des 5fachen der optimalen Mengen an *B-Vitaminen* sowie bei Zusatz von 50 mg/kg Futtertrockensubstanz von *Romicidin* weder schnellere Gewichtszunahme noch höheren Futterverbrauch. Zufütterung von 50 mg/kg *Terramycin* bewirkte beschleunigtes Wachstum u. niedrigeren Futterbedarf. (J. Animal Sci. **12.** 88—95. Febr. 1953. Univ. of Illinois.) Krusen. 4589

J. O. L. King und **E. G. White,** *Die Wirkung von Penicillinzusatz zum Futter auf das Wachstum von Küken.* In 11 Verss., in denen Gruppen von 12—56 Küken verschied. Futter mit 10—100 mg/kg *Penicillin* erhielten, ergaben sich nur bei 4 Verss. Übergewichte von mehr als 50 g gegenüber ohne Zusatz gefütterten Kontrollen. (Veterin. Rec. **65.** 149—52. 7/3. 1953. Liverpool, Univ., School of Veterin. Sci.) Krusen. 4589

A. M. MacKay, W. H. Riddell und **R. Fitzsimmons,** *Terramycinzufütterung für Kälber.* Kälber, die von der Geburt an 12 Wochen lang im Futter 30 mg/100 pds *Terramycin* (I) erhielten, zeigten gegenüber Kontrolltieren schnelleres Wachstum, regeren Appetit u. besseres allg. Aussehen. Bei Zufütterung an ältere Kälber wird durch I nur besserer Allgemeinzustand, aber keine wesentliche Gewichtszunahme mehr erzielt. (J. Animal Sci. **12.** 19-23. Febr. 1953. Vermont Agric. Exp. Stat.) Krusen. 4589

J. G. De Pape, Wm. H. Burkitt und **A. E. Flower,** *Trockenalfalfa- und Antibioticazufütterung an trächtige und lactierende Schweine.* Die Zulage von 0,5% eines *APF*-Präp. zu einem aus Gerste, Sojaschrot, sonnengetrocknetem Alfalfa u. Fleischmehl bestehenden Futter für trächtige u. lactierende Schweine hat keinen Einfl. auf Wurfzahl, Geburtsgewichte u. Sterblichkeitszahl der Ferkel. Wird jedoch das sonnengetrocknete Alfalfa durch künstlich getrocknetes in Tablettenform ersetzt, so ist bei den Ferkeln der damit gefütterten Schweine die Mortalität um 16—20% höher. (J. Animal Sci. **12.** 77—83. Febr. 1953. Montana Agric. Exp. Stat.) Krusen. 4589

E. B. Wilcox, M. B. Merkley, L. S. Galloway, D. A. Greenwood, W. Binns, J. A. Bennett und L. E. Harris, *Die Wirkung von Rohrzuckerfütterung an Rinder und Schweine auf Ausbeute und Fleischqualität.* Die Fütterung verschied. Mengen *Rohrzucker* an Rinder u. Schweine 14 Tage bis 6 Std. vor der Schlachtung führte zum Teil zu geringem Anstieg der Ausbeute u. des Kohlenhydratgeh. u. etwas niedrigerem p_H-Wert des Muskelfleisches. Außerdem wurde eine Vergrößerung, Erhöhung des Kohlenhydratgeh. u. Geschmacksverbesserung der Lebern erzielt. (J. Animal. Sci. **12.** 24—32. Febr. 1953. Utah State Agric. Coll.) KRUSEN. 4589

S. Ss. Gerschenowitsch und A. A. Kritschewskaja, *Glutaminsäure und Gewebsatmung des Gehirns unter der Einwirkung erhöhten Sauerstoffdruckes.* Verss. an weißen Mäusen u. Ratten ergaben, daß die *Glutaminsäure* (I) bei erhöhtem O_2-Druck (3 Min. bei 6 at) durch Unterstützung der Gewebsatmung im Gehirn eine Schutzwrkg. auf den Organismus ausübt. Die Krämpfe treten wesentlich später auf als ohne I. Die Wrkg. von dl-I ist stärker als die von l(+)-I. Asparaginsäure ist nur von geringer, Alanin ohne Wirkung. (Биохимия [Biochemie] **17.** 684—90. Nov./Dez. 1952. Rostow/Don, Univ., Wiss.-Biol. Forschungsinst., Biochem. Abt.) RENTZ. 4596

Hans Vogt, *Über die Rolle der Bernsteinsäure im biologischen Geschehen.* Vf. bespricht die fermentativen Oxydations- u. Dehydrierungsvorgänge im Organismus u. betont die Bedeutung von 4 C-Dicarbonsäuren, bes. der *Bernsteinsäure* (I), die sowohl aerob, wie anaerob (mit Methylenblau als H_2-Acceptor) durch Vermittlung der *Succinodehydrase* in *Fumarsäure* übergeführt wird. I spielt die Rolle eines Zwischengliedes des Wasserstofftransportes. Fumarsäure kann dann durch *Fumarase* unter Eintritt von H_2O in *Äpfelsäure* umgewandelt werden, die ihrerseits vermittels *Malicodehydrase Oxalessigsäure* bildet. Diese hat die Aufgabe, die beim Kohlenhydratabbau entstandenen Triosen zu oxydieren, wobei der aus der Oxalessigsäure durch Bldg. von Äpfelsäure frei werdende Wasserstoff auf Fumarsäure übertragen wird u. I rückgebildet wird. Aus Fütterungsverss. an Ratten geht hervor, daß I sowohl direkt an der *Glykogen-Bldg.* beteiligt ist, daß sie andererseits auch die Glykogenbldg. aus anderen Quellen (Fett- u. Proteinstoffwechsel) fördert. (Pharmaz. Ztg.-Nachr. **87.** 402—05. 5/6. 1951. Kiel.) LOCH. 4596

I. G. Jarrett, B. J. Potter und O. H. Filsell, *Niedere Fettsäuren im Intermediärstoffwechsel des Schafes.* Schrifttumsüberblick über die Rolle von Essig-, Propion- u. Buttersäure, die durch Bakterientätigkeit im Pansen der Wiederkäuer in erheblicher Menge gebildet werden u. zur Resorption gelangen, im Intermediärstoffwechsel dieser Tiere. An eine Gruppe von 12 Merinoschafen wird ein bekanntes Futter verabfolgt; einige Tiere erhalten zusätzlich intravenös neutrale Lsgg. von *Acetat*, von *Propionat*, von *Butyrat*, teils allein, teils im Gemisch; Entnahme von Blutproben, die quantitativ auf Ketonkörper (WEICHSELBAUM u. SOMOGYI, J. biol. Chemistry **140.** [1941.] 5), Milchsäure (EDWARDS, J. biol. Chemistry **125.** [1938.] 571), Brenztraubensäure (FRIEDEMANN u. HAUGEN, J. biol. Chemistry **147.** [1943.] 415), Zucker (SOMOGYI, J. biol. Chemistry **160.** [1945.] 69), flüchtige Säuren (FRIEDEMANN, J. biol. Chemistry **123.** [1938.] 161) u. CO_2 (PETERS u. VAN SLYKE, Quant. Clinical Chemistry **2**, 626; Bailliere, Tindall u. Cox. London, 1932) untersucht werden. Die diskutierende Auswertung der Versuchsergebnisse lehrt, daß Propionat aus dem Blutstrom schneller verschwindet als Acetat u. Butyrat. Acetat allein verursacht keinen merkbaren Anstieg des Blutes an Zucker, Milch- u. Brenztraubensäure, während Propionat die Konz. an diesen glucogenen Verbb. erheblich steigert. Sowohl Acetat wie auch Butyrat allein wirken ketogen, wohingegen Propionat eine geringe Herabsetzung der Ketonkörperkonz. verursacht. Die von Acetat allein hervorgerufene Steigerung an Ketonkörpern wird bei gleichzeitiger Ggw. von Propionat deutlich verringert. (Austral. J. exp. Biol. med. Sci. **30.** 197—206. Juni 1952. Adelaide, Univ., Div. of Biochem. and Gen. Nutrit. of the Commonwealth Sci. and Ind. Res. Organiz.) TÄUFEL. 4596

R. D. Lillie, *Äthylenreaktion von Ceroid mit Perameisensäure und Schiffschem Reagens.* Mit Hilfe von Perameisensäure wurden in Ceroid, einem Pigment der Cholinmangel-Cirrhose (vgl. Amer. J. clin. Pathol. **20.** [1944.] 149) Äthylengruppen nachgewiesen. Durch ihre Oxydation entstehen direkt Aldehyde, nicht dagegen aus 1.2-Glykolen. Das Vorhandensein von Äthylengruppen einerseits u. 1.2-Glykolen andererseits läßt vermuten, daß das Ceroid von stark ungesätt. Nahrungsfetten herstammt. (Stain Technol. **27.** 37—45. Jan. 1952. Bethesda, Md., Nat. Inst. of Health.) PLAMBECK. 4596

Kurt Schreier und Hans Plückthun, *Über die Alkaptonurie. Eine klinische und physiologisch-chemische Studie.* Beschreibung von 2 Fällen mit analyt. Daten über Ausscheidung von *Homogentisinsäure* bei konstanter Eiweißzufuhr u. nach Belastung mit *l-Tyrosin, l-* u. *d-Phenylalanin.* (Z. Kinderheilkunde **71.** 462—75. 1952. Heidelberg, Univ., Kinderklinik.) KERSTEIN. 4596

Hans Schulten, *Physiologie und Pathologie des Eisenstoffwechsels.* Besprechung der gegenwärtigen Kenntnisse u. Anschauungen über die Fe-Zufuhr, die Faktoren der Fe-Resorption, den Fe-Transport im Blut (Anführung einiger Fe-Resorptionskurven) u. der Fe-Ausscheidung, ferner der Fe-Stoffwechselstörungen, der Symptomatologie des Fe-Mangels, der Therapie u. der Infektions- u. Tumoranämie. (Dtsch. med. Wschr. **78.** 117—20. 23/1. 1953. Köln, Univ., Med. Poliklinik.) SCHWAIBOLD. 4596

J. Moeller und **A. Bedö,** *Die Phenolsulfophthaleinausscheidung als Funktionsprüfung der Niere.* Die 15 Min. nach intravenöser Injektion von 6 mg PSP erfolgte colorimetr. Best. der Ausscheidung im Urin ist zur Funktionsprüfung der Nierentubuli geeignet. Beim Nierengesunden 40,8%. Geringere Ausscheidung bei zahlreichen Nierenerkrankungen, Hypertonien, Herzinsuffizienzen. Bisher als extrarenal, hepatorenal, nephrotox. angesehene Zustände werden als tubulär bedingt bewiesen. (Aerztl. Wschr. **7.** 1125—30. 28/11. 1952. Würzburg, Univ., Med. Klinik.) KERSTEIN. 4597

Robert O. Bailey und **Smith Freeman,** *Leberfunktion und Cholesterintoleranz beim Hunde.* Hunde, denen eine ECK-Fistel (E. F.) angelegt worden war, zeigten bei Zugabe von täglich 0,3 g/kg *Cholesterin* (I) zum Futter nach 24 Wochen einen Anstieg des Gesamt-I im Plasma um durchschnittlich 250 mg-%, während n. Tiere bei gleicher Zufütterung einen Anstieg um durchschnittlich nur 110 mg-% aufwiesen. Hunde mit E.F. hatten ein I/Lipid-P-Verhältnis von 11,5—25, n. Tiere von 12,5—15,3. In den Lebern betrug der Gesamtlipidgeh. bei E.F.-Hunden im Mittel 33,9 (bei n. Hunden 10,4), der Gesamt-I-Geh. 6,9 (0,87), der Geh. an Ester-I 10,9 (1,0) u. an Neutralfett 18,0 (3,1). Werte in % in frischer Substanz. — 27 Literaturangaben. (J. Lab. clin. Med. **39.** 184—92. Febr. 1952. Chicago, Ill., Northwestern Univ., Med. School, Dep. of Biochem.) KRUSEN. 4597

Ralph E. Peterson, *Das Serumeisen bei akuter Hepatitis.* In 55 von 60 Fällen von akuter Virushepatitis lag das Serum-*Fe* über 200 γ/100 ml (im Durchschnitt 295), bei n. Personen in jedem Fall unter 200 (130). In Fällen von extrahepat. Gelbsucht lag das Mittel bei 155, von Cirrhose bei 110, von chron. Hepatitis bei 180 u. von Leberverfettung bei 140. Vergleichende Bestimmungen des *Bilirubin* (I)-Geh. ergaben, daß der höchste Wert an Serum-*Fe* erst 1—2 Tage nach dem höchsten I-Geh. erreicht wird u. häufig noch einige Zeit nach dem Wiederabfall von I erhalten bleibt. Vgl. mit anderen Leberfunktionsprüfungen ergab, daß die Serum-*Fe*-Best. neben dem Bromsulfaleintest den sichersten Hinweis auf akute Hepatitis gibt. — 36 Literaturangaben. (J. Lab. clin. Med. **39.** 225—36. Febr. 1952. Washington, D. C., Army Med. Serv. Grad. School, Dep. of Biochem.) KRUSEN. 4597

René Gibert, *Versuch einer Theorie der Zellerregbarkeit. Nervenleitung und automatische Vorgänge.* 1. Mitt. Entw. einer formalen Theorie über die Zellerregbarkeit auf mathemat. Grundlage unter der Annahme, daß wirksame Substanzen gebildet u. umgewandelt werden. (J. Chim. physique Physico-Chim. biol. **49.** 448—56. Sept. 1952. Nancy, École Sup. des Industries Chim., Fac. des Sci.) FUCHS. 4598

Emil Lehnartz, Einführung in die chemische Physiologie. 10. Aufl. Berlin, Göttingen, Heidelberg: Springer: 1952. (XV + 549 S. m. 119 Abb.) 8°. DM 39,60.

Willibald Pschyrembel, Klinisches Wörterbuch. Gegr. von Otto Dornblüth. 100.—106. Aufl. Berlin: de Gruyter. 1952. (XIV + 1038 S. m. 763 Abb. u. Nachtr.) 8° DM 16,—.

E₆. Pharmakologie. Therapie. Toxikologie. Hygiene.

R. M. Featherstone, W. Steinfield, E. G. Gross und **C. B. Pittinger,** *Die Verteilung des anästhetischen gasförmigen Xenons in Hundegeweben nach einer Messung mit radioaktivem Xenon.* In einer Unters. an 7 Hunden wurde der Verbleib des als chirurg. Anästheticum verabfolgten *Xenons* geprüft. Durch mehrtägige Behandlung des X mit Neutronen wurde ein gewisser Geh. an ^{135}X mit einer Halbwertszeit von 9,2 Std. angereichert. Den mit diesem X beatmeten Tieren wurden nach Tötung Proben von 21 verschied. Geweben entnommen u. auf ihren Geh. an radioakt. ^{135}X untersucht. Im Nebennierengewebe wurde 1,5 mal so viel X nachgewiesen wie in 5 verschied. cerebralen Geweben; in Leber u. Milz etwa halb so viel, noch weniger im gestreiften Muskel u. im perirenalen Fett. Abnehmende Gehh. zeigten Herz, Schilddrüse, Pankreas, Ovar, Haut, Fett. Spuren wurden im Knochen, in der Zahnpulpa u. im Urin nachgewiesen. (J. Pharmacol. exp. Therapeut. **106.** 468—74. Dez. 1952. Iowa City, State Univ. of Iowa, Coll. of Med., Dep. of Pharmacol. and Div. of Anesthesiol. of Dep. of Surg., u. Upton, N. Y., Brookhaven Nat. Labor.) REUSSE. 4601

Z. M. Bacq und **A. Herve,** *Über ein neues Schutzmittel gegen Röntgenstrahlenwirkungen.* Vff. berichten über die Schutzwrkg. des *β-Mercaptoäthylamins* (*1573 L*) u. seines *Disulfides* (*1591 L*) gegen die letalen Wirkungen von Röntgenstrahlen auf Grund von

Tierverss. an Mäusen. Während das 1573 L geeignet erscheint, bei Menschen die als Strahlenkater bezeichneten Beschwerden bei therapeut. Bestrahlungen zu verhindern, ist das 1591 L für die Humantherapie ungeeignet, da es große Mengen von Histamin freimacht. (Schweiz. med. Wschr. **82.** 1018—20. 4/10. 1952. Liège, Univ., Labor. de Pathol. gén. et de Radiothérapie.) REUSSE. 4601

LeRoy J. Kleinsasser und **Harold Warshaw**, *Perforation des Colon sigmoides während eines Bariumeinlaufes. Bericht eines Falles mit Überblick über die Literatur und experimentelle Beobachtungen der Wirkung intraperitoneal injizierten Bariumsulfates.* 6 Hunden wurden je 20—150 cm³ $BaSO_4$-Lsg. intraperitoneal injiziert. Alle überlebten. Autopt. wurden Granulome u. Entzündungszeichen gefunden, nur bei 1 Hund Adhäsionen. 2 Hunde erhielten eine Injektion von $BaSO_4$ u. *Fäces* u. starben innerhalb 48 Std., 3 Hunde erhielten eine Injektion von sterilem Stuhl u. überlebten. (Ann. Surgery **135.** 560—65. April 1952. Dallas, Tex., Southwestern Med. School, u. Veterans Admin. Hosp.) BROSEMANN. 4601

Giorgio Scevola, *Biologische Eigenschaften und klinische Anwendung des Mesoinosits.* Literaturref. über die biol. u. therapeut. Bedeutung des *Mesoinosits* (I). Dem I werden von verschied. Autoren lipotrope, auf den Cholesterinstoffwechsel eingreifende Wirkungen zugeschrieben, die es zur Schutztherapie bei akuten u. chron. Lebererkrankungen als geeignet erscheinen lassen. Des weiteren hat I eine capillarabdichtende Wrkg., weshalb es schon bei hämorrhag. Diathesen gegeben wurde. Ferner wirkt es als Antihistaminicum, bei Tumoren u. als Mittel zur Senkung des Blutzuckerspiegels (Unterstützung des Insulins). Schließlich findet es Anwendung bei der lokalen Wundversorgung, bes. bei Verbrennungen. (Minerva med. [Torino] **44.** I. 86—91. 13/1. 1953.) P. G. SCHEURLEN. 4607

Raoul Lecoq, *Untersuchungen über die Wirkungsweise des Emetins in der Emetin-Alkohol-Reaktion, die zur Behandlung von Alkoholikern empfohlen wird.* So wie bei *Antabuse* (I) u. *Apomorphin* (II) die Möglichkeit besteht, einen bedingten Reflex zu erzielen, der geeignet ist, Abscheu gegen Alkohol (III) zu erzeugen, kann auch durch Anwendung von *Emetin* (IV) die gleiche Wrkg. erreicht werden. Vf. untersuchte diese neue Möglichkeit am Kaninchen u. kommt durch die dabei erzielten Resultate zu dem Schluß, daß IV genau wie I den intermediären Abbau von III durch Eingriff in das enzymat. Geschehen hemmt u. tox. Stoffwechselprodd., wie Aldehyde, die unangenehme u. gegebenenfalls bedrohliche Erscheinungen hervorrufen. Durch Gaben von *Nicotinamid* u. *Adenin* vor der III-Verabreichung können die durch IV verursachten tox. Wirkungen verhindert werden, wie dies auch bei I der Fall ist. (C. R. hebd. Séances Acad. Sci. **236.** 335—37. 19/1. 1953.) L. BERGER. 4607

Julius Axelrod, Lewis Aronow und **Bernard B. Brodie**, *Die physiologische Stellung und Biotransformation von Dibenamin und eine Methode zu seiner Bestimmung in biologischen Geweben.* Nach intravenöser Injektion von *Dibenamin* (I; *N.N-Dibenzyl-β-chloräthylamin*) bei Hunden (30—60 mg I/kg) sinkt der I-Plasmaspiegel innerhalb 1 Std. auf 1—2 mg/Liter u. nach 4 Std. auf <0,2 mg/Liter, obgleich die adrenerg. Blockaktivität (ABA) 48—72 Std. erhalten bleibt. Die verlängerte ABA wird auf die Speicherung von I im Körperfett zurückgeführt. I wird im Körper hauptsächlich, wenn nicht ausschließlich, zu Dibenzylamin (II) abgebaut u. als II u. II-Derivv. ausgeschieden bzw. noch weiter abgebaut. Der I entsprechende Alkohol (III) tritt nicht als Abbauprod. auf, da III nach seiner Injektion teilweise (10—15%) unverändert wieder ausgeschieden wird, während nach Injektion von I in Gewebe u. Urin kein III nachgewiesen wird. Zur Best. von I wird mit HCl auf p_H 3,0 gestelltes Plasma oder Urin mit Citratpuffer (p_H 3) versetzt u. mit Heptan extrahiert. Die Heptanlsg. wird mit 2,5 n HCl extrahiert u. mit NaOH alkal. gemacht, wobei I zu III hydrolysiert. III wird dann nach einer modifizierten Meth. von BRODIE u. UDENFRIEND (C. **1946.** I. 1437) als Methylorangekomplex colorimetr. bestimmt. Gewebe wird erst mit 0,1 n HCl homogenisiert. II wird nach der Extraktion von I bei p_H 7 mit Heptan extrahiert u. nach Zusatz von Phosphatpuffer wie I bestimmt. (J. Pharmacol. exp. Therapeut. **106.** 166—79. Okt. 1952. Bethesda, Md., Federal Security Agency, U. S. Public Health. Serv., Nat. Inst. Health, Nat. Inst. Heart, Sect. on Chem. Pharmacol.) H.-J. KOCH. 4607

Daniel Eckert und **M. Paasonen**, *Dihydroergotamin und Histamintoxizität.* Vff. untersuchten die Frage, ob *Dihydroergotamin* (I) einen Einfl. auf die letale Dosis von *Histamin* (II) hat u. ob eine Beziehung zwischen der I-Dosis u. der letalen II-Dosis besteht. Die Verss. wurden am Meerschweinchen durchgeführt. Nach Injektion von 0,3 mg/kg II starben die Tiere nach ca. 9,5 Min., während nach zusätzlicher Gabe von 0,1 u. 1,0 mg I der Tod der Tiere nach 3—3,5 Min. eintrat. (Ann. Med. exp. Biol. fenn. **30.** 168—71. 1952. Helsinki, Univ., Dep. of Pharmacol.) REICHLE. 4607

Raymond-Hamet, *Bestimmung der für den Hund tödlichen Dosis getrockneten Giftes von Bufo Bufo mittels der Methode Dejean-Rowe-Tiffeneau.* Nach der vom Vf. gebrauchten

Meth. ist die Toxizität des getrockneten Giftes von Bufo Bufo nur 8,86mal geringer als die des krist. *Ouabains.* Sie beträgt für das Bufo Bufo-Gift 1,48 mg/kg, für Ouabain 0,167 mg/kg als mittlere letale Dosis für den Hund. (C. R. Séances Soc. Biol. Filiales **146.** 900—02. Juni 1952.) K. BÖHM. 4609

A. Liebsch, *Zur Behandlung der Mastitiden mit molekularem Jod.* Für die Euterinfusion bewährte sich bei den verschiedensten Mastitisformen eine nicht reizende 1°/₀₀ig. Jodlsg. (sauerstofffreies, organ. Lösungsm.). Die Behandlung kann sowohl im Laktationsstadium als während des Trockenstehens durchgeführt werden. Eine Beeinträchtigung gleichzeitig verabfolgter Antibiotica erfolgt nicht. (Tierärztl. Umschau **7.** 285—86. Aug. 1952. Straubing.) WINIKER. 4610

Robert Beckmann und **Ursula Kuhlo,** *Blutspiegeluntersuchungen nach PAS-Calcium-Medikation.* Bei einer Anzahl Kinder wurde bei einmaliger peroraler Verabreichung von 0,1 g/kg des *dicarbonsauren Ca-Salzes der PAS* der höchste Blutwert nach einer Std. mit maximal 4,65 mg-%, bei 2maliger Gabe der gleichen Dosis in Abstand von 4 Std. nach 5 Std. mit 7 mg-% erreicht. Die Nullwerte wurden nach 5—6 bzw. 7—8 Std. wieder erreicht. Ähnliche Ergebnisse wurden mit *PAS-Na* erzielt, jedoch treten bei dieser Verb. häufig Nebenerscheinungen auf. Die Verabreichung des *phenolischen Carbonsäure-Ca-salzes der PAS,* das schwer wasserlösl. ist, wurden stark schwankende Werte erhalten, die kein einheitliches Bild ergaben. (Die Medizinische **1953.** 149—51. 31/1. Münster, Univ., Kinderklinik.) KRUSEN. 4610

A. W. Jeremjan, *Das Auftreten von Parallergie bei der Behandlung mit p-Aminosalicylsäure.* Beschreibung einer bullösen Toxikodermie, hervorgerufen durch *Streptocid* nach Allergisierung des Organismus durch eine vorangegangene Anwendung von *p-Aminosalicylsäure.* (Советская Медицина [Sowjet-Med.] **16.** Nr. 9. 30. Sept. 1952. Moskau, Klin. Infektionskrankenhaus.) RENTZ. 4610

G. Fabiani und **A. Vérain,** *Massive Parasiteninjektion (Plasmodium berghei) bei der weißen Ratte, um damit einen Wirkungstest für ein Antimalariamittel (Nivaquine) festzustellen.* Vff. beschreiben intraperitoneale massive Injektionen roter mit Malaria infizierter Blutkörperchen bei Ratten, die vorher subcutan *Nivaquine* in verschied. Dosen (0,01—40 mg/100 g Körpergewicht) erhalten hatten, um die Wrkg. auf die in den Erythrocyten befindlichen Schizonten u. ihre Vermehrung zu beurteilen. Die Wrkg. nichttox. Dosen (0,5, 1, 2 mg/100 g) zeigt sich zwischen der 12. u. 15. Stunde. Bei stärkeren u. tox. Dosen sind die Wirkungen langsamer u. schwächer. (C. R. Séances Soc. Biol. Filiales **146.** 1158—61. Aug. 1952. Alger, Fac. de Méd., Labor. de Bactériol.) K. BÖHM. 4610

J. N. Cruickshank, *Die Behandlung der nichttuberkulösen renalen Infektionen.* Bei nichttuberkulösen renalen Infektionen wird neben der Allgemeinbehandlung eine Therapie mit *Sulfatriad* (Kombination von Sulfathiazol, Sulfadiazin u. Sulfamerazin), oder bei Unverträglichkeit mit einem getesteten Antibioticum empfohlen. (Practitioner **170.** 245—49. März 1953. Glasgow, Royal Infirmary.) REICHLE. 4610

Ralph E. Copeland, *Behandlungsfaktoren bei der Lungentuberkulose.* Übersicht über die therapeut. Maßnahmen zur Behandlung der Lungentuberkulose, wie Ruhe, Diät, Antibiotica u. Chemotherapeutica sowie chirurg. Eingriffe. (J. Amer. osteopath. Assoc. **52.** 360—62. Febr. 1953. San Marino, Calif.) RUTKOWSKI. 4610

Calogero Vullo, *Die Verteilung von Isonicotinsäurehydrazid im Blut und Liquor von Säuglingen.* Spektrophotometr. wurde festgestellt, daß bei Säuglingen nach oraler Gabe von *Isonicotinsäurehydrazid* (I) im Liquor u. vor allem im Blut der I-Spiegel höher ist, als in vitro für die Wirksamkeit für nötig befunden wurde. Nach endotrachealer Applikation wird I im Liquor in wesentlich höherer u. langanhaltender Konz. gefunden. (Minerva med. [Torino] **43.** II. 614—16. 8/10. 1952. Sassari, Univ., Clinica Pediatrica.) H. SCHEURLEN. 4610

G. Poggio, *Bericht über klinische Versuche mit Isonicotinsäurehydrazid bei der Lungentuberkulose des Erwachsenen während 4 Monaten.* Vf. berichtet über die Behandlung von 157 Fällen von Lungentuberkulose u. 11 Fällen von Empyem mit *Isonicotinsäurehydrazid (Nicizina,* FARMITALIA), die, soweit es die kurze Beobachtungszeit (4 Monate) zuließ, mit gutem Erfolg durchgeführt wurde. (Minerva med. [Torino] **43.** II. 616—26. 8/10. 1952. Genova, Osped. Civile.) H. SCHEURLEN. 4610

A. I. Goldstein, *Über Indikationen zur dringlichen Anwendung von Streptomycin.* Indikationen zur dringlichen Anwendung von *Streptomycin* sind: alle tuberkulösen Erkrankungen mit schwerer Dysphagie u. Kehlkopfstenose, die qualvollen funktionellen Störungen bei einigen Formen der Tbc. des Kehlkopfes, der Mundhöhle u. des Schlundes sowie die Dysurie bei Tbc. der Urethra u. der Harnblase. (Советская Медицина [Sowjet-Med.] **16.** Nr. 9. 33. Sept. 1952. Kasach. Wiss. Forschungsinst. für Tbc.) RENTZ. 4611

Ss. M. Silberscheid, *Eiweißindex des Liquors bei mit Streptomycin behandelter tuberkulöser Meningitis.* Als n. Globulin (I)/Albumin (II)-Index (G/A) im Liquor wurde 0,2 angenommen. 77 Kranke mit tuberkulöser Meningitis wurden zu verschied. Krankheitszeiten untersucht. Bei 36 wurden die Unterss. von Beginn der Krankheit an durchgeführt. Die Beobachtung dauerte bis über 8 Monate, meist bis zu Beginn der Genesung. Im akuten Stadium fand sich eine Erhöhung von G/A durch Anstieg von I bei gleichzeitigem Anstieg von II. G/A betrug 0,41—1,0, Gesamteiweiß 1,65—3,3°/₀₀. Im subakuten Stadium stieg die Menge von Liquoreiweiß weiter an. G/A ging durch Vermehrung von II zurück. Eine hohe neutrophile Pleocytose war charakteristisch. Im chron. Stadium waren die Befunde verschieden. Bei ungünstigem Verlauf sah man neben entzündlichen Veränderungen des Liquors weiteren Anstieg des Eiweißgeh. bei gleichzeitigem Abfall von G/A durch weitere Vermehrung von II. Tuberkulosestäbchen erschienen mehrfach im Liquor. Trat eine therapeut. Wrkg. des Streptomycins ein, so verschwand das entzündliche Syndrom, die Eiweißmengen gingen zurück u. G/A stieg unter Rückgang von II an. Bei meningo-vasculären Formen mit motor. Ausfallerscheinungen war G/A hoch überwiegend (0,8—1,0). Bei späterem letalen Ausgang können die Eiweißwerte enorm sein, G/A fällt durch Anstieg von II ab. Das Verh. der Eiweißkurve ist prognost. nur dann verwertbar, wenn gleichzeitig G/A bestimmt wird. Der Rückgang von II hat eine günstige prognost. Bedeutung. Der Rückgang von G/A ohne Rückgang von II ist für einen ungünstigen Verlauf der Krankheit charakteristisch. (Проблемы Туберкулеза [Probleme Tuberkulose] **1952.** Nr. 5. 26—31. Sept./Okt. Zentr. Pädiatr. Inst. der RSFSR, Nervenklinik, u. Kinderkrankenhaus.) DU MANS. 4611

T. B. Binns, *Der gegenwärtige Wissensstand über oral verabreichtes Penicillin.* Vf. gibt anfangs eine umfangreiche Übersicht über die Literatur, die sich mit der Vergrößerung der Wirkungsbreite des oral verabreichten Penicillins (I) befaßt. Es zeigte sich, daß es bei I gegenüber sensiblen Erregern durchaus möglich ist, eine wirksame orale I-Therapie durchzuführen. Es empfiehlt sich, 4000000 E. 4stündlich zu verabreichen, möglichst vor der Mahlzeit. In vielen Fällen wird allerdings die Injektion von I der oralen Therapie vorzuziehen sein. (Practitioner **170.** 273—81. März 1953.) REICHLE. 4611

G. I. Jegorow, *Die Behandlung früher Formen der Syphilis mit Penicillin, Wismut und Quecksilber.* Bei Kontraindikation gegen Salvarsanbehandlung der Syphilis (S.) ist *Penicillin* (I), kombiniert mit Schwermetallsalzen, anzuwenden. Bei prim. seronegativer S. sind 2 Kuren mit I bei 60000 E./kg Körpergewicht, kombiniert mit *Bi* bzw. *Hg*, durchzuführen. Bei prim. sero-positiver S. u. 2. frischer Infektion sind 3 Kuren mit I, 80000 E./1 kg Körpergewicht u. anschließend 3 Kuren mit Bi u. Hg durchzuführen. Bei sek. Recidiven werden 4 Kuren mit 100000 E./1 kg. I u. anschließend 6 Kuren mit Bi u. Hg empfohlen. Mit I u. Schwermetallen treten weniger Komplikationen ein als mit I, Novarsenol u. Bi. Zur Behebung der Nierenschädigungen bei I u. Bi-Behandlung empfiehlt Vf. die Zufuhr von 1 ml *Biochinol* täglich. (Вестник Венерологии и Дерматологии [Nachr. Venerol. Dermatol.] **1952.** Nr. 4. 36—38. Juli/Aug. Zentr. Inst. für Haut- u. Geschlechtskrankh. des Gesundheitsmin. der UdSSR, Abt. für Syphilidologie.) BURGHARDT. 4611

Robert I. Hiller, *Versager bei Aureomycinbehandlung der Analfistel.* Vf. versuchte in 2 Fällen von Analfisteln die Behandlung mit *Aureomycin* (I). Eine 250 mg-Kapsel wurde an beiden Enden eröffnet u. am Abend in den Enddarm eingeführt. In beiden Fällen zeigte sich zunächst eine auffallende Besserung des Befundes. Bes. ließ die Sekretion nach u. frische Granulationen erschienen. Trotz Fortsetzung der Behandlung ließ sich aber eine Heilung nicht erzielen, so daß in dem einen Falle operiert werden mußte. (Amer. J. Digest. Diseases **19.** 147. Mai 1952. Milwaukee, Wis.) L. BERGER. 4611

Robert H. Wier, Roger O. Egeberg, Arthur R. Lack und **George M. Leiby,** *Eine klinische Prüfung von Prodigiosin bei disseminierter Coccidioidomykose.* Bericht über 9 Fälle von Coccidioidomykose, die mit *Prodigiosin* (I) in verschied. Dosen behandelt wurden. 3 Patienten kamen ad exitum, während bei den restlichen 6 eine klin. u. serolog. Besserung durch I bewirkt wurde, die bei 3 zur dauernden Heilung führte. Da die lokale Injektion direkt in coccidioidomykot. Abscesse zu heftigen Rkk., die intravenöse Zufuhr zu Venensklerose führt, empfehlen Vff., I peroral, u. zwar täglich 3mal 10 mg zu verabreichen. Höhere Dosen rufen Diarrhoe hervor. (Amer. J. med. Sci. **224.** 70—76. Juli 1952. Los Angeles, Calif., Univ.; Veterans Adm. Center; Long Beach, Calif., Veterans Adm. Hosp.) KRUSEN. 4611

T. G. Armstrong, *Neuere Versuche zur Behandlung der Amoebiasis.* Zusammenfassender Erfahrungsbericht über Prüfung verschied. Chemotherapeutica u. Antibiotica in der Behandlung der Amoebiasis. Am wirksamsten waren *Aureomycin* (94% erfolgreiche Behandlungen), *Terramycin* (90%), *Penicillin* + *Sulfasuccidin* (86%), *Fumagillin* (85%), *Bacitracin* (75%), *Chloramphenicol* (75%), *Emetin* + *Dijodochin* (75%). Auf Grund dieser Ergebnisse werden therapeut. Hinweise gegeben. (South African med. J. **27.** 42—44. 10/1. 1953. Durban, South African Counc. for Sci. and Ind. Res., Amoebiasis Res. Unit.) KRUSEN. 4611

George Brownlee, *Polymyxin.* Die *Polymyxine* (I), bestehend aus *Polymyxin A, B, C, D, E* u. *F* haben eine starke spezif. Wrkg. gegen gramnegative Bakterien. I werden vom Intestinaltrakt kaum resorbiert, 1 mg/kg ergibt für 4 Std. einen Blutspiegel von 10 γ/cm³. I diffundieren leicht in das vasculäre Gewebe, passieren aber die Blutliquorschranke nicht. Die Nierentoxizität ist für die einzelnen I unterschiedlich. Subcutane oder intramuskuläre Injektionen rufen kaum Lokal-Rk. hervor. Für die Meningitisbehandlung wurde I B oder E intravenös oder lumbal verabreicht. Bei Infektionen mit Pseudomonas pyocyanea wurde I E auch als 1%ig. Salbe verwandt. Die intramuskuläre Dosis liegt bei 25—50 mg/kg, bei schweren Infektionen ist eine höhere Dosis erforderlich. Oral werden 1—2 mg/kg 4stündlich zur Erreichung eines genügend hohen Blutspiegels verabreicht. (Practitioner **170.** 303—06. März 1953. London, King's Coll.) REICHLE. 4611

W. Krüger, *Über die Eigenheiten des Krankheitsverlaufs beim gelben Galt des Rindes und seine Beeinflussung durch die Antibiotica.* Durch den Galtstreptococcus hervorgerufene Eutersekretionsstörungen können mit Hilfe der *Antibiotica* schnell beseitigt werden. Vf. weist bes. auf die Gefahr einer schnelleren Ausbreitung der Galtanfälligkeit auf dem Erbwege hin, die dadurch bedingt ist, daß durch Daueranwendung der Antibiotica unter Umständen auch Tiere, die in hohem Maße galtanfällig sind, in leistungsfähigem Zustand erhalten werden. (Tierärztl. Umschau **7.** 259—65. Aug. 1952. Kiel, Bundesversuchs- u. Forschungsanst. für Milchwirtschaft, Inst. für Milchhyg.) WINIKER. 4611

Sol Sherry und **William S. Tillett,** *Die lokale Anwendung von Streptokinase–Streptodornase bei chronischen, refraktären Eiterungen mit Fisteln.* In 10 Fällen wurde *Streptokinase* (I)–*Streptodornase* (II; LEDERLE LABOR. DIV., AMER. CYANAMID COMP., Pearl River, N. Y.) in einer Dosis von 100—200 γ I u. 20—80000 γ II in 10—20 cm³ physiol. Salzlsg. örtlich injiziert. Mit 4—23 Injektionen wurde in 6 Fällen die Sekretion beseitigt, in 4 Fällen eine chirurg. Therapie ermöglicht. (Ann. Surgery **135.** 479—88. April 1952. New York, N. Y., New York Univ., Coll. of Med., u. Bellevue Hosp.) BROSEMANN. 4614

Rune Westerling, *Lokalanästhetica.* Übersicht über die physiol. Grundlage der Lokalanästhesie, wünschenswerte u. gemeinsame Eigg. sowie Wirkungsweise der *Lokalanästhetica,* ihre Potenzierung durch Alkali u. durch Adrenalin, Ausscheidungsunterschiede. Toxizität; Besprechung von *Benzocain, Tutocain, Cocain, Procain, Tetracain, Metycain, Panthesin, Monocain, Cincain, Dihydrocarbostyril, Alypin, Maxicain* u. *Xylocain.* (Svensk farmac. Tidskr. **56.** 657—70. 20/11. 1952.) R. K. MÜLLER. 4621

V. Orator und **E. Aigner,** *Die intravenöse Novocainanwendung in der Chirurgie.* Intravenöse postoperative *Novocain* (I)-Gaben (30—80 ml 1%ig. I in 500 ml Glucose- oder NaCl-Lsg.), bes. in Fällen von Laparatomien, Darmcarcinomen, Hernien, Becken- u. Schenkelhalsbrüchen u. Herzschäden, zeigten sehr gute Wirkungen gegenüber postoperativer Schock-, Thrombose- u. Emboliegefahr, als Anästheticum u. Heilanalgeticum. Therapeut. wirkte I gut bei Verbrennungen, Serumkrankheit, Thrombosen, Embolien, Thrombophlebitis u. Lungeninfarkten. — 28 Literaturangaben. (Wiener med. Wschr. **103.** 17—19. 3/1. 1953. Wiener Neustadt, Allg. Krankenhaus.) KRUSEN. 4621

F. Eichholtz, *Die Anwendung von Novocain in der inneren Medizin.* 1. Mitt. *Zur Pharmakologie.* Übersichtsbericht über die pharmakolog. Wirkungen von *Novocain* (I). Neben bekannten Befunden wird über Methoden zur Messung zentralanalget. Wirkungen von I, zur Prüfung der Capillardurchlässigkeit sowie die neueren Kenntnisse der Schmerzentstehung berichtet. I verhindert die Capillarbrüchigkeit, wirkt depolarisierend an der sensiblen Nervenfaser, ändert Ansprechbarkeit gegen Histamin, Acetylcholin, Prostigmin, Nicotin, Adrenalin u. Veratrin. Es besitzt curareähnliche Wrkg. u. schaltet Carotissinusreflexe u. BEZOLD-JARISCH-Reflexe aus. (Klin. Wschr. **28.** 761—64. 1/12. 1950. Heidelberg, Univ., Pharmakol. Inst.) HAUSCHILD. 4621

F. Eichholtz und **A. Staab,** *Die Anwendung von Novocain in der inneren Medizin.* 2. Mitt. *Toxikologie der lokalanästhetischen Stoffe.* (1. vgl. vorst. Ref.) Nach einer Übersicht über Antigenwrkg. u. tox. Wirkungen der Lokalanästhetica (abhängig von Dosierung, Konz., Applikationsweise u. -ort, sowie Giftigkeitssteigerung durch andere Medikamente) werden die Grundzüge der Therapie u. Prophylaxe von Vergiftungszuständen mit lokalanästhet. Stoffen besprochen. — 90 Literaturangaben. (Klin. Wschr. **30.** 97—103. 1/2. 1952. Heidelberg, Univ., Pharmakol. Inst.) DAUTZENBERG. 4621

Karl Schwarz, *Lokale Schmerzbekämpfung durch das Depotanästheticum Rhaetocain.* Vf. behandelte 29 Fälle (Arthrosen, Ischias, Periostschmerz, Neuritis u. a.) mit dem Depotanästheticum *Rhaetocain* (ALPINE CHEM. A. G., Kufstein-Schaftenau) in Infiltrationstechnik. Es wurden 1—2 Ampullen 3%ig. Lsg. 3mal innerhalb von 10 Tagen verabfolgt. In 22 Fällen wurde Beschwerdefreiheit, in 4 Besserung erzielt. Vor intravasaler Injektion wird gewarnt. (Wiener med. Wschr. **103.** 47. 10/1. 1953. Wien.) KRUSEN. 4621

R. Teuscher, *Rapidorm, ein praxisreifes Betäubungsmittel für Einhufer, Schweine und Hunde?* Den Erfahrungen des Vf. zufolge versagt das Barbitursäurepräp. *Rapidorm* (I; RIEDEL DE HAËN) bei Hund u. Schwein als Narcoticum vollständig. Auf dem Gebiet der Allgemeinbetäubung des Pferdes wurde mit dem I ohne Zweifel ein bedeutender Fortschritt erzielt, doch vermag I das althergebrachte Chloralhydrat nicht ganz zu ersetzen. (Tierärztl. Umschau **7.** 282—84. Aug. 1952. Schkeuditz, Tierklinik.) WINIKER. 4621

Renzo Storti, *Klinische Beobachtungen über die Wirkung des Gesamtextraktes des Herzens auf die Zirkulation im Myokard.* Vf. berichtet über die erfolgreiche Anwendung eines Totalextraktes des Herzens (*Ricosen*) bei 38 Patienten zur Behandlung von myodegeneratio cordis, anginoiden Phänomenen oder Klappenfehlern. Die Wrkg. des Extraktes scheint auf einer spezif. Beeinflussung des Herzmuskels u. einer Gefäßerweiterung der Coronararterie zu beruhen. (Minerva med. [Torino] **43.** II. 605—09. 8/10. 1952. Pavia, Univ., Ist. di Clinica Med. Gen. e Terapia Clin.) H. SCHEURLEN. 4630

Paul Grüneis, *Über klinische Erfahrungen mit Theobromin–Magnesiumoleat (Perskleran) bei Atherosklerose.* 1. Mitt. Die Behandlung von über 100 Fällen von Atherosklerose u. Coronarsklerose mit täglich 3mal 0,2 g *Perskleran* (*Theobromin-Mg-Oleat*; GEROT-PHARMAZEUTIKA, Wien) führte bei fast allen Patienten innerhalb von 2-bis 3 Wochen zu einer Senkung des Blut-*Cholesterin*-Spiegels u. Hebung des Allgemeinbefindens. Dies war bes. deutlich bei älteren Patienten. Unverträglichkeitserscheinungen wurden nicht beobachtet. — 28 Literaturangaben. (Wiener med. Wschr. **103.** 38—41. 10/1. 1953. Wien, Städt. allg. Poliklin.) KRUSEN. 4630

Nathan Steinberg, *Anwendung neuer Medikamente in der Behandlung des peptischen Geschwürs.* Zusammenfassender Bericht über Anwendung verschied. Medikamente in der Therapie des pept. Geschwürs. Es wird hingewiesen auf die synthet. Anticholinergica *Banthinbromid* (*Methanthelinbromid,* SEARLE), *Skopolate* (*Methylscopolaminnitrat,* STRASENBURGH), *Dibutoline* (MERCK) u. *Prantalmethylsulfat* (*Diphenmethanilmethylsulfat,* SCHERING). Als Antacida werden $Al(OH)_3$-, Kunstharzanionenaustauscher-, *Methylcellulose-* u. *Carboxymethylcellulose*-Präpp. empfohlen. (Clinical Med. **60.** 123—30. März 1953. Philadelphia, Pa., Community Hosp.) KRUSEN. 4645

Ludwig Hepding, *Anthelminthische und toxikologische Untersuchungen mit dem Anthelminthicum „Evultin“.* Vf. berichtet über von anderen Autoren u. in eigenen Verss. mit *Evultin* (I) erzielte Ergebnisse. Bei der Behandlung von 11 Hunden u. 5 Katzen mit 50—600 mg/kg I unter Nachreichung von 30 g Ricinusöl konnte in 10 Fällen völlige Befreiung von Ascariden u. Ancylostomen erreicht werden. In den restlichen Fällen blieben Restinfektionen mit Wurmeiern nachweisbar. — 19 Literaturangaben. (Berliner Münchener tierärztl. Wschr. **66.** 53—56. 15/2. 1953. Darmstadt, E. Merck.) KRUSEN. 4649

Carl Steinbacher, *Therapeutische Mitteilungen zur Behandlung des Asthma bronchiale mit AM 49.* Von 27 jugendlichen u. älteren Asthmapatienten, die mit *AM 49* (RHEIN-CHEM. GMBH., Heidelberg) behandelt wurden, konnten 16 ein Jahr lang beschwerdefrei gehalten werden, 6 zeigten Recidive, 5 blieben unbeeinflußt. *AM 49*-Therapie muß mindestens 7 Wochen lang durchgeführt werden. Von besonderer Bedeutung ist die Besserung des Allgemeinbefindens. Bericht über 8 Fälle. (Die Medizinische **1953.** 162—63. 31/1., Seckach/Baden.) KRUSEN. 4650

Pentti I. Halonen und **Juha Hakkila,** *Die Wirkung verschiedener Therapeutica beim experimentellen Lungenödem.* Vff. erzeugten beim Meerschweinchen Lungenödeme mit Hilfe von Adrenalin u. Ammoniumchlorid u. bei der Ratte mit α-*Naphthylthioharnstoff* u. zeigten, daß *Cliradon, Gynergen* u. *Khellin* sowie *Vegolysin* u. *Algidon,* in bestimmten Dosen, eine präventive Wrkg. auf das durch Adrenalin erzeugte Lungenödem ausüben. (Ann. Med. exp. Biol. fenn. **30.** 118—26. 1952. Helsinki, Univ., Dep. of Pharmakol.) REICHLE. 4650

F. K. Njuschko und **G. D. Owrutzki,** *Über den Einfluß von Wasser mit hohem Fluorgehalt auf die Zähne.* Der Geh. an *F* im Oberflächenwasser betrug höchstens 0,39, in artes. Brunnen 0,4—2,2, in Schachtbrunnen 0,11—4,6 mg/Liter. In den Gebieten, wo das W. weniger als 0,2 mg F enthielt, hatten 68% der untersuchten 12970 Schüler im Alter von 7—15 Jahren Caries, bei 0,2—0,5 mg 24%, bei 0,5—1 mg 15—20% u. bei 1—1,5 mg 6—11%. Bei noch höheren Konzz. ging der Prozentsatz von Carieskranken nicht mehr herunter (bei über 2 mg nicht unter 6%). Fleckung des Zahnschmelzes trat bei W. mit weniger als 0,3 mg F/Liter nicht auf. Bei 0,3—0,5 mg betrug sie 7% (schwach ausgeprägt), bei 0,5—1 mg 11% (hauptsächlich leichtere Formen), bei 1—1,5 mg 14—17% (mittelschwere Form), bei 1,5—2 mg 20—28%, bei 3 mg 40% u. bei über 3 mg bis zu 60%. Die Schwankungen des Prozentsatzes der Fleckung in verschied. Gegenden mit gleichem F-Geh. des W. zeigen, daß diese noch von anderen äußeren Faktoren abhängig ist. (Стоматология [Stomatologie] **1952.** Nr. 2. 24—25.) DU MANS. 4655

Norman H. Rickles und Hermann Becks, *Die Wirkung lokaler Applikationen von Natriumfluorid auf die Mundflora junger Erwachsener.* Die Anwendung einer 2%ig. wss. Lsg. von *NaF* auf die Zähne junger Leute veränderte nicht die acidogenen Eigg. der Mundflora u. den Lactobacillus acidophilus-Index. (J. Dental Res. **31.** 94—101. Febr. 1952. San Francisco, Calif., Univ., Div. of Dental Med., Coll. of Dent., u. George Williams Hooper Foundation for Med. Res.) RUTKOWSKI. 4655

A. G. Pokrowskaja und M. A. Epifanzewa, *Erfahrungen bei der Anwendung von Albucid und Kupfersulfat bei der Behandlung von Gingivastomatitis und Heilung alveolärer Operationswunden.* Vff. behandelten katharrhal., aphthöse u. ulceröse Gingivastomatitiden (GSt) sowie Operations- u. Extraktionswunden (OEW) mit einer Mischung von 20%ig. wss. Lsg. von *Na-Albucid* u. 20%ig. wss. $CuSO_4$. GSt heilten innerhalb von 2—4 Tagen, die OEW komplikationslos. Nebenerscheinungen traten nicht auf. (Стоматология [Stomatologie] **1952.** Nr. 2. 55. Tschkalow, Klin. Krankenhaus der Orenburger Eisenbahn, Poliklin.; Vereinigt. Krankenhäuser des Dsershinsky-Rayons, 3. Poliklinik.) DU MANS. 4655

Ss. I. Waiss und E. G. Kljatschkina, *Ein Versuch zur Behandlung chronischer Wurzelhautentzündungen mit Natriumsalicylat.* Vff. spritzen bei chron. Wurzelhautentzündung nach Entfernung der gangränösen Massen u. Vorbehandlung mit 20%ig. wss. *Na-Salicylat* (I)-Lsg. dieselbe I-Lsg. unter Druck in den Wurzelkanal (5—6malige Wiederholung). Der Kanal wird gewöhnlich nach 2—3 Behandlungen schmerzfrei. Anschließend Füllung mit Paste aus I, ZnO u. Glycerin. I wirkt antisept. u. stimulierend auf die regenerativen Prozesse im Herd. Eine ähnliche Wrkg. hat die I-Paste, wobei im sauren Entzündungsherd Salicylsäure frei wird. (Стоматология [Stomatologie] **1952.** Nr. 2. 4—7. Kasan.) DU MANS. 4655

E. Schubert, *Zur Behandlung juckender Dermatosen.* Zur Behandlung empfiehlt Vf. *Calmitol* (jodierter Campher, Menthol, Hyoscyamin, äther. Öle) in fl. oder Salbenform. Der Juckreiz verschwindet in wenigen Min. für 6—8 Std.; Angabe von Rezepten. (Med. Klin. **48.** 175—76. 6/2. 1953. München.) KRUSEN. 4661

Max Berleb, *Neuartige Salbentherapie der Hämorrhoiden.* Durch Behandlung von 75 Fällen von Hämorrhoiden mit *Alk-Anal* (CHEM. FABR. v. HEYDEN AG., München; Na-Salze ungesätt. Fettsäuren, Carvaseptseifenlsg., Lanolin, Glycerin) konnte bei 25% sofortige, bei weiteren 70% nach 2—4 Tagen eintretende Erleichterung der Beschwerden erreicht werden. Häufig trat Verkleinerung der Knoten auf. (Med. Klin. **48.** 176—77. 6/2. 1953. München-Pasing, Kreiskrankenhaus.) KRUSEN. 4670

Alfons Gamp, *Die Goldbehandlung der chronischen Polyarthritis.* Die *Au*-Therapie verspricht nach Ansicht des Vf. bei chron. Polyarthritis die meisten Erfolge. *Au* wirkt nicht spezif. auf die Gelenke, sondern mobilisierend auf die Abwehrkräfte des Gesamtorganismus. Wichtig ist möglichst frühzeitiger Beginn der Behandlung, die in Form von 2—3 Kuren durchgeführt werden soll. Die Möglichkeit der Komplikationen kann durch hohe Dosen von *Ca* u. *Vitamin C* eingeschränkt werden. Die Dosierung der Präpp. *Solganal* (SCHERING), *Auro-Detoxin* (J. A. WÜLFING, Düsseldorf) u. *Au-Bi-Öl* (E. TOSSE & CO., Hamburg) wird besprochen. (Pro Medico [Mainz] **22.** 83—85. März 1953. Bad Kreuznach, Klinik für Rheumakranke.) KRUSEN. 4670

Tommaso Lucherini und Elvio Cecchi, *Das Butazolidin in der Behandlung rheumatischer Erkrankungen.* Vff. wandten *Butazolidin* (I; *1.2-Diphenyl-3.5-dioxo-4-n-butylpyrazolidin*), das stärkere analget. Wrkg. als Pyramidon, ohne dessen tox. Eigg., besitzt, bei rheumat. Arthritis mit gutem Erfolg an. Dosierung: 3—6mal 0,2 g, insgesamt 7,2—15,4 g. Bei Spondylitis zeigte I keine Wrkg., bei Arthrosen nur analget. Effekt. Dagegen war die Wrkg. von I auch bei Periarthritis humero-scapularis überzeugend. Als Nebenerscheinungen traten in 10—15% der Fälle Erbrechen u. Ödembldg. auf. (Minerva med. [Torino] **44.** I. 267—71. 3/2. 1953. Roma, Univ., Ist. di Semeiotica Med.) P. G. SCHEURLEN. 4670

Udo Esch, *Die örtliche Behandlung akuter und chronischer Mittelohrerkrankungen mit Aristamid-Ohrentropfen.* In zahlreichen Fällen von akuter Otitis media perforativa, chron. mesotympanaler Otitis media u. Tubenwinkeleiterung des radikaloperierten Ohres konnte durch 8—21 Tage dauernde Behandlung mit 30%ig. *Aristamid*-Lsg. (NORDMARKWERKE, täglich 2mal einige Tropfen in den Gehörgang einträufeln) schnelle

Trockenlegung u. Wundheilung erzielt werden. (Die Medizinische **1953.** 163—65. 31/1. Lüdenscheid-Hellersen, Kreiskrankenh.) KRUSEN. 4670

H. Bernard, A. Gajdos, M. Gajdos-Török und **P. Rambert,** *Eine akute kollektive Bleivergiftung.* Bei 42 Seeleuten traten nach Genuß eines 4,5 mg/Liter *Pb* enthaltenden Weines *Pb*-Intoxikationssymptome auf. Es wurden klin. festgestellt: bei 59% Anämie, bei 78% punktierte Erythrocyten, bei 89% Hyperkoproporphyrinurie u. bei 92% globuläre Hyperprotoporphyrie. Bei 10 hospitalisierten Fällen wurden 95—120 γ *Pb*/100 ml im Blut gefunden. Die Störungen des Porphyrinstoffwechsels sind am häufigsten festgestellt worden. (Semaine Hôpitaux Paris **29.** 785—88. 2/3. 1953. Paris, Hôtel de Dieu.) KRUSEN. 4675

K. Müller, *Zur Kasuistik der Bleitetraäthylvergiftung.* Bericht über 4 Fälle. Wichtigste Symptome waren Gewichtsverlust, Leberschäden u. Störungen des Zentralnervensystems. (Zbl. Arbeitsmed. Arbeitsschutz **3.** 8—9. Jan. 1953. Ballenstedt/Harz, Krankenhaus.) KRUSEN. 4675

Eric B. Jones, *Ergotinvergiftung bei jungen Rindern.* 1. Mitt. Bericht über die Vergiftung von 12 jungen Rindern durch stark mit Mutterkorn befallenes Weidegras. 1 Tier kam ad exitum, dieses u. 2 weitere zeigten ulceröse Läsionen an den Beinen u. Hufen. Alle Tiere wiesen vermindertes Gewicht auf. (Veterin. Rec. **65.** 156—58. 7/3. 1953. Caernarvon.) KRUSEN. 4675

C. M. Edwards, *Ergotinvergiftung bei jungen Rindern.* 2. Mitt. (1. vgl. vorst. Ref.) Diskussion des im vorst. Ref. beschriebenen Falles mit der Forderung, die Entw. des Mutterkorns durch starken Weideauftrieb u. häufiges Mähen zu verhindern. (Veterin. Rec. **65.** 158—59. 7/3. 1953. Bangor, Caerns, Min. of Agric., Veterin. Labor.) KRUSEN. 4675

O. Hettche und **H. Merck,** *Prophylaxe von Fluorschäden in der Schweißtechnik.* Mittels einer besonderen Versuchsanordnung konnten Vff. im Rauch von sogenannten „kalkbas." Schweißelektroden beträchtliche *F*-Mengen nachweisen. Zur Prophylaxe werden Halbmasken mit Feinstaubfiltern gefordert. (Zbl. Arbeitsmed. Arbeitsschutz **3.** 15—16. Jan. 1953. Hamburg, Hyg. Inst.) KRUSEN. 4681

K. Sroka, *Zur Frage der Gesundheitsbeeinflussung durch Kupfer und seine Verbindungen.* Vf. weist darauf hin, daß bes. *CuSO* Anlaß zu gewerblichen Cu-Vergiftungen gibt, die sich in Leberschwellung, blutigen Stühlen u. Nierenentzündung äußern. Dagegen ist das Gießfieber, das durch Einatmung von Cu-Dampf hervorgerufen wird, keine spezif. Cu-Krankheit, sondern wird auch durch andere Schwermetalldämpfe, wie Zn, Fe, Be, Cd, Hg oder Sb hervorgerufen. (Metall **6.** 471—74. Aug. 1952. Singen/Hohentwiel.) FAHRNLAENDER. 4681

Katharina Wallgren, *Chronische Vergiftungen bei der Herstellung von Mottenmitteln, die größtenteils aus Paradichlorbenzol bestehen.* 8 mit der Herst. von Mottenkugeln aus *p-Dichlorbenzol* (**I**) beschäftigte Arbeiter zeigten Gewichtsverlust, Methämoglobinämie, Lymphocytose, Thrombopenie, Schleimhautreizungen u. gesteigerte Muskelreflexe. Da das verwendete **I** eine N-haltige Verunreinigung enthielt, vermutet Vf. eine kombinierte Giftwrkg. der **I**-N-Verbindung. (Zbl. Arbeitsmed. Arbeitsschutz **3.** 14—15. Jan. 1953. Glava, Schweden.) KRUSEN. 4681

A. Enders, *Gewerbliche Hautschäden durch das Kontaktinsekticid E 605.* Vf. wendet sich gegen eine Schrifttumsangabe (SCHNEIDER, C. **1952.** 5937), *E 605* werde im Körper schnell in einen Alkyl- u. einen Nitrophenolrest abgebaut, weshalb mit chron. Vergiftungen kaum zu rechnen sei. Verss. des Vf. an Ratten haben aber gezeigt, daß 4 Wochen dauerndes Einatmen von *Parathion* Auftreten von HEINZschen Körperchen sowie Herabsetzung des Hämoglobingeh. u. der Erythrocytenzahl bewirkt u. Schädigungen von Kreislauf u. des Zentralnervensyst. hervorruft, was mit dem Auftreten von aromat. Nitrokörpern in Verbindung gebracht werden muß. **Schneider** führt in einem Schlußwort hierzu aus, er habe nur an Hand zitierten Schrifttums referiert, aber keine Überprüfung vorgenommen. (Dermatol. Wschr. **127.** 217. 1953. Freiburg/Br., Univ., Pharmakol. Inst.) LIEBNER. 4681

Heinz Meyeringh und **Andreas Dietze,** *Zur Frage der Leberschädigung nach Trinitrotoluolvergiftung.* In einer kurzen Übersicht der Literatur u. eigener Fälle wird bemerkt, daß Intoxikationen mit *Trinitrotoluol* lebergewebsschädigend sind. In akuten Fällen kommt es zur akuten gelben Leberatrophie, in chron. zur Parenchymdegeneration. In leichteren Fällen erfolgt meist Ausheilung, bei schweren bleibt Dauerschaden. — 22 Literaturangaben. (Zbl. Arbeitsmed. Arbeitsschutz **3.** 4—6. Jan. 1953. Lübeck-Travemünde, Städt. Krankenhaus Priwall.) KRUSEN. 4681

E. W. Baader, *Organischer Staub.* Übersichtsvortrag über Kohlenarbeiterpneumokoniose, sowie andere durch organ. Staub pflanzlichen u. tier. Ursprungs (Pollenstaub,

Mehlstaub, Pflanzenhaare, Holzstaub, Tierhaare, Federn usw.) hervorgerufene allerg. Berufserkrankungen. (Arhiv Higijenu Rada 4. 33–48. 1953. Hamm, Knappschaftskrankenhaus.) BECKMANN. 4681

F. Pharmazie. Desinfektion.

M. Herzog, *Apotheker zwischen Allopathie und Homöopathie.* Vf. befürwortet bei der Schaffung der geplanten neuen Arzneibücher DAB 7 u. HAB 3 eine Angleichung der in den beiden bis jetzt gültigen Arzneibüchern divergierenden Abschnitte Perkolation, Maceration, Capillaranalyse u. Bezeichnung der verschied. Al-Konzz. u. macht entsprechende Vorschläge. (Pharmazie 8. 337–38. April 1953. Leipzig, VEB Homöopharm Dr. W. Schwabe.) BARZ. 4750

H. Kaiser, *Das ärztliche Rezept.* Vortrag. — Vf. erörtert an Beispielen die Ursachen u. Nachteile bzw. Gefahren mißverständlicher Rezepte u. gibt Hinweise zu ihrer Vermeidung. — 10 Literaturangaben. (Pharmazie 8. 357–63. April 1953. Stuttgart.) BARZ. 4750

R. Kress, *Die Infuse, Dekokte und Macerationen im DAB 7.* Neben allg. Vorschlägen für das DAB 7 bzgl. Infuse, Dekokte u. Macerationen gibt Vf. Sondervorschriften für eine Reihe von Zubereitungen. (Pharmazie 8. 311–16. April 1953. Gotha.) BARZ. 4750

Hans Kreitmair, *„Arctostaphylos Uva ursi" — die Bärentraube.* Überblick über Geschichte, Vork., Inhaltsstoffe, pharmakol. Wrkg. u. therapeut. Verwendung. (Pharmazie 8. 346–49. April 1953. Buchenau über Bad Hersfeld.) BARZ. 4782

W. Merkel, *Betrachtungen über „Gelsemium sempervirens".* Kurzer Überblick über Vork., Geschichte, Inhaltsstoffe u. pharmakol. Wrkg. der Droge. Vf. weist auf die große Toxizität der in der Droge enthaltenen Alkaloide *Gelsemin* u. *Gelseminin* hin u. befürwortet eine Streichung dieser Droge aus dem deutschen Arzneischatz. (Pharmazie 8. 349–51. April 1953. Crimmitschau/Sachsen, Poliklinik-Wieland-Apotheke.) BARZ. 4782

P. N. Deogun, *Der Campher. Möglichkeiten der Extraktion und Gewinnung in Indien.* Allg. über Campher. Ferner Bericht über *Ocimum kilimandscharicum Guerke* (Labiatae) als Campherquelle. (Indian Forester 76. Nr. 4. 139–43. April 1950; referiert nach Rev. int. Bot. appl. Agric. trop. 31. 543–47. Sept./Okt. 1951.) BORSUTZKI. 4782

Dietrun Canzler, *Praktische Erfahrungen mit verschiedenen Emulgatoren.* Die von Vf. bes. zur Herst. von Lebertranemulsionen angewandten Emulgatoren waren *Lanettewachs N* (I) (DEUTSCHES HYDRIERWERK RODLEBEN VEB), *Emulgade K* (II) (Hersteller wie vorst.) u. *Äthoxose* (III) (AGFA FILMFABRIK, Wolfen), eine Äthylcellulose. I u. III erwiesen sich als nicht befriedigend. Mit II wurden gute Erfahrungen gemacht (Vorschrift vgl. Original). (Pharmazie 8. 339–40. April 1953. Königswusterhausen, Poliklinik-Apotheke.) BARZ. 4786

G. T. Peterson, *Ein neuer Überblick über das Chlorophyll.* Ausführlicher Überblick über Struktur, Best., Gewinnung, Pharmakologie u. Anwendung des Chlorophylls. (Australas. J. Pharmacy [N. S.] 33. 855–60. 30/9. 1952.) v. GIZYCKI. 4806

—, *Pharmazeutisch wichtige Walfischprodukte.* Übersicht über die physikal. Eigg. u. chem. Zus. von Walfischtran, Walrat u. Ambra u. ihre Verwendung. (Chem. pharmac. Techniek 7. 179. 1/3. 1952.) WESLY. 4808

Jerzy Jończyk, *Albomycin, ein neues sowjetisches Antibioticum.* Angaben über die Entw. u. Wrkg. auf Grund russ. Unterlagen. (Farmacja polska 8. 466–68. Dez. 1952.) R. K. MÜLLER. 4810

LaVerne D. Small, James E. Dusenberry und Walter T. Gloor jr., *Die Bestimmung des Carvons im Öl der Grünen Minze.* Vff. geben einen modifizierten App. (Abb.) bekannt, mit dem die Carvonbest. nach der „Neutralen Sulfit-Meth." schneller u. leichter durchführbar ist als mit dem in der U. S. P. XIV vorgeschriebenen. Weiter wird eine spektrophotometr. Meth. vorgeschlagen (Äthanol, 235 mμ, log ε 3,954). (J. Amer. pharmac. Assoc., sci. Edit. 41. 280–82. Mai 1952. Lincoln, Univ., Coll. of Pharm.) HERRMANN. 4880

Fabio Cotta-Ramusino und Riccardo Monacelli, *Methode zur Bestimmung des Novocains und seiner Hydrolyseprodukte.* Um die Hydrolyse wss. Lsgg. von *Novocain* (*p-Aminobenzoesäurediäthylaminoäthylester-Hydrochlorid* = I) zu verfolgen, ist die Best. von I neben freier p-Aminobenzoesäure (II) erforderlich. Die Bromierung von I u. II mit Bromid–Bromat-Lsg. u. potentiometr. Endpunktanzeige (FOULK u. BAWDEN, 1926) ist wegen zu geringer Reaktionsgeschwindigkeit unzweckmäßig. Nach WANKMÜLLER (C. 1950. II. 2097) soll mit Bromid–Bromat-Überschuß gearbeitet u. nach KJ-Zusatz das ausgeschiedene Jod zurücktitriert werden; da jedoch bei zu hohen Konzz. das Bromierungsprod. von I bzw. II ausfällt u. J_2 absorbiert, ist die Erkennung des Endpunktes schwierig. In Abänderung dieses Verf. wird daher eine nur n/100-Lsg. von I eingesetzt, mit n/50 Bromid–Bromat im Überschuß versetzt u. nach 15 Min. u. Versetzen mit KJ mit n/100 Thiosulfat zurücktitriert; man erhält so die Summe von I u. II; zur Trennung von I u. II wird mit Sodalsg. auf p_H 11 gestellt, 4mal mit dem gleichen Vol. CCl_4 extrahiert u. in der wss. Lsg. II, in der nach Ausziehen der CCl_4-Extrakte mit 3mal dem halben Vol. n/2 HCl erhaltenen sauren Lsg. I wie oben bestimmt. (Ann. Chimica **42.** 331—35. Juni 1952. Roma, Ist. Super. die Santià. Labor. di Chim.) KIMPEL. 4880

T. Higuchi und K. P. Patel, *Trennung und Analyse von APC-Kombinationspräparaten durch Verteilungschromatographie.* Zur Best. von Aspirin (I), Phenacetin (II) u. Coffein (III) in Kombinationspräpp. wird vorteilhaft so gearbeitet, daß eine Chlf.-Diisopropyläther (IV)-Lsg. (1 : 3), die II u. III enthält (I wird durch Behandlung mit verd. Alkali entfernt) auf eine 45 cm lange Säule aus Pyrexglas (Durchmesser 20 mm), die mit 20 g Silicagel (nach MALLINKRODT für chromatograph. Zwecke) gefüllt ist. gegeben wird. Das Adsorptionsmittel wird zunächst mit 20 ml W., anschließend mit ca. 150 ml eines Gemisches aus 75% frisch dest. IV u. 25% Chlf. versetzt u. unter Vermeidung von Luftblasenbldg. in die Säule eingeschlämmt. 5 ml der Analysenlsg. werden auf die Säule gegeben u. das gesamte II durch Elution mit IV/Chlf.-Mischung (75 : 25) in 100 ml des Eluates aufgefangen. Anschließend wird III mit Chlf. eluiert. Die weitere Best. erfolgt spektrograph., indem je 10 ml der Eluate vom Lösungsm. befreit, der Rückstand mit Chlf. aufgenommen u. im BECKMAN-Spektrophotometer (Modell DU) bei $\lambda = 275$ mμ (für III) u. $\lambda = 287{,}5$ mμ (für II) gemessen wird. Falls eine Best. des I nicht erforderlich ist, kann man an Stelle des W. eine Pufferlsg. vom p_H 6—7 als stationäre Phase bei der Chromatographie anwenden. — Beleganalysen. (J. Amer. pharmac. Assoc., sci. Edit. **41.** 171—73. April 1952. Madison, Wis., Univ., School of Pharm.) LIPPOLD. 4880

P. G. W. Scott, *Nachweis und Bestimmung von Isonicotinylhydrazid.* Neben qualitativen Nachweisen werden 6 quantitative Bestimmungen beschrieben: 2 colorimetr. Verff., basierend auf der Rk. mit 1-Chlor-2.4-dinitrobenzol u. p-Dimethylaminobenzaldehyd; 2 titrimetr. Verff. unter Verwendung von $HClO_4$ bzw. HNO_2; ein spektrophotometr. u. ein polarograph. Verfahren. (Pharmac. J. **169.** [4] 115. 165. 6/9.; J. Pharmacy Pharmacol. **4.** 681—86. Okt. 1952. May & Baker, Ltd.) ULEX. 4880

Sandoz Akt.-Ges., Basel, Schweiz, *Gewinnung eines geruchlosen Wirkstoffes aus frischem Knoblauch* durch Extraktion mit aliphat. Alkoholen von 1—3 C-Atomen, Behandeln des Vakuumrückstandes (aus dem Alkohol) mit Phenolen (II) oder fl. aliphat. Fettsäuren, die mit W. nur partiell mischbar sind, Eluieren des Phenols mit W. u. Ausäthern. — Z. B. werden 20 kg ganz frischer Knoblauch bei —40° gefroren, mit CO_2-Schnee vermischt u. gemahlen. Das Pulver wird mit 60 Liter Methanol (I) vermischt u. auf 10° erwärmt. Nach 90 Min. wird abgepreßt u. der Rückstand 1 Std. mit 20 Liter 80%ig. I verrührt. Aus vereinigten Extrakten wird I im Vakuum abdest., der wss. Rückstand durch Zentrifugieren von der Fettschicht befreit u. mit 1 Liter II extrahiert, das mit W. verflüssigt wurde. Die wss. Schicht wird nochmals mit 500 (cm^3) II extrahiert. II wird mit 150 W. extrahiert, Wasserlsg. mehrmals mit Ae. geschüttelt. Der wss. Rückstand wird im Vakuum getrocknet u. mit 380 I von 40° aufgenommen. Nach Abkühlen feine Kristallnadeln, F. 163—165°. Summenformel: $C_6H_{11}O_3NS \cdot \frac{1}{2} H_2O$. (**E. P. 672 874** vom 31/12. 1947, ausg. 28/5. 1952. Schwz. Prior. 2/1. 1947.) K. HEINZE. 4791

Lundbeck Corp., Dover, Del., V. St. A., *Herstellung von 1.1-Diaryl-3-aminopropenen.* Man behandelt 1.1-Diaryl-3-aminpropanole der allg. Formel $(R_1, R_2)N—CH(R_3)—CH(R_4)—COH(R_5, R_6)$ mit $SOCl_2$ bei 30—80° u. anschließend mit HCl-abspaltenden Mitteln, die jedoch nicht sofort wirken sollen. In der Formel sind: R_1 u. R_2 = niedere Alkylgruppen, R_3 u. R_4 = H oder CH_3-Gruppen, jedoch nicht beide gleich H, u. R_5 u. R_6 gegebenfalls substituierte Phenylgruppen. Zur Abspaltung von HCl ist bes. ein tert. Amin geeignet. Die Prodd. haben *spasmolyt. Wrkg.* u. sind weniger tox. als bekannte Spasmolytika. — Z. B. stellt man aus Allylcyanid über β-Dimethylaminobutyronitril, β-Dimethylaminobuttersäureäthylester u. weitere Rk. mit C_6H_5MgBr *1.1-Diphenyl-3-dimethylaminobutanol,* F. 120—122°, (I) her. Aus dem Hydrochlorid von I erhält man mit $SOCl_2$ u. Chlf. in der Wärme *1.1-Diphenyl-3-dimethylaminobuten-(1)-HCl,* F. 161 bis 162°. Aus 1.1-Diphenyl-2-methyl-3-dimethylaminopropanol-(1) *1.1-Diphenyl-2-methyl-3-dimethylaminopropen-(1)-HCl,* F. 170—172°, *freie Base,* F. 56°. Weiter wird die Herst. beschrieben von *1-(p-Methoxyphenyl)-1-phenyl-2-methyl-3-diäthylaminopropen-(1)-HCl,* F. 129—130°. (**N. P. 79 642** vom 5/4. 1950, ausg. 4/2. 1952. Dän. Prior. 7/4. 1949.) JÜRGEN SCHMIDT. 4807

I. G. Farbenindustrie Akt.-Ges., Frankfurt/M., *Herstellung aromatischer As- und Sb-Verbindungen.* Man erhält z. B. durch Rk. von Arsanilsäure mit Chloressigsäuremethylglucamid in alkal. Medium *Phenylglycinmethylglucamid-p-arsinsäure* (I) als weißes, in W. leicht lösl. Produkt. — *Phenylglycinmethylglucamidstibinsäure.* — Weitere Beispiele. *Chemotherapeutica.* (**D. R. P. 754 544** Kl. 12o vom 10/11. 1939, ausg. 24/11. 1952.)

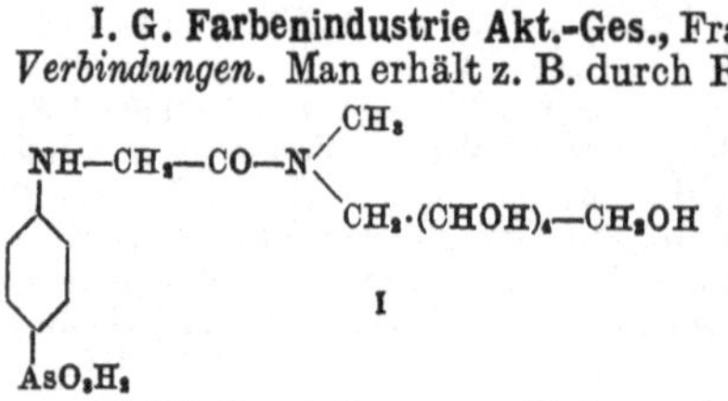

I

MÜLLER-MEININGEN. 4807

Aktiebolaget Ferrosan, Malmö, Schweden (Erfinder: **E. Degerholm** und **A. Liljegren**), *Herstellung von 4-Amino-2-oxy-1-naphthoesäure.* Man erhitzt 4-Amino-2-naphthol mit Alkalihydroxyd, -carbonat, -bicarbonat oder Alkalimetall, gegebenenfalls in Ggw. von CO_2 u. unter erhöhtem Druck. Vorteilhaft wird in einem Lösungsm., bes. Toluol, gearbeitet. F. 166—167° (Zers.). — *Tuberkuloseheilmittel.* (**Schwed. P. 134 386** vom 14/2. 1950, ausg. 29/1. 1952.) JÜRGEN SCHMIDT. 4807

Eaton Laboratories, Inc., übert. von: **Franklin L. Austin**, Peoria, Ill., und **Henry B. Hastie**, Norwich, N. Y., V. St. A., *5-Nitro-2-furfurylidenacetonsemicarbazon.* Furfurylidenaceton wird nitriert (HNO_3 + Acetanhydrid) u. die *5-Nitroverb.* (F. 113—114°) in das Semicarbazon (F. 234°) übergeführt. — Wirksam gegen *Streptokokken* u. *Trypanosomen.* (**A. P. 2 599 509** vom 31/5. 1950, ausg. 3/6. 1952.) FABEL. 4807

Eaton Laboratories, Inc., übert. von: **Kenyon J. Hayes**, Norwich, N. Y., V. St. A., *Azomethinderivate des 1-Aminohydantoins.* Durch Rk. von 1-Aminohydantoin mit 5-Nitrofurfurol (I) erhält man *N-(5-Nitro-2-furfuryliden)-1'-aminohydantoin*, F. 252° (Zers.); aus 1-Amino-5-methylhydantoin u. I *N-(5-Nitro-2-furfuryliden)-1'-amino-5'-methylhydantoin*, F. 218° (Zers.). — *N-(5-Nitro-2-furfuryliden)-1'-amino-2'-thiohydantoin*, F. 225° (Zers.); *N-(5-Nitro-2-furfuryliden)-1'-amino-3'-methyl-2'-thiohydantoin*, F. 218° (Zers.). — Mittel zur Behandlung von *Harnleiterinfektionen.* (**A. P. 2 610 181** vom 29/5. 1950, ausg. 9/9. 1952.) BRÖSAMLE. 4807

Ciba Akt.-Ges., Basel, Schweiz, *Imidazoline.* — *2-[N-(p-oxyphenyl)-N-phenylaminomethyl]-imidazolin.* Man erhitzt N-(p-Methoxyphenyl)-anilin mit 2-Chlormethylimidazolinhydrochlorid 10 Std. auf 150°. F. 166—170°. *Hydrochlorid*, F. 225°. — Analog: *2-[N.N-(p.p'-Dioxydiphenyl)-aminomethyl]-imidazolinhydrochlorid*, F. 227—230°. — Die Verbb. wirken *sympathicolytisch.* (**Schwz. PP. 283 317** u. **283 319** vom 31/1. 1947, ausg. 16/9. 1952. **Zusätze zu Schwz. P. 268 686; C. 1952. 5940.**) LANGER. 4807

J. R. Geigy Akt.-Ges., übert. von: **Franz Hafliger** und **Walter Schindler**, Basel, Schweiz, *N-[Imidazolinyl-(2)-methyl]-iminodibenzyl*, F. 268—270° (*Hydrochlorid*), erhält man durch Rk. von 2-Chlormethylimidazolin mit Iminodibenzyl. — *Therapeuticum.* (**A. P. 2 616 895** vom 28/4. 1952, ausg. 4/11. 1952. Schwz. Prior. 28/5. 1951.) BRÖSAMLE. 4807

A/S Apothekernes Laboratorium for Specialpreparater, Oslo, Norwegen, *Herstellung von 3-Äthyl-5.5-dimethyloxazolidin-2.4-dion.* Man behandelt 5.5-Dimethyloxazolidin-2.4-dion mit Diäthylsulfat in alkal. wss.-alkoh. Lsg. (75—85% A.) u. erhält reines 3-Äthyl-5.5-dimethyloxazolidin-2.4-dion, F. 76—77°. Das Prod. dient zur Behandlung von *Epilepsie in der Petit-mal-Form.* (**N. P. 79 643** vom 23/7. 1949, ausg. 4/2. 1952.) JÜRGEN SCHMIDT. 4807

Akt.-Ges. Chemische Fabriken, Ludwigshafen/Rh. (Erfinder: **Karl Friedrich Schmidt**, Heidelberg), *Tetrazole.* Man läßt N_3H bei Ggw. von konz. Mineralsäuren oder wirkungsgleichen Katalysatoren auf Säureamide oder deren Acylverbb. einwirken. — Aus Leucinlactam erhält man in Ggw. von $SO_2(OH)Cl$ *Pentamethylentetrazol*, F. 58—60° (aus Ae.); aus Propionamid in Ggw. von PCl_5 *1-Äthyltetrazol*, $Kp._{14}$ 155—156°; aus Benzamid in Ggw. von $POCl_3$ *1-Phenyltetrazol*, F. 66°. — Verwendung zur Herst. von *Arzneimitteln.* (**D. B. P. 855 711** Kl. 12p vom 29/9. 1950, ausg. 17/11. 1952.) BRÖSAMLE. 4807

Schering Corp., Bloomfield, N. J., V. St. A., *3-Phenyl-3-(pyridyl-2)-N.N-dimethylpropylamin.* Man erhitzt Phenyl-(β-dimethylaminoäthyl)-(pyridyl-2)-acetonitril mit einer starken Säure u. arbeitet auf. Gelbliche Fl., $Kp._{1-2}$ 139—142°. — *Antihistamin-*Wirkung. (**Schwz. P. 282 219** vom 20/12. 1948, ausg. 16/8. 1952. A. Prior. 28/10. 1947.) LANGER. 4807

I. G. Farbenindustrie Akt.-Ges., Frankfurt/M. (Erfinder: **Otto Eisleb**, Hofheim, Taunus), *1-Alkyl-4-(m-oxyphenyl)-piperidine.* Man setzt m-Alkoxybenzylcyanide nach dem Verf. des D. R. P. 679 281 (C. **1939.** II. 4647) zu 1-Alkyl-4-(m-alkoxyphenyl)-piperidin-4-carbonsäurenitrilen um u. verseift, verestert u. entalkyliert diese am O-Atom in geeigneter Reihenfolge. — Es werden so z. B. dargestellt: *1-Methyl-4-(m-oxyphenyl)-*

piperidin-4-carbonsäureäthylester; *Hydrochlorid*, F. 174°. — *1-Methyl-4-(m-oxyphenyl)-piperidyl-(4)-äthylketon*, F. 157°; *Hydrochlorid*, F. 202°. — *1-Methyl-4-(m-oxyphenyl)-piperidyl-(4)-methylketon*, F. 159°. — *1-Benzyl-4-(m-oxyphenyl)-piperidin-4-carbonsäureäthylester*, F. 153°; *Hydrochlorid*, F. 239° (Zers.). — *Analgetica*. (**D.R.P. 752 755** Kl. 12p vom 19/5. 1942, ausg. 10/11. 1952.) BRÖSAMLE. 4807

May & Baker Ltd., Dagenham, Essex, England, *Chinolinderivate*. Durch Rk. von 5-Chloramylacetat mit 8-Amino-6-methoxychinolin bei 150°, Hydrolyse des Rohprod. mit Salzsäure bei 90°, Abfiltrieren des Nd. u. fraktionierte Dest. des Filtrats erhält man *8-(5'-Oxyamylamino)-6-methoxychinolin*, F. 71—72°. Behandelt man dieses mit $SOCl_2$ u. dann mit Isopropylamin, so erhält man *8-(5'-Isopropylaminoamylamino)-6-methoxychinolin*, dessen *Monophosphat* bei 188—190° schmilzt. — *Monophosphat* des *8-(5'-Butylaminoamylamino)-6-methoxychinolins*, F. 138—139°. — *Zwischenprodd.* zur Herst. von *Malariaheilmitteln*. (**E. P. 667 770** vom 29/8. 1949, ausg. 5/3. 1952.) BRÖSAMLE. 4807

Ciba Akt.-Ges., Basel, Schweiz, *Herstellung von Phenanthrolinchinonen*. Man oxydiert Phenanthroline, die in 5- oder 6-Stellung Substituenten aufweisen, die bei der Oxydation mit HNO_3 Oxogruppen bilden, z. B. freie oder substituierte OH-Gruppen. Anschließend können die Phenanthrolinchinone in ihre funktionellen N-haltigen Derivv. übergeführt werden. Die Prodd. zeigen *antibakterielle u. antiparisitäre Wirkung*. — Z. B. oxydiert man 6-Methoxy-1.7-phenanthrolin mit H_2SO_4–HNO_3 bei 120° zu *1.7-Phenanthrolin-5.6-chinon*, schwachgelbliche Kristalle, F. 255°; *HCl-Verb.*, F. 225°; *Monothiosemicarbazon*, schm. nicht bis 300°. Weiter wird die Herst. beschrieben von *4.7-Phenanthrolin-5.6-chinon*, F. 295°; *Monoxim*, F. 250° (Zers.); *1.10-Phenanthrolin-5.6-chinon*, F. 250°; *4.7-Phenanthrolin-5.6-chinonmonosemicarbazon*, F. 176° (Zers.); *4.7-Phenanthrolin-5.6-chinonmonoxim*, F. 220° (Zers.); *3-Methyl-4.7-phenanthrolin-5.6-chinon*, F. 230° (Zers.), u. *4.7-Phenanthrolin-5.6-chinondioxim*, F. oberhalb 300°. (**N. P. 79 692** vom 2/5. 1951, ausg. 11/2. 1952. Schwz. Priorr. 5/5. 1950 u. 10/4. 1951.) JÜRGEN SCHMIDT. 4807

May & Baker Ltd., Dagenham, Essex, England, *Phenanthridine*. *2.7-Dinitro-9-phenylphenanthridin* (I) erhält man durch Erhitzen von 4.4'-Dinitro-2-aminodiphenyl mit Benzotrichlorid in Nitrobenzol in Ggw. von Sn-Chlorid auf 200—220°, bis die Entw. von HCl im wesentlichen beendet ist. F. 272—276°. Durch Behandlung des rohen I mit Dimethylsulfat erhält man *2.7-Dinitro-10-methyl-9-phenylphenanthridinsulfat*. Analog werden dargestellt: *7-Nitro-9-phenylphenanthridin*, F. 237—238°; *3-Nitro-9-phenylphenanthridin*, F. 236°. Statt Sn-Chlorid kann auch Al-, Fe-, Zn-, Bi- oder Zr-Chlorid verwendet werden. — Die quaternären Salze besitzen *antisept.* u. *trypanocide* Wirksamkeit. (**D. B. P. 854 521** Kl. 12p vom 1/1. 1949, ausg. 4/11. 1952. E. Prior. 27/2. 1946.) BRÖSAMLE. 4807

Wellcome Foundation Ltd., London, England, *Wässerige Lösungen von Aminopurin–Milchsäure-Salzen* zur *parenteralen Verwendung* erhält man z. B. durch Lösen von 112 (g) 2.6-Diaminopurin (I) oder 2.6.8-Triaminopurin in einer 0,893 mol. Lsg. von Milchsäure in 1255 cm³ dest. W. bei 60°. Die geklärte Lsg. wird nach Abfüllen in Ampullen 30 Min. im Autoklaven bei 15 lbs./sq.in. Druck sterilisiert. I-Geh. der Lsg.: 50 mg/cm³. (**E. P. 666 196** vom 15/7. 1949, ausg. 6/2. 1952.) MÜLLER-MEININGEN. 4807

Ciba Akt.-Ges., Basel, Schweiz, *Chinazolinverbindungen*. — *2-[4'-Phenylthiazolyl-(2')-amino]-4-(β-diäthylaminoäthylamino)-chinazolin*. Man erhitzt 2.4-Dichlorchinazolin mit 2-Amino-4-phenylthiazol u. β-Diäthylaminoäthylamin in Nitrobenzol auf 170—175°. *Dihydrochlorid*, F. 264—266°. — Analog: *2-(p-Chloranilino)-4-(β-diäthylaminoäthylamino)-chinazolin*, F. 112—113°; *Dihydrochlorid*, F. 260—262°. — *Therapeut.* Verwendung. (**Schwz. P. 282 223** vom 23/12. 1949, ausg. 16/8. 1952.) LANGER. 4807

Ciba Akt.-Ges., Basel (Erfinder: **Jean Druey**, Riehen), Schweiz, *Hydrazinverbindungen des Pyridazins* wirken pharmakol., bes. *blutdrucksenkend*. — *1.4-Dihydrazinophthalazin* entsteht durch Rk. von *1-Chlor-4-methoxyphthalazin* (F. 108—109°) mit Hydrazinhydrat in Alkohol, F. 180°; *Dihydrochlorid*, F. ca. 255°. — *1-Hydrazino-4-chlorphthalazinhydrochlorid*, F. ca. 220°. (**D. B. P. 847 748** Kl. 12q vom 1/1. 1949, ausg. 28/8. 1952. Schwz. Prior. 19/12. 1947.) LANGER. 4807

Knoll Akt.-Ges., Chemische Fabriken, Ludwigshafen/Rh., übert. von: **Gerhard Schenck**, Berlin, und **Fred Rattinger**, Aschaffenburg, *Gewinnung herzwirksamer Glucoside* aus Liliaceenknollen, bes. aus Boviea volubilis, durch mehrfache kurzdauernde Methanol (I)-Extraktion der getrockneten u. zerkleinerten Knollen, Konzentrieren des Extraktes, Ausfällen der Schleimstoffe mit Aceton, Adsorption der Glucoside an Al_2O_3 u. Eluieren mit I. Das Eluat kann durch weitere Chromatographie an Al_2O_3 u. Eluieren mit Äthylacetat weiter gereinigt werden. (**A. P. 2 615 016** vom 15/3. 1951, ausg. 21/10. 1952. D. Prior. 20/3. 1950.) K. HEINZE. 4807

Wyeth Inc., Philadelphia, übert. von: **Harry Rosen**, Delaware County, Pa., V. St. A., *Gewinnung von Digitoxin* aus Digitalis purpurea durch Befeuchten der Droge mit einem Gerbstoff-Fällungsmittel, wie wss. Pb-Acetatlsg., u. Perkolieren mit einem Gemisch aus wenig W. u. A. oder dergleichen. Der A. wird abgedampft, der wss. Rückstand mit Äthylidendichlorid (I) ausgewaschen, die I-Lsg. mehrmals mit dünner Na_2CO_3-Lsg. gewaschen u. mit Na_2SO_4 getrocknet. Aus dem im Vakuum konz. I krist. Digitoxin. An Stelle von I kann Monochlorbenzol oder n-Propylchlorid verwendet werden. — Beispiele. (**A. P. 2 615 884** vom 30/6. 1949, ausg. 28/10. 1952.) K. Heinze. 4807

G. Analyse. Laboratorium.

Edward L. Duggan und **Kendric C. Smith**, *Die Genauigkeit und Vorzüge von mit Siliconen behandelten Mikroliterpipetten.* Mikropipetten von 10—100 µl Inhalt werden calibriert, indem sie mit 13,54n H_2SO^4 gefüllt werden. Die jeweils ausgelaufene Säure wird dann mit 0,018n Alkalilauge potentiometr. titriert. Aus dem p_H läßt sich die ausgelaufene Säuremenge berechnen. Da in den üblichen Glaspipetten häufig W. hängen bleibt, ergeben sich unterschiedliche Werte zwischen Pipetteninhalt (mit Hg calibriert) u. Ausfluß. Vff. arbeiten mit Pipetten, die mit Siliconen, z. B. Desicote, inwendig überzogen wurden. Die Differenz zwischen Inhalt u. Ausfluß liegt dann unter 1%. Behandlungsvorschriften werden mitgeteilt. (Science [Washington] **116.** 305—06. 19/9. 1952. Berkeley, Calif., Univ. of California, School of Med., Dep. of Biochem.) Moslé. 5014

H. G. Hereward, *Ein Indicator- und Alarmgerät mit flüssiger Luft.* Durch die beschriebene Anordnung erfolgt die Konstanthaltung eines Überdruckes durch Verdampfen von fl. Luft in einem Behälter, indem man ihr mit Hilfe eines Cu-Drahtes so viel Wärme zuführt, daß ca. 1 cm^3/sec verdampft. Bei Absinken des Druckes schließt ein Hg-Kontakt u. löst eine Alarmglocke aus. Dieses Verf. hat den Vorteil, daß keine mechan. Druckluftquelle zur Aufrechterhaltung des Überdruckes notwendig ist. (J. sci. Instruments **28.** 252. Aug. 1951. Cambridge, Cavendish Labor.) Cramer. 5016

Ss. G. Mokruschin und **W. I. Borissichina**, *Membran-Ultra- und Halbultrafilter.* Zur Herst. von Membranfiltern wird ein Kinofilm in heißem (85—90°) W. unter Zusatz von etwas Alkali von der Gelatineschicht u. durch lang andauerndes Eintauchen in 96%ig. A. von den Plastifikatoren befreit, dann in chem. reinem Eisessig oder Ae.-A.-Gemisch gelöst. Zusatz von Alkoholen (C_1—C_5 u. C_8) gaben den Filtern eine emailleglänzende Oberfläche; am besten wirkten Isobutyl- u. Octylalkohol. Die Zus. 90% Eisessig, 5% Kinofilm, 3% Ae., 2% Isoamylalkohol gab Poren von 100—110 mµ; 75% Eisessig, 5 Film, 15 A., 4 Ae., 1 K_2CO_3 erzeugte Poren von 300—320 mµ, während 30—70 mµ-Porenfilter aus 3—8%ig. Filmlsgg. in Ae.-A.-Gemisch erhalten wurden. Auch Esterzusatz wirkte günstig, bes. Malonsäureester (besser als Acetessigsäureester oder Äthylacetat), deren Mischung bes. zur Herst. von Halb-Ultrafiltern günstiger wirkte als bei Einzelanwendung. Gemische von Acetessigester mit Malonsäureester oder Äthylacetat gaben glänzende, undurchsichtige, stabile, leicht reproduzierbare Filter; bei Anwendung steigender (0,5—4%) Zusätze dieser Esterpaare steigt zugleich die Porengröße von 200 bis 1200 mµ, wobei 0,5% Glycerinzusatz noch die Elastizität steigert. Als Unterlage können Filtrierpapier, Textil-, Glas-, Seidengewebe, Battist verwendet werden. (Журнал Прикладной Химии [J. angew. Chem.] **25.** 1182—86. Nov. 1952.) v. Wilpert. 5024

K. Hickman, *Rückläufige Trennung in fraktionierenden Pumpen.* Im unreinen Öl mehrstufiger Hochvakuumdiffusionspumpen reichern sich Stoffe mit höherem Dampfdruck nicht nur in der Stromrichtung, sondern auch in Kondensaten am Pumpeneingang an u. erhöhen sonst erzielbare Drucke von 10^{-7}—10^{-8} mm, bes. bei großen Pumpen, über 10^{-6} mm Hg. Diese rückläufige Fraktionierung wird durch Analyse (Brechungsindex) an verschied. Stellen entnommener Ölproben bei Verwendung von 2-Äthylhexylsebacat (Octoil S) mit Zusätzen von 2-Äthylhexylphthalat (Octoil) oder Butylphthalat nachgewiesen, theoret. behandelt u. diskutiert. — Abhilfe durch dauerndes Spülen der Wand am Pumpeneingang mit gekühltem, an flüchtigeren Verunreinigungen ärmstem Öl des vordersten Verdampfers, Wahl sehr stabilen u. äußerst gereinigten Öls usw. (Rev. sci. Instruments **22.** 141—46. März 1951. Rochester, N. Y., Kodak Res. Labors.) Blumrich. 5024

Wilmer A. Jenkins, *Ein Blasenzähler für Vakuumsysteme.* Beschreibung des Blasenzählers, der bes. zur qualitativen Messung sehr geringer Fließgeschwindigkeiten von der Größenordnung 0,1 cm^3/cm^2/sec geeignet ist. (Rev. sci. Instruments **22.** 845. Nov. 1951. Pasadena, Calif., Inst. of Technol., Gates and Crellin Labor. of Chem.) Gottfried. 5026

F. M. Richards und **T. F. Thompson**, *Anwendung der Mohr-Westphal-Waage für die schnelle Eichung von Säulen mit einem Dichtegradienten von großem Bereich.* In einer

für Dichtemessungen an festen Körpern bestimmten Flüssigkeitssäule mit einem Dichtegradienten ist die D. des zu untersuchenden Körpers eine Funktion seiner vertikalen Stellung in der Säule. Mit Hilfe der beschriebenen MOHR-WESTPHAL-Waage läßt sich eine solche Säule eichen, wenn der Senkkörper sehr klein u. symm. ist, so daß die gemessene D. einem bestimmten Niveau zugeordnet werden kann. (Analytic. Chem. **24.** 1052—53. Juni 1952. Boston, Mass., Harvard Univ., Labor. of Phys. Chem.)
FRETZDORFF. 5042

John J. Hawkins und **Paul Arthur,** *Apparatur für Mikrobestimmungen von Molekulargewichten nach der Dampfdichtemethode.* Vff. beschreiben eine App., die sowohl für hochsd. als auch für niedrigsd. Fll. gleich gut geeignet ist. Das Prinzip beruht auf der Best. des Dampfvol. einer eingewogenen Probe. — Die App. besteht im wesentlichen aus 3 Teilen, dem konstanten Temperaturbad, dem Verdampfer u. dem Hg-Spender. Die Bad-Fl. von geeignetem Kp. wird so lange zum Sieden erhitzt, bis kein Hg mehr ausgetrieben wird. Bei einer Endtemp. wird das Vol. durch Wägung der austretenden Hg-Menge bestimmt. An Hand einer Tabelle von Bestimmungen an *Aceton, Bzl., Toluol, Chlorbenzol, Äthylbenzoat* u. *Anilin* wird die ausgezeichnete Arbeitsweise gezeigt. (Analytic. Chem. **23.** 533—34. März 1951. Stillwater, Okla., Oklahoma A. u. M. Coll.)
A. BRUCK. 5044

D. J. Montgomery, *Automatischer Integralindicator für Registrierung mit Streifenkarten.* Vf. beschreibt einen Integrator, der automat. den Flächeninhalt unter einer auf dem Streifen erscheinenden Kurve außerhalb der registrierten Fläche angibt. Als Beispiel wird die Aufzeichnung der Ausdehnung einer einzelnen Wollfaser bei konstanter Dehnungsgeschwindigkeit mit diesem Integrator wiedergegeben. (Rev. sci. Instruments **22.** 840. Nov. 1951. Princeton, N. J., Textile Res. Inst.) GOTTFRIED. 5050

R. T. Morris, *Verbesserter Zerstäuber für bestimmte chromatographische Analysenverfahren.* Vf. beschreibt unter Beifügung von Skizzen einen Zerstäuber, der ganz aus Glas besteht u. einfach anzufertigen ist. (Analytic. Chem. **24.** 1528. Sept. 1952. Albany, Calif., Western Reg. Res. Labor.) ENDRASS. 5062

Tatsuo Kariyone, Shuichi Shimizu und **Yohei Hashimoto,** *Quantitative Tüpfelreaktion auf Filtrierpapier und Beispiele ihrer Anwendung.* In die Mitte eines kreisrunden Filtrierpapiers bringt man einen kleinen Tropfen der zu untersuchenden Lösung. Nach dem Trocknen wird eine zur chromatograph. Best. geeignete Lsg. aus einer Capillare (5—10 Tropfen je Min.) genau in die Mitte des Tropfens aufgegeben, wobei sich ein Chromatogramm entwickelt in Form von konzentr. Ringen, welche die zu untersuchenden Stoffe getrennt enthalten. Die Rk. wird in einer mit dem Lösungsm. gesätt. Atmosphäre vorgenommen. Nachdem die Ringe sich ca. 7—8 cm ausgebreitet haben (30 bis 40 Min.), schneidet man sie aus, extrahiert die getrennten Substanzen u. bestimmt sie getrennt photometrisch. Als Beispiel werden *Methanol-* u. *Äthanol-*Gemische als Xanthogenate getrennt. *R-* u. *G-Säure* lassen sich in Butanol mit 5% $NaHCO_3$ trennen u. nach der Extraktion durch Diazotieren anfärben u. photometr. bestimmen. (Nature [London] **170.** 422. 6/9. 1952. Kyoto, Univ., Fac. of Med., Inst. of Pharm., u. Kobe, Coll. of Pharm., Inst. of Phytochem.) ENSSLIN. 5066

I. M. Kolthoff und **Joseph Jordan,** *Exaltation des Sauerstoffgrenzstromes durch Wasserstoffperoxyd an der rotierenden Goldelektrode als Hilfsmittel für die amperometrische Bestimmung von Spuren Sauerstoff.* Die Exaltation des Diffusionsstromes wie auch die des Grenzstromes für O_2 durch H_2O_2 erstreckt sich an der Au-Elektrode über einen größeren Potentialbereich als an der Pt-Elektrode. Daher eignet sich die rotierende Au-Elektrode gut für die voltametr. Best. des O_2. Durch die Messung des Diffusionsstromes können O_2-Konzz. zwischen $5 \cdot 10^{-6}$ u. $2{,}6 \cdot 10^{-4}$ mol., entsprechend folgenden Partialdrucken $4 \cdot 10^{-3}$ u. $2 \cdot 10^{-1}$ at, bestimmt werden. Die Exaltation durch H_2O_2 läßt sich zur Best. von O_2-Konzz. $< 5 \cdot 10^{-6}$ mol. ausnutzen. Die Konz. des H_2O_2 soll 10^{-3} mol. nicht überschreiten, da größere Mengen eine Strom/Spannungs-Kurve ergeben, die die O_2-Stufe stört. Die Exaltation des Grenzstromes ist proportional der Konz. des O_2 sowie auch der des H_2O_2, wenn die mol. Konz. des H_2O_2 das 200fache der des O_2 beträgt. Quantitativ ist die Exaltation definiert als das Verhältnis des Grenzstromes in Ggw. von H_2O_2 zum n. Diffusionsstrom des O_2. (Analytic. Chem. **24.** 1071—72. Juni 1952. Minneapolis, Minn., Univ., School of Chem.) FRETZDORFF. 5086

D. D. Williams, C. H. Blachly und **R. R. Miller,** *Bestimmung von Sauerstoffspuren in Gasen.* Die Best. von Spuren von O_2 in inerten Gasen erfolgt durch Einbringen der Gasprobe in einen evakuierten, eine Lsg. von 10%ig. KOH u. 4%ig. Pyrogallol enthaltenden Kolben mit anschließender colorimetr. Messung der dem O_2-Geh. proportionalen Farbänderung. Eine Übereinstimmung mit dem BEERschen Gesetz besteht bis zu 800 μg O_2/Liter. Beschreibung der App. u. der Durchführung der Best. im Original. (Analytic. Chem. **24.** 1819—21. Nov. 1952. Washington, D. C., Naval Res. Labor.) Moisar. 5086

a) Elemente und anorganische Verbindungen

A. E. R. Westman, A. E. Scott und **Joan T. Pedley,** *Filterpapierchromatographie der kondensierten Phosphate.* *NaH_2PO_4* (I), *$Na_4P_2O_7$* (II), *$Na_5P_3O_{10}\cdot 6H_2O$* (*Triphosphat,* III), *$(NaPO_3)_3\cdot 6\,H_2O$* (*Trimetaphosphat,* **V**) u. *$(NaPO_3)_4\cdot 4\,H_2O$* (*Tetrametaphosphat,* **VI**) wurden absteigend chromatographiert. Die Salzlösgg. waren für den qualitativen Nachw. 0,03 mol. an P, für die quantitative Best. 0,09 mol.; 0,003 ml wurden jeweils verwendet. Die Polyphosphate wurden zu **I** hydrolysiert u. mit Ammoniummolybdat identifiziert. Bas. Verteiler, z. B. n-Propanol (60)–W.(20)–NH_3 (D. ca. 0,90, 20) eigneten sich für die Trennung am besten. Die R_0-Werte (R_0 = Wanderungsweg des Polyphosphats/Wanderungsweg des Orthophosphats) der linear gebauten Phosphate **I, II, III** nahmen mit der Kettenlänge ab: R_0**I** = 1,0, R_0**II** = 0,65, R_0**III** = 0,62 (für das erwähnte Verteilergemisch), die der ringförmig gebauten Metaphosphate **V** und **VI** mit dem Polymerisationsgrad zu: R_0**V** = 0,87, R_0**VI** = 1,13. Quantitativ wurden **I, II** u. **III** mit ca. 5% Genauigkeit bestimmt. — Durch Hydrolyse von **VI** mit NaOH konnte das lineare *$Na_6P_4O_{13}$* (*Tetraphosphat,* **IV**) chromatograph. nachgewiesen werden: R_0**IV** = 0,54 ($<R_0$**III**). Es läßt sich über **III** und **II** zu **I** hydrolysieren. — Die Hydratation der gewöhnlichen Form des P_2O_5, die aus dem ringförmigen Dimeren P_4O_{10} besteht, mit Alkali in der Hitze liefert schnell **I**, in der Kälte lassen sich die Zwischenstufen festhalten: **VI** → **IV** → **III** → **II.** — Eine Phosphorsäure mit 75% P_2O_5 ergibt nach Neutralisation gegen Phenolphthalein ein Gemisch von **I, II** u. wenig **III**, eine mit 79,5% P_2O_5 ergibt **I, II, III, IV** u. 2 Komponenten, die ihren R_0-Werten zufolge noch langkettiger als **IV** sein müssen. (Chem. in Canada **4.** Nr. 10. 35—40. Okt. 1952. Ontario Res. Found., Dep. of Chem.) Dressler. 264

G. J. Atchison und **W. H. Beamer,** *Die Bestimmung von Spurenelementen in Magnesium durch Aktivierungsanalyse.* Durch Bestrahlung mit langsamen Neutronen werden Spuren von *As, P, Cu, Cr, Ca, Sr, Na, K, Fe* u. *S* in handelsüblichem Mg in radioakt. Isotope mit Halbwertszeiten von > 12 Std. übergeführt, die nach Aufl. der Probe u. Zugabe von inakt. Trägerelementen nach üblichen analyt. Verff. mitgefällt u. durch Messung der Strahlungsintensität bestimmt werden können. Bei einer Durchstrahlung von $5\cdot 10^{11}$ (bzw. $7\cdot 10^{12}$) Neutronen$\cdot$cm$^{-2}\cdot$sec^{-1} betrug die von Vff. angegebene Empfindlichkeit $10^{-5}-10^{-9}$ g ($\pm$ 10%). (Analytic. Chem. **24.** 1812—15. Nov. 1952. Midland, Mich., Dow Chemical Co.) Moisar. G 282

Eric W. Debney, *Mikrochemische Bestimmung von Mg, Ca und Zn mit dem Dinatriumsalz der Äthylendiamintetraessigsäure.* Vf. beschreibt ein modifiziertes Verf. zur Best. kleinster Mengen Mg, Ca u. Zn durch Titration mit Äthylendiamintetraessigsäure bzw. dem entsprechenden Dinatriumsalz (I). Bei Verwendung von *Eriochromschwarz T* (*Solochromschwarz*) können bis zu 1,5 μg $\pm$ 0,5 μg Zn, u. Mg bis zu 12 μg $\pm$ 0,5 μg bestimmt werden, wobei der p_H-Wert ungefähr 10 betragen muß. Ca, ebenso *Cu,* können nach Zusatz von *Murexid* (*Ammoniumpurpurat*) bei einem p_H von 12 mit 0,001 mol. I-Lsg. titriert werden, der Farbumschlag von Rosa nach Purpur ist allerdings nur bei Tageslicht scharf festzustellen. Ausführliche Durchführungsvorschrift vgl. Original. (Nature [London] **169.** 1104—05. 28/6. 1952. Edinburgh and East of Scotland College of Agric., Dep. of Botany.) Sparmann. G 288

Ss. K. Dubrowo, *Einfluß der Kieselsäure auf die Aluminiumbestimmung in Lösungen nach der o-Oxychinolinmethode.* $AlCl_3$ (aus Alaun gefällt u. in HCl gelöst) wurde in geringen Mengen (1,5—16 mg Al_2O_3) mit *o-Oxychinolin* (I) gefällt, u. zwar sowohl in Abwesenheit als auch in Ggw. von SiO_2, welches in Form einer alkal. SiO_2-Lsg. in Mengen von 1—3,2 oder einer sauren SiO_2-Lsg. in Mengen von 0,1—4 Gewichtsteilen SiO_2 (auf 1 Teil Al_2O_3) hinzugesetzt wurde. Dann wurde Al mit 2%ig. I-Lsg. (in 2nHCl) gefällt (unter Zusatz von 2nNa-Acetatlsg. bis zum Beginn einer Trübung, auf 70—80° erhitzt u. dieselbe Menge Na-Acetat zugefügt). Der komplexe Nd. wurde filtriert u. bei 120 bis 130° getrocknet oder in heißer 2n HCl gelöst u. mit 0,1n $KBrO_3$ u. KBr titriert (Rücktitration mit 0,1n Thiosulfat). Die Ergebnisse der Al-Best. waren befriedigend. Auch Alumosilicatglasproben (die Lsg. enthielt 1,77 mg Al_2O_3, 0,15—0,74 SiO_2/mm^3) lieferten befriedigende Al-Ergebnisse, jedoch nur, wenn das zugesetzte SiO_2 nicht durch langes Stehen gealtert, polymerisiert war, dann ergaben 4 Teile SiO_2 bereits Gewichtszunahmen von über 10% beim Al. Um das zu verhüten, wird die Al-Si-Lsg. vor der Fällung aus schwachsaurer Lsg. (mit I) mit 2 cm^3 n NaOH versetzt u. im Pt-Tiegel 10 Min. gekocht. Beim darauffolgenden Ansäuern u. Fällen mit I waren die Al-Ergebnisse befriedigend. Auf diese Weise wird der mögliche störende Einfl. der SiO_2 bei der Al-Best. mit I verhütet. (Журнал Прикадной Химии [J. angew. Chem.] **25.** 1151—56. Nov. 1952.) v. Wilpert. G 294

Scott Lynn und **David M. Mason**, *Chrombestimmung durch Oxydation bei Gegenwart von Silbernitrat.* 0,1—10 mg Cr können jodometr.mit ca. ±0,8% Fehler bestimmt werden, nachdem Cr^{3+} in 5 ml W. mit 1 ml einer Lsg. aus 2 Teilen 72 Gew.%ig. $HClO_4$, 1 Teil 98%ig. H_2SO_4 u. 1 Teil einer 0,2 formalen $AgNO_3$-Lsg. bei 200—220° quantitativ zu Cr^{6+} oxydiert u. entstandenes AgCl abfiltriert wurde. (Analytic. Chem. **24**. 1855. Nov. 1952. Pasadena, Calif., California Inst. of Technol.) Moslé. G 335

José Ibarz Aznárez und **Pedro Miró Plans**, *Bestimmung von gleichzeitig in Lösung vorhandenen sechs- und fünfwertigem Molybdän und Chlorwasserstoffsäure.* Nach krit. Überblick über die Bestimmungsmethoden wird als Verf. vorgeschlagen: Man fällt das Mo, nach Überführen in 6wertiges, in alkal. Lsg. als Sulfid u. wägt nach Rösten bei 450° als MoO_3. Das 5wertige Mo wird in 2 n salzsaurer Lsg., die <0,1 g Mo/100 ml enthält, nach Zugabe von 5—10 ml konz. H_2SO_4 entweder mit $Ce(SO_4)_2$ (I)-Lsg. im Überschuß u. Rücktitration mit $FeSO_4$-Lsg. potentiometr. oder einfacher mit I-Lsg. u. Fe(II)-o-Phenanthrolin als Indicator titriert. Die Differenz beider Bestimmungen gibt das 6wertige Mo. Zur Cl-Best. verd. man 1 ml Probelsg. (ca. 3nHCl mit ca. 1 mg Mo/100 ml) auf das 10fache, neutralisiert gegen Methylorange mit NH_3, säuert mit Essigsäure an u. gibt noch 0,5 g Na-Acetat zu. Dann erwärmt man zum Sieden, fügt $AgNO_3$ (II)-Lsg. im Überschuß zu u. rührt während des Abkühlens, wodurch ein weißer Nd. von AgCl + Ag_2MoO_4 (III) mit leicht gelblichem Ton ausfällt. Diesen filtriert man über Filterplatte Nr. 4, wäscht mit 0,5%ig. II-Lsg., dann noch 3mal mit je 5 ml A. u. trocknet bei 140°. Infolge der Löslichkeit des **III** (0,0044 g/100 ml W. bei 25°) ist das Gewicht um ca. 1% zu niedrig. Die Konz. an freiem Cl^- ergibt sich aus der Differenz des gesamten Cl u. des komplex gebundenen, 2Cl je 1 Mo^{6+} u. 3 Cl je Mo^{5+}. (An. Real Soc. españ. Física Quím., Ser. B **48**. 758—62. Nov. 1952. Barcelona, Fac. Cie., Labor. Quím. Fís., u. Inst. „A. de Gregorio Rocasolano", Secc. Electroquím.) Metzener. G 336

Bruce McDuffie und **Leven S. Hazlegrove**, *Trennung von Mangan aus wässerigen Lösungen mit einer Quecksilberkathode.* Vff. untersuchen den Einfl. der Zus. von verschied. Mn-Lsgg. u. des p_H auf die quantitative Abscheidung des Mn an einer Hg-Kathode bei einer Stromdichte von 0,02 A/cm^2 u. einer Temp. von 40°. Im p_H-Bereich 2,41—4,70 mit dem Optimum bei 2,75 erhält man quantitative Ausbeuten aus Lsgg. mit 10% Na_2SO_4 (I), 10% I + 0,2% Na_2SO_3 (II) u. 2,5% I + 2,7% $Na_2C_2O_4$ (III) bei einem Zeitbedarf von 4—6 (I u. I + III) bzw. 2 (I + II) Stunden. Die Ergebnisse werden tabellar. mitgeteilt. Diskussion der Änderung des p_H u. der möglichen Anwendung zur quantitativen Best. u. Trennung des Mn von Cu, Fe u. Zn. (Analytic. Chem. **24**. 826—29. Mai 1952. Emory Univ., Ga.) Weitbrecht. G 350

J. Eeckhout, J. Cruse und **J. Gillis**, *Untersuchung zur Spektralanalyse hochlegierter Stähle.* Unterss. optimaler Anregungsbedingungen für *Cr, Mn, Ni* u. *Si* zeigen, daß für Si andere Bedingungen einzuhalten sind als für die drei anderen Elemente. Der Einfluß des Cr auf die Best. der anderen Elemente wird sehr deutlich, sobald der Cr-Gehalt kleiner als 12% wird. (Rev. univ. Mines, Métallurg., Trav. publ., Sci. Arts appl. Ind. [9] **7**. (**94**). 440—47. Dez. 1951. Gent, Univ., Centre Nat. des Rech. Métallurg., Labor. de Chimie Analyt.) Rumpf. G 354

F. Burriel-Martí und **S. Jimérez Gómez**, *Der Einfluß der „verdünnenden Basis" bei der gleichzeitigen spektralanalytischen Bestimmung von Nickel, Kobalt, Zink und Molybdän.* 1. Mitt. Nach Erörterung des Zwecks eines Verdünnungsmittels für spektralanalyt. Bestimmungen u. der Reinheitserfordernisse wird die Herst. der Eichproben durch abgestuftes Mischen in Papierschiffchen, an denen keine Teilchen haften bleiben, in solchen Mengenverhältnissen beschrieben, daß die Konzz. der Spurenelemente von 31,6—31600 p.p.m. nach Potenzen von $\sqrt{10}$ steigen u. Fe_2O_3 sich zu 2, 5, 10 oder 25% als innerer Standard vorfindet, während der Rest aus dem Verdünnungsmittel, *CuO* (I), $BaCO_3$ (II), $CaCO_3$ (III), $Ca_3(PO_4)_2$ (IV), $Na_2H_2P_2O_7$ (V) oder *NaCl* (VI), besteht. Als Anregung diente Gleichstrombogenentladung zwischen reinsten *Cu*-Elektroden (vgl. C. **1952**, 6259), Untergrundkorrektur erfolgte nach dem von Ramírez abgeänderten Lundegårdh-Verf. (Diss. Madrid 1950). Mit der (Linie) Fe 3490,57 (Å) wurde Ni 3492,97, mit Fe 3427,12 wurden Co 3453,51 u. Zn 3345,00, mit Fe 3047,60 wurde Mo 3132,60 verglichen. Nach Genauigkeit u. Empfindlichkeit zugleich beurteilt, sind die besten Verdünnungsmittel, nach Genauigkeit geordnet, für die Best. des Ni **II** u. **VI** mit den Empfindlichkeiten 7,3 u. 3,5 γ, für Co **III** mit 4,7 γ, für Zn **II** u. **VI** mit 23 u. 35 γ, für Mo **II** u. **VI** mit 2,3 u. 0,3 γ. Für die gleichzeitige Best. der 4 Spurenelemente sind die besten Verdünnungsmittel **II**, das für alle die größte Genauigkeit liefert, u. **VI**, das hierbei an zweiter Stelle folgt, aber durch hohe Empfindlichkeit des Mo-Nachw. ausgezeichnet ist, so daß eine **II-VI**-Mischung Erfolg verspricht. Wenn **V** für Co mit der höchsten Empfindlichkeit (3,1 γ) hervortritt, scheidet es doch aus, weil es in diesem Fall die geringste Genauigkeit bietet. **IV** bleibt fast in allen Fällen, mit Ausnahme guter Genauigkeit bei der Zn-Best., in mittlerer Stellung. I ergibt meist die kleinste Empfindlichkeit, ist aber als Verdünnungsmittel bei hohen Konzz., die oberhalb dieser Grenze liegen, wertvoll, weil es bei Benutzung von Cu-Elektroden keine weiteren Linien hinzubringt. (An. Real. Soc. españ. Física Quím., Ser. B **48.** 783—92. Nov. 1952. Madrid, Fac. Cie., Labor. Quím. analít., u. C. S. I. C., Inst. Edafologia.) Metzener. G 356

A. L. Underwood, A. M. Burrill und **L. B. Rogers,** *Katalytische Bestimmung von Silber in Mengen unter einem Mikrogramm.* Das Verf. beruht auf der katalyt. Wrkg. von Ag bei der Oxydation des Mangan(II)-ions zum Permanganat mittels Persulfats. Die untere Nachweisgrenze liegt bei 10 mγ Ag, während andererseits noch 65 γ bestimmt werden können. (Analytic. Chem. **24.** 1597—1601. Okt. 1952. Cambridge, Mass., Massachusetts Inst. of Technol., Dep. of Chem., u. Labor. for Nucl. Sci. and Engng.) Elchlepp. G 359

R. R. Barefoot und **F. E. Beamish,** *Trockenprobe auf Iridium.* Vff. untersuchen die Bedingungen für eine dokimast. Best. von Ir in Ggw. verschied. Flußmittel u. prüfen die Anwendbarkeit der Trockenprobe bei *Chalkopyrit* (I), *Ni-* (II) u. *Fe-Erzen* (III). Danach ist die Gewinnung von Ir in einer Trockenprobe nicht vollständig. Während bei neutralen oder sauren Schlacken jedoch eine zweifache Wiederholung der Trockenprobe zur prakt. vollständigen Erfassung des Ir ausreicht, zeigen bas. Flußmittel einen verhältnismäßig großen Ir-Verlust. Für die Scheidung der Pb-Ir-Reguli eignen sich sowohl HNO_3 (1:4) als auch $HClO_4$ (70%ig.). Zur Ir-Best. wird der Scheiderückstand mit NaCl gemischt u. bei 650—700° chloriert, dann in heißer 0,1n HCl gelöst. Die Abtrennung von SiO_2 u. unedlen Metallen erfolgt nach Red. mit $NaNO_2$ in neutraler Lsg. mit Na_2HPO_4. Verbesserungen für die hydrolyt. Fällung von Ir werden angegeben. Zur Ir-Best. nach der Scheidung eignet sich auch ein Extraktionsverf. mit H_2SO_4/HF, 3nHNO_3 u. 1 n HCl. Da sowohl I u. II bas. Schmelzflüsse benötigen, ist die Trockenprobe auf Ir in Ggw. von Cu oder Ni nicht geeignet, infolge hoher Verluste, wobei die Schmelzzeit keinen Einfl. hat. Aus Fe-Erzen erhält man dagegen mit einer Bisilicatschlacke nach einmaliger Wiederholung der Trockenprobe eine gute Ausbeute an Ir. Kupellationsverss. von Pb-Ir-Proben unter Zusatz von Ag ergeben beträchtliche Ir-Verluste selbst bei einem Verhältnis Ag:Ir = 200:1 durch Bldg. schwarzer Schuppen auf der Ag-Perle u. Ir-Oxyden im Probiertiegel. (Analytic. Chem. **24.** 840—44. Mai 1952. Toronto, Ontario, Univ of Toronto.) Weitbrecht. G 367

b) Organische Verbindungen.

P. R. Payne, I. G. Campbell und **D. F. White,** *Die Verbrennung von mit Tritium markierten organischen Substanzen.* Beschreibung der Apparatur. Beleganalysen mit *Benzoesäure, Resorcin, Vanillin, β-Naphthol, Dextrose* u. *Cholesterin.* (Biochem. J. **50.** 500—02. Febr. 1952. London, Med. Res. Council Labor., Human Nutr. Res. Unit.) Krusen. 5352

Harold Sobcov, *Unterscheidung von normalen und isomeren Paraffinen in komplexen Kohlenwasserstoffgemischen. Eine massenspektrometrische Methode.* Die massenspektrometr. Typenanalyse, bei der z. B. die Paraffine nach den am stärksten vertretenen Ionen $C_nH^+_{2n+1}$ (n = 3, 4, 5, 6), abgekürzt Σ 43, charakterisiert sind, wird vom Vf. erweitert, indem die Konz. der erzeugenden Molekülionen $C_nH^+_{2n+2}$, kurz „P" (parent), bestimmt u. das Verhältnis Σ 43/P, das für n- bzw. Isoparaffine sehr verschied. Werte annimmt, zur Unterscheidung der beiden Typen herangezogen wird. Die vom Vf. mit einem Consolidated-Massenspektrometer für sämtliche n- u. Isoparaffine von C_4 bis C_8 bestimmten Werte dieses Verhältnisses sind tabellar. zusammengestellt. Die Werte für n-Paraffine sind sehr viel kleiner als die für verzweigte. Es wird eine Rechenmeth. entwickelt, um beim Vorliegen relativ einheitlicher KW-stoffreaktionen aus den gemessenen Σ 43 u. P_{n+1} an Hand der Eichwerte der Tabelle den totalen n- u. i-Geh. der Probe zu bestimmen. Die Meth. wird auf Fraktionen, die KW-stoffe von 3 verschied. C-Zahlen enthalten, ausgedehnt. Die Genauigkeit der Meth. wird an 3 Beispielen erläutert. (Analytic. Chem. **24.** 1908—11. Dez. 1952. Paulsboro, N. J., Socony-Vacuum Labors., Res. and Develop. Dep.) Conrad. G 510

W. A. Cannon und **L. C. Jackson,** *Bestimmung kleiner Mengen 1.2-Propylenglykol in Äthylenglykol.* Das Gemisch der Glykole wird mit Perjodsäure zu Acetaldehyd u. Formaldehyd oxydiert, u. die Aldehyde werden durch Dest. aus dem Rk.-Gemisch abgetrennt. In dem erhaltenen Destillat bestimmt man den Geh. an Acetaldehyd polarograph. unter Verwendung von Li-Acetat als Leitelektrolyt. (Analytic. Chem. **24.** 1053—55. Juni 1952. Wyandotte, Mich., Wyandotte Chem. Corp.) Fretzdorff. G 570

Francis P. Chinard, *Photometrische Bestimmung von Prolin und Ornithin.* Unter bestimmten Bedingungen kann das gefärbte Reaktionprodukt zwischen manchen Aminosäuren u. Ninhydrin (I) bei p_H 1 spektrophotometr. gemessen werden u. als Maß für die vorhandene Menge Aminosäure dienen. Das gelingt mit *Prolin* (II), *Ornithin* (III), *Lysin* (IV) u. *Oxylysin* (V). Die saure I-Reagenslösung ist mindestens 24 Std. haltbar. Unter den gewählten Bedingungen sind die Reaktionsprodukte I—II u. I—III ident., die Menge bei I—II jedoch geringer. Einige Substanzen wirken abhängig von ihrer Konz. störend durch Erhöhung der Absorption. Diese können z. B. durch Chromatographie beseitigt werden. *Oxyprolin* stört die Best. von II nicht. (J. biol. Chemistry **199**. 91—95. Nov. 1952. Baltimore, Md., Johns Hopkins Univ., School of Med., Dep. of Physiol. Chemistry and of Medicine.) Fresenius. G 950

Fritz Micheel und Josef Schierholt, *Eine quantitative Methode zur Bestimmung kleinster Mengen von Anilin.* Es wurde ein colorimetr. Verf. zur Best. von *Anilin* (I) neben Eiweißhydrolysaten u. Aminosäuren ausgearbeitet, das auf der von Jefremenko (C. **1940**. I. 3300) beschriebenen Farbrk. des I mit *Chlorkalk* u. *Phenol* beruht. Zur Aufstellung der Eichkurve benutzt man I, das bei $Kp_{735} = 181^0$ fraktioniert dest. wird u. nach der Bromat-Bromid-Meth. einen Geh. von 99,92% aufweist. 100 g I werden mit W. u. 30 cm^3 Eisessig in 1 Liter gelöst. Daraus wird die Meßlsg. mit 0,01 mg I/1 cm^3 hergestellt. Verschied. Mengen dieser Lsg. werden 17 cm^3 essigsaurem W. zugefügt, 1 cm^3 einer 0,06% akt. Cl_2 enthaltenden Chlorkalk-Lsg. zugegeben u. durchgeschüttelt. Nach 5 Min. versetzt man mit je 1 cm^3 n NH_3- u. 0,5%ig. Phenol-Lsg. unter Umschütteln. Die so gewonnenen 20 cm^3 Lsg. läßt man zur Entw. der Farbe 2 Std. lang bei Raumtemp. stehen. Der Blindvers. wird mit einer statt I dest. W. enthaltenden analogen Lsg. durchgeführt. Colorimetriert wird mit Filter S 61 ($\lambda_{max} = 610$ mμ; Zeiss-Pulfrich-Stufenphotometer). Eine unbekannte I-Lsg. wird mit Essigsäure angesäuert u. soll ca. 0,2 bis 2,5 mg I/100 cm^3 enthalten. Je 10 cm^3 werden mit W. auf 17 cm^3 verd. u. wie beschrieben verfahren. Mittlerer Fehler der Best. $\pm$ 1,5 μg. (Chem. Ber. **85**. 1089—92. 1952. Münster, Chem. Inst. d. Univ.) Freytag. G 1310

Eugene Sawicki, *Unterscheidender Farbtest für Fluorenderivate.* Auf Grund ihrer Rk. mit Aceton in Ggw. von Alkali können die *Fluoren* (I)-Derivv. in 3 Gruppen eingeteilt werden. Die 1. Gruppe, deren Vertreter eine grüne-blaugrüne Farbrk. geben, umfaßt: I, *9.9'-Bifluoren, 2-Chlor-, 2-Nitro-, 2-Nitro-7-chlor-, 2-Benzoyl-, 2-Acetyl-, 2-Benzalamino-, 2-Cinnamalamino-, 2-(4'-Dimethylaminobenzalamino)-, 2.5-Dinitro-, 2.7-Dinitro-, 2-Nitro-7-benzoyl-, 2.7-Diacetylfluoren* u. *2.2'-Difluorenylketon.* Die Verbb. der 2. Gruppe, die in 2-Stellung elektropositive Gruppen enthalten (z. B. *2-Aminofluoren*), geben keine intensiven Färbungen (gelb, bräunlich usw.). Saurer H stört die Farbrkk. der 1. Gruppe (z. B. gibt *Fluoren-2-sulfosäure* nur eine rosa Färbung). Die Verbb. der 3. Gruppe umfassen *Fluorenonderiv.* mit elektronegativen Gruppen in m-Stellung (z. B. *2-Nitro, 2.5-* u. *2.7-Dinitro-, 2.4.7-Trinitro-, 2.4.5.7-Tetranitro-, 2-Acetylfluorenon*); sie geben eine meist violette Farbreaktion. Außer Aceton geben mit *2-Nitrofluorenon* (II) folgende Verbb. eine violette Farbrk.: *Methyläthyl-, Methylisobutyl-, Methyl-n-amylketon, Acetophenon, Cyclohexanon* u. *-pentanon, 2-Acetylnaphthalin* u. *-fluoren,* u. 2.7-Diacetylfluoren. Ausführung der Farbrk. für Gruppe 1: 0,2 g wird in 2 ml Aceton mit 0,5 g gepulvertem NaOH 5 Min. auf dem W.-Bad erhitzt; für Gruppe 3: 0,1 g wird in 2 ml Aceton oder A. mit 0,5 g NaOH 2 Min. erhitzt; die Farbrk. mit II erfolgt durch Erhitzen von 0,1 g der genannten Verbb. mit 2 ml einer gesätt. alkohol. II-Lsg. u. 0,5 g NaOH. (Analytic. Chem. **24**. 1204—05. Juli 1952. Gainesville, Fla., Univ., Cancer Res. Inst.) K. F. Müller. G 2750

D. Monnier und Z. Besso, *Polarographische Untersuchung und Bestimmung von nitriertem Tryptophan.* Die Nitrierung des *Tryptophans* (I) bei verschied. HNO_3-Konzz. wurde mit Hinblick auf eine polarograph. I-Best. systemat. untersucht. Eine polarograph. Bestimmungsmeth. für I, die bei I-Konzz. von ca. 10^{-4} mol. eine Genauigkeit von 3% hat, wurde ausgearbeitet. Ausführung: 10—50 mg I werden mit 3 mol. HNO_3 2 Std. auf dem W.-Bad erwärmt; nach dem Abkühlen wird mit 4 mol. KOH neutralisiert. Die Lsg. wird mit 25 ml Pufferlsg. (12,8 ml 0,2 mol. K_2HPO_4-Lsg. + 12,2 ml 0,1 mol. Citronensäure) versetzt u. zu 100 ml mit W. ergänzt. Nach 10 Min. Durchleiten von H_2 oder N_2 wird die Lsg. bei 20° polarographiert. (Helv. chim. Acta **35**. 777—80. 2/5. 1952. Genève, Univ., Labor. de Chim. analyt. et de Microchim.) K. F. Müller. 3081

Henry Tauber, *Neue Farbreaktion für Steroide mit Perchlorsäure.* Nachst. Steroide u. einige andere Verbb. zeigen nach dem Schütteln mit Chlf. (0,5 mg auf 5 cm^3) u. 1 cm^3 70—72%ig. $HClO_4$ nach 10 Min. bei 56° bzw. nach dem Zusatz von W. u. längerem Stehen bzw. nach Zusatz von Aceton charakterist. Farb- oder Fluorescenzrkk. (s. Original). Die Meth. wird sich wahrscheinlich quantitativ auswerten lassen: *Cholesterin, Testosteron, Methyltestosteron, Testosteronpropionat, Testosteroncyclopentylpropionat, Dehydroisoandrosteronacetat, Progesteron, Pregnenolon, 11-Desoxycorticosteron, 17-Oxycorticoste-*

ron-21-acetat, Cortison (Alkohol), *Östron, Östradiol, Östriol, Östriolbenzoat, Vitamin* D_3 krist., *Diäthylstilböstrol, Indol, Skatol, Brenzcatechin, Resorcin, Pyrogallol, Ergosterin, Cholsäure.* (Analytic. Chem. **24.** 1494—95. Sept. 1952. Chapel Hill, N. C., Univ., School of Public Health, U. S. Public Health Serv., Veneral Disease Exp. Labor.)
H.-J. KOCH. 3750

d) Medizinische und toxikologische Analyse.

E. Ciaranfi und **A. Fonnesu,** *Photometrische mikroanalytische Bestimmung von Essigsäure in Blut und Geweben.* Methylalkohol. Extrakte von Blut oder Geweben werden zur Trockne eingedampft, 15 ml Methylalkohol (I) u. 1 ml konz. H_2SO_4 zugesetzt u. 12 ml in eine Vorlage von 4 ml I abdestilliert. Die Dest. wird zur restlosen Entfernung der Methylester höherer Fettsäuren als Rückstand 5mal wiederholt. Als letzte Vorlage werden 4 ml 1,25%ig. NaOH verwendet u. zur völligen Verseifung 30 Min. stehengelassen. Danach wird die Fl. abgedampft, 7 ml 0,05n$K_2Cr_2O_7$-Lsg. u. 7 ml konz. H_2SO_4 zugesetzt, 30 Min. unter Rückfluß am Sieden gehalten zwecks Oxydation von Na-Formiat u. Na_2S aus Cystein u. 4 ml zur Messung in ein Colorimeter verbracht. Zur restlichen Fl. werden 2 Tropfen gesätt. $AgNO_3$-Lsg. u. 3 ml konz. H_2SO_4 gegeben, 1 Std. unter Rückfluß erhitzt. um mit den anderen Na-Salzen auch das Aceat zu oxydieren, u. gleichfalls eine 4 ml-Probe gemessen. Aus dem spektrophotometr. gemessenen Unterschied im Geh. an Dichromat in beiden Proben kann im Bereich von 0,0—2,3 mg unter Berücksichtigung von 3 Blindwerten die Menge *Essigsäure* (I) berechnet werden. Mit dieser Meth. wurden in menschlichem u. tier. Blut 3,2—10,2 mg I/100 ml, in Muskeln, Nieren u. Leber von Ratten u. Meerschweinchen 10—98 mg I/100 g gefunden. Der method. Fehler beträgt weniger als $\pm$ 10%. (Biochem. J. **50.** 698—701. März 1952. Perugia, Italien, Univ., Inst. of General Pathol.) KRUSEN. 5727

J. Garciá-Llauradó, *Die Bedeutung von Natrium und Kalium in der Pathologie: Schwierigkeit ihrer Bestimmung mit chemischen Verfahren.* Beim Abwägen der Vor- u. Nachteile der K^+- u. Na^+-Best. nach der gravimetr., volumetr., colorimetr. u. gasometr. Meth. kommt Vf. zu dem Schluß, daß für den Arzt der schnellen Durchführbarkeit u. großen Genauigkeit wegen die spektrophotometr. Best. die Meth. der Wahl sein muß. (Med. clín. [Barcelona] **18.** (**10.**) 405—08. Juni 1952. Consejo Super. de Investigaciones Científicas, Cátedra de Patol. Méd. Becario.) FRÜHWALD. 5728

Barney V. Pisha und **David Speier,** *Eine Schnellmethode zur Bestimmung von Natrium in biologischen Flüssigkeiten.* Ausführliche Beschreibung einer colorimetr. Schnellmeth. zur Na-Best. bes. in *Serum.* Die vollständige Fällung von Na mit UO_2-Zn-Acetat wird durch starke Kühlung mit CO_2-Schnee erreicht, wobei die gebildeten Eiskristalle beim Schütteln als „Rührer" wirken. Die Genauigkeit beträgt 0,5%. (Arch. Biochem. Biophysics **37.** 258—65. Juni 1952. New York, N. Y., Madison Found. for Biochem. Res.)
KRUSEN. 5728

Makepeace U. Tsao, *Colorimetrische Bestimmung von Calcium im Serum.* Ca wird im Serum unmittelbar mit HN_4-Oxalat gefällt. Nach Zwischenbehandlung u. Zentrifugieren wird der Nd. mit 4nH_2SO_4 aufgenommen, unter Eiskühlung eine Lsg. von 2.3.4-Trioxybenzoesäure zugesetzt u. alkal. gemacht. Dann wird unter Luftabschluß gemischt. Nach 5 Min. erfolgt die Absorptionsmessung bei 620 mμ. In 0,5 ml Serum können 20 bis 90 γ Ca bestimmt werden. (J. biol. Chemistry **199.** 251—57. Nov. 1952. Ann. Arbor, Mich., Univ., Medical School.) FRESENIUS. 5728

Benjamin N. Horwitt, *Bestimmung von anorganischem Phosphat in Serum mit Zinn(II)-chlorid.* Die Meth. liefert eine bis 25 Min. konstante Färbung, p_H-Abhängigkeit besteht nicht, die Kurven folgen dem Beerschen Gesetz. 1 γ P ist bestimmbar ohne Spezialeinrichtung. Lsgg. A: 10%ige Trichloressigsäure, B: 1%ig. NH_4-Molybdat-Lsg., C: 3 g $SnCl_2$/10 ml HCl, D: 0,2 ml Lsg. C/100 ml dest. W., E: 15%ig. Trichloressigsäure. 0,4 ml Serum + 3,5 ml H_2O + 1 ml E werden gemischt, nach 5 Min. zentrifugiert oder filtriert. 0,5 ml des Zentrifugats (Filtrats) + 5 ml A werden in der Küvette gemischt, dazu 0,5 ml B gegeben. 7 Min. später, nach Zusatz von 0,5 ml D, mischen u. nach 15 Min. bei 660 mμ messen. Die Standardkurve wird mit Lsgg. von KH_2PO_4 in der für Serum beschriebenen Weise hergestellt. (J. biol. Chemistry **199.** 537—41. Dez. 1952. New Orleans, Tulane Univ., School of Med.) FRESENIUS. 5728

Werner Teichmann, *Über die Leistungsfähigkeit der Biuretreaktion zur Erfassung der Eiweißkörper des Magensaftes.* Zur Differentialdiagnostik von Gastritis serosa u. Gastritis mucosa dient eine für klin. Reihenunterss. modifizierte Biuretmeth. von WEICHSELBAUM (Amer. J. clin. Path. **16.** [1946] 40). Man verwendet das nach Absaugen des Nüchterninhalts auf bloßen Sondenreiz hin gewonnene Sekret. Nach Versetzen mit WEICHSELBAUM-Reagens u. 30 Min. Behandlung im Thermostaten bei 37°

wird die Extinktion in 1 cm-Schichtdicke mit Filter S 57 gemessen. Auswertung an Eichkurven aus Verdünnungen menschlicher Blutsera. Der Eiweißwert wird höher gefunden als nach KJELDAHL. Bei letzterem Verf. wirkt sich auch die „Selbstverdauung" des Magensaftes stark aus, beim Biuretverf. weniger. Eine feste Beziehung zwischen Titrationsacidität u. Eiweißgeh. des Magensaftes wurde nicht gefunden. Jedoch ist zu vermuten, daß Störungen der HCl-Bldg. relativ häufig einen von der Norm abweichenden Eiweißgeh. bedingen. (Dtsch. Z. Verdauungs- u. Stoffwechselkrankh. **12.** 188—93. Sept. 1952. Leipzig, Stadtkrankenhaus St. Georg.) FRESENIUS. 5746

T. L. Etherington und **L. V. McCarty**, *Eine Tüpfelprobe zur Schätzung der Konzentrationen von Borhydriddämpfen in der Luft.* 1 (Teil) B_2H_6 in 1 Million Luft wird als tox. angenommen. Ein Stück Filtrierpapier mit 1 Tropfen 5%ig. $AgNO_3$-Lsg. in Amylamin wird zum Nachw. verwendet (Gelb-Braun-Färbung). Diese Farbrk. wird als einfache Warnprobe für B_2H_6-haltige Luft benutzt. Die Farbstärke steigt von 1—10 γ B_2H_6/ml Luft bis zu einem Maximum; sie ist schwächer für gleiche Mengen B_5H_9, noch schwächer für $B_{10}H_{14}$. (A. M. A. Arch. ind. Hyg. occupat. Med. **5.** 447—50. Mai 1952. Schenectady, N. Y., Gen. Electr. Comp., Res. Labor.) PATZSCH. 5764

H. Angewandte Chemie.

I. Allgemeine chemische Technologie.

Félix Trombe, *Über die Verwirklichung eines halbindustriellen Sonnenofens im Laboratorium Mont-Louis (Ostpyrenäen).* Durch eine nach der Himmelsrichtung einstellbare Ebene von 125 m^2 werden parallele Sonnenstrahlenbündel auf einen Parabolspiegel geworfen. Die Ebene besteht aus 500 Planspiegeln von 50·50 cm Größe. Der Parabolspiegel wird aus Planspiegelchen zusammengesetzt: 24 zu einer Fläche von 0,7 m^2. 20000 Planspiegel ergeben dieselbe Energiekonzentration wie 3500 Parabolspiegel. Man erreichte mit dem Ofen max. 2800° C u. 2500—2600° Arbeitstemp. Man konnte mit ihm in der Stunde 60 kg Eisen, am Tage $^1/_2$ Tonne schmelzen. (C. R. hebd. Séances Acad. Sci. **235.** 704—05. 6/10. 1952.) MIETHING. 5800

E. Rabald, *Anorganische Werkstoffe.* Neuartige Gußlegierungen u. Stähle. Fortschritte beim Schweißen. Verwendung von Nichteisen- u. Edelmetallen. Neue Gußverfahren. Es wird auf sparsamste Verwendung wertvoller Werkstoffe (Red. der Wandstärken, Plattierung u. a.) hingewiesen. Sintermetalloxyde, Steinzeug, Glas, Quarzglas, Auskleidungen. (Chemie-Ing.-Techn. **24.** 654—56. Dez. 1952.) STEINER. 5806

R. Erdmenger und **S. Neidhardt**, *Das Rühren in Flüssigkeiten.* Es wird das Rührem in Fll. behandelt, wie es in der chem. Industrie in Behältern zur Herst. von Mischungen u. Lsgg., für Reaktionszwecke, zur Wärmeübertragung u. zur Absorption von Gasen in Fll. üblich ist. Für niedrig- bis mittelviscose Fll. (10—150 cP) dienen Blattrührer, Turbinenrührer, Propellerrührer, Kreiselrührer u. Vibromischer; für höherviscose Fll. (100 bis 2000 cP) oder Suspensionen von breiartiger Beschaffenheit Ankerrührer, Fingerrührer u. Planetenrührer. Im Vordergrund der Betrachtungen steht der diskontinuierliche Betrieb. Es werden ein Überblick über die Berechnungsgrundlagen eines Rührvorganges gegeben u. gemessene Leistungswerte verschied. Rührer mitgeteilt. Die weitere Entw. tendiert zu höheren Drehzahlen, zu Kombinationen verschied. Rührer u. zu veränderlichen Drehzahlen, die auf die Zwischenstadien des Rührgutes während des Prozesses eingehen. (Chemie-Ing.-Techn. **24.** 248—58. Mai 1952. Leverkusen, Bayer.) KLEFFNER. 5840

B. Mrzena, *Bestimmung des spezifischen Gewichtes (Molekulargewichtes) von Gasen mit der „Molekülwaage" von Linde.* Vf. beschreibt die leicht anzufertigende „Molekularwaage" nach LINDE, die zur raschen informator. Analyse (Best. des Reinheitsgrades), trotz anderer bekannter Verff. auf chem. oder physikal. Grundlage, bei Herst. von Ar, O_2, N_2, H_2, bei der Trennung gasförmiger KW-stoffe sowie bei der NH_3-Synth. eingesetzt werden kann. Das Schema der App., die Berechnung sowie die Eichung werden angegeben. (Chem. Průmysl **2.** (**27.**) 90—92. 1952.) FREYTAG. 5886

W. E. Ranz und **W. R. Marshall jr.**, *Verdampfung von Tropfen.* 2. Mitt. (1. vgl. C. **1952.** 7136.) Bei der Verdampfung von Wassertropfen gibt die Beziehung zwischen REYNOLDscher (Re) u. NUSSELTscher (Nu) Zahl eine Gerade, die für Re = 0 bei Nu = 2 beginnt u. bei Re = 13,5 u. Nu = 10 aufhört. Ähnliche Beziehungen ergeben sich für Benzin- u. Anilintropfen. Die Abnahme des Quadrats des Durchmessers mit der Zeit ergibt ebenfalls eine Gerade, die bei 0 Sek. 0,011 cm^2 u. bei ca. 800 Sek. 0 cm^2 anzeigt. Die Resultate stimmen gut mit denen anderer Autoren überein. Die Temp. für die Verdampfung des W. aus Lsgg. von NH_4NO_3 u. NaCl wurde rechner. aus den Schnittpunkten der Sättigungskurven der Lsgg. u. der Dampfdruckkurve des W. ermittelt. Es wurden die Abnahmen der Durchmesser u. der Temp. der Lsg. mit der Zeit registriert. Bei der Kristallisation erhielt die Temperaturkurve einen scharfen, die Durchmesserkurve einen schwachen Knick. Beim Geh. an unlösl. Stoffen in W. entstand eine getrocknete Oberfläche, die ebenfalls den Verlauf der Temperaturkurve so beeinflußte, daß die Temp. stärker abnahm. Zum Schluß wird eine Formel aufgestellt, um die Trockenzeit zu berechnen. (Chem. Engng. Progr. **48.** 173—80. April 1952. Madison, Wis., Univ. of Wisconsin.) MIETHING. 5906

Aktieselskabet Jens Villadsens Fabriker, Kopenhagen, Dänemark, *Masse zum Ausfüllen von Fugen und Rissen,* bestehend aus 30—70 (Gew.-%) Korkmehl, 15—35 Bitumen u. 15—35 Kautschuk. (**Dän. P. 73 833** vom 10/8. 1949, ausg. 25/2. 1952.) JÜRGEN SCHMIDT. 5813

I. G. Farbenindustrie Akt.-Ges. (Erfinder: **Franz Patat,** Frankfurt/M., und **Gert Morgenstern,** Marl), *Abdichten poröser Werkstücke* (I) aus nichtmetall. Stoffen, z. B. Graphit, Zementbeton oder keram. Massen, dad. gek., daß zur Bldg. fester Polymerisate befähigte, lösungsmittelfreie Fll., die gegebenenfalls anpolymerisierte Teile gelöst enthalten, in die Poren der I eingebracht u. dort auspolymerisiert werden. (**D. R. P. 748 556** Kl. 22i vom 21/7. 1942, ausg. 19/1. 1953. **Zusatz zu D. R. P. 724 752; C. 1942. II. 2970.**) LÜTTGEN. 5813

N. V. de Bataafsche Petroleum Mij., Den Haag, Holland (Erfinder: **Gino John Pierotti** und **Clarence Lincoln Dunn,** San Francisco, Calif., V. St. A.), *Trennen eines Gemisches organischer Verbindungen durch Lösungsmittelextraktion* in fl. Phase, in Form von Dampf u. Fl. oder durch Destillation. — Das Gemisch wird mit fl. u. bei der Extraktionstemp. beständigem *Sulfolan* u./oder *2-Sulfolen* oder deren Derivv. u. Substitutionsprodd. (Oxysulfolane, 3-Sulfolanol, 3.4-Sulfolandiol, Sulfolanyläther, -ester, -amine, -halogenide, Alkyl-, Arylsulfolane; Alkyl-, Cycloalkyl-, Aryl- oder gemischte 2-Sulfolene, Oxysulfolene, Sulfolenyläther, -ester, -amine, -sulfide, -sulfone, -halogenide) zweckmäßig im Kreislauf behandelt. — Ein Gemisch aus (38,2%) Naphthenen u. Paraffinen, Kp. 95—115°, wird mit 2.4-Dimethylsulfolan behandelt; man erhält ein Raffinat mit 35,9% u. einen Extrakt mit 43,7% Naphthenen. Ferner können getrennt werden Erdöldestillate, Fettsäuregemische, wie Stearin-, Olein- u. Linolsäure. — Tabellen. (**D. B. P. 848 192** Kl. 12o vom 15/7. 1950, ausg. 1/9. 1952. A. Prior. 8/2. 1943.) KRAUSS. 5863

Jakob Krieg, Zürich, Schweiz, *Kontinuierliche Trocknung von Konzentraten.* Das Trockengut mit weniger als 50% W. wird als Film auf ein Transportband unter Vakuum in weniger als 1 mm Dicke aufgetragen. Darauf wird der sich bildende Trockengutschaum durch Infrarot-Wärmeeinstrahlung u. unter Kondensation der frei werdenden Dämpfe in einem Arbeitsgang getrocknet u. im N_2-Strom aus der Vakuumkammer ausgeschleust. (**Schwz. P. 282 367** vom 3/5. 1948, ausg. 1/8. 1952.) NEBELSIEK. 5875

II. Feuerschutz. Rettungswesen.

Rolf Jäger, Bad Homburg, *Verminderung der Löslichkeit von SiO_2 in mineralischen Stauben,* bes. Quarzstauben. Man bringt die Oberfläche des Staubes mit solchen Stoffen in echter oder koll. Lsg. in Berührung, die mit ihr eine passivierende Schicht bilden, unter der auch in der Lunge keine schädlichen Mengen von SiO_2 mehr in Lsg. gehen, z. B. geschwefelte Phenole von der vermutlichen Zus. I. (**D. B. P. 853 939** Kl. 30i vom 14/12. 1949, ausg. 30/10. 1952.) E. PETERSEN. 5933

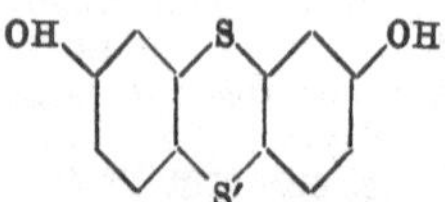

I

Drägerwerk, Heinr. & Bernh. Dräger, Lübeck, *Kohlensäureabsorptionsmittel,* bes. für *Gasschutzgeräte.* Gebrannter Kalk wird zunächst mit der 2—3fachen theoret. Wassermenge gelöscht. Die M. wird dann geknetet, geformt u. bei 50—70° getrocknet. (**D. B. P. 856 101** Kl. 61b vom 1/3. 1936, ausg. 20/11. 1952.) STEIL. 5937

Deutsche Hydrierwerke Akt.-Ges. (Erfinder: **Bodo Liehr**), Düsseldorf, *Verbesserung der Feuerlöschfähigkeit von brennbaren, mit Wasser nicht mischbaren organischen Flüssigkeiten* (I). Durch Zusatz von kationakt., elektroneutralen oder anionakt. Emulgatoren wird erreicht, daß die I nicht auf dem Löschwasser schwimmen, sondern in ihm emulgiert sind. (**D. B. P. 850 045** Kl. 23b vom 23/7. 1944, ausg. 22/9. 1952.) v. HUHN. 5945

Oreste-Flavio-Alfred Biginelli, Frankreich, *Feuerlöschmittel,* bestehend aus einer 10%ig. wss. Lsg. von KNO_3 oder $NaNO_3$. Bei der Umsetzung der Nitrate mit glühender Kohle bilden sich große Mengen von N_2 u. CO_2, die die Flammen ersticken. (**F. P. 1 004 051** vom 28/12. 1949, ausg. 25/3. 1952.) SCHÖNAUER. 5945

Farbwerke Hoechst, vormals Meister Lucius & Brüning, Frankfurt/M. (Erfinder: **Karl Daimler**, Ehlhalten, Taunus, und **Max Paquin**, Frankfurt/M.), *Erzeugung technischer Luftschäume*, bes. für *Feuerlöschzwecke*, unter Benutzung von Schaumbildnerstammlsgg. mit Netzmitteln auf Sulfosäuregrundlage. Durch Zusatz von wasserlösl. komplexen Zn– oder Cu–NH_3-Verbb., bes. in Ggw. von Schutzkolloiden, ausgenommen von solchen aus Keratin gewonnenen, zu den bekannten Schaummitteln wird die Schaumbeständigkeit gegenüber Hitze- u. Lösungsmitteleinw. verbessert. (**D. B. P. 861 798** Kl. 61b vom 2/11. 1943, ausg. 5/1. 1953.) STEIL. 5945

Farbwerke Hoechst, vormals Meister Lucius & Brüning, Frankfurt/M.-Höchst (Erfinder: **Karl Daimler**, Ehlhalten, Taunus, und **Viktor Lorenz**, Bad Soden), *Feuerschutzmittel mit insekticider und fungicider Wirkung*. Die Mittel enthalten neben Alkalicarbonaten u. Alkaliverbb. von substituierten höhermol. Phenolkörpern, bes. solchen mit mindestens 10 C-Atomen u. solchen, bei denen 2 oder mehr Phenolmoll. durch 1 oder mehrere S-Atome verknüpft sind, noch Harnstoff, z. B. ca. 15—30%. Netzmittel können zugefügt werden. Die Löslichkeit der Phenolkörper wird günstig beeinflußt. (**D. B. P. 855 330** Kl. 38h vom 8/7. 1950, ausg. 22/12. 1952.) KARST. 5945

Minimax Akt.-Ges. (Erfinder: **Theodor Breyhan**), Berlin, *Stabilisieren von auf mechanischem Wege erzeugtem Feuerlöschschaum*, bes. Erhöhung der Alkoholbeständigkeit von Luftschaum. Dem Schaumbildner bzw. der wss. Schaumbildnerlsg. wird ein hochmol. 1-wertiger Alkohol (I) (Cetyl-, Octadecylalkohol) zugesetzt, bes. in Ggw. emulgierend, d. h. als Schutzkoll. wirkender Stoffe. Zweckmäßig wird I vor dem Zusatz in Methanol oder A. vorgelöst u. als Schutzkoll. Gelatine bzw. Pektin verwendet. (**D. R. P. 767 571** Kl. 61b vom 1/12. 1937, ausg. 8/12. 1952.) STEIL. 5945

IV. Wasser. Abwasser.

Truhaut, *Die Methoden der Trinkwasserreinigung in den Vereinigten Staaten*. Bericht unter besonderer Berücksichtigung der gegenüber den Verhältnissen in Frankreich abweichenden Bevorzugung von Schnellfiltern, Flockungs- u. Flockungshilfsmitteln, der Überchlorung, der Ozonisierung als Schönungsmittel u. des Fluoridzusatzes. (Eau **39**. 129—31. Juli. 141—45. Aug. 157—60 Sept. 1952.) MANZ. 6016

Rolf Eliassen, *Bedeutung der Radioaktivität für Wasserwerksleiter*. Gemeinverständliche Erläuterung der Kernspaltungsvorgänge u. ihrer Beziehung zu Wasserwerken. Akt. P kann durch übliche Flockung mit Alaun oder Fe-Salzen u. Bentonit bei p_H 6,7 zu 99% entfernt werden. Bei Anwesenheit von akt. Ca, Sr, ist eine zweimalige Flockung erst mit CaO, Na_3PO_4 bei p_H 10,2, dann zur Entfernung des überschüssigen Phosphats mit $FeCl_3$ bei p_H unter 8,0 erforderlich. Die Anreicherung von akt. Material im Filtersand bereitet erhebliche Schwierigkeiten. (J. New England Water Works Assoc. **66**. 260—70. Sept. 1952. Cambridge, Mass., Massachusetts Inst. of Technol.) MANZ. 6042

Leslie A. Gillette, Dwight L. Miller und **H. E. Redman**, *Vereinfachung eines chemischen Abwasserproblems durch Toxizitätsteste mit Fischen*. An Stelle der bei 100 Erzeugnissen schwer auswertbaren chem. Unters. des Abwassers wurden in Testen mit *Semotitus a. atromaculatus* die krit. Konzentrationsbereiche ermittelt. Die einfachen Amine wirken in freiem Zustand schon in kleinen Mengen (Diäthylamin 70—100, Monomethylamin 10—30 mg/Liter) tox., während Diäthylaminhydrochlorid erst im Bereich von 4—6 g/Liter schädigend wirkt. Durch Neutralisation auf p_H 7—7,5 konnte die Zahl der schädlichen Stoffe auf 4, nämlich Phenol (10—20), NaSH (4—10), Nonic 218, u. 1.3-Dibutylthioharnstoff (30—100 mg/Liter) verringert werden. (Sewage ind. Wastes **24**. 1397—1401. Nov. 1952. Wyandotte, Mich., Sharples Chem., Inc.) MANZ. 6064

Turicit Akt.-Ges., Zürich, Schweiz, *Entcarbonisierung von Wässern*. Das zu behandelnde W. wird mit Kalkwasser in einer Mischdüse innig vermischt, indem man die unter einem höheren Druck stehende Mischkomponente in die andere einspritzt. Hierbei wird $Ca(HCO_3)_2$ im Bruchteil einer Min. u. vollkommen in grob krist., gut filtrierbares $CaCO_3$ übergeführt. (**Schwz. P. 282 741** vom 21/3. 1950, ausg. 16/8. 1952.) REICHELT. 6031

Emil Fischer, Essen, *Durchführung von Fällungsreaktionen in verdünnten Lösungen, besonders bei der Wasseraufbereitung mittels Kalk*. Die sich bildenden festen Reaktionskristalle werden, nachdem sie eine bestimmte Teilchengröße erreicht haben, entweder im Reaktionsbehälter selbst oder in einer diesem zugeordneten Nebenschlußleitung zerkleinert u. verbleiben in dieser Form im Reaktionsraum oder fließen dem Behälter wieder zu u. dienen dort als Kristallisationskeime. — Zeichnung. (**D. B. P. 855 239** Kl. 12g vom 11/1. 1944, ausg. 10/11. 1952.) STEIL. 6031

Joh. A. Benckiser G. m. b. H., Chemische Fabrik (Erfinder: **Hermann Rady**, Mannheim, und **Kurt Müller**, Ludwigshafen/Rh.), *Behandlung von Kühlwasser.* Man setzt dem W. eine durch Einw. von P_2O_5 auf NH_3 oder durch eine Phosphorsäure auf Harnstoff in der Hitze erhaltene Stickstoff-Phosphorsäure-Verb. zu, in Mengen, die erheblich unterhalb der stöchiometr. Grenze liegen, z. B. 1 Liter einer 0,1%ig. Lsg. auf 1 m^3 Wasser. (**D. B. P. 858 823** Kl. 85b vom 27/10. 1942, ausg. 8/12. 1952.) Reichelt. 6031

William T. Whatley, Port Arthur, Tex., V. St. A., *Steinentfernung von Heizschlangen* durch abschreckende Behandlung, indem der Stein wechselweise extremen Tempp. u. Drucken ausgesetzt wird. Die Außenseite der Schlangen wird durch Wasserverdampfung u. Druckerzeugung zunächst einer hohen Temp. unterworfen, anschließend wird der Verdampfer unter Vakuum gesetzt, dadurch kaltes W. eingeführt u. auf die Außenseite der Schlangen gebracht, während diese gleichzeitig innenseitig durch Dampf erhitzt werden. Der Vorgang wird mehrmals wiederholt. — Vorrichtung. (**A. P. 2 600 820** vom 3/7. 1950, ausg. 17/5. 1952.) Reichelt. 6031

V. Anorganische Industrie.

A. v. Pichler, *Wasserstofferzeugung durch Elektrolyse.* Vortrag, in dem Vf. einen Überblick über die neueste Entw. auf diesem Gebiet vermittelt. (Fette Seifen einschl. Anstrichmittel **53.** 760—64. Dez. 1951. Karlsruhe.) Winiker. H 238

Montecatini Soc. Gen. per l'Industria Mineraria e Chimica, Mailand, Italien, *Rückgewinnung von Abgasen aus der synthetischen Herstellung von Harnstoff aus Ammoniak und Kohlendioxyd.* Diese Abgase enthalten ca. 67% NH_3, 15,5% CO_2 u. Rest Wasserdampf. Die Gase werden einer selektiven Absorption mit Lsgg. von NH_4-Salzen starker Säuren, bes. $(NH_4)_2SO_4$, NH_4NO_3 oder NH_4Cl, bei erhöhtem Druck unterworfen. Anschließend werden die Lsgg. in der gleichen Kolonne rektifiziert. Der obere Teil der Kolonne ist mit Ringen zwecks Absorption u. der niedere Teil mit Rektifizierungsplatten ausgerüstet. Das Gasgemisch wird in der Mitte an der Grenze zwischen beiden Teilen zugeführt. (**N. P. 79 729** vom 11/11. 1948, ausg. 18/2. 1952. It. Prior. 1/12. 1947.) Jürgen Schmidt. H 243

Farbwerke Hoechst, vormals Meister Lucius & Brüning, Frankfurt/M.-Höchst (Erfinder: **Georg Mayer**, Krombach, Schwab., und **Hans Heinrich Saenger**, Grenzach, Bad.), *Gewinnung von hochkonzentrierter H_2SO_4 oder Oleum* aus verd. Abfall-H_2SO_4 (**I**). **I** wird durch Einspritzen in einen n. betriebenen S-Verbrennungsofen bei $>1000^0$ therm. in SO_2, O_2 u. Wasserdampf (**II**) aufgespalten. Das SO_2 wird nach Abscheidung des **II** in hochkonz. H_2SO_4 oder Oleum übergeführt. (**D. B. P. 861 551** Kl. 12i vom 26/10. 1941, ausg. 5/1. 1953.) Zürn. H 253

Shell Refining & Marketing Co. Ltd., London, England (Erfinder: **George Charles Eltenton, William Alfred John Preece** und **Stanley Hope**), *Reinigen von durch C und C-haltige Stoffe verunreinigter H_2SO_4.* Man setzt zu der H_2SO_4 ca. 0,2% eines wasserlösl. anion.-oberflächenakt. Mittels, z. B. eines langkettigen Säurealkylesters der H_2SO_4, anderer anorgan. mehrbas. Sauerstoffsäuren, deren Salzen, wasserlösl. Seifen oder sulfonierten Fettsäuren, Fettsäureestern, Glyceriden zu, bläst ein nicht reagierendes Gas, bes. Luft, hindurch u. trennt nach dem Absetzen die unten befindliche reine H_2SO_4 von dem oben schwimmenden Schlamm. Man kann gleichzeitig eine oleophile organ. Fl., z. B. einen fl. KW-stoff, zusetzen, ferner Schlamm aus einer vorhergehenden Reinigung. (**E. P. 676 606** vom 19/2. 1951, ausg. 30/7. 1952.) Zürn. H 253

Badische Anilin- & Soda-Fabrik, Ludwigshafen/Rh. (Erfinder: **Walter Faber**, Steinhofen über Hechingen), *Wiedergewinnung von Schwefelsäure* bei der Herst. von BF_3 aus einer B-Verb., CaF_2 u. überschüssiger H_2SO_4. Man kühlt die beim Austreiben des BF_3 verbleibende heiße, H_2SO_4 enthaltende Fl. auf ca. 120—80° unter Rühren ab. Man kann dann langsam ohne Rühren abkühlen lassen u. zieht die konz. H_2SO_4 über der abgesetzten Kristallmasse ab. Diese kann man durch Einw. von W. in verd. H_2SO_4 u. $CaSO_4$ zerlegen. (**D. B. P. 850 606** Kl. 12i vom 10/6. 1944, ausg. 25/9. 1952.) Zürn. H 253

Imperial Chemical Industries Ltd., London (Erfinder: **George Frederick Horsley**, Norton-on-Tees), England, *Regenerieren von Pt-Katalysatoren,* die z. B. bei der Oxydation von SO_2 verwendet werden. Die Katalysatoren werden, bes. unter Anwendung von Wärme (bis 120°), nachdem sie zweckmäßig mit 10%ig. HNO_3 behandelt u. säurefrei gewaschen wurden, mit z. B. 10 g $(NH_4)_2S_2O_3 \cdot {}^1/_3\, H_2O$ je Liter behandelt u. gegebenenfalls mit W. gewaschen. (**D. B. P. 841 445** Kl. 12g vom 23/12. 1948, ausg. 16/6. 1952. E. Prior. 6/4. 1945.) Steil. H 253

Badische Anilin- & Soda-Fabrik, Ludwigshafen/Rh. (Erfinder: **Hans Krzikalla**, Heidelberg, **Alfons Janson** und **Erich Flickinger**, Ludwigshafen/Rh.), *Herstellung von*

SO_2- oder Halogenwasserstofflösungen. Als Lösungsm. verwendet man bei den Arbeitsbedingungen fl. N-substituierte Polyamide von Polycarbonsäuren. Der F. kann durch Mischen solcher oder durch vorhergehende Behandlung mit geringen Mengen von SO_2 oder HCl herabgesetzt werden. (**D. B. P. 858 693** Kl. 12i vom 11/4. 1943, ausg. 8/12. 1952.) ZÜRN. H 253

Columbian Carbon Co., New York, übert. von: **Carl W. Swaitzer**, Garden City, N. Y., V. St. A., *Verbesserung der Festigkeit von Rußkügelchen.* Man erhitzt den bereits in Kugelform vorliegenden Ruß 10—15 Min. auf ca. 540—1090°, bes. auf 760°, u. kühlt dann ab, ohne Luft zuzuführen oder darüberzuleiten. (**A. P. 2 591 024** vom 16/9. 1950, ausg. 1/4. 1952.) NEBELSIEK. H 260

Columbian Carbon Co., New York, N. Y., übert. von: **Maurice R. Howell**, Monroe, La., V. St. A., *Kühlen heißer Suspensionen von rußhaltigen Gasen* zur Herst. von Ruß. Man erhitzt W. bis fast zum Verdampfungspunkt u. führt es in Form von feinstem Nebel (40—80 μ) in den Gas–Ruß-Strom ein. — Vorrichtung. (**A. P. 2 594 171** vom 20/1. 1950, ausg. 22/4. 1952.) NEBELSIEK. H 260

Columbian Carbon Co., übert. von: **George L. Heller**, Monroe, La., V. St. A., *Rußgewinnung.* Man erhitzt gasförmige KW-stoffe (I) auf 1400—2400° F, indem man sie in mehreren Teilströmen in den unteren Teil einer hoch erhitzten Ofenkammer (II) eintreten u. langsam Luft entgegenströmen läßt. Dabei tritt teilweise Pyrolyse u. Teilverbrennung ein. Es bilden sich C-Teilchen in gasförmiger Suspension, die man aus II abzieht, kühlt u. als Ruß sammelt. (**A. P. 2 597 991** vom 3/7. 1948, ausg. 27/5. 1952.) NEBELSIEK. H 260

Ulrich Hofmann, Darmstadt, *Herstellung von Graphitfilmen.* Dämpfe von KW-stoffen, z. B. Bzn., werden in einem inerten Gasstrom an ca. 1000° heißen Flächen zersetzt. Die entstehenden Häutchen aus Glanzkohlenstoff werden durch Glühen graphitiert. Die Graphitfilme dienen als *Fenster für Elektronen- u. Röntgenröhren* oder als *Ersatz für Metallfolien.* (**D. R. P. 752 734** Kl. 12i vom 24/1. 1943, ausg. 29/9. 1952.) ZÜRN. H 260

Standard Oil Development Co., übert. von: **Walter H. Rupp**, Mountainside, N. J., V. St. A., *Herstellung von Trockeneis (CO_2).* Teilchen von festem CO_2 werden durch ein stark gekühltes Gas, wie CO_2, N_2, CH_4, C_2H_6, das im Kreislauf komprimiert u. gekühlt wird, in flüssigkeitsartigen Zustand versetzt. In diese Schicht führt man entweder von unten CO_2-Gas oder von oben versprühtes fl. CO_2. Das eingeführte CO_2 verfestigt sich, u. die Teilchen wachsen, bis sie nach unten fallen u. entfernt werden. (**A. P. 2 608 838** vom 30/6. 1949, ausg. 2/9. 1952.) ZÜRN. H 260

Demag-Elektrometallurgie G. m. b. H. (Erfinder: **Paul Sernitz**), Karlsruhe, *Erzeugung von Siliciumcarbid.* Man verwendet Elektrowiderstandsöfen mit Schächten, in denen senkrechte Seelen (I) aus stromleitendem Füllstoff, z. B. Koks, u. um die I das Ausgangsgemisch, z. B. Reinquarzsand mit Koks, Sägespänen u. Salz, angeordnet sind. Gegenüber der waagerechten Anordnung wird erreicht, daß beim Einsacken der I diese nicht abreißen u. daß der Kontakt mit den Elektroden erhalten bleibt. Man verwendet geteilte Ofenwände u. vermeidet dadurch einen vorzeitigen Abbruch der Öfen nach der Umsetzung. — Zeichnung. (**D. B. P. 854 207** Kl. 12i vom 30/1. 1951, ausg. 30/10. 1952.) ZÜRN. H 260

VI. Silicatchemie. Baustoffe.

Wolfgang Trier, *Temperaturmessungen im Glasbad von Wannenöfen.* Vf. weist darauf hin, daß die Kenntnis der Tempp. im Inneren der Glasschmelze wichtig ist für die Haltbarkeit des feuerfesten Materials der Glaswannen, aber ebenso für die Homogenisierung u. die Läuterfähigkeit des Glases, u. schließlich werden daraus Aufschlüsse über den Verlauf der Strömungen in der Schmelze zu erwarten sein. Vf. gibt eine Schema der Versuchsanordnung u. in 2 Tafeln die Ergebnisse von Messungen, die aus der Literatur bekannt sind, u. versucht die typ. Eigg. der dargestellten Temperaturfelder herauszustellen. Temperaturverhältnisse in der Schmelze können geklärt werden, die Ableitungsverhältnisse bleiben jedoch weitgehend unsicher. Der senkrechte Wärmefluß innerhalb des Glases zeigt einen komplizierten Verlauf. (Glastechn. Ber. **26**. 5—12. Jan. 1953.) KÜHNERT. 6172

Vittorio Sadini, *Über die atomare Struktur der Gläser.* Vf. gibt einen histor. Überblick über die verschied. Auffassungen über die Feinstruktur der Gläser u. stellt die zur Zeit vorherrschenden Ansichten, daß SiO_4-Tetraeder — ganz unregelmäßig, aber völlig einheitlich durch Verkettung der Tetraeder über Sauerstoffbrücken — die Grundstruktur silicat. Gläser bilden (ZACHARIASEN), bzw. daß auf Grund von Debyeogrammen auf das Vorhandensein von Kristalliten im Glas geschlossen wird (RANDALL, ROOKSBY u. COOPER), gegenüber. Bemerkenswert ist, daß die Feinstruktur, wie an dem Beispiel der Entglasung gezeigt wird, maßgeblich von der therm. Vorbehandlung beeinflußt werden kann, was die Vermutung nahelegt, daß sich die vorherrschenden Auffassungen koordinieren lassen. — Literaturangaben. (Chimica [Milano] **6.** 219—22. Juni 1951.) ANIKA. 6200

H. Schreiner, *Die Hydratbildung bei Sintermagnesiten.* Es wurde der Vorgang der Bldg. von $Mg(OH)_2$, der bei Lagerung von Sintermagnesiten u. auch bei der bas. Zustellung von Industrieöfen auftreten kann, untersucht. Aus den Ergebnissen der Sekundäradsorption radioakt. Isotope (^{60}Co u. ^{110}Ag) aus sehr verd. wss. Lsgg., sowie der Adsorption von Wasserdampf u. der röntgenopt. sowie lichtopt. Unters. werden die Bedingungen u. der Mechanismus der Hydratbldg. von Sintermagnesiten beschrieben. Die an reaktionsfähigen Zentren eingeleitete Hydratisierung läuft an den Phasengrenzflächen der Periklaskristalle/Bindemittel weiter. Durch den viel größeren Raumbedarf der entstehenden $Mg(OH)_2$-Kristalle genügen bei den auftretenden dünnen Schichten, welche die Periklaskristalle umgeben, bereits wenige % (bis zu 2% gebundenes W.), um das Gefüge des Magnesitsteines durch Rißbldg. zu zerstören. Als Reaktionsziel beim Hydratisierungsvorgang läßt sich röntgenopt. eindeutig der Brucitgittertyp nachweisen. Bis zum Erreichen dieses Endzustandes treten viele Zwischenzustände auf, die sich zum Teil in einer Linienverbreiterung andeuten. (Radex-Rdsch. **1952.** 255—60. Nov.) K. SEIDEL. 6218

Alberto Virella Bloda, *Bemerkungen zur Ausstattung von Drehrohröfen für Portlandzement.* 1. Auskleidung mit feuerfestem Material, ihre Beständigkeit gegen Tempp. von ca. 1500°; gegen Temperaturwechsel, mechan. Beanspruchung u. chem. Korrosion. — 2. Ringförmige Ansätze („anillos") im Ofeninneren, z. B. 5—15 m hinter dem Brenner u. ihre Beseitigung. — 3. Brennstoffe für die Drehrohröfen, Anforderungen an die Qualität, Verlauf der Verbrennung, Wärmebilanzen u. -verluste. — 4. Erzeugung von Klinker u. Einfl. des Ofenvol., Volumenvermehrung, Verweilzeit, Wärmebedarf für den Klinker, Temperaturunterschiede zwischen Gas, Masseoberfläche u. M., Wärmeverteilungskoeffizient. (Cemento-Hormigón [2] **19.** (**17.**) 38—44. Febr. 270—78. Sept. 308. Okt. 1951; [2] **20.** (**18.**) 126. April. 337—43. Okt. 1952.) ALTPETER. 6222

František Vavřín, *Das Dämpfen des Betons bei normalem Druck und seine Anwendung in der Praxis.* Das Festwerden des Betons ist eine koll. Erscheinung, die zwischen 15 u. 30° verläuft. Erst nach Beendung der Verfestigung, deren Geschwindigkeit durch Menge, Art u. Alter, die Bestandteile des W. u. die Temp. der Betonmischung beeinflußt wird, kann die Temp. auf das ermittelte Optimum gesteigert werden. Die minimale Dauer der Verfestigung betrug bei den untersuchten Zementen 6 Stunden. Die Art des Dämpfens ist je nach Zementsorte verschieden. Für Portlandzement aus den Werken von Štramberk u. Maloměřice wurde ein Temperaturoptimum des Dämpfens von 70—80° gefunden. Zement aus Horní Srní ist nicht zum Dämpfen bei n. Druck geeignet. Portlandzement aus Čižkovice besitzt hohe Anfangsfestigkeit u. zeigt geringe Festigkeitserhöhung durch Dämpfen nur bei der bis 24 Std. auftretenden Festigkeit. Für die spätere Festigkeit ist das Dämpfen ohne Bedeutung. Frische Zemente sind für das Dämpfen geeigneter als länger gelagerte. Bei Benutzung von Beschleunigern ist die Best. der optimalen Dämpfungstemp. sowie die Feststellung der Erforderlichkeit des Dämpfens notwendig. Zum Durchwärmen des Betons bei der optimalen Temp. genügen 2 Std., Erwärmen u. Auskühlen müssen allmählich erfolgen. Unter n. Druck gedämpfter u. ausgekühlter Beton erreicht nicht die Endfestigkeit wie bei 8 at gedämpfter. Jener muß genauso wie frischer, ungedämpfter Beton behandelt werden. (Zprávy českoslov. keram. Sklářské Společnosti [Trans. czechoslov. ceram. Glass Soc.] **26.** 1—32. 1950. Gottwaldov, Výzk. ust. ČSSZ.) FREYTAG. 6224

C. W. Isenhour jr., *Kühlen in Tunnelöfen.* Gegenüber den runden Kühlöfen haben die Tunnelöfen rascheren Übergang der verschied. Temperaturzonen ineinander, was die Gefahr des Reißens mit sich bringt. Vf. schlägt vor, durch entsprechende Ventilatoren für einen Luftumlauf derart zu sorgen, daß die Heißluft entsprechend dem Bedarf des Kühlgutes (Ziegelsteine) verteilt wird u. den Kühlungsverlauf gleichmäßiger macht. — Abbildung. (Amer. ceram. Soc. Bull. **31.** 274—75. Aug. 1952.) KÜHNERT. 6228

W. C. Heraeus G. m. b. H., Hanau/M., *Keramische Werkstoffe.* Zur Herst. bes. von Pyrometerschutzrohren, die Temperaturwechseln u. verschiedenartig wirkenden Schmelzen, wie Eisen- u. Schlackenschmelzen, widerstehen müssen, werden zwei verschied. Stoffe, von denen jeder gegen eine der Schmelzen beständig ist, verwendet. Diese Pulvermischungen bestehen z. B. aus 70 (%) MoC u. 30 Al_2O_3, 60 SiC u. 40 Al_2O_3, 40 SiC u. 60 ZrO_2 oder 35 SiC u. 65 ThO_2, die je nach Zus. gegen Eisen- u. Schlackenschmelzen bei Tempp. zwischen 1500 u. 1800° beständig sind. Die Temperaturwechselbeständigkeit der Körper aus diesen Mischungen ist so groß, daß sie ohne Vorwärmung unmittelbar in die Schmelzen eingetaucht werden können, ohne zu zerspringen. (**D. B. P. 848 621** Kl. 80b vom 20/10. 1949, ausg. 4/9. 1952.) REINHART. 6221

Dyckerhoff Portland Zementwerke Akt.-Ges., Wiesbaden-Amöneburg, *Hydraulisches Bindemittel.* Bas. Hochofenschlacke wird mit Braunkohlenasche, gegebenenfalls unter Zusatz von Erregerstoffen, vermahlen, z. B. im Mischungsverhältnis 60 : 40. (**D. B. P. 852 671** Kl. 80b vom 30/10. 1949, ausg. 16/10. 1952.) HANS HOFFMANN. 6227

Willibald Baier, Rodheim über Gießen, *Leichtbauplatte.* Langfaserige Holzwolle wird mit kurzfaserigem Sägemehl u. einem anorgan. Bindemittel, wie Zement oder dgl., gemischt, worauf die mit W. angemachte M. geformt u. gepreßt wird. (**D. B. P. 853 875** Kl. 80b vom 12/2. 1949, ausg. 30/10. 1952.) HANS HOFFMANN. 6229

Albert Halstenberg, Minden, Westf., *Werkstoff zur Herstellung von nagelbaren Steinen oder dergleichen.* Dieser besteht aus einer Mischung von Holzmehl oder -spänen, Kalkstein oder grauem Marmor u. Zement. (**D. B. P. 847 725** Kl. 80b vom 4/3. 1951, ausg. 28/8. 1952.) HANS HOFFMANN. 6229

Soc. An. des Manufactures des Glaces et Produits Chimiques de Saint-Gobain, Chauny & Cirey, Frankreich, *Verfahren zum Polieren von Glas, Marmor und ähnlichen Material.* Man verwendet zum Polieren an Stelle von Filz eine M., bestehend aus Kautschuk oder aus Polyvinylchlorid (mit oder ohne Weichmacher) oder aus bestimmten Siliconen. Dieser M. werden organ. oder anorgan. Fasern, wie Haare, Glaswolle, zugesetzt. Der aus dieser M. hergestellte Polierballen wird mit einer Schicht eines Stoffes versehen (z. B. Pech), der fähig ist, das Schleifmittel zurückzuhalten. Diese Vorr. erlaubt die Anwendung reichlicher Mengen von Schleif-Fl. bei Ausübung eines konstanten Druckes. Es kann ferner der beim Vorschleifen anfallende Schleifschlamm verwendet werden. (**F. P. 1 005 922** vom 16/10. 1947, ausg. 17/4. 1952.) HEYNE. 6239

Kurt Gaede, SO_3-Gehalt der Zuschlagstoffe. Einfluß auf die Festigkeit von Zementmörtel u. -beton. Berlin: Ernst (in Komm.). 1952. (27 S. m. 13 Abb.) 4° = Deutscher Ausschuß für Stahlbeton. H. 109. DM 6,—.

VII. Agrikulturchemie. Schädlingsbekämpfung.

Lenglen, *Die Verwendung von Cyanamid und Harnstoff bei der Herstellung sogenannter „aufgeschlossener organo-chemischer" Düngemittel.* Ein Sammelbericht über den derzeitigen Stand der Anschauungen über die Verarbeitung von Cyanamid u. Harnstoff in aufgeschlossenen organo-chem. Düngemitteln. Die Frage ist zur Zeit noch nicht eindeutig geklärt. Es ist durchaus möglich, daß die Mitverarbeitung der hoch-%ig. N-Verbb. zu einer N-Vergeudung führen können. (C. R. hebd. Séances Acad. Agric. France **39**. 205—08. 1952.) GRIMME. 6284

Gaston Chevalier und **Raymonde Lonchambon**, *Über Gärdünger und Gärjauchen.* Ein Vgl. der Gehaltszahlen tunes. Gärdünger mit den Erfahrenswerten aus Europa, Amerika u. Asien zeigte merklich hohen Geh. an P, dagegen relativ niedrige K-Werte. Die Jauchen zeigten n. N-Gehalt. (C. R. hebd. Séances Acad. Agric. France **39**. 199—203. 1952.) GRIMME. 6294

Marian Górski, *Ammoniak als Stickstoffdünger.* In den vom Vf. geleiteten u. zusammengefaßten Arbeiten von **F. Terlikowski, M. Hoffmann, A. Byczkowski, M. Ostromecka, St. Goralska, M. Batalin, K. Boratyński, K. Starzyński, J. Duch, B. Swietochowski. A. Studziński, T. Lityński, I. Sołtys, A. Zembaczyńska, H. Jurkowska, M. Kasperkiewicz, I. Szelc** sowie **E. Czerwiński** wurde in Topfverss. die Wrkg. von NH_3 (**I**) als Düngemittel mit der von $NaNO_3$, NH_4NO_3, $(NH_4)_2SO_4$ u. *Harnstoff* vergleichend untersucht. Bei allen Versuchspflanzen, wie Getreide, Senf, Flachs, Mais, Kohl, zeigte sich **I** als zufriedenstellendes N-Düngemittel. Es konnte auch bewiesen werden, daß N aus **I** ebenso wie andere N-Düngemittel wirksam ist. Nur in sandigen Böden ist **I** weniger wirksam. Dies gilt auch von Feldverss. mit Getreide, Kartoffeln u. Runkelrüben. Wesentlich ist für die Anwendung von **I**, daß es zur Vermeidung von Verdampfungsverlusten mit 5 cm Bodenschicht bedeckt wird. (Roczniki Nauk rolniczych [Polish agric. Annu.] **56**. 91 bis 279. 1951. Warschau.) FREYTAG. 6304

Ben Iwakiri und **L. E. Scott**, *Mangelerscheinungen beim Wachsen von Erdbeeren in Sandkultur.* Erdbeeren in Sandkulturen neigen sehr zu Mangelwuchs infolge ihres hohen K-, Ca- u. Mg-Bedarfs. Die Schäden sind leicht durch Gießen mit entsprechenden Nährlsgg. zu beheben. P-, B- u. Mn-Mangel zeigen sich nicht so stark, bewirken jedoch einen merkbaren Rückgang des Ertrages. (Proc. Amer. Soc. horticult. Sci. **57**. 45—52. Juni 1951. College Park, Md.) GRIMME. 6304

Otto Valle, *Die Bedeutung des Rotklees als Proteinquelle und Vorfrucht.* Bericht über Feldverss. mit Timothee, Rotklee u. Gemischen beider. Angaben über Erträge, bes. an Rohprotein. – Der N-Geh. der Wurzeln beträgt bei Timothee 0,9–1,5%, bei Rotklee 2,4–2,6%. (Karjatalous **27.** 193–96. 27/4. 1951.) BECKMANN. 6304

H. Johannes, *Versuche zur Herabsetzung der Spritzsprühmengen.* 1. Mitt. *Einleitung und Unkrautbekämpfung.* Die bisher üblichen Gebrauchsanweisungen für Unkrautbekämpfungsmittel schrieben eine Aufwandmenge von 800–1000 (Liter) Spritzbrühe/ha vor. Es wurde festgestellt, daß die Herabsetzung der Spritzbrühmenge bei gleichzeitiger entsprechender Konzentrationserhöhung bei Dinitro-o-kresol (I)-Präpp. ihre untere Grenze bei 400 findet. Bei 2.4-D (II)-Präpp. sind auch 200 noch wirksam, doch empfiehlt Vf. 400, da stärker konz. Brühen zu Schäden bei Nachbarkulturen führen können. Erforderliche Wirkstoffmengen: 6 kg I bzw. 1 kg II/ha. (Nachrichtenbl. dtsch. Pflanzenschutzdienstes [Braunschweig] **5.** 1–8. Jan. 1953. Braunschweig, Biol. Bundesanst. für Land- u. Forstwirtschaft, Inst. für botan. Mittelprüfung.) WINIKER. 6312

N. Poletaef, *Über die selektive Unkrautvernichtung in Tunis während des Erntejahres 1950–1951.* Zur wirksamen Zurückhaltung von Unkräutern waren Gaben von 1,0–1,2 kg 2.4-D bes. als Na-Salz nötig. Nur in Ausnahmefällen mußte die Dosis auf 1,5 kg/ha gesteigert werden. (C. R. hebd. Séances Acad. Agric. France **39.** 196–99. 1952.) GRIMME. 6312

M. Hanf, *Sollen wir Wuchsstoffmittel zur Unkrautbekämpfung im Getreide anwenden?* Vf. befürwortet die Anwendung der Wuchsstoffmittel, weist aber nachdrücklich auf die Notwendigkeit hin, die jeweiligen Vorschriften genauestens zu beachten u. Spritzungen in Frostperioden zu vermeiden. (Mitt. dtsch. Landwirtschafts-Ges. **68.** 505–08. 21/5. 1953. Limburgerhof.) WINIKER. 6312

L. Böhme, *Erfahrungen mit den Unkrautbekämpfungsmitteln Hormit, Hormin und UT 10 Leuna.* Bericht über Erfahrungen mit Unkrautbekämpfungsmitteln auf 2.4-D-Basis. Die Anwendung dieser Präpp. scheint nur in monokotylen Pflanzenbeständen, also Getreide, Wiese u. Weide, möglich zu sein. (Dtsch. Landwirtsch. **3.** 632–35. Dez. 1952. Berlin.) WINIKER. 6312

V. Ehrenpfordt, *Zur Frage der direkten Ertragssteigerung durch Unkrautbekämpfungsmittel auf Hormonbasis.* Bei Winterroggen (ohne jeglichen Unkrautbesatz) wurde mit *Spritz-Hormit* (0,25%ig) bzw. Stäube-*Hormin* (70 kg/ha) eine 12%ig. Erhöhung des Kornertrags erzielt. Der Strohertrag dagegen stieg nicht erheblich, in Verss. mit Unkrautbesatz sank er sogar zum Teil um 1–2%. (Dtsch. Landwirtsch. **3.** **493.** Sept. 1952. Herzberg/Elster, Kreissaatgutkommission.) WINIKER. 6312

Erich Heidenreich, *Das Gamma-Hexachlorcyclohexan im Forst.* Erörterungen über die Möglichkeit des Einsatzes von *Hexachlorcyclohexan* in seinen verschied. Anwendungsformen. (Z. angew. Entomol. **33.** 321–28. Nov. 1951. Darmstadt.) LÜPNITZ. 6312

J. Noll, *Erfahrungen bei der Anwendung von Calciumcyanid zur Schädlingsbekämpfung im Gewächshaus.* Die Begasung mit $Ca(CN)_2$ konnte bes. bei Camellien- u. Azaleenkulturen mit gutem Erfolg durchgeführt werden. (Dtsch. Landwirtsch. **3.** 646–47. Dez. 1952. Dresden, VEB Gartenbau u. Landwirtschaft.) WINIKER. 6312

M. W. Stone und **F. B. Foley,** *Feldversuche mit Äthylenchlorbromid gegen Drahtwürmer.* Eine Gabe von 22 gall./acre Äthylenchlorbromid erwies sich als sicheres Mittel gegen den Befall von Limabohnen durch Drahtwürmer, während eine halb so starke Gabe von Chlorbromid u. Äthylendibromid nicht genügte. Die hohe Gabe ergab außerdem eine erhebliche Erntesteigerung. (J. econ. Entomol. **44.** 711–13. Okt. 1951.) GRIMME. 6312

P. Favard, *Beitrag zur Kenntnis der schädlichen Tausendfüßler.* Beschreibung der Schädlinge u. ihres Schadbildes. Zur Bekämpfung derselben kommt neben einem guten CaO-Zustand des Bodens eine Bodenbehandlung mit den üblichen Schädlingsbekämpfungsmitteln (Chlordan, CS_2, Formalin usw.) in Frage. (C. R. hebd. Séances Acad. Agric. France **39.** 233–37. 1952.) GRIMME. 6312

H. Tielecke, *Untersuchungen über den Rübenderbrüßler.* Als wirksamstes chem. Bekämpfungsmittel erwies sich *Wofatox*-Staub (20 kg/ha). (Dtsch. Landwirtsch. **3.** 629–32. Dez. 1952. Aschersleben, Biol. Zentralanst. der Dtsch. Akad. der Landwirtschaftswissenschaften zu Berlin, Inst. für Phytopathologie.) WINIKER. 6312

Werner Kloft, *Über Möglichkeiten zur Bekämpfung des zottigen Blütenkäfers Tropinota hirta Poda.* Vf. erzielte mit *Holfidal-Spritzmittel* (= Präp. *Hoe. 2584* der FARBWERKE HOECHST, Zus. nicht angegeben) in 1%ig. Konz. eine 100%ig. Abtötung der Käfer. (Nachrichtenbl. dtsch. Pflanzenschutzdienstes [Braunschweig] **5.** **11.** Jan. 1953. Würzburg, Univ., Inst. für angew. Zool.) WINIKER. 6312

G. Legde und **H.-J. Wasserburger**, *Versuche zur Bekämpfung des Kartoffelkäfers mit Kalkstickstoff.* Den bisher vorliegenden Erfahrungen zufolge dürfte als erwiesen gelten, daß Kalkstickstoff unter bestimmten Bedingungen bei der Kartoffelkäferbekämpfung Erfolge zu zeitigen vermag. Dieselben sind jedoch für die Praxis nicht ausreichend. (Dtsch. Landwirtsch. **3.** 640—42. Dez. 1952.) WINIKER. 6312

Fritz Bachmann, *Untersuchungen an den gelben Obstbaumschildläusen Quadraspidiotus piri Licht. und Quadraspidiotus schneideri n. sp.* Zur erfolgreichen Bekämpfung eignen sich nur Mineralölpräparate. Gelböle (I) sind Weißölen (II) vorzuziehen. I sind in Mindestkonzz. von 3% (Bekämpfung von Quadraspidiotus piri) bzw. 4% (Bekämpfung von Quadraspidiotus schneideri) anzuwenden. Bei Verwendung von II sind diese Konzz. um jeweils 1% zu erhöhen. (Z. angew. Entomol. **34.** 357—73. März 1953. Wädenswil.) WINIKER. 6312

Metallgesellschaft Akt.-Ges., (Erfinder: **Kurt Meyer** und **Hans Rausch**), Frankfurt/M., *Aufschließen von Stoffen, besonders Rohphosphaten, Bauxit, Silicaten, Erzen, in Gegenwart von zur Hydratbildung befähigten Salzen vorzugsweise durch Saugzugsinterung* unter Vorbereitung der M. durch Krümelung mit z. B. W. unter Zusatz von ganz oder teilweise gebranntem Gut in größeren Mengen u. in Körnungen unter 8 mm zu dem zu sinternden Gut, wobei die Krümel bei oder oberhalb der Temp. des Umwandlungspunktes des Salzhydrates, bes. unter ca. 100°, getrocknet oder hergestellt u. darauf unter Wärmezugabe behandelt werden. Der M. wird fester Brennstoff zugesetzt oder es werden heiße Gase durch die Beschickung geleitet. Dem Gemisch können CaO, $Ca(OH)_2$, gebrannter Dolomit, Tonerde oder feinkörniger Ton zugefügt werden, die die verbrennungshemmende Wrkg. des Aufschlußmittels aufheben. Die Alkali- oder Erdalkalisalze werden calciniert oder in Form ihrer Hydrate verwendet. Roh- u. Rückgut werden warm in den Krümelungsvorgang eingebracht. Als Anfeuchtwasser beim Krümeln dienen warme Salzlsgg., Waschlaugen oder dgl.; Aufschlußtempp. 800—1000°. Gute Gasdurchlässigkeit der Beschickung ist gewährleistet u. Entmischungsvorgänge werden vermieden. (**D. B. P. 850 897** Kl. 16 vom 12/12. 1950, ausg. 29/9. 1952.) KARST. 6275

Directie van de Staatsmijnen in Limburg, Heerlen (Erfinder: **Gerhard Gustav Hugh Hamm** und **Willem Hasselder**, Geleen), Holland, *Herstellung eines Mehrstoff-Düngemittels aus einer sauren fluorhaltigen, Calcium und Phosphorsäure enthaltenden Lösung.* Die sauren Lsgg. werden kontinuierlich mit einem Neutralisierungsmittel in saurem Medium vom p_H 1,5—2,5 zur Rk. gebracht; bei diesem p_H wird eingedampft u. bei p_H 3—4 nachneutralisiert, falls die Schmelze noch nicht an H_3PO_4 u. F gebundenes Ca enthält. Bei Anwesenheit von nur an Ca oder F gebundenem Ca erfolgt die Nachneutralisation bei oder bis zu einem p_H-Wert von höchstens 7. Die M. wird dann granuliert, getrocknet u. gesiebt. Bldg. von Fluorapatit wird vermieden. (**D. B. P. 864 874** Kl. 16 vom 24/12. 1948, ausg. 29/1. 1953. Belg. Prior. 3/6. 1947.) KARST. 6291

Niederländischer Staat, vertreten durch Directie van de Staatsmijnen in Limburg, Heerlen (Erfinder: **Willem van der Zalm**, Geleen, und **Mathijs Hubertus Reinier Johannes Plusjé**, Beek), Holland, *Neutralisieren von sauren, phosphathaltigen Calciumnitratlösungen oder -schmelzen.* Die zur Neutralisation erforderliche Menge CaO oder $Ca(OH)_2$ wird vor ihrem Zusatz zur sauren Fl. in einer $Ca(NO_3)_2$-Lsg. oder -Schmelze aufgelöst, die keine oder nur geringe Mengen an Phosphationen enthält. Ein Teil der aus einem früheren Arbeitsgang stammenden neutralisierten $Ca(NO_3)_2$-Lsg. oder -Schmelze kann zur Auflsg. der Ca-Verbb. verwendet werden. Die Bldg. von Ca-Phosphatüberzügen, welche das Neutralisierungsmittel einhüllen, wird vermieden. (**D. B. P. 840 096** Kl. 16 vom 25/11. 1948, ausg. 26/5. 1952. Holl. Prior. 12/6. 1945.) KARST. 6291

Erich Papst, Hilter, Teutoburger Wald, *Nährboden zum Züchten von Champignons.* Cellulose oder cellulosehaltige Stoffe, z. B. Stroh, Dreschabfälle, Sägemehl, Hobelspäne oder dgl., bes. Haferschalen im Gemisch mit Sägemehl, werden mit Abwasser aus der Stärkefabrikation (sogenannter Kornlauge) innig vermischt u. der M. gegebenenfalls mineral. Düngemittel, wie Kalk, Kali, Phosphate, Superphosphat oder dgl., zugefügt. Die umständliche Vor- u. Zubereitung des Düngers fällt fort, Regelung des Wasserhaushaltes ist gewährleistet u. Krankheiten werden vermieden. (**D. B. P. 865 318** Kl. 16 vom 19/9. 1950, ausg. 2/2. 1953.) KARST. 6291

Soc. An. des Manufactures des Glaces et Produits Chimiques de Saint-Gobain, Chauny & Cirey, Paris (Erfinder: **Bernard Bigot**, Rouen, Seine), Frankreich, *Herstellung von Dicalciumphosphat und Ammonnitrat enthaltenden Düngemitteln.* Der saure Aufschluß von Rohphosphaten mit HNO_3 in Mischung mit H_2SO_4 u./oder H_3PO_4 erfolgt in Ggw. einer geringen Menge einer im Reaktionsmedium lösl. Al-Verb., wie Bauxit, Tonerde oder Al-Sulfat, worauf das Aufschlußprod. mit NH_3 behandelt wird. Der neutralisierte Brei kann eingedickt u. vor der Granulation mit getrocknetem Feingut u. Kalisalzen vermischt werden. Die Al-Verb. wird mit dem Rohphosphat in fester Form u. gepulvert vermischt oder in der Aufschlußsäure gelöst. Auf 100 kg Phosphat werden 250—1000 g Al zugesetzt. Die Verdickung des Breies wird verzögert. (**D. B. P. 857 058** Kl. 16 vom 21/7. 1950, ausg. 27/11. 1952. F. Prior. 21/7. 1948.) KARST. 6291

Niederländischer Staat, vertreten durch Directie van de Staatsmijnen in Limburg, Heerlen (Erfinder: **Hendrick de Bruijn,** Geleen, und **Mathijs Hubertus Reinier Johannes Plusjé,** Beek), Holland, *Herstellung von Calciumcarbonatapatiten oder Mischdüngern.* Rohphosphate werden mit HNO_3 oder HCl aufgeschlossen, wobei durch Auswahl entsprechender Rohphosphate, durch Zusatz von Ca-Verbb. oder H_3PO_4 oder durch Abscheidung von $CaH_4(PO_4)_2$ oder $CaHPO_4$ aus den Reaktionslsgg. ein Mol.-Verhältnis von $CaO : P_2O_5$ zwischen 3,6 u. 4 eingestellt u. die Ausfällung des $Ca_{10}(PO_4)_6CO_3$ bei p_H 6—8 mit NH_3 u. CO_2 oder lösl. Carbonaten durchgeführt wird. Der Nd. wird von der Mutterlauge getrennt oder mit dieser zusammen auf Mischdüngemittel verarbeitet. (**D. B. P. 856 741** Kl. 16 vom 15/3. 1942, ausg. 24/11. 1952. Holl. Prior. 4/4. 1941.) KARST. 6291

Chemiewerk Waldeck K.-G., Dr. Melsheimer, Arolsen (Erfinder: **Hellmuth Melsheimer,** Korbach), Kr. Waldeck, *Herstellung eines zum Einstreuen in organische Düngemittel, Humusböden oder dergleichen geeigneten Humusstabilisators.* Tonmineralien verschied. Tontypen, bes. Montmorillonit, Muskovit u. Glimmer führende, montmorillonit- u. kalkhaltige Tonmergel, auf den Verlust-N bei der Humifizierung berechnete Menge $CaSO_4 \cdot 2 H_2O$, geringe Mengen Fe_2O_3 zum Anfärben, amorphe SiO_2 u. Spurenelemente, bes. Cu- u. Mn-Verbb., werden innig vermischt u. so fein vermahlen, daß das Endprod. in der Tonkomponente nicht $>3\%$ einer Korngröße von $>0,06$ mm aufweist. Bes. geeignet als Zusatzmittel zu *Stallmist, Kompost, Fäkalien, Jauche, Klärschlamm* u. dergleichen. (**D. B. P. 868 912** Kl. 16 vom 30/11. 1950, ausg. 2/3. 1953.) KARST. 6295

Ottomar Weber, Rathen/Elbe, *Aufbereitung weicher, schlamm-, brei- oder teigartiger Massen zu Bodenverbesserungsmitteln.* Von der entwässerten Schlammasse, bes. frischem Meeresschlick, werden kleine u. kleinste Teilchen durch schnelle u. heftige Schläge mit Schlagwerkzeugen abgerissen, gegen eine Auffangfläche geschleudert u. dann in Krümelform bis zur Reifung der M. dem Zutritt der Luft ausgesetzt. Die Abschleuderung kann wiederholt werden, unter Zufügung geringer Mengen feinsten Sandes. Die bakterienreiche M. bewirkt die Erhaltung vorhandener u. Erzeugung neuer, stabiler Ton–Humus-Komplexe im Boden. — Vorrichtung. (**D. B. P. 857 059** Kl. 16 vom 16/8. 1944, ausg. 27/11. 1952.) KARST. 6295

Richard Brandt, Hamburg-Bergedorf, *Herstellung von den Pflanzenwuchs fördernden Bodenentseuchungs- und Bodenschutzmitteln.* Durch Kühlung u. Waschung von Kohlendestillationsgasen gewonnenes Gaswasser wird einer Dest. durch Einleiten von Wasserdampf unterworfen u. durch Kondensation der mit Wasserdampf flüchtigen Bestandteile ein wss., NH_3, CO_2, H_2S, Pyridin, Kresol u. Phenol enthaltendes Bodenentseuchungsmittel hergestellt. Das Konzentrat kann noch mit H_2S, Phenolen u. NH_3 angereichert u. mit N, K_2O u. P_2O_5 enthaltenden Düngemitteln versetzt werden. Nach 3—4 Wochen können die behandelten Kulturflächen besät oder bepflanzt werden. (**D. B. P. 860 803** Kl. 16 vom 11/3. 1951, ausg. 22/12. 1952.) KARST. 6313

Gesellschaft für Agrikultur und Technik m. b. H. (Erfinder: **Heinrich J. Küchenmeister**), Affinghausen über Bassum, *Herstellung von sterilisierten, desinfizierend und insekticid wirkenden Stallstreumitteln.* Die Stallstreu wird vor ihrer Verwendung in Behältern der Einw. von bakterieiden u. insekticiden Mitteln in Form eines Gases, Aerosols oder Puders unter Anwendung von Druck oder Unterdruck, gegebenenfalls unter Zusatz eines Trägerstoffes oder einer Fl., ausgesetzt. — Beispiele: *Äthylenoxyd, DDT, Difluordichlormethan, Cyclohexanon,* $C_6H_6Cl_6$, SO_2, CH_2O. (**D. B. P. 859 741** Kl. 16 vom 30/6. 1950, ausg. 15/12. 1952.) KARST. 6313

VIII. Metallurgie. Metallographie. Metallverarbeitung.

Friedrich Alfred Springorum, Karl Georg Speith und **Willy Oelsen,** *Über das Frischen von Thomasroheisen mit reinem Sauerstoff.* Roheisen mit 2% P wurde im THOMAS-Konverter durch Aufblasen von reinem O_2 zu Stahl verarbeitet. Durch Wahl der Zusätze, des O_2-Druckes u. der Temperatur- u. Schlackenführung wurde ein dem SIEMENS-MARTIN-Stahl gleichwertiger Stahl erhalten. Hierbei war die Blasezeit abhängig von dem zwischen 7 u. 20 atü liegenden Blasdruck. Der hohe Wärmeüberschuß erfordert während des Blasens Zusätze von Schrott oder Erz. Am Ende der Entkohlung beträgt der P-Geh. im Metallbad ca. 0,5—1%, jedoch müssen ausreichend kleine End-P-Gehh. mit einer langen Nachblasezeit erkauft werden, wodurch der Fe-Geh. der Schlacke auf 20 u. 30% erhöht wird. Durch die Erzzusätze kann die Entphosphorung wesentlich vorverlegt werden. Hierbei sind am Ende der Entkohlung P-Gehh. unter 0,07% bei niedrigem Fe-Geh. in der Schlacke (15—18%) u. geeignete Vergießtempp. zu erreichen. Die zugegebenen Eisenoxyde kühlen nicht nur, sondern machen die Schlacke durch bes. frühzeitige CaO-Verflüssigung in Verbindung mit hohem Eisenoxydangebot für die Vorverlegung der Entphosphorung geeignet. Während der C-Verbrennung tritt Entstickung des Stahles ein. Wird nach der Entkohlung weitergeblasen, nimmt der N_2-Geh. trotz des sehr reinen Frischmittels (98% O_2) wieder zu. N_2-Werte von 0,005% u. weniger sind sicher erreichbar. Für den Zeitpunkt der beendeten C-Verbrennung liegt ein enger Zusammenhang zwischen P- u. Mn-Gehh. des Metallbades u. dem Fe-Geh. der Schlacke vor. Die O_2-Gehh. der mit Erzzusatz erblasenen Schmelzen sind gleich denen, die im SIEMENS-MARTIN-Ofen bei vergleichbaren C-Gehh. gefunden wurden. — Diskussion. (Eisen u. Stahl **73.** 6—22. 1/1. 1953. Duisburg, Mannesmann-Hüttenwerke Akt.-Ges.) HOCHSTEIN. 6408

John Mueller, *Erhöhung der Lebensdauer von Schmiedegesenken.* 6. Mitt. *Fehler im Gesenkkopf.* (5. vgl. C. **1952.** 6597.) (Steel Processing **37.** 278—79. 292. Juni 1951.) HOCHSTEIN. 6408

Stewart G. Fletcher, *Auswahl und Behandlung von Gesenkstählen.* Überblick. (Better Enameling **23.** Nr. 8. 17—19. 22. 23. 26—29. Aug. 1952. Latrobe Electric Steel Co.) MARKHOFF. 6410

—, *Stahl mit 0,45% Schwefel.* Berichtet wird über einen Automatenstahl mit $<$0,1 (%) *C*, $<$0,04 *Si*, 1,4 *Mn* u. 0,45 *S*. Der Stahl läßt sich gut walzen; er besitzt im heißen Zustand eine ungewöhnlich reine, glänzende Oberfläche u. im kalten Zustand eine geringe Zunderhaut. Wenn eisensulfidhaltige arme Cu-Konzentrate als S-Träger dem Stahlbad zugesetzt werden, erhöht der Cu-Geh. die Korrosionsfestigkeit des Stahles. (Metal Progr. **61.** Nr. 3. 54. März 1952.) HABBEL. 6410

—, *Die nichtrostenden Stähle vom Typ 430.* Überblick. (Usine nouv. **8.** Nr. 7. 30. 14/2. 1952.) KREITZ. 6410

John D. Sullivan, *Metalle im Zeitalter der hohen Geschwindigkeiten.* Es werden Anwendungsgebiete der Metalle *Al, Mg, Ti, Zr, Ge, Se, Ca, Ta* im Flugzeug- u. Raketenbau u. für elektron. Geräte beschrieben u. die Richtanalysen für 22 hochwarmfeste Legierungen für Strahltriebwerte angegeben. (Engng. Min. J. **152.** Nr. 9. 82—84. Sept. 1951.) KREITZ. 6420

Wilhelm Hofmann, Friedrich Erdmann-Jesnitzer und **Heinrich Hanemann.** *Untersuchungen an Legierungen des Fünfneunerzinks (99.999).* Zn-Spritzgußlegierungen der Gattungen *Zn—Al* u. *Zn—Al—Cu* mit u. ohne *Mg*-Zusatz wurden auf der Basis von *Zn 99.99* u. *Zn 99.999* (*DK-Zink*) erschmolzen. Die Zerreißstäbe behielten bis auf eine *Fe*-Aufnahme von unter 0,01% den ursprünglichen Reinheitsgrad der betreffenden Zn-Sorte. Während die Zerreißverss. nur geringe Unterschiede zwischen den Legierungen verschied. Reinheitsgrades zeigten, ergab die Behandlung im Dampfbad bei 95° durchschnittlich eine höhere Beständigkeit der sehr reinen Zn-Legierungen gegenüber den weniger reinen Legierungen. Die Korrosionsprüfung von gepreßten Stangen lieferte ähnliche Ergebnisse. Die Maßänderungen verlaufen bei den Legierungen aus DK-Zink zwar langsamer als bei den Legierungen aus Zn 99.99, jedoch besteht keine Aussicht, auf diesem Wege zu maßbeständigen Legierungen zu gelangen. (Z. Metallkunde **43.** 417—21. Dez. 1952. Braunschweig, Freiberg bzw. Stockholm.) HOCHSTEIN. 6426

R. Irmann, *Gießen von Aluminium in Stranggußkokille mit gerillter Wand.* Es läßt sich bes. bei Reinaluminium u. Al-Legierungen mit geringem Erstarrungsintervall eine Barrenoberfläche frei von Kaltschweißen erzielen. (Giesserei, techn.-wiss. Beih. **1952.** 393—94. März. Neuhausen, Schweiz.) HOCHSTEIN. 6442

R. A. Dodd, *Restspannungen in in Kokillen vergossenen und kontinuierlich gegossenen Knüppeln aus Aluminiumlegierungen.* Untersucht wurde der Einfl. der Länge u. des Durchmessers der Knüppel, der Gießtemp. u. der Fließgeschwindigkeit des Kühlwassers auf die Größe der inneren Spannungen in Al-Kokillenguß. Die Spannungen waren wesentlich geringer als sie zuvor für direkt mit W. bespritzte, d. h. kontinuierlich gegossene Knüppel ermittelt worden waren, u. sie waren nur um ein Geringes höher als solche Knüppel, die in mit Luft gekühlten Kokillen vergossen waren. Hierfür wird eine Erklärung gegeben. Die Gießtemp. hatte nur einen geringen Einfl., jedoch ergibt ein Anstieg in der Gießgeschwindigkeit einen Spannungsanstieg, bes. in der Längskomponente. — Schrifttum. (J. Inst. Metals **80.** 493—500. Mai 1952. Witwatersrand, Johannesburg, Univ.) HOCHSTEIN. 6442

L. J. G. van Ewyk, *Behandlung von Magnesium–Zirkonium-Gußlegierungen.* Bericht über die richtige Anwendung von Zr als Legierungsbestandteil. Zr dient in Mg-Legierungen zur Kornverfeinerung u. zur Herabsetzung der Mikroporosität. Die Zr enthaltenden Legierungen sind leichter wärmezubehandeln als die älteren Zr-freien Legierungen. Auf die Herst. von Schleudergußteilen aus der Mg–Zr-Legierung wird hingewiesen. In Sandgußformen soll der Feuchtigkeitsgeh. bei 3—5% liegen. Auf gute Gasdurchlässigkeit des Formsandes ist zu achten. Inhibitoren im Sand, Borsäure u. S, sollen Rkk. zwischen Sand u. Legierung verhindern. Eingüsse u. Steiger in den Formen sind so zu gestalten, daß Turbulenz vermieden wird. Schrott kann verarbeitet werden, doch ist er vollkommen von Sand- oder Oxydresten zu befreien. Der Zr-Zusatz (in Salzform) ist auf 0,8% nahe der Löslichkeitsgrenze einzustellen. Als Schmelzgefäße dienen Fe-Tiegel. Si, Mn, H in der Schmelze sind vor allem störend für die Entw. der besonderen Eigg. der Zr-Legierungen; Al ist schon in Spuren schädlich, Ca oberhalb 0,01%, Fe oberhalb 830°. Nicht schädlich sind allein Zn, Cd u. Seltene Erden. Die Wrkg. des Zr auf die Korngröße wird während der Schmelze an abgegossenen Bruchproben, gegebenenfalls unter dem Mikroskop, kontrolliert. Auf die Bedeutung der Flußmittel wird bes. eingegangen. (Mod. metals **7.** 48—49. April 1951. Holland.) WERNER. 6444

Josef Hinnüber und **Otto Rüdiger,** *Oberflächenaktivität und Sinterverhalten feinkörniger Pulver.* Zur Unters. der Oberflächenaktivität von Metallpulvern sind elektronenmkr. u. röntgenograph. Unterss., Messung der Elektronenemission mit dem Spitzenzähler, Unters. des Oxydationsverh., Verfolgung der katalyt. Zers. von H_2O_2-Lsgg. im Calorimeter sowie die Gasabgabe des Pulvers beim Erhitzen im Vakuum geeignet. Auch das Verh. beim Sintern u. die Eigg. der Sinterkörper selbst sind vom Oberflächenzustand der verarbeiteten Pulver abhängig. Elektronenmkr. Unterss. von *WC–Co*-Legierungen haben ergeben, daß sich die bei bisherigen Unterss. zu größerer Bedeutung gelangte Unterscheidung zwischen nicht umkrist. (α_1) u. rekrist. (α_2) WC-Körnern in diesen Legierungen kaum halten läßt. (Arch. Eisenhüttenwes. **23.** 475—82. Nov./Dez. 1952. Essen.) HABBEL. 6474

J. Williams, *Ausscheiden von Gasen in kalt verdichteten Pulvern.* Untersucht wird der Zustand von Gasen in kalt verdichteten Sintermassen aus *Fe-* u. aus *Thoriumoxyd*-Pulvern. Es wird für Fe-Pulver nachgewiesen, daß ca. 80% der ursprünglich anwesenden Gase während der Verdichtung mechan. ausgeschieden werden, wobei der Druck der ausscheidenden Gase mit dem Preßdruck zunimmt. Das Ausströmen dieser Gase aus der verdichteten M. erfolgt später beim Stehen an der Luft, u. die Zeit zur Erreichung eines Gleichgewichtes mit der äußeren Atmosphäre wächst mit dem Anstieg des Preßdruckes. Mit der gleichen Meth. ist es unmöglich, bei Thoriumoxydpulvern zwischen mechan. entweichenden u. adsorbierten Gasen zu unterscheiden. Der Betrag solcher adsorbierter Gase nimmt mit der Stehzeit vor der Extraktion zu. Hierfür wird eine Erklärung gegeben. (J. Iron Steel Inst. **172.** 19—24. Sept. 1952. Harwell, Atomic Energy Res. Establ.) HOCHSTEIN. 6474

Hermann Borchert, *Einfluß der Lagerstättenverhältnisse auf die Probenahme.* (Z. Erzbergbau Metallhüttenwes. **5.** 297—303. Aug. 439—43. Nov. 1952. Clausthal-Zellerfeld.) HABBEL. 6480

Wilhelm Späth, *Der Einfluß von Oberflächenfilmen auf die Härtemessung.* Erörtert wird der Einfl. von Oxydschichten, der Grenzschmierung von Metallen u. der Reibung bei der Härteprüfung. Es wird nachgewiesen, daß bei n. Härteprüfungen unter Zutritt von Luft die Art der Oxydation u. die Geschwindigkeit dieses Vorganges zu berücksichtigen sind. Für Mikrohärteprüfungen ist der Spannungszustand infolge verschied. Raumgitter von Oxyd u. Grundmetall von Bedeutung. Ist das Oxyd härter als das Grundmetall, wird beim Ritzverf. die harte u. spröde Schicht aufgebrochen. Bei etwa gleicher Härte von Oxyd u. Metall vermag sich das Oxyd gleichartig mit dem Metall zu verformen. (Metalloberfläche, Ausg. A. **6.** 161—63. Nov. 1952. Lustadt (Pfalz).) HOCHSTEIN. 6480

H. R. Clayton und **R. S. Young,** *Verbesserungen an der Vorrichtung zum Nachweis von Schichten mit Ultraschall.* Vff. beschreiben eine App. zum Nachw. von Schichten in Al-Folien mittels Ultraschallwellen. Die von einem Piezoquarz ausgehenden Wellen (2000—3000 kHz) werden nach dem Durchgang durch die Folie von einem zweiten Quarzkristall aufgefangen u. verstärkt. Bei Anwesenheit von Schichten innerhalb des Materials findet eine Reflexion u. somit eine Schwächung der durchgegangenen Wellen statt. (J. sci. Instruments **28.** 129—32. Mai 1951. Gerrards Cross, Bucks, Brit. Aluminium Co., Ltd.) FUCHS. 6480

L. Locati und **T. Natale,** *Einige Sonderbetrachtungen zur Bearbeitbarkeit von Stählen.* Es wird eine Meßmeth. beschrieben, bei der ein charakterist. Bearbeitbarkeitsindex für jedes Material erhalten wird, ausgehend von der von der Werkzeugspitze während der Bearbeitung angenommenen Temp., u. diese Meth. wird auf die Bearbeitbarkeit von Einsatzhärtungsstählen u. Automatenstählen angewendet, durch metallograph. Betrachtungen gestützt, u. es wird gezeigt, wie der Bearbeitbarkeitsindex durch geeignete Wärmebehandlung verbessert werden kann. (Metallurgia ital. **43.** 163—69. Mai 1951. Turin, Labor. Centr. Ric. e Contr. FIAT.) RUMPF. 6490

M. Cociglio, *Beitrag zur Untersuchung der Schneidfähigkeit der Werkzeuge.* Die von verschied. physikal. Eigg., bes. der Verschleißfestigkeit bei hoher Temp. abhängige Schneidfähigkeit soll durch eine einzige Größe ausgedrückt werden, die durch ein möglichst einfaches Verf. bestimmt werden kann. Dazu wird nach krit. Übersicht über die sämtlich in das SCHLESINGER-Verf. ausmündenden Methoden ein auf dem Verschleiß bei konstanter Geschwindigkeit u. konstanter Strecke beruhendes Auswertungsverf. vorgeschlagen, das in den meisten Fällen den Werkstattansprüchen genügen dürfte. (Metallurgia ital. **43.** 170—76. Mai 1951.) RUMPF. 6490

L. Locati und **B. Bianchi,** *Die Reliefmethode bei metallurgischen Fragen der Oberflächenfertigbearbeitung.* Es werden Probleme angeschnitten, für die die Feststellung der Oberflächenrauhigkeit von großer Bedeutung ist. Dazu werden besprochen die Neigung von Metallen zu einer guten Fertigbearbeitbarkeit, die Neigung der Leichtmetalle, während der Bearbeitung zu zerreißen, die Prüfung u. der Einfl. von Schneidölen, die Prüfung des Verschleißes an den Gleitoberflächen u. an Blechoberflächen. (Metallurgia ital. **43.** 176—79. Mai 1951.) RUMPF. 6490

A. Wogrinz, *Einiges über den gegenwärtigen Stand der Galvanotechnik.* Überblick. (Prakt. Chem. [Wien] **3.** 113—17. 18/25. 5. 1952.) J. FISCHER. 6514

Harold J. Read und **F. Ross Lorenz,** *Methoden zur Prüfung der Schichtdicke von Elektroplattierungen.* 2. Mitt. *Vergleich der Methoden für Nickel auf Stahl.* Folgende Methoden wurden verglichen: Magnetmeth., mkr. Dickenmessung, *BNF*-Strahlmeth., Ablöseverf. u. Schätzung der Dicke aus dem Gewicht des Niederschlages. Bei einer zulässigen Abweichung der Werte von 5% ist die Reproduzierbarkeit gut, mit Ausnahme der mkr. Meth. bei Schichtdicken unter 7,5 μ. Bei Schichtdicken zwischen 13 u. 50 μ sind die Abweichungen 3% u. darunter. Von allen Verff. ist das Ablöseverf. etwas besser als die anderen. (Plating **38.** 255—63. März 1951.) J. FISCHER. 6514

E. Meyer-Rässler, *Hartverchromung von Aluminium.* Beschreibung der Vorbehandlung des Al sowie der Hartverchromung selbst. — Abbildungen. Schrifttumübersicht. (Metall **6.** 504—09. Sept. 1952. Stuttgart-Bad Cannstadt, Mahle K.-G.) MARKHOFF. 6518

T. J. Fadgen, *Metallrückgewinnung durch Ionenaustausch.* Die Behandlung der relativ dünnen Spülwässer von Verchromungsanlagen usw. auf Austauschharzen ermöglicht, wie an Verss. mit CrO_3-, Ni-Sulfat u. sauren Cu-Bad-Spülwässern gezeigt wird, eine weitgehende Minderung der W.-Verbrauches bzw. der Abwassermenge, eine Konzentrierung der Metalle auf kleine, die Wiederverwertung ermöglichende Volumina, dies aber nicht auf wirtschaftlicher Basis. (Sewage ind. Wastes **24.** 1101—07. Sept. 1952. Trenton, N. J. Ternstedt Division, General Motors Corporation.) MANZ. 6518

G. Moressée, *Über den anodischen Schutz von Leichtmetallteilen.* Arbeitsanweisung über die Vorbehandlung, die chem. Oxydation (*Protal, Alodine*) u. die anod. Oxydation (*Bengough, Alumilite, Eloxal*) von *Al.* Einige Angaben über die Schichtdickenbestimmung. (Soudure Techn. connexes **6.** 123—28. Mai/Juni 1952.) J. FISCHER. 6530

H. A. Brassert & Co., V. St. A., *Betrieb von Hochöfen.* Dem durch die Windformen in den Hochofen eingeblasenen Heißwind wird eine geregelte Menge W. derart zugesetzt, daß der Feuchtigkeitsgeh. des Windes stets gleich bleibt, vorzugsweise 35 g je cm^3 Wind. Die W.-Zufuhr zum Wind erfolgt an einer Stelle zwischen Gebläse u. Winderhitzer. Zum Ausgleich der durch die endotherme Rk. des W. mit dem heißen C vor den Blasformen entstehenden Wärmeverluste des Hochofens wird diesem eine gleichbleibende Menge O_2 zugeführt u./oder die Windtemp. wird entsprechend erhöht. Die Erhöhung der Windtemp. u. die zugesetzten O_2- u. W.-Mengen werden derart geregelt, daß sie der günstigsten Red.-Temp. für die Eisenoxyde im Hochofen entsprechen. Die Regelung der drei Faktoren hängt von der Hochofentemp. ab. Durch das Verf. wird ein geringer Kokssatz u. die Erzeugung einer hohen u. gleichmäßigen Güte des Roheisens erreicht. (**F. P. 986 271** vom 17/5. 1949, ausg. 30/7. 1951. A. Prior. 22/5. 1948.) HOCHSTEIN. 6401

John Miles and Partners Ltd., übert. von: **Alfred Gordon Evans Robiette,** London, England, *Erschmelzen von Eisen und Stahl.* Eisenerze, C-haltiger Brennstoff u. Kalk werden in einen niedrigen Schachtofen eingefüllt, dessen innere Höhe geringer als der innere Ofendurchmesser in der Blasformebene ist. In diesem Ofen wird mit einem Druck von mindestens 0,035 kg/mm² mit O_2-angereicherte Luft eingeblasen, die 70% u. mehr O_2 enthält. Durch das Verf. wird bei der Herst. von Roheisen u. Stahl die Verwendung von festem Hüttenkoks vermieden. — Abbildung. (**A. P. 2 564 233** vom 25/11. 1947, ausg. 14/8. 1951. E. Prior. 18/12. 1946.) HOCHSTEIN. 6401

Thaddeus F. Baily, Canton, O., V. St. A., *Herstellung von Eisen mit hohem Siliciumgehalt aus Blackband-Erzen.* Eisen mit z. B. 1,18 (%) C, 15 Si, 1,98 Mn, 0,11 Al, 0,023 S u. 0,36 P wird aus Blackband-Erzen mit 10—20 C u. 5—25 SiO_2 hergestellt, indem die feinverteilten Erze am Kopf eines Schachtofens mit elektr. beheiztem Herd aufgegeben werden. Die Erze fallen frei durch den Ofen, wobei Luft am Ofenboden eingeleitet wird, die einen Teil des C eines jeden Erzteilchens verbrennt u. CO im Erz bildet, das das Eisen u. die anderen Metalloxyde in den Erzteilchen reduziert. Auch kann in den zum Teil red. Erzstücken genügend C zur Red. des SiO_2-Geh. im elektr. beheizten Ofenteil belassen werden. Die Ofenabgase, die den Ofen mit einer Temp. verlassen, bei der KW-stoff nicht mehr mit dem im Gas enthaltenen CO_2 reagiert, wird zur Kondensation der KW-stoffgase gekühlt, die dann in fl. Form aus dem Gas entfernt werden. — Abbildungen. (**A. P. 2 536 020** vom 15/11. 1947, ausg. 2/1. 1951.) HOCHSTEIN. 6401

Friedr. Krupp Akt.-Ges. (Erfinder: **Hubert Benneck, Hanns Wentrup** und **Günter Klotzbach**), Essen, *Herstellen von Gegenständen aus Eisen und Stahl bzw. Eisen- und Stahllegierungen, die frei sein sollen von Schäden, die durch in der Schmelze gelösten Wasserstoff verursacht werden.* Verwendet werden an sich bekannte Fe–Pb-Legierungen, bei denen vorzugsweise die Zusätze an Pb oder Pb-Legierungen bis zu 2% betragen. Durch diese Zusätze wird der H_2-Geh. so weit erniedrigt, daß Schäden beim Erstarren, Warmverarbeiten u. Abkühlen nicht mehr auftreten. (**D. R. P. 752 287** Kl. 18b vom 24/5. 1940, ausg. 4/11. 1952.) HOCHSTEIN. 6409

Gußstahlwerk Bochumer Verein Akt.-Ges. (Erfinder: **Alois Heuvers** und **Heinrich Möller**), Bochum, *Herstellung von dickwandigen Stahlformgußstücken mit erhöhter Zähigkeit im Kern.* Die Stahlformgußstücke aus unlegiertem oder legiertem Stahl mit höchstens 0,4 (%) C, bis 1,5 Mn, bis 5 Cr, bis 0,5 V u. bis 1,0 Ti werden einer Hoch-Tief-Härtung unterzogen, indem die Werkstücke oberhalb des Ac_3-Punktes erhitzt, abgeschreckt, sodann zwischen dem Ac_1- u. Ac_3-Punkt erneut erhitzt, abgeschreckt u. schließlich in n. Weise angelassen werden. (**D. B. P. 854 364** Kl. 18c vom 6/5. 1941, ausg. 4/11. 1952.) HOCHSTEIN. 6409

Karl Maybach, Friedrichshafen (Erfinder: **Oskar Hirsch**, Markdorf), *Härten von Laufflächen aus Stahl.* Maschinenteile mit mehreren Laufflächen, von denen eine Lauffläche aus Lagermetall, z. B. Bleibronze, durch Ausgießen hergestellt ist, werden gehärtet, indem zum Aufheizen der zu härtenden Schicht induzierte Wirbelströme mit Hochfrequenz verwendet werden. Zweckmäßig ist der Laufflächenkörper aus niedrig legiertem Stahl hergestellt, der vor dem Oberflächenhärten zähhart vergütet wird. Der Abstand der gehärteten Schicht von der Bindungszone des Lagermetalls soll so groß sein, z. B. das 6- bis 8fache der Härtetiefe, daß an der Bindungszone beim induktiven Aufheizen nur Tempp. unter etwa 270° auftreten. — Abbildung. (**D. B. P. 849 564** Kl. 18c vom 31/12. 1948, ausg. 15/9. 1952.) HOCHSTEIN. 6409

Armco Steel Corp., Middletown, O., übert. von: **Martin F. Littmann**, West Middletown, und **Joseph E. Heck**, Monroe, V. St. A., *Erhöhen der Permeabilität von orientierten Silicium-Stählen.* Zur Herst. von starkorientierten Stahlblechen mit 2,4—4% Si für magnet. Zwecke werden die Stahlplatinen vor ihrer Warmauswalzung bei ca. 1370° geglüht u. nach der Warmverformung kaltgewalzt, worauf sich eine Schlußglühbehandlung in einer trockenen H_2-Atmosphäre bei etwa 1150° anschließt. Vorzugsweise liegt die Glühtemp. vor der Warmwalzung bei Tempp. zwischen 1260 u. 1400°. (**A. P. 2 599 340** vom 21/10. 1948, ausg. 3/6. 1952.) HOCHSTEIN. 6409

Duisburger Kupferhütte, Duisburg (Erfinder: **Hans Hohn**, Preßbaum-Dürrwien, Wien, Österreich), *Gewinnung von Zink, Blei, Wismut oder Cadmium oder deren Verbindungen.* Zur fraktionierten Gewinnung von Zn, Pb, Bi oder Cd oder deren Verbb. aus ihren Lsgg., welche noch Salze von Metallen der Fe-Gruppe u./oder von Cu enthalten, werden aus diesen Lsgg. durch chem. oder elektrolyt. Umsetzungen Mehrmetallamalgame hergestellt, die durch Filtrieren, Zentrifugieren, Dekantieren oder dgl. in zwei Amalgamfraktionen zerlegt werden; diese werden dann in üblicher Weise auf Metalle oder Metall-Verbb. aufgearbeitet. Zweckmäßig wird der abgetrennte feste Amalgamteil mit Hg nachgewaschen. (**D. B. P. 858 018** Kl. 40a vom 23/7. 1939, ausg. 4/12. 1952.) HANS HOFFMANN. 6421

Hudson Bay Mining and Smelting Co. Ltd., Winnipeg, Can., *Selektive Flotation von Zinksulfid.* Die in den Trüben enthaltenen Mineralien, wie Zinksulfid u. andere metall. Sulfide u. Nichtsulfide, werden zunächst durch Belüften bei erhöhter Temp., z. B. 90 bis

95°, u. lebhaftem Rühren deaktiviert. Die Trübe wird dann mit kaltem W. auf etwa 70° abgekühlt, mit Alkalien, z. B. Kalk, versetzt u. mittels Luft schwach während 5 Min. durchrührt u. nach Hinzufügen von $CuSO_4$ weitere 5 Min. unter Hindurchleiten von Luft durchrührt. Hierbei findet eine Reaktivierung des Zinksulfides statt. Nach Zugabe von Natrium-Aerofloat u. einem Schäumer zur Trübe wird dann das Zn-Konzentrat flotiert. (**E. P. 673 621** vom 9/10. 1950, ausg. 11/6. 1952.) W. HAUSWALD. 6427

Vereinigte Deutsche Metallwerke Akt.-Ges., Frankfurt/M.-Heddernheim (Erfinder: **Paul Mittmann**, Köln), *Zinklegierungen* bestehen aus 0,03—1(%) *Pb*, 0,005—0,5 *Li*, Rest *Zn*. Sie sollen möglichst Cu- u. Cd-frei sein, d. h. unter 0,05 dieser Elemente enthalten. Die Legierungen eignen sich für Walzerzeugnisse hoher Standfestigkeit. (**D. R. P. 755 619** Kl. 40b vom 3/12. 1938, ausg. 16/2. 1953.) GÖTZE. 6427

Établissements Skoda, Tschechoslowakei, *Legierungen mit sehr harter Oberfläche* bestehen aus 3—20% *Co*, *Fe* oder *Ni* einzeln oder zusammen, Rest *W*., das durch ein anderes Schwermetall der vierten, fünften oder sechsten Gruppe des Period. Syst. ersetzt sein kann. Die Legierungen werden durch Sintern hergestellt u. die Oberfläche mit KW-stoffen bei Tempp. von 1400 —1450° carburiert. Die Kohlenschicht beträgt einige Zehntel bis einige mm. Vor dem Carburieren kann die Oberfläche durch Erhitzen auf 1400—1500° u. Abschrecken in Öl gehärtet werden. (**F. P. 979 289** vom 19/1. 1949, ausg. 24/4. 1951. Tschech. Prior. 23/1. 1948.) GÖTZE. 6441

Max Gloor, Fritz Koref und **Marcel Villat**, Aarau, Schweiz, *Legierungen hoher Dichte* bestehen aus mindestens 80 (%) *W*, 3—17 *Ni*, 1—15 *Ag*. Sie können außerdem noch *Mo* enthalten, dessen Menge höchstens die Hälfte des W beträgt. Die Legierungen werden auf pulvermetallurg. Wege hergestellt, sie lassen sich gut drehen, auf Hochglanz polieren, sind korrosionsfest u. eignen sich bes. zur Herst. der Schwingmasse von Armbanduhren. (**Schwz. P. 283 493** vom 6/5. 1950, ausg. 1/10. 1952.) GÖTZE. 6441

Climax Molybdenum Comp., New York (Erfinder: **Frederik Peter Bens**, Detroit, Mich., **John Lowell Ham**, Dearborn, Mich., und **Robert Mabie Parke**, Washington, D. C.), V. St. A., *Gußlegierungen* bestehen aus *Mo* oder *W* mit 0,01—0,25 (%) *C* u. nicht mehr als 0,005 O_2. Sie werden hergestellt, indem das hochschmelzende Metall mit einer C-Menge in Pulverform, die die zur Umsetzung mit dem O_2 erforderliche Menge etwas übersteigt, gemischt u. diese Mischung bei einem 500 Mikron, vorzugsweise 100 Mikron Hg-Säule nicht übersteigenden Druck zum Zwecke des Gusses geschmolzen wird. (**D. B. P. 854 852** Kl. 40b vom 3/10. 1950, ausg. 6/11. 1952. A. Prior. 25/9. 1947.) GÖTZE. 6441

Inventa Akt.-Ges. für Forschung und Patentverwertung, Luzern, Schweiz, *Extraktion von Aluminium aus Aluminiumlegierungen*. Die beim Extrahieren mittels Hg erhaltene Lsg. von Al in Hg wird vom ungelösten Rückstand bei einer Temp. zwischen 450 u. 560° abgetrennt. Z. B. wird eine zerkleinerte Al-Legierung mit 4% Cu in einem Stahlgefäß mit Hg bei 520° im Gegenstrom behandelt. Nach mechan. Abtrennen des Rückstandes wird die Extraktions-Lsg. zum Abkühlen gebracht, wobei sich ein Al-Raffinat mit 0,08% Cu ausscheidet. Nach Schw. P. 282 787 kann die Extraktion auch bei einer Temp. oberhalb von 560° vorgenommen werden, worauf die heiße Lsg. unter 560° abgekühlt u. dann mit einem festen Metall, das überwiegend, z. B. zu 90%, aus Al besteht, in Berührung gebracht wird. (**Schwz. PP. 281 499** vom 31/10. 1949, ausg. 16/6. 1952, u. **282 787** vom 31/10. 1949, ausg. 16/8. 1952.) HANS HOFFMANN. 6443

Pechiney Comp. de Produits Chimiques et Électrométallurgiques, Paris, Frankreich, *Elektrolyt zum Raffinieren von Aluminium nach dem Dreischichtenverfahren*. Das Bad besteht lediglich aus Fluoriden u. Chloriden von Erdalkalien u. Al, enthält jedoch keine Alkalisalze, bes. Na-Salze. Z. B. besteht das Bad aus 45—45 (%) $BaCl_2$, 18—28 CaF_2, 25—35 AlF_2, BaF_2, MgF_2. Gute Beständigkeit der Salzschmelze u. ein geringer Angriff der Zellenauskleidung. (**N. P. 79 509** vom 12/6. 1950, ausg. 17/12. 1951, F. Prior. 13/6. 1949.) JÜRGEN SCHMIDT. 6443

Badische Anilin- & Soda-Fabrik, Ludwigshafen/Rh., Deutschland, *Herstellung von Eisenpulver für Massekerne* (z. B. für PUPIN-Spulen) mit hoher Permeabilität u. niedrigen Hystereseverlusten. Das in üblicher Weise durch therm. Zers. von Eisencarbonyl gewonnene Fe-Pulver wird einer intensiven Mahlung, z. B. in einer Kugelmühle, unterzogen u. anschließend durch Erhitzen im H_2-Strom auf 400° vom O_2 u. C ganz oder teilweise befreit. (**Oe. P. 173 173** vom 17/1. 1951, ausg. 25/11. 1952. D. Prior. 24/2. 1950.) HEYNE. 6475

N. V. Philips' Gloeilampenfabrieken, Eindhoven, Holland, *Dauermagnet* aus einer anisotropen Fe-Legierung (I) mit 6—11(%) Al, 10—20 Ni, 16—30 Co u. 0,5—10 Nb oder Ta. Die I kann noch bis 7 Cu oder bis 5 Ti enthalten. Sie wird in eine Form gegossen u. so abgekühlt, daß prakt. nur in einer Richtung parallel zu der gewünschten magnet.

Achse Wärme entzogen wird. In dieser Richtung wird der Körper magnetisiert, unter Abkühlung von einer Temp. oberhalb des CURIE-Punktes bis auf mindestens 100° darunter. Dann wird er gealtert. (**Schwz. PP. 282 858** vom 14/9. 1949, ausg. 16/8. 1952 u. **282 859** vom 14/9. 1949, ausg. 1/9. 1952. Beide E. Prior. 16/9. 1948.) KESSEL. 6475

Ekstrand & Tholand, Inc., New York, N. Y., V. St. A., *Erzeugen von Pulvermetallgegenständen mit Metallüberzug.* Nach dem Pressen des Gegenstandes aus dem Metallpulver, z. B. aus 99% *Fe* u. 1% *Graphit*, wird dieser elektrolyt. mit einer Metallschicht, z. B. aus *Ni*, überzogen u. dann gesintert. Die Überzüge haften fest. Die Salzrückstände des Elektrolyten im Sinterkörper verdampfen bei der Sintertemperatur. (**E. P. 659 073** vom 10/2. 1948, ausg. 17/10. 1951. A. Prior. 11/2. 1947.) MARKHOFF. 6475

Höganäs-Billesholms Aktiebolag (Erfinder: **Nils Herman Brundin**), Höganäs, Schweden, *Hintanhalten des Aufquellens oder Wachstums der Zugfestigkeit von mit Kupferpulver vermischtem Eisenpulver beim Pressen und Sintern in einer Wasserstoffatmosphäre.* Der Pulvermischung wird vor dem Pressen u. Sintern eine geringe Menge eines Pulvers zugesetzt, das *W* in metall. Form, als Fe-Legierung oder W-Verb., wie WO_3, oder als hochkonz. W-Mineral, wie *Wolframit*, enthält. Vorzugsweise wird das W-Material in Mengen von unter etwa 3% u. bes. zwischen 0,15 u. 0,5% zugemischt. Um die quellungshemmende Wrkg. des W-Zusatzes zu verstärken, können außerdem kleine Mengen *Cr* in Form von Metalloxyd oder hochkonz. Cr-Erz mit der Pulvermischung gemischt werden. (**D. B. P. 864 097** Kl. 18b vom 18/9. 1951, ausg. 22/1. 1953.) HABBEL. 6475

Aluminium Ltd., Toronto, Canada, *Aluminium-Silicium-Sinterkörper.* Gegenstände aus *Al* mit 20—90% *Si* werden hergestellt durch Pressen einer Mischung aus den Pulvern dieser Elemente oberhalb 200° u. unterhalb der Schmelztemp. des am niedrigsten schmelzenden Bestandteiles. Die Sinterkörper können außerdem noch durch eine Wärmebehandlung oberhalb 300° homogenisiert werden. Sie eignen sich bes. für Kolben von Brennkraftmaschinen. (**D. R. P. 756 272** Kl. 40b vom 25/3. 1933, ausg. 2/2. 1953. A. Prior. 2/6. 1932.) GÖTZE. 6475

Arthur Herman Eppler, Milwaukee, Wisc., V. St. A., *Sandblaseverfahren.* Bei der Reinigung von Oberflächen nach dem Sandblaseverfahren werden die Sandteilchen vor dem Vermischen mit der Sandstrahlfl. mit einer chemikalienhaltigen Fl. gleichmäßig überzogen, bes. mit Fll., die rostverhindernde Chemikalien enthalten. Z. B. soll die Fl auf 378,5 Liter 85—242 g eines Gemisches aus 45,3 (Teilen) Na_3PO_4, 0,9 *ZnO*, 1,8 bis 2,7 $Na_2Cr_2O_7$, 0,45 *Pb-Phosphat* u. 2,7—4,5 chem. reinem *Kalk* enthalten. — Zeichnung. (**N. P. 79 339** vom 14/4. 1947, ausg. 5/11. 1951. A. Prior. 29/7. 1970.) JÜRGEN SCHMIDT. 6511

Vernal Soc. An., Genf, Schweiz (Erfinder: **J. Warant** und **R. Warant**), *Polieren und Glänzen von Aluminiumgegenständen.* Man taucht die Gegenstände in eine konz. Lsg. von H_3PO_4, H_2SO_4 u. HNO_3, die außerdem noch eine schwache Säure enthält, die mit der H_3PO_4 Komplexe bildet, z. B. Molybdänsäure, Jodsäure, Vanadinsäure, Borsäure, Wolframsäure. Weiter kann etwas HCl u. ein Katalysator, wie Ni, Co, Cu, Zn oder Cr, vorhanden sein. — Z. B. behandelt man mit einer Lsg. aus 23,4 (%) H_3PO_4, 32,1 H_2SO_4, 34 HNO_3 u. 10,5 H_3BO_3. (**Schwed. P. 133 374** vom 29/7. 1950, ausg. 23/10. 1951. Belg. Prior. 23/8. 1949.) JÜRGEN SCHMIDT. 6513

Oneida Ltd., Oneida, N. Y., übert. von: **Samuel E. Eaton**, Lexington, Mass., V. St., *Elektropolieren von Metalloberflächen.* Die Metalloberflächen, z. B. aus *Messing*, *Zn*, *Ni*, *Ag*, werden in einem cyanid. Elektrolyten anod. behandelt, wobei durch Bewegung der Anode u. der dadurch bewirkten Änderung der Stromdichte–Spannungs-Kurve die Anodenoberfläche in den Bereich der Glänzwrkg. kommt. — Diagramm. (**A. P. 2 610 144** vom 8/2. 1947, ausg. 9/9. 1952.) MARKHOFF. 6515

Vereinigte Deutsche Metallwerke Akt.-Ges., Frankfurt/M. (Erfinder: **Herbert Barchmann**, Essen), *Aufarbeiten von Abfällen aus Eisen, die mit Kupfer oder Kupferlegierungen plattiert sind.* Stark verrostete Abfälle werden einer kathod. Vorbehandlung in alkal. Lsgg. unterworfen. Die eigentliche Trennung wird dann in üblicher Weise vorgenommen. Durch das Verf. wird die Rostschicht aufgelockert, so daß die Cu-Schicht ohne Schwierigkeiten elektrolyt. abgelöst werden kann. (**D. R. P. 752 421** Kl. 40c vom 27/7. 1941, ausg. 2/2. 1953.) MARKHOFF. 6515

Siegfried Grüttner, Rhena (Kr. Waldeck, Hessen), *Elektrolytisches Polieren der Oberflächen von Kupfer und seinen Legierungen.* Die Oberflächen werden bei Zimmertemp. in einem Bade aus *W.*, H_3PO_4, *Glycin* (oder Glycerin oder Diglykol), H_2O_2 u. einfachen *aliphat. Alkoholen*, wie *Isopropanol*, anod. behandelt. Bei Tempp. von 50—70° kann der Zusatz von Alkoholen fortfallen. Das Bad arbeitet ohne Anlaufzeit, hat geringe Viscosität u. benötigt eine geringe Badspannung. (**D. B. P. 868 998** Kl. 48a vom 30/11. 1948, ausg. 2/3. 1953.) MARKHOFF. 6515

General Motors Corp., übert. von: **Alfred L. Boegehold**, Detroit, Mich., V. St. A., *Erzeugen von Lagerschalen aus Blei–Kupfer.* Reines Cu-Pulver wird mit einem Pulver Cu–Pb gemischt. Der Pb-Geh. des gesamten Gemisches soll zwischen 2,25 u. 38% liegen. Das Gemisch wird auf das Stützlager aufgebracht u. über den F. des Cu–Pb-Pulvers erhitzt, jedoch nicht so hoch, daß das Cu-Pulver schmilzt. Die Cu-Teilchen werden mit der Legierung überzogen u. miteinander u. mit der Unterlage fest verbunden. Durch das Verf. wird das Pb gleichmäßig in der Lagermetallschicht verteilt. (**A. P. 2 585 430** vom 1/3. 1947, ausg. 12/2. 1952.) MARKHOFF. 6517

Cleveland Graphite Bronze Co., Cleveland, O. (Erfinder: **Ralph Schaefer**, Cleveland, O., und **James B. Mohler**, Euclid, O.), V. St. A., *Lager* bestehen aus einem Stützkörper, z. B. Stahl, mit einer galvan. Lagermetallschicht aus 6—12 (%) *Sn*, 0,5—6 *Cu*, *Sb* oder *As*, Rest *Pb*. Sie haben gute Gleiteigenschaften u. zeichnen sich durch hohe Ermüdungsfestigkeit aus. (**D. B. P. 844 664** Kl. 40b vom 30/9. 1950, ausg. 24/7. 1952. A. Prior. 11/3. 1946.) GÖTZE. 6517

Electro Metal Hardening Co., S. A., Tanger, *Elektrolytisches Hartverchromen von Rohren.* Innerhalb des Rohres wird zentral eine hohle Anode angeordnet, die Durchtrittsöffnungen zum übrigen Raum in dem Rohr aufweist. Der Elektrolyt wird durch die hohle Anode zugeführt. (**Finn. P. 25 790** vom 17/3. 1950, Auszug veröff. 30/6. 1952. Schwed. Prior. 18/3. 1949.) JÜRGEN SCHMIDT. 6519

Jean Jaques Georges Icxi, Paris, Frankreich, *Bad für die elektrolytische Verchromung.* Man verwendet Bäder mit komplexen Cr-Salzen, ein oder mehrwertiger organ. Säuren der nebenst. allg. Formel, darin ist Cr in dreiwertiger Form, R.A. ist ein organ. Säurerest, m bedeutet 6, 3 oder 2, X ein Aminrest u. n 1, 2 oder 3. Y ist H oder ein einwertiger organ. Rest. p ist 0, 1 oder 2. u. n + p = 3. Z. B. verwendet man ein Bad aus 700 g [Cr $(C_2O_4)_3$]·$(NH_4)_3$ in 1000 cm^3 Wasser. Man erhält sehr gute Cr-Ndd., bes. bei hohen Stromdichten. (**N. P. 79 171** vom 18/3. 1949, ausg. 15/10. 1951. F. Prior. 20/3. 1948.)

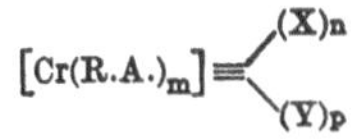

JÜRGEN SCHMIDT. 6519

Morris S. Kantrowitz, Earl J. Gosnell und Bernhard General, Washington, D. C., V. St. A., *Reduktionslösung zur Erzeugung von Silberniederschlägen aus Silbersalzlösungen* besteht aus einer wss. Lsg. von 0,5—1 (Gewichts%) *Triäthanolamin*, der 0,5—5 *Formaldehyd* oder *Glyoxal* zugesetzt sind. Mit Hilfe dieser Lsg. lassen sich aus komplexen Ag-Salzlsgg. gleichmäßige Ag-Schichten z. B. auf Wachsplatten abscheiden. (**A. P. 2 602 757** vom 9/4. 1948, ausg. 8/7. 1952.) MARKHOFF. 6527

Robert Bosch G. m. b. H., Stuttgart (Erfinder: **Otto Jauch, Ludwigsburg**), *Schwarzfärben von Aluminium und seinen Legierungen.* Bei stark kaltverformtem Material wird die Metalloberfläche vor dem Färben mit $KMnO_4$-Lsgg. mechan. oder chem. stark aufgerauht, z. B. durch Sandstrahlen oder durch Behandeln mit einer Lsg. von Mg_2SiF_6 u. einem Chlorid eines edleren Metalls als Al, z. B. $FeCl_3$. Man erhält gleichmäßige tiefschwarze Färbungen, wenn nach der Permanganatbehandlung noch eine Nachbehandlung in einer alkal. Chromatlsg. vorgenommen wird. (**D. R. P. 762 459** Kl. 48d vom 17/7. 1942, ausg. 26/1. 1953. **Zusatz zu D. R. P. 712 877; C. 1942. I. 808.**) MARKHOFF. 6535

IX. Organische Industrie.

Hans Weghofer, *Sulfonate aus aliphatischen Kohlenwasserstoffen.* Übersicht über die neuere Entw. der Herst. von Sulfonaten aus aliphat. KW.-stoffen durch Sulfochlorierung u. Sulfooxydation, theoret. Grundlagen, Apparaturgestaltung, Erörterung der Entw. in Deutschland. — 22 Literatur- u. Patentangaben. (Rev. Quím. ind. **21**. Nr. 243. 23—28. Juli 1952.) ALTPETER. H 600

N. V. de Bataafsche Petroleum Mij., Den Haag, Holland, *Katalytische Behandlung von kohlenstoffhaltigem Material*, z. B. Entschwefelung mittels H_2 enthaltender Gase. Als Katalysator dient ein mit Lsgg. von Fe, Co oder Ni u. Cr, Mo oder W imprägniertes, gegebenenfalls mit HCl vorbehandeltes Al_2O_3. Das Atomverhältnis von Fe, Co oder Ni zu Cr, Mo oder W in dem Träger soll 1:20 bis 18:20 (4:20) betragen. (**E. P. 657 400** vom 23/2. 1949, ausg. 19/9. 1951. Holl. Prior. 19/3. 1948.) STEIL. 6551

Phillips Petroleum Co., übert. von: **Jack F. Eberle**, Bartlesville, Okla., V. St. A., *Katalytische Entfluorierung*, z. B. von KW.-stoffen. Der F gebunden enthaltende organ. Stoff wird der Wrkg. eines Katalysators unterworfen, der aus einer Mischung eines in der Spannungsreihe zwischen Mg u. Ag stehenden Metalles, z. B. Mg, Al, Zn, Ag, einer starken anorgan. Säure, die ein verhältnismäßig wenig flüchtiges Anhydrid bildet, z. B. Chromsäure, P_2O_5, u. Calcinierung bei 500—700° F hergestellt wurde. (**A. P. 2 570 925** vom 4/1. 1949, ausg. 9/10. 1951.) STEIL. 6551

Shell Development Co., San Francisco, übert. von: **Charles M. Reider,** Alameda, und **Gino J. Pierotti,** Albany, Calif., V. St. A., *Trennung nahe beieinander siedender Stoffe oder Stoffgemische* erfolgt durch azeotrop. Dest. mittels eines Schleppmittels, das mit den leichter sd. Bestandteilen ein konstant sd. Azeotrop bildet u. als Kopfdestillat gewonnen wird. Dieses wird unter erhöhtem Druck in einer weiteren Kolonne azeotrop dest., wobei das Schleppmittel als angereichertes Bodenprod. anfällt u. zurück in die 1. Kolonne gelangt. Die als Kopfdestillat übergehende Mischung wird z. B. nach Entspannung, Kühlung u. Scheidung aufbereitet. Bes. vorteilhaft sind Mischungen, die als Bodenprod. in der 1. Kolonne mindestens 50% der Ausgangsmischung ergeben. Das Verf. eignet sich zum Aufarbeiten von Mischungen aus W. u. Acrolein oder Acrylnitril, Allylalkohol, Methylacrylat u. Allylamin, wobei als Schleppmittel Ae. verwendet wird. — Zeichnung. (**A. P. 2 562 846** vom 3/5. 1948, ausg. 31/7. 1951.) G. König. 6561

Niagara Alkali Co., New York, übert. von: **Francis Earl Lawlor,** Niagara Falls, N. Y., V. St. A., *Substituierende Chlorierung nicht aromatischer Verbindungen* (**I**), die ersetzbare H-Atome besitzen u. in fl. Cl_2 lösl. sind, erfolgt mittels fl. Cl_2, wobei dieses gleichzeitig Lösungs- u. Chlorierungsmittel ist. Im allg. genügen Tempp. von 20—50° u. Drucke, welche die fl. Phase des Cl_2 aufrechterhalten. Wird bei n. Druck gearbeitet, so hält man die Rk.-Temp. unterhalb des Kp. des Cl_2 (—35°). Die Rk. wird durch Bestrahlen, Erhöhen der Temp. oder durch die Ggw. von Katalysatoren ausgelöst. Ist das Ausgangsprod. fest, so kann es geschmolzen oder gelöst angewandt werden. Als **I** kommen z. B. in Betracht: Paraffine, Naphthene, Polyolefine, Fettsäuren, Fettalkohole, Ester, Wachse, Fettsäureanhydride, Aldehyde. (**A. P. 2 571 901** vom 12/12. 1945, ausg. 16/10. 1951.) G. König. 6565

Standard Oil Co., Chicago, Ill., V. St. A., *Alkylierungsreaktion.* Die beim Synthol-prozeß aus CO u. H_2 über alkal. Fe-Kontakten erhaltene Rk.-Mischung ergibt Fraktionen von Olefin (**I**)-KW-stoffen u. neutralen O-haltigen Verbb. (**II**), wie Aldehyden, Alkoholen, Estern, Acetalen, Ketonen u. Carbonsäuren. Man setzt der Olefin-Synthol-Fraktion alkylierbare aromat. Verbb., z. B. Toluol, zu u. läßt fl. HF einwirken. Es bilden sich Aralkylverbb., die mit vorhandenen Paraffin-KW.-stoffen beim Schichten sich von den **II** trennen. Der größere Teil des HF löst die **II**, u. HF kann durch Erhitzen u./oder mittels inerter Gase ausgetrieben werden. HF kann noch durch einen Zusatz von 0,5 bis 10 Gew.-% von z. B. BF_3, H_2SO_4, $H_3BO_2F_2$, FSO_3H, SO_2Cl_2, Sulfonsäuren, in der Aktivität verstärkt werden. — Schemat. Zeichnung. (**E. P. 658 428** vom 9/12. 1948, ausg. 10/10. 1951. A. Prior. 18/12. 1947.) G. König. 6579

Hermann I. Schlesinger und **Albert E. Finholt,** Chicago, Ill., V. St. A., *Reduktion organischer Verbindungen.* Verbb., die reduzierbare funktionelle Gruppen enthalten, werden mittels AlH_3 oder $LiAlH_4$ in Ggw. von Äthern als Lösungsm. red., z. B. Aldehyde zu Alkoholen, Nitro- zu Azoverbb. u. Nitrile zu Aminen. Man erhält z. B. durch Eintropfenlassen von 200 (g) n-Heptaldehyd zu einer Lsg. von 100 (g) $AlCl_3$ u. 28 LiH in 1 Liter Ae. *n-Heptylalkohol.* In analoger Weise aus Äthylbenzoat: *Benzylalkohol*; mittels $LiAlH_4$ aus Zn-Methyl: *ZnH_2*; aus o-Tolunitril: *o-Xylylamin*; aus p-Nitrobrombenzol: *4.4'-Dibromazobenzol*; aus Cetyljodid: *n-Hexadecan*; aus 2-Nitrobutan: *2-Aminobutan*; aus n-Dipropylchlorsilan: *n-Dipropylsilan*; aus Aceton: *Isopropylalkohol* u. aus Chinon: *Hydrochinon.* (**A. P. 2 576 311** vom 3/6. 1947, ausg. 27/11. 1951.) Dersin. 6585

Badische Anilin- & Soda-Fabrik, Ludwigshafen/Rh. (Erfinder: **Wilhelm Schlenk,** Mannheim-Feudenheim), *Zerlegung von Gemischen aliphatischer, geradkettiger Verbindungen mit 6 oder mehr C-Atomen* in einzelne Verbb. oder Fraktionen von verschied. F. erfolgt durch stufenweise Überführung in Harnstoffanlagerungsprodd., die jeweils abgetrennt u. in ihre Bestandteile zerlegt werden. — Ein Fettsäuregemisch mit mittlerem Mol.-Gew. 211, F. 37°, wird mit gesätt., methanol. Harnstoff in Fraktionen von Fettsäuren mit FF. 43°, 15°, 8°, —7° u. —14° zerlegt. Aus einem deutschen Erdöl mit Stockpunkt 43° erhält man *Paraffine* mit den FF. 62° u. 46°. (**D. B. P. 855 559** Kl. 12o vom 3/5. 1944, ausg. 13/11. 1952.) Krauss. H. 450

Badische Anilin- & Soda-Fabrik, Ludwigshafen/Rh. (Erfinder: **Hans-Albert Offe,** Leverkusen), *Organische Verbindungen.* Die Elektrolyse von Carbonsäuren erfolgt ganz oder weitgehend wasserfrei unter Zusatz ameisensaurer Salze. — Caprylsäure gibt mit HCOOK bei 0,09 Amp. je cm² *Tetradecan.* — Adipinsäuremonomethylester + HCOONa → *Sebacinsäuredimethylester.* — ε-Acetylaminocapronsäure → *Diacetyldekamethylendiamin,* F. 132°. (**D. B. P. 855 403** Kl. 12o vom 27/7. 1944, ausg. 13/11. 1952.) Krauss. H. 450

Houdry Process Corp. Wilmington, Del., übert. von: **Louis J. Kelly,** Tenafly, N. J., V. St. A., *Gasdichte Einschleusung des Katalysators in einem Reaktionsraum für Kohlenwasserstoffe.* Um zu verhindern, daß die KW.-stoff-Dämpfe, die den Reaktionsraum im

Gleichstrom mit dem sich unter dem Einfluß der Schwerkraft bewegenden Katalysator durchströmen, in die am oberen Ende des Reaktionsraumes befindliche Katalysatorzuleitung eintreten, wird unmittelbar über dem KW.-stoff-Dampfeintritt W.-Dampf oder ein anderes Gas unter etwas höherem Druck eingeleitet. Der Dampf steigt im Katalysatorzuführungsrohr nach oben, sinkt im Aufzugsschacht hinunter u. tritt aus dem Regenerationsraum des Katalysators aus. (**A. P. 2 566 896** vom 31/12. 1947, ausg. 4/9. 1951.) v. HUHN. H 500

Henkel & Cie. G. m. b. H., Düsseldorf, *Abtrennung von Sauerstoffverbindungen aus Gemischen mit Kohlenwasserstoffen* durch selektive Extraktion, wobei als Extraktionsmittel neutrale, fl. organ. Verbb., die mehrere O-Atome im Mol. enthalten sollen, verwendet werden. Mindestens ein O-Atom soll als OH-Gruppe vorliegen. Es eignen sich mehrwertige Alkohole, wie Glykole, Triole, Pentite, Hexite, sowie Derivv. dieser Alkohole, wie Ae., Esther mit mindestens einer freien OH-Gruppe. Niedrigmol. Alkohole, wie Methylalkohol sowie W. können zugemischt werden. (**Schwz. P. 280 473** vom 29/3. 1949, ausg. 1/5. 1952. D. Prior. 1/10. 1948.) G. KÖNIG. H 550

Union Oil Co. of California, übert. von: **Thomas F. Doumani** und **Joseph F. Cuneo**, Los Angeles, Calif., V. St. A., *Thioester* erhält man durch Kondensation eines Mercaptans RSH (-Alkyl, Alkenyl, Aryl) mit einem Carbonsäureanhydrid oder einem Keten in Ggw. eines Katalysators, der durch Rk. von konz. H_2SO_4 mit mehr als der doppelten Mol.-Menge des Acylierungsmittels bei 0—100° erhalten wurde. — 0,1 (Mol.) 99,5%ig. H_2SO_4 läßt man mit 1,2 Essigsäureanhydrid über Nacht stehen u. setzt dann 1,5 Äthylmercaptan zu. Nach 1 std. Erhitzen erhält man *Äthylthioacetat* $CH_3CH_2SCOCH_3$, Kp. 116—117°. Vgl. A. P. 2 522 752. Als Mercaptane sind genannt: Butyl-, Amyl-, Hexyl-, Decyl-, Hexadecyl-, Octadecyl-, Vinyl-, Allyl-, Pentenyl-, Octenyl-, Phenyl-, Benzyl-, Xenyl-, Naphthylmercaptan. Als Anhydride: Propion-, Cyclopentyl- u. Cyclohexylcarbonsäure-, Bernstein-, Phthal- u. Maleinsäureanhydrid. (**A. P. 2 550 141** vom 16/11. 1948, ausg. 24/4. 1951.) KRAUSS. H 600

E. I. du Pont de Nemours & Co., Wilmington, Del., übert. von: **Ernest A. Rodman**, Newburgh, N. Y., V. St. A., *Reinigen organischer Flüssigkeiten*, die neben Methyläthylketon (I) noch geringe Mengen Oxydationsprodd. des **I**, wie Diacetyl u. Essigsäure enthalten, erfolgt durch Red. mittels nascierendem H. Hierbei bildet sich aus **II** Acetoin u. bei weiterer Red. Butylenglykol. Temp.-Erhöhung (bis 45°) beschleunigt die Reduktion. Man gewinnt die einzelnen Prodd. durch azetrop. Destillation. An Stelle von **I** können auch andere Monoketone von ihren Oxydationsprodd. getrennt werden. — Zeichnung. (**A. P. 2 570 157** vom 4/6. 1946, ausg. 2/10. 1951.) G. KÖNIG. 710

M. W. Kellogg Co., Jersey City, N. J., übert. von: **William P. Burton**, Orange, und **Ernest Salomon**, Nutley, N. J., V. St. A., *Gewinnung wasserlöslicher Carbonsäuren* (I) aus wss. Lsgg. ihrer Alkalisalze, wie sie bes. bei der CO-Hydrierung anfallen. Man bringt die Lsgg. mit anorgan. Säuren in Berührung, trennt in eine I-reiche Phase, welche vorwiegend die in W. unlösl. **I** u. einen Teil der wasserlösl. **I**, u. in eine wasserreiche Phase, die bes. anorgan. Salze u. den Rest der wasserlösl. **I** enthält. Aus dieser erhält man durch azeotrop. Dest. mit W. die wasserlösl. **I** mit 3 C. — Vorr., Zeichnung. (**A. P. 2 590 087** vom 14/11. 1946, ausg. 25/3. 1952.) MÜLLER-MEININGEN. H 800

Rhein-Chemie G. m. b. H., Heidelberg (Erfinder: **Rudolf Kern**, Neustad/Weinstraße), *Herstellung von carbonsauren Salzen mehrwertiger Metalle in Perl-, Linsen- oder Körnerform*, dad. gek., daß man eine Schmelze der Salze (I) durch Brausen, Düsen, Kanäle oder dgl. austreten läßt, rasch, z. B. durch Eintropfen der Schmelze in strömendes kaltes W., unterkühlt, die erhaltenen Prodd. absiebt u. trocknet. Sie besitzen eine höhere Fülldichte als die pulver- oder puderähnlichen **I** u. unterliegen weniger der Autoxydation. (**D. B. P. 860 208** Kl. 12o vom 15/7. 1950, ausg. 18/12. 1952.) MÜLLER-MEININGEN. H 800

Badische Anilin- & Soda-Fabrik (Erfinder: **Theodor Wilhelm Pfirrmann**), Ludwigshafen/Rh., *Carbonsäurehaltige Oxydationsprodukte* erhält man, wenn man mit O_2 oder O_2-haltigen Gasen in Ggw. von Oxydationskatalysatoren KW-stofföle, die erhebliche Mengen cycl., ungesätt., bes. aromat. KW-stoffe enthalten oder ganz aus solchen bestehen u. die vor der Oxydation durch katalyt. Hydrierung ganz oder weitgehend in gesätt. Verbb. übergeführt wurden, z. B. durch Behandlung mit H_2 oder H_2 abgebenden Gasen bei 100—450° u. 10—1000 at in Ggw. von Ni oder Oxyden oder Sulfiden der Metalle der 5.—8. Gruppe des Period. Syst. oxydiert. — Ein aus Braunkohlenteer durch Druckhydrierung gewonnenes Mittelöl, Kp. 200—300°, wird bei 200—300° u. 300 at H_2 über W-Sulfid oder Ni–W-Sulfid geleitet. Das gebildete wasserhelle Prod., D. 0,87, wird in Ggw. von Mg-Stearat, -Naphthenat, Wolframsäure u. Tonerde mit 250 Liter Luft/Std. bei anfangs 120° u. später 112° 48 Std. oxydiert u. liefert ein rötlichgelbes Öl,

D. 0,960; SZ. 30; VZ. 135. Oxydiert man länger, so steigt die D. auf über 1, wobei sich auch die SZ. erhöht. In weiteren Beispielen werden als Ausgangsstoffe eine Benzinfraktion, Kp. 80—140°, Anthracenölfraktion, bei der Steinkohlenhydrierung gewonnenes Abstreiferschweröl, Steinkohlenteerleichtöl, Kp. 150—200°, verwendet. Die Oxydationsprodd. können zur Herst. von Imprägnierölen, Textilölen, Farben- u. Lackbindemitteln, Linoleum, Wachstuch, Kunstleder, Kunststoffen, Kunstseide verwendet werden. (**D. B. P. 860 947** Kl. 12o vom 6/3. 1941, ausg. 29/12. 1952.) KRAUSS. H 800

Badische Anilin- & Soda-Fabrik, Ludwigshafen/Rh. (Erfinder: **Fritz Jahn,** Mare), *Al-Formiate* erhält man durch Elektrolyse einer wss. $AlCl_3$- oder $Al_2(SO_4)_3$-Lsg., bes. unter Verwendung eines Diaphragmas in Ggw. von HCOOH, wobei man gegebenenfalls das Reaktionsprod. vom Katholyten abtrennt. (**D. B. P. 865 442** Kl. 12o vom 13/6. 1943, ausg. 2/2. 1953.) MÜLLER-MEININGEN. H 810

Soc. Normande de Produits Chimiques, Paris (Erfinder: **Paul Delaune,** Scotteville, und **Roger Huct,** Petit-Quevilly), Frankreich, *Reines kristallisiertes Al-Triformiat* erhält man dadurch, daß man anorgan. Al-Salze zuerst in ihre Seifen, z. B. mit gesätt. oder ungesätt. Fettsäuren, die wenigstens 8 C-Atome enthalten, überführt u. die Seifen nach ihrer Reinigung mit HCOOH zerlegt. (**D. B. P. 865 443** Kl. 12o vom 25/7. 1951, ausg. 2/2. 1953. F. Prior. 29/11. 1950.) MÜLLER-MEININGEN. H 810

Badische Anilin- & Soda-Fabrik (Erfinder: **Walter Ziese**), Ludwigshafen/Rh., *Kristallisiertes Al-Triformiat* (I) erhält man aus seiner gesätt. wss. Lsg. dadurch, daß man dieser vor oder während der Kristallisation wasserlösl. Alkali-, NH_4- oder Erdalkalisalze, die I chem. nicht umwandeln, zusetzt. (**D. B. P. 860 202** Kl. 12o vom 17/7. 1942, ausg. 18/12. 1952.) MÜLLER-MEININGEN. H 810

Chemische Werke Hüls G. m. b. H. (Erfinder: **Franz Broich** und **Heinrich Weber**), Marl, *Monochloressigsäure* erhält man durch Chlorierung von CH_3COOH in fl. Phase, bes. bei 100—120° in Ggw. von 4—5% $COCl_2$, das im Verlauf des Verf. hergestellt werden kann. (**D. B. P. 865 739** Kl. 12o vom 2/10. 1948, ausg. 5/2. 1953.) MÜLLER-MEININGEN. H 810

Lech-Chemie Gersthofen (Erfinder: **Paul Heisel**), Gersthofen, *Trichlor- und Tribromessigsäure* erhält man durch Halogenieren von CH_3COOH (I), deren niedriger substituierten Halogenderivv. oder ihre Mischungen bei 115—150° in Ggw. von bes. 2% einer Bleicherde. — 2500 kg einer aus der $Cl \cdot CH_2 \cdot COOH$ (II)-Herst. stammenden Mutterlauge [Zus.: 7 (%) I, 47 II, 43 $Cl_2 \cdot CH \cdot COOH$ neben $Cl_3C \cdot COOH$ (III), HCl, H_2SO_4, Pb u. Fe] werden in Ggw. von 50 kg „Tonsil special" 87 Std. bei 130° in einer ausgemauerten, ölgeheizten Blase chloriert. Die erhaltene III (97,4%) kann ohne Abtrennung des Katalysators auf $CHCl_3$ weiterverarbeitet werden. (**D. B. P. 860 211** Kl. 12o vom 3/2. 1944, ausg. 18/12. 1952.) MÜLLER-MEININGEN. H 810

Röhm & Haas G. m. b. H. (Erfinder: **Gerhard Abel** und **Ernst Trommsdorff**), Darmstadt, *α.β-Ungesättigte Carbonsäureester* entstehen aus β-Alkoxycarbonsäurenitrilen durch Behandlung mit konz. H_2SO_4 bei erhöhter Temperatur. — Aus durch Anlagerung von Methanol an Acrylsäurenitril gewonnenem β-Methoxypropionsäurenitril, $Kp._{10}$ 51,5°, erhält man in auf 180° erhitzter 96%ig. H_2SO_4 in 97%ig. Ausbeute *Acrylsäuremethylester*. — β-Methoxybuttersäurenitril, $Kp._{24}$ 62—62,5° (aus Methacrylsäurenitril + Methanol), → *Methacrylsäuremethylester*, $Kp._{760}$ 100—101°. — Butoxypropionsäurenitril → *Acrylsäurebutylester*. (**D. B. P. 868 153** Kl. 12o vom 2/10. 1948, ausg. 23/2. 1953.) KRAUSS. H 810

Röhm & Haas G. m. b. H., Darmstadt (Erfinder: **Karl Th. Kautter,** Darmstadt, und **Arthur Schmidt,** Friedrichsdorf), *Abscheidung von Acrylsäure oder Methacrylsäure* erfolgt aus wss. Lsgg. durch Aussalzen unter Schichtenbldg., indem man bes. bei Raumtemp. Alkali- oder Ammonsulfate zusammen mit H_2SO_4 zusetzt u. die konz. organ. Säure als obere Schicht abzieht. — Zu 100 (g) 48%ig. Acrylsäure (I) gibt man 40 $(NH_4)_2SO_4$ u. 30 konz. H_2SO_4; man erhält eine 84%ig. I in 82%ig. Ausbeute. (**D. B. P. 863 050** Kl. 12o vom 11/7. 1944, ausg. 15/1. 1953.) KRAUSS. H 810

Monsanto Chemical Co., St. Louis, Mo., übert. von: **Carlyle J. Stehman,** Dayton, O., V. St. A., *Stabilisierung von Acrylnitril* gegen Selbstpolymerisation beim Lagern bei gewöhnlicher oder erhöhter Temp. oder bei der Dest. erfolgt durch Zusatz von 0,0005 bis 1 Teil α-Naphthylamin je 1000 Teile. (Vgl. gegen tert.-Butylbrenzcatechin u. β-Naphthylamin: Tabelle.) (**A. P. 2 607 795** vom 14/5. 1951, ausg. 19/8. 1952.) KRAUSS. H 810

Buffalo Electro-Chemical Co., Inc., Buffalo, übert. von: **Frank P. Greenspan,** Amherst, und **Donald G. McKellar,** Kenmore, N. Y., V. St. A., *Stabilisierung verdünnter wässeriger Lösungen von aliphatischen Persäuren,* z. B. *CH_3COOH,* mit einem Geh. nicht >4%, die zum Bleichen, Waschen oder zur Unkrautvertilgung dienen u. eine Temp. von 25—100°, sowie ein p_H von mindestens 4 besitzen, durch Zusatz von entwässerten Polyphosphaten, bei denen das Verhältnis $Me_2O : P_2O_5$ nicht $>1{,}7:1$ ist (Me = Alkali, H oder NH_4). Man verwendet z. B. Na-Hexametaphosphat, $(NaPO_3)_6$, Na-Tetraphosphat $(Na_6P_4O_{13})$, Na-Tripolyphosphat $(Na_5P_3O_{10})$, Na-Tetrametapyrophosphat $(NaPO_3)_4 \cdot Na_4P_2O_7$ u. dergleichen. (**A. P. 2 590 856** vom 26/5. 1949, ausg. 1/4. 1952.) MÜLLER-MEININGEN. H 810

United States of America, übert. von: **William T. Miller,** Ithaca, N. Y., **Albert L. Dittman,** Jersey City, N. J., **Sherman K. Reed,** Lewisburg, Pa., und **Charles Zimmermann,** Brooklyn, N. Y., V. St. A., *Herstellung und Stabilisierung von Perhalogenacetylperoxyd.* Alkali- u. Erdalkaliperoxyde werden in wss. Salzlsg. unter 0° mit einer Perhalogenessigsäure umgesetzt. Das entstandene Peroxyd wird in einem Perhalogenmethan gelöst u. bis zu seiner Verwendung auf unter 0°, höchstens —20° gekühlt. — In einer 20%ig. wss. NaCl-Lsg. löst man bei —20° Na-Peroxyd u. erhält nach Zusatz von Trichloracetylchlorid das *Bistrichloracetylperoxyd* in ca. 80%ig. Ausbeute. Es wird in 2%ig. Lsg. in Trichlorfluormethan (Freon 11), aus dem es krist. werden kann, aufbewahrt — *Bisdichlorfluoracetylperoxyd.* — *Bistrifluoracetylperoxyd.* Verwendung als *Polymerisationskatalysator* für Perhalogenolefine. (**A. PP. 2 580 358** u. **2 580 373** vom 17/5. 1948, ausg. 25/12. 1951.) KRAUSS. H 810

Minnesota Mining & Mfg. Co., übert. von: **Richard A. Guenther,** St. Paul, Minn., V. St. A., *Perfluorsebacinsäure* (I), $(CF)_8(COOH)_2$, erhält man durch Elektrolyse von Sebacinsäure in 4%ig. Lsg. in fl. HF an Ni-Anoden bei 5,5—6 V u. ca. 20°. — F. 154 bis 158°, N.Z. gefunden 249 (berechnet 245). Lösl. in A. u. Ae.; in W. 16 g/Liter/25°; unlösl. in kaltem CCl_4, Bzl. u. anderen KW-stoffen. — I-*Diäthylester,* $Kp._{27}$ 156—159°; $D._{25}$ 1,592; n_D^{25} 1,341. — I-*Diamid,* F. 233°. — Herst. von *wachsartigen,* unbrennbaren Polyestern, z. B. mit Glykolen, Glycerin u. dergleichen. (**A. P. 2 606 206** vom 5/2. 1951, ausg. 5/2. 1951.) MÜLLER-MEININGEN. H 820

Colgate-Palmolive-Peet Co., Jersey City, übert. von: **John Ross,** Ramsey, und **Arthur J. Gebhart,** Union, N. J., V. St. A., *Trennung monomerer von polymeren Maleinsäureanhydrid-Olefin-Additionsprodukten* alkenylsubstituierter Carbonsäuren, dad. gek., daß man die Reaktionsmischung mit einem niedrigmol. einwertigen Alkohol unter Veresterungsbedingungen u. anschließend das Reaktionsprod. mit einer wss. Alkalilsg. behandelt, wobei die nichtveresterten polymeren Anteile in Lsg. gehen u. von den ungelösten monomeren Estern getrennt werden können. — Beispiel: Man erhitzt 120 (Teile) Methyloleat mit 40 Maleinsäureanhydrid auf 215—235°, kühlt ab, setzt ca. 200 CH_3OH u. 1 konz. H_2SO_4 zu, erhitzt wieder unter Rückfluß u. wäscht das Reaktionsgemisch mit 3%ig. wss. Na_2CO_3-Lsg. aus. Aus der farblosen Esterschicht entfernt man bei 2 mm Hg CH_3OH u. erhält durch Dest. den Ester der Monoadditionsverb., JZ. 58,2 (berechnet 57,8). — Herst. von Lösungsmitteln, Weichmachern, Farbträgern. Zwischenprodd., Kunstharzen, Wachsen, Polier-, Flotationsmitteln, oberflächenakt Prodd., Schaum-, Netz-, Emulgier- u. Reinigungsmitteln. (**A. P. 2 573 495** vom 6/3. 1948, ausg. 30/10. 1951.) MÜLLER-MEININGEN. H 820

United States of America, übert. von: **John T. Scanlan, Daniel Swern** und **Edward T. Roe,** Philadelphia, Pa., V. St. A., *Herstellung von 9,10-Epoxystearylamid* bzw. seiner N-Alkylderivv. durch Behandlung von Oleylamid oder der entsprechenden Substituionsprodd. mit Peressigsäure in Eisessig. — Z. B. werden 18,3 g N-(n-Hexyl)-oleylamid in 10 (cm^3) Eisessig gelöst u. mit 55 einer Peressigsäurelsg. in der Kälte versetzt u. das Prod. in Eiswasser eingegossen. 49% *N-(n-Hexyl)-9.10-epoxystearylamid,* F. 66—66,5°. An Stelle der oben genannten N-Alkylderivv. können auch Oxyalkyl-, Aryl- u. Acylderivv. verwendet werden. — Zwischenprodd. für Netzmittel, plast. Massen, Bestandteile von hochschm. Wachsen. (**A. P. 2 567 237** vom 20/5. 1949, ausg. 11/9. 1951.) K. HEINZE. H 850

Soc. An. des Manufactures des Glaces et Produits Chimiques de Saint-Gobain, Chauny et Cirey, Frankreich, *Herstellen von Cyanamid und seinen Derivaten.* Die Herst. von konz. wss. Lsgg. von Cyanamid zur Weiterverarbeitung auf Dicyandiamid u. Harnstoff ist schwierig, da sich Cyanamid beim Einengen der Lsg. leicht zersetzt. Es wird daher vorgeschlagen, Lsgg. von Cyanamid in leichter als W. flüchtigen Lösungsmitteln, wie Äthylacetat, in sd. W. laufen zu lassen, wobei ein azeotropes Gemisch von W. u. Äthylacetat verdampft u. eine konz. Lsg. zurückbleibt. — Beispiel: Man erhält beim Zuführen von 85—110 Liter Lsg. von Xyanamid in Äthylacetat mit einem Geh. von 300 g/Liter in 100 Liter kochendes W. eine 20—25%ig. wss. Lsg., die zur Weiterverarbeitung auf Dicyandiamid geeignet ist. (**F. P. 1 002 916** vom 31/10. 1946, ausg. 12/3. 1952.) SCHÖNAUER. H 890

Soc. An. des Manufactures des Glaces et Produits Chimiques de Saint-Gobain, Chauny et Cirey, Frankreich, *Herstellung von Dicyandiamid* durch schnelles Erhitzen von Cyanamid auf Tempp. von 80—120°. — Beispiel: In ein Reaktionsgefäß, das 50 kg auf 97° erhitztes Propanol enthält, läßt man 23 kg geschmolzenes auf 45° erwärmtes $CNNH_2$ binnen 2 Std. einlaufen. Die Wärmebehandlung wird noch 30 Min. fortgesetzt. Nach Abkühlen u. Filtrieren erhält man 22,5 kg Dicyandiamid. (**F. P. 1 002 904** vom 30/10. 1946, ausg. 12/3. 1952.) Schönauer. H 890

Knoll Akt.-Ges. Chemische Fabriken, Ludwigshafen/Rh. (Erfinder: **Anton Wolf,** Heidelberg), *Herstellung von primären Aminen,* indem ein Keton mit Hydrazinhydrat kondensiert u. das entstehende Ketazin red. wird, wobei beide Rkk. zu einem Arbeitsgang verbunden werden, u. zwar derart, daß in Ggw. von NH_3 gearbeitet u. die Red. mit aktiviertem Al durchgeführt wird. So entsteht z. B. aus Methylhexylketon *2-Aminooctan* (prim.), $Kp._{15}$ 58—60°, u. *(Dioctyl)-amin-(2)* (sek.), $Kp._{15}$ 110—115°; aus 2-Methylheptanon-(6) *2-Amino-6-methylheptan,* $Kp._{15}$ 56—60°, u. *Di-(6-methylheptil)-amin-(2),* $Kp._{15}$ 112—116°; aus 2-Methylheptan-(2)-on-(6) *2-Amino-6-methylhepten-(5),* $Kp._{12}$ 55°, u. *Di-[6-methylheptenyl-(5)]-amin-(2),* $Kp._{12}$ 100—105°. (**D. B. P. 860 055** Kl. 12q vom 13/10. 1943, ausg. 18/12. 1952.) Gräger. H 910

Soc. des Usines Chimiques Rhône-Poulenc, Paris (Erfinder: **Maximilian Grunfeld,** Lyon), Frankreich, *Herstellung von primären Aminen* durch katalyt. Hydrierung von Nitrilen in fl. Phase in Ggw. von Katalysatoren u. Basen, welche die Bldg. von sek. u. tert. Aminen zurückdrängen, dad. gek., daß man als Basen starke, wasserlösl. anorgan. Basen oder quaternäre Ammoniumbasen verwendet. Nach den Beispielen werden aus Stearinsäurenitril in Ggw. von Ni u. NaOH das Stearylamin erhalten u. entsprechend Cetylamin, β-Phenyläthylamin, 2-Methyl-4-amino-5-aminomethylpyrimidin, Hexamethylendiamin u. aus 1.4-Di-(cyanmethyl)-benzol das *1.4-Di-(aminoäthyl)-benzol,* F. 30°, $Kp._{11}$ 153—154°, u. *1-Cyanmethyl-4-aminoäthylbenzol,* Fl., $Kp._{11}$ 178—180°. (**D. B. P. 865 598** Kl. 12q vom 2/11. 1940, ausg. 2/2. 1953. F. Prior. 2/7. 1940.) Schindler. H 910

Bell Telephone Laboratories, Inc., New York, N. Y., übert. von: **Albert C. Walker,** Short Hills, N. J., V. St. A., *Kristallisation von Äthylendiamintartrat.* Man stellt eine Kristallkeime enthaltende übersätt. Lsg. mit NH_4OH auf p_H 7,5 ein u. hält die Temp. bei 40,6—50°. (**A. P. 2 591 032** vom 11/8. 1950, ausg. 1/4. 1952.) Nebelsiek. H 910

Temmler-Werke, Vereinigte Chemische Fabriken Hermann Temmler (Erfinder: **Theodor H. Temmler),** Hamburg, *Herstellung von Aminoverbindungen* aus Carbonylverbb., dad. gek., daß man mineralsaure Salze von NH_3 oder deren Lsgg., aliphat., aromat., fettaromat. oder hydrocycl. Verbb. mit prim. oder sek. Aminogruppe zusammen mit den Carbonylverbb. der katalyt. Hydrierung mit Edelmetallkatalysatoren unterwirft. — Z. B. wird β-Naphthylamin in HCl mit Benzaldehyd in Ggw. von Pt zum *Hydrochlorid* des *Benzylnaphthylamins,* F. 203—204°, hydriert. Entsprechend aus Acetylaceton u. Methylaminhydrochlorid das *4-Methylaminopentanol-(2),* $Kp._{12}$ 70°; aus Oxyaceton u. Cyclohexylaminhydrochlorid das *2-Cyclohexylaminopropanol-(1),* F. ca. 55°, $Kp._{15}$ 120—122°; aus 1-Phenyl-2-aminopropan u. Aceton das *1-Phenyl-2-isopropylaminopropan,* $Kp._{15}$ 102—104°; aus 3-Methylamino-1-phenylbutanol-(1)-hydrochlorid u. CH_2O das *3-Dimethylamino-1-phenylbutanol-(1),* $Kp._{15}$ 160—163°; aus l-1-Phenyl-2-ketopropanol-(1) u. Cyclohexylamin das *1-Phenyl-2-cyclohexylaminopropanolhydrochlorid,* F. 226°. (**D. B. P. 865 599** Kl. 12q vom 5/3. 1943, ausg. 2/2. 1953.) Schindler. H 910

Badische Anilin- & Soda-Fabrik, Ludwigshafen/Rh., *Bisquaternäre Ammoniumverbindungen* entstehen durch Rk. von Butadienbishalogenhydrinen mit tert. Aminen oder von Butadiendioxyd mit tert. Aminen oder deren Salzen. — *Tetramethylendiol-(2.3)-bistrimethylammoniumchlorid; -bis-N-methylpiperidiniumchlorid; -bistrimethylammoniumbromid.* (**E. P. 666 840** vom 4/4. 1950, ausg. 20/2. 1952. D. Prior. 30/4. 1949.) Langer. H 920

N. V. de Bataafsche Petroleum Mij., Den Haag, Holland, *3-Aminoalkohole* entstehen beim Erhitzen von Pyrimidin u. seinen Derivv. mit W., H_2 u. einem Hydrierungs-Dehydratisierungs-Katalysator unter Druck. — 2.2.4.4.6-Pentamethyltetrahydropyrimidin liefert beim Erhitzen mit W., H_2 u. Raney-Ni auf 120—140° bei 1000 lbs./sq.in. 2.2.4.6-Tetramethylpiperidin, *Diacetonalkamin* u. Isopropylamin. — Ein Gemisch aus 2.4.5.6-Tetramethyl-2.4-diäthyltetrahydropyrimidin u. 2.4-Dimethyl-2.4.6-triäthyltetrahydropyrimidin, erhalten durch Kondensation von Methyläthylketon u. NH_3, liefert *3.4-Dimethyl-2-oxy-4-aminohexan* u. *3-Oxy-5-methyl-5-aminohexan.* — Analog: 2-Benzylpyrimidin → *3-Aminopropanol;* 2.2.4-Tris-(p-äthylphenyl)-1.2-dihydropyrimidin → *3-Amino-3-(p-äthylphenyl)-propanol;* 2.2.5-Trimethyl-3-phenyl-1.2-dihydropyrimidin → *2-Methyl-N-phenyl-3-aminopropanol;* 5-(2-Methylcyclopentyl)-pyrimidin → *3-Amino-2-(2'-methylcyclopentyl)-propanol*; Pyrimidin → *3-Aminopropanol.* (**E. P. 669 324** vom 17/12. 1948, ausg. 2/4. 1952. A. Prior. 19/12. 1947.) LANGER. H 920

British Drug Houses Ltd., London, England, *α-Amino-ω-guanidylmonocarbonsäuren* entstehen durch Rk. einer α.ω-Diaminomonocarbonsäure mit mindestens 4 C-Atomen mit einer bas. Cu-Verb., Versetzen mit Alkali u. einem S-Alkylisothiuroniumsalz. — *dl-Arginin.* Man kocht Ornithinmonohydrobromid mit CuO u. W., versetzt mit NH_3 u. S-Methylisothiuroniumsulfat; Isolierung über das Flavianat. *Hydrochlorid*, F. 208°. — Analog: *L-Homoarginin*, F. 180°. (**E. P. 672 684** vom 16/11. 1948, ausg. 28/5. 1952.) LANGER. H 950

Dorr Co., Stamford, übert. von: **Elliot J. Roberts**, Westport, Conn., V. St. A., *Gewinnung von Aminosäuren.* Eiweißhydrolysat, z. B. aus Sojamehl, wird durch einen Kationenaustauscher geleitet, wobei die Aminosäuren gebunden u. so von den ablaufenden Verunreinigungen getrennt werden. Die sauren u. neutralen Aminosäuren werden durch Hindurchleiten einer $NH_4 \cdot OH$-Lsg. durch den Austauscher wieder freigemacht, die bas. Säuren durch anschließendes Durchleiten einer Na_2CO_3- oder $NaHCO_3$-Lsg.; Trennung der neutralen u. sauren Aminosäuren durch Anionenaustauscher. (**A. P. 2 590 209** vom 5/4. 1950, ausg. 25/3. 1952.) KRANZ. H 950

Deutsches Hydrierwerk Rodleben VEB (Erfinder: **Winfried Hentrich** und **Kurt Stickdorn**), Rodleben bei Roßlau/Elbe, *Aufspaltung von Lactamen*, bes. von Caprolactam, zu ω-Aminocarbonsäuren, dad. gek., daß man die Lactame mit überschüssigem W. auf Tempp. zwischen 150—250°, bes. zwischen 180—225°, erhitzt u. — gegebenenfalls nach Einschaltung eines üblichen Reinigungsverf. — das W. bei Tempp. nicht oberhalb 100° abtrennt. — Geeignete Ausgangslactame sind Valerolactam, Caprolactam, C-Methylcaprolactam, Heptansäurelactam, Octansäurelactam. — Aus Caprolactam wird die *ω-Aminocapronsäure* u. aus 2-Methylcaprolactam die *5-Aminohexan-1-carbonsäure* gebildet. (**D. P. [DDR] 743** Kl. 12q vom 16/5. 1944, ausg. 1/5. 1952 [Wirtschaftspatent].) M. F. MÜLLER. H 950

Inventa Akt.-Ges. für Forschung und Patentverwertung, Luzern, Schweiz, *Caprolactam* wird aus wss. Lsgg. aufgearbeitet durch Extraktion mit geschmolzenem Cyclohexanonoxim u. BECKMANNsche Umlagerung des gewonnenen Lactam–Oxim-Gemisches mittels rauchender H_2SO_4. (**E. P. 667 074** vom 23/1. 1950, ausg. 27/2. 1952.) LANGER. H 950

Dorr Co., New York, N. Y., V. St. A., *Isolierung von Aminosäuren* aus Gemischen, bes. aus Hydrolysaten von Proteinen, geschieht durch folgeweise Behandlung mit einem Kationen- u. einem Anionenaustauscher, wobei als alkal. Entladungslsg. für den Kationenaustauscher NH_4-, Alkali- oder Erdalkaliverbb. mit nicht verunreinigenden Anionen verwendet werden. Die abfließende Lsg. wird in eine Fraktion geleitet, die im wesentlichen die entladenen Säuren u. neutralen Aminosäuren enthält u. in eine Fraktion, die eine Anteilmenge entladener Aminosäuren zusammen mit Kationen der ersten Gruppe enthält, worauf dann die Säuren aus dem Anionenaustauscher mit einer Alkalilsg. entfernt werden. — 18 Zeichnungen. (**D. B. P. 857 497** Kl. 12q vom 1/11. 1949, ausg. 1/12. 1952. A. Prior. 4/3. 1947.) LANGER. H 950

International Minerals & Chemical Corp., New York, N. Y., übert. von: **Morris J. Blish**, Toledo, O., V. St. A., *Gewinnung von Proteinhydrolysaten.* Proteinhaltiges Material, wie Weizenkleber, wird mit H_2SO_4 bei 100—150° hydrolysiert u. mit einem Erdalkalioxyd, -hydroxyd oder -carbonat auf p_H 10,5—12,0 eingestellt. Nach Abtrennung der ungelösten Stoffe u. des Nd. wird die Lsg. so lange erhitzt, bis die Dämpfe NH_3-frei sind, mit H_2SO_4 oder dgl. auf p_H 5—7 eingestellt, vom Ungelösten befreit, konz. u. gekühlt, wobei Aminosäuren, wie *Tyrosin* u. *Leucin*, auskristallisieren. Die verbleibende Lsg. wird auf p_H 2,5—3,5 eingestellt, vom Nd. befreit, konz. u. gekühlt, wobei *Glutaminsäure* auskristallisiert. (**A. P. 2 598 341** vom 22/9. 1948, ausg. 27/5. 1952.) KRANZ. H 950

International Minerals & Chemical Corp., Chicago, Ill., V. St. A. (Erfinder: **F. A. Hoglan**), *Herstellung von Produkten aus Steffens-Filtrat.* Das als Abfallprod. bei der Verarbeitung von Zuckerrüben anfallende STEFFENS-Filtrat wird zunächst mit konz. H_2SO_4 auf ca. 2,0—2,9, vorteilhaft bei ca. 70° u. dann unter Kühlung auf 0—50°, gegebenenfalls unter Konz., von anorgan. Salzen befreit. Darauf behandelt man mit konz. HCl bis p_H 0,2—1,0, wobei die Temp. nicht über ca. 70° liegen soll. Hierbei scheidet sich *Betainhydrochlorid* ab. Die zurückbleibende Lsg. wird bei 100—125° mit konz. HCl hydrolysiert, bei p_H 1,6 filtriert, eingedampft, dann bei p_H 3,6 Glutaminsäure abgeschieden. (**Schwed. P. 131 886** vom 12/3. 1948, ausg. 5/6. 1951. A. Prior. 30/6. 1947.) JÜRGEN SCHMIDT. H 950

B. F. Goodrich Co., New York, N. Y. (Erfinder: **Fred Thomas Fiedorek**, Oakdale, Pa.), V. St. A., *Quaternäre Amine* der Formel I, worin R = H oder ein niederes Alkyl, R_1, R_2 u. R_3 organ. Reste bedeuten, entstehen durch Rk. eines aliphat. Lactons der Formel II mit einem tert.-Amin in fl. Phase. — *β-(Dimethylamino)-propionsäuremethylbetain.* Aus β-Propionsäurelacton u. Trimethylamin in Acetonitril bei 10—15°, F. 120,5—121°. — Analog: *β-[(Di-β-oxyäthyl)-amino]-propionsäure-β-oxyäthylbetain,* F. 132—133°. — *β-[(Di-β-oxyäthyl)-amino]-propionsäuremethylbetain,* F. 124,5—125,5°. — *Betain des N-(β-Carboxyäthyl)-hexamethylentetrammoniumhydroxyds.* — Emulgiermittel, Zwischenprodukte. (**D. B. P. 857 498** Kl. 12q vom 30/9. 1950, ausg. 1/12. 1952. A. Prior. 6/5. 1949.)

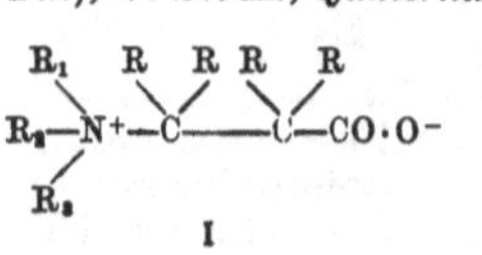

I

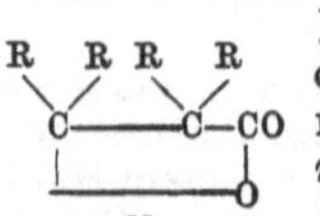

II

Langer. H 950

Handelsbolaget under Firma A. Johnson & Co., Stockholm, Schweden (Erfinder: **A. E. Meadowcroft, C. Shaw** und **W. E. Langrish-Smith**), *Herstellung von substituierten organischen Verbindungen durch Grignard-Reaktionen.* Zur kontinuierlichen Durchführung leitet man die zu substituierende organ. Verb. u. die organ. Halogenverb., die zur Bldg. des Grignard-Reagenses notwendig ist, gemeinsam durch eine Reaktionszone, die das Mg oder sonstige Metall enthält. Das Verf. wird bes. zur Herst. von *organ. Si-Verbb.* angewendet, indem man das Reaktionsprod. anschließend einer Verseifung unterwirft. An Stelle von Mg kann man auch Zn aktiviert mit Cu verwenden. — Z. B. setzt man $Si(OC_2H_5)_4$ mit C_2H_5Cl oder C_2H_5Br in der obigen Weise um, wobei eine der beiden Komponenten in Dampfform zugeführt werden kann. — Zeichnung. (**Schwed. P. 131 508** vom 14/3. 1947, ausg. 2/5. 1951. E. Priorr. 14/3. 1946 u. 14/4. 1947.)

Jürgen Schmidt. H 980

United States Rubber & Co., New York, N. Y., übert. von: **Pliny O. Tawney**, Passaic, N. J., V. St. A., *Ester* der allg. Formel (R‴O)(R″O)P(O)$-CH_2-CH_2-$N(R)(R′) (I) erhält man bei der Rk. von Aminen mit Äthylenphosphoniumestern der Formel (R‴O)·(R″O)P(O)$-CH_2=CH_2$ (II) bei 40—150°, vorteilhaft unter Rückfluß, u. in Ggw. eines alkal. Katalysators bei n. oder erhöhtem Druck. Man kann Amine im Überschuß anwenden oder ein inertes Verdünnungsmittel zusetzen. In I u. II bedeuten R = H oder Alkylgruppe, R′ = Alkylgruppe, R″ u. R‴ = Alkyl-, Aryl-, Alkaryl- u. Aralkylgruppen. Als Amine kommen prim. oder sek. Amine mit 1—20 C-Atomen in Betracht, z. B. Diäthyl-, Diisopropylamin. — Diäthylamin u. Äthylenphosphonsäurediäthylester ergeben in Ggw. von Na-Methylat am Rückfluß 4 Std. erhitzt, *Diäthylaminoäthanphosphonsäurediäthylester,* $Kp._{0,8}$ 95—97°. Mit n-Butylamin erhält man *n-Butylaminoäthanphosphonsäurediäthylester,* $Kp._{0,2}$ 104—107°, n_D^{20} 1,4410, lösl. mit bas. Rk. in Wasser. Die Ester sind Plastifikatoren, Insekticide, Wärme- u. Kraftübertragungsmittel, Textilbehandlungs- u. Schmiermittel. (**A. P. 2 570 503** vom 11/5. 1949, ausg. 9/10. 1951.) G. König. H 980

Firestone Tire & Rubber Co., übert. von: **Kenneth C. Eberly**, Akron, O., V. St. A., *Alkyl-Sn-carboxylate* mit 2—18 C-Atomen in jeder Alkylgruppe u. in jedem Säurerest erhält man durch Kondensation von Alkyl-Sn-halogeniden mit carbonsauren Alkali- oder Erdalkalisalzen in einem Lösungsmittel. — $(C_4H_9)_2SnCl_2$ wird in absol. A. mit wasserfreiem K-Acetat 20 Min. auf 75° erwärmt; nach dem Abfiltrieren des KCl erhält man das *Dibutyl-Sn-diacetat,* Kp. 142—145°. — *Tributyl-Sn-acetat.* — *Äthyl-Sn-tributyrat.* — *Trimethyl-Sn-propionat.* — *Octyl-Sb-trihexoat.* — *Diheptyl-Sn-dilaurat.* — *Methyläthyl-Sn-distearat.* — *Propyl-Sn-trioleat.* — *Tripentyl-Sn-palmitat.* Vgl. A. P. 2 560 042; C. **1953.** 2996. (**A. P. 2 560 034** vom 17/3. 1949, ausg. 10/7. 1951.)

Krauss. H 980

Petrocarbon Ltd., London, England, *Thermische Behandlung von flüssigen Kohlenwasserstoffen* (I), bes. von Erdölen mit Kp. 50—400°, zur Herst. von *aromat. KW-stoffen,* erfolgt durch Verdampfen von I in mehreren Verdampfern u. Leiten der Dämpfe in mehrere Reaktionsgefäße, die auf die erforderliche Reaktionstemp. (z. B. 500—800°) in einem gemeinsamen Ofen erhitzt werden. Die Reaktionsprodd. jedes einzelnen Reaktionsgefäßes werden an der Austrittsstelle mittels eines Kühlmittels, z. B. W., sofort abgekühlt u. gelangen über einen Pechtopf zur weiteren Aufarbeitung. — Zeichnung. (**Schwz. P. 277 655** vom 9/4. 1949, ausg. 17/12. 1951. E. Prior. 12/4. 1948.)

G. König. H 1010

Stevens, Langner, Parry & Rollinson, London, England, *Gewinnung von Carbonsäuren aus C-haltigem Material,* wie Kohle (I), Koks, Ruß, Pech u. dgl., durch gleichzeitige Oxydation mit HNO_3 (II) u. O_2 bei 80—170° u. einem O_2-Partialdruck von 100—1000 lbs./sq.in. — Man behandelt z. B. 100 g I 24 Std. mit 1000 cm³ 2 n HNO_3 bei 150° unter 600 lbs./sq.in. O_2-Druck u. erhält 60—70 Gew.-% in W. lösl. Carbonsäuren, berechnet auf I. II gewinnt man zu 60% *v.* mehr zurück. II-Verbrauch ca. 0,8 (g) je

100 I. Man erhält so z. B. *Benzoldi-, -tri- u. -tetracarbonsäure.* (**E. P. 652 935** vom 29/6. 1948, ausg. 2/5. 1951.) MÜLLER-MEININGEN. H 1200

Polymerisable Products Ltd., London, County, übert. von: **Ernst Bergmann,** London, England, *Cyclohexencarbonsäureester und -nitrile* der Formel I (X = H, CH_3, Y = COO-Alkyl, CN) erhält man durch Erhitzen eines Diens von 4—5 C-Atomen mit überschüssigem Acrylsäure-, Methacrylsäurenitril oder -ester auf ca. 100—180 in Ggw. eines Polymerisationsverzögerers (Phenole, Polyphenole, deren Alkylderivv., Gerbsäure, Trinitrobenzol). — Nach 4std. Erhitzen von Acrylnitril mit Butadien (I) auf 120° in Ggw. von Hydrochinon erhält man neben wenig Vinylcyclohexen, $Kp._{760}$ 138°, *3-Cyclohexencarbonsäurenitril,* $Kp._4$ 58—59°, das beim Verseifen mit KOH in Methanol u. W. *3-Cyclohexencarbonsäure,* $C_7H_{10}O_2$, $Kp._6$ 98—100°, liefert. *Methylester,* $C_8H_{12}O_2$, $Kp._{100}$ 116°. *Säurechlorid,* $Kp._{30}$ 95—97°. *Äthylenglykoldiester,* $C_{16}H_{26}O_4$, $Kp._8$ 155—160°. — *2-Cyclohexencarbonsäure-3.5-dimethylhexan-2.3-diolmonoester,* $C_{15}H_{26}O_3$. — I + Methylmethacrylat → *1-Methyl-3-cyclohexencarbonsäuremethylester,* $C_9H_{14}O_2$, $Kp._{100}$ 116—117°. — I + (2-Äthylhexyl)-methacrylat → *1-Methyl-3-cyclohexencarbonsäure-2-äthylhexylester,* $C_{16}H_{28}O$, $Kp._5$ 125—126°. — *1-Methyl-3-cyclohexencarbonsäure,* F. 77—79°. *Säurechlorid,* $Kp._{30}$ 100°. *3.5-Dimethylhexan-2.3-diolmonoester,* $Kp._6$ 125—130°. *Trimethylglykolmonoester,* $C_{13}H_{22}O_3$, $Kp._4$ 105—110°. *Äthylenglykoldiester,* $C_{18}H_{26}O_4$, $Kp._5$ 160—170°. *Monoester,* $Kp._5$ 135—155°. — Isopren → *4-Methyl-* bzw. *3-Methyl-3-cyclohexencarbonsäure,* die bei der Dehydrierung m- u. p-Tolunitril liefert. Durch Oxydation der Säuren gewinnt man Adipinsäure u. deren Substitutionsprodukte. (**A. P. 2 563 206** vom 23/12. 1946, ausg. 7/8. 1951.) KRAUSS. H 2010

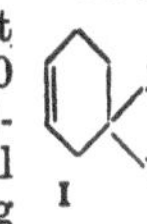

I

Comar & Cie. (Laboratoires Clin) S. à. r. l. (Erfinder: **Mousseron**), Seine, Frankreich, *Quaternäre Ammoniumverbindungen.* Die Hydroxyde, Halogenide oder Sulfate von Verbb., die durch Behandeln eines Dialkylamino-1-cyclohexanols-2 mit einem Cetyläthersalz, z. B. einem Cetylhalogenid, entstehen, bes. des N-Cetyl-N.N-dimethyloxy-2-cyclohexylammoniums, vorzugsweise das Bromid, das durch 6std. Erhitzen von 10 (Teilen) Dimethylamino-1-cyclohexanol-2 mit 20 Cetylbromid bei 105° unter Rückflußkühlung erhältlich ist, eignen sich außer als *Netz-, Dispergier-* oder *Emulgiermittel* bes. als *antisept., fungicide* oder *antikryptogam.* Mittel. (**F. P. 995 687** vom 29/7. 1949, ausg. 5/12. 1951.) RAETZ. H 2110

American Cyanamid Co., übert. von: **Richard C. Clapp** und **Richard O. Roblin jr.,** New York, N. Y., V. St. A., *Herstellung von 3.4- Ureylphenylfettsäuren* aus o-Phenylenharnstoff durch Erhitzen mit einem aliphat. Dicarbonsäureanhydrid, welches 2—7 C-Atome besitzt, in Ggw. eines inerten Lösungsm. u. eines FRIEDEL-CRAFTS-Katalysators. Das entstandene Kondensationsprod. ist eine 3.4-Ureylenphenylketofettsäure, welche mit H_2 behandelt in die 3.4-Ureylenphenylfettsäure übregeht. — Man erhält danach z. B. *γ-(3.4-Ureylenphenyl)-buttersäure* u. *δ-(3.4-Ureylenphenyl)-valeriansäure.* Diese Verbb. entsprechen der allg. Formel I, worin Z = Phenyl, R = Alkylen mit 1—6 C-Atomen ist. (**Can. P. 474 355** vom 19/2. 1945, ausg. 12/6. 1951. A. Prior. 22/7. 1944.) M. F. MÜLLER. H 3122

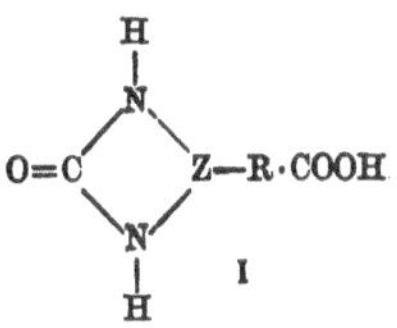

I

Röhm & Haas Co., übert. von: **Stanley P. Rohland,** Philadelphia, Pa., V. St. A., *Imidoester* erhält man durch Rk. von Maleinsäureaddukten von Estern von ungesätt., nichtkonjugierten, nichthydroxylierten aliphat. Carbonsäuren C_{10}—C_{24}, z. B. Sojaöl (**II**), Leinöl, Ölsäuremethylester u. dgl., mit 1—6 Anhydridgruppen mit Azolinen der allg. Zus. **I** (X = O oder S, R^2—R^5 = H-, Alkyl-, Aryl-, Aralkyl-, Alkaryl- u. Cycloalkylgruppen, R' = Alkyl-, Aryl-, Aralkyl-, Alkaryl-, Cycloalkyl-, 1- u. 2fach ungesätt., aliphat. KW-stoffreste mit maximal 17 C) bei 20—300°. — Beispiel: 1 (Mol) **II** wird mit 2 Maleinsäureanhydrid auf 200—250° u. das Reaktionsprod. mit 2 2-Heptadecadienyl-5-methyloxazolin 2 Std. unter CO_2 auf 180° erhitzt. Dem viscosen Reaktionsprod. (SZ. 8) mischt man 0,5% Co in Form von Co-Naphthenat als Siccativ zu. — Herst. von Überzügen, Weichmacher; Schmierölzusätze u. Zwischenprodukte. (**A.P. 2580047** vom 1/3. 1950, ausg. 25/12. 1951.) MÜLLER-MEININGEN. H 3121

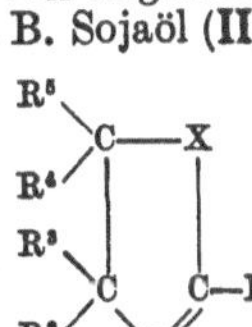

I

American Cyanamid Co., New York, N. Y., übert. von: **Johnstone S. MacKay,** Old Greenwich, Conn., V. St. A., *Melamin.* Man läßt geschmolzenen Harnstoff bei 300—400° u. einem NH_3-Druck von mindestens 750 lbs./sq.in. eine z. B. mit RASCHIG-Ringen beschickte Kolumne passieren. — Zeichnung. (**A. P. 2 566 224** vom 6/11. 1947, ausg. 28/8. 1951.) BRÖSAMLE. H 3313

American Cyanamid Co., New York, N. Y., übert. von: **Johnstone S. MacKay,** Old Greenwich, Conn., V. St. A., *Melamin* erhält man durch Erhitzen von Harnstoff u.

Ammoniumsulfamat (Molverhältnis 1 : 2) auf 300—340° bei n. Druck. (**A. P. 2 566 228** vom 14/6. 1949, ausg. 28/8. 1951.) BRÖSAMLE. H 3313

Soc. An. des Usines Dior, Frankreich (Manche) und **Marcel-Jean Viard,** Frankreich (Seine), *Herstellung von Terpenderivaten.* Terpene (Pinen, Limonen) oder Sesquiterpene werden mit CH_2O (Trioxymethylen) in Ggw. schwacher Säuren (Benzoesäure, Phenylessigsäure) mehrere Std. auf 90—120° erhitzt. Auf diese Weise sind z. B. *Pinenylmethanol,* $Kp._{20}$ 123—127° (*Benzoat,* $Kp._{13}$ 202—206°; *Phenylacetat,* $Kp._{22}$ 204—206°) u. *Limonenylmethanol,* $Kp._{27}$ 147° (*Benzoat,* $Kp._8$ 200—210°) erhältlich. (**F. P. 992 695** vom 7/8. 1944, ausg. 22/10. 1951.)] NOUVEL. H 3600

Soc. An. des Usines Dior, Frankreich (Manche) und **Marcel-Jean Viard,** Frankreich (Seine), *Herstellung von Glykolen und ihren Estern.* Terpene (Pinen), Sesquiterpene oder Terpenalkohole (Terpineol) werden mit CH_2O (Trioxymethylen) in Ggw. von organ. Säuren (Benzoesäure, Essigsäure) mehrere Std. auf 120—180° erhitzt. Aus dem Reaktionsprod. entfernt man die unveränderten Ausgangsstoffe u. einwertigen Alkohole (vgl. vorst. Ref.) durch Dest., verseift den aus Estern bestehenden Rückstand u. dest. zur Gewinnung der cycl. *Glykole* von neuem. (**F. P. 992 699** vom 8/8. 1944, ausg. 22/10. 1951.) NOUVEL. H 3600

Eugène Boulet, Frankreich (Seine), *Herstellung von bei gewöhnlicher Temperatur beständigen Ozoniden.* Man leitet einen O_3-Strom über ein Gemisch von W., Glycerin u. Terpen. Die anfangs trübe gewordene Fl. wird im Laufe von 16 Std. klar u. enthält ein Ozonid, das in Ggw. von W. bis 68° beständig ist. Das Ozonid kann durch die Menge O_2, die durch Zusatz von $KMnO_4$ u. H_2SO_4 entwickelt wird, bestimmt werden. (**F. P. 991 577** vom 3/8. 1949, ausg. 8/10. 1951.) NOUVEL. H 3600

N. V. Philips' Gloeilampenfabrieken, Eindhoven (Erfinder: **Jan Strating,** Groningen), Holland, *Thiosterine* erhält man durch direkte Red. von Sterylrhodaniden oder nach Umwandlung in die entsprechenden Disulfide mit Li-Al-Hydrid. Aus Cholesterylrhodanid erhält man in 81%ig. Ausbeute *Thiocholesterin,* F. 98—99,5°. — *7-Dehydrothiocholesterin.* — *Bis-(7-dehydrocholesteryl-3)-disulfid,* $C_{54}H_{86}S_2$, F. 161—163°. (**D. B. P. 820 435** Kl. 12o vom 9/4. 1950, ausg. 12/11. 1951. Holl. Prior. 14/4. 1949.) KRAUSS. H 3700

X. Färberei. Organische Farbstoffe.

Gerhard Dierkes, *Das Färben mit Küpenfarbstoffen.* Nach einigen kurzen Ausführungen über das Verküpen wird das Färben der Cellulosefasern behandelt. In diesem Zusammenhang werden die Verf. IK (Indanthren kalt), Verf. IW (Indanthren warm) u. das Verf. IN spezial behandelt. Beim Färben müssen folgende Gesichtspunkte berücksichtigt werden: Farbstärke der Indanthren- u. Algolfarbstoffe, die Verküpungs- u. Färbevorschriften (Stammverküpung, das Lösen im Färbebad), Hydrosulfit, Salzzusätze, Temp., Kombinationsfärbungen, Reoxydation u. Entw. sowie Echtheiten. Eingegangen wird ferner auf das Färben von Wolle, Seide, Caseinfasern, Nylon u. Perlon. Auch hierüber werden genaue Angaben gemacht u. Arbeitsvorschriften gegeben. (Reyon, Zellwolle andere Chemiefasern **31.** 6—12. Jan. 1953.) P. ECKERT. 7020

Gerhard Dierkes, *Das Färben mit Schwefelfarbstoffen und mit Hydronfarbstoffen.* Allg. Hinweise u. Färbevorschriften. (Reyon, Zellwolle andere Chemiefasern **30.** 638—42. Dez. 1952.) P. ECKERT. 7020

S. Burgess, *Das Färben von Viscosereyonkuchen.* 2. Mitt. (1. vgl. C. **1953.** 4605.) Beschrieben werden die verschied. Apparate u. Vorrichtungen zum Färben von Garnwickeln aller Art. Behandelt wird das Färben im OBERMAIER in der allseitig geschlossenen vertikalen Spindelfärbeapp. sowie in der von den COURTAULDS LTD. entwickelten Färbevorr., in der die Viscosespinnkuchen in horizontaler Lage in dem Färbebottich angeordnet sind. Kurze Einzelheiten über das zuletzt genannte Färbeverf. werden gebracht. (Brit. Rayon Silk J. **29.** Nr. 344. 47—50. Jan. 1953.) P. ECKERT. 7020

M. A. Faye und **Paul R. Wiley,** *Indulin. Indulin ist ein* mittels Alkali aus der Holzmasse isoliertes pulverförmiges Lignin von konstanter Zusammensetzung. Es ist in 3 Qualitäten im Handel als Indulin-„A“, -„B“ u. -„C“, von denen „A“ das reinste Prod. mit 99,5% organ. Substanz darstellt (Analysentabelle). Es wird als Bindemittel für Druckerschwärze (3 Beispiele für Zus. u. Anwendung) u. als Lsg. in Phenol für Phenolformaldehydharze verwendet; auf sonstige Verwendung in der Gummi-, Asphalt-, Pappe-, keram. Industrie wird hingewiesen, zusammenfassende Versuchsergebnisse über Lignin betreffend: Strukturformel, Farb-Rkk. mit Phenolen, Aminen u. anorgan. Verbb., Löslichkeit, D. in verschied. Lsgg. (z. B. Diäthylenglykol, Triäthylphosphat, Dioxan, Pyridin, Aceton : H_2O : CH_3OH, NaOH), F., Flamm- u. Sauerstoffabsorption in alkal. Lsg., UV-Absorption des reinen Lignins. (Amer. Ink Maker **30.** Nr. 10. 31—35. 65. Okt. 1952. New York, West Virginia Pulp u. Paper Co.) SCHOENMANN. 7062

XIa. Farben. Anstriche. Lacke. Naturharze.

C. A. Kumins, *Oberflächenbehandeltes Calciumcarbonat in hochpigmentierten Farbsystemen.* $CaCO_3$ wurde mit Na-Ricinoleat, Na-Palmitat, Na-Oleat u. Tetranatriumpyrophosphat überzogen u. zusammen mit TiO_2 in einem Fisch-, Holz-, Leinöllack angerieben. Die Fließfestigkeitswerte u. Viscositäten dieser matten Anstrichfarben werden untersucht. Resultate: Die Veränderung der Fließfestigkeit in diesen pigmentreichen Systemen dürfte auf verschied. Orientierung der Fettsäuremoll. auf der Kristalloberfläche beruhen. Phosphatiertes $CaCO_3$ zeigt keine Orientierung u. ergibt niedrige Fließfestigkeit. Bei unbehandeltem $CaCO_3$ mit der hohen Fließfestigkeit von 346 Dyn/cm^2 ist die Orientierung niedriger als bei den mit Fettsäuren behandelten Carbonaten, was auf schlechter Dispersion beruhen dürfte. Pastenviscositäten zeigten die gleiche Größenordnung, wobei mit Ricinolsäure behandeltes $CaCO_3$ den höchsten Viscositätswert ergab, der auf die große Kettenlänge der Fettsäure zurückzuführen sein dürfte. (Ind. Engng. Chem. **44.** 1844—49. Aug. 1952. New York, N. Y., Interchem. Corp., Res. Labor.)
SCHEIFELE. 7092

F.-H.-W. Wachholtz, *Bleitinatat.* Überblick über Herst. u. Eigg. des Bleititanats sowie seine Bedeutung für Anstriche. — 20 Literaturhinweise. (Chim. Peintures **16.** 140—48. April 1953. Haarlem, Chem. Techn. Adviesbureau Dr. J. Rinse et W. Dorst.)
WINIKER. 7092

J. van Loon, *Sind Standöle durch Extraktion oder Vakuumdestillation zu veredeln?* Verss. mit Holzölstandöl sowie 2 Leinölstandölen (Extraktion mit Aceton bzw. Amylalkohol-A.; Dest. im Hochvakuum-Filmverdampfer) ergaben: Durch Lösungsmittelextraktion u. Vakuumdest. kann ein Teil der monomeren Komponenten (freie Säuren u. Glyceride von unveränderten u. intramol. cyclisierten Fettsäuren) entfernt werden. Auch erfolgt dabei eine schwache Reinigung der Leinölstandöle. Die Rückstände zeigen jedoch eine Zus., die von derjenigen der Ausgangsöle nur wenig verschieden ist u. auch einfach dadurch erreicht werden kann, daß die Öle etwas länger polymerisiert werden. Die Rückstände besitzen zudem eine sehr hohe Viscosität u. keine sehr stark verbesserten Verfilmungseigenschaften. Den zuweilen als minderwertiger betrachteten Extrakt- oder Destillatfraktionen der Standöle muß eine günstige Funktion zugeschrieben werden, weshalb ihre Ggw. für verschied. Anwendungen als wichtig u. ihre Entfernung als ungünstig zu bezeichnen ist. (Verfkroniek **25.** 196—201. Juli 1952.)
SCHEIFELE. 7096

—, *Der Einfluß von Trockenstoffen auf die Eigenschaften von Alkydharzlacken. 1. Mitt. Lager- und Streichfähigkeit und Trockengeschwindigkeit.* Lacke mit Leinöl-Glycerinalkyden von 29—67% Fettsäuregeh. wurden mit Co-, Pb-, Ca- u. Zn-Naphthenaten sikkativiert u. auf Lagerstabilität, Streichfähigkeit u. Trockengeschwindigkeit untersucht. Resultate: Pb verursacht durch Bldg. von unlösl. Pb-Phthalat häufig Trübungen in Klarlacken. Co allein gibt keine Trübung. Zugabe von 0,2—0,3% Ca (als Naphthenat) verhindert die Trübung. Bei Pigmentierung muß der Trockenstoff erst nach dem Anreiben zugegeben werden, andernfalls erfolgt Eindicken, bes. mit ZnO. Auf die Streichfähigkeit sind die Trockenstoffe kaum von Einfluß. Co beschleunigt stark die Trocknung; die Mengen bewegen sich zwischen 0,025 u. 0,1% Co. (Paint Manufact. **23.** 81—85. März 1953. Dyestuffs Div. of I. C. I. Ltd.) SCHEIFELE. 7106

Frederick K. Daniel, *Der Einfluß von Misch- und Anreibe-Zusatzmitteln in Beziehung zur Benetzung und Dispersion.* In ausgeflockten Farbsystemen verkürzt ein wirksames Dispersionsmittel die Mischdauer; auch verkürzt es die Anreibezeit, wenn die von der Entflockung begleitete Viscositätsabnahme durch Zugabe von mehr Pigment oder durch Verminderung des Bindemittelgeh. ausgeglichen wird. Andernfalls erhöht es die Mahldauer. Klebrige Anreibe-Zusatzmittel (tackifier) korrigieren weitgehend eine ungeeignete Mahlkonsistenz, doch muß die Farbpaste eine geeignete Zus. aufweisen. (Off. Digest Federat. Paint Varnish Product. Clubs **332.** 633—38. Sept. 1952. Hackensack, N. J.) SCHEIFELE. 7106

R. Freitag, *Oberflächenschutz von Betonkonstruktionen.* Allg. Ausführungen. (Werkstatt u. Betrieb **84.** 475. Okt. 1951. Marburg/Lahn.) MARKHOFF. 7106

John Snelling, *Grundiermittel für Holz.* Behandelt wird die Zus. u. Anwendung von Grundiermitteln für Hart- u. Weichhölzer sowie Preßholz. (Decorator **51.** 55—56. 15/9. 1952.) SCHEIFELE. 7106

Allen G. Gray, *Schutz von Metalloberflächen durch Anstrich.* Überblick über Vorbehandlung der Oberflächen vor dem Lackieren, über die theoret. Grundlagen der Anstrichtechnik u. Auswahl der Pigmente. (Metal Progr. **62.** Nr. 2. 79—81, 142, 144, 148. Aug. 1952.) MARKHOFF. 7106

H. J. Testro, *Industrielle Lackierung von Aluminiumartikeln.* Behandelt werden: Vorreinigung, Anätzung u. Passivierung des Al; antikorrosive Grundierungen mit Zn-Chromat, Ba-Chromat usw.; ätzende Grundierung mit Zn-Chromat–Vinylharz unter Zusatz von Phosphorsäure. Entfernung alter Lackfilme von Al mit Lösungsmittel-Paraffin, Methylchlorid-Acetylcellulose oder mit warmer Kresylsäure. (Paint Manufact. **23.** 86—89, 93. März 1953.) SCHEIFELE. 7106

Chemische Werke Hüls G. m. b. H. (Erfinder: **Kurt Weichert**), Marl (Kr. Recklinghausen), *Herstellung von Farbruß* aus Rußgemischen. Man verdichtet den Ruß zunächst u. unterwirft ihn sodann einer Fraktionierung, z. B. durch Flieh- oder Schwerkraftsichtung. (**D. B. P. 851 234** Kl. 22f vom 10/12. 1950, ausg. 2/10. 1952.) NEBELSIEK. 7093

Badische Anilin- & Soda-Fabrik (Erfinder: **Hans Krzikalla** und **Karl Merkel**), Ludwigshafen/Rh., *Herstellung von neutralen Estern der Kohlensäure* durch Rk. von Halogenameisensäureestern ein- oder mehrwertiger Alkohole mit ein- oder mehrwertigen Alkoholen, dad. gek., daß man in Abwesenheit säurebindender Mittel bei erhöhter Temp. unter vermindertem Druck arbeitet. — 400 (Teile) 1.3-Butandiol werden in 5 Std. mit 430 des Dichlorameisensäureesters des 1.3-Butandiols (I) bei 75° u. einem Druck 30—50 mm Hg versetzt u. dann die Temp. auf 150° bei 80 mm Hg gesteigert. Man erhält ein Öl, OH-Zahl 340, wahrscheinlich der Zus.: $H_3C-CH(OH)-CH_2-CH_2-O-CO-O-(CH_2)_4-O-CO-O-CH_2-CH_2-CH(OH)-CH_3$, leichtlösl. in fast allen organ. Lösungsmitteln, außer in Ligroin: *Weichmacher für Lacke.* — Mit dem gleichen Ester, jedoch 2365 (Teilen) auf 990 I, bei 75° u. 35 mm gemischt u. auf 200° bei gleichbleibendem Druck erhitzt, erhält man einen in der Kälte wachsartigen Ester, F. 62—65°, D·1,4, Mol.-Gew. über 2000. (**D. B. P. 857 948** Kl. 12o vom 25/11. 1943, ausg. 4/12. 1952.) G. KÖNIG. 7097

Johannes Scheiber, Oberstdorf, *Ricinenöl.* Ricinusöl trägt man mit solcher Geschwindigkeit u. bei ca. 200—300° in eine ausreichende Menge freier Fett- oder Harzsäuren (mindestens ca. $^1/_3$ Äquivalent) ein, daß jeweils sofortige Veresterung der Hydroxylgruppen der Ricinolsäurereste u. weiterhin eine ausreichende Spaltung der gebildeten Ester eintritt. Die Spaltung wird bei 250—280° oder höher vervollständigt. Als freie Fett- oder Harzsäuren können verwendet werden: Ricinensäure, Fettsäuregemische, natürliche, ungesätt. Öle mit isolierten Doppelbindungen, geblasene Fettsäuren, dimerisierte Fettsäuren, durch Anlagerung von Maleinsäureanhydrid oder Styrol oder Cyclopentadien veränderte Fettsäuren, Kolophonium, Abietinsäure, Hydroabietinsäure, Kopalschmelzrückstände, Tallöl, Tallöldestillate, Harzsäure–Maleinsäureanhydrid-Addukte, Terpen-KW-stoff–Maleinsäureanhydrid-Addukte oder deren Mischungen. — In auf 210—220° erhitzte Ricinensäure läßt man Ricinusöl einfließen, wobei die Zuflußgeschwindigkeit durch das abdest. Rk.-Wasser kontrolliert u. gleichzeitig die Temp. auf 250—280° bei ca. 30—50 mm Hg gesteigert wird. Ausbeute quantitativ, SZ. 50—60, JZ. ca. 30—35. Nach einem weiteren Beispiel erfolgt die W.-Abspaltung mit Kolophonium. (**D. B. P. 832 751** K. 12o vom 3/10. 1950, ausg. 28/2. 1952.) KRAUSS. 7097

Pure Oil Co., Chicago, übert. von: **Allan Manteuffel,** Union, und **William D. Gilson,** Evanston, Ill., V. St. A., *Sulfurierte und phosphorylierte Terpene.* Monocycl. u. dicycl. Terpene mit wenigstens einer ungesätt. Bindung oder deren Mischungen werden allein oder in Mischung mit fetten Ölen oder Wachsen (Spermöl) mit ungesätt. Bindungen u. funktionellen Gruppen, die mit P-Sulfiden reagieren, mit Sulfiden u. S auf 200—230° erhitzt. Nach Abklingen der exothermen Rk. setzt man S zu, wobei die Temp. auf 270° steigt, die dann nach weiterem Zusatz von S sich auf 320° erhöht. Das stufenweise Erhitzen verhindert die Bldg. unerwünschter Polymerer. Man kann das Terpen auch in geschmolzenen S in Ggw. von P-Sulfiden einleiten. — α-Pinen wird mit P_2S_5 auf 100° erhitzt, wobei die Temp. dann von selbst von 220—230° steigt; nach Zusatz von P_2S_5 erhöht sich die Temp. auf 260—270° u. nach Zusatz von S auf 300—320°. Das Prod. enthält 20,6% S, 3,12% P u. weniger als 3% ölunlösl. Polymere. In weiteren Beispielen wird noch Schmalzöl zugesetzt. Dieses kann auch vorher schon mit P-Sulfiden behandelt werden. Zur Umsetzung können auch verwendet werden: Fenchene, Camphene, Rapsöl u. Sonnenblumenöl. (**A. P. 2 571 737** vom 18/8. 1949, ausg. 16/10. 1951.) KRAUSS. 7097

Imperial Chemical Industries Ltd., London, und **Henry Brunner,** Buckinghamshire, England, *Mit trocknenden Ölen reagierende synthetische Harze* werden hergestellt, indem man eine Mischung von 1—9 (Gew.-Teilen) eines Polymerisationsprod. von Cumaron u./oder Inden mit einem methylolgruppenhaltigen Kondensationsprod. aus 1 (Mol) Melamin mit 3—6 CH_2O erhitzt, wobei letzterer zweckmäßig erst aus seinen Rk.-Komponenten entsteht. Z. B. werden 340 (Teile) Cumaronharz geschmolzen, in 200 Toluol gelöst u. 380 Butanol u. 20 Methanol zugesetzt, nachdem 100 Paraformaldehyd u. dann 68 Melamin in der Lsg. verrührt wurden. Als Katalysator werden 2 HCOOH zugefügt. (**E. P. 669 763** vom 13/4. 1949, ausg. 9/4. 1952.) GRÄGER. 7107

Montclair Research Corp., Montclair, N. J., übert. von: **John Beckmann Rust**, East Hanover, N. J., V. St. A., *Modifizierter Harzester.* Man erhitzt einen Abietinsäureester, wie Glycerindiabietat, u. den Allylester einer α-ungesätt. α.β-Dicarbonsäure, z. B. Diallylfumarat oder Monoallylmaleat, auf 200—300° u. verseift das Prod., dessen SZ. sich beim Erhitzen verkleinert. Verwendung für Überzüge. (**Can. P. 476 095** vom 23/5. 1947, ausg. 14/8. 1951. A. Prior. 14/4. 1944.) PANKOW. 7107

Montclair Research Corp., Montclair, N. J., übert. von: **John Beckman Rust**, East Hanover, N. J., V. St. A., *Modifizierte Harzester.* Man erhält durch Erhitzen eines Abietinsäureesters u. eines damit mischbaren Allylesters einer gesätt. Polycarbonsäure auf 200 bis 300° ein lösl. harzartiges Rk.-Prod.; man erhitzt z. B. Glycerindiabietat u. Monoallylphthalat oder Glycerintriabietat u. Diallylphthalat oder Rosinglycerid u. Diallylsuccinat. (**Can. P. 476 096** vom 23/5. 1947, ausg. 14/8. 1951. A. Prior. 6/5. 1944.) PANKOW. 7107

Imperial Chemical Industries Ltd., London, **Harold Samuel Lilley** und **James Knight Lovell**, Buckinghamshire, England, *Herstellung von Mattierungsmitteln*, indem man ein wasserlösl. Phenol–CH_2O-Kondensationsprod., das zweckmäßig an Stelle des Phenols Diphenylolpropan enthält, mit einem wasserlösl. Harzsalz, wie Na-Resinat, u. einem wasserlösl. Al- oder Zn-Salz, wie deren Sulfate, in wss. Lsg. mischt u. miteinander, zweckmäßig bei 60—70°, reagieren läßt. (**E. P. 666 718** vom 2/3. 1949, ausg. 20/2. 1952.) GRÄGER. 7107

Alfred Kraus, Handbuch der Nitrocelluloselacke. T. 2. Berlin-Wilmersdorf: Pansegau. 1952. 8°. 2. Nitrocellulose. (XI + 447 S.) DM 45,—.

XIb. Plaste (Kunstharze. Plastische Massen).

Marcello Morini, *Struktur und Synthese von Ionenaustauschharzen.* Allg. Überblick über die Ionenaustauschharze auf Phenol-, Harnstoff- u. Styrolbasis. (Materie plast. **18**. 197—200. Juli/Aug. 1952.) DALL'ASTA. 7170

B. M. Axilrod, M. A. Sherman, V. Cohen und **I. Wolock**, *Einfluß mäßiger biaxialer Reckung auf die Zugfestigkeits- und Spannungsrißbildungseigenschaften von Acrylesterkunststoffen.* Vff. untersuchten den Einfl. biaxialer Reckung bis ca. 50% Dehnung auf die Zugfestigkeits- u. Spannungsrißbildungseigg. von Polymethacrylsäuremethylester. Die verwendeten Proben waren handelsüblich hergestellte, gegossene Folien (0,15 Zoll dick) von 2 verschied. Typen. Teile dieser Folien wurden im plast. Zustand biaxial mittels einer besonderen Vakuumapp. gleichmäßig gedehnt (Probendurchmesser 10 Zoll) u. hinsichtlich ihrer Zugfestigkeit, Spannungsrißbldg. in Ggw. von Bzl., Dauerstandfestigkeit u. Wetterfestigkeit mit den nicht vorbehandelten Folien verglichen. Es wurde gefunden, daß diese Vorbehandlung die Zugfestigkeit oder den Elastizitätsmodul nicht beeinflußt. Jedoch wurden die Werte für die Gesamtdehnung u. die des Zugspannungs-Dehnungsdiagramms bis zum Beginn der Rißbldg. bei Kurzzeitverss. durch die Vorbehandlung sehr viel größer (die Bruchdehnung steigt von ca. 10 auf 60%). Die Vorbehandlung verstärkte auch die Grenzspannung der Spannungsrißbldg. in Ggw. von Lösungsmitteln wie Bzl. um ca. 70—80%. Bei Langzeitverss. wurde beobachtet, daß die Risse bei vorbehandelten Folien enger u. feiner waren als bei den ursprünglichen Folien, die Grenzspannung nahm ca. 40—50% bei 50 u. 95% relativer Feuchtigkeit zu. Der Mechanismus der Spannungsrißbldg. u. eine wirksame Abhilfe dieser Erscheinung werden erörtert. (J. Res. nat. Bur. Standards **49**. 331—42. Nov. 1952. Washington, D. C., Bureau of Stand.) SCHÄFF. 7172

M. L. Fein, E. H. Harris jr., T. J. Dietz und **E. M. Filachione**, *Laurate und Pelargonate von Milchsäureestern als Weichmacher für Vinylharze.* Laurate u. Pelargonate verschied. Milchsäureester wurden als Weichmacher für Vinylharze [Vinylchlorid–Vinylacetat-95:5-Mischpolymerisat = *Vinylite VYDR* (I)] geprüft. Bei einer Konz. von 35% im I waren diese Verbb. nicht als prim. Weichmacher geeignet. In Mischung mit Dioctylphthalat oder Trikresylphosphat zeigen sie aber gute weichmachende Eigg., bes. hinsichtlich der Tieftemperaturbeständigkeit. Ferner wurde die Veresterung von Butyllactat mit Laurinsäure untersucht. Dabei wurden die Bedingungen ausgearbeitet, bei denen eine Mischung aus Buttyllactatlaurat u. Butyllactyllactatlaurat in guter Ausbeute entsteht. Diese Mischung eignet sich besser als Weichmacher als jede einzelne Komponente für sich allein. (India Rubber Wld. **126**. 783—86. Sept. 1952. Philadelphia, Pa., US Dept. of Agricult., East. Reg. Res. Labor.) SCHÄFF. 7172

Rodolfo Pozzo, *Feste Polyvinylacetatharze: Charakteristika und Verwendungen.* Allg. Ausführungen. Die Verwendungsmöglichkeiten auf dem Lack- u. Klebstoffsektor werden besprochen. (Materie plast. **18**. 219—26. Juli/Aug. 1952.) DALL'ASTA. 7172

N. V. de Bataafsche Petroleum Mij., Den Haag, Holland, *Verbesserung der Eigenschaften von Polymerisaten.* Durch Emulsionspolymerisation gewonnenes Granulat hat große (äußere u. innere) Oberfläche u. niedrige Dichte. Man dispergiert daher das pulvrige Polymerisat in einem gasförmigen Medium u. sintert es durch Wärmeeinwirkung. Geeignet ist z. B. eine Aufwirbelung während 2—3 Sek. mit Heißluft von 160°. Das so hergestellte Granulat läßt sich leicht mit Weichmachungsmitteln zu einer dünnen Paste verarbeiten. (**E. P. 661 881** vom 9/7. 1948, ausg. 28/11. 1951. Holl. Priorr. 16/7. u. 18/9. 1947.) MÖLLERING. 7171

Western Electric Co., Inc., New York, N. Y., V. St. A. (Erfinder: **J. B. de Coste**), *Kitt- und Gießmasse zum Abdichten und Einschließen von elektrischen Leitern,* bestehend aus 50—94 (%) *Polybutylen* (Mol.-Gew. ca. 5000—12000), ca. 5—30 *hydriertem Harz* u. ca. 1—10 *Amidwachs* [Kondensationsprod. aus hochmol. Fettsäuren u. Alkylaminen u. gegebenenfalls CH_2O, z. B. aus 2 (Mol.) Stearinsäureamid u. 1 CH_2O]. Neben Polybutylen können auch Gemische aus Polybutylen u. Polyisobutylen verwendet werden. (**Schwed. P. 133 797** vom 8/11. 1948, ausg. 4/12. 1947.) JÜRGEN SCHMIDT. 7173

Badische Anilin- & Soda-Fabrik, Ludwigshafen/Rh., *Plastische Massen aus Polyvinylchlorid,* gek. durch einen Geh. an mit diesen allein nicht verträglichen aliphat., cycloaliphat. oder gemischt aliphat.-cycloaliphat. KW-stoffen (Kp. 115—140°; Hydrierungsprodd. der bei der techn. Herst. von Äthylbenzol oder Styrol über 300° sd. KW-stoffen oder durch Einw. von CH_2:CHCl auf aromat. KW-stoffe erhaltenen Kondensationsprodd.) oder Gemischen dieser mit Stoffen, die sowohl mit den Vinylchloridpolymerisaten als auch mit den KW-stoffen verträglich sind. Verwendung für Kabelisolation, Herst. von Kunstleder, Bekleidungsfolien, Dichtungsmassen, Boden- u. Wandbelag, Schuhsohlen. (**D. B. P. 862 676** Kl. 39b vom 10/7. 1943, ausg. 12/1. 1953.) SALZMANN. 7173

Rudolf Decker und Hellmuth Holz, München (Erfinder: **Herbert Berg**, Burghausen, Obb.), *Herstellung von Polyvinylalkohol-Butyraldehydacetalen* mit einem zwischen 18 u. 24% liegenden scheinbaren Geh. an Polyvinylalkohol (I) durch Acetalisierung von I oder Verseifungsprodd. seiner Derivv. mit n-Butyraldehyd (II) bei 15—40°, bes. 20—25°, in Ggw. von H_2SO_4 oder einem anderen Verseifungskatalysator, dad. gek., daß man die Acetalisierung in einem prakt. von monomeren Alkoholen freien Medium vornimmt u. die zum Lösen oder Knetbarmachen erforderliche Fl. so einstellt, daß bei der Acetalausscheidung auf 100 (Teile) im Gemisch enthaltenen W. 240—280 Essigsäure (III) treffen, indem man den III-Zusatz von vornherein entsprechend bemißt oder einen größeren Anteil an III durch W. unter Vermeidung eines vorzeitigen Nd. ausgleicht, wobei bes. ein Teil der II vor der Zugabe des II u. der Rest dem II zugesetzt wird, u. nach Eintritt des Acetal-Nd. zusätzlich W. hinzufügt. Der Nd. ist schleimfrei pulverförmig. Beispiel. Bes. geeignet zur Herst. von Sicherheitsglas. (**D. B. P. 868 071** Kl. 39c vom 22/2. 1942, ausg. 23/2. 1953.) SCHINDLER. 7173

Marc Alfred Chavannes, New York, N. Y., V. St. A., *Biegsame Filme* mit gewellter Oberfläche. Eine endlose Papier- oder Gewebebahn wird mit einem porösen Überzug aus 26,5 (Teilen) Tonerde, 49 Casein u. 24,5 Glycerin versehen, auf den mittels Tauchwalze ein nur leicht haftender Film einer Lsg. aus 100 Polyvinylacetatchlorid (I), 33 Dioctylphthalat (II), 1000 Butyläthylketon u. 50 TiO_2 gebracht wird. Das Band mit einem getrockneten Film erhält alsdann zwischen einem Walzenpaar aus Kautschuk einerseits, Stahl mit Gravierung andererseits einen weiteren Überzug einer M. aus 1000 I, 500 II, 200 Xylol u. 490 eines zwischen 123 u. 165° sd. KW-stoffes. Der getrocknete Verbundfilm hebt sich leicht von dem Trägerband ab. — Zeichnungen. (**Schwz. P. 283 432** vom 31/1. 1948, ausg. 1/10. 1952. A. Prior. 8/7. 1946.) SALZMANN. 7173

Badische Anilin- & Soda-Fabrik, Ludwigshafen/Rh. (Erfinder: **Hans Krzikalla** und **Ferdinand Meyer**, Heidelberg), *Herstellung von Kondensationsprodukten,* vermutlich Oxyaralkyläthern. Aromat. Oxyverbb. (Phenol, p-tert.-Butylphenol, Naphthole, p. p'-Dioxydiphenyldimethylmethan u. a.) werden mit Vinyläthern (Butandioldivinyläther, Vinylmethyläther, Isobutylvinyläther u. a.) in Ggw. alkal. reagierender Katalysatoren (Na-Phenolat, Na) erhitzt, bes. in Ggw. von Lösungsmitteln u. unter Druck. — *Zwischenprodd.* für die Herst. von *Lacken* u. Kunstharzen. (**D. B. P. 870 114** Kl. 12q vom 30/3. 1951, ausg. 9/3. 1953.) FABEL. 7173

General Tire & Rubber Co., V. St. A. (Erfinder: **Gerson Samuel Schaffel**), *Herstellung von Chlorisopropenyltoluolmischpolymerisaten.* Man polymerisiert Chlorisopropenyltoluol mit Cl am Kern u. unbesetzten 2- u. 6-Stellungen mit einer polymerisierbaren, einfach ungesätt. Verb., wie Styrol (II), Chlorstyrolen, Acrylnitril, Methacrylaten, Vinylketonen, Fumaryldinitril, in wss. Emulsion u. erhält Mischpolymere mit erhöhtem Erweichungspunkt. — Man polymerisiert z. B. 15 (Gewichtsteile) 4-Chlor-3-methyl-α-methylstyrol (I),

85 **II**, 180 W., 0.3 $K_2S_2O_8$, 5 Na-Stearat 20 Std. bei 50°. Das Polymere zeigt einen Distorsionspunkt von 103°; bei einem Gewichtsverhältnis von **II**:**I** 80:20, 60:40 u. 70:30 erhält man als therm. Distorsionspunkt 105, 117 u. 122°. Als weitere Komponente ist bes. das 3-Chlor-4-methyl-α-methylstyrol genannt; ferner die entsprechenden Br-Verbb., p-Cl- oder -F-α-methylstyrol, 3.4- u./oder 3.5-Dichlor- oder 4-(Trifluormethyl)-α-methylstyrol. Polymerisation in der M. gibt nur brüchige Mischpolymerisate. Verwendung in der Elektroindustrie u. für Überzüge. (**F. P. 979 723** vom 27/1. 1949, ausg. 2/5. 1951. A. Prior. 22/4. 1948.) PANKOW. 7173

Lewis Berger & Sons Ltd., London, England, *Mischpolymerisate aus Styrol und Mischestern mehrwertiger Alkohole.* Man polymerisiert zunächst einen Mischester mehrwertiger Alkohole in der Wärme partiell u. polymerisiert dann weiter mit Styrol, wobei das Styrol in mehreren Stufen während der Weiterpolymerisation zugeführt wird. Die Mischester sollen als Säurekomponente hauptsächlich ungesätt. Fettsäurereste enthalten. (**Finn. P. 25 930** vom 15/9. 1948, Auszug veröff. 30/9. 1952. E. Prior. 14/12. 1944.) JÜRGEN SCHMIDT. 7173

Lewis Berger & Sons Ltd., London, England, *Herstellung von Mischpolymerisaten aus aromatischen Vinylkohlenwasserstoffen und anderen polymerisierbaren Verbindungen.* Man unterwirft Mischester aus mehrwertigen Alkoholen u. Säuren trocknender Öle einer Vorpolymerisation u. setzt dann Styrol zu, worauf evtl. in Ggw. eines Lösungsm. weiter in der Wärme polymerisiert wird, bis ein klar lösl. Prod. erhalten wird, in dem mindestens der größte Teil des Styrols gebunden ist. (**Finn. P. 25 554** vom 15/9. 1948, Auszug veröff. 31/1. 1952. E. Prior. 28/7. 1942.) JÜRGEN SCHMIDT. 7177

N. V. de Bataafsche Petroleum Mij., Holland (Erfinder: **Théodore W. Evans, Edward C. Shokal, Loss E. Winkler** und **Paul A. Devlin**), *Polymerisieren von Glycidyläthern ungesättigter aliphatischer Alkohole* der Formel ROR′ (R = Epoxyalkyl mit mindestens 3 C-Atomen, R′ = Alkenyl- oder Alkinylgruppe), z. B. Vinyl-, Allyl- oder Äthallyl-2.3-glycidyläther. Die übliche C:C-Polymerisation erfolgt in Ggw. von O_2 oder Peroxyden; eine Oxypolymerisation (Polymerisation der Epoxygruppen) erreicht man durch Erwärmen bei saurer oder bas. Rk. oder in Ggw. einer genügend großen Menge eines indifferenten organ. Lösungsm.; man kann beide Polymerisationsarten miteinander kombinieren. Man kann die Polymeren durch Zusatz von härtbaren Harzen oder solchen mit 2 oder mehr Doppelbindungen, auch zusammen mit anderen plast. Massen unlösl. machen. Polymerisiert man in Ggw. 2-bas. Säuren, so bilden sich unter Veresterung harte, unlösl. Polymere, die außer den Eigg. der Polymeren noch solche der Oxypolymeren u. der Alkydharze besitzen. Die Polymeren können für Überzüge u. als Gewebeimprägnierung dienen, ferner zum Stabilisieren von halogenhaltigen Polymeren oder als Weichmacher für solche, wie Polyvinylchlorid, Polyvinylidenbromid, Polyfluorchloräthylen, Halogenkautschuk sowie polymerem 2-Chlor-2-buten, Trichlorpropan oder -propen, 1.3-Dibrompropan, Allylchlorid, Isocrotylchlorid u. a. Man erhitzt z. B. 57 (Gewichtsteile) Allylglycidyläther u. 49 Maleinsäureanhydrid in 106 Bzl. in Ggw. von Luft auf 80°, bis sich eine viscose Lsg. gebildet hat. Eine daraus erhaltene dünne Folie wird nach einiger Zeit bei 60° hart, zäh u. unlöslich. (**F. P. 978 847** vom 11/1. 1949, ausg. 18/4. 1951. A. Priorr. 12/1. u. 21/6. 1948.) PANKOW. 7177

Franz Köhler, Alsbach a. d. Bergstraße, *Herstellung von stabilen, wasserlöslichen Kondensationsprodukten aus Harnstoff und Formaldehyd.* Der Harnstoff (**I**) wird in wss. Lsg. bei <100° mit Aldehydammoniakverbb. (**II**) vorbehandelt u. dann mit CH_2O bei saurer Rk. kondensiert, wobei auf 1 (Mol.) **I** 2,5—4,0 CH_2O u. vorzugsweise 0,01—0,10 **II** verwendet werden. Als **II** kommen z. B. in Frage: Hexamethylentetramin, Crotonaldehyd-, Acetaldehyd- u. Acroleinammoniakverbindung. — Verwendung z. B. als Mittel zur Harzgerbung, als Furnier- u. Montageleim, Härtungsmittel für tier. u. pflanzliche Leime, Textilhilfsmittel. (**D. B. P. 875 945** Kl. 120 vom 29/10. 1949, ausg. 7/5. 1953.) BRÖSAMLE. 7181

American Cyanamid Co., New York, N. Y., übert. von: **Andrew A. Varela**, Old Greenwich, Conn., und **Ralph J. Schupp**, Port Chester, N. Y., V. St. A., *Wärmehärtbares Kunstharz* für Tafelgeschirr (das keine Kaffeeflecke zeigt), Knöpfe u. dgl., bestehend aus Benzoguanamin (**I**)–Melamin (**II**)–CH_2O (**III**)-Harz, in dem das Molverhältnis von **I**:**II** zwischen 1:3,3 u. 2:1, (**I** + **II**):**III** zwischen 1:1,5 u. 1:2,1 liegt. (**A. P. 2 579 985** vom 17/1. 1951, ausg. 25/12. 1951.) SALZMANN. 7181

Soc. des Usines Chimiques Rhône-Poulenc, Paris (Erfinder: **Pierre Jean Chevalier**, Lyon), Frankreich, *Herstellung von katalytisch härtbaren Lösungen siliciumorganischer Harze,* die bei n. Temp. beständig sind, dad. gek., daß man ihnen $FeCl_3$ in einer Menge von weniger als $^1/_{10000}$ des Harzgew. einverleibt. Temp. u. Dauer der Härtung variiert je nach der Natur des Harzes. Das Verhältnis der Zahl der organ. Radikale zu dem der Si-Atome im

Harz kann von 1—1,6 variieren. Beispiele. (**D. B. P. 844 034** Kl. 22h vom 9/9. 1950, ausg. 14/7. 1952. F. Prior. 13/8. 1947.) SCHINDLER. 7189

Farbenfabriken Bayer, Leverkusen (Erfinder: **Fritz Rüsch**, Hilgen, **Georg Sander** und **Paul Sander**, Leverkusen), *Schweißen von Kunststoffen*. Die zu verschweißenden Kunststoffkörper werden aufeinandergelegt u. durch Ultrakurzwellen gleichzeitig durch denselben Strahlengang so erwärmt, daß sie in einen plast., schweißfähigen Zustand geraten. Anwendung des Verf. zum Verbinden von Kunststoffen mit anderen Werkstoffen, wie Holz oder Metall. (**D. B. P. 844 063** Kl. 39a vom 29/8. 1943, ausg. 17/7. 1952.) SCHLITT. 7205

Aug. Nowack Akt.-Ges. und **Dr. Richard Hessen**, Bautzen, *Verbesserung von Preßmassen aus Papier*, das mit einem härtbaren Kunstharz getränkt worden ist. Das Faserstoffgebilde wird bei Tempp., bei denen das Harz brüchig ist, einer mechan. Lockerungsbehandlung, zweckmäßig während der Erstarrung des Kunstharzes, durch Stoßen oder Klopfen unterworfen, so daß das Harz in gegeneinander verschiebbare Teilchen übergeführt wird, ohne die Fasern zu schädigen oder das Harz abzutrennen. (**D. R. P. 767 616** Kl. 39b vom 26/1. 1937, ausg. 5/1. 1952.) SALZMANN. 7205

Anton Maliszewski, Eschwege, *Kaschieren von Metallfolien mit Folien aus Kunststoffen*. Als Kaschiermittel dient ein Klebstoff aus Polymethacrylsäurederivv. oder Polyvinylharzen. Vor dem Aufeinanderpressen der Folien werden die Kunststoff-Folien elektrostat. aufgeladen, z. B. durch leichtes Reiben mit einer isoliert aufgestellten, rotierenden Bürstenwalze. (**D. B. P. 862 860** Kl.75c vom 3/12. 1950, ausg. 12/1. 1953.) LAASS. 7205

Badische Anilin-& Soda-Fabrik, Ludwigshafen/Rh. (Erfinder: **Hans Fikentscher** und **Heinrich Jacqué**), *Mehrschichtenfolien aus Polyvinylchlorid* erhält man dad., daß man zwei oder mehrere sehr dünne, zweckmäßig gereckte Walzfolien aus diesem Material unter Verwendung weicher Polyvinylverbb. miteinander verklebt. Herst. von Verpackungsmaterial, Flüssigkeitsbehältern, wasserdichten Kleidungsstücken, Tubenhüllen u. dgl. (**D. B. P. 854 093** Kl. 39b vom 20/2. 1945, ausg. 30/10. 1952.) SALZMANN. 7205

Badische Anilin-& Soda-Fabrik, Ludwigshafen/Rh. (Erfinder: **Fritz Stastny**, Weinheim), *Herstellung inniger Verbindungen von Gegenständen oder Oberflächen aus Polyamiden oder Polyurethanen mit Polymerisaten*. Ein gerecktes Polyamidband wird z. B. mit einem Gemisch von 35 (Teilen) Methanol, 10 Bzl., 5 W. u. 40 Resorcin bestrichen, gleichmäßig mit Polyvinylchloridpulver bestreut u. 24 Std. stehengelassen. Dann bringt man noch eine Paste aus 60 Polyvinylchlorid u. 40 Dibutylphthalat auf u. erhitzt 15 Min. auf 160°. — Herst. von *Treib-* u. *Keilriemen, Zug-* u. *Transportbändern* mit guter Haftfestigkeit. (**D. B. P. 847 490** Kl. 39b vom 7/8. 1950, ausg. 25/8. 1952.) SALZMANN. 7205

Farbenfabriken Bayer, Leverkusen (Erfinder: **Peter Hoppe**, Troisdorf), *Herstellung von Formkörpern*, wie Platten, Schalen, Hohlkörper u. Vollprofile. Kunststoffe auf der Basis von *Polyurethanen* mit Zuschlagstoffen (keram., metall. oder synthet. Stoffe) werden in Formen geschäumt. In die gegebenenfalls heiß geformten Körper werden Klötze, Dübel oder Laschen aus Kunststoff, Holz (Abfällen, Torf, Schilf oder Stroh) oder Metall eingesetzt. Einzelne Teile eines Formkörpers werden mit Polyurethanen verleimt. Herst. von Möbelteilen, Bilderrahmen, Spielzeug, Plastiken, Hausinventar, Kühlschränken, elektrotechn. Material, Prothesen, Schuhsohlen, Behältern u. dergleichen. (**D. B. P. 851 851** Kl. 39b vom 2/10. 1948, ausg. 9/10. 1952.) SALZMANN. 7205

Eugen Juštšuk und **Joann Juštšuk**, Enskede, Schweden, *Herstellung von Isolierplatten*. Man vermahlt Papierabfälle, Torf oder Zellstoff mit W. zu einem feinen Brei in einem Holländer, setzt dann gröbere Späne, Hobelspäne, Sägespäne, gemahlenes Stroh oder gemahlene Rinde zu, vermahlt weiter im Holländer zu einem möglichst homogenen Gemisch u. verformt in Formen mit perforiertem Boden unter Zentrifugieren, wobei die gröberen Teile mit Hilfe des feinen Materials zu formbeständigen Platten oder Körpern vereinigt werden. (**Finn. P. 25 937** vom 16/1. 1950, Auszug veröff. 30/9. 1952. Schwed. Prior. 26/2. 1949.) JÜRGEN SCHMIDT. 7205

Fritz Frhr. von Neubeck, Ulm, *Formkörper*. Verarbeitung der Fruchtzapfen von Nadelhölzern, wie Tanne, Pinie oder Föhren, die getrocknet, gemahlen u. gegebenenfalls mit Ölen, Farbstoffen u. Na-Silicaten zwecks Imprägnierung vermischt worden sind. Herst. von Bauplatten, Isolierkörpern u. Haushaltswaren. (**D. B. P. 865 971** Kl. 39b vom 2/10. 1948, ausg. 9/2. 1953.) SALZMANN. 7205

Jørgen Gundersen Seldal, Skotfoss ved Skien, Norwegen, *Herstellung von Formkörpern aus grobgeteiltem Holz und Blut oder Blutalbuminlösung*. Die Formmassen aus Holzteilchen u. Blut oder Blutalbumin als Bindemittel werden gepreßt u. getrocknet u.

hierbei noch in der Presse einer Temp. von über 180° unterworfen. Man kann auch den Holzfasern etwas S zusetzen. Die Formgegenstände lassen sich wie natürliches Holz bearbeiten. (**Dän. P. 73 929** vom 23/12. 1947, ausg. 24/3. 1952. N. Prior. 1/12. 1939.) JÜRGEN SCHMIDT. 7205

Jihočeské Papirny, Národni Podnik, Cesky Krumlov, Tschechoslowakei, *Herstellung von Preßmassen.* Schwarzlaugenseifen werden in an sich bekannter Weise mit Säuren u. Salzen behandelt. Hierbei bildet sich zwischen dem aufschwimmenden Tallöl u. der Bodenschicht eine Zwischenschicht. Diese wird abgetrennt, neutralisiert, getrocknet, gemahlen u. mit Füllkörpern vermischt. (**Finn. P. 25 909** vom 14/4. 1949, Auszug veröff. 30/9. 1952. Tschech. Prior. 16/4. 1948.) JÜRGEN SCHMIDT. 7205

XII. Kautschuk. Guttapercha. Balata.

—, *Synthetischer Kautschuk.* Übersicht über die geschichtliche Entw. des synthet. Kautschuks, die Ausgangsprodd., Verff. u. die weitere Forschungsrichtung. (India Rubber J. **123.** Nr. 8. 4—9. 23/8. 1952.) SCHÄFF. 7224

F. N. Pickett und **A. J. Pickett,** *Die Verstärkung von synthetischem und natürlichem Kautschuk.* 1. Mitt. *Die gleichzeitige Fällung von Latex und Ruß.* Kurzer Überblick über Entw., Ausführung, Vorteile u. prakt. Bedeutung des Verfahrens. — 5 Literaturhinweise. (Rubber Age Synthetics **34.** 18—20. März 1953.) WINIKER. 7226

A. J. Pickett, *Die Verstärkung von synthetischem und natürlichem Kautschuk.* 2. Mitt. *Die Oberflächenaktivitätstheorie der Verstärkung.* (1. vgl. vorst. Ref.) An Hand der Literatur (17 Hinweise) gibt Vf. einen Überblick über die zur Deutung der Verstärkung von Kautschuk entwickelten Theorien unter besonderer Berücksichtigung der Oberflächenaktivitätstheorie. (Rubber Age Synthetics **34.** 68—69. 71. 73. April 1953.) WINIKER. 7226

M. Vidal de Carcer, *Eine neue Säure, welche die Stearinsäure vorteilhaft ersetzt.* Die Säure PR (Zus. nicht angegeben) eignet sich bes. für Mischungen auf Basis Reifenregenerat. Die damit hergestellten Vulkanisate (I) besitzen eine größere Dehnung u. etwas geringere Zerreißfestigkeit als Stearinsäure enthaltende **I.** (Goma [2] **1.** 19. April 1953.) WINIKER. 7226

Ignacio Puig, *Schwammkautschuk.* Kurzer Überblick über Herst., Eigg. u. Anwendungen. (Goma [2] **1.** 5—8. April 1953.) WINIKER. 7230

—, *Neoprenschaumgummi.* Kurzer Überblick über Herst. u. Eigenschaften. (Rubber Age Synthetics **34.** 25—26. März 1953.) WINIKER. 7230

J. M. Buist, *Abrieb und Verschleiß von Kautschuk. Analyse von Verschleißkurven.* Durch weitere Unterss. (vgl. C. **1951.** I. 796) wurde bestätigt, daß die Form der mit dem MARTINDALE-, DU PONT- bzw. DUNLOP-Prüfgerät ermittelten Verschleißkurven einer Gleichung $y = ax^n$ entsprechen. Wenn y = Abriebzeit u. x = Gewichtsverlust, dann kann man die Materialkonstanten a u. n ermitteln. Es wird gezeigt, daß die Versuchsergebnisse dieser empir. Gleichung entsprechen u. daß diese damit von allg. Nutzen für die Prüfung auf Verschleißfestigkeit von Kautschukreifen wird. (India Rubber J. **121.** 180. 182. 4/8. 1951.) SCHÄFF. 7248

Heresite & Chemical Co., Manitowoc, Wis., V. St. A., *Künstlicher Kautschuk.* Ein Gemisch von Butadien (I) u. Styrol (II) oder dessen Derivv. oder Acrylnitril wird in Ggw. eines Katalysators in wss. Emulsion im Autoklaven auf 40° erwärmt, wobei ein Druck von 45 lbs./sq.in. aufrechterhalten wird. Zweckmäßig verwendet man 3 (Teile) **I** auf 1 **II.** — 75 (g) **I,** 25 **II,** 3 $K_2S_2O_8$, 5,5 Cyclohexan, 112 einer 10%ig. Seifenlsg. u. 0,5 bis 5 NaOH werden wie angegeben verarbeitet. Man erreicht 95% Ausbeute. (**E. P. 635 336** vom 21/9. 1944, ausg. 5/4. 1950. A. Prior. 24/9. 1943.) MÖLLERING. 7225

British Celanese Ltd., London, **Henry Keith Stephens, John Downing** und **James Gordon Napier Drewitt,** Spondon bei Derby, England, *Butadien enthaltende, kautschukähnliche Mischpolymerisate.* Das beim Spalten von Mineralöl gewinnbare Gemisch aus Butadien u. n-Butenen läßt sich allein nicht, dagegen im Gemisch mit Acrylnitril (I) u. in Ggw. von Peroxydkatalysatoren polymerisieren. — Ein Ansatz aus 21 (Teilen) einer 5%ig. wss. Lsg. von $K_2S_2O_8$, 350 einer 5%ig. wss. Seifenlsg. (mit alkal. Na-Phosphat gepuffert), 27,5 einer 2,5%ig. wss. K-Ferricyanidlsg., 50 **I** u. 240 Spaltfraktion sowie 0,35 Dodecylmercaptan wird bei 40° polymerisiert. Der aus der Emulsion gefällte Nd. ist vulkanisierbar. (**E. P. 642 606** vom 21/11. 1947, ausg. 6/9. 1950.) MÖLLERING. 7225

Jasco Inc., Del., übert. von: **William H. Smyers,** Westfield, N. J., V. St. A., *Kautschukmischung.* Paraffin u. ein Polyisobutylen mit einem Mol.-Gew. >2000 werden in Gasolin (**I**) gelöst; in dieser Lsg. wird natürlicher oder synthet. Kautschuk aufgequollen, worauf gegebenenfalls das Lösungsm. (**II**) wieder entfernt wird. Statt Paraffin können andere wachsartige Stoffe verwendet werden u. statt I ein anderes II. Farb-, Füll- u. Vulkanisiermittel können auch zugesetzt werden. Verwendung für freitragende Folien zum Kaschieren von Textil- oder Papierbahnen. (**A. P. 2 534 883** vom **16/11.** 1946, ausg. 19/12. 1950.) OVERBECK. 7225

Courtaulds Ltd., London (Erfinder: **Donald Entwistle,** Coventry), England, *Kautschuk-Gewebe-Bindung.* Für die Einbettung in vulkanisierbare Kautschukmischungen werden Viscosekunstseidegespinste verwendet, die aus einer Viscose hergestellt wurden, die 2 Gew.-% Protein, auf die Cellulose bezogen, enthält. (**D. B. P. 831 317** Kl. 39b vom 31/12. 1948, ausg. 14/2. 1952. E. Priorr. 19/9. 1944 u. 18/9. 1945.) OVERBECK. 7227

Dunlop Rubber Co. Ltd., London (Erfinder: **James William Illingworth,** Sutton Coldfield), England, *Vereinigen von Kautschuk und Kunstseide.* In die unvulkanisierte Kautschukmischung wird eine Kunstseide eingebettet, die aus einer vorzugsweise bis 2% Casein enthaltenden Viscose hergestellt wurde. (**D. B. P. 839 858** Kl. 39b vom 6/7. 1950, ausg. 26/5. 1952. E. Prior. 15/6. 1944.) OVERBECK. 7231

René-Roland-Jean-Baptiste Elissabide, Basses-Pyrénées, Frankreich, *Mit Kautschuklatex imprägnierte Pantoffelsohlen aus Baumwollfasergeflecht.* Man stellt ein Geflecht aus Baumwollfaserstoff, bes. aus Abfällen von zerfaserter u. gesponnener Baumwolle, u. daraus eine Sohle her, imprägniert das Geflecht, die Sohle oder die fertige Sandale durch Tränken, Bestreichen oder Besprühen mit natürlichem oder künstlichem Kautschuklatex oder einer Lsg. von regeneriertem Kautschuk oder Kunstharz, gegebenenfalls im Gemisch mit Füllstoffen, wie Metalloxyden oder -sulfaten, Ruß oder Kork- oder Textilfaserpulver, koaguliert das Imprägniermittel durch Tränken, Besprühen, Bestreichen oder Dämpfen im feuchten Zustand mit einem Koaguliermittel, wie CH_3COOH, HNO_3, H_2SO_4 oder 10%ig. wss. Alaunlsg., u. verpreßt das Geflecht, die Sohle oder die fertige Sandale zwischen elast. Kautschukflächen. Die so erhaltenen Pantoffelsohlen besitzen große Festigkeit. (**F. P. 974 501** vom 3/11. 1948, ausg. 23/2. 1951.) RAETZ. 7231

International Latex Processes Ltd., St. Peter Port, Guernsey, England (Erfinder: **Robert Gilbert James,** Wylde Green, Warwicks, England), *Herstellen von Kautschukfäden oder -schläuchen.* Kautschukmilch läßt man durch eine in einer Capillarröhre befindliche Öffnung hindurch auf ein Koaguliermittel fließen, wobei die Öffnung über der Oberfläche des Koaguliermittels liegt u. das äußere Ende der Röhre in Berührung mit der Oberfläche des Koaguliermittels ist. (**D. B. P. 856 802** Kl. 39a vom 24/3. 1937, ausg. 24/11. 1952. E. Priorr. 24/3. u. 17/11. 1936.) SCHLITT. 7231

XV. Gärungsindustrie.

E. Nègre, *Gewinnung von Hefereinkulturen.* Beschreibung der bekannten Technik. (Progr. agric. viticole **139.** (**70.**) 39—41. 18/25. 1. 1953.) HAEVECKER. 7506

M. Gilissen, J. van Gheluwe und **P. Fraeys,** *Die Reinkultur von Hefe in der Brauerei.* Überblick über Gewinnung, Eigg. u. Anwendung. — 15 Literaturhinweise. (Fermentatio [Gand] **1952.** 137—47. Brasserie A. Meiresonne, S. A., Gand.) HAEVECKER. 7506

H. J. Wellhoener, *Die Bedeutung von Heiß- und Kühltrub für die Gärung.* Zur Erzielung eines geschmacklich einwandfreien Bieres ist der Heißtrub aus der Würze zu entfernen. Hingegen ist die Belassung eines geringen Teils des grobflockigen Kühltrubs in der Würze zu empfehlen, da die Gefahr einer Verschmierung u. Schädigung der Hefe größer ist, wenn nur noch die feinsten Kühltrubsuspensionen in der Würze verbleiben. Normalerweise genügt es, den Kühltrub mit Hilfe von Kieselgurfiltern oder Zentrifugen so weit zu entfernen, als dies bisher durch Voranstellung oder Kaltsedimentation erfolgte. Zur Herst. bes. milder Biere ist die Kaltfiltration der Würze zu empfehlen. (Brauwelt, Ausg. B **1953.** 431—34. 1/5. 1953.) WINIKER. 7544

Jöns Svenson, *Die Gerstenflocken als Rohstoff für die Bierherstellung und ihr Einfluß auf die Bierqualität.* Vf. vertritt die Ansicht, daß ein Gerstenflockenzusatz von 15% sehr gut geeignet ist, die vorhandene Bierqualität mit Sicherheit zu erhalten, wahrscheinlich sogar zu verbessern. — 5 Literaturhinweise. (Brauwelt, Ausg. B. **1953.** 188—92. 27/2.) WINIKER. 7550

M. St. Mokranjac und **Sava Radmić,** *Beitrag zur Bestimmung von Methylalkohol und sein Gehalt in Branntweinen.* Der Einfl. verschied. Faktoren auf die Empfindlichkeit u. Genauigkeit der Rk. von DENIGES zur Best. des Methanols (I) wurde untersucht. Die besten Ergebnisse werden erzielt in Ggw. von 5% A., bei höherem A.-Geh. nimmt die Empfindlichkeit ab. Die größte Empfindlichkeit ist in wss. Lsgg. von I vorhanden, doch gehorchen die Extinktionskurven dann nicht dem BEERschen Gesetz. Es wird daher vorgeschlagen, in Ggw. von 5% A. zu arbeiten, die Lsg. 1 Std. vor der Extinktionsmessung auf 30° zu halten u. 50 vol.-%ig. H_2SO_4 zu verwenden. In verschied.

Obstbranntweinen wurde 0,108—1,455 cm^3 I/100 cm^3 A. gefunden. Den geringsten I-Geh. hatten Branntweine, bei deren Dest. die ersten übergehenden Anteile verworfen wurden. Dieses Verf. wird daher empfohlen, um den I-Geh. herabzusetzen. Ein höherer Geh. als 1 cm^3 I/100 cm^3 A. ist bei Branntweinen als unzulässig zu betrachten. (Acta pharmac. jugosl. **1.** 97—110. 1951. Belgrad, Pharmaz. Fak., Inst. für toxikol. Chem.) BECKMANN. 7596

O. Högl, *Untersuchungen an Süßweinen und Mistellen mit papierchromatographischen Methoden.* Zur Unterscheidung der Mistelle von Süß- oder Dessertweinen eignet sich der papierchromatograph. Nachw. von Glycerin. In einfachen Lösungsmittelgemischen, wie z. B. A.–Butanol–W. (1,1 + 4,0 + 1,9), ist bei 4—5 Std. Laufzeit der R_F-Wert von Glycerin mit ca. 0,4 von denjenigen der einfachen Zucker (0,2) stark verschieden. Als Sprühreagens dient ammoniakal. $AgNO_3$-Lösung. Bei Vgl. mit bekannten Glycerinlsgg. gelingt eine Schätzung des Glyceringeh. auf Grund der verschied. Schwärzung mit einer Genauigkeit von ± 1 g/Liter. (Z. Lebensmittel-Unters. u. -Forsch. **95.** 177—79. Sept. 1952. Bern, Eidg. Gesundheitsamt.) KAISER. 7606

Mieczyslaw M. Rosten, St. Catharines, Canada, *Entgasen von alkoholhaltiger vergorener Sulfitablauge* für die Zwecke der Dest. des A. in einer Kolonne. Die alkoholhaltige Ablauge wird am Kopf der Kolonne eingeleitet, wo im oberen Kolonnenteil die Gase von der Fl. getrennt werden. Die gasfreien Alkoholdämpfe werden in dem darunterliegenden Teil der Kolonne abgezogen. — Zeichnung. (**Can. P. 485 389** vom 25/5. 1944, ausg. 5/8. 1952.) M. F. MÜLLER. 7537

Imperial Chemical Industries Ltd., London, England, *Gewinnung von Glycerin* (I) *aus den flüssigen Gärungsrückständen von Kohlenhydraten.* Man konz. die Rückstände u. vermischt sie mit Erdalkalioxyd oder -hydroxyd, worauf man einen einwertigen, mit W. mischbaren Alkohol zusetzt, so daß man eine alkoh. I-Lsg. erhält, aus der I gewonnen werden kann. Die Konz. muß so weit getrieben werden, daß der restliche Wassergeh. geringer ist als die Gesamtmenge aus I u. Alkohol. Die Menge Erdalkaliverb. wird so bemessen, daß eine sahneartige Konsistenz erreicht wird. Bei der Konzentrierung soll die Temp. zwischen 40 u. 80° liegen. (**Dän. P. 73 972** vom 21/2. 1946, ausg. 7/4. 1952. E. Priorr. 9/6. 1941 u. 8/6. 1942.) JÜRGEN SCHMIDT. 7579

Rudolf Reitersmann, Die Frucht-Liköre. Mit besonderer Berücksichtigung der Fruchtsaft- u. Fruchtsirup-Herstellung. Anh. Die Obstbranntweine. 2. Aufl. vollst. neu bearb. von Günter Hartmann. Berlin-Charlottenburg: Knoppke. 1952. (140 S.) 8°. DM 9,60.

XVI. Nahrungs-, Genuß- und Futtermittel.

Ezer Griffiths, *Feuchtigkeitsmessung in Kühlhäusern.* Übersicht über die gebräuchlichen Instrumente zur Messung der relativen Luftfeuchtigkeit bei Tempp. unterhalb 0°, im einzelnen: feuchtes u. trockenes Thermometer, Taupunktshygrometer, Haarhygrometer, elektr. Widerstandshygrometer, Nebelbildungshygrometer u. a. mehr. (Mod. Refrigerat. **55.** 11—12. Jan. 1952.) GERHARD GÜNTHER. 7636

R. Hendry, *Die Regelung des Feuchtigkeitsgehaltes der Luft.* Vf. bespricht den Einfl. des Feuchtigkeitsgeh. der Raumluft bei der Kühllagerung von Lebensmitteln u. anderen Gütern u. behandelt techn. Verff. zur Erhöhung bzw. Erniedrigung der relativen Luftfeuchtigkeit. (Mod. Refrigerat. **55.** 10—11. Jan. 1952. Glasgow, Royal techn. Coll.) GERHARD GÜNTHER. 7636

P. F. Pelshenke und **G. Hampel,** *Stärkezerstörung und „totgemahlene" Mehle.* An Hand von Farinogrammen wird die Wrkg. von Hitzebehandlung des Mehles auf die Teigkonsistenz u. die Wrkg. von Stärkezerstörung durch mechan. Totmahlen gezeigt. Als Maß für die Stärkebeschädigung kann die Amyloseziffer dienen. — 9 Literaturhinweise. (Bakers Digest **26.** Nr. 6. 13—16. 34. Dez. 1952. Detmold, Bundesanst. für Getreideverarbeitung.) HAEVECKER. 7670

Loren B. Smith und **John A. Johnson,** *Die Anwendung von Honig in Kakes und süßen Teigen.* Besprechung der Anforderungen, die Honig für Backzwecke erfüllen muß. Es wird empfohlen, den Honig bei 160° F 30 Min. zu erhitzen, um Festwerden u. Enzymtätigkeit zu verhindern. (Bakers Digest **26.** Nr. 6. 17—22. 34. Dez. 1952. Kansas State Coll.) HAEVECKER. 7674

V. Boudet, *Verhalten der Pektine während der Trocknung von Pflaumen.* Es wurde festgestellt, daß n. abgefallene Früchte reicher an lösl. Pektin sind als abgeschüttelte. Bei rascher Trocknung, d. h. bei Anwendung hoher Tempp., geht der Geh. an lösl. Pektin merklich zurück, während bei langsamer Trocknung unter Einhaltung gewisser Flüchtigkeitsgrenzen eher eine Zunahme stattfindet. Infrarottrocknung befriedigte nicht. (C. R. hebd. Séances Acad. Agric. France **39.** 189—92. 1952.) GRIMME. 7688

K. Täufel und **K. Müller**, *Zur Herkunft der Saccharide im Honig.* In wss. Extrakten von 12 verschied. Pollenarten konnte in jedem Fall Saccharose, in den meisten Fällen auch Glucose u. Fructose papierchromatograph. nachgewiesen werden. Demnach kommen Pollen nicht als Quelle der früher in Honig nachgewiesenen Oligosaccharide in Betracht; vermutlich sind für deren Vorhandensein enzymat. Resynthesen wenigstens zum Teil verantwortlich. (Z. Lebensmittel-Unters. u. -Forsch. **96.** 81—83. Febr. 1953. Potsdam-Rehbrücke, Inst. für Ernährungsforsch.) KRUSEN. 7700

D. W. Grover, *Physikalische Chemie der Pektingeleebildung.* Die Gelierfähigkeit von Pektin wird mathemat. dargestellt in Anlehnung an die jetzigen Vorstellungen über den physikal. Zustand ionisierter Makromoleküle. (Chem. and Ind. **1952.** 1216—17. 13/12. New South Wales, Australia Food School, Dep. of Techn. Educat.) FRESENIUS. 7702

Augusto Bonazzi, *Untersuchungen über die Physiologie des Tabaks.* 5. Mitt. *Beziehungen zwischen Boden und industriellen Qualitäten des gelben, kultivierten Tabaks.* (4. vgl. Rev. Soc. venezolana Química **1.** [1940.] 59.) Vf. untersuchte 18 Zigarettentabake u. die entsprechenden Böden auf ihre Zus. in bezug auf die am C/SiO_2-Verhältnis der Aschen gemessenen Verbrennungsqualitäten der Tabake. Mit Ansteigen der Verhältnisse K_2O/Cl, CaO/MgO, $(Fe_2O_3-CaO-MgO)/K_2O$ u. MgO/Cl nehmen die Verbrennungsqualitäten zu; für Cl/SO_4 gilt das Gegenteil. Bei der Best. des SCHMUCK-Koeff., welcher der Verbrennungsqualität umgekehrt proportional ist, spielt das Fermentationsstadium eine wesentliche Rolle. — 30 Literaturangaben, 7 Tabellen. (Acta ci. venezolana **3.** 14—22. Jan./Febr. 1952. Venezuela, Univ. Centr., Fac. de Ingeniería Agronom.) KRUSEN. 7734

J. Brooks, *Die Feuchtigkeitsregelung bei der Lagerhaltung von Eiern.* Vf. teilt die Bedingungen mit, unter denen Eier normalerweise eingelagert werden, u. bespricht Maßnahmen zur Verminderung des während der Lagerung durch Verdampfung eintretenden Gewichtsverlustes. (Mod. Refrigerat. **55.** 12—13. Jan. 1952. Cambridge, Univ.) GERHARD GÜNTHER. 7754

J. M. Jensen und **G. A. Claybaugh**, *Äthylendiamintetranatriumacetat als Reinigungsmittel.* Auf Glasscheiben wurden auf verschied. Weise Milchfilme angetrocknet. An diesen wurde die Wrkg. von Äthylendiamintetranatriumacetat (I) als Reinigungsmittel im Vgl. zu mehreren alkal. Stoffen u. Polyphosphaten (II) durch maschinelle Waschung erprobt. Der Reinigungseffekt wurde photometr. an Hand der erzielten Lichtdurchlässigkeit der Scheiben bestimmt. **I** u. **II** besaßen prakt. gleich gute Wirkung. Ersatz durch alkal. Stoffe setzte diese herab. **I** u. **II** bewährten sich bei lufttrocknen Milchfilmen in Kombination mit Netzmitteln nach Zusatz von 10% Vollmilch zur Reinigungsflüssigkeit. (J. Dairy Sci. **34.** 865—73. Sept. 1951. Michigan, Agric. Exp. Stat.) FRESENIUS. 7756

Frances S. Yancey und **John E. Faber jr.**, *Wirkung von Alkyldimethylbenzylammoniumchlorid auf einige bovine Mastitis hervorrufende Erreger.* Durch Behandlung der Oberflächen von Molkereigeräten mit wss. Lsgg. von *Alkyldimethylbenzylammoniumchlorid* (I) in Konzz. von 1:1280 bis 1:5120 konnte keine völlige Freiheit von Keimen erzielt werden, die an der Ätiologie der bovinen Mastitis beteiligt sind, nämlich Micrococcus pyogenes var. aureus, Escherichia coli u. Streptococcus agalactiae. Es zeigte sich, daß 5 Sek. dauerndes Eintauchen der Geräte in sd. W. wirksamer ist als 10 Min. dauernde Behandlung mit kalten I-Lösungen. Die an den Oberflächen der Geräte haftenbleibenden I-Mengen wirken nur gegen M. pyogenes bakterizid, nicht gegen E. coli u. S. agalactiae. I kann nur als zusätzliches Desinfektionsmittel nach Behandlung der Geräte mit sd. W. empfohlen werden. — 24 Literaturangaben. (J. Milk Food Technol. **15.** 62—67. März/April 1952. College Park, Univ. of Maryland, Dep. of Bact.) KRUSEN. 7756

E. M. Foster, *Einfluß von Wärme auf Milch als Nährboden für Milchsäurebakterien.* Mehrere Stämme von Milchsäurebakterien wachsen in 15 Min. auf 115° erhitzter Milch besser als in solcher, die 10 Min. auf 80° erhitzt war. Die Theorie, daß durch die hohe Erhitzung eine bes. hitzeresistente, wachstumshindernde Substanz zerstört wird, ist nicht haltbar. Die Verss. zeigen vielmehr, daß die günstige Wrkg. auf das Wachstum auf der Vermehrung des assimilierbaren Stickstoffs durch Abbau des Caseins beruht. (J. Dairy Sci. **35.** 988—97. Dez. 1952. Madison, Wis., Univ. of Wisconsin, Dep. of Bacteriol.) FRESENIUS. 7756

Fred R. Evans und **Harold R. Curran**, *Die Konservierung durch Subtilin und milde Wärme bei normaler und Kondensmilch.* Die Möglichkeit der Haltbarmachung von Milch u. Kondensmilch als Konserven mit dem *Subtilin*-Wärmeverf. wurde erprobt. Vollmilch wurde mit Sporen von Aerobiern u. Anaerobiern angeimpft u. mit Subtilin versetzt. Dann wurde für 10—13 Min. auf 100° C erhitzt. Bei einer Aufbewahrung während 5 Monaten bei 30° verdarben mehrere Proben. Bei einer Aufbewahrung über 3 Monate war eine hohe Subtilinzugabe nicht in der Lage, Verderbnis zu verhüten, wenn viel Impfmaterial verwendet wurde (Bact. subtilis). Ebensowenig vermochte das Verf. Clostridium botulinum sicher abzutöten, u. bei seinem Vorhandensein muß bei mehrmonatiger Aufbewahrung mit der Ggw. von Toxin in der Milch gerechnet werden. Bei Verss. mit Vollmilch ohne Beimpfung mit Hitzebehandlung bei 100° u. Subtilinzusatz blieben die meisten Proben während 5—8 Monaten bakteriol. unverändert. Bei Erhitzung auf weniger als 100° hatte Subtilinzusatz keinen Erfolg. (J. Dairy Sci. **35.** 1101—06. Dez. 1952.) FRESENIUS. 7756

A. H. Rishoi, *Das thermische Verhalten von Milchfett in schnellgekühltem Rahm.* Die Kristallisationswärme von Milchfett in Winterrahm bei Schnellkühlung von 30° auf 0,08—29,8° wird bestimmt zu 18,7—0 cal/g. Die Werte für Sommerrahm liegen ca. 2 cal/g tiefer. Ca. 95% der Wärme werden innerhalb 3 Std. frei. In der Grenze zwischen 0—12° werden wenigstens 50% der Wärme innerhalb weniger Sek. frei. (J. Dairy Sci. **35.** 1125—29. Dez. 1952. Chicago, Ill., Cherry-Burrell Corp.) FRESENIUS. 7756

G. N. Trout und **B. R. Weinstein,** *Halbundhalb homogenisierte Milch. Wirkung von Veredlungsfaktoren und zugefügten Milchpulvern auf Geschmack und Viscosität.* 128 Proben von halbundhalb homogenisierter Milch (I) wurden hinsichtlich der Veredlungsverff. auf Viscosität u. Geschmack untersucht. Es ergab sich keine merkliche Beziehung der Pasteurisiertempp. zur Viscosität des Endprod., jedoch ist für die Veredlung eine Temp. von 160° F wünschenswert. Bei einem Geh. von 12% Fett in der I lassen sich mit einstufiger Homogenisierung verschied. Grade der Fettklumpung erzielen. Dadurch erhält man höhere Anfangs- u. Endviscositäten als beim zweistufigen Verfahren. Diese Veredlung gewährleistet ein Prod. von einheitlicher Viscosität. Der Zusatz von fettfreier Trocken-I, Kondensmager-I u. lösl. gemachtem Vollmilcheiweiß erhöht merklich die I-Viscosität, das letztere mehr als fettfreie Trocken-I. Gleichzeitig nimmt die Schmackhaftigkeit zu. (Dairy Wld. **31.** Nr. 6. 27—29. Juni 1952. Michigan State Coll., Dep. of Dairy.) FREYTAG. 7756

J. Tobias, R. M. Whitney und **P. H. Tracy,** *Elektrophoretische Eigenschaften von Milcheiweiß. 1. Mitt. Herstellung von Magermilch für elektrophoretische Versuche.* Die elektrophoret. Eigg. einer auf 300° F erhitzten Magermilch änderten sich innerhalb 14 Tagen nicht. Aufbewahrung bei Eisbadtemperatur. Für frische Magermilch, die 3 Tage ebenso aufbewahrt wurde, gilt das gleiche. Der Einfl. der Dialysendauer wird mit Puffern zwischen p_H 8,7 u. 2,2 ermittelt. Die elektrophoret. Beweglichkeit bei doppelter Dialyse mit MICHAELIS-Puffer p_H 6,8 ist etwas größer als bei einfacher. Der Fettgeh. der verwendeten Magermilch lag unter 0,09%. Der Einfl. von Fett ist analog den Feststellungen von LONGSWORTH u. Mitarbeitern. (J. Clin. Invest. **24.** [1945.] 46). (J. Dairy Sci. **35.** 1026—35. Dez. 1952. Urbana, Ill., Univ. of Illinois, Dep. of Food Technol.) FRESENIUS. 7756

J. Tobias, R. M. Whitney und **P. H. Tracy,** *Elektrophoretische Eigenschaften von Milcheiweiß. 2. Mitt. Einfluß der Erhitzung auf 300° F mit dem Mallorizer auf Magermilchproteine.* (1. vgl. vorst. Ref.) In mit verschied. Pufferlsgg. verd. Magermilch werden bei p_H 8,7, 5,6 u. 2,2 die elektrophoret. Beweglichkeiten bestimmter Eiweißarten ermittelt. Es wird festgestellt, welche Veränderungen durch die Milcherhitzung auf 300° F eintreten. (J. Dairy Sci. **35.** 1036—45. Dez. 1952. Urbana, Ill., Univ. of Illinois, Dep. of Food Technol.) FRESENIUS. 7756

N. Petersen, *Kann chemische Säuerung und Aromatisierung feinste Butter ergeben?* Vf. berichtet über holländ., schwed. u. dän. Staatsversuche. Diesen Verss. zufolge ist es möglich, durch chem. Säuerung u. Aromatisierung eine Butter (I) herzustellen, die qualitätsmäßig der mittels Säureweckerkulturen hergestellten I gleichkommt u. infolge des niederen Säuregrades sogar eine höhere Haltbarkeit aufweist. (Fette Seifen einschl. Anstrichmittel **54.** 280—82. Mai 1952. Kiel.) WINIKER. 7758

Nis Petersen, *Haltbarer Hartkäse ohne Rinde.* Vf. berichtet über schwed. Verss. u. Erfahrungen unter besonderer Berücksichtigung des FEROS-Verf., bei dem die frühere Käserinde durch Pliofilm ersetzt wird. (Molkerei-Ztg. **7.** 579—80. 21/5. 1953. Kiel.) WINIKER. 7760

K. Nehring, *Die Gärfutterbereitung der wichtigsten Zwischenfrüchte und des Rübenblattes.* Behandelt wird die Einsäuerung von Raps- u. Rübsenzwischenfrucht, Futterroggen, Wickroggen, Landsberger Gemenge (Gemenge aus Inkarnatklee, Vicia villosa u. Weidelgras), Senf, Sonnenblumen, Gärfuttermais, Leguminosen, Süßlupinen, Serradella, Rotklee, Markstammkohl, Zuckerrüben- bzw. Futterrübenblatt, Wrukenblatt. Angaben über die Zus. derartiger Gärfuttergemische sowie ihren Futterwert für die Schweinemast. (Dtsch. Landwirtsch. **3.** 469—74. Sept. 1952. Rostock, Univ., Inst. für Agrikulturchemie.) WINIKER. 7782

Matti Kreula, *Über die Faktoren, die die Qualität des AIV-Futters beeinflussen.* Es wurden 1583 Proben Silofutter untersucht, die nach dem AIV-Verf. in Finnland 1950 hergestellt waren. Die p_H-Best. mit Bromphenolblau-Indicatorpapier zeigte eine prakt. genügende Übereinstimmung mit den elektrometr. ermittelten Werten; bei p_H unter 3,5 wurden etwas zu hohe Werte gefunden. 85% der Proben waren genügend sauer, p_H bis 4. Der Geh. an Trockensubstanz in % u. der p_H-Wert betrugen bei der Silage aus verschied. Material im Mittel: Klee 24,6%, 3,77; Timothee-Klee 24,0%, 3,64; Kartoffelkraut 23,1%, 3,23; Grünfutter 22,4%, 3,43; Rübenblatt 22,4%, 3,51; blattreiche Futterrübe 20,9%, 3,21. — Eine zu reichliche Anwendung von Säure beim Silieren wurde hauptsächlich bei wasserreichem Material festgestellt, bes. blattreichen Futterrüben, Grünfutter, Rübenblatt u. Kartoffelkraut. Bei proteinreichen Futtermitteln, bes. Klee, wurde gelegentlich zuwenig Säure angewendet. — Die Verteilung der Säure in der Silage war im allg. gut; in der äußeren Oberflächenschicht wurden etwas erhöhte p_H-Werte gefunden, in der Bodenschicht war der Säuregrad relativ am höchsten, bes. bei blattreichen Futterrüben. — Zwischen Trockensubstanzgeh. u. p_H des AIV-Futters scheinen keine Beziehungen zu bestehen. (Karjatalous **28.** 406—09. 12/9. 446—48. 26/9. 498—502. 24/10. 1952. Helsinki, Valio Labor.) BECKMANN. 7782

Joh. Jespersen und **Villy E. H. Hansen**, *Versuche mit proteinreichen Kraftfuttermitteln als Ersatz für Magermilch im Futter von Schlachtschweinen.* Es werden umfangreiche Fütterungsverss. mit Schweinen beschrieben, bei denen die Magermilch ganz oder teilweise ersetzt wurde durch proteinreiche Handelsfuttermittel, wie Sojabohnenschrot, Leinkuchen u. -schrot, Erdnußschrot, Lupinenschrot, Trockenhefe, Fischmehl, Heringsmehl u. Fleischknochenmehl. Der Nährstoffgeh. dieser Futtermittel sowie deren Einfl. auf die Ausnutzung gleichzeitig gegebener anderer Futtermittel ist je nach der Herst. oft beträchtlichen Schwankungen unterworfen. — 235 Seiten Tabellen mit Futtermittelanalysen u. Versuchsprotokollen. (Beretn. Forsøgslab. [Statens Husdyrbrugsudvalg] **1953.** Nr. 264, 1—354. Kopenhagen.) BECKMANN. 7786

K. Funk und **J. Weniger**, *Untersuchungen über die Verwertung von Rübensamenabfällen durch Wiederkäuer.* In Verdauungsverss. an Hammeln wurde festgestellt, daß die bei der Aufbereitung mehrkeimigen Saatgutes in einkeimiges anfallenden 40% Abfälle für Wiederkäuer nur ein sehr bedingt brauchbares Futtermittel darstellen, da der für den hohen Rohfasergeh. ermittelte Verdauungswert (4,9) sehr tief liegt. Eine Verwendung von Rübensamenabfällen als Melasseträger (Ballastfutter) in der Rinderfütterung wird erwogen. (Arch. Tierernähr. **2.** 257—62. Jan./Febr. 1952. Halle-Wittenberg, Martin-Luther-Univ., Inst. für Tierzucht.) C. VOGEL. 7786

M. Witt, *Versuche über die Zufütterung von Trockenschnitzeln auf der Weide.* In Verss. an 34 Kühen mit mittleren u. hohen Leistungen wurde festgestellt, daß durch Zufütterung von 2—3 kg Trockenschnitzeln auf der Weide die Milchmenge um ca. 1 kg erhöht wurde, während der Fettgeh. um 0,10% niedriger lag. Da diese Ergebnisse vorerst eine Bedeutung für ganz bestimmte Weidetypen haben, bleibt zu überprüfen, ob man ähnliche Ergebnisse auf sehr intensiv gedüngten Weiden mit kurz gehaltenem Grasbestand erzielt. (Arch. Tierernähr. **2.** 240—56. Jan./Febr. 1952. Mariensee/Trenthorst, Max-Planck-Inst. für Tierzucht u. Tierernährung.) C. VOGEL. 7786

Karl Schmorl und **Karl-Achim Schmorl**, *Zur Frage der Wasserbestimmung.* Überblick über die verschied. für die Feuchtigkeitsbest. von Getreide zur Verfügung stehenden Methoden. — 8 Literaturhinweise. (Müllerei **6.** 261—62. 9/5. 1953.) WINIKER. 7796

Emil Molinari und **Josef Marek**, *Über die Zügigkeit der Tabakfabrikate und ihre Abhängigkeit vom Feuchtigkeitsgehalt.* Beschreibung einer einfachen App. (1 Schema, 1 Abb.) zur zahlenmäßigen Ermittlung der Zügigkeit von Tabakfabrikaten. Letztere nimmt mit steigendem Feuchtigkeitsgeh. ab. (Fachl. Mitt. österr. Tabakregie **1952.** 17—21. Okt.) WINIKER. 7836

Paul Simonart, Kwang Yu Chow und **Jean Huberlant**, *Ein einfaches Verfahren zur Prüfung auf Phosphatase.* Man taucht einen Streifen Filterpapier in eine Lsg. von Phenolphthaleinphosphat (1‰), legt ihn nach dem Abtropfen auf einen Objektträger, taucht einen 2. Filterpapierstreifen in die zu untersuchende Milch, legt ihn nach dem Abtropfen auf einen 2. Objektträger, setzt beide Streifen mit den Objektträgern den Dämpfen einer konz. NH_3–Wasser-Lsg. aus, drückt die beiden Filtrierstreifen mit Hilfe von Gummischnüren, die um die Objektträger gelegt werden, aneinander, setzt sie in einem Wärmeschrank einer Temp. von 50—55° aus u. wartet ab, ob in einer Zeit von wenigen Sek. bis zu 10 Min. eine Rosafärbung auftritt. Eine Blindprobe wird in gekochte Milch getaucht u. in der gleichen Weise behandelt; sie bleibt farblos, sofern die Phenolphthaleinphosphatlsg. nicht zu alt ist. Die Geschwindigkeit des Auftretens der Rosafärbung u. deren Stärke sind proportional der anwesenden Menge Phosphatase. (Agricultura [Louvain] **49.** 180—85. Dez. 1951.) WESLY. 7856

Siegfried Windisch, Tornesch (Holst.), *Eiweißgewinnung* durch Verwendung von Mikroorganismen der Gattung *Monilia* als Eiweißbildner in kohlenhydrathaltigen Lsgg., bes. Holzzuckerwürzen u. Sulfitablaugen. (**D. R. P. 752 226** Kl. 6b vom 26/11. 1938, ausg. 1/12. 1952.) KETTNER. 7647

Brotary Nahrungsmittel-Erzeugung und Vertrieb G. m. b. H., Hamburg (Erfinder: **Franz Böhm**, Detmold), *Nährmittel*. Getreide, bes. Weizen u. Roggen, wird mit einem Feuchtigkeitsgeh. nicht <16 % durch mehrere Min. dauernde Einw. von hochgespanntem Dampf unter gleichzeitiger Einführung von Feuchtigkeit auf mindestens 80°, bes. 85—98°, Korntemp. gebracht, rasch abgekühlt u. getrocknet. (**D. B. P. 861 962** Kl. 53k vom 2/10. 1948, ausg. 8/1. 1953.) KRANZ. 7665

Research Association of British Flour Millers, St. Albans, England, *Lipase-Inaktivierung bei Cerealien* durch Behandlung von mit einer sauren durchdringbaren Schicht umgebenem Korn, indem das Korn bei n. Temp. einer wss. sauren Lsg. von einem p_H <7 bis zu 20 Min. ausgesetzt wird. (**D. B. P. 865 856** Kl. 53c vom 13/10. 1951, ausg. 5/2. 1953. E. Priorr. 17/10. 1950 u. 7/3. 1951.) MAASS. 7665

Albert Green, Cambridge, England, *Anreichern von Nahrungs- und Futtermitteln* mit Aufbau- u. Wirkstoffen (I). Wss. Lsgg. oder Suspensionen verschied. I, bes. Aminosäuren, Metallsalze u. Vitamine, werden mit einem aus Getreide- oder Hülsenfruchtmehl oder Stärke bestehenden Adsorptionsmittel innig gemischt u. zu Pulver zerstäubt. — Vorrichtung. (**D. B. P. 854 149** Kl. 53k vom 1/1. 1949, ausg. 30/10. 1952. E. Priorr. 3/11. 1943 u. 17/1. 1944.) KRANZ. 7671

Hoffmann's Stärkefabriken Akt.-Ges. (Erfinder: **Robert Krecke**), Bad Salzuflen, *Gewinnung von Reiskleber*. Die den Reiskleber gelöst enthaltenden alkal. Laugen werden auf 40° erwärmt u. bei dieser Temp. absitzen gelassen. Aus den geklärten Laugen wird der Kleber ausgeflockt, gegebenenfalls erneut alkal. gelöst u. wieder ausgeflockt. (**D.B.P. 868 104** Kl. 53i vom 5/12. 1940, ausg. 23/2. 1953. **Zusatz zu D.R.P. 739 002; C. 1943. II. 2021.**) KRANZ. 7687

Daniel S. Fernandes, Paramaribo, Holl. Westindien, *Erhaltung des Vitamingehaltes bei der Aufbereitung von rohem Reis* durch Ausbreiten in einer dünnen Schicht u. Befördern der Reiskörner durch langsam fortschreitende, rollende Bewegung, Diffundieren der in der Silberhaut, den äußeren Zellschichten u. den Keimen enthaltenen Vitamine in die Kerne mittels den n. Druck nicht wesentlich überschreitenden Dampfes bei ca. 100°, wobei durch das anfallende Kondensat die Körner mit W. gesätt. u. durch die Gelatinierung der Stärke in den Kernen die Vitamine fixiert werden. Anschließende Trocknung der Reiskörner bei n. Druck u. mäßiger Temperatur. — Vorrichtung. (**A. P. 2 592 407** vom 29/3. 1950, ausg. 8/4. 1952. Holl. Prior. 9/9. 1948.) MAASS. 7687

General Foods Corp., New York, N. Y., übert. von: **Charles W. Kaufmann**, Tenafly, und **Charles B. de Maya**, Allendale, N. J., V. St. A., *Cocosnußpräparat* für die Verwendung in Back- u. Süßwaren. Durch Zusatz von gereinigtem Propylen- u. Butylenglykol kann der Wassergeh. des Nußfleisches auf >5 % gehalten werden, ohne daß das Prod. bei der Lagerung verschimmelt. (**A. P. 2 615 812** vom 12/10. 1950, ausg. 28/10. 1952.) KRANZ. 7689

Donald K. Dressler, Westport, Conn., V. St. A., *Fruchtschaummasse*, bes. zum Füllen von Konditoreiwaren. Eine aus Milchpulver, Gelatine, Zucker, Trockenfruchtpulver u. Irishmoosextrakt oder einem anderen Bindemittel, wie Traganth oder Alginat, z. B. im Mengenverhältnis von 10:10:50:30:1 hergestellte Trockenmischung wird mit W. suspendiert auf 100° erhitzt, abgekühlt u. aufgeschlagen. (**A. P. 2 588 308** vom 23/8. 1949, ausg. 4/3. 1952.) KRANZ. 7705

Soc. d'Électro-Chimie, d'Électro-Métallurgie et des Aciéries électriques d'Ugine, Paris (Erfinder: **Marcel Mouton**, Saint-Dié), Frankreich, *Desodorisieren und Entfärben von schleim- und gerbstoffhaltigen Stoffen* (I). Die I, z. B. Algen, werden in einem nicht völlig aufgelösten Zustand, der durch Einstellung auf ein bestimmtes p_H oder durch Zusatz von unlösl. Verbb. bildenden Salzen erreicht wird, mit einem Bleichmittel, bes. einem Chlorit, behandelt. (**D. B. P. 860 598** Kl. 53k vom 16/5. 1950, ausg. 22/12. 1952. F. Prior. 9/6. 1949.) KRANZ. 7709

Max Erich Schulz und Hans Mehlhose, Bearb.: Molkerei-Lexikon. Milchwirtschaft von A—Z. Chemisch-bakteriolog. Wörterbuch, zusammengefaßt mit dem molkereitechn. Auskunftsbuch. Neu bearb. 3. Aufl. Kempten (Allgäu): Verl. Dt. Molkerei-Ztg. 1952. (744, 28 S.) 8°. DM 28,—.

XVII. Fette. Seifen. Wasch- und Reinigungsmittel. Wachse. Bohnermassen usw.

Phillips Petroleum Co., übert. von: **Arnold L. Ayers**, Bartlesville, Okla., V. St. A., *Raffinieren fetter Öle*. Miscella (I) wird 5—30, bes. 5—10, Min. bei 0—30° mit einer Lsg. von 0,02—5 g NaOH pro 100 g I in 75—100 %ig. A. raffiniert. — Zeichnung. (**A. P. 2 614 111** vom 4/1. 1949, ausg. 14/10. 1952.) LÜTTGEN. 7875

Armour & Co., übert. von: **Charles E. Morris** und **Frank P. Khym**, Chicago, Ill., V. St. A., *Abtrennen von Ni-Katalysatoren aus hydriertem Öl.* Man mischt das Öl mit Bleicherde u. H_2SO_4 oder H_3PO_4 u. filtriert. (**A. P. 2 602 807** vom 26/12. 1945, ausg. 8/7. 1952.) LÜTTGEN. 7881

Allied Mills, Inc., übert. von: **Philip A. Singer** und **Harold J. Deobald**, Peoria, Ill., V. St. A., *Vorbehandlung von Sojabohnen* (I). Um eine schnellere u. bessere Extraktion des Öles zu erhalten, werden die I nach dem Zerkleinern u. Abtrennen der Hülsen, Einstellen des Wassergeh. auf 10—12% u. Erwärmen auf 150—175° F in einheitlich dicke u. große Flocken übergeführt. (**A. P. 2 609 299** vom 27/9. 1949, ausg. 2/9. 1952.) LÜTTGEN. 7895

California Research Corp., San Francisco, übert. von: **Bruce W. Hotten**, Richmond, Calif., V. St. A., *Herstellung komplexer Al-Seifen* mit mindestens 2 ungleichen organ. Anionen. — Man löst z. B. 13,5 (Teile) Handelsstearinsäure (40% Geh. an Palmitinsäure) u. 10 Azelainsäure in 400 W. bei 180° F, gibt diese Lsg. unter Rühren langsam zur Lsg. von 24,9 $Al_2(SO_4)_3 \cdot 18 H_2O$ in 300 W. bei gleicher Temp., filtriert, wäscht durch starkes Rühren mit viel W., wiederholt dies 3mal, bis SO_4''-Rk. nur noch schwach ist, trocknet bei 210—250° F, pulvert u. gibt *Al-Azelat-Stearat* durch ein 60-Maschensieb. Weitere Beispiele für Herst. von: *Al-Toluat-Stearat, Al-Benzoat-Stearat, Al-Benzoat-12-Oxystearat, Al-Benzoat-Naphthenat, Al-Benzoat-Alkylbenzolsulfonat, Al-Benzoat-Phosphat-Stearat, Al-Alizarinat-Stearat.* „Flatting agents" für Überzüge, Reinigungs-, Emulgiermittel, wasserabstoßende u. fungistat. wirkende Stoffe für Textilien, Härte- u. Verdickungsmittel für Farben u. Tinten. (**A. P. 2 599 553** vom 17/2. 1950, ausg. 10/6. 1952.) MÜLLER-MEININGEN. 7911

Henkel & Cie. G. m. b. H. (Erfinder: **Paul Schulz**), Düsseldorf, *Seifenhaltiges Waschmittel*, gek. durch den Geh. an heißwasserlösl. Methylcellulosen. (**D. B. P. 864 595** Kl. 23e vom 9/5. 1939, ausg. 26/1. 1953.) LÜTTGEN. 7913

Willy Weiß, Hamburg, *Pulverförmige Wasch- und Reinigungsmittel.* Wss. Lsgg. waschakt. Stoffe werden mit Verdickungsmitteln verdickt, zu Schaum geschlagen, mit Soda u. gegebenenfalls anderen üblichen Zusätzen vermischt nach dem Sprüh- oder Tennenverf. in Pulver übergeführt. (**D. B. P. 864 596** Kl. 23e vom 21/2. 1951, ausg. 26/1. 1953.) LÜTTGEN. 7913

Procter & Gamble Co., Ivorydale, übert. von: **Charles E. Wheelock**, Cincinnati, O., V. St. A., *Waschmittel*, gek. durch einen Geh. von 0,0005—0,25% an opt. Aufhellern, z. B. 4-Methyl-7-aminocarbostyril oder 4-Methyl-7-oxycarbostyril. (**A. P. 2 616 855** vom 15/1. 1948, ausg. 4/11. 1952.) LÜTTGEN. 7913

Scottish Oils Ltd., Glasgow, England, *Reinigungsmittel.* Man behandelt die von 270—360° sd. Fraktion eines Schieferöls mit 96—100%ig. H_2SO_4, neutralisiert das aus Alkylschwefelsäuren u. Dialkylsulfaten bestehende Reaktionprod. mit Alkalien u. mischt die entstandenen, in W. schwerlösl. Salze mit Füllstoff, z. B. Kieselgur, u. gegebenenfalls Spindelöl. (**Schwz. P. 283 056** vom 15/9. 1949, ausg. 1/9. 1952. E. Prior. 15/9. 1948.) LÜTTGEN. 7913

California Research Corp., San Francisco, übert. von: **William H. Claussen**, Berkeley, Calif., V. St. A., *Reinigungsmittel*, bestehend aus sulfonierten Phenylalkanen (I). Man geht zur Herst. von I von Crackpetroleum (Kp. 300—600° F) aus, das über Silicagel geleitet wird, wobei nur die Fraktion mit steigender Bromzahl zum Alkylieren von Bzl. verwendet wird. (**A. P. 2 597 834** vom 18/10. 1947, ausg. 20/5. 1952.) LÜTTGEN. 7913

Badische Anilin- & Soda-Fabrik, Ludwigshafen/Rh. (Erfinder: **Hans Eckoldt**, Leverkusen), *Capillarwirksame Stoffe.* Man kondensiert KW-stoffe mit SO_2 u. Cl_2. Zu den entstandenen Sulfochloriden gibt man während oder nach ihrer Verseifung reduzierend wirkende Stoffe (I), wie Formaldehydsulfoxylat, Hydroxylamin, Hydrazin, Arylhydroxylamine, -hydrazine, organ. Sulfinsäuren. Zweckmäßig setzt man dem zur Verseifung verwendeten Alkali 0,2—2% I zu. — Das aus einer bei 230—350° sd. Erdölfraktion aus rumän. Erdöl unter Bestrahlung mit einer Hg-Dampflampe mit $SO_2 + Cl_2$ gewonnene Sulfochlorid (ca. 6% Cl) wird mit Na_2CO_3, W. u. Na-Hyposulfit bei 85—90° verseift; man erhält nach dem Trocknen auf einem Walzentrockner ein helles, in W. klar lösl., beständiges Sulfonat. In weiteren Beispielen werden als Ausgangsstoffe ein Druckhydrierungsprod., Kp. 180—300°, bzw. ein nachhydriertes Schwelprod. aus Braunkohle, Kp. 250—370°, verwendet, die ebenfalls helle beständige *Sulfonate* liefern. — *Wasch-* u. *Reinigungsmittel.* (**D. B. P. 863 051** Kl. 12o vom 22/2. 1942, ausg. 15/1. 1953.) KRAUSS. 7913

XVIIIa. Holz. Cellulose. Zellstoff. Papier. Papierdruck. Celluloid. Linoleum.

Alfred J. Stamm, *Neuerliche Fortschritte in der Holzchemie.* Kurze, allgemeinverständliche Darst. der Kenntnisse von dem übermol. Aufbau der Cellulose. (Paper Ind. **34.** 1233—34. Jan. 1953. U. S. Forest Products Labor.) WERGIN. 7952

Julius Herzig, *Tränkversuche an saftfrischen bis lagertrockenen Fichtenmastenabschnitten mit verschiedenen Tränkflüssigkeiten und Tränkverfahren als Funktion der Lagerzeit.* Beschreibung der Tränkverss. an saftfrischen u. lagertrockenen Fichtenmasten mit *Basilit UA normallösl.* u. *Steinkohlenteer-Imprägnieröl.* Schutzmittelaufnahme u. Eindringtiefe wachsen bei Anwendung von Cr–As-Salz mit abnehmender Holzfeuchtigkeit, während die von Steinkohlenteerimprägnieröl mit sinkendem H_2O-Geh. abnehmen. Im lagertrockenen Holz übertrifft die Eindringtiefe des Basilits UA die des Steinkohlenteeröls. Eindringtiefe u. Aufnahme hängen mehr von der Höhe der Holzfeuchtigkeit als Darrgewicht des Holzes ab. Bereits zwischen 50—75% Holzfeuchtigkeit setzt der Verschluß der Hoftüpfel ein, wodurch das Eindringen öliger Schutzmittel erschwert wird. (Holz Roh- u. Werkstoff **11.** 60—64. Febr. 1953. Bochum-Gerthe, Bergbau Akt.-Ges. Lothringen.) SEIFERT. 7952

Sven Rydholm, *Die Verätherung der Cellulose.* 2. Mitt. *Die Reaktionsfähigkeit von Natriumcupricellulose.* Verss. haben gezeigt, daß die Struktur der Na-Cupricellulose (**I**) gleicher Art ist wie die der Alkalicellulose. Reaktionsfähig sind alle 6 OH-Gruppen mit dem Cupriion, jedoch ist nur jede zweite OH-Gruppe in 3 Stellung zur Komplexbldg. befähigt. Die zugänglichen OH-Gruppen reagieren alle mit derselben Geschwindigkeit. Bzgl. der Verätherbarkeit von **I** bestehen mit der der Alkalicellulose Analogien. Eine Strukturformel für den Cuoxam–Cellulose-Komplex wird gegeben. (Svensk Papperstidn. **55.** 661—64. 15/9. 1952. Svenska Cellulosa AB.) P. ECKERT. 7970

W. Gilmour, *Die Beziehung der Fasereigenschaften auf die Herstellung von Stroh- und Espartopapieren.* Esparto- u. Strohfasern enthalten bis 20% Pentosane, die durch zu starkes Kochen leichter angegriffen werden u. dadurch Ausbeute u. Güte des Papiers beeinflussen. Bei Esparto verbinden sich die nichtfaserigen Anteile zum größten Teil schon bei niederer Temp. mit Alkali, so daß die Fasern weniger als beim Stroh angegriffen werden, wo die Entkrustung schärfere Bedingungen erfordert. Um Papier zu erhalten, das dem aus Holzzellstoff entspricht, sind aber noch weitere Unterss. nötig. (Paper-Maker Brit. Paper Trade J. **1952.** Jahresnummer 28—29.) H. BECKER. 7974

G. G. Sutaone, *Analyse von Sulfatschwarzlauge.* Für die schnelle Best. von C u. S in Sulfatschwarzlaugen eignet sich die PARR-Peroxydbombe. In dieser wird das getrocknete Schwarzlaugenmuster nach der Umwandlung des C in Na_2CO_3 u. des S in Na_2SO_4 mit Na_2O_2 verschmolzen. Die Best. des C erfolgt durch potentiometr. Titration als Na_2O_2, die des S durch die gravimetr. Standardmeth. als $BaSO_4$. Bei genauer Einhaltung des vom Vf. beschriebenen Verf. ergeben sich genügend genaue u. reproduzierbare Werte, so daß die Meth. für die laufende Kontrolle in Papierfabriken gut geeignet ist. (Pulp Paper Mag. Canada **53.** 171—74. 1952. Canada Paper Comp.) HEINRICHS. 8006

C. A. Redfarn und **D. Ray Newton**, *Über eine Äthoxylbestimmung an Äthylcellulose.* Eine Reihe von Bestimmungen, die in einer ZEISEL-App. mit Glasverbb. nach *B. S. 572/1934* durchgeführt wurden, ergaben immer wechselnde u. zu niedrige Resultate. Bei Verwendung der früher üblichen Gummiverbb. konnten einwandfreie Ergebnisse erzielt werden. Die von *B. S. 572/1934* vorgeschlagenen Glasverbb. sind also für quantitative Bestimmungen nicht gasdicht genug. (Chem. and Ind. **1952.** 404. 3/5.) ROSSOW. 8008

Chemische Fabrik Isopyr G. m. b. H., Hamburg, Deutschland, *Gleichzeitiger Schutz von Holz gegen Schädlinge, bakterielle Erkrankungen und Feuer.* Man imprägniert das Holz mit einem Mittel, das erhalten wird durch Zusammenmischen von drei gesondert hergestellten wss. Lssg. A, B u. C. A = Lsg. von Borax, Borsäure u. Hg-Verb., bes. $HgBr_2$, erhalten bei ca. 80°. B = Lsg. von Benzoesäure u. Salicylsäure, erhalten bei ca. 100°. C = Lsg. von NH_4Br u. Carbolsäure, kalt erhalten. A u. B werden heiß mit der kalten Lsg. C vermischt. (**Finn. P. 26 048** vom 13/7. 1951, Auszug veröff. 29/11. 1952, D. Priorr. 13/7. 1950 u. 15/6. 1951.) JÜRGEN SCHMIDT. 7953

American Viscose Corp., Philadelphia (Erfinder: **Frank Hartranft Reichel**, Villanova), Pa., V. St. A., *Herstellung wasserlöslicher Celluloseäther*, z. B. *Oxäthylcellulose*, durch Verätherung von Cellulose in Ggw. von NaOH. Nach beendeter Rk. neutralisiert man mit gasförmiger Säure oder einem gasförmigen Säureanhydrid (CO_2) u. trocknet. (**D. B. P. 869 946** Kl. 12o vom 17/8. 1940, ausg. 9/3. 1953. E. Prior. 24/8. 1939.) FABEL. 7971

American Cyanamid Co., New York, N. Y., übert. von: **John H. Daniel jr.**, **Randall Hastings**, Stamford, **Lucius H. Wilson**, Greenwich, und **Chester G. Landes**, New Canaan,

Conn., V. St. A., *Imprägnieren und Überziehen von Zellstoffasern mit hydrophoben Mitteln* (Wachsen, Bitumen, Harzen, Kautschuklatices, thermoplast. u. wärmehärtbaren Kunstharzen). Um 50—100 (%) des Mittels fest an die Faser zu binden, werden bei einer Stoffdichte von 0,5—6 V 1—20 (vom Gewicht des Mittels) eines hydrophilen, kation. Harzes aus einem Alkylenpolyamin u. Epichlorhydrin zugesetzt. Es wird mindestens 30 Min. bei p_H 3—8, bes. 6,5—7, gerührt u. eine wss. Dispersion des Mittels zugesetzt, das durch kation. Harz ausgeflockt wird. Zweckmäßig wird noch ein Emulgiermittel verwendet. — Tabellen u. 6 Beispiele für viele Imprägniermittel u. Alkylenpolyamine. (**A. P. 2 601 597** vom 6/9. 1946, ausg. 24/6. 1952.) G. VOGEL. 7987

Böhme Fettchemie G. m. b. H. (Erfinder: **Walter Kling** und **Hans Markert**), Düsseldorf, *Tintenfestmachen von Papier*. Ungeleimtes oder schwach geleimtes Papier wird mit 2—5‰ig. Lsgg. von Stoffen, die hydrophobe, wasserabstoßende, Reste, bes. lange aliphat. Ketten, u. außerdem Atome oder Atomgruppen enthalten, die sich mit Cellulose unter Bindung des hydrophoben Restes an die Faser umsetzen, in organ. Lösungsmitteln behandelt u. vorzugsweise bei erhöhter Temp. getrocknet. Beispiele für Lsgg. für Kupfertiefdruckpapier: 2 g Montanylisocyanat in 1 Liter CCl_4 oder 5 g Octadecyloxymethyloctadecyldimethylammoniumchlorid in 1 Liter Trichloräthylen. (**D. B. P. 869 005** Kl. 55f vom 2/10. 1942, ausg. 2/3. 1953.) G. VOGEL. 7987

Riegel Paper Corp., New York, N. Y., übert. von: **Jacob I. Fisher** und **George C. Borden jr.**, Easton, Pa., V. St. A., *Mehrfachpapier*, bes. zum Verpacken von Lebensmitteln. Durchsichtiges Papier wird mit gleichem, anderem Papier oder einer Folie durch eine M. verbunden, die einseitig als heiße Schmelze auf eine Bahn des durchsichtigen Papiers aufgetragen wird. Die M. besteht aus 76—83 (Teilen) eines amorphen (mikrokrist.) Petroleumwachses, 12—19 eines stabilisierten, z. B. polymerisierten oder hydrierten, Harzes, 2,5—3 eines fl. Polybutens als Weichmacher u. 2—2,5 eines nicht ganz gesätt. Mischpolymerisates aus Isobutylen u. einem Olefin mit konjugierten Doppelbindungen. (**A. P. 2 610 939** vom 26/12. 1946, ausg. 16/9. 1952.) G. VOGEL. 7987

R. H. Comey Co., Inc., Brooklyn, übert. von: **Henry B. Hope**, Mount Vernon, N. Y., V. St. A., *Aufarbeitung von Wachspapier*. Geschnitzeltes Papier wird zuerst 5 Min. bis 5 Std. bei ca. 100° in einer wss. Lsg. eines organ. Netz- u. Waschmittels digeriert, die 0,4—1,9% Alkylsulfonat oder Alkylarylsulfonat als Alkalisalz enthält u. mit einer starken Säure auf p_H ca. 1,3—2 eingestellt ist. Der größte Teil des Wachses (Paraffin) wird oben abgeschöpft, das Papier entfernt u. in einem zweiten Bad 10—15 Min. bei 70° mit einem Gas entwickelnden Bleichmittel, z. B. $NaClO_2$, behandelt. Es wird nun das restliche Wachs abgeschöpft u. das Papier gewaschen. — Beispiele. (**A. P. 2 614 922** vom 13/11. 1947, ausg. 21/10. 1952.) G. VOGEL. 7987

Columbia Ribbon & Carbon Mfg. Co., Inc., Long Island, N. Y., V. St. A. (Erfinder: **D. A. Newman**), *Plandruckplatte*. Auf eine Papierunterlage, die gegebenenfalls mit einem Salz einer Carboxymethylcellulose oder einem Carboxymethyläther der Cellulose behandelt ist, trägt man eine Schicht von Carboxymethylcellulose, deren Na- oder Al-Salz oder einen Carboxymethylcelluloseäther in einer solchen Menge auf, daß die Druckfläche in trockenem Zustande W. u. Fett abstößt u. im feuchten Zustande Fett abstößt. (**Schwed. P. 134 544** vom 4/6. 1946, ausg. 19/2. 1952.) JÜRGEN SCHMIDT. 7989

National Cash Register Co., Dayton, O., V. St. A., *Vervielfältigungsverfahren mittels Schablonen*. Durch die nach bekannten Verff. hergestellten Druckschablonen wird die farblose Lsg. eines Farbstoffbildners (I) auf ein Papier gedrückt, welches mit einer Mischung von gekochter Stärke u. Attapulgit beschichtet ist. — Über Zus. von Farbstoffbildnern u. Mischung vgl. A. PP. 2 505 470—2 505 488; C. **1951.** I. 1257, u. Oe. P. 166 940, C. **1951.** I. 1258. (**D. B. P. 848 830** Kl. 15k vom 20/12. 1950, ausg. 10/7. 1952. A. Prior. 22/12. 1949.) LAASS. 7989

Lithographic Technical Foundation, Chicago, Ill., übert. von: **Paul J. Hartsuch**, La Orange, und **Carl Wachtl**, Evanston, V. St. A., *Ätzen von Bimetall-Flachdruckplatten mit Chromüberzug*. Die Cr-Schicht, welche sich z. B. auf einer Cu-Unterlage befindet, wird mit einer Lsg. aus $AlCl_3$, $ZnCl_2$, $SnCl_4$ oder $FeCl_3$ u. aus H_3PO_4, HNO_3 oder HCl geätzt. (**A. P. 2 599 914** vom 4/1. 1950, ausg. 10/6. 1952.) LAASS. 7989

Monsanto Chemical Co., übert. von: **Donald Howard Powers**, St. Louis, Mo., V. St. A., *Schichtkörper*. Cellulosegewebe u./oder Papier werden mit einer wss. 12,5%ig. Lsg. von in Säure gefälltem koll. SiO_2 imprägniert, bei 107° getrocknet u. mit einem Mischpolyester aus Malein- + Phthalsäure u. Äthylenglykol, dem auch noch 75% Styrol u. 0,5% Benzoylperoxyd zugefügt werden können, bestrichen. Zehn solche vorbehandelten Schichten werden in einer Cellulosehydratfolie verpackt u. bei 1,5—2,5 at u. 110° verpreßt. Verwendung als Tischplatten, Baumaterial, Isolierkörper (in Flugzeugen) u. dergleichen. (**E. P. 670 244** vom 2/7. 1948, ausg. 16/4. 1952. A. Prior. 8/7. 1947.) SALZMANN. 7995

XVIIIb. Textilfasern.

W. R. Moore, *Die Feuchtigkeitsaufnahme von Textilfasern.* Es wird eine qualitative Darst. der Feuchtigkeitsaufnahme von Fasern auf Grundlage der heutigen Ansicht über die Zweiphasenstruktur der Fasern gegeben. Weiterhin versucht Vf., die Vorgänge der Sorption auf mehr quantitativer Basis zu erklären. In diesem Zusammenhang wird eine mathemat. Gleichung zur Beschreibung der Isothermen von Wolle, Seide, Baumwolle u. Nylon wiedergegeben. — 12 Literaturzitate. (Textile Recorder **70.** Nr. 839. 77—78. Febr. 1953.) P. ECKERT. 8040

Herbert Ulbricht, *Anatomische Untersuchungsmethoden zur Beurteilung textiler Rohstoffe (Naturfasern).* Im Rahmen der Ausführungen werden behandelt: der Flachs-, Hanf- u. Nesseltyp. Von den Aufschlußverff. der biol. u. chem. Aufschluß sowie mechan. Gewinnungsverfahren. Ferner wird auf die Festigkeit u. die Geschmeidigkeit u. Weichheit der Fasern eingegangen. Abschließend wird über eine Mikrometh. zur Beurteilung der Menge u. Güte der Fasern berichtet. (Faserforsch. u. Textiltechn. **4.** 145—51. April 1953. Dresden, TH, Inst. für Botanik.) P. ECKERT. 8050

—, *Öl in der Kammgarnherstellung.* Überblick über die Methoden der Anwendung von Öl bei der Herst. von Kammgarn. (Wool. Rec. Textile Wld. **83.** 561—62. 5/3. 1953.) A. v. KÖNIG. 8060

I. H. Welch und **J. A. Woodruff,** *Die Stabilisierung von Reyongeweben mit Avcoset.* Zur Stabilisierung von Reyongeweben gegen das Einlaufen während des Gebrauches u. der Wäsche kannte man Behandlungen mit CH_2O, Alkalien, Glyoxal. Das neue *Avcosetverf.* kombiniert die Behandlung mit Avcoset C (einem alkalilösl. Celluloseäther) u. CH_2O bei p_H 1,3. Man trocknet, härtet, wäscht u. trocknet im relaxierten Zustand. Das Verf. wird im einzelnen beschrieben u. die Waschbeständigkeit, Chlorbindung, Naßfestigkeit der Gewebe nach wiederholten Wäschen beim neuen u. älteren Verff. miteinander verglichen. (Amer. Dyestuff Reporter **41.** P880—84. 22/12. 1952. Marcus Hook, American Viscose Corp., Textile Res. Dep.) ZAHN. 8074

B. P. Ridge, *Synthetische Fasern.* Überblick über die verschied. Typen synthet. Fasern, ihre physikal. Eigg., Gestalt u. Oberfläche der Fäden, Steifheit, Feuchtigkeitsaufnahme, Festigkeit, therm. Verh., elast. Eigg., Scheuerfestigkeit, Ermüdung, Lichtbeständigkeit, chem. Eigenschaften. Eingehender werden einige Eigg. von Terylenefasern (I) im Vgl. mit anderen Fasern behandelt: Bewetterungsverss. bis 1100 Std. Sonneneinw., Beständigkeit gegen Essig-, Ameisen-, Fluorwasserstoff-, Phosphor- u. Oxalsäure bei Tempp. bis 80° u. Zeiten bis 1 Woche für I, Beständigkeit von I gegen 2,5—30%ig. HCl bei Tempp. bis 100° u. Zeiten 48 Std., gegen 5—70%ig. H_2SO_4 bis 100° während 72 Std., gegen 2,5—50%ig. HNO_3 bis 100° während 72 Std., Beständigkeit von I gegen NaOCl, H_2O_2, $NaClO_2$, $K_2Cr_2O_7$. (J. Textile Inst. **44.** P48—65. Febr. 1953. ICI, Ltd.) ZAHN. 8080

Fritz Dillmann, *Über die Anwendung der Farbenphotographie in der Textiluntersuchung.* (Reyon, Zellwolle andere Chemiefasern **31.** 119—22. März 1953.) P. ECKERT. 8096

A. Sippel, *Zur Deutung der Abhängigkeit der Reißfestigkeit von Chemiefasern von der Einspannlänge.* Es werden die Meßanordnungen geschildert, die erforderlich sind, um exakt zu prüfen, inwieweit das Ergebnis der Reißfestigkeitsmessung einerseits von der Änderung des Geschwindigkeitsgefälles, andererseits von der Einspannlänge abhängt. Die Frage wird an Hand einer aufgestellten mathemat. Gleichung behandelt, u. die Ergebnisse werden an einem Diagramm besprochen. (Faserforsch. u. Textiltechn. **4.** 152—54. April 1953.) P. ECKERT. 8096

Walter Frenzel und **Harald Perner,** *Torsionsfestigkeitsbestimmungen.* Behandelt wird die Ermittlung der Torsionsfestigkeit u. Bruchdehnung an Fasern, Fäden u. Gespinsten mit einem neuen Prüfgerät. (Faserforsch. u. Textiltechn. **4.** 63—74. Febr. 1953. Pirna-Copitz u. Dresden, Inst. für Technol. der Fasern der Dtsch. Akad. der Wiss. zu Berlin.) P. ECKERT. 8096

Chemische Fabrik Grünau Akt.-Ges., Frankfurt/M. (**Hubert Grunow,** Berlin), *Textilhilfsmittel* erhält man aus Kondensationsprodd. von Eiweißspaltprodd. u. Chloriden capillarakt. Säuren, indem man diese nach Ausfällung mit Säuren in Abwesenheit von W., z. B. mit S- oder P-Chloriden, chloriert u. die erhaltenen Säurechloride mit Verbb. umsetzt, die eine reaktionsfähige NH_2- oder =NH-Gruppe besitzen. (**D. R. P. 752 756** Kl. 12p vom 5/6. 1942, ausg. 8/12. 1952.) MÜLLER-MEININGEN. 8029

Wolsey Ltd., übert. von: **Christopher Earland, John Leggett Bailey** und **Dick Carter**, Leicester, England, *Krumpffreie Wolle* erhält man durch eine Behandlung mit wss. Lsg. von Chloramiden oder Chlorsulfonamiden bei $p_H > 2$, z. B. p-Toluolsulfochloramid, N-Chloracetamid, N-Chlorsuccinimid oder N.N'-Dichlorbiuret oder von aus Harnstoff mit NaOCl erhaltenen Produkten. Man behandelt mit 1—3%ig. Lsgg. bei 40° ca. 1 Stunde. (**A. P. 2 590 390** vom 5/6. 1948, ausg. 25/3. 1952. E. Prior. 24/6. 1947.) MÖLLERING. 8061

Phrix-Werke Akt.-Ges., Hamburg (Erfinder: **Herbert Bader**, Hirschberg, *Dialysieren von hochviscosen Flüssigkeiten.* bes. von *Viscose*-Lsgg., zur Wiedergewinnung von NaOH. Die Dialyse wird unter Anwendung von hochfrequenten Schwingungen, z. B. 6000/Min. vorgenommen. (**D. B. P. 851 052** Kl. 12d vom 20/1. 1942, ausg. 2/10. 1952.) REICHELT. 8075

Heberlein & Co. Akt.-Ges. (Erfinder: **Ernst Weiss**), Wattwil, Schweiz, *Transparente Kunstseidengewebe.* Zellwollgarn oder -musselin, Viscosevoile oder -marquisette wird mit üblichen Quellmitteln, z. B. einer — auch Harnstoff enthaltenden — H_2SO_4-Lsg., pergamentiert u. dann bei Raumtemp. unter leichter Spannung einer nichtpergamentierenden Laugenbehandlung, z. B. 10 Sek. bei 15° mit KOH-Lsg. von 25° Bé, unterworfen, worauf die Lauge rasch u. heiß ausgewaschen wird. (**D. B. P. 850 292** Kl. 8k vom 4/12. 1948, ausg. 8/12. 1952. Schwz. Prior. 27/12. 1944.) MÖLLERING. 8075

Egon Elöd, Badenweiler, *Versteifungsstoffe für Bekleidung*, bes. Krageneinlagen. Ein gröberes (Zellwoll)-Gewebe wird mit Viscose imprägniert u. dann z. B. in ein saures Fällbad gebracht, worauf gewaschen, entschwefelt, gebleicht u. getrocknet wird. (**D.B.P. 857 793** Kl. 8k vom 2/10. 1948, ausg. 1/12. 1952.) MÖLLERING. 8075

Courtaulds Ltd., London, übert. von: **Frank Ward**, Braintree, und **Ernest Edward Tallis**, Coventry, England, *Wasserlösliches Cellulosegarn* erhält man aus Kunstseide oder Baumwollgarn, das im feuchten Zustand mit einer 13,3 (%) Cyanamid, 15,5 H_2SO_4 u. 16,9 $NH_4(SO_4)_2$ enthaltenden Lsg. imprägniert, 7 Min. bei 54° getrocknet u. 10 Min. bei 140° erwärmt wird. Nach dem Auswaschen mit 50%ig. A. ist das Garn in kaltem W. lösl., nicht entflammbar u. als Gerüstfaden für Effektfäden u. Gewebe brauchbar. Die wss. Lsg. kann auch als Schlichte dienen. (**A. P. 2 603 551** vom 15/7. 1949, ausg. 15/7. 1952. E. Prior. 27/7. 1948.) SALZMANN. 8075

Edwin B. Michaels, Stamford, Conn., und **Samuel Machlis**, New Rochelle, N. Y., V. St. A., *Hitzebeständige Nylongewebe, z. B. für Wäschemangeln*, erhält man durch eine Behandlung mit einer 0,5—5%ig. wss. Lsg. von Benzochinon oder Anthrachinon bei p_H 7. — Z. B. läßt man eine 1%ig. Lsg. 15 Std. bei 24° einwirken. (**A. P. 2 597 163** vom 25/11. 1949, ausg. 20/5. 1952.) MÖLLERING. 8081

Calico Printers' Association Ltd., Manchester, England, *Entglänzen von Kunstseide.* Fasern, wie Polyäthylenterephthalat, entglänzt man mit einer wss. Lsg. von NaOH (29—50%ig.) bei 10—85°. — Mustereffekte werden durch Druck mit einer Paste erreicht, die z. B. 3 (%) 2-Methoxy-1.4-diaminoanthrachinon u. 15 einer wss. Lsg. von Traganthgummi enthält, worauf anschließend mit NaOH entglänzt wird. (**E. P. 664 921** vom 8/2. u. 7/9. 1949, ausg. 16/1. 1952.) MÖLLERING. 8081

XIX. Brennstoffe. Erdöl. Mineralöle.

Olof Theander, *Untersuchungen des Sphagnum-Torfes.* 1. Mitt. *Vorläufige Untersuchungen der Kohlenhydratbestandteile.* Vf. unterwirft 2 Proben des *Sphagnumtorfes* (Humositätsgrad 2—3, 2,9 (%) u. 1,3 Asche, 3,4 u. 5,3 Bitumen) einer fraktionierten Extraktion in folgender Weise: Zuerst Behandlung mit sd. W. (3 Std.) u. anschließende Hydrolyse mit sd. 2%ig. HCl (4 Std.), Extraktion mit sd. 4%ig. HCl u. zuletzt mit 76%ig. H_2SO_4 bei Zimmertemp. u. anschließend Behandlung mit sd. 3,7%ig. H_2SO_4 (5 Std.). Mit Hilfe der Papierchromatographie werden *Galaktose, Mannose, Arabinose, Xylose, Rhamnose* u. eine nichtidentifizierte *Uronsäure* gefunden. Fructose wird nicht festgestellt. (Svensk kem. Tidskr. **64**. 197—99. 1952. Stockholm, Kungl. Tekniska Hogskolan, Organ.-kemiska Inst.) FAHRNLAENDER. 8122

R. P. Donnelly, R. Broadbent und **B. J. O'Leary**, *Über den Einfluß von Eisenoxyd auf die Reaktionsfähigkeit minderwertiger Kohlen aus Collie, Westaustralien.* Die Reaktionsfähigkeit stark lignit. Kohlen ist nur gering, wenn Eisenoxyd (I) in der inneren Asche fehlt, doch sehr groß bei seiner Anwesenheit. Dieses I ist an die organ. Materie der Kohle gebunden u. katalysiert bes. die Umsetzung $CO_2 + C = 2\,CO$. Das I in der äußeren Asche hat keine Wirkung. Dampfförmige HCl entfernt I von der akt. Oberfläche u. vermindert so die Reaktionsfähigkeit der Kohle gegenüber CO_2. Doch wo I in der akt. Oberfläche fehlt, erhöht HCl die Reaktionsfähigkeit. Wegen der geringen Reaktionsfähigkeit der I-freien Kohlen eignen sie sich bes. gut als Zuschlag zu Koks in Wassergaserzeugern u. im Kupolofen. (Fuel **31.** 418–28. Okt. 1952. Perth, Westaustralien, Staatl. Chem. Labor.) ROSENDAHL. 8126

—, *Gewinnung von Schwefel aus Feuerungsgasen.* Vorschläge zur Gewinnung des in Feuerungsgasen als SO_2 enthaltenen S durch Absorption in Kalkmilch oder in wss. NH_3-Lsg. (Versuchsanlage). (Times Rev. Ind. **5.** 27. Mai 1951.) STEINER. 8130

Václav Štěpina, *Was geschieht mit den sauren Harzen?* Die bei Raffination von Mineralölen anfallenden *sauren Harze* lassen sich unter den in der einschlägigen tschechoslowak. Industrie herrschenden Bedingungen auf freie H_2SO_4 verarbeiten, während der zähe Rückstand nach dem Eindicken wie fester Brennstoff verbrannt wird. Die wirtschaftlichen Aufwendungen dafür werden als minimal betrachtet. Der saure Schlamm ist dann nicht mehr als lästiger Abfall anzusehen. Die bekannten Verff. zur Verwertung der Asphaltanteile sowie zur Isolierung von *Sulfosäuren* werden kurz beschrieben. (Chem. Průmysl **2.** (**27.**) 86–90. 1952.) FREYTAG. 8194

Alfred Clark, M. P. Matuszak, N. C. Carter und **J. S. Cromeans,** *Isomerisation von n-Pentanen in Gegenwart von Molybdän–Aluminiumoxyd-Katalysatoren bei geringem Wasserstoff–Kohlenstoff-Verhältnis.* Zum Studium des OZ-Verh. von Motorkraftstoffen u. um Anhaltspunkte über den Reaktionsmechanismus bei der Aromatisierung von Bzn.-KW-stoffen in Ggw. von Houdriforming-Katalysatoren zu erhalten, wurden n-Pentane in Ggw. von Mo–Al-Oxyd-Katalysatoren isomerisiert. Dabei wurde festgestellt, daß die Isomerisation wesentlich durch das Mol-Verhältnis von H_2 zum KW-stoff beeinflußt wird. Wird dieses Verhältnis in den niederen Grenzen von 0,3–0,8 gehalten, was wesentlich unterhalb der gewöhnlichen Aromatisierung liegt, dann tritt eine Isomerisation ein, die unerwartet u. überraschend wirkungsvoll ist. Es entstehen als Endausbeute 80–95% Isopentane mit einem geringen Geh. anderer fl. Prodd., bei einer Umwandlung von 40–55% n-Pentane pro Durchgang. Bei diesem angewandten Verhältnis tritt ein Gleichgewicht ein zwischen C-Abscheidung u. Bldg. von gasförmigen KW-stoffen. Versuchsdurchführung u. -ergebnisse sowie Tabellen u. Diagramme im Original. (Ind. Engng. Chem. **45.** 803–06. April 1953. Bartlesville, Okla., Philipps Petroleum Co., Res. Div.) K. O. MÜLLER. 8200

Mâlik Zâfir, *Über die selektive Adsorption von cyclischen Schwefelverbindungen.* Die handelsüblichen türk. Motorkraftstoffe enthalten unter den S-Verbb. bemerkenswerte Mengen cycl. S-Verbb., die durch Talkum quantitativ sowohl aus dem Bzn. als auch aus einer verd. Säure, mit der das Bzn. vorher behandelt worden war, adsorbierbar sind. Dabei wurde auch gefunden, daß Talkum ein gutes Adsorbens, bes. für Stoffe, ist, die fähig sind, mit Säuren Additionsprodd. zu bilden. (Folia pharmac. [Istanbul] **2.** 128–31. 1952.) K. O. MÜLLER. 8204

J. J. Glogoczowski, *Die Untersuchung des Bohrloches auf die Anwesenheit von Kohlenwasserstoffspuren. Spektrochemische Untersuchungsmethoden.* Vf. gibt einen Überblick über spektrochem. Untersuchungsverfahren. Es werden Unterss. vermittels des Emissionsspektr. im sichtbaren u. ultravioletten Bereich, des Röntgenemissionsspektr., Analysen mittels Absorptionsspektren u. die neuzeitliche Massenspektrographie beschrieben. Vergleichshinweise auf sonst übliche Methoden. (Erdöl-Ztg. **68.** 123–28. Nov. 1952.) ROSENDAHL. 8242

R. C. Tomlinson und **D. A. Hall,** *Analytische Toleranzen und die Feststellung von Fehlresultaten mit besonderer Berücksichtigung der Kohlenanalysen.* Im BIRMINGHAM COAL SURVEY LABORATORY wurden mittels statist. Unterlagen die Toleranzen für Kohlenanalysen überprüft, um für eine bestimmte Unters. den richtigen Toleranzbereich festzulegen u. andererseits bei Fehlergebnissen die Mehrarbeit so gering als möglich zu machen. An Hand einer großen Anzahl von Analysenbefunden wurden die meist angewandten 95%-Grenzen (wenn von 20 Analysen 19 Parallelbestimmungen innerhalb der festgelegten Toleranz liegen) korr. u. als „A-Toleranzen" bezeichnet. Falls jedoch die Werte zweier Analysen die Toleranzgrenze überschreiten, muß eine 3. Best. erfolgen u. mit den beiden vorhergehenden in den „B-Toleranzbereich" fallen. Beim Erfordernis einer 4. Unters. muß das Ergebnis den „C-Toleranzen" entsprechen. Für Kohlenunterss wird die Festlegung der Toleranzbereiche so empfohlen, daß die A-Toleranz einen aus einer großen Anzahl neuerer Ergebnisse ermittelten 95%-Bereich darstellt, die B-Toleranz den Wert B = 1,20 A u. die C-Toleranz die Größe C = 1,32 A betragen soll. Für Schnellanalysen müssen die Toleranzgrenzen naturgemäß weiter gezogen werden. (Fuel **32.** 77–81. Jan. 1953.) H. SCHÖBERL. 8246

G. H. von Fuchs, E. L. Claridge und **H. H. Zuidema,** *Alterungstest in der rotierenden Bombe für mit Alterungsschutzmitteln versetzte Turbinenöle.* Die bisherige, vorläufige ASTM-Meth. *D 665-50 T* (Verhinderung der Rostbldg. von Dampfturbinenölen in Ggw.

von W.) u. *D 943-47 T* (Oxydationseigg. von mit Alterungsschutzmitteln versetzte Dampfturbinenölen) nimmt, da bei Tempp. von sd. W. gearbeitet wird, zuviel Zeit in Anspruch. Die Meth. wurde dahingehend modifiziert, daß eine PARR-Bombe (gemäß ASTM Bombentest *D 129-51*, Dest. von S in Erdölprodd. u. Schmiermitteln) verwendet wird, die mit einem Nadelventil u. Manometer versehen, in ein Ölbad eingesetzt wird, worin sie solange bei 150° rotiert, bis der anfängliche O_2-Druck von 6,3 at (bei gewöhnlicher Temp.) ein Maximum erreicht hat u. wieder beginnt abzufallen: Einfl. von Druck, Temp., Rotation usw. werden beschrieben u. Versuchsergebnisse u. Tabellen u. Diagramme mitgeteilt. (ASTM Bull. **1952**. Nr. 186. 43—46. Dez. Wood River, Ill., Shell Oil Co., Res. Labor.) K. O. MÜLLER. 8258

Julien Pieters, Paris, Frankreich, *Kontinuierliche Destillation von Brennstoffen.* Brennstoffe von verschied. Art, wie Steinkohle, Braunkohle, Torf, Holz, Pflanzen- u. Holzabfälle, bituminöse Schiefer, werden in einem Schachtofen mit Innenheizung destilliert. Oberhalb des Rostes führt man ein Rauchgas mit 1000—1200° ein, das außerhalb des Schachtes aus beliebigen Brennstoffen erzeugt wird u. schwach reduzierend oder neutral sein muß. Von unten führt man dem Schacht kalte, brennbare Gase zu, die den Destillationsrückstand durchströmen u. anschließend zur Herabsetzung der Temp. der heißen Verbrennungsgase dienen. — Vorr., Zeichnung. (**N. P. 79 892** vom 19/8. 1947, ausg. 17/3. 1952. F. Priorr. 11/9. 1940 u. 23/12. 1942.) JÜRGEN SCHMIDT. 8121

Fluor Corp. Ltd., Los Angeles, übert. von: **Henry D. Fazier**, Alhambra, und **Fred C. Riesenfeld**, Hollywood, Calif., V. St. A., *Absorption saurer Bestandteile aus raffinierten Kohlenwasserstoff-Gemischen.* Ein KW-stoffstrom mit sauren Bestandteilen (H_2S, CO_2), die sich mit Aminen umsetzen, wird durch eine erste Aminlsg. geleitet. Nach dem Verlassen der Lsg. enthält der Gasstrom mitgerissenes Amin. Man behandelt u. sätt. eine 2. Aminlsg. mit CO_2 u. leitet durch diese den Gasstrom, nachdem er die 1. Aminlsg. passiert hat, um in dem Gas enthaltenes Amin in der 2. Lsg. zu absorbieren. — Zeichnung. (**A. P. 2 608 462** vom 26/3. 1949, ausg. 26/8. 1952.) UNGER. 8195

Edeleanu-G. m. b. H., Frankfurt/M. (Erfinder: **Alfred Hoppe, Kurt Melliss** und **Paul Jodeck**, Berlin), *Wiedergewinnung eines aus flüssigem SO_2 und einem höhersiedenden Lösungsmittel, wie Benzol oder Äthylenchlorid, bestehenden Lösungsmittelgemisches.* Aus Lsgg., die durch *Behandlung von Mineralölen oder Teeren* mit Gemischen aus fl. SO_2 u. Bzl. oder Äthylenchlorid erhalten wurden, wird ein wesentlicher Teil des Lösungsmittelgemisches in einer aus 2 unter Druck stehenden Verdampfern bestehenden Gruppe ausgedampft. Die hauptsächlich aus dem höhersd. Lösungsm. bestehenden Dämpfe des 2. Verdampfers werden dem dem 1. Verdampfer vorgeschalteten Erhitzer zugeführt, wo sie in indirektem Wärmeaustausch ihre Wärme unter Teilkondensation an die auszudampfende Lsg. abgeben. Die Mischung von Kondensat u. Restbrüden gelangt in einen Sammler, der mit einem offenen Kühler in Verbindung steht. Die Restbrüden werden in dem Kühler durch Berieselung mit aus dem Sammler kommenden Kondensat kondensiert. — Zeichnung. (**D. R. P. 752 842** Kl. 23b vom 1/3. 1942, ausg. 9/3. 1953.) UNGER. 8195

Sinclair Refining Co., New York, N. Y., übert. von: **Ovin G. Raasa**, Highland, Ind., V. St. A., *Katalytische Umwandlung von Kohlenwasserstoffen und Dampfabstreifung des verbrauchten Katalysators.* In einem Wirbelschichtverf. zur Umwandlung von KW-stoffen werden in einer Reaktionszone u. in einer Regenerationszone dichte Schichten eines fluidisierten Kontaktes aufrecht erhalten. Der Katalysator wird in der Regenerationszone fortlaufend durch Blasen mit Luft regeneriert, wobei eine übermäßige Erhitzung vermieden wird. Der regnerierte Katalysator wird aus der Regenerationszone abgezogen, von Öldämpfen aufgenommen u. in die Reaktionszone geleitet. Auch aus dieser Zone wird fortlaufend Katalysator abgezogen, in einer Abstreifzone durch Dampf von Öl befreit u. in die Regenerationszone zurückgeführt. Man zieht den Katalysator aus dem unteren Teil der Reaktionszone durch Schwerkraft ab, nimmt ihn, ohne ihn abzustreifen, in einem Dampfstrom auf u. führt ihn aufwärts in den unteren Teil eines Abstreifers, der mit der Reaktionszone nicht in Verbindung steht u. so hoch angeordnet ist, daß der darin enthaltene Katalysator höher emporsteigt als die obere Grenze des Katalysatorbettes in der Regenerationszone liegt. Dabei bildet der Katalysator eine relativ dichte Phase u. das Überströmen von Dampf in die Reaktionszone wird verhindert. Man streift den Katalysator ab, indem man Dampf aufwärts durch das dichte Bett in der Abstreifzone streichen läßt, bringt den abgestreiften Kontakt durch Schwerkraft in den oberen Teil der Regenerationszone, bläst auf dem Weg von der Abstreifzone zur Regenerationszone Dampf durch den Katalysator, um den Übertritt von Regenerationsgasen in den Abstreifer zu verhindern, u. läßt in der Regenerationszone Luft aufwärts durch den Katalysator streichen, wobei nennenswertes Abbrennen der kohligen Ablagerungen während des Überganges von der Reaktionszone in die Regenerationszone vermieden wird. — Zeichnung. (**A. P. 2 613 173** vom 30/4. 1947, ausg. 7/10. 1952.) UNGER. 8197

Socony-Vacuum Oil Co., Inc., New York, N. Y. (Erfinder: **Thomas Patrick Simpson, Louis Peter Evans** und **Sylvander Creil Eastwood**, Woodbury), V. St. A., *Katalytisches Cracken von hochsiedenden Kohlenwasserstofölen in hochwertige Benzine.* Der Katalysator wird als kompakter Strom im Kreislauf durch die Crack- u. eine Regenerationszone geführt. Die KW-stofföle, deren Siedeschluß über der Cracktemp. (425—540°) liegt, werden fl. in die Crackzone eingeleitet. Bei der Rückführung des regenerierten Katalysator wird der Durchgang der Verbrennungsgase durch die Crackzone verhindert. — Vorrichtungen. (**D. B. P. 848 845** Kl. 23b vom 28/9. 1950, ausg. 8/9. 1952. A. Priorr. 9/7. u. 27/7. 1945.) v. HUHN. 8197

Universal Oil Products Co. Chicago, Ill., V. St. A., *Kontaktbehandlung von feinverteilten festen Stoffen mit gas- oder dampfförmigen Reaktionsteilnehmern in mindestens zwei Kammern.* Bei der Durchführung von katalyt. Rkk. mit pulverförmigen Fluidkatalysatoren werden diese kontinuierlich aus der dichten Fluidphase knapp unter der Oberfläche ab- u. unten in den zweiten Reaktionsbehälter eingeführt. Das Verf. wird bes. angewendet für die *Spaltung* oder *Dehydrierung* von KW-stoffen, wobei der eine Reaktionsbehälter zur Durchführung der Rk. u. der andere zur Regenerierung des Katalysators dient. — Zeichnung. (**Dän. P. 73 911** vom 29/12. 1947, ausg. 24/3. 1952. A. Prior. 27/10. 1941.) JÜRGEN SCHMIDT. 8197

Lummus Co., New York, übert. von: **Verno O. Bowles**, Rye, und **August H. Schutte** Hastings on Hudson, N. Y., V. St. A., *Kohlenwasserstoffumwandlung.* Bei einem kontinuierlichen Kreisprozeß zur Umwandlung von schweren KW-stoffen in Koks u. leichte KW-stoffe läßt man feinverteilten Koks durch eine stehende zylindr. Säule herabfließen, wobei gleichzeitig die schweren fl. KW-stoffteilchen im oberen Teil im vorerhitzten Zustande mit dem Koks gemischt werden u. die beheizte Reaktionskammer durchfließen. Dabei werden die KW-stoffanteile größtenteils in Koks u. in leichte KW-stoffe als Nebenprodd. verwandelt. Man führt eine gleichmäßige Menge der Koksteilchen mit dem abgelagerten trockenen Koks zu einer Wiedererhitzungszone, die von dem Reaktionsraum abgeschlossen ist, zurück u. entfernt fortlaufend ein reines Koksprod. in einer Menge, die dem im Reaktionsraum entstandenen Koks entspricht, u. calciniert es in Ggw. eines O_2-haltigen Gases. Die Verbrennungsprodd. aus dieser Stufe führt man in die Wiedererhitzungszone, um die Koksteilchen durch die strahlende Hitze von Brennern zu erhitzen. Man sammelt u. entfernt die Verbrennungsprodd. aus der Erhitzungszone u. bringt die erhitzten Koksteilchen in den oberen Teil der Reaktionszone, wobei man aber vermeidet, daß Verbrennungsprodd. aus der Erhitzungszone in den Reaktionsraum gelangen. — Zeichnung. (**A. P. 2 609 332** vom 25/8. 1948, ausg. 2/9. 1952.) UNGER. 8197

Lummus Co., New York, N. Y., übert. von: **Ward J. F. O'Connor** und **Frank A. Rowen jr.**, Bayonne, N. J., V. St. A., *Pyrolytische Umwandlung gasförmiger Kohlenwasserstoffe unter Wärmekontrolle.* Will man bei der Spaltung von gesätt., gasförmigen KW-stoffen vorwiegend ungesätt. KW-stoffe u. H_2 erhalten, so leitet man die KW-stoffcharge (z. B. Äthan, Propan) unter Spaltbedingungen (1400° F) durch einen Flüssigkeitserhitzer u. mißt bei einem Teil der entweichenden Spaltprodd. die Wärmeleitfähigkeit des gebildeten H_2 u. der KW-stoffcharge. Man verändert die Tempp. in Übereinstimmung mit den Änderungen der Wärmeleitfähigkeiten. Diese weichen erheblich voneinander ab; man kann daher aus der Wärmeleitfähigkeit der entweichenden Spaltprodd. auf deren Geh. an H_2 u. CH_4 u. damit auf den Grad der erzielten Spaltung schließen. Es gelingt so, durch Steuerung der Temp. z. B. aus Propan erhebliche Mengen von Äthan zu erhalten. — Zeichnung. (**A. P. 2 618 668** vom 14/7. 1949, ausg. 18/11. 1952.) UNGER. 8197

N. V. de Bataafsche Petroleum Mij., Den Haag, Holland, *Raffinierende Hydrierung von Kohlenwasserstoffen.* Zur Herst. eines Ausgangsmaterials für die Gewinnung von Aromaten u. klopffesten Treibstoffen (Bzn., Leuchtöl, Dieselöl) geht man von einer Spaltfraktion vom Siedebereich 180—375° aus, die aus einem Mineralöl mit mehr als 0,75% S durch katalyt. Spaltung erhalten wurde. Sie wird in Ggw. eines Entschwefelungskatalysators bei n. Druck hydriert, der nur eine schwache Neigung zur Hydrierung von Aromaten hat. Die Temperatur- u. Druckbedingungen werden so gehalten, daß keine Aufspaltung der C—C-Bindungen, aber eine Zers. der S-Verbb. erfolgt. Als Katalysatoren verwendet man Al-Oxyd oder Bauxit als Träger, die mit Oxyden von Co u. Mo imprägniert worden sind. (**E. P. 675 620** vom 12/4. 1950, ausg. 16/7. 1952. Holl. Prior. 13/4. 1949.) UNGER. 8197

Badische Anilin- & Soda-Fabrik, Ludwigshafen/Rh., *Herstellung von Benzin* aus zweckmäßig von niedrigsd. Anteilen freien Mineralölen oder Schieferölen durch katalyt.

Druckhydrierung in zwei Stufen, dad. gek., daß man die Ausgangsstoffe mit H_2 unter einem Druck von mindestens 200 at in fl. Phase bei Tempp. über 450° durch die Reaktionszone führt u. ohne Rückführung die erzeugten, aus Schweröl u. Mittelöl bestehenden Prodd. zusammen mit H_2 in einer Menge von ca. 2—5 m^3 je kg Öl u. Std. unter einem Druck von 500—800 at bei 500—550° mit einem Durchsatz von 0,5—1,5 kg je Liter Katalysatorraum u. Std. über saure akt. Trägersubstanzen (I), die mit einer kleinen Menge einer Mo-Verb. u. gegebenenfalls einer vorteilhaft noch geringeren Menge einer Cr-, Ni- oder Co-Verb. versehen sind, leitet u. mindestens die hochsd. Anteile in die 2. Stufe zurückführt. Die Prodd. der 1. Stufe werden vorteilhaft ohne Zwischenkondensation der 2. Stufe unmittelbar zugeführt. Gegebenenfalls aus dem Rohöl abgetrenntes Bzn. u./oder Mittelöl kann der 2. Stufe zugeführt werden. Als I kommen z. B. bes. Kieselsäure enthaltende Stoffe, wie Bleicherde, die mit Säuren aktiviert sind, ferner künstlich, mit einem unter p_H 7, hergestellte Silicate, z. B. Al- u./oder Mg-Silicate oder Tonerden, in Betracht. (**D. B. P. 844 142** Kl. 12o vom 20/5. 1950, ausg. 17/7. 1952.) G. KÖNIG. 8199

Badische Anilin- & Soda-Fabrik (Erfinder: **Gerhard Free** und **Wilhelm von Füner**), Ludwigshafen/Rh., *Herstellung siedegerechter Hochleistungskraftstoffe* aus Schwerbenzin durch katalyt. Behandlung bei erhöhter Temp. in mehreren Stufen, dad. gek., daß man den Ausgangsstoff zunächst in dampfförmigem Zustand bei Tempp. über 450°, zweckmäßig über 500°, in Ggw. von stark spaltend wirkenden Katalysatoren, bes. akt. Silicaten oder Tonerde, spaltet, die niedrigsd. Anteile aus dem Reaktionserzeugnis abtrennt u. die höhersd. Anteile, gegebenenfalls nach ein- oder mehrmaliger weiterer Spaltung in der erwähnten Weise u. Abtrennung der leichtsd. Anteile zusammen mit H_2 unter einem Druck von 2—100 at ,zweckmäßig 10—90 at, bei Tempp. über 450° über akt. Tonerde, die mit Oxyden oder Fluoriden der Metalle der 5. u./oder 6. Gruppe des Period. Syst. versehen ist, leitet u. das erhaltene Bzn. mit den niedrigsd. Anteilen aus der Spaltstufe vermischt. Die erhaltenen Benzine besitzen Octanzahlen von ca. 85. (**D. B. P. 841 911** Kl. 12o vom 3/6. 1944, ausg. 19/6. 1952.) G. KÖNIG. 8199

Deutsche Hydrierwerke Akt.-Ges., Düsseldorf (Erfinder: **Kurt Stickdorn**, Dessau-Roßlau, und **Franz Giloy**, Heidelberg), *Herstellung von Wasser-in-Öl-Emulsionen*, dad. gek., daß man Fette, Öle, Wachse, höhere KW-stoffe oder deren Substitutionsprodd. mit Hilfe von durch höhermol. Carbonsäuren acylierten nicht aromat. Aminen mit wenigstens 2 Aminogruppen u. mindestens 2 C-Atomen in an sich bekannter Weise emulgiert. — Man verwendet z. B. Mono- u. Dipalmitoyl-, Dilauroyl-, Mono- u. Distearoyl, Dicaprinoylstearoyl-, Oxystearoyl-, Montanoyl-, Dioleoyläthylendiamin oder Dibehenoylpiperazin. — Schmiermittel usw. (**D. R. P. 747 536** Kl. 23c vom 12/5. 1940, ausg. 9/2. 1953.) DERSIN. 8221

Standard Oil Development Co., Elizabeth, N. J., V. St. A., *Schmierölgemisch für Schiffsmaschinen* besteht aus 90—99 (Gew.-%) mineral. Schmieröl, 0,2—3% öllösl. Ca-Sulfonaten mit einem mittleren Mol.-Gew. des organ. Restes von mindestens 350, 0,2% Rapsöl u. 1—6%, bes. 2—5%, Degras. Das Öl zeichnet sich dadurch aus, daß es stabile Wasser-in-Öl-Emulsionen bildet. (**N. P. 79 702** vom 24/10. 1949, ausg. 11/2. 1952. A. Prior. 21/1. 1949.) JÜRGEN SCHMIDT. 8221

Standard Oil Development Co., übert. von: **Adlai E. Michaels** und **Niilo V. Hakala**, V. St. A., *Zusatzmittel für Schmieröle*, bestehend aus einer Organometallsalzverb. zusammen mit Alkyläthern von Alkylenglykolen oder mit höhermol. Polymerisaten, z. B. dem Mischpolymerisat eines Vinylesters u. eines Esters aus einer ungesätt. Dicarbonsäure u. einem Polyäthylenglykolmonoäthyläther. — Durch den Zusatz wird die Viscosität der Schmieröle verbessert. — Als Metallsalzverb. ist z. B. genannt das Ba-Salz eines Alkylphenolsulfids oder das Ca-Salz eines Mineralölsulfonats. (**F. P. 997 688** vom 18/10. 1949, ausg. 9/1. 1952. A. Prior. 23/12. 1948.) M. F. MÜLLER. 8221

Standard Oil Development Co., übert. von: **Alfred H. Matuszak**, Jersey City, N. J., V. St. A., *Rostschützendes Zusatzmittel für Schmieröle*, bestehend aus Partialestern (I) von Nitroalkoholen (II) der allg. Formel $RR_1R_2CNO_2$, in der R, R_1 u. R_2 ein Alkyl mit 1—6 C-Atomen mit wenigstens einer OH-Gruppe u. R u. R_2 gegebenenfalls H sein können. Die I sollen von aliphat. oder cycloaliphat. Carbonsäuren mit 6—24 C-Atomen, z. B. Ölsäure, gebildet sein. Geeignete II sind z. B. Tri-(oxymethyl)-nitromethan oder 2-Methyl-2-nitro-1.3-propandiol. Zusatz in Mengen von 0,01—10% zu Mineralschmierölen. (**A. P. 2 581 120** vom 5/5. 1948, ausg. 1/1. 1952.) DERSIN. 8221

N. V. de Bataafsche Petroleum Mij., Den Haag, Holland (Erfinder: **Samuel Kinter Talley** und **Forrest Jay Watson**, Emeryville, Calif., V. St. A.), *Flüssigkeiten für Reibungsgetriebe*, wie Drehmomentumwandler, dad. gek., daß sie im wesentlichen aus tert. Alkylgruppen enthaltenden Naphthalinen mit durchschnittlich 1—4 Alkylsubstituenten je Mol. u. einem durchschnittlichen Viscositätsindex von —50 bis —400 bestehen, wobei mindestens 90% der alkylierten Naphthaline bei 760 mm Hg im Bereich von 200—500° sieden. — Man verwendet z. B. mit tert. Butylgruppen alkylierte Naphthaline u. setzt ferner einen organ. Phosphorsäureester, z. B. Trikresyl-, Tributyl- oder Trioctylphosphat zu. (**D. B. P. 850 052** Kl. 23c vom 28/9. 1950, ausg. 22/9. 1952. A. Prior. 25/10. 1948.) Dersin. 8221

Wagner Electric Corp. (Erfinder: **George L. Doelling**), St. Louis, Mo., V. St. A., *Bremsflüssigkeiten*, bestehend aus 10—25 (Vol.-%) Mono- u. Diricinoleaten von aliphat. Glykolen der Formel $HO-C_nH_{2n}-OH$, worin n eine ganze Zahl von 2—4 bedeutet, 3—15 eines solchen aliphat. Glykols, 10—24 2-Methyl-2.4-pentandiol, 45—70 eines Verdünnungsmittels, wie Propyl-, Butyl-, Amylalkohol, Methoxymethoxyäthanol oder niedere Monoalkylester des Äthylen-, Diäthylen-, Propylen- u. Dipropylenglykols, u. einer kleinen Menge eines Korrosionsschutzmittels. — Beispiel: 17 (Vol.-%) Monoricinoleat des Propylenglykols, 6 Propylenglykol, 15 2-Methyl-2.4-pentandiol u. 62 Isobutanol. (**D. B. P. 850 053** Kl. 23c vom 29/9. 1950, ausg. 22/9. 1952. A. Prior. 19/1. 1948.) Dersin. 8221

Standard Oil Development Co., Del., übert. von: **Victor G. Meadors**, Tulsa, Okla., V. St. A., *Erhöhung der Viscosität von Bohrflüssigkeiten.* Einer wss. Dispersion von Ton wird eine viscositätserhöhende organ. N-Verb. (Piperidin, Piperidinhomologe, aliphat. u. cycloaliphat. Amine) mit einer Dissoziationskonstante von mindestens 10^{-4} zugesetzt. Die Verb. hat nicht mehr als 15 C-Atome im Mol. u. eine D. von 9—18 lbs. pro Gallone; sie wird in einer Konz. von 0,1—5% angewendet. (**A. P. 2 599 342** vom 1/3. 1950, ausg. 3/6. 1952.) Unger. 8221

Oil Base, Inc., Compton, übert. von: **Doyne L. Wilson**, Pasadena, Calif., V. St. A., *Verminderung der Viscosität und der Gelstärke ölbasischer Bohrflüssigkeiten.* Eine Bohr-Fl., deren Medium ausschließlich aus Mineralöl besteht, enthält eine Verb. aus der Gruppe der Terpene, Terpenalkohole, Terpenketone u. Terpenäther in einer Menge von 0,05 bis 10 Gew.-% der übrigen Bestandteile, z. B. Dipenten, dampfdest. Terpentinöl, Fichtenöl, α-Terpineol oder Campher. (**A. P. 2 604 448** vom 23/2. 1949, ausg. 22/7. 1952.) Unger. 8221

Chemische Werke Albert, Wiesbaden-Kastel (Amöneburg) (Erfinder: **Kurt Albert** und **Hans Huber**, Wiesbaden), *Schmierflüssigkeit für die spanabhebende Bearbeitung von Metallen oder anderen Werkstoffen.* Verwendung der fett- u. ölfreien viscosen, koll. Lsgg. von Kurrolschen Salzen als Schmier-Fl. für den genannten Zweck. Man verwendet z. B. eine Lsg. von 0,5 g Kurrolschem Kaliummetaphosphat in 250 cm³ einer 0,1%ig. Lsg. von Na_2CO_3. Die Viscosität der Lsg. entspricht ca. einem 70%ig. Glycerin. (**D. R. P. 752 166** Kl. 23c vom 28/12. 1940, ausg. 9/2. 1953.) Dersin. 8221

Aktiengesellschaft A. Hering (Erfinder: **Ulrich Helg**), Nürnberg, *Regenerieren von Schmierölen, die durch feinste Metallzerreibsel verunreinigt sind*, durch Filtration mittels Papierfilter oder -karton, wobei die warmen vorgereinigten Öle unter dem Druck von Preßluft durch das Filter geleitet werden, dad. gek., daß die Übertragung von Impulsen des Drucklufterzeugers auf das Öl durch Zwischenschaltung eines Windkessels von entsprechender Größe vermieden wird, u. daß der Druck u. die Temp. allmählich oder stufenweise unter Vermeidung stoßweiser Druckschwankungen gesteigert werden. (**D. R. P. 760 764** Kl. 23c vom 22/7. 1941, ausg. 9/2. 1953.) Dersin. 8221

Steinkohlenbergwerk Rheinpreußen (Erfinder: **Herbert Kölbel** und **Dietrich Ullmann**), Homberg/Ndrh., *Schmierfette.* Man stellt die Schmierfette aus Montanwachs u. den bei der Paraffinoxydation anfallenden Fettsäuren (D. R. P. 767 461) her, indem man als Ausgangsstoffe Gemische aus Montanwachs u. Nachlauffettsäuren ($C > 19$) verwendet. (**D. R. P. 767 603** Kl. 23c vom 28/6. 1941, ausg. 19/1. 1953.) Unger. 8223

Badische Anilin- & Soda-Fabrik (Erfinder: **Friedrich Christmann** und **Hans Bueren**), Ludwigshafen/Rh., *Herstellung von Schmiermitteln* durch Behandlung von Olefinen allein oder zusammen mit anderen reaktionsfähigen KW-stoffgemischen oder cycl. Verbb. mit polymerisierend wirkenden anorgan. Halogeniden oder deren Anlagerungsverbb. in Ggw. von bis zu 5% solcher aromat. Gruppen enthaltenden Stoffe, die ein Mol.-Gew. von >2000, zweckmäßig >5000, haben, dad. gek., daß die hochmol. Zusatzstoffe in Form einer Lsg. in Halogen-KW-stoffen oder halogenierten Äthern mit weniger als 10 C-Atomen zur Anwendung gelangen. Anwendung auch als Zusatz zu anderen Schmiermitteln. (**D. B. P. 863 792** Kl. 12o vom 26/5. 1938, ausg. 19/1. 1953.) G. König. 8223

Badische Anilin- & Soda-Fabrik, Ludwigshafen/Rh. (Erfinder: **Werner Wolff**, Altötting/Obb.), *Schmiermittel.* Verwendung der linearen Polyester von Dicarbonsäuren u. 2-wertigen Alkoholen als Schmiermittel, die mit KW-stoffen in Berührung kommen. — Die Ester sind teils ölige Stoffe, z. B. die Ester der Adipinsäure mit 1.2-Propylenglykol,

1.3-Butylenglykol, Di- oder Triäthylenglykol, Tetradecenglykol oder Dimethyldimethylolmethan, die Ester der Methyladipinsäuren mit Äthylenglykol, die Ester der Bernsteinsäure mit 1.2-Propylenglykol oder Diäthylenglykol u. die Ester der Maleinsäure mit Äthylenglykol oder 1.2-Propylenglykol. Vaselin- bis talgartige Massen sind die Ester aus Adipinsäure u. Äthylenglykol, 1.4-Butylenglykol oder Thiodiglykol, u. die Äthylenglykolester der Bernstein-, Ketopimelin-, Azelain- oder Sebacinsäure. (**D. B. P. 842 993** Kl. 23c vom 10/7. 1940, ausg. 3/7. 1952.) DERSIN. 8223

Badische Anilin- & Soda-Fabrik, Ludwigshafen/Rh. (Erfinder: **Emil Keunecke**, Witten/Ruhr, und **Hans-Jürgen Nienburg**, Ludwigshafen/Rh.), *Schmiermittel*. Man verwendet als solche Ester, die sich von 1-wertigen prim. oder sek. aliphat. Monocarbonsäuren mit mindestens 4 C-Atomen ableiten, wobei im Estermol. mindestens 2, zweckmäßig mindestens 4 Verzweigungen der C-Kette vorhanden sind, allein oder zusammen mit anderen, für die Schmierung gebräuchlichen Stoffen, bes. Estern u./oder KW-stoffölen. Man verestert z. B. ein Nonylalkoholgemisch, das durch Einw. von Wassergas (I) auf Diisobutylen unter Hochdruck in Ggw. von Katalysatoren u. Red. des erhaltenen Aldehydgemisches mit H_2 erhalten wurde, mit einem Carbonsäuregemisch mit 13 C-Atomen, das aus Triisobutylen u. I unter Umsetzung zu Aldehyden, Red. letzterer zu Alkoholen mit H_2, u. Überführung dieser mittels Kalischmelze in das Carbonsäuregemisch erhalten wurde. (**D. B. P. 852 887** Kl. 23c vom 2/12. 1943, ausg. 20/10. 1952.) DERSIN. 8223

Badische Anilin- & Soda-Fabrik, Ludwigshafen/Rh. (Erfinder: **Rudolf Halden**, Mannheim, und **Erich Finger**, Kallstadt), *Kondensationserzeugnisse*. Man erhitzt Ester aus aliphat. Dicarbonsäuren u. mehrwertigen Alkoholen mit untergeordneten Mengen von Metallsalzen von aliphat. Monocarbonsäuren auf Tempp. oberhalb des F. der Metallsalze, aber unterhalb des Kp. der Dicarbonsäureester. — Beispiel: 1.3-Propylenglykolbernsteinsäureester u. Al-Salz der bei der Paraffinoxydation erhaltenen Fettsäurefraktion (180 C-Atome) werden auf 230° erhitzt. — *Schmier-, Dichtungsmittel*. (**D. B. P. 855 913** Kl. 39o vom 26/5. 1944, ausg. 17/11. 1952.) UNGER. 8223

Dow Corning Corp., Midland, übert. von: **Maurice C. Hommel**, Bay City, Mich., V. St. A., *Siloxanschmiermittel* bestehen aus halogenierten Arylpolysiloxanen in einer Menge von 2—10 Gew.-%, bezogen auf das Gewicht einer Mischung eines chlorierten Biphenyls (48—68% Cl) u. eines „Chlornaphthoxanthats" (31% Cl u. 11% S) sowie 0—2 Gew.-% eines Benzylbisulfids oder 2-Benzothiazyl-N.N-diäthylthiocarbamylsulfids. — Beispiele für die Zus. der Halogensiloxane: 5 $Cl_2C_6H_3SiO_{3/2}$, 85 $(CH_3)_2SiO$, 10 $C_6H_5(CH_3)_2SiO_{1/2}$ oder 5 $C_{12}H_2Cl_7SiO_{3/2}$, 85 $(CH_3)_2SiO$, 10 $(CH_3)_3SiO_{1/2}$. Diese Siloxane werden mit den genannten Zusätzen — gegebenenfalls unter Erwärmen — bis zur Lsg. gemischt. (**A. P. 2 599 917** vom 25/1. 1950, ausg. 10/6. 1952.) UNGER. 8223

Farbenfabriken Bayer (Erfinder: **Max Zimmermann, Peter Simons, Heinz Jonas** und **Walter Noll**), Leverkusen, *Schmierstoff-Zusatzmittel* sind Mischungen aus halogenhaltigen Estern der Kieselsäure u./oder deren Polymerhomologen mit P-Verbb. $\left[-P\right]\begin{matrix}-R\\-X\end{matrix}$ oder $\left[\equiv P\right]\begin{matrix}-R\\-X\end{matrix}$, worin R einen KW-stoffrest, z. B. Alkyl-, Aralkyl-, Aryl- oder heterocycl. Rest, u. X eine der Gruppen: OH, SH, OR, SR, NH_2, NHR oder NR_2 bedeutet u. die KW-stoffreste substituiert sein können. — Als Polymerhomologe werden Chloralkylester der Kieselsäure, wie sie aus Alkylenoxyden u. Chlorsilanen, z. B. $SiCl_4$, erhalten werden, z. B. Tetra-(chloräthyl)-silicat, Hexa-(chloräthyl)-disilicat u. deren Polymerhomologe, oder Tetra-(2.3-dichlorpropyl)-silicat, als P-Verbb. z. B. Toluolphosphonsäuredipropylester, Bis-(p-chlorphenyl)-phosphinsäurebutylester, p-Chlorphenylphosphonsäuredistearyl- oder -dibutylester verwendet. (**D. B. P. 865 039** Kl. 23c vom 15/4. 1951, ausg. 29/1. 1953.) DERSIN. 8223

Farbenfabriken Bayer (Erfinder: **Peter Simons, Max Zimmermann, Heinz Jonas** und **Walter Noll**), Leverkusen, *Schmiermittel, hydraulische, dielektrische Flüssigkeiten u. dgl.*, bestehend aus Mischungen von Ortho- u./oder Polykieselsäureestern (I) u. hochhalogenierten aliphat. u./oder aromat. Kohlenstoffverbb. (II). — Die Ester sollen im Mol. verschied. Alkoxy-, Aroxy- oder Aralkoxygruppen enthalten, die teilweise durch Alkyl-, Aryl- oder Aralkylgruppen ersetzt sind, z. B. o-Kieselsäureamylester oder -alkylester mit 4—6 C-Atomen in der Alkylgruppe. Als zweite Komponente wird z. B. Perfluor-n-heptan, Trifluortrichloräthan, CCl_4, Hexachlorbutadien oder chloriertes Diphenyl verwendet. (**D. B. P. 865 172** Kl. 23c vom 14/12. 1950, ausg. 29/1. 1953.) DERSIN. 8223

Badische Anilin- & Soda-Fabrik, Ludwigshafen/Rh. (Erfinder: **Lothar Jacob**, Viernheim/Hess.), *Schmier- und Metallbearbeitungsmittel*. Verwendung von Oxyalkylierungsprodd. von Gemischen mehrwertiger Phenole oder ihrer Kernhydrierungsprodd., bes. von im wesentlichen aus Brenzcatechin u. seinen kernalkylierten Homologen bestehenden Gemischen allein oder zusammen mit anderen schmierenden Stoffen für den genannten Zweck. — Man verwendet z. B. aus Abwässern der Braunkohlenschwelung gewonnene aus Brenzcatechin u. seinen kernalkylierten Homologen bestehende u. durch Erhitzen mit Na-Methylat u. Äthylenoxyd im Autoklaven bei ca. 130° erhaltene Produkte. (**D. B. P. 865 622** Kl. 23c vom 9/4. 1944, ausg. 2/2. 1953.) DERSIN. 8223

Württembergische Metallwarenfabrik, Geislingen (Steige), *Erleichterung der spanlosen Verformung von metallischen Werkstücken*, durch Aufbringen eines Graphit (**I**) enthaltenden lackartigen Überzugs auf die Werkstücke, gek. durch die Verwendung von Überzügen, die neben **I** Bitumen, z. B. Asphalt, u./oder Naturharze, z. B. Kolophonium, als wesentliche, den **I** bindende Bestandteile u. gegebenenfalls Seife enthalten. (**D. B. P. 865 041** Kl. 23c vom 14/11. 1944, ausg. 29/1. 1953.) DERSIN. 8223

Gesellschaft für Teerverwertung m. b. H. (Erfinder: **Otto Kruber** und **Heinz Franck**), Duisburg-Meiderich, *Gewinnung von Picen.* Ein über ca. 485° sd., aus Brikettpech gewonnenes Destillat, das gegebenenfalls durch Umlösen gereinigt ist, wird in Ggw. eines Lösungsm., z. B. Tetrahydronaphthalin partiell sulfuriert. (**D. B. P. 831 843** Kl. 12r vom 2/7. 1950, ausg. 18/2. 1952.) KRANZ. 8229

Badische Anilin- & Soda-Fabrik (Erfinder: **Jens Sattler** † und **Josef Stadler**), Ludwigshafen/Rh., *Herstellung beständiger Emulsionen* emulgierbarer Stoffe (*Mineralöle*) mit einem geringeren spezif. Gew. als W., dad. gek., daß man den zu emulgierenden Stoffen Polyhalogenarylalkyläther zusetzt. Man verwendet z. B. Pentachlorphenylisooctyläther oder einen Pentachlorphenylalkyläther, dessen Alkylreste teils Isohexyl- u. teils Heptylreste sind. (**D. B. P. 852 889** Kl. 23c vom 16/4. 1943, ausg. 20/10. 1952.) DERSIN. 8231

Ges. für Teerstraßenbau m. b. H., Essen (Erfinder: **Hans Lüer**, Essen-Heisingen, und **Wilhelm Lorenz**, Essen), *Farbige Belagmassen für den Straßenbau.* Als Bindemittel für Mineralstoffe, Füllstoffe u. Farbstoffe werden die bei der selektiven Extraktion aus Teeren, Erdölen, Pechen oder Bitumen herausgelösten Harze verwendet. Die fertige Belagmischung wird zwecks Härtung des Bindemittels erhitzt oder es werden ihr andere härtbare oder harzartige Stoffe, gegebenenfalls in Mischung mit hochpolymeren Stoffen, zugesetzt. (**D. B. P. 849 824** Kl. 80b vom 21/5. 1949, ausg. 18/9. 1952.) HANS HOFFMANN. 8237

XX. Schieß- und Sprengstoffe. Zündmittel.

Dynamit-Akt.-Ges., vormals Alfred Nobel & Co. (Erfinder: **Ferdinand Habbel**), Troisdorf, Bez. Köln, *Besetzen von Bohrlöchern mit Sprengstoff* in pulvriger oder gelatinöser Form wird erfindungsgemäß so ausgeführt, das zunächst mit einer Stange in das Bohrloch ein Schlauch aus Kautschuk, Kunststoff oder anderem schwer entflammbarem Material eingeführt u. in diesen der Sprengstoff mittels Preßluft eingeblasen wird. (**D. B. P. 866 775** Kl. 78e vom 3/7. 1951, ausg. 12/2. 1953.) KALIX. 8299

Imperial Chemical Industries Ltd., übert. von: **Harold Reginald Wright** und **George Percy Sillitto**, London, England, *Herstellung von NH_4NHO_3-Sprengladungen.* Dem NH_4NO_3 werden 0,001—1,0% eines Farbstoffes zugesetzt, welcher aus einer sulfonierten aromat. Verb. besteht, z. B. das Na-Sulfonat vom 1.4-Diaminoanthrachinon u. das NH_4-Salz des trisulfonierten p-Rosanilin. (**Can. P. 485 677** vom 12/7. 1949, ausg. 12/8. 1952. E. Prior. 13/9. 1948.) M. F. MÜLLER. 8305

E. I. du Pont de Nemours & Co., übert. von: **Clarence H. Winning**, Wilmington, Del., V. St. A., *Wasserfester Ammonnitratsprengstoff.* Ein pulverförmiger, hochexplosiver Sprengstoff mit verbesserter Wasserbeständigkeit aus Nitroglycerin (**I**) u. großen Mengen NH_4NO_3 (**II**) wird durch inniges Mischen von in W. unlösl. Material (**III**), wie Öle, Harze, Wachse, mit **I** u. **II** u. anderen Stoffen hergestellt, wobei der Anteil an **III** 0,1—3% der Gesamtmenge ausmacht. Als **III** sind genannt: Xylol, Dinitrotoluol, mit Stearinsäure modifiziertes Glyptalharz. (**Can. P. 485 636** vom 10/4. 1947, ausg. 12/8. 1952.) WITTHOLZ. 8305

Imperial Chemical Industries Ltd., London, England (Erfinder: **James Taylor**, Ardrossan, **Arthur James Lowe**, West Kilbride, und **Edward Graham Cooke**, Ardrossan, Schottland), *Sprenggelatine.* Die M. enthält mindestens 35 (Gew.-%) eines Gemisches aus Nitrocellulose u. einem fl. explosiven Ester der HNO_3 u. erfindungsgemäß 2,5—27,5 eines wasserunlösl., feinverteilten Ba-Salzes einer mehrbas. Säure, z. B. gefälltes $BaSO_4$, $BaCO_3$, $BaCrO_4$, gemahlenen Baryt oder Witherit, in einer Korngröße von höchstens 0,053 mm Durchmesser. Dadurch behalten die Sprengstoffe eine n. Detonationsgeschwindigkeit unter hydrostat. Drucken von 20—40 at. (**D. B. P. 857 318** Kl. 78c vom 4/7. 1950, ausg. 27/11. 1952. E. Prior. 29/7. 1949.) KALIX. 8305

Dynamit Akt.-Ges. vormals Alfred Nobel&Co. (Erfinder: **Walter Friedrich**), Troisdorf bei Köln, *Preßbare Zweitladung für Sprengkapseln.* Durch Zusatz von 3—8% Tetra- oder Hexachlornaphthalin, Paraffin, Montan- oder Bienenwachs zur Sprengladung kann man schon mit Drucken von 300—400 kg/cm² bei Tetranitromethylanilin, Nitropentaerythrit oder Cyclotrimethylentrinitramin so hohe Sprengstoffdichten erreichen, wie sie ohne die genannten Zusätze nur bei 2000—3000 kg/cm² erzielbar sind. (**D. B. P. 863 317** Kl. 78e vom 14/6. 1951, ausg. 15/1. 1953.) KALIX. 8305

Dynamit Akt.-Ges. vormals Alfred Nobel & Co., Troisdorf (Erfinder: **Walter Friedrich, Helmut Menke**, Troisdorf, und **Hans Pitzler**, Kleinbork in Westf.), *Zündsatz für elektrische Glüh- und Spaltzünder.* Der Zündsatz enthält *neutrales Bleipikramat* (I), allein oder im Gemisch mit den üblichen Zusätzen, wie O_2-Träger, feinverteilte Metalle u. Legierungen. — Beispiel: Polkörper für elektr. Brückenzünder werden in eine Suspension von I in einer 3%ig. Lsg. von Nitrocellulose in Amylacetat mehrfach eingetaucht. (**D. B. P. 863 318** Kl. 78e vom 14/6. 1951, ausg. 15/1. 1953.) KALIX. 8309

XXI. Leder. Gerbstoffe.

M. V. Edwards, R. L. Badhwar und **A. C. Dey,** *Die pflanzlichen Gerbmaterialien von Indien und Burma.* In der umfangreichen Monographie wird das in Indien für gerber. Zwecke verwendete einheim. Pflanzenmaterial beschrieben, wobei die handelsmäßig wesentlichen Gerbstoffe u. Materialien eingehender behandelt werden, vor allem Myrobalanen u. Mimosa, aber auch alle andern irgendwie in Frage kommenden erwähnt u. beschrieben werden. Nach dem Behandeln allg. Fragen über Gerben u. Gerbstoffe wird das Vork. der letzteren in den verschied. Pflanzen, die Methoden ihrer Gewinnung, die Herst. von Extrakten u. die Eigg. der einzelnen Gerbstoffe beschrieben. — 206 Literaturhinweise (vor allem ind. Arbeiten). (Indian Forest Rec., Chem. [N. S.] **1.** Nr. 2. 1—191. 1952. Veröff. durch: The Manager of Publications, Delhi.) STADLER. 8336

Yoshikazu Hachihama und **Yojuro Kyōgoku,** *Gerbung mit Hochmolekularen.* 1. Mitt. *Dimethylolharnstoff.* Die Verwendbarkeit von *Dimethylolharnstoff* (I) zur Gerbung wird an Verss. mit Gelatine, durch Best. der Haftung an Haut u. bzgl. prakt. Brauchbarkeit des Prod. untersucht. Die Rk. auf Kollagen ist schwierig zu bestimmen, sie scheint ähnlich der von Formalin, aber schwächer; auch im Aussehen ist die Wrkg. verschieden. Bei Ggw. von freiem CH_2O im I ist eine Erhöhung der Kondensationstemp. von ziemlichen Einfl. auf die Gerbung, jedoch nicht auf die Festigkeit des Produktes. Die besten Ergebnisse lassen sich von einer Mitverwendung mit anderen *Gerbstoffen* erwarten. (J. chem. Soc. Japan, ind. Chem. Sect. [Kōgyō Kagaku Zassi] **55.** 129—31. Febr. 1952. Osaka, Univ. [Orig.: japan.]) SCHULER. 8336

J. T. Chain, *Auswirkung der Zugabe von Alaun zu einer reduzierten Chrombrühe.* Es wurde der Einfl. einer Zugabe steigender Mengen Alaun (I) zu einer Chrom (II)-Brühe auf die Gesamtchromaufnahme, die II-Verteilung, die Aufnahme von I u. dessen Verteilung u. auf den Charakter des erhaltenen Leders untersucht. Während geringe I-Mengen die II-Aufnahme steigern, geht bei größeren Zusätzen die II-Aufnahme mehr u. mehr zurück; die I-Aufnahme nimmt dabei dann zu. (Leather and Shoes **125.** 10 u. 40. 17/1. 1953. Diamond Alkali Comp.) STADLER. 8336

Zellstoffabrik Waldhof (Erfinder: **Otto Lührs**), Mannheim, *Gewinnung eines asche- und salzarmen, gerbstoffreichen Extraktes aus Sulfitablauge,* die neutralisiert, eingedampft u. von ihrem Kalkgeh. durch Ausfällung mittels Säuren im wesentlichen befreit ist. Man versetzt die Ablauge vor dem Einengen mit fl. oder gasförmigen NH_4OH bis zur Erreichung oder geringen Überschreitung des Neutralpunktes, zweckmäßig bei erhöhter Temp., u. nach erfolgtem Eindampfen mit solchen das Ca-Ion fällenden Säuremengen, daß die Ligninsulfonsäure in Freiheit gesetzt u. der vorhandene Kalk als unlösl. Salz prakt. vollkommen abgeschieden wird. (**D. B. P. 863 983** Kl. 28a vom 24/12. 1940, ausg. 22/1. 1953.) V. SCHILLER. 8337

Herausgeber u. verantwortlich für den Inhalt: Prof. Dr. Maximilian Pflücke, Berlin W 8, Jägerstraße 22/23. Fernsprecher: 200481, 201464. Redaktion: Chefredakteure Dr. Eugen Klever und Prof. Dr. Maximilian Pflücke. Verlag: Akademie-Verlag GmbH, Berlin NW 7, Schiffbauerdamm 19 (Fernsprecher 425571, Postscheckkonto Berlin 35021) u. Verlag Chemie, GmbH, Weinheim/Bergstraße (Postscheckkonto Frankfurt/M. 145314 u. Berlin [West] 7430, Fernsprecher: Weinheim 2017). Bestell- u. Verlags-Nr. dieses Heftes: 1007/124/34. Das Chemische Zentralblatt erscheint wöchentlich. Satz u. Druck: VEB Leipziger Druckhaus, Leipzig, III/18/203. VIII. 53. Veröffentlicht unter der Lizenznummer 1212 des Amtes für Literatur und Verlagswesen der Deutschen Demokratischen Republik. Printed in Germany.

Zeitfracht Medien GmbH
Ferdinand-Jühlke-Straße 7
99095 Erfurt, Deutschland
produktsicherheit@kolibri360.de